安徽省高等学校一流教材

高等代数

主 编 盛兴平

副主编 唐 剑

编 委（以姓氏笔画排序）

孔祥军 辛大伟

林 记 梅金金

中国科学技术大学出版社

内 容 简 介

本书是在作者多年教学实践经验的基础上，结合地方高等师范院校数学与应用数学专业本科生实际学习情况编写而成的。内容包括行列式、多项式、矩阵、二次型、向量组与线性方程组、线性空间、线性变换、Jordan 标准形以及 Euclid 空间。

本书适合作为高等学校数学专业特别是数学师范专业教材和教学参考使用。

图书在版编目(CIP)数据

高等代数/盛兴平主编．—合肥：中国科学技术大学出版社，2022.6
安徽省高等学校一流教材
ISBN 978-7-312-05432-7

Ⅰ.高…　Ⅱ.盛…　Ⅲ.高等代数—高等学校—教材　Ⅳ.O15

中国版本图书馆 CIP 数据核字(2022)第 049931 号

高等代数
GAODENG DAISHU

出版　中国科学技术大学出版社
安徽省合肥市金寨路 96 号，230026
http://press.ustc.edu.cn
https://zgkxjsdxcbs.tmall.com
印刷　安徽省瑞隆印务有限公司
发行　中国科学技术大学出版社
开本　787 mm×1092 mm　1/16
印张　24.75
字数　602 千
版次　2022 年 6 月第 1 版
印次　2022 年 6 月第 1 次印刷
定价　68.00 元

前　言

高等代数是高等学校数学与应用数学专业必修的专业基础课程之一，它在自然科学、工程技术以及社会经济领域中有着十分广泛的应用，对培养学生的数学思维、创新精神，以及利用数学知识分析问题、解决问题的能力具有重要的作用。该课程为后继课程如近世代数、常微分方程、概率论与数理统计、泛函分析、数值分析等提供必备的代数知识，也训练了学习数学与应用数学专业各门课程所需要的抽象思维能力。本书获得安徽省一流教材建设项目（项目名称：高等代数，项目编号：2018yljc175（皖教秘高[2019]31 号））资助。

在本书编写过程中，笔者结合自身多年的教学实践，充分吸收国内现有的高等代数教材的长处，以数学与应用数学专业“高等代数”课程教学基本要求为依据，充分考虑地方高等师范院校数学与应用数学专业学生的基本素质、学习习惯、自学能力、理解能力以及数字化媒体教学的需要，对一些内容和结构进行了整合与调整，努力编写出适合地方高师院校数学与应用数学专业学生学习的教材。

本书内容包括行列式、多项式、矩阵、二次型、向量组与线性方程组、线性空间、线性变换、Jordan 标准形以及 Euclid 空间。本书在保证知识体系完整性的同时，力求内容丰富、重点突出、语言流畅、通俗易懂。除此之外，书中还体现了几何观念与代数方法之间的联系，从具体的概念抽象出公理化方法以及严谨的逻辑推理和巧妙的归纳综合等特色，对于强化学生的数学思维训练，培养学生逻辑推理和抽象思维能力、空间想象能力具有十分重要的作用。

另外，本书考虑到不同学校的学时差异和学生学习需求的异同，增添了一些选修内容（课本中带“*”的内容），供不同学校和不同需求学生选学。

本书第 1 章“行列式”由梅金金编写，第 2 章“多项式”由林记编写，第 3 章“矩阵”、第 5 章“向量组与线性方程组”、第 8 章“Jordan 标准形”以及第 9 章

“Euclid 空间”由盛兴平编写，第 4 章“二次型”由辛大伟编写，第 6 章“线性空间”由孔祥军编写，第 7 章“线性变换”由唐剑编写，全书最后由盛兴平校正和统稿。由于编者的水平有限，书中难免有错、漏等不足之处，敬请广大读者批评指正。

编　者

2022 年 1 月

目　　录

第 1 章　行　列　式

行列式是高等代数中的一个基本研究对象，与其他数学问题有着密切联系。为完善相关定理的证明，本章首先以数学归纳法为基础，从对二元、三元线性方程组解的讨论中引出二阶、三阶行列式的定义与计算规则，进一步推导出 n 阶行列式的定义。然后，研究行列式的 7 个性质、行列式按行（列）展开定理与 Laplace 定理，并总结归纳行列式的计算方法。最后，介绍行列式的一个应用——利用 Cramer 法则求解 n 元线性方程组。

1.1　数学归纳法

1.1.1　Peano 公理

Giuseppe Peano（1858.8～1932.4），意大利数学家，他致力于发展 Boolean 所创建的符号逻辑系统。1889 年他出版了《几何原理的逻辑表述》一书，该书把符号逻辑作为数学研究的基础，这项工作在 20 多年后为 Whitehead 所继续。Peano 从未定义的概念“零”“数”及“后继数”出发建立了公理系统。1891 年 Peano 创建了《数学杂志》（*Rivista di Matematica*），并在这个杂志上用数理逻辑符号写下了这组自然数公理，且证明了它们的独立性。

Peano 公理　自然数集 **N** 是指满足以下条件的集合：

(1) **N** 中有一个元素，记作 0；

(2) **N** 中每一个元素都能在 **N** 中找到一个元素作为它的后继者；

(3) 0 不是任何元素的后继者；

(4) 不同元素有不同的后继者；

(5) （归纳公理）**N** 的任一子集 M，如果 $0 \in M$，并且只要 x 在 M 中就能推出 x 的后继者也在 M 中，那么 $M = \mathbf{N}$。

1.1.2　数学归纳法

数学归纳法是一种数学证明方法，通常用于证明某个给定命题在整个（或者局部）自然数范围内成立。除了自然数以外，广义上的数学归纳法也可以用于证明一般良基关系结构。

值得注意的是，数学归纳法虽然名字中有“归纳”，但是实际上数学归纳法是完全严谨的演绎推理法，可以证明某些与正整数有关的数学命题。

数学归纳法原理 设 T_n 是与自然数 n 相关的一个命题。

(1) 当 $n=1$ 时，命题 T_1 是成立的；

(2) 当 $n=k$ 时，命题 T_k 是成立的，而且可以证明当 $n=k+1$ 时，命题 T_{k+1} 也是成立的；那么，命题 T_n 对所有自然数 n 都是成立的。

在所有自然数都成立的命题证明中，数学归纳法原理的两个前提条件缺一不可，两条都很重要。若不满足第一条，则无法保证“$n=1$”时的正确性；第二条说明命题从一开始就可以一个个地传递下去。事实上，数学中存在一些无法直接用数学归纳法证明的命题。因此，数学归纳法衍生出许多不同的形式。

第一数学归纳法 在第一步中先验证某个起始值对命题是成立的，然后证明一个值到下一个值对命题的推导过程也是成立的。如果这两步都被证明了，那么对任何一个值命题成立的证明都可以被包含在重复不断进行的过程中。基本步骤如下：

(1) 验证：当 $n=k_0$ 时，命题成立；

(2) 在假设 $n=k\,(k\geqslant k_0)$ 时命题成立的前提下，推出 $n=k+1$ 时，命题成立。

根据(1)(2)可以判断命题对一切正整数都成立。

例 1.1.1 用数学归纳法证明：$1\times4+2\times7+\cdots+n(3n+1)=n(n+1)^2$（其中 $n\in\mathbf{N}^*$）。

证明 当 $n=1$ 时，左边 $=1\times4$，右边 $=1\times2^2$，等式成立。

假设当 $n=k\,(k\in\mathbf{N}^*)$ 时等式成立，即 $1\times4+2\times7+3\times10+\cdots+k(3k+1)=k(k+1)^2$。那么，当 $n=k+1$ 时，则有

$$
\begin{aligned}
&1\times4+2\times7+3\times10+\cdots+k(3k+1)+(k+1)[3(k+1)+1]\\
&\quad=k(k+1)^2+(k+1)(3k+4)\\
&\quad=(k+1)(k^2+k+3k+4)\\
&\quad=(k+1)(k+2)^2
\end{aligned}
$$

根据(1)(2)可知等式对一切正整数都成立。

第二数学归纳法(完整归纳法) 在第二步中假定命题当 $n<k$ 时成立，验证当 $n=k$ 时也成立。基本步骤如下：

(1) 验证：当 $n=1$ 时，命题成立；

(2) 假设 $1\leqslant n<k$ 时命题成立，由此推出 $n=k$ 时，命题也成立；

那么，根据(1)(2)命题对一切正整数都成立。

例 1.1.2 已知数列 $a_{-1},a_0,a_1,a_2,\cdots,a_n,\cdots$ 满足 $a_n=3a_{n-1}-2a_{n-2}$，$a_{-1}=\dfrac{3}{2}$，$a_0=2$，求证：$a_n=2^n+1$。

证明 当 $n=1$ 时，$a_1=3a_0-2a_{-1}=3\times2-2\times\dfrac{3}{2}=2+1$，命题对 $n=1$ 成立。

假设命题对 $n<k$ 成立，则

$$a_k = 3a_{k-1} - 2a_{k-2} = 3(2^{k-1}+1) - 2(2^{k-2}+1) = 2^k + 1$$

所以命题对 $n=k$ 成立，由第二数学归纳法得证。

第三数学归纳法（跳跃数学归纳法） 对第一步和第二步都做一定的变化，基本步骤如下：

(1) 验证：当 $n=1,2,\cdots,k_0$ 时，命题都成立；

(2) 假设 $n=k$ 时，命题成立，由此推出 $n=k+k_0$ 时，命题也成立；

那么，根据(1)(2) 命题对一切正整数都成立。

例 1.1.3 求证：面值为 3 分和 5 分的邮票可支付任何 $n(n\geqslant 8)$分邮资。

证明 当 $n=8$ 时，用一个 3 分邮票和一个 5 分邮票；当 $n=9$ 时，用 3 个 3 分邮票；当 $n=10$ 时，用 2 个 5 分邮票。

假设 $n=k$ 时命题成立，这时对 $n=k+3$ 命题也成立。因为 k 分可由 3 分和 5 分邮票构成，再加上一个 3 分邮票，则使 $k+3$ 分邮资可由 3 分与 5 分邮票构成。从而对一切 $n\geqslant 8$ 都成立。

第四数学归纳法（螺旋式归纳法） 设 P_n 与 Q_n 是与自然数相关的两个命题。

(1) 验证：当 $n=1$ 时，命题 P_n 成立；

(2) 假设 $n=k$ 时，命题 P_k 成立，由此推出命题 Q_k 也成立；

(3) 假设 $n=k$ 时，命题 Q_k 成立，由此推出当 $n=k+1$ 时，命题 P_{k+1} 也成立；

那么，命题 P_n 与 Q_n 对一切正整数都成立。

例 1.1.4 数列 $\{a_n\}$ 满足 $a_{2l}=3l^2$，$a_{2l-1}=3l(l-1)+1$，其中 l 为自然数，又令 S_n 表示数列 $\{a_n\}$ 的前 n 项之和，求证：

$$S_{2l-1} = \frac{1}{2}l(4l^2 - 3l + 1) \tag{1.1.1}$$

$$S_{2l} = \frac{1}{2}l(4l^2 + 3l + 1) \tag{1.1.2}$$

证明 将(1.1.1)式看作命题 P_l，(1.1.2)式看作命题 Q_l。

当 $l=1$ 时，$S_1=1$，(1.1.1)式成立；

假设当 $l=k$ 时，(1.1.1)式成立，即 $S_{2k-1}=\frac{1}{2}k(4k^2-3k+1)$。那么，可得

$$S_{2k} = S_{2k-1} + a_{2k} = \frac{1}{2}k(4k^2 - 3k + 1) + 3k^2 = \frac{1}{2}k(4k^2 + 3k + 1)$$

即(1.1.2)式也成立。

假设当 $l=k$ 时，(1.1.2)式成立，即 $S_{2k}=\frac{1}{2}k(4k^2+3k+1)$。那么，则有

$$\begin{aligned} S_{2k+1} = S_{2k} + a_{2k+1} &= \frac{1}{2}k(4k^2 + 3k + 1) + 3k(k+1) + 1 \\ &= \frac{1}{2}[4(k^3 + 3k^2 + 3k + 1) - 3(k^2 + 2k + 1) + (k+1)] \\ &= \frac{1}{2}[4(k+1)^3 - 3(k+1)^2 + (k+1)] \end{aligned}$$

$$= \frac{1}{2}(k+1)[4(k+1)^2 - 3(k+1) + 1]$$

综上所述,对任意的自然数 l,(1.1.1)式与(1.1.2)式都成立。

1.2 二、三阶行列式

中学时代,学生们已经掌握二元一次方程组和三元一次方程组的求解方法,那么对于一般的多元线性方程组如何求解呢?这就是本章要学习的内容——行列式。

1.2.1 二阶行列式

求解二元线性方程组

$$\begin{cases} a_{11}x_1 + a_{12}x_2 = b_1 \\ a_{21}x_1 + a_{22}x_2 = b_2 \end{cases} \tag{1.2.1}$$

用加减消元法可得

$$\begin{cases} (a_{11}a_{22} - a_{12}a_{21})x_1 = b_1a_{22} - b_2a_{12} \\ (a_{11}a_{22} - a_{12}a_{21})x_2 = b_2a_{11} - b_1a_{21} \end{cases} \tag{1.2.2}$$

当 $a_{11}a_{22} - a_{12}a_{21} \neq 0$ 时,方程组(1.2.1)有唯一解

$$x_1 = \frac{b_1a_{22} - b_2a_{12}}{a_{11}a_{22} - a_{12}a_{21}}, \quad x_2 = \frac{b_2a_{11} - b_1a_{21}}{a_{11}a_{22} - a_{12}a_{21}} \tag{1.2.3}$$

方程组(1.2.1)的解是由系数 $a_{11}, a_{12}, a_{21}, a_{22}$ 与常数 b_1, b_2 确定的,(1.2.3)式中的分子、分母都是由四个数分别对应相乘再相减得到的,其中分母 $a_{11}a_{22} - a_{12}a_{21}$ 由方程组(1.2.1)的四个系数确定,但求解分子难以找出规律。为此,引入二阶行列式的定义。

定义 1.2.1 把由四个数排成的两行两列(横排称行、竖排称列)的数表

$$D = \begin{vmatrix} a_{11} & a_{12} \\ a_{21} & a_{22} \end{vmatrix} = a_{11}a_{22} - a_{12}a_{21} \tag{1.2.4}$$

称为二阶行列式,其中数 $a_{ij}(i=1,2;j=1,2)$ 称为该行列式的元素。元素 a_{ij} 的第 1 个下标 i 表示该元素位于第 i 行,第 2 个下标 j 表示该元素位于第 j 列。

根据二阶行列式的定义,可以利用对角线法则来记忆,如图 1.2.1 所示。从 a_{11} 到 a_{22} 的实连线称为主对角线,从 a_{12} 到 a_{21} 的虚连线称为副对角线,二阶行列式的值等于两个主对角线元素的乘积减去两个副对角线元素的乘积。

$$\begin{vmatrix} a_{11} & a_{12} \\ a_{21} & a_{22} \end{vmatrix} = a_{11}a_{22} - a_{12}a_{21}$$

图 1.2.1

利用二阶行列式的定义可把(1.2.3)式中的两个分子改写为

$$D_1=\begin{vmatrix} b_1 & a_{12} \\ b_2 & a_{22} \end{vmatrix}=b_1a_{22}-b_2a_{12},\quad D_2=\begin{vmatrix} a_{11} & b_1 \\ a_{21} & b_2 \end{vmatrix}=b_2a_{11}-b_1a_{21}$$

从而，方程组(1.2.1)的唯一解为

$$x_1=\frac{D_1}{D}=\frac{\begin{vmatrix} b_1 & a_{12} \\ b_2 & a_{22} \end{vmatrix}}{\begin{vmatrix} a_{11} & a_{12} \\ a_{21} & a_{22} \end{vmatrix}},\quad x_2=\frac{D_2}{D}=\frac{\begin{vmatrix} a_{11} & b_1 \\ a_{21} & b_2 \end{vmatrix}}{\begin{vmatrix} a_{11} & a_{12} \\ a_{21} & a_{22} \end{vmatrix}}$$

1.2.2 三阶行列式

类似于二阶行列式，我们可以给出三阶行列式的概念。

定义 1.2.2 把由 9 个数排成的 3 行 3 列的数表

$$D=\begin{vmatrix} a_{11} & a_{12} & a_{13} \\ a_{21} & a_{22} & a_{23} \\ a_{31} & a_{32} & a_{33} \end{vmatrix}$$

$$=a_{11}a_{22}a_{33}+a_{12}a_{23}a_{31}+a_{13}a_{21}a_{32}-a_{11}a_{23}a_{32}-a_{12}a_{21}a_{33}-a_{13}a_{22}a_{31}\tag{1.2.5}$$

称为三阶行列式。

上述定义表明三阶行列式的表达式中共有 6 项，每一项均为不同行、不同列三个元素的乘积并冠以符号。与二阶行列式类似，也可以给出三阶行列式的对角线法则。如图 1.2.2 所示，每一条实线上三个元素的乘积带正号，每一条虚线上的三个元素的乘积带负号，所得 6 项的代数和就是三阶行列式的展开式，如(1.2.5)式。

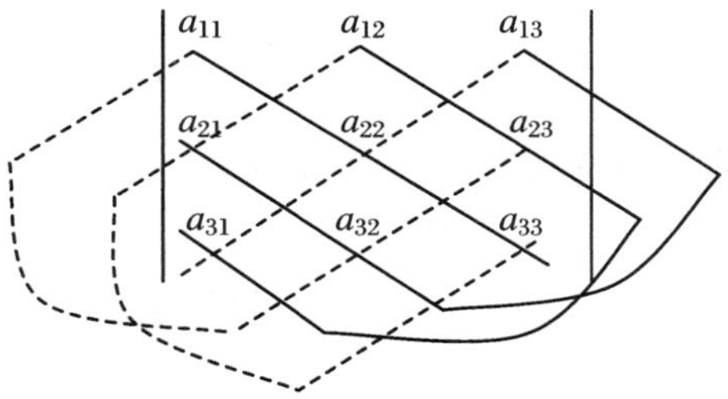

图 1.2.2

类似地，利用三阶行列式可以给出三元线性方程组的解。设三元线性方程组为

$$\begin{cases} a_{11}x_1+a_{12}x_2+a_{13}x_3=b_1 \\ a_{21}x_1+a_{22}x_2+a_{23}x_3=b_2 \\ a_{31}x_1+a_{32}x_2+a_{33}x_3=b_3 \end{cases}\tag{1.2.6}$$

消去未知数 x_2, x_3 得

$$(a_{11}a_{22}a_{33}+a_{12}a_{23}a_{31}+a_{13}a_{21}a_{32}-a_{11}a_{23}a_{32}-a_{12}a_{21}a_{33}-a_{13}a_{22}a_{31})x_1$$
$$=b_1a_{22}a_{33}+a_{12}a_{23}b_3+a_{13}b_2a_{32}-b_1a_{23}a_{32}-a_{12}b_2a_{33}-a_{13}a_{22}b_3$$

同理消去未知数 x_1, x_3 得

$$(a_{11}a_{22}a_{33}+a_{12}a_{23}a_{31}+a_{13}a_{21}a_{32}-a_{11}a_{23}a_{32}-a_{12}a_{21}a_{33}-a_{13}a_{22}a_{31})x_2$$
$$=a_{11}b_2a_{33}+b_1a_{23}a_{31}+a_{13}a_{21}b_3-a_{11}a_{23}b_3-b_1a_{21}a_{33}-a_{13}b_2a_{31}$$

同理消去未知数 x_1, x_2 得

$$(a_{11}a_{22}a_{33}+a_{12}a_{23}a_{31}+a_{13}a_{21}a_{32}-a_{11}a_{23}a_{32}-a_{12}a_{21}a_{33}-a_{13}a_{22}a_{31})x_3$$

$$= a_{11}a_{22}b_3 + a_{12}b_2a_{31} + b_1a_{21}a_{32} - a_{11}b_2a_{32} - a_{12}a_{21}b_3 - b_1a_{22}a_{31}$$

当方程组的系数行列式

$$D = \begin{vmatrix} a_{11} & a_{12} & a_{13} \\ a_{21} & a_{22} & a_{23} \\ a_{31} & a_{32} & a_{33} \end{vmatrix}$$

$$= a_{11}a_{22}a_{33} + a_{12}a_{23}a_{31} + a_{13}a_{21}a_{32} - a_{11}a_{23}a_{32} - a_{12}a_{21}a_{33} - a_{13}a_{22}a_{31} \neq 0$$

时,方程组有唯一解,解为

$$\begin{cases} x_1 = \dfrac{b_1a_{22}a_{33} + a_{12}a_{23}b_3 + a_{13}b_2a_{32} - b_1a_{23}a_{32} - a_{12}b_2a_{33} - a_{13}a_{22}b_3}{a_{11}a_{22}a_{33} + a_{12}a_{23}a_{31} + a_{13}a_{21}a_{32} - a_{11}a_{23}a_{32} - a_{12}a_{21}a_{33} - a_{13}a_{22}a_{31}} \\ x_2 = \dfrac{a_{11}b_2a_{33} + b_1a_{23}a_{31} + a_{13}a_{21}b_3 - a_{11}a_{23}b_3 - b_1a_{21}a_{33} - a_{13}b_2a_{31}}{a_{11}a_{22}a_{33} + a_{12}a_{23}a_{31} + a_{13}a_{21}a_{32} - a_{11}a_{23}a_{32} - a_{12}a_{21}a_{33} - a_{13}a_{22}a_{31}} \\ x_3 = \dfrac{a_{11}a_{22}b_3 + a_{12}b_2a_{31} + b_1a_{21}a_{32} - a_{11}b_2a_{32} - a_{12}a_{21}b_3 - b_1a_{22}a_{31}}{a_{11}a_{22}a_{33} + a_{12}a_{23}a_{31} + a_{13}a_{21}a_{32} - a_{11}a_{23}a_{32} - a_{12}a_{21}a_{33} - a_{13}a_{22}a_{31}} \end{cases}$$

若记

$$D_1 = \begin{vmatrix} b_1 & a_{12} & a_{13} \\ b_2 & a_{22} & a_{23} \\ b_3 & a_{32} & a_{33} \end{vmatrix}, \quad D_2 = \begin{vmatrix} a_{11} & b_1 & a_{13} \\ a_{21} & b_2 & a_{23} \\ a_{31} & b_3 & a_{33} \end{vmatrix}, \quad D_3 = \begin{vmatrix} a_{11} & a_{12} & b_1 \\ a_{21} & a_{22} & b_2 \\ a_{31} & a_{32} & b_3 \end{vmatrix}$$

则方程组的解可以表示为 $\begin{cases} x_1 = \dfrac{D_1}{D} \\ x_2 = \dfrac{D_2}{D} \\ x_3 = \dfrac{D_3}{D} \end{cases}$。

1.2.3 几个例子

例 1.2.1 计算行列式 $\begin{vmatrix} 2 & 3 \\ 5 & -4 \end{vmatrix}$, $\begin{vmatrix} 2 & 0 & 1 \\ 1 & -4 & -1 \\ -1 & 8 & 3 \end{vmatrix}$。

解 $\begin{vmatrix} 2 & 3 \\ 5 & -4 \end{vmatrix} = 2\times(-4) - 3\times5 = -23$;

$$\begin{vmatrix} 2 & 0 & 1 \\ 1 & -4 & -1 \\ -1 & 8 & 3 \end{vmatrix} = 2\times(-4)\times3 + 1\times8\times1 + 0 - 1\times(-4)\times(-1) - 0 - 2\times(-1)\times8$$

$$= -4。$$

注意:对角线法则只适用于计算二阶、三阶行列式。对于更高阶的行列式的计算,需要给出排列与 n 阶行列式的定义与计算。

例 1.2.2 设 $D=\begin{vmatrix}1&1&1\\2&3&x\\4&9&x^2\end{vmatrix}$，问：当 x 为何值时，$D=0$？当 x 为何值时，$D\neq 0$？当 x 为何值时，$D>0$？

解 由于 $D=x^2-5x+6=(x-2)(x-3)$，当 $x=2$ 或 3 时，$D=0$；当 $x\neq 2$ 且 $x\neq 3$ 时，$D\neq 0$；当 $x<2$ 或 $x>3$ 时，$D>0$。

例 1.2.3 解方程组 $\begin{cases}2x_1-4x_2+x_3=-1\\x_1-3x_2+4x_3=2\\x_1-x_2+x_3=1\end{cases}$。

解 因方程组的系数行列式 $D=\begin{vmatrix}2&-4&1\\1&-3&4\\1&-1&1\end{vmatrix}=-6-16-1+8+4+3=-8\neq 0$，并且

$$D_1=\begin{vmatrix}-1&-4&1\\2&-3&4\\1&-1&1\end{vmatrix}=-8,\quad D_2=\begin{vmatrix}2&-1&1\\1&2&4\\1&1&1\end{vmatrix}=-8,\quad D_3=\begin{vmatrix}2&-4&-1\\1&-3&2\\1&-1&1\end{vmatrix}=-8$$

故立即可得

$$\begin{cases}x_1=\dfrac{D_1}{D}=1\\[2mm]x_2=\dfrac{D_2}{D}=1\\[2mm]x_3=\dfrac{D_3}{D}=1\end{cases}$$

1.3 *n* 元排列

为了更好地研究 n 阶行列式，本节将引进 n 元排列的概念。

1.3.1 *n* 元排列

定义 1.3.1 由 n 个数 $1,2,3,\cdots,n$ 排成的一个有序数组，称为一个 **n 元排列**，记为 $j_1j_2\cdots j_n$。

如：4132 是一个 4 元排列，43521 是一个 5 元排列，但 3245 不是 4 元排列，也不是 5 元排列。

例 1.3.1 写出所有的 3 元排列。

解 3 元排列分别是 123，132，213，231，312，321，所以 3 元排列共有 $3!=6$ 个。

说明：n 元排列的总数为 $1\cdot 2\cdots(n-1)\cdot n=n!$ 个。特别地，$123\cdots n$ 称为 n 元自然

数排列，其他的排列或多或少地破坏了自然顺序。

1.3.2 排列的奇偶性

定义 1.3.2 在一个排列中，如果一对数的前后位置与大小顺序相反，即排在前面的数大于排在后面的数，则称这对数为该排列的一个**逆序**，一个排列中逆序的总数称为这个排列的**逆序数**，记为 $\tau(j_1j_2\cdots j_n)$。自然排列的逆序数为 0。

如：4 元排列 2431 的逆序是 21，43，41，31；5 元排列 45321 的逆序是 43，42，41，53，52，51，32，31，21。

定义 1.3.3 逆序数为奇数的排列称为**奇排列**，逆序数为偶数的排列称为**偶排列**。

总结：计算 n 元排列 $j_1j_2\cdots j_n$ 的逆序数的方法。先看数字 j_1，确定 j_1 后面比 j_1 小的数有 m_1 个；再看数字 j_2，确定 j_2 后面比 j_2 小的数有 m_2 个。依此下去，直至数字 j_n，确定 j_n 后面比 j_n 小的数有 m_n 个。于是，$\tau(j_1j_2\cdots j_n)=m_1+m_2+\cdots+m_n$。

例 1.3.2 计算下列排列的逆序数，并讨论其奇偶性。

(1) 219876354；

(2) $(2k)1(2k-1)2(2k-2)3\cdots(k+1)k$；

(3) $123\cdots(n-1)n(2n)(2n-1)\cdots(n+1)$。

解 (1) $\tau(219876354)=1+0+6+5+4+3+1=20$，219876354 为偶排列。

(2) 当 $k=1$ 时，$\tau(21)=1$。

当 $k=2$ 时，$\tau(4132)=3+1=4$。

当 $k=3$ 时，$\tau(615243)=5+3+1=9$。

依此下去，$\tau((2k)1(2k-1)2(2k-2)3\cdots(k+1)k)=(2k-1)+(2k-3)+\cdots+3+1=k^2$。若 k 为偶数，该排列为偶排列；若 k 为奇数，该排列为奇排列。

(3) 当 $n=1$ 时，$\tau(12)=0$。

当 $n=2$ 时，$\tau(1243)=1$。

当 $n=3$ 时，$\tau(123654)=2+1=3$。

依此下去，$\tau(123\cdots(n-1)n(2n)(2n-1)\cdots(n+1))=n-1+\cdots+2+1=\dfrac{n(n-1)}{2}$。

当 $n=2k$ 时，$\dfrac{n(n-1)}{2}=k(2k-1)$，其中 $2k-1$ 为奇数。若 $k=2l$，即 $n=4l$ 时，该排列为偶排列；若 $k=2l+1$，即 $n=4l+2$ 时，该排列为奇排列；

当 $n=2k+1$ 时，$\dfrac{n(n-1)}{2}=k(2k+1)$，其中 $2k+1$ 为奇数。若 $k=2l$，即 $n=4l+1$ 时，该排列为偶排列；若 $k=2l+1$，即 $n=4l+3$ 时，该排列为奇排列。

定义 1.3.4 在一个 n 元排列中，将某两个数的位置互换，其余数位置不变，则称为这个排列的一次对换。

例如，5 元排列 43512 与 5 元排列 13542 就是一次对换，互换了数字 1 和 4。

定理 1.3.1 一次对换改变排列的奇偶性。

证明 (1) 先证相邻对换的情形。设排列$\cdots jk\cdots$，对换 j 与 k 得新排列$\cdots kj\cdots$。除 j 与

k 之外,其他元素所构成的逆序不改变。当 $j<k$ 时,经过对换后的新排列关于数 j 的逆序数增加1,关于 k 的逆序数不变;当 $j>k$ 时,经过对换后的新排列关于数 j 的逆序数不变,关于数 k 的逆序数减少1。因此,对换相邻两个元素,排列 $\cdots jk\cdots$ 与排列 $\cdots kj\cdots$ 的逆序数相差1,从而奇偶性改变。

(2) 再证明排列任意两个元素的对换情形。设排列 $\cdots j i_1 i_2\cdots i_s k\cdots$,对换 j 与 k,即

$$\begin{aligned}&\cdots j i_1 i_2\cdots i_s k\cdots\\ &\xrightarrow{s\text{ 次相邻位置的对换}}\cdots j k i_1 i_2\cdots i_s\cdots\\ &\xrightarrow{1\text{ 次对换}}\cdots k j i_1 i_2\cdots i_s\cdots\\ &\xrightarrow{s\text{ 次相邻位置的对换}}\cdots k i_1 i_2\cdots i_s j\cdots\end{aligned}$$

因此,$\cdots j i_1 i_2\cdots i_s k\cdots\xrightarrow{2s+1\text{ 次相邻位置的对换}}\cdots k i_1 i_2\cdots i_s j\cdots$。由于 $2s+1$ 是奇数,根据(1)的结论可知,排列 $\cdots j i_1 i_2\cdots i_s k\cdots$ 与排列 $\cdots k i_1 i_2\cdots i_s j\cdots$ 的奇偶性相反。

推论 1.3.1 在全部 n 元排列中,奇偶排列的个数相等,各有 $\dfrac{n!}{2}$ 个。

证明 设在全部 n 元排列中,有 s 个奇排列,t 个偶排列。将 s 个奇排列的前两个数做对换,则这 s 个奇排列全部变成偶排列,并且彼此互不相同,从而 $s\leqslant t$。同理,将 t 个偶排列的前两个数做对换,则这 t 个偶排列全部变成奇排列,并且彼此互不相同,从而 $t\leqslant s$。因此,$s=t$。又 $s+t=n!$,则 $s=t=\dfrac{n!}{2}$。

定理 1.3.2 任意一个 n 元排列与自然排列都可以经过一系列对换互变,并且所做对换的个数与这个排列有相同的奇偶性。

证明 对排列的元数 n 做数学归纳法。

(1) 一元排列只有一个元素,结论显然成立。

(2) 假设结论对 $n-1$ 元排列成立,下证对 n 元排列结论也成立。设 $j_1 j_2\cdots j_n$ 是一个 n 元排列。如果 $j_n=n$,根据归纳假设,$n-1$ 元排列 $j_1 j_2\cdots j_{n-1}$ 可以经过一系列对换变成排列 $12\cdots(n-1)$。于是,$j_1 j_2\cdots j_{n-1} n$ 经过一系列对换变成排列 $12\cdots(n-1)n$。如果 $j_n\neq n$,将 j_n 与 n 对换,$j_1 j_2\cdots j_n$ 变成排列 $j_1' j_2'\cdots j_{n-1}' n$,满足以上情形。

根据(1)(2)可得,任意一个 n 元排列经过一系列对换变成自然排列 $12\cdots n$。

同理可证,$12\cdots n$ 也可用一系列对换变成任一个 n 元排列 $j_1 j_2\cdots j_n$。

同时,由于 $12\cdots n$ 是偶排列,根据定理1.3.1,所做对换的个数与排列 $j_1 j_2\cdots j_n$ 有相同的奇偶性。

1.4 n 阶行列式的定义

有了前一节的准备,我们可以从二阶行列式和三阶行列式所具有的共性入手,再把它推

广，进而引出 n 阶行列式的定义。

1.4.1 n 阶行列式的定义

先对二阶行列式和三阶行列式的展开式进行讨论分析：

$$D=\begin{vmatrix} a_{11} & a_{12} \\ a_{21} & a_{22} \end{vmatrix}=a_{11}a_{22}-a_{12}a_{21}$$

$$D=\begin{vmatrix} a_{11} & a_{12} & a_{13} \\ a_{21} & a_{22} & a_{23} \\ a_{31} & a_{32} & a_{33} \end{vmatrix}$$

$$=a_{11}a_{22}a_{33}+a_{12}a_{23}a_{31}+a_{13}a_{21}a_{32}-a_{11}a_{23}a_{32}-a_{12}a_{21}a_{33}-a_{13}a_{22}a_{31}$$

由二阶行列式和三阶行列式的展开式，容易看出：

(1) 二阶行列式的每一项是由位于不同行、不同列的两个元素的乘积构成的，即 $a_{1j_1}a_{2j_2}$，行标为 12，而列标为 j_1j_2 是一个二元排列，这样的二元排列共有 2！个，对应展开式共有 2！项。当 j_1j_2 是偶排列时，对应的 $a_{1j_1}a_{2j_2}$ 为正号；当 j_1j_2 是奇排列时，对应 $a_{1j_1}a_{2j_2}$ 为负号。

(2) 三阶行列式的每一项是由位于不同行、不同列的 3 个元素的乘积构成的，即 $a_{1j_1}a_{2j_2}\cdot a_{3j_3}$，其行标为 123，而列标为 $j_1j_2j_3$ 是一个三元排列，这样的三元排列共有 3！个，对应展开式共有 3！项。当 $j_1j_2j_3$ 是偶排列时，对应的 $a_{1j_1}a_{2j_2}a_{3j_3}$ 为正号；当 $j_1j_2j_3$ 是奇排列时，对应 $a_{1j_1}a_{2j_2}a_{3j_3}$ 为负号。

依据以上两条规律，给出 n 阶行列式的定义如下：

定义 1.4.1 把由 n^2 个数 $a_{ij}(i,j=1,2,\cdots,n)$ 构成的 n 行 n 列的数表

$$\begin{vmatrix} a_{11} & a_{12} & \cdots & a_{1n} \\ a_{21} & a_{22} & \cdots & a_{2n} \\ \vdots & \vdots & & \vdots \\ a_{n1} & a_{n2} & \cdots & a_{nn} \end{vmatrix}$$

称为 ***n* 阶行列式**。它表示 n！项的代数和，每一项由取自不同行、不同列的 n 个数 a_{1j_1}，a_{2j_2}，…，a_{nj_n} 的乘积构成，每一项前冠以符号 $(-1)^{\tau(j_1j_2\cdots j_n)}$，即

$$\begin{vmatrix} a_{11} & a_{12} & \cdots & a_{1n} \\ a_{21} & a_{22} & \cdots & a_{2n} \\ \vdots & \vdots & & \vdots \\ a_{n1} & a_{n2} & \cdots & a_{nn} \end{vmatrix}=\sum_{j_1j_2\cdots j_n}(-1)^{\tau(j_1j_2\cdots j_n)}a_{1j_1}a_{2j_2}\cdots a_{nj_n} \tag{1.4.1}$$

(1.4.1)式被称为 ***n* 阶行列式的展开式**，其中 $(-1)^{\tau(j_1j_2\cdots j_n)}a_{1j_1}a_{2j_2}\cdots a_{nj_n}$ 为展开式的**一般项**。$a_{ij}(i,j=1,2,\cdots,n)$ 为第 i 行第 j 列的元素，$j_1j_2\cdots j_n$ 为列标组成的 n 元排列。

说明：(1) n 阶行列式是 n！项的代数和。

(2) n 阶行列式的一般项 $a_{1j_1}a_{2j_2}\cdots a_{nj_n}$ 都是由位于不同行、不同列的 n 个元素的乘积构成的。

(3) 一般项 $a_{1j_1}a_{2j_2}\cdots a_{nj_n}$ 的符号为 $(-1)^{\tau(j_1j_2\cdots j_n)}$。即当一般项中元素的行标按自然数

顺序排列后，如果对应的列标构成的排列 $j_1j_2\cdots j_n$ 是偶排列则取正号，奇排列则取负号。

注：n 阶行列式常用 $\det(a_{ij})$ 或 $|a_{ij}|$ 表示。一阶行列式记为 $|a|=a$（不要与绝对值记号相混淆）。

1.4.2 几个例子

例 1.4.1 求四阶行列式 $\begin{vmatrix} 0 & 0 & 0 & 1 \\ 0 & 0 & 2 & 0 \\ 0 & 3 & 0 & 0 \\ 4 & 0 & 0 & 0 \end{vmatrix}$ 的值。

解 该行列式展开式中的一般项为 $(-1)^{\tau(j_1j_2j_3j_4)}a_{1j_1}a_{2j_2}a_{3j_3}a_{4j_4}$。若 $j_1\neq 4$，则 $a_{1j_1}=0$。因此，$j_1=4$，否则该一般项为零。同理，$j_2=3$，$j_3=2$，$j_4=1$。故行列式中不为零的一般项只有 $(-1)^{\tau(4321)}a_{14}a_{23}a_{32}a_{41}$，该行列式的值为 24。

例 1.4.2 由行列式定义计算 $f(x)=\begin{vmatrix} 2x & x & 1 & 2 \\ 1 & x & 1 & -1 \\ 3 & 2 & x & 1 \\ 1 & 1 & 1 & x \end{vmatrix}$ 中 x^4，x^3 的系数，并说明理由。

解 四阶行列式的一般项为 $(-1)^{\tau(j_1j_2j_3j_4)}a_{1j_1}a_{2j_2}a_{3j_3}a_{4j_4}$。要出现 x^4 的项，则 a_{ij} 均要取到含有 x 的元素。因此，含 x^4 的项为 $(-1)^{\tau(1234)}a_{11}a_{22}a_{33}a_{44}=2x^4$，该项系数为 2。

同理，含 x^3 的项为 $(-1)^{\tau(2134)}a_{12}a_{21}a_{33}a_{44}=-x^3$，该项系数为 -1。

例 1.4.3 计算 n 阶上三角行列式：

$$D=\begin{vmatrix} a_{11} & a_{12} & \cdots & a_{1n} \\ 0 & a_{22} & \cdots & a_{2n} \\ \vdots & \vdots & & \vdots \\ 0 & 0 & \cdots & a_{nn} \end{vmatrix}$$

（当 $i>j$ 时 $a_{ij}=0$；当 $i\leqslant j$ 时 $a_{ij}\neq 0$）。

解 从乘积第 1 行至第 n 行依次取 $a_{11},a_{22},\cdots,a_{nn}$ 做乘积，此项不等于零，且符号为正。其余 $n!-1$ 项中至少有 1 个元素为零，从而乘积为零。根据 n 阶行列式的定义知，该行列式的值即为主对角线元素的乘积。

说明：(1) 在 n 阶行列式中，从左上角到右下角的对角线称为主对角线，主对角线上的各元素 $a_{11},a_{22},\cdots,a_{nn}$ 称为主对角元素。

(2) 主对角线以下的元素全为零的行列式称为上三角形行列式；主对角线以上元素全为 0 的行列式称为下三角形行列式，即

$$\begin{vmatrix} a_{11} & 0 & \cdots & 0 \\ a_{21} & a_{22} & \cdots & 0 \\ \vdots & \vdots & & \vdots \\ a_{n1} & a_{n2} & \cdots & a_{nn} \end{vmatrix}=a_{11}a_{22}\cdots a_{nn}$$

(3) 主对角线以外元素全为 0 的行列式称为对角形行列式，即

$$\begin{vmatrix} a_{11} & 0 & \cdots & 0 \\ 0 & a_{22} & \cdots & 0 \\ \vdots & \vdots & & \vdots \\ 0 & 0 & \cdots & a_{nn} \end{vmatrix} = a_{11}a_{22}\cdots a_{nn}$$

例 1.4.4 计算 n 阶行列式

$$D = \begin{vmatrix} a_{11} & a_{12} & \cdots & a_{1n} \\ a_{21} & a_{22} & \cdots & 0 \\ \vdots & \vdots & & \vdots \\ a_{n1} & 0 & \cdots & 0 \end{vmatrix}$$

解 从乘积第 1 行至第 n 行依次取 $a_{1n}, a_{2,n-1}, \cdots, a_{n1}$ 做乘积,此项不等于零,且符号为 $(-1)^{\tau(n(n-1)\cdots 21)}$。其余 $n!-1$ 项中至少有 1 个元素为零,从而乘积为零。根据 n 阶行列式的定义知,$D=(-1)^{\tau(n(n-1)\cdots 21)}a_{1n}a_{2,n-1}\cdots a_{n1}$。

由于数的乘法满足交换律,所以 n 阶行列式各项中元素的乘积 $a_{1j_1}a_{2j_2}\cdots a_{nj_n}$ 也可以任意调换,我们可以得到如下定理中的等式:

定理 1.4.1 对于 n 阶行列式 $\begin{vmatrix} a_{11} & a_{12} & \cdots & a_{1n} \\ a_{21} & a_{22} & \cdots & a_{2n} \\ \vdots & \vdots & & \vdots \\ a_{n1} & a_{n2} & \cdots & a_{nn} \end{vmatrix}$,有

$$\begin{vmatrix} a_{11} & a_{12} & \cdots & a_{1n} \\ a_{21} & a_{22} & \cdots & a_{2n} \\ \vdots & \vdots & & \vdots \\ a_{n1} & a_{n2} & \cdots & a_{nn} \end{vmatrix} = \sum_{i_1 i_2 \cdots i_n} (-1)^{\tau(i_1 i_2 \cdots i_n)} a_{i_1 1} a_{i_2 2} \cdots a_{i_n n} \tag{1.4.2}$$

或者

$$\begin{vmatrix} a_{11} & a_{12} & \cdots & a_{1n} \\ a_{21} & a_{22} & \cdots & a_{2n} \\ \vdots & \vdots & & \vdots \\ a_{n1} & a_{n2} & \cdots & a_{nn} \end{vmatrix} = \sum (-1)^{\tau(i_1 i_2 \cdots i_n)+\tau(j_1 j_2 \cdots j_n)} a_{i_1 j_1} a_{i_2 j_2} \cdots a_{i_n j_n} \tag{1.4.3}$$

证明 由于行列式的一般项中 n 个元素乘积的顺序可以任意交换。一般地,n 阶行列式中的项可写成 $a_{i_1j_1}a_{i_2j_2}\cdots a_{i_nj_n}$,其中 $i_1i_2\cdots i_n$ 与 $j_1j_2\cdots j_n$ 是两个 n 元排列。利用排列的性质可证,$a_{i_1j_1}a_{i_2j_2}\cdots a_{i_nj_n}$ 的符号为 $(-1)^{\tau(i_1i_2\cdots i_n)+\tau(j_1j_2\cdots j_n)}$。

根据行列式的定义确定 $a_{i_1j_1}a_{i_2j_2}\cdots a_{i_nj_n}$ 的符号,即将这 n 个元素重新排列,使它们的行标为自然排列 $12\cdots n$。对应地,交换元素的顺序,行列式的一般项 $a_{i_1j_1}a_{i_2j_2}\cdots a_{i_nj_n}$ 变为 $a_{1j_1'}a_{2j_2'}\cdots a_{nj_n'}$,其符号为 $(-1)^{\tau(j_1'j_2'\cdots j_n')}$。下面,证明 $(-1)^{\tau(j_1'j_2'\cdots j_n')}=(-1)^{\tau(i_1i_2\cdots i_n)+\tau(j_1j_2\cdots j_n)}$。经过一系列元素的对换,$a_{i_1j_1}a_{i_2j_2}\cdots a_{i_nj_n}$ 变换为 $a_{1j_1'}a_{2j_2'}\cdots a_{nj_n'}$。每做一次对换,元素的行指标与列指标所成的排列 $i_1i_2\cdots i_n$ 与 $j_1j_2\cdots j_n$ 都同时做一次对换,即 $\tau(i_1i_2\cdots i_n)$ 与 $\tau(j_1j_2\cdots j_n)$ 同时改变奇偶性。因此,$\tau(i_1i_2\cdots i_n)+\tau(j_1j_2\cdots j_n)$ 的奇偶性不改变,即 $a_{i_1j_1}a_{i_2j_2}\cdots a_{i_nj_n}$ 做一次元素的对换不改变 $(-1)^{\tau(i_1i_2\cdots i_n)+\tau(j_1j_2\cdots j_n)}$ 的值。经一系列对换后,则有

$$(-1)^{\tau(i_1 i_2 \cdots i_n)+\tau(j_1 j_2 \cdots j_n)} = (-1)^{\tau(12\cdots n)+\tau(j_1' j_2' \cdots j_n')} = (-1)^{\tau(j_1' j_2' \cdots j_n')}$$

1.5 n 阶行列式的性质

上一节中,我们一起学习了 n 阶行列式的定义,即

$$\begin{vmatrix} a_{11} & a_{12} & \cdots & a_{1n} \\ a_{21} & a_{22} & \cdots & a_{2n} \\ \vdots & \vdots & & \vdots \\ a_{n1} & a_{n2} & \cdots & a_{nn} \end{vmatrix} = \sum_{j_1 j_2 \cdots j_n} (-1)^{\tau(j_1 j_2 \cdots j_n)} a_{1j_1} a_{2j_2} \cdots a_{nj_n}$$

$$= \sum_{i_1 i_2 \cdots i_n} (-1)^{\tau(i_1 i_2 \cdots i_n)} a_{i_1 1} a_{i_2 2} \cdots a_{i_n n}$$

$$= \sum (-1)^{\tau(i_1 i_2 \cdots i_n)+\tau(j_1 j_2 \cdots j_n)} a_{i_1 j_1} a_{i_2 j_2} \cdots a_{i_n j_n}$$

当行列式的阶数较高、零元素较多时,可利用上述 n 阶行列式的定义计算。但是,若行列式中零元素较少时,利用行列式的定义计算行列式,计算量相当大。因此,这一节讨论行列式的基本性质,可以利用行列式的性质简化计算。

1.5.1 行列式的性质

把行列式 $D=\begin{vmatrix} a_{11} & a_{12} & \cdots & a_{1n} \\ a_{21} & a_{22} & \cdots & a_{2n} \\ \vdots & \vdots & & \vdots \\ a_{n1} & a_{n2} & \cdots & a_{nn} \end{vmatrix}$ 的行列互换,得到的新行列式称为其转置行列式,记作 $D^{\mathrm{T}}=\begin{vmatrix} a_{11} & a_{21} & \cdots & a_{n1} \\ a_{12} & a_{22} & \cdots & a_{n2} \\ \vdots & \vdots & & \vdots \\ a_{1n} & a_{2n} & \cdots & a_{nn} \end{vmatrix}$。

性质 1.5.1 行列式和其转置行列式相等。即

$$\begin{vmatrix} a_{11} & a_{12} & \cdots & a_{1n} \\ a_{21} & a_{22} & \cdots & a_{2n} \\ \vdots & \vdots & & \vdots \\ a_{n1} & a_{n2} & \cdots & a_{nn} \end{vmatrix} = \begin{vmatrix} a_{11} & a_{21} & \cdots & a_{n1} \\ a_{12} & a_{22} & \cdots & a_{n2} \\ \vdots & \vdots & & \vdots \\ a_{1n} & a_{2n} & \cdots & a_{nn} \end{vmatrix} \tag{1.5.1}$$

证明 记行列式 $D=\begin{vmatrix} a_{11} & a_{12} & \cdots & a_{1n} \\ a_{21} & a_{22} & \cdots & a_{2n} \\ \vdots & \vdots & & \vdots \\ a_{n1} & a_{n2} & \cdots & a_{nn} \end{vmatrix}$ 的转置行列式 $D^{\mathrm{T}}=\begin{vmatrix} b_{11} & b_{12} & \cdots & b_{1n} \\ b_{21} & b_{22} & \cdots & b_{2n} \\ \vdots & \vdots & & \vdots \\ b_{n1} & b_{n2} & \cdots & b_{nn} \end{vmatrix}$,

则 $b_{ij}=a_{ji}(i,j=1,2,\cdots,n)$，由行列式的定义得

$$D^{\mathrm{T}}=\begin{vmatrix} b_{11} & b_{12} & \cdots & b_{1n} \\ b_{21} & b_{22} & \cdots & b_{2n} \\ \vdots & \vdots & & \vdots \\ b_{n1} & b_{n2} & \cdots & b_{nn} \end{vmatrix}=\sum_{j_1j_2\cdots j_n}(-1)^{\tau(j_1j_2\cdots j_n)}b_{1j_1}b_{2j_2}\cdots b_{nj_n}$$

$$=\sum_{j_1j_2\cdots j_n}(-1)^{\tau(j_1j_2\cdots j_n)}a_{j_11}a_{j_22}\cdots a_{j_nn}=D$$

说明：在行列式中行与列的地位是对称的，因此凡是有关行的性质，对列也同样成立。

性质 1.5.2 对换行列式两行(列)，行列式变号。即

$$D=\begin{vmatrix} a_{11} & a_{12} & \cdots & a_{1n} \\ \vdots & \vdots & & \vdots \\ a_{k1} & a_{k2} & \cdots & a_{kn} \\ \vdots & \vdots & & \vdots \\ a_{l1} & a_{l2} & \cdots & a_{ln} \\ \vdots & \vdots & & \vdots \\ a_{n1} & a_{n2} & \cdots & a_{nn} \end{vmatrix}=-\begin{vmatrix} a_{11} & a_{12} & \cdots & a_{1n} \\ \vdots & \vdots & & \vdots \\ a_{l1} & a_{l2} & \cdots & a_{ln} \\ \vdots & \vdots & & \vdots \\ a_{k1} & a_{k2} & \cdots & a_{kn} \\ \vdots & \vdots & & \vdots \\ a_{n1} & a_{n2} & \cdots & a_{nn} \end{vmatrix} \tag{1.5.2}$$

证明 由行列式的定义可得

$$D=\begin{vmatrix} a_{11} & a_{12} & \cdots & a_{1n} \\ \vdots & \vdots & & \vdots \\ a_{k1} & a_{k2} & \cdots & a_{kn} \\ \vdots & \vdots & & \vdots \\ a_{l1} & a_{l2} & \cdots & a_{ln} \\ \vdots & \vdots & & \vdots \\ a_{n1} & a_{n2} & \cdots & a_{nn} \end{vmatrix}=\sum_{j_1j_2\cdots j_n}(-1)^{\tau(1\cdots k\cdots l\cdots n)+\tau(j_1j_2\cdots j_n)}a_{1j_1}\cdots a_{kj_k}\cdots a_{lj_l}\cdots a_{nj_n}$$

$$D_1=\begin{vmatrix} a_{11} & a_{12} & \cdots & a_{1n} \\ \vdots & \vdots & & \vdots \\ a_{l1} & a_{l2} & \cdots & a_{ln} \\ \vdots & \vdots & & \vdots \\ a_{k1} & a_{k2} & \cdots & a_{kn} \\ \vdots & \vdots & & \vdots \\ a_{n1} & a_{n2} & \cdots & a_{nn} \end{vmatrix}=\sum_{j_1j_2\cdots j_n}(-1)^{\tau(1\cdots l\cdots k\cdots n)+\tau(j_1j_2\cdots j_n)}a_{1j_1}\cdots a_{lj_k}\cdots a_{kj_l}\cdots a_{nj_n}$$

比较以上两个等式可以看出，D 与 D_1 的每一项均差一个负号，从而 $D_1=-D$。

性质 1.5.3 行列式中有两行(列)相同，则此行列式等于零。即

$$\begin{vmatrix} a_{11} & a_{12} & \cdots & a_{1n} \\ \vdots & \vdots & & \vdots \\ a_{i1} & a_{i2} & \cdots & a_{in} \\ \vdots & \vdots & & \vdots \\ a_{i1} & a_{i2} & \cdots & a_{in} \\ \vdots & \vdots & & \vdots \\ a_{n1} & a_{n2} & \cdots & a_{nn} \end{vmatrix} = 0 \tag{1.5.3}$$

证明 在行列式中,把这相等的两行对换,行列式没有改变,由性质 1.5.2 可得 $D=-D$,从而 $D=0$。

性质 1.5.4 行列式的某一行(列)元素有公因子 k,则该公因子 k 可以提到行列式的外面。即

$$D = \begin{vmatrix} a_{11} & a_{12} & \cdots & a_{1n} \\ \vdots & \vdots & & \vdots \\ ka_{i1} & ka_{i2} & \cdots & ka_{in} \\ \vdots & \vdots & & \vdots \\ a_{n1} & a_{n2} & \cdots & a_{nn} \end{vmatrix} = k \begin{vmatrix} a_{11} & a_{12} & \cdots & a_{1n} \\ \vdots & \vdots & & \vdots \\ a_{i1} & a_{i2} & \cdots & a_{in} \\ \vdots & \vdots & & \vdots \\ a_{n1} & a_{n2} & \cdots & a_{nn} \end{vmatrix} \tag{1.5.4}$$

证明 根据行列式的定义有

$$\begin{aligned} D &= \sum_{j_1 j_2 \cdots j_n} (-1)^{\tau(j_1 j_2 \cdots j_n)} a_{1j_1} \cdots k a_{ij_i} \cdots a_{nj_n} \\ &= k \sum_{j_1 j_2 \cdots j_n} (-1)^{\tau(j_1 j_2 \cdots j_n)} a_{1j_1} \cdots a_{ij_i} \cdots a_{nj_n} \end{aligned}$$

注:如果行列式中某一行(列)为零,那么该行列式为零。

性质 1.5.5 行列式中有两行(列)对应成比例,则此行列式等于零。即

$$D = \begin{vmatrix} a_{11} & a_{12} & \cdots & a_{1n} \\ \vdots & \vdots & & \vdots \\ a_{k1} & a_{k2} & \cdots & a_{kn} \\ \vdots & \vdots & & \vdots \\ ta_{k1} & ta_{k2} & \cdots & ta_{kn} \\ \vdots & \vdots & & \vdots \\ a_{n1} & a_{n2} & \cdots & a_{nn} \end{vmatrix} = 0 \tag{1.5.5}$$

证明 由性质 1.5.3 和性质 1.5.4 直接得证。

性质 1.5.6 若行列式只有某一行(列)元素是两数之和,则此行列式是两个行列式之和,即

$$\begin{vmatrix} a_{11} & a_{12} & \cdots & a_{1n} \\ \vdots & \vdots & & \vdots \\ a_{i1}+b_{i1} & a_{i2}+b_{i2} & \cdots & a_{in}+b_{in} \\ \vdots & \vdots & & \vdots \\ a_{n1} & a_{n2} & \cdots & a_{nn} \end{vmatrix} = \begin{vmatrix} a_{11} & a_{12} & \cdots & a_{1n} \\ \vdots & \vdots & & \vdots \\ a_{i1} & a_{i2} & \cdots & a_{in} \\ \vdots & \vdots & & \vdots \\ a_{n1} & a_{n2} & \cdots & a_{nn} \end{vmatrix} + \begin{vmatrix} a_{11} & a_{12} & \cdots & a_{1n} \\ \vdots & \vdots & & \vdots \\ b_{i1} & b_{i2} & \cdots & b_{in} \\ \vdots & \vdots & & \vdots \\ a_{n1} & a_{n2} & \cdots & a_{nn} \end{vmatrix} \tag{1.5.6}$$

证明 根据行列式定义

$$\begin{aligned} &\begin{vmatrix} a_{11} & a_{12} & \cdots & a_{1n} \\ \vdots & \vdots & & \vdots \\ a_{i1}+b_{i1} & a_{i2}+b_{i2} & \cdots & a_{in}+b_{in} \\ \vdots & \vdots & & \vdots \\ a_{n1} & a_{n2} & \cdots & a_{nn} \end{vmatrix} \\ &= \sum_{j_1j_2\cdots j_n} (-1)^{\tau(j_1j_2\cdots j_n)} a_{1j_1}\cdots(a_{ij_i}+b_{ij_i})\cdots a_{nj_n} \\ &= \sum_{j_1j_2\cdots j_n} (-1)^{\tau(j_1j_2\cdots j_n)} a_{1j_1}\cdots a_{ij_i}\cdots a_{nj_n} + \sum_{j_1j_2\cdots j_n} (-1)^{\tau(j_1j_2\cdots j_n)} a_{1j_1}\cdots b_{ij_i}\cdots a_{nj_n} \\ &= \begin{vmatrix} a_{11} & a_{12} & \cdots & a_{1n} \\ \vdots & \vdots & & \vdots \\ a_{i1} & a_{i2} & \cdots & a_{in} \\ \vdots & \vdots & & \vdots \\ a_{n1} & a_{n2} & \cdots & a_{nn} \end{vmatrix} + \begin{vmatrix} a_{11} & a_{12} & \cdots & a_{1n} \\ \vdots & \vdots & & \vdots \\ b_{i1} & b_{i2} & \cdots & b_{in} \\ \vdots & \vdots & & \vdots \\ a_{n1} & a_{n2} & \cdots & a_{nn} \end{vmatrix} \end{aligned}$$

注 1.5.1 性质 1.5.6 可以推广到某一行(列)为多数组数的和的情形。即

$$\begin{vmatrix} a_{11} & a_{12} & \cdots & a_{1n} \\ \vdots & \vdots & & \vdots \\ b_{11}+\cdots+b_{s1} & b_{12}+\cdots+b_{s2} & \cdots & b_{1n}+\cdots+b_{sn} \\ \vdots & \vdots & & \vdots \\ a_{n1} & a_{n2} & \cdots & a_{nn} \end{vmatrix} = \sum_{k=1}^{s} \begin{vmatrix} a_{11} & a_{12} & \cdots & a_{1n} \\ \vdots & \vdots & & \vdots \\ b_{1k} & b_{2k} & \cdots & b_{nk} \\ \vdots & \vdots & & \vdots \\ a_{n1} & a_{n2} & \cdots & a_{nn} \end{vmatrix} \tag{1.5.7}$$

性质 1.5.7 把行列式某一行(列)的各元素乘以同一数加到另一行(列)对应元素，则行列式的值不变。即

$$\begin{vmatrix} a_{11} & a_{12} & \cdots & a_{1n} \\ \vdots & \vdots & & \vdots \\ a_{i1} & a_{i2} & \cdots & a_{in} \\ \vdots & \vdots & & \vdots \\ a_{j1} & a_{j2} & \cdots & a_{jn} \\ \vdots & \vdots & & \vdots \\ a_{n1} & a_{n2} & \cdots & a_{nn} \end{vmatrix} = \begin{vmatrix} a_{11} & a_{12} & \cdots & a_{1n} \\ \vdots & \vdots & & \vdots \\ a_{i1}+ka_{j1} & a_{i2}+ka_{j2} & \cdots & a_{in}+ka_{jn} \\ \vdots & \vdots & & \vdots \\ a_{j1} & a_{j2} & \cdots & a_{jn} \\ \vdots & \vdots & & \vdots \\ a_{n1} & a_{n2} & \cdots & a_{nn} \end{vmatrix} \tag{1.5.8}$$

证明 利用性质 1.5.5 和性质 1.5.6 可得

$$\begin{vmatrix} a_{11} & a_{12} & \cdots & a_{1n} \\ \vdots & \vdots & & \vdots \\ a_{i1}+ka_{j1} & a_{i2}+ka_{j2} & \cdots & a_{in}+ka_{jn} \\ \vdots & \vdots & & \vdots \\ a_{j1} & a_{j2} & \cdots & a_{jn} \\ \vdots & \vdots & & \vdots \\ a_{n1} & a_{n2} & \cdots & a_{nn} \end{vmatrix}$$

$$= \begin{vmatrix} a_{11} & a_{12} & \cdots & a_{1n} \\ \vdots & \vdots & & \vdots \\ a_{i1} & a_{i2} & \cdots & a_{in} \\ \vdots & \vdots & & \vdots \\ a_{j1} & a_{j2} & \cdots & a_{jn} \\ \vdots & \vdots & & \vdots \\ a_{n1} & a_{n2} & \cdots & a_{nn} \end{vmatrix} + \begin{vmatrix} a_{11} & a_{12} & \cdots & a_{1n} \\ \vdots & \vdots & & \vdots \\ ka_{j1} & ka_{j2} & \cdots & ka_{jn} \\ \vdots & \vdots & & \vdots \\ a_{j1} & a_{j2} & \cdots & a_{jn} \\ \vdots & \vdots & & \vdots \\ a_{n1} & a_{n2} & \cdots & a_{nn} \end{vmatrix}$$

$$= \begin{vmatrix} a_{11} & a_{12} & \cdots & a_{1n} \\ \vdots & \vdots & & \vdots \\ a_{i1} & a_{i2} & \cdots & a_{in} \\ \vdots & \vdots & & \vdots \\ a_{j1} & a_{j2} & \cdots & a_{jn} \\ \vdots & \vdots & & \vdots \\ a_{n1} & a_{n2} & \cdots & a_{nn} \end{vmatrix}$$

注 1.5.2 性质 1.5.2、性质 1.5.4 和性质 1.5.7 是行列式关于行(列)的三种运算，一般把互换第 i 行(列)和第 j 行(列)记为 $r_i \leftrightarrow r_j$ ($c_i \leftrightarrow c_j$)，把数 k 乘以第 i 行(列)记为 kr_i (kc_i)，把第 j 行(列)的 k 倍加到第 i 行(列)记为 $r_i + kr_j$ ($c_i + kc_j$)。

在以后的行列式计算中主要利用以上的性质将该行列式化为上三角行列式或者下三角行列式，再进行计算。

1.5.2 行列式性质的应用

例 1.5.1 计算行列式 $\begin{vmatrix} 246 & 427 & 327 \\ 1014 & 543 & 443 \\ -342 & 721 & 621 \end{vmatrix}$。

解 利用性质 1.5.4 和性质 1.5.7 可得

$$\begin{vmatrix} 246 & 427 & 327 \\ 1014 & 543 & 443 \\ -342 & 721 & 621 \end{vmatrix} = \begin{vmatrix} 246+427+327 & 427 & 327 \\ 1014+543+443 & 543 & 443 \\ -342+721+621 & 721 & 621 \end{vmatrix}$$

$$= \begin{vmatrix} 1000 & 427 & 327 \\ 2000 & 543 & 443 \\ 1000 & 721 & 621 \end{vmatrix} = 1000 \begin{vmatrix} 1 & 427 & 327 \\ 2 & 543 & 443 \\ 1 & 721 & 621 \end{vmatrix} = -294 \times 10^5$$

例 1.5.2 设 $\begin{vmatrix} a_{11} & a_{12} & a_{13} \\ a_{21} & a_{22} & a_{23} \\ a_{31} & a_{32} & a_{33} \end{vmatrix} = 1$，求 $\begin{vmatrix} 12a_{11} & -4a_{12} & -8a_{13} \\ -3a_{21} & a_{22} & 2a_{23} \\ -3a_{31} & a_{32} & 2a_{33} \end{vmatrix}$。

解 连续三次利用性质 1.5.4 可得

$$\begin{vmatrix} 12a_{11} & -4a_{12} & -8a_{13} \\ -3a_{21} & a_{22} & 2a_{23} \\ -3a_{31} & a_{32} & 2a_{33} \end{vmatrix} = (-3)\times 2 \times (-4) \times \begin{vmatrix} a_{11} & a_{12} & a_{13} \\ a_{21} & a_{22} & a_{23} \\ a_{31} & a_{32} & a_{33} \end{vmatrix} = 24$$

例 1.5.3 证明：

$$\begin{vmatrix} a_{11}+a_{12} & a_{12}+a_{13} & a_{13}+a_{11} \\ a_{21}+a_{22} & a_{22}+a_{23} & a_{23}+a_{21} \\ a_{31}+a_{32} & a_{32}+a_{33} & a_{33}+a_{31} \end{vmatrix} = 2 \begin{vmatrix} a_{11} & a_{12} & a_{13} \\ a_{21} & a_{22} & a_{23} \\ a_{31} & a_{32} & a_{33} \end{vmatrix}$$

证明 左边 $=2\begin{vmatrix} a_{11}+a_{12}+a_{13} & a_{12}+a_{13} & a_{13}+a_{11} \\ a_{21}+a_{22}+a_{23} & a_{22}+a_{23} & a_{23}+a_{21} \\ a_{31}+a_{32}+a_{33} & a_{32}+a_{33} & a_{33}+a_{31} \end{vmatrix}$

$$=2\begin{vmatrix} a_{11}+a_{12}+a_{13} & -a_{11} & -a_{12} \\ a_{21}+a_{22}+a_{23} & -a_{21} & -a_{22} \\ a_{31}+a_{32}+a_{33} & -a_{31} & -a_{32} \end{vmatrix}$$

$$=2\begin{vmatrix} a_{13} & -a_{11} & -a_{12} \\ a_{23} & -a_{21} & -a_{22} \\ a_{33} & -a_{31} & -a_{32} \end{vmatrix}$$

$$=2\begin{vmatrix} a_{11} & a_{12} & a_{13} \\ a_{21} & a_{22} & a_{23} \\ a_{31} & a_{32} & a_{33} \end{vmatrix}$$

例 1.5.4 证明奇数阶反对称行列式的值为零，其中反对称行列式为

$$D = \begin{vmatrix} 0 & a_{12} & \cdots & a_{1n} \\ -a_{12} & 0 & \cdots & a_{2n} \\ \vdots & \vdots & & \vdots \\ -a_{1n} & -a_{2n} & \cdots & 0 \end{vmatrix}$$

证明 利用性质 1.5.1 和性质 1.5.4 得

$$D = \begin{vmatrix} 0 & -a_{12} & \cdots & -a_{1n} \\ a_{12} & 0 & \cdots & -a_{2n} \\ \vdots & \vdots & & \vdots \\ a_{1n} & a_{2n} & \cdots & 0 \end{vmatrix} = (-1)^n \begin{vmatrix} 0 & a_{12} & \cdots & a_{1n} \\ -a_{12} & 0 & \cdots & a_{2n} \\ \vdots & \vdots & & \vdots \\ -a_{1n} & -a_{2n} & \cdots & 0 \end{vmatrix}$$

$$= (-1)^n D^{\mathrm{T}} = (-1)^n D$$

当 n 为奇数时，有 $D=-D$，即 $D=0$。

例 1.5.5　计算 n 阶行列式

$$D=\begin{vmatrix}0&1&1&\cdots&1\\1&0&1&\cdots&1\\1&1&0&\cdots&1\\\vdots&\vdots&\vdots&&\vdots\\1&1&1&\cdots&0\end{vmatrix}$$

解　依据性质 1.5.7，把 D 的第 2 行、第 3 行、…、第 n 行均加到第一行得

$$D=\begin{vmatrix}n-1&n-1&n-1&\cdots&n-1\\1&0&1&\cdots&1\\1&1&0&\cdots&1\\\vdots&\vdots&\vdots&&\vdots\\1&1&1&\cdots&0\end{vmatrix}$$

再由性质 1.5.4 得

$$D=(n-1)\begin{vmatrix}1&1&1&\cdots&1\\1&0&1&\cdots&1\\1&1&0&\cdots&1\\\vdots&\vdots&\vdots&&\vdots\\1&1&1&\cdots&0\end{vmatrix}$$

由性质 1.5.7，用第 1 行的 -1 倍，依次加到第 2 行、第 3 行、…、第 n 行得

$$D=(n-1)\begin{vmatrix}1&1&1&\cdots&1\\0&-1&0&\cdots&0\\0&0&-1&\cdots&0\\\vdots&\vdots&\vdots&&\vdots\\0&0&0&\cdots&-1\end{vmatrix}$$

最后由行列式的定义可得

$$D=(-1)^{n-1}(n-1)$$

1.6　行列式按行(列)展开定理与 Laplace 定理

回忆 1.5 节中，n 阶行列式的展开式共有 $n!$ 项，每一项均是不同行、不同列 n 个元素的乘积并冠以符号构成的，现以第 i 行的各元素进行整理，则可得

$$\begin{vmatrix} a_{11} & a_{12} & \cdots & a_{1n} \\ a_{21} & a_{22} & \cdots & a_{2n} \\ \vdots & \vdots & & \vdots \\ a_{n1} & a_{n2} & \cdots & a_{nn} \end{vmatrix} = a_{i1}A_{i1} + a_{i2}A_{i2} + \cdots + a_{in}A_{in} \tag{1.6.1}$$

这里的 A_{ij} 是什么,该如何计算?现以一个三阶行列式的第 2 行元素为例,把所有的展开项按第 2 行进行分组,即

$$\begin{aligned}\begin{vmatrix} a_{11} & a_{12} & a_{13} \\ a_{21} & a_{22} & a_{23} \\ a_{31} & a_{32} & a_{33} \end{vmatrix} &= a_{11}a_{22}a_{33} + a_{12}a_{23}a_{31} + a_{13}a_{21}a_{32} - a_{13}a_{22}a_{31} - a_{12}a_{21}a_{33} - a_{11}a_{23}a_{32} \\ &= a_{21}(a_{13}a_{32} - a_{12}a_{33}) + a_{22}(a_{11}a_{33} - a_{13}a_{31}) + a_{23}(a_{12}a_{31} - a_{11}a_{32}) \\ &= a_{21}(-1)\begin{vmatrix} a_{12} & a_{13} \\ a_{32} & a_{33} \end{vmatrix} + a_{22}\begin{vmatrix} a_{11} & a_{13} \\ a_{31} & a_{33} \end{vmatrix} + a_{23}(-1)\begin{vmatrix} a_{11} & a_{12} \\ a_{31} & a_{32} \end{vmatrix} \\ &= a_{21}(-1)^{2+1}\begin{vmatrix} a_{12} & a_{13} \\ a_{32} & a_{33} \end{vmatrix} + a_{22}(-1)^{2+2}\begin{vmatrix} a_{11} & a_{13} \\ a_{31} & a_{33} \end{vmatrix} + a_{23}(-1)^{2+3}\begin{vmatrix} a_{11} & a_{12} \\ a_{31} & a_{32} \end{vmatrix}\end{aligned}$$

思考:一个三阶行列式可以写成 3 个二阶行列式的代数和。那么,n 阶行列式是否可以写成若干个 $n-1$ 阶行列式的代数和呢?

1.6.1 按行(列)展开定理

为了研究行列式的展开,首先给出行列式的余子式和代数余子式的概念。

定义 1.6.1 在行列式 $\begin{vmatrix} a_{11} & \cdots & a_{1j} & \cdots & a_{1n} \\ \vdots & & \vdots & & \vdots \\ a_{i1} & \cdots & a_{ij} & \cdots & a_{in} \\ \vdots & & \vdots & & \vdots \\ a_{n1} & \cdots & a_{nj} & \cdots & a_{nn} \end{vmatrix}$ 中划去元素 a_{ij} 所在的第 i 行、第 j 列元素,把余下的 $(n-1)^2$ 个元素依原来的排法构成的一个 $n-1$ 阶行列式

$$M_{ij} = \begin{vmatrix} a_{11} & \cdots & a_{1,j-1} & a_{1,j+1} & \cdots & a_{1n} \\ \vdots & & \vdots & \vdots & & \vdots \\ a_{i-1,1} & \cdots & a_{i-1,j-1} & a_{i-1,j+1} & \cdots & a_{i-1,n} \\ a_{i+1,1} & \cdots & a_{i+1,j-1} & a_{i+1,j+1} & \cdots & a_{i+1,n} \\ \vdots & & \vdots & \vdots & & \vdots \\ a_{n1} & \cdots & a_{n,j-1} & a_{n,j+1} & \cdots & a_{nn} \end{vmatrix} \tag{1.6.2}$$

称为元素 a_{ij} 的**余子式**,记为 M_{ij}。令 $A_{ij}=(-1)^{i+j}M_{ij}$,称 A_{ij} 为元素 a_{ij} 的**代数余子式**。

注意:行列式的每个元素都分别对应着一个余子式 M_{ij} 和代数余子式 A_{ij}。M_{ij} 和 A_{ij} 与 a_{ij} 的数值无关,但与 a_{ij} 的位置有关。

例 1.6.1 设 $D=\begin{vmatrix} 1 & 2 & 0 & 4 \\ 2 & 4 & 2 & 0 \\ 3 & 1 & 3 & 2 \\ 4 & 0 & 1 & 1 \end{vmatrix}$,求 M_{24},A_{24} 和 M_{32},A_{32}。

解 依据余子式和代数余子式的定义有

$$M_{24}=\begin{vmatrix}1&2&0\\3&1&3\\4&0&1\end{vmatrix}=19,\quad M_{32}=\begin{vmatrix}1&0&4\\2&2&0\\4&1&1\end{vmatrix}=-22$$

$$A_{24}=(-1)^{2+4}M_{24}=19,\quad A_{32}=(-1)^{3+2}M_{32}=22$$

定理 1.6.1 (行列式按行、按列展开定理)设行列式

$$D=\begin{vmatrix}a_{11}&a_{12}&\cdots&a_{1n}\\a_{21}&a_{22}&\cdots&a_{2n}\\\vdots&\vdots&&\vdots\\a_{n1}&a_{n2}&\cdots&a_{nn}\end{vmatrix}$$

A_{ij}表示元素a_{ij}的代数余子式,则下列公式成立:

$$a_{k1}A_{i1}+a_{k2}A_{i2}+\cdots+a_{kn}A_{in}=\sum_{s=1}^{n}a_{ks}A_{is}=\begin{cases}D & (k=i)\\0 & (k\neq i)\end{cases}\tag{1.6.3}$$

$$a_{1l}A_{1j}+a_{2l}A_{2j}+\cdots+a_{nl}A_{nj}=\sum_{s=1}^{n}a_{sl}A_{sj}=\begin{cases}D & (l=j)\\0 & (l\neq j)\end{cases}\tag{1.6.4}$$

证明 (1) 先证行列式等于它的任一行(或列)的各元素与其对应的代数余子式乘积之和。

① 当行列式 D 中第 1 行除 $a_{11}\neq 0$,其余元素全为零时:

$$D=\begin{vmatrix}a_{11}&0&\cdots&0\\a_{21}&a_{22}&\cdots&a_{2n}\\\vdots&\vdots&&\vdots\\a_{n1}&a_{n2}&\cdots&a_{nn}\end{vmatrix}=\sum_{1j_2\cdots j_n}(-1)^{\tau(1j_2\cdots j_n)}a_{11}a_{2j_2}\cdots a_{nj_n}$$

$$=a_{11}\sum_{j_2\cdots j_n}(-1)^{\tau(j_2\cdots j_n)}a_{2j_2}\cdots a_{nj_n}=a_{11}M_{11}=a_{11}(-1)^{1+1}M_{11}=a_{11}A_{11}$$

其中$(-1)^{\tau(j_2\cdots j_n)}a_{2j_2}\cdots a_{nj_n}$恰为$M_{11}$的一般项。

② 当行列式 D 中第 i 行除$a_{ij}\neq 0$,其余元素全为零时:

$$d=\begin{vmatrix}a_{11}&\cdots&a_{1j}&\cdots&a_{1n}\\\vdots&&\vdots&&\vdots\\0&\cdots&a_{ij}&\cdots&0\\\vdots&&\vdots&&\vdots\\a_{n1}&\cdots&a_{nj}&\cdots&a_{nn}\end{vmatrix}$$

为应用上面的结论,将 D 的第i 行依次与第$i-1$ 行、第 $i-2$ 行、…、第 1 行互换,再将第 j 列依次与第 $j-1$ 列、第 $j-2$ 列、…、第 1 列互换,共实施 $i-1$ 次行互换和 $j-1$ 次列互换,则

$$D=(-1)^{i-1}\begin{vmatrix}0&\cdots&a_{ij}&\cdots&0\\a_{11}&\cdots&a_{1j}&\cdots&a_{1n}\\\vdots&&\vdots&&\vdots\\a_{n1}&\cdots&a_{nj}&\cdots&a_{nn}\end{vmatrix}$$

$$= (-1)^{i+j-2}\begin{vmatrix} a_{ij} & 0 & \cdots & 0 & 0 & \cdots & 0 \\ a_{1j} & a_{11} & \cdots & a_{1,j-1} & a_{1,j+1} & \cdots & a_{1,n} \\ \vdots & \vdots & & \vdots & \vdots & & \vdots \\ a_{i-1,j} & a_{i-1,1} & \cdots & a_{i-1,j-1} & a_{i-1,j+1} & \cdots & a_{i-1,n} \\ a_{i+1,j} & a_{i+1,1} & \cdots & a_{i+1,j-1} & a_{i+1,j+1} & \cdots & a_{i+1,n} \\ \vdots & \vdots & & \vdots & \vdots & & \vdots \\ a_{nj} & a_{n1} & \cdots & a_{n,j-1} & a_{n,j+1} & \cdots & a_{nn} \end{vmatrix}$$

$$= (-1)^{i+j-2}a_{ij}M_{ij} = a_{ij}(-1)^{i+j}M_{ij} = a_{ij}A_{ij}$$

③ 当行列式 D 为一般情形时：

$$D = \begin{vmatrix} a_{11} & \cdots & a_{1j} & \cdots & a_{1n} \\ \vdots & & \vdots & & \vdots \\ a_{i1} & \cdots & a_{ij} & \cdots & a_{in} \\ \vdots & & \vdots & & \vdots \\ a_{n1} & \cdots & a_{nj} & \cdots & a_{nn} \end{vmatrix}$$

$$= \begin{vmatrix} a_{11} & \cdots & a_{1j} & \cdots & a_{1n} \\ \vdots & & \vdots & & \vdots \\ a_{i1} & \cdots & 0 & \cdots & 0 \\ \vdots & & \vdots & & \vdots \\ a_{n1} & \cdots & a_{nj} & \cdots & a_{nn} \end{vmatrix} + \cdots + \begin{vmatrix} a_{11} & \cdots & a_{1j} & \cdots & a_{1n} \\ \vdots & & \vdots & & \vdots \\ 0 & \cdots & a_{ij} & \cdots & 0 \\ \vdots & & \vdots & & \vdots \\ a_{n1} & \cdots & a_{nj} & \cdots & a_{nn} \end{vmatrix} + \cdots$$

$$+ \begin{vmatrix} a_{11} & \cdots & a_{1j} & \cdots & a_{1n} \\ \vdots & & \vdots & & \vdots \\ 0 & \cdots & 0 & \cdots & a_{in} \\ \vdots & & \vdots & & \vdots \\ a_{n1} & \cdots & a_{nj} & \cdots & a_{nn} \end{vmatrix}$$

$$= a_{i1}A_{i1} + a_{i2}A_{i2} + \cdots + a_{in}A_{in} = \sum_{k=1}^{n} a_{ik}A_{ik} \quad (i = 1,2,\cdots,n)$$

(2) 再证行列式中任一行(或列)的各元素与其另一行(或列)对应元素的代数余子式乘积之和等于零，即 $a_{k1}A_{i1} + a_{k2}A_{i2} + \cdots + a_{kn}A_{in} = 0(k \neq i)$。令第 i 行的元素分别等于第 k 行的元素，即 $a_{kj} = a_{ij}(j = 1,2,\cdots,n, k \neq i)$，则

$$a_{k1}A_{i1} + a_{k2}A_{i2} + \cdots + a_{kn}A_{in} = \begin{vmatrix} a_{11} & a_{12} & \cdots & a_{1n} \\ \vdots & \vdots & & \vdots \\ a_{i1} & a_{i2} & \cdots & a_{in} \\ \vdots & \vdots & & \vdots \\ a_{i1} & a_{i2} & \cdots & a_{in} \\ \vdots & \vdots & & \vdots \\ a_{n1} & a_{n2} & \cdots & a_{nn} \end{vmatrix} = 0$$

同理可证，定理的第 2 个等式也成立。

例 1.6.2 计算行列式 $D=\begin{vmatrix}5&3&-1&2&0\\1&7&2&5&2\\0&-2&3&1&0\\0&-4&-1&4&0\\0&2&3&5&0\end{vmatrix}$。

解 按第 5 列展开得

$$D=\begin{vmatrix}5&3&-1&2&0\\1&7&2&5&2\\0&-2&3&1&0\\0&-4&-1&4&0\\0&2&3&5&0\end{vmatrix}=2\cdot(-1)^{2+5}\begin{vmatrix}5&3&-1&2\\0&-2&3&1\\0&-4&-1&4\\0&2&3&5\end{vmatrix}=-2\cdot 5\begin{vmatrix}-2&3&1\\-4&-1&4\\2&3&5\end{vmatrix}$$

$$=-10\begin{vmatrix}-2&3&1\\0&-7&2\\0&6&6\end{vmatrix}=-10\cdot(-2)\begin{vmatrix}-7&2\\6&6\end{vmatrix}=-1080$$

说明:计算行列式时,直接应用行列式展开公式不一定能简化计算,但在行列式中某一行或某一列含有较多的零时,利用行列式按行展开定理可简化计算行列式。

例 1.6.3 计算行列式 $D=\begin{vmatrix}1&2&3&4\\1&0&1&2\\3&-1&-1&0\\1&2&0&-5\end{vmatrix}$。

解 先用第 3 列减第 1 列,第 4 列减第 1 列的 2 倍,再按第 2 行展开得

$$D=\begin{vmatrix}1&2&2&2\\1&0&0&0\\3&-1&-4&-6\\1&2&-1&-7\end{vmatrix}=(-1)^{2+1}\begin{vmatrix}2&2&2\\-1&-4&-6\\2&-1&-7\end{vmatrix}=-\begin{vmatrix}2&0&0\\-1&-3&-5\\2&-3&-9\end{vmatrix}$$

$$=-2\begin{vmatrix}-3&-5\\-3&-9\end{vmatrix}=-24$$

说明:先用行列式的性质将行列式中某一行(列)化为仅有一个元素非零,其余元素全为零。再按此行(列)展开,将行列式转化为低一阶的行列式。如此下去,直到化为易于计算的三阶或二阶行列式。

例 1.6.4 设 $D=\begin{vmatrix}3&-5&2&1\\1&1&0&-5\\-1&3&1&3\\2&-4&-1&-3\end{vmatrix}$,求 $A_{11}+A_{12}+A_{13}+A_{14}$ 与 $M_{11}+M_{21}+M_{31}+M_{41}$。

解 利用行列式按行展开得

$$A_{11}+A_{12}+A_{13}+A_{14}=\begin{vmatrix}1&1&1&1\\1&1&0&-5\\-1&3&1&3\\2&-4&-1&-3\end{vmatrix}=\begin{vmatrix}1&0&0&0\\1&0&-1&-6\\-1&4&2&4\\2&-6&-3&-5\end{vmatrix}$$

$$=1\cdot(-1)^{1+1}\begin{vmatrix}0&-1&-6\\4&2&4\\-6&-3&-5\end{vmatrix}=\begin{vmatrix}0&-1&0\\4&2&-8\\-6&-3&13\end{vmatrix}$$

$$=(-1)\cdot(-1)^{1+2}\begin{vmatrix}4&-8\\-6&13\end{vmatrix}=4$$

$$M_{11}+M_{21}+M_{31}+M_{41}=A_{11}-A_{21}+A_{31}-A_{41}$$

$$=\begin{vmatrix}1&-5&2&1\\-1&1&0&-5\\1&3&1&3\\-1&-4&-1&-3\end{vmatrix}=\begin{vmatrix}1&-5&2&1\\0&-4&2&-4\\0&8&-1&2\\0&-9&1&-2\end{vmatrix}$$

$$=1\cdot(-1)^{1+1}\begin{vmatrix}-4&2&-4\\8&-1&2\\-9&1&-2\end{vmatrix}$$

$$=\begin{vmatrix}-4&2&-4\\8&-1&2\\-1&0&0\end{vmatrix}=(-1)\cdot(-1)^{3+1}\begin{vmatrix}2&-4\\-1&2\end{vmatrix}=0$$

说明:利用行列式按行(列)展开定理可求一些代数余子式的和。

例 1.6.5 求证:$\begin{vmatrix}1&2&3&\cdots&n-1&n\\1&1&2&\cdots&n-2&n-1\\1&x&1&\cdots&n-3&n-2\\\vdots&\vdots&\vdots&&\vdots&\vdots\\1&x&x&\cdots&1&2\\1&x&x&\cdots&x&1\end{vmatrix}=(-1)^{n-1}x^{n-2}$。

证明

$$\begin{vmatrix}1&2&3&\cdots&n-1&n\\1&1&2&\cdots&n-2&n-1\\1&x&1&\cdots&n-3&n-2\\\vdots&\vdots&\vdots&&\vdots&\vdots\\1&x&x&\cdots&1&2\\1&x&x&\cdots&x&1\end{vmatrix}=\begin{vmatrix}1&2&3&\cdots&n-1&n\\0&-1&-1&\cdots&-1&-1\\0&x-1&-1&\cdots&-1&-1\\\vdots&\vdots&\vdots&&\vdots&\vdots\\0&0&0&\cdots&-1&-1\\0&0&0&\cdots&x-1&-1\end{vmatrix}$$

$$
=\begin{vmatrix} -1 & -1 & \cdots & -1 & -1 \\ x-1 & -1 & \cdots & -1 & -1 \\ \vdots & \vdots & & \vdots & \vdots \\ 0 & 0 & \cdots & -1 & -1 \\ 0 & 0 & \cdots & x-1 & -1 \end{vmatrix}
$$

$$
=\begin{vmatrix} -1 & 0 & 0 & \cdots & 0 & 0 \\ x-1 & -x & 0 & \cdots & 0 & 0 \\ 0 & x-1 & -x & \cdots & 0 & 0 \\ \vdots & \vdots & \vdots & & \vdots & \vdots \\ 0 & 0 & 0 & \cdots & -x & 0 \\ 0 & 0 & 0 & \cdots & x-1 & -x \end{vmatrix}
$$

$$
=(-1)^{n-1}x^{n-2}
$$

例 1.6.6 证明:Vandermonde 行列式 $D=\begin{vmatrix} 1 & 1 & 1 & \cdots & 1 \\ a_1 & a_2 & a_3 & \cdots & a_n \\ a_1^2 & a_2^2 & a_3^2 & \cdots & a_n^2 \\ \vdots & \vdots & \vdots & & \vdots \\ a_1^{n-1} & a_2^{n-1} & a_3^{n-1} & \cdots & a_n^{n-1} \end{vmatrix}=$ $\prod\limits_{1\leqslant i<j\leqslant n}(a_j-a_i)$。

证明 利用数学归纳法证明。当 $n=2$ 时,有 $D=\begin{vmatrix} 1 & 1 \\ a_1 & a_2 \end{vmatrix}=a_2-a_1$,结论成立;

假设当 $n=k-1$ 时结论成立,即

$$
D=\begin{vmatrix} 1 & 1 & 1 & \cdots & 1 \\ a_1 & a_2 & a_3 & \cdots & a_{k-1} \\ a_1^2 & a_2^2 & a_3^2 & \cdots & a_{k-1}^2 \\ \vdots & \vdots & \vdots & & \vdots \\ a_1^{k-2} & a_2^{k-2} & a_3^{k-2} & \cdots & a_{k-1}^{k-2} \end{vmatrix}=\prod_{1\leqslant i<j\leqslant k-1}(a_j-a_i)
$$

则当 $n=k$ 时,用 $i-1$ 行乘 $-a_1$ 加到第 $i(i=k,k-1,\cdots,2)$ 行得

$$
D=\begin{vmatrix} 1 & 1 & 1 & \cdots & 1 \\ 0 & a_2-a_1 & a_3-a_1 & \cdots & a_k-a_1 \\ 0 & a_2(a_2-a_1) & a_3(a_3-a_1) & \cdots & a_k(a_k-a_1) \\ \vdots & \vdots & \vdots & & \vdots \\ 0 & a_2^{k-2}(a_2-a_1) & a_3^{k-2}(a_3-a_1) & \cdots & a_k^{k-2}(a_k-a_1) \end{vmatrix}
$$

再按照第1列展开,并提取每一列的公因子到行列式之外,得

$$D = \prod_{1<i\leqslant k}(a_i - a_1)\begin{vmatrix} 1 & 1 & 1 & \cdots & 1 \\ a_2 & a_3 & a_4 & \cdots & a_k \\ a_2^2 & a_3^2 & a_4^2 & \cdots & a_k^2 \\ \vdots & \vdots & \vdots & & \vdots \\ a_2^{k-2} & a_3^{k-2} & a_4^{k-2} & \cdots & a_k^{k-2} \end{vmatrix}$$

上式的右端是一个 $k-1$ 阶 Vandermonde 行列式,由归纳假设知其等于 $\prod\limits_{2\leqslant i<j\leqslant k}(a_j - a_i)$,所以 $D = \prod\limits_{1\leqslant i<j\leqslant k}(a_j - a_i)$。

1.6.2 Laplace 定理*

定义 1.6.2 在 n 阶行列式 D 中任意选定 $k(k\leqslant n)$ 行 k 列,位于这些行和列的交点上的 k^2 个元素按原来的次序组成的 k 阶行列式 M,称为行列式 D 的 **k 阶子式**。当 $k<n$ 时,在 D 中划去这 k 行 k 列后余下的元素按照原来的次序组成的 $n-k$ 阶行列式 M' 称为 **k 阶子式 M 的余子式**。

$$\underset{D}{\begin{vmatrix} 0 & 1 & 2 & -1 & 4 \\ 2 & 0 & 1 & 2 & 1 \\ -1 & 3 & 5 & 1 & 2 \\ 3 & 3 & 1 & 2 & 1 \\ 2 & 1 & 0 & 3 & 5 \end{vmatrix}} \xrightarrow{2,4\text{行};1,3\text{列}} \underset{M}{\begin{vmatrix} 2 & 1 \\ 3 & 1 \end{vmatrix}} \qquad \underset{M'}{\begin{vmatrix} 1 & -1 & 4 \\ 3 & 1 & 2 \\ 1 & 3 & 5 \end{vmatrix}}$$

定义 1.6.3 设 D 的 k 阶子式 M 在 D 中所在的行、列指标分别是 $i_1, i_2, \cdots, i_k; j_1, j_2, \cdots, j_k$,则 M 的余子式 M' 前面加上符号 $(-1)^{i_1+i_2+\cdots+i_k+j_1+j_2+\cdots+j_k}$ 称为 **M 的代数余子式**。

如上例所示,M 的代数余子式为 $(-1)^{2+4+1+3}M'$。

引理 1.6.1 行列式 D 的任一个子式 M 与它的代数余子式 A 的乘积中的每一项都是行列式 D 的展开式中的一项,而且符号也一致。

证明 (1) 当 M 是由行列式 D 取前 k 行 k 列得到的 k 阶子式,M' 是其余子式,A 是其代数余子式,则有

$$A = (-1)^{(1+2+\cdots+k)+(1+2+\cdots+k)}M'$$

M 的每一项为 $a_{1\alpha_1}a_{2\alpha_2}\cdots a_{k\alpha_k}$,其中 $\alpha_1\alpha_2\cdots\alpha_k$ 是 $1,2,\cdots,k$ 的一个排列,其前面所带的符号是 $(-1)^{\tau(\alpha_1\alpha_2\cdots\alpha_k)}$。$M'$ 的每一项为 $a_{k+1,\beta_{k+1}}a_{k+2,\beta_{k+2}}\cdots a_{n\beta_n}$,其中 $\beta_{k+1}\beta_{k+2}\cdots\beta_n$ 是 $k+1, k+2,\cdots,n$ 的一个排列,其前面所带的符号是 $(-1)^{\tau((\beta_{k+1}-k)(\beta_{k+2}-k)\cdots(\beta_n-k))}$。这两项的乘积是 $a_{1\alpha_1}\ a_{2\alpha_2}\ \cdots\ a_{k\alpha_k}\ a_{k+1,\beta_{k+1}}\ a_{k+2,\beta_{k+2}}\ \cdots\ a_{n\beta_n}$,其前面的符号是 $(-1)^{\tau(\alpha_1\alpha_2\cdots\alpha_k)+\tau((\beta_{k+1}-k)(\beta_{k+2}-k)\cdots(\beta_n-k))}$。因为每个 $\beta_{k+1}\beta_{k+2}\cdots\beta_n$ 比 $\alpha_1\alpha_2\cdots\alpha_k$ 大,则有

$$(-1)^{\tau(\alpha_1\alpha_2\cdots\alpha_k)+\tau((\beta_{k+1}-k)(\beta_{k+2}-k)\cdots(\beta_n-k))} = (-1)^{\tau(\alpha_1\alpha_2\cdots\alpha_k\beta_{k+1}\beta_{k+2}\cdots\beta_n)}$$

因此,MA 的每一项是行列式 D 中的一项,而且符号相同。

(2) 当 M 是由行列式 D 任取第 $i_1, i_2, \cdots, i_k$ 行、第 $j_1, j_2, \cdots, j_k$ 列得到的 k 阶子式,且满足 $i_1<i_2<\cdots<i_k, j_1<j_2<\cdots<j_k$。为使 M 位于行列式 D 的左上角,先把第 i_1 行依次

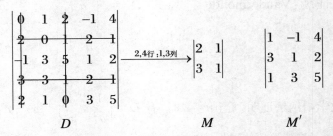

与第 $i_1-1,i_1-2,\cdots,2,1$ 行对换，这样经过 i_1-1 次对换将第 i_1 行换到第1行。再将第 i_2 行依次与第 $i_2-1,i_2-2,\cdots,2$ 行对换，这样经过 i_1-2 次对换将第行换到第2行。如此继续进行，共经过

$$(i_1-1)+(i_2-2)+\cdots+(i_k-k)=i_1+i_2+\cdots+i_k-(1+2+\cdots+k)$$

次行对换，从而把第 $i_1,i_2,\cdots,i_k$ 行依次换到第 $1,2,\cdots,k$ 行。通过类似的列变换，将 M 的第 $j_1,j_2,\cdots,j_k$ 列依次换到第 $1,2,\cdots,k$ 列，共进行

$$(j_1-1)+(j_2-2)+\cdots+(j_k-k)=j_1+j_2+\cdots+j_k-(1+2+\cdots+k)$$

次列对换。设 D_1 为经过上述的行、列变换后得到的行列式，则有

$$D=(-1)^{i_1+i_2+\cdots+i_k-(1+2+\cdots+k)+j_1+j_2+\cdots+j_k-(1+2+\cdots+k)}D_1=(-1)^{i_1+i_2+\cdots+i_k+j_1+j_2+\cdots+j_k}D_1$$

由此，D_1 和 D 的展开式中出现的项是一样的，每一项都相差符号 $(-1)^{i_1+i_2+\cdots+i_k+j_1+j_2+\cdots+j_k}$。又因为 M 位于 D_1 的左上角，它在 D_1 中的余子式和代数余子式都是 M'，由(1)的结论知 MM' 中每一项都与 D_1 中的一项相等且符号一致。另一方面，在行列式 D 中 MA 满足如下的等式：

$$MA=M(-1)^{i_1+i_2+\cdots+i_k+j_1+j_2+\cdots+j_k}M'=(-1)^{i_1+i_2+\cdots+i_k+j_1+j_2+\cdots+j_k}MM'$$

因此，MA 的每一项是行列式 D 中的一项，而且符号相同。

定理 1.6.2 （Laplace 定理）设在 n 阶行列式 D 中任意取定 $k(1\leqslant k\leqslant n-1)$ 行。由这 k 行元素所组成的一切 k 阶子式与它们的代数余子式的乘积的和等于行列式 D。

证明 设 D 中取定行 k 后得到的子式为 $M_1,M_2,\cdots,M_t$，它们的代数余子式分别为 $A_1,A_2,\cdots,A_t$，定理即证明

$$D=M_1A_1+M_2A_2+\cdots+M_tA_t \tag{1.6.5}$$

根据引理 1.6.1，M_iA_i 中的每一项均是行列式 D 的展开式中的一项且符号相同。而 M_iA_i 和 $M_jA_j(i\neq j)$ 无公共的项。(1.6.5)式的左边共有 $n!$ 项，为了计算(1.6.5)式右边的项数，首先要求出 t，由子式取法可知

$$t=\mathrm{C}_n^k=\frac{n!}{k!(n-k)!}$$

又因为 M_i 中共有 $k!$ 项，A_i 共有 $(n-k)!$ 项，所以(1.6.5)式右边共有

$$k!(n-k)!t=k!(n-k)!\mathrm{C}_n^k=k!(n-k)!\frac{n!}{k!(n-k)!}=n!$$

项，从而定理得证。

例 1.6.7 用 Laplace 定理计算行列式 $D=\begin{vmatrix}1&2&1&4\\0&-1&2&1\\1&0&1&3\\0&1&3&1\end{vmatrix}$。

解 取定第1行和第2行，可得到6个二阶子式，即

$$M_1=\begin{vmatrix}1&2\\0&-1\end{vmatrix},\quad M_2=\begin{vmatrix}1&1\\0&2\end{vmatrix},\quad M_3=\begin{vmatrix}1&4\\0&1\end{vmatrix}$$

$$M_4=\begin{vmatrix}2&1\\-1&2\end{vmatrix},\quad M_5=\begin{vmatrix}2&4\\-1&1\end{vmatrix},\quad M_6=\begin{vmatrix}1&4\\2&1\end{vmatrix}$$

它们对应的代数余子式为

$$A_1=(-1)^{1+2+1+2}M_1'=M_1',\quad A_2=(-1)^{1+2+1+3}M_2'=-M_2'$$

$$A_3=(-1)^{1+2+1+4}M_3'=M_3',\quad A_4=(-1)^{1+2+2+3}M_4'=M_4'$$

$$A_5=(-1)^{1+2+2+4}M_5'=-M_5',\quad A_6=(-1)^{1+2+3+4}M_6'=M_6'$$

根据 Laplace 定理，可得

$$\begin{aligned}D&=M_1A_1+M_2A_2+\cdots+M_6A_6\\&=\begin{vmatrix}1&2\\0&-1\end{vmatrix}\begin{vmatrix}1&3\\3&1\end{vmatrix}-\begin{vmatrix}1&1\\0&2\end{vmatrix}\begin{vmatrix}0&3\\1&1\end{vmatrix}+\begin{vmatrix}1&4\\0&1\end{vmatrix}\begin{vmatrix}0&1\\1&3\end{vmatrix}\\&\quad+\begin{vmatrix}2&1\\-1&2\end{vmatrix}\begin{vmatrix}1&3\\0&1\end{vmatrix}-\begin{vmatrix}2&4\\-1&1\end{vmatrix}\begin{vmatrix}1&1\\0&3\end{vmatrix}+\begin{vmatrix}1&4\\2&1\end{vmatrix}\begin{vmatrix}1&0\\0&1\end{vmatrix}\\&=(-1)\times(-8)-2\times(-3)+1\times(-1)+5\times1-6\times3+(-7)\times1\\&=8+6-1+5-18-7=-7\end{aligned}$$

例 1.6.8 证明：两个 n 阶行列式

$$D_1=\begin{vmatrix}a_{11}&a_{12}&\cdots&a_{1n}\\a_{21}&a_{22}&\cdots&a_{2n}\\\vdots&\vdots&&\vdots\\a_{n1}&a_{n2}&\cdots&a_{nn}\end{vmatrix},\quad D_2=\begin{vmatrix}b_{11}&b_{12}&\cdots&b_{1n}\\b_{21}&b_{22}&\cdots&b_{2n}\\\vdots&\vdots&&\vdots\\b_{n1}&b_{n2}&\cdots&b_{nn}\end{vmatrix}$$

的乘积等于另一个 n 阶行列式

$$D_3=\begin{vmatrix}c_{11}&c_{12}&\cdots&c_{1n}\\c_{21}&c_{22}&\cdots&c_{2n}\\\vdots&\vdots&&\vdots\\c_{n1}&c_{n2}&\cdots&c_{nn}\end{vmatrix}$$

其中 $c_{ij}=a_{i1}b_{1j}+a_{i2}b_{2j}+\cdots+a_{in}b_{nj}=\sum\limits_{k=1}^{n}a_{ik}b_{kj}$，即

$$D_3=D_1D_2=\begin{vmatrix}c_{11}&c_{12}&\cdots&c_{1n}\\c_{21}&c_{22}&\cdots&c_{2n}\\\vdots&\vdots&&\vdots\\c_{n1}&c_{n2}&\cdots&c_{nn}\end{vmatrix}=\begin{vmatrix}a_{11}&a_{12}&\cdots&a_{1n}\\a_{21}&a_{22}&\cdots&a_{2n}\\\vdots&\vdots&&\vdots\\a_{n1}&a_{n2}&\cdots&a_{nn}\end{vmatrix}\begin{vmatrix}b_{11}&b_{12}&\cdots&b_{1n}\\b_{21}&b_{22}&\cdots&b_{2n}\\\vdots&\vdots&&\vdots\\b_{n1}&b_{n2}&\cdots&b_{nn}\end{vmatrix}$$

证明 构造一个 $2n$ 阶行列式

$$D=\begin{vmatrix}a_{11}&a_{12}&\cdots&a_{1n}&0&0&\cdots&0\\a_{21}&a_{22}&\cdots&a_{2n}&0&0&\cdots&0\\\vdots&\vdots&&\vdots&\vdots&\vdots&&\vdots\\a_{n1}&a_{n2}&\cdots&a_{nn}&0&0&\cdots&0\\-1&0&\cdots&0&b_{11}&b_{12}&\cdots&b_{1n}\\0&-1&\cdots&0&b_{21}&b_{22}&\cdots&b_{2n}\\\vdots&\vdots&&\vdots&\vdots&\vdots&&\vdots\\0&0&\cdots&-1&b_{n1}&b_{n2}&\cdots&b_{nn}\end{vmatrix}$$

根据 Laplace 定理，将行列式 D 按前 n 行展开，但因 D 中前 n 行除去左上角那个 n 阶子式

D_1 外，其余的 n 阶子式全为零(因为这些子式中至少有一列全为零，故都为零)。所以

$$D=\begin{vmatrix} a_{11} & a_{12} & \cdots & a_{1n} \\ a_{21} & a_{22} & \cdots & a_{2n} \\ \vdots & \vdots & & \vdots \\ a_{n1} & a_{n2} & \cdots & a_{nn} \end{vmatrix}\begin{vmatrix} b_{11} & b_{12} & \cdots & b_{1n} \\ b_{21} & b_{22} & \cdots & b_{2n} \\ \vdots & \vdots & & \vdots \\ b_{n1} & b_{n2} & \cdots & b_{nn} \end{vmatrix}=D_1D_2$$

接下来再证明 $D=D_3$。对 D 使用行列式的性质 1.5.7，将第 $n+1$ 行的 a_{11} 倍、第 $n+2$ 行的 a_{12} 倍、…、第 $2n$ 行的 a_{1n} 倍加到第 1 行得

$$D=\begin{vmatrix} 0 & 0 & \cdots & 0 & c_{11} & c_{12} & \cdots & c_{1n} \\ a_{21} & a_{22} & \cdots & a_{2n} & 0 & 0 & \cdots & 0 \\ \vdots & \vdots & & \vdots & \vdots & \vdots & & \vdots \\ a_{n1} & a_{n2} & \cdots & a_{nn} & 0 & 0 & \cdots & 0 \\ -1 & 0 & \cdots & 0 & b_{11} & b_{12} & \cdots & b_{1n} \\ 0 & -1 & \cdots & 0 & b_{21} & b_{22} & \cdots & b_{2n} \\ \vdots & \vdots & & \vdots & \vdots & \vdots & & \vdots \\ 0 & 0 & \cdots & -1 & b_{n1} & b_{n2} & \cdots & b_{nn} \end{vmatrix}$$

按照上述的方法，再依次将第 $n+1$ 行的 $a_{k1}(k=2,3,\cdots,n)$ 倍、第 $n+2$ 行的 $a_{k2}(k=2,3,\cdots,n)$ 倍、…、第 $2n$ 行的 $a_{kn}(k=2,3,\cdots,n)$ 倍加到第 k 行得

$$D=\begin{vmatrix} 0 & 0 & \cdots & 0 & c_{11} & c_{12} & \cdots & c_{1n} \\ 0 & 0 & \cdots & 0 & c_{21} & c_{22} & \cdots & c_{2n} \\ \vdots & \vdots & & \vdots & \vdots & \vdots & & \vdots \\ 0 & 0 & \cdots & 0 & c_{n1} & c_{n2} & \cdots & c_{nn} \\ -1 & 0 & \cdots & 0 & b_{11} & b_{12} & \cdots & b_{1n} \\ 0 & -1 & \cdots & 0 & b_{21} & b_{22} & \cdots & b_{2n} \\ \vdots & \vdots & & \vdots & \vdots & \vdots & & \vdots \\ 0 & 0 & \cdots & -1 & b_{n1} & b_{n2} & \cdots & b_{nn} \end{vmatrix}$$

这个行列式的前 n 行也只有一个 n 阶子式不为零，再由 Laplace 定理得

$$D=\begin{vmatrix} c_{11} & c_{12} & \cdots & c_{1n} \\ c_{21} & c_{22} & \cdots & c_{2n} \\ \vdots & \vdots & & \vdots \\ c_{n1} & c_{n2} & \cdots & c_{nn} \end{vmatrix}(-1)^{(1+2+\cdots+n)+(n+1+n+2+\cdots+2n)}\begin{vmatrix} -1 & 0 & \cdots & 0 \\ 0 & -1 & \cdots & 0 \\ \vdots & \vdots & & \vdots \\ 0 & 0 & \cdots & -1 \end{vmatrix}$$

$$=(-1)^{\frac{n(n+1)}{2}+\frac{n(3n+1)}{2}+n}D_3=(-1)^{\frac{4n(n+1)}{2}}D_3=D_3$$

1.7 行列式的计算

为更好地帮助同学们理解和掌握行列式的计算方法与计算技巧，本节将对行列式的各

类计算方法做一个小结。

1.7.1 定义法

思路：根据行列式的定义，若所求行列式中含有的非零元素特别少，可直接利用行列式定义求解；当一些行列式的零元素在分布上比较有规律，也可以利用定义求解。

例 1.7.1 计算行列式 $D=\begin{vmatrix} x & y & 0 & \cdots & 0 & 0 \\ 0 & x & y & \cdots & 0 & 0 \\ \vdots & \vdots & \vdots & & \vdots & \vdots \\ 0 & 0 & 0 & \cdots & x & y \\ y & 0 & 0 & \cdots & 0 & x \end{vmatrix}$。

解

$$\begin{aligned} D &= (-1)^{\tau(12\cdots n)} a_{11}a_{22}\cdots a_{nn} + (-1)^{\tau(23\cdots n1)} a_{12}a_{23}\cdots a_{n-1,n}a_{n1} \\ &= \underbrace{x\cdot x\cdots x}_{n个} + (-1)^{n-1}\underbrace{y\cdot y\cdots y}_{n个} \\ &= x^n + (-1)^{n-1}y^n \end{aligned}$$

1.7.2 化三角化法

思路：利用行列式的性质把原行列式化为上(下)三角形行列式。

例 1.7.2 计算行列式 $D=\begin{vmatrix} 2 & 2 & 4 & 3 \\ 0 & 1 & -1 & 1 \\ 1 & 0 & 3 & 2 \\ 1 & 0 & 1 & 2 \end{vmatrix}$。

解

$$\begin{aligned} D &= \begin{vmatrix} 2 & 2 & 4 & 3 \\ 0 & 1 & -1 & 1 \\ 1 & 0 & 3 & 2 \\ 1 & 0 & 1 & 2 \end{vmatrix} = \begin{vmatrix} 1 & 2 & 3 & 1 \\ 0 & 1 & -1 & 1 \\ 1 & 0 & 3 & 2 \\ 1 & 0 & 1 & 2 \end{vmatrix} = \begin{vmatrix} 1 & 2 & 3 & 1 \\ 0 & 1 & -1 & 1 \\ 0 & -2 & 0 & 1 \\ 0 & -2 & -2 & 1 \end{vmatrix} \\ &= \begin{vmatrix} 1 & 2 & 3 & 1 \\ 0 & 1 & -1 & 1 \\ 0 & 0 & -2 & 3 \\ 0 & 0 & -4 & 3 \end{vmatrix} = \begin{vmatrix} 1 & 2 & 3 & 1 \\ 0 & 1 & -1 & 1 \\ 0 & 0 & -2 & 3 \\ 0 & 0 & 0 & -3 \end{vmatrix} = 6 \end{aligned}$$

1.7.3 滚动相消法

思路：当行列式每两行的值比较接近时，可采取把相邻行中的某一行减(或加)另一行的若干倍。一般利用此法时，最好在化简后的行列式的第 1 行(列)能产生较多的零，以便可再利用降阶法计算。

例 1.7.3 计算行列式 $D=\begin{vmatrix}1&2&3&\cdots&n\\2&3&4&\cdots&1\\\vdots&\vdots&\vdots&&\vdots\\n&1&2&\cdots&n-1\end{vmatrix}$。

解 D 的每行之和为定值 $1+2+\cdots+n$,将 D 的第 2 列、…、第 n 列依次加到第 1 列,则有

$$D=\frac{n(n+1)}{2}\begin{vmatrix}1&2&3&\cdots&n\\1&3&4&\cdots&1\\\vdots&\vdots&\vdots&&\vdots\\1&1&2&\cdots&n-1\end{vmatrix}$$

化简后行列式除第 1 列外,每相邻两列对应位置元素比较接近,故用第 n 行减第 $n-1$ 行、第 $n-1$ 行减第 $n-2$ 行、…、第 2 行减第 1 行,则有

$$\begin{aligned}D&=\frac{n(n+1)}{2}\begin{vmatrix}1&2&3&\cdots&n-1&n\\0&1&1&\cdots&1&1-n\\0&1&1&\cdots&1-n&1\\\vdots&\vdots&\vdots&&\vdots&\vdots\\0&1-n&1&\cdots&1&1\end{vmatrix}\\&=\frac{n(n+1)}{2}\begin{vmatrix}1&1&\cdots&1&1-n\\1&1&\cdots&1-n&1\\\vdots&\vdots&&\vdots&\vdots\\1-n&1&\cdots&1&1\end{vmatrix}\\&=\frac{n(n+1)}{2}(-1)^{\frac{(n-1)(n-2)}{2}}\begin{vmatrix}1-n&1&\cdots&1\\1&1-n&\cdots&1\\\vdots&\vdots&&\vdots\\1&1&\cdots&1-n\end{vmatrix}\\&=\frac{n(n+1)}{2}(-1)^{\frac{(n-1)(n-2)}{2}}\begin{vmatrix}-1&1&\cdots&1\\-1&1-n&\cdots&1\\\vdots&\vdots&&\vdots\\-1&1&\cdots&1-n\end{vmatrix}\\&=\frac{n(n+1)}{2}(-1)^{\frac{(n-1)(n-2)}{2}}\begin{vmatrix}-1&1&\cdots&1\\0&-n&\cdots&0\\\vdots&\vdots&&\vdots\\0&0&\cdots&-n\end{vmatrix}\\&=\frac{n(n+1)}{2}(-1)^{\frac{(n-1)(n-2)}{2}}(-1)(-n)^{n-2}\\&=(-1)^{\frac{n(n-1)}{2}}\frac{n^n+n^{n-1}}{2}\end{aligned}$$

1.7.4 拆分法

思路:把行列式的某一行(列)的各元素均写成两数和的形式,再利用行列式的性质将其分解为两个行列式的和,使问题简化以利计算。

例 1.7.4 计算行列式 $D_n=\begin{vmatrix} x & b & b & \cdots & b \\ c & x & b & \cdots & b \\ c & c & x & \cdots & b \\ \vdots & \vdots & \vdots & & \vdots \\ c & c & c & \cdots & x \end{vmatrix}$。

解 将 D_n 的第一列元素拆为如下形式:

$$D_n=\begin{vmatrix} x-c & b & b & \cdots & b \\ 0 & x & b & \cdots & b \\ 0 & c & x & \cdots & b \\ \vdots & \vdots & \vdots & & \vdots \\ 0 & c & c & \cdots & x \end{vmatrix}+\begin{vmatrix} c & b & b & \cdots & b \\ c & x & b & \cdots & b \\ c & c & x & \cdots & b \\ \vdots & \vdots & \vdots & & \vdots \\ c & c & c & \cdots & x \end{vmatrix}$$

$$=(x-c)D_{n-1}+c(x-b)^{n-1}$$

再将 D_n 的第一行元素拆为如下形式:

$$D_n=\begin{vmatrix} b & b & b & \cdots & b \\ c & x & b & \cdots & b \\ c & c & x & \cdots & b \\ \vdots & \vdots & \vdots & & \vdots \\ c & c & c & \cdots & x \end{vmatrix}+\begin{vmatrix} x-b & 0 & 0 & \cdots & 0 \\ c & x & b & \cdots & b \\ c & c & x & \cdots & b \\ \vdots & \vdots & \vdots & & \vdots \\ c & c & c & \cdots & x \end{vmatrix}$$

$$=b(x-c)^{n-1}+(x-b)D_{n-1}$$

联合上述两个等式,消去 D_{n-1}。当 $b=c$ 时,可得

$$D_n=\begin{vmatrix} x & b & \cdots & b \\ b & x & \cdots & b \\ \vdots & \vdots & & \vdots \\ b & b & \cdots & x \end{vmatrix}=(x+(n-1)b)\begin{vmatrix} 1 & 1 & \cdots & 1 \\ 0 & x-b & \cdots & 0 \\ \vdots & \vdots & & \vdots \\ 0 & 0 & \cdots & x-b \end{vmatrix}$$

$$=(x+(n-1)b)(x-b)^{n-1}$$

当 $b\neq c$ 时,则 $D_n=\dfrac{c(x-b)^n-b(x-c)^n}{c-b}$。

1.7.5 加边法

思路:将 n 阶行列式增加一行一列变为 $n+1$ 阶行列式,再利用行列式的有关性质化简求出结果。

例 1.7.5 计算行列式 $D_n=\begin{vmatrix} x+1 & x & x & \cdots & x \\ x & x+\frac{1}{2} & x & \cdots & x \\ \vdots & \vdots & \vdots & & \vdots \\ x & x & x & \cdots & x+\frac{1}{n} \end{vmatrix}$。

解

$$D_n=\begin{vmatrix} 1 & x & x & \cdots & x \\ 0 & x+1 & x & \cdots & x \\ 0 & x & x+\frac{1}{2} & \cdots & x \\ \vdots & \vdots & \vdots & & \vdots \\ 0 & x & x & \cdots & x+\frac{1}{n} \end{vmatrix}=\begin{vmatrix} 1 & x & x & \cdots & x \\ -1 & 1 & 0 & \cdots & 0 \\ -1 & 0 & \frac{1}{2} & \cdots & 0 \\ \vdots & \vdots & \vdots & & \vdots \\ -1 & 0 & 0 & \cdots & \frac{1}{n} \end{vmatrix}$$

$$=\begin{vmatrix} 1+\sum\limits_{k=1}^{n}kx & x & x & \cdots & x \\ 0 & 1 & 0 & \cdots & 0 \\ 0 & 0 & \frac{1}{2} & \cdots & 0 \\ \vdots & \vdots & \vdots & & \vdots \\ 0 & 0 & 0 & \cdots & \frac{1}{n} \end{vmatrix}=\left(1+\frac{n(n+1)}{2}x\right)\frac{1}{n!}$$

1.7.6 归纳法

思路:先通过计算一些初始行列式 D_1,D_2,D_3 等,找出它们的结果与其阶数之间的关系,用不完全归纳法对 D_n 的结果提出猜想,然后用数学归纳法证明其猜想成立。

例 1.7.6 计算行列式 $D_n=\begin{vmatrix} \cos\theta & 1 & 0 & 0 & \cdots & 0 & 0 \\ 1 & 2\cos\theta & 1 & 0 & \cdots & 0 & 0 \\ 0 & 1 & 2\cos\theta & 1 & \cdots & 0 & 0 \\ \vdots & \vdots & \vdots & \vdots & & \vdots & \vdots \\ 0 & 0 & 0 & 0 & \cdots & 1 & 2\cos\theta \end{vmatrix}$。

解 显然,$D_1=\cos\theta$,$D_2=\begin{vmatrix} \cos\theta & 1 \\ 1 & 2\cos\theta \end{vmatrix}=2\cos^2\theta-1=\cos 2\theta$。

$$D_3=\begin{vmatrix} \cos\theta & 1 & 0 \\ 1 & 2\cos\theta & 1 \\ 0 & 1 & 2\cos\theta \end{vmatrix}=\cos\theta\begin{vmatrix} 2\cos\theta & 1 \\ 1 & 2\cos\theta \end{vmatrix}-\begin{vmatrix} 1 & 0 \\ 1 & 2\cos\theta \end{vmatrix}$$

$$=\cos\theta(4\cos^2\theta-1)-2\cos\theta=4\cos^3\theta-3\cos\theta=\cos 3\theta$$

由 D_1,D_2,D_3 的结果,猜想 $D_n=\cos n\theta$。下面用数学归纳法证明上述结论。

当 $n=1,n=2$ 时,已验证猜想成立。

假设 $n=k-1,n=k$ 时,猜想成立。将 D_{k+1} 的最后一列展开,可得

$$D_{k+1}=(-1)^{2k+2}2\cos\theta\cdot D_k+(-1)^{k+1+k}\cdot 1\cdot(-1)^{k+k}\cdot 1\cdot D_{k-1}=2\cos\theta\cdot D_k-D_{k-1}$$

由归纳假设知 $D_{k-1}=\cos(k-1)\theta,D_k=\cos k\theta$,故

$$\begin{aligned}D_{k+1}&=2\cos\theta\cos k\theta-\cos(k-1)\theta\\&=2\cos\theta\cos k\theta-\cos k\theta\cos\theta-\sin k\theta\sin\theta\\&=\cos\theta\cos k\theta-\sin k\theta\sin\theta\\&=\cos(k+1)\theta\end{aligned}$$

因此,对一切自然数 n 均成立,从而有 $D_n=\cos n\theta$。

1.7.7 递推降阶法

思路:如果一个 n 阶行列式 D_n 在元素分布上比较有规律,则可以设法找出这个 n 阶行列式 D_n 与较低阶的行列式之间的关系,依此类推计算出行列式的值。

例 1.7.7 计算行列式 $D_n=\begin{vmatrix}x&0&0&\cdots&0&0&a_0\\-1&x&0&\cdots&0&0&a_1\\0&-1&x&\cdots&0&0&a_2\\\vdots&\vdots&\vdots&&\vdots&\vdots&\vdots\\0&0&0&\cdots&-1&x&a_{n-2}\\0&0&0&\cdots&0&-1&x+a_{n-1}\end{vmatrix}$。

解 对 D_n 按第1行展开,则

$$\begin{aligned}D_n&=xD_{n-1}+(-1)^{n+1}a_0\begin{vmatrix}-1&x&0&\cdots&0&0\\0&-1&x&\cdots&0&0\\\vdots&\vdots&\vdots&&\vdots&\vdots\\0&0&0&\cdots&-1&x\\0&0&0&\cdots&0&-1\end{vmatrix}\\&=xD_{n-1}+(-1)^{n+1}a_0(-1)^{n-1}\\&=xD_{n-1}+a_0\end{aligned}$$

利用递推式 $D_n=xD_{n-1}+a_0$,进一步有

$$\begin{aligned}D_n&=xD_{n-1}+a_0=x(xD_{n-2}+a_1)+a_0=x^2D_{n-2}+a_1x+a_0=\cdots\\&=x^n+a_{n-1}x^{n-1}+\cdots+a_1x+a_0\end{aligned}$$

注意:上述例题中的行列式为“三线型”行列式,即指除某一行、某一列和对角线或次对角线上的元素不为零外,其余元素均为零的行列式。该类行列式的主要求解方法为递推降阶法,也可用数学归纳法或化三角形法求得,读者可自行证明。

例 1.7.8 计算行列式 $D_{2n}=\begin{vmatrix} a & & & & & b \\ & \ddots & & & \iddots & \\ & & a & b & & \\ & & c & d & & \\ & \iddots & & & \ddots & \\ c & & & & & d \end{vmatrix}$，其中未写出来的元素均为零。

解 把 D_{2n} 中的第 $2n$ 行依次与第 $2n-1$ 行、…、第 2 行对换(做 $2n-2$ 次相邻两行对换)，再把第 $2n$ 列依次与第 $2n-1$ 列、…、第 2 列对换(做 $2n-2$ 次相邻两列对换)，得

$$D_{2n}=\begin{vmatrix} a & b & & & & & & \\ c & d & & & & & & \\ & & a & & & & & b \\ & & & \ddots & & & \iddots & \\ & & & & a & b & & \\ & & & & c & d & & \\ & & & \iddots & & & \ddots & \\ & & c & & & & & d \end{vmatrix}$$

由例 1.6.8 可得

$$D_{2n}=\begin{vmatrix} a & b \\ c & d \end{vmatrix} D_{2n-2}=(ad-bc)D_{2n-2}$$

依此做递推公式，即得

$$D_{2n}=(ad-bc)D_{2n-2}=\cdots=(ad-bc)^n$$

1.7.8 公式法

思路：将行列式化为比较熟悉的公式计算行列式，如 Vandermonde 公式、上(下)三角行列式公式，以及 Laplace 定理等重要结论。

例 1.7.9 计算行列式 $\begin{vmatrix} a & b & c & d \\ a^2 & b^2 & c^2 & d^2 \\ a^3 & b^3 & c^3 & d^3 \\ b+c+d & a+c+d & a+b+d & a+b+c \end{vmatrix}$。

解 将第 1 行加到第 4 行，则

$$\text{原式}=\begin{vmatrix} a & b & c & d \\ a^2 & b^2 & c^2 & d^2 \\ a^3 & b^3 & c^3 & d^3 \\ a+b+c+d & a+b+c+d & a+b+c+d & a+b+c+d \end{vmatrix}$$

$$=(a+b+c+d)\begin{vmatrix} a & b & c & d \\ a^2 & b^2 & c^2 & d^2 \\ a^3 & b^3 & c^3 & d^3 \\ 1 & 1 & 1 & 1 \end{vmatrix}$$

$$=-(a+b+c+d)\begin{vmatrix} 1 & 1 & 1 & 1 \\ a & b & c & d \\ a^2 & b^2 & c^2 & d^2 \\ a^3 & b^3 & c^3 & d^3 \end{vmatrix}$$

$$=-(a+b+c+d)(b-a)(c-a)(d-a)(c-b)(d-b)(d-c)$$

例 1.7.10 计算行列式 $D=\begin{vmatrix} 1 & 0 & x_1 & 0 & \cdots & x_1^{n-1} & 0 \\ 0 & 1 & 0 & y_1 & \cdots & 0 & y_1^{n-1} \\ 1 & 0 & x_2 & 0 & \cdots & x_2^{n-1} & 0 \\ 0 & 1 & 0 & y_2 & \cdots & 0 & y_2^{n-1} \\ \vdots & \vdots & \vdots & \vdots & & \vdots & \vdots \\ 1 & 0 & x_n & 0 & \cdots & x_n^{n-1} & 0 \\ 0 & 1 & 0 & y_n & \cdots & 0 & y_n^{n-1} \end{vmatrix}$。

解 取第 1,3,…,$2n-1$ 行,利用 Laplace 定理展开得

$$D=\begin{vmatrix} 1 & x_1 & \cdots & x_1^{n-1} \\ 1 & x_2 & \cdots & x_2^{n-1} \\ \vdots & \vdots & & \vdots \\ 1 & x_n & \cdots & x_n^{n-1} \end{vmatrix}\cdot\begin{vmatrix} 1 & y_1 & \cdots & y_1^{n-1} \\ 1 & y_2 & \cdots & y_2^{n-1} \\ \vdots & \vdots & & \vdots \\ 1 & y_n & \cdots & y_n^{n-1} \end{vmatrix}=\prod_{1\leqslant i<j\leqslant n}(x_j-x_i)(y_j-y_i)$$

1.8 行列式的应用——Cramer 法则

含有 n 个未知数 $x_1,x_2,\cdots,x_n$ 的线性方程组

$$\begin{cases} a_{11}x_1+a_{12}x_2+\cdots+a_{1n}x_n=b_1 \\ a_{21}x_1+a_{22}x_2+\cdots+a_{2n}x_n=b_2 \\ \cdots\cdots \\ a_{n1}x_1+a_{n2}x_2+\cdots+a_{nn}x_n=b_n \end{cases} \tag{1.8.1}$$

的解是否能用行列式表示?本节主要研究这个问题。

1.8.1 Cramer 法则

对于方程组(1.8.1),我们首先给出两个概念:

(1) 若(1.8.1)式右端常数项 $b_1,b_2,\cdots,b_n$ 不全为零,则称此方程组为**非齐次线性方程组**;

(2) 若(1.8.1)式右端常数项 $b_1,b_2,\cdots,b_n$ 全为零,则称此方程组为**齐次线性方程组**。

定理 1.8.1 如果线性方程组$\begin{cases} a_{11}x_1 + a_{12}x_2 + \cdots + a_{1n}x_n = b_1 \\ a_{21}x_1 + a_{22}x_2 + \cdots + a_{2n}x_n = b_2 \\ \cdots\cdots \\ a_{n1}x_1 + a_{n2}x_2 + \cdots + a_{nn}x_n = b_n \end{cases}$的系数行列式 $d = \begin{vmatrix} a_{11} & a_{12} & \cdots & a_{1n} \\ a_{21} & a_{22} & \cdots & a_{2n} \\ \vdots & \vdots & & \vdots \\ a_{n1} & a_{n2} & \cdots & a_{nn} \end{vmatrix} \neq 0$,则该线性方程组有解,并且解是唯一的,解可表示为

$$x_1 = \frac{D_1}{D},\ x_2 = \frac{D_2}{D},\ \cdots,\ x_n = \frac{D_n}{D}$$

其中 D_j 是把系数行列式 D 中第 j 列换成方程组的常数项 $b_1, b_2, \cdots, b_n$ 所成的行列式,即

$$D_j = \begin{vmatrix} a_{11} & \cdots & a_{1,j-1} & b_1 & a_{1,j+1} & \cdots & a_{1n} \\ a_{21} & \cdots & a_{2,j-1} & b_2 & a_{2,j+1} & \cdots & a_{2n} \\ \vdots & & \vdots & \vdots & \vdots & & \vdots \\ a_{n1} & \cdots & a_{n,j-1} & b_n & a_{n,j+1} & \cdots & a_{nn} \end{vmatrix} \quad (j = 1,2,\cdots,n)$$

证明 (1) 先证方程组解的存在性。

将 $x_1 = \dfrac{D_1}{D}, x_2 = \dfrac{D_2}{D}, \cdots, x_n = \dfrac{D_n}{D}$代入第 i 个方程,则有

$$a_{i1}\frac{D_1}{D} + a_{i2}\frac{D_2}{D} + \cdots + a_{in}\frac{D_n}{D} = \frac{1}{D}\sum_{j=1}^{n} a_{ij}D_j$$

其中 $D_j = \begin{vmatrix} a_{11} & \cdots & a_{1,j-1} & b_1 & a_{1,j+1} & \cdots & a_{1n} \\ a_{21} & \cdots & a_{2,j-1} & b_2 & a_{2,j+1} & \cdots & a_{2n} \\ \vdots & & \vdots & \vdots & \vdots & & \vdots \\ a_{n1} & \cdots & a_{n,j-1} & b_n & a_{n,j+1} & \cdots & a_{nn} \end{vmatrix} = b_1A_{1j} + b_2A_{2j} + \cdots + b_nA_{nj}$

$= \sum\limits_{s=1}^{n} b_sA_{sj}$。

因此,可得如下的结论:

$$\begin{aligned} \text{上式} &= \frac{1}{D}\sum_{j=1}^{n} a_{ij}D_j = \frac{1}{D}\sum_{j=1}^{n} a_{ij}\Big(\sum_{s=1}^{n} b_sA_{sj}\Big) = \frac{1}{D}\sum_{j=1}^{n}\sum_{s=1}^{n} a_{ij}b_sA_{sj} \\ &= \frac{1}{D}\sum_{s=1}^{n}\sum_{j=1}^{n} a_{ij}b_sA_{sj} = \frac{1}{D}\sum_{s=1}^{n} b_s\Big(\sum_{j=1}^{n} a_{ij}A_{sj}\Big) \end{aligned}$$

根据定理1.6.2,可知$\dfrac{1}{D}\sum\limits_{s=1}^{n} b_s\Big(\sum\limits_{j=1}^{n} a_{ij}A_{sj}\Big) = \dfrac{1}{D}b_id = b_i$,因此,$x_1 = \dfrac{D_1}{D}, x_2 = \dfrac{D_2}{D}, \cdots,$ $x_n = \dfrac{D_n}{D}$ 是该方程组的解。

(2) 再证方程组解的唯一性。

设$(c_1, c_2, \cdots, c_n)$是方程组的一个解,则有 n 个恒等式$\sum\limits_{j=1}^{n} a_{ij}c_j = b_i(i = 1,2,\cdots,n)$。

下证 $c_k=\dfrac{D_k}{D}$,我们取系数行列式中第 k 列元素的代数余子式$A_{1k},A_{2k},\cdots,A_{nk}$ 分别乘这n个方程的两端,则有 $A_{ik}\sum_{j=1}^{n}a_{ij}c_j=b_iA_{ik}(i=1,2,\cdots,n)$。

将这 n 个恒等式相加得,$\sum_{i=1}^{n}A_{ik}(\sum_{j=1}^{n}a_{ij}c_j)=\sum_{i=1}^{n}b_iA_{ik}$,等式右端等于行列式 D 按第k列展开式中把 a_{ik} 分别换成$b_i(i=1,2,\cdots,n)$,相当于把行列式 D_k 按第k 列展开,即

$$\sum_{i=1}^{n}A_{ik}(\sum_{j=1}^{n}a_{ij}c_j)=\sum_{i=1}^{n}\sum_{j=1}^{n}a_{ij}A_{ik}c_j=\sum_{j=1}^{n}\sum_{i=1}^{n}a_{ij}A_{ik}c_j=\sum_{j=1}^{n}(\sum_{i=1}^{n}a_{ij}A_{ik})c_j$$

根据定理1.6.2,可得$\sum_{j=1}^{n}(\sum_{i=1}^{n}a_{ij}A_{ik})c_j=Dc_k$。从而 $Dc_k=D_k(k=1,2,\cdots,n)$,即 $c_k=\dfrac{D_k}{D}(k=1,2,\cdots,n)$。所以,如果$(c_1,c_2,\cdots,c_n)$是方程组的一个解,它必是$\left(\dfrac{D_1}{D},\dfrac{D_2}{D},\cdots,\dfrac{D_n}{D}\right)$,且方程组最多有一组解。

注意:利用 Cramer 法则解方程组要满足下列两个条件:

① 方程个数等于未知量个数;

② 方程组的系数行列式不等于零。

例 1.8.1 解方程组$\begin{cases}2x_1+x_2-5x_3+x_4=8\\x_1-3x_2-6x_4=9\\2x_2-x_3+2x_4=-5\\x_1+4x_2-7x_3+6x_4=0\end{cases}$。

解 由于系数行列式 $D=\begin{vmatrix}2&1&-5&1\\1&-3&0&-6\\0&2&-1&2\\1&4&-7&6\end{vmatrix}=27\neq0$,该方程组有唯一解。又因为

$$D_1=\begin{vmatrix}8&1&-5&1\\9&-3&0&-6\\-5&2&-1&2\\0&4&-7&6\end{vmatrix}=81,\quad D_2=\begin{vmatrix}2&8&-5&1\\1&9&0&-6\\0&-5&-1&2\\1&0&-7&6\end{vmatrix}=-108$$

$$D_3=\begin{vmatrix}2&1&8&1\\1&-3&9&-6\\0&2&-5&2\\1&4&0&6\end{vmatrix}=-27,\quad D_4=\begin{vmatrix}2&1&-5&8\\1&-3&0&9\\0&2&-1&-5\\1&4&-7&0\end{vmatrix}=27$$

故方程组的唯一解为 $x_1=\dfrac{81}{27}=3,x_2=\dfrac{-108}{27}=-4,x_3=\dfrac{-27}{27}=-1,x_4=\dfrac{27}{27}=1$。

1.8.2 齐次线性方程组有非零解的充要条件

定理 1.8.2 如果齐次线性方程组$\begin{cases}a_{11}x_1+a_{12}x_2+\cdots+a_{1n}x_n=0\\a_{21}x_1+a_{22}x_2+\cdots+a_{2n}x_n=0\\\cdots\cdots\\a_{n1}x_1+a_{n2}x_2+\cdots+a_{nn}x_n=0\end{cases}$的系数行列式 $D=\begin{vmatrix}a_{11}&a_{12}&\cdots&a_{1n}\\a_{21}&a_{22}&\cdots&a_{2n}\\\vdots&\vdots&&\vdots\\a_{n1}&a_{n2}&\cdots&a_{nn}\end{vmatrix}\neq0$，则它只有零解。换句话说，如果该齐次线性方程组有非零解，那么 $D=0$。

证明 利用 Cramer 法则(定理 1.8.1)，行列式 D_j 有一列元素全为 0，则 $D_j=0(j=1,2,\cdots,n)$。因此，齐次线性方程组的唯一解$\left(\frac{D_1}{D},\frac{D_2}{D},\cdots,\frac{D_n}{D}\right)=(0,0,\cdots,0)$。

例 1.8.2 求 λ 在什么条件下，方程组$\begin{cases}\lambda x_1+x_2=0\\x_1+\lambda x_2=0\end{cases}$有非零解。

解 根据定理 1.8.2，如果方程组有非零解，那么系数行列式$\begin{vmatrix}\lambda&1\\1&\lambda\end{vmatrix}=\lambda^2-1=0$。即当 $\lambda=\pm1$ 时，方程组有非零解。

例 1.8.3 问 λ,μ 满足什么条件时，齐次线性方程组$\begin{cases}\lambda x_1+x_2+x_3=0\\x_1+\mu x_2+x_3=0\\x_1+2\mu x_2+x_3=0\end{cases}$只有零解。

解 根据定理 1.8.2，如果方程组只有零解，那么系数行列式$\begin{vmatrix}\lambda&1&1\\1&\mu&1\\1&2\mu&1\end{vmatrix}=(1-\lambda)\mu\neq0$。即当 $\lambda\neq1$ 且 $\mu\neq0$ 时，方程组只有零解。

习 题

1. 用数学归纳法证明$\frac{1}{n}+\frac{1}{n+1}+\frac{1}{n+2}+\cdots+\frac{1}{n^2}>1(n\in\mathbf{N}^*,n>1)$。

2. 已知数列$\{a_n\}$满足 $a_1=3,a_2=8,4(a_{n-1}+a_{n-2})=3a_n+5n^2-24n+20(n\geqslant3)$，求证：$a_n=n^2+2^n$。

3. 求证：任一个正方形可以剖分为 n 块正方形，其中 $n\in\mathbf{N}^*,n>5$。

4. 设数列$\{F_n\}$(n 是任意正整数)，满足 $F_{n+2}=F_{n+1}+F_n,F_1=1,F_2=1$，求证：$F_{n+1}^2+$

$F_n^2 = F_{2n+1}$；$2F_{n+1}F_n + F_{n+1}^2 = F_{2n+2}$。

5. 利用定义计算下列行列式：

$$\begin{vmatrix} 55 & 23 \\ 53 & 21 \end{vmatrix},\quad \begin{vmatrix} 1 & 2 & 3 \\ 2 & 3 & 1 \\ 3 & 1 & 2 \end{vmatrix},\quad \begin{vmatrix} 0 & a & 0 \\ b & 0 & c \\ 0 & d & 0 \end{vmatrix}$$

$$\begin{vmatrix} a+\mathrm{i}b & d \\ c & a-\mathrm{i}b \end{vmatrix},\quad \begin{vmatrix} 1 & 0 & \lg 2 \\ 2 & \lg 2 & \lg 4 \\ 4 & \lg 4 & \lg 8 \end{vmatrix},\quad \begin{vmatrix} a & a & a \\ b & a & a \\ b & b & a \end{vmatrix}$$

6. 解方程 $\begin{vmatrix} 2 & 1 & x \\ 1 & -1 & 2 \\ 3 & x & 4 \end{vmatrix} = 0$。

7. 利用行列式解方程组 $\begin{cases} x_1 + x_2 - 2x_3 = -3 \\ 5x_1 - 2x_2 + 7x_3 = 22 \\ 2x_1 - 5x_2 + 4x_3 = 4 \end{cases}$。

8. 求一个二次函数 $f(x)$，满足 $f(-1)=2$，$f(1)=3$，$f(2)=-1$。

9. 求下列排列的逆序数，并确定其奇偶性：

(1) 3712456；　　(2) 36715284；

(3) $24\cdots(2n)13\cdots(2n-1)$；　　(4) $(n-1)(n-2)\cdots21n$。

10. 确定 k,j 的值使得下列满足要求：

(1) $24k1j5$ 为奇排列；

(2) $2k34j6$ 为偶排列。

11. 如果 n 元排列 $x_1x_2\cdots x_{n-1}x_n$ 的逆序数是 k，那么 $x_nx_{n-1}\cdots x_2x_1$ 的逆序数是多少？

12. 设在由 $1,2,\cdots,n$ 形成的 n 元排列 $a_1a_2\cdots a_kb_1b_2\cdots b_{n-k}$ 中，

$$a_1 < a_2 < \cdots < a_k,\quad b_1 < b_2 < \cdots < b_{n-k}$$

求排列 $a_1a_2\cdots a_kb_1b_2\cdots b_{n-k}$ 的逆序数。

13. 判断 4 阶行列式 $\begin{vmatrix} 7x & x & 1 & 2x \\ 1 & x & 5 & -1 \\ 4 & 3 & x & 1 \\ 2 & -1 & 1 & x \end{vmatrix}$ 是 x 的几次多项式。分别求出它的 x^4 项和 x^5 项的系数。

14. 利用定义计算四阶行列式 $\begin{vmatrix} a & 0 & 0 & b \\ 0 & c & d & 0 \\ 0 & e & f & 0 \\ g & 0 & 0 & h \end{vmatrix}$。

15. 利用 n 阶行列式的定义计算下列行列式：

$$\begin{vmatrix} 0 & 0 & \cdots & 0 & 1 \\ 0 & 0 & \cdots & 2 & 0 \\ \vdots & \vdots & & \vdots & \vdots \\ 0 & n-1 & \cdots & 0 & 0 \\ n & 0 & \cdots & 0 & 0 \end{vmatrix}, \quad \begin{vmatrix} 0 & 1 & 0 & \cdots & 0 \\ 0 & 0 & 2 & \cdots & 0 \\ \vdots & \vdots & \vdots & & \vdots \\ 0 & 0 & 0 & \cdots & n-1 \\ n & 0 & 0 & \cdots & 0 \end{vmatrix}, \quad \begin{vmatrix} 0 & 0 & \cdots & 0 & 1 & 0 \\ 0 & 0 & \cdots & 2 & 0 & 0 \\ \vdots & \vdots & & \vdots & \vdots & \vdots \\ n-1 & 0 & \cdots & 0 & 0 & 0 \\ 0 & 0 & \cdots & 0 & 0 & n \end{vmatrix}$$

16. 选择 k,l 使 $a_{13}a_{2k}a_{34}a_{42}a_{5l}$ 成为 5 阶行列式 $|a_{ij}|$（$i,j=1,2,\cdots,5$）中前面冠以负号的项。

17. 利用定义证明：五阶行列式 $\begin{vmatrix} a_{11} & a_{12} & a_{13} & a_{14} & a_{15} \\ a_{21} & a_{22} & a_{23} & a_{24} & a_{25} \\ a_{31} & a_{32} & 0 & 0 & 0 \\ a_{41} & a_{42} & 0 & 0 & 0 \\ a_{51} & a_{52} & 0 & 0 & 0 \end{vmatrix}=0$。

18. 利用行列式的性质计算下列行列式：

$$\begin{vmatrix} 555 & 222 \\ 450 & 360 \end{vmatrix}, \quad \begin{vmatrix} -2 & 1 & -3 \\ 98 & 101 & 97 \\ 1 & -3 & 4 \end{vmatrix}, \quad \begin{vmatrix} 5 & -1 & 3 \\ 2 & 2 & 2 \\ 196 & 203 & 199 \end{vmatrix}$$

$$\begin{vmatrix} 1 & 0 & -3 & 2 \\ -4 & -1 & 0 & -5 \\ 2 & 3 & -1 & -6 \\ 3 & 3 & -4 & 2 \end{vmatrix}, \quad \begin{vmatrix} 1 & 2 & 3 & 4 \\ 2 & 3 & 4 & 1 \\ 3 & 4 & 1 & 2 \\ 4 & 1 & 2 & 3 \end{vmatrix}, \quad \begin{vmatrix} 1 & 1 & 1 & 1 \\ 1 & 2 & 3 & 4 \\ 1 & 3 & 6 & 10 \\ 1 & 4 & 10 & 20 \end{vmatrix}$$

19. 设行列式 $\begin{vmatrix} a_1 & a_2 & a_3 \\ b_1 & b_2 & b_3 \\ c_1 & c_2 & c_3 \end{vmatrix}=\dfrac{1}{2}$，计算行列式 $\begin{vmatrix} 4a_1 & 5a_1-2a_2 & a_3 \\ 4b_1 & 5a_1-2b_2 & b_3 \\ 4c_1 & 5a_3-2c_2 & c_3 \end{vmatrix}$。

20. 设 $f(x)=\begin{vmatrix} x-2 & x-1 & x-2 & x-3 \\ 2x-2 & 2x-1 & 2x-2 & 2x-3 \\ 3x-3 & 3x-2 & 4x-5 & 3x-5 \\ 4x & 4x-3 & 5x-7 & 4x-3 \end{vmatrix}$，求方程 $f(x)=0$ 的根。

21. 证明：

$$\begin{vmatrix} 1+x_1y_1 & 1+x_1y_2 & 1+x_1y_3 \\ 1+x_2y_1 & 1+x_2y_2 & 1+x_2y_3 \\ 1+x_3y_1 & 1+x_3y_2 & 1+x_3y_3 \end{vmatrix}=0, \quad \begin{vmatrix} a_1-b_1 & b_1-c_1 & c_1-a_1 \\ a_2-b_2 & b_2-c_2 & c_2-a_2 \\ a_3-b_3 & b_3-c_3 & c_3-a_3 \end{vmatrix}=0$$

$$\begin{vmatrix} x_1 & y_1+\lambda x_1 & z_1+ky_1 \\ x_2 & y_2+\lambda x_2 & z_2+ky_2 \\ x_3 & y_3+\lambda x_3 & z_3+ky_3 \end{vmatrix}=\begin{vmatrix} x_1 & y_1 & z_1 \\ x_2 & y_2 & z_2 \\ x_3 & y_3 & z_3 \end{vmatrix}$$

22. 利用行列式的性质计算下列行列式：

$$\begin{vmatrix} 1 & 2 & \cdots & 2 \\ 2 & 2 & \cdots & 2 \\ \vdots & \vdots & & \vdots \\ 2 & 2 & \cdots & n \end{vmatrix},\quad \begin{vmatrix} 1 & 1 & \cdots & -n \\ \vdots & \vdots & & \vdots \\ 1 & -n & \cdots & 1 \\ -n & 1 & \cdots & 1 \end{vmatrix},\quad \begin{vmatrix} 1 & 2 & 3 & \cdots & n-1 & n \\ -1 & 0 & 3 & \cdots & n-1 & n \\ -1 & -2 & 0 & \cdots & n-1 & n \\ \vdots & \vdots & \vdots & & \vdots & \vdots \\ -1 & -2 & -3 & \cdots & 0 & n \\ -1 & -2 & -3 & \cdots & -(n-1) & 0 \end{vmatrix}$$

$$\begin{vmatrix} a & 1 & 1 & \cdots & 1 \\ 1 & a & 1 & \cdots & 1 \\ 1 & 1 & a & \cdots & 1 \\ \vdots & \vdots & \vdots & & \vdots \\ 1 & 1 & 1 & \cdots & a \end{vmatrix},\quad \begin{vmatrix} a_1+b & a_2 & \cdots & a_n \\ a_1 & a_2+b & \cdots & a_n \\ \vdots & \vdots & & \vdots \\ a_1 & a_2 & \cdots & a_n+b \end{vmatrix}$$

$$\begin{vmatrix} a_1+b_1 & a_2+b_2 & \cdots & a_n+b_n \\ a_1+b_1 & a_2+b_2 & \cdots & a_n+b_n \\ \vdots & \vdots & & \vdots \\ a_1+b_1 & a_2+b_2 & \cdots & a_n+b_n \end{vmatrix}$$

23. 计算三阶行列式$\begin{vmatrix} 1 & -1 & 2 \\ 3 & 2 & 1 \\ 0 & 1 & 4 \end{vmatrix}$的全部代数余子式。

24. 利用展开式计算下列行列式：

$$\begin{vmatrix} 1 & 1 & 1 & 6 \\ 5 & 3 & -7 & 7 \\ 1 & 0 & 2 & 2 \\ 4 & -1 & 3 & -5 \end{vmatrix},\quad \begin{vmatrix} 2 & -5 & 3 & 1 \\ 1 & 3 & -1 & 3 \\ 0 & 1 & 1 & -5 \\ -1 & -4 & 2 & -3 \end{vmatrix}\quad \begin{vmatrix} 1+x & 1 & 1 & 1 \\ 1 & 1-x & 1 & 1 \\ 1 & 1 & 1+y & 1 \\ 1 & 1 & 1 & 1-y \end{vmatrix}$$

$$\begin{vmatrix} 0 & 1 & 2 & -1 & 4 \\ 2 & 0 & 1 & 2 & 1 \\ -1 & 3 & 5 & 1 & 2 \\ 3 & 3 & 1 & 2 & 1 \\ 2 & 1 & 0 & 3 & 5 \end{vmatrix},\quad \begin{vmatrix} 1 & \frac{1}{2} & 0 & 1 & -1 \\ 2 & 0 & -1 & 1 & 2 \\ 3 & 2 & 1 & \frac{1}{2} & 0 \\ 1 & -1 & 0 & 1 & 2 \\ 2 & 1 & 3 & 0 & \frac{1}{2} \end{vmatrix}$$

$$\begin{vmatrix} 1 & 1 & 1 & 1 \\ 1+\sin\varphi_1 & 1+\sin\varphi_2 & 1+\sin\varphi_3 & 1+\sin\varphi_4 \\ \sin\varphi_1+\sin^2\varphi_1 & \sin\varphi_2+\sin^2\varphi_2 & \sin\varphi_3+\sin^2\varphi_3 & \sin\varphi_4+\sin^2\varphi_4 \\ \sin^2\varphi_1+\sin^3\varphi_1 & \sin^2\varphi_2+\sin^3\varphi_2 & \sin^2\varphi_3+\sin^3\varphi_3 & \sin^2\varphi_4+\sin^3\varphi_4 \end{vmatrix}$$

25. 设 $D=\begin{vmatrix}1 & 0 & 4 & 0\\ 2 & -1 & -1 & 2\\ 0 & -6 & 0 & 0\\ 2 & 4 & -1 & 2\end{vmatrix}$，求 $A_{41}-A_{42}+A_{43}-A_{44}$ 与 $M_{21}+M_{24}$。

26. 计算下列行列式：

$$\begin{vmatrix}1 & 2 & 3 & \cdots & n-1 & n\\ n & 1 & 2 & \cdots & n-2 & n-1\\ n-1 & n & 1 & \cdots & n-3 & n-2\\ \vdots & \vdots & \vdots & & \vdots & \vdots\\ 2 & 3 & 4 & \cdots & n & 1\end{vmatrix},\quad \begin{vmatrix}0 & \cdots & 0 & a_{11} & \cdots & a_{1k}\\ \vdots & & \vdots & \vdots & & \vdots\\ 0 & \cdots & 0 & a_{k1} & \cdots & a_{kk}\\ b_{11} & \cdots & b_{1r} & c_{11} & \cdots & c_{1k}\\ \vdots & & \vdots & \vdots & & \vdots\\ b_{r1} & \cdots & b_{rr} & c_{r1} & \cdots & c_{rk}\end{vmatrix}$$

$$\begin{vmatrix}a & -1 & 0 & \cdots & 0\\ ax & a & -1 & \cdots & 0\\ ax^2 & ax & a & \cdots & 0\\ \vdots & \vdots & \vdots & & \vdots\\ ax^n & ax^{n-1} & ax^{n-2} & \cdots & a\end{vmatrix},\quad \begin{vmatrix}a^n & (a-1)^n & \cdots & (a-n)^n\\ a^{n-1} & (a-1)^{n-1} & \cdots & (a-n)^{n-1}\\ \vdots & \vdots & & \vdots\\ a & a-1 & \cdots & a-n\\ 1 & 1 & \cdots & 1\end{vmatrix}$$

$$\begin{vmatrix}n & n-1 & \cdots & 3 & 2 & 1\\ n & n-1 & \cdots & 3 & 3 & 1\\ n & n-1 & \cdots & 5 & 2 & 1\\ \vdots & \vdots & ⋰ & \vdots & \vdots & \vdots\\ n & 2n-3 & \cdots & 3 & 2 & 1\\ 2n-1 & n-1 & \cdots & 3 & 2 & 1\end{vmatrix},\quad \begin{vmatrix}a+b & ab & & & \\ 1 & a+b & ab & & \\ & \ddots & \ddots & \ddots & \\ & & 1 & a+b & ab\\ & & & 1 & a+b\end{vmatrix}$$

$$\begin{vmatrix}x+a_1 & a_2 & \cdots & a_n\\ a_1 & x+a_2 & \cdots & a_n\\ \vdots & \vdots & & \vdots\\ a_1 & a_2 & \cdots & x+a_n\end{vmatrix},\quad \begin{vmatrix}x & a & a & \cdots & a\\ -a & x & a & \cdots & a\\ -a & -a & x & \cdots & a\\ \vdots & \vdots & \vdots & & \vdots\\ -a & -a & -a & \cdots & x\end{vmatrix}$$

$$\begin{vmatrix}x-a & a & \cdots & a\\ a & x-a & \cdots & a\\ \vdots & \vdots & & \vdots\\ a & a & \cdots & x-a\end{vmatrix},\quad \begin{vmatrix}1+a_1 & a_2 & a_3 & \cdots & a_n\\ a_1 & 1+a_2 & a_3 & \cdots & a_n\\ a_1 & a_2 & 1+a_3 & \cdots & a_n\\ \vdots & \vdots & \vdots & & \vdots\\ a_1 & a_2 & a_3 & \cdots & 1+a_n\end{vmatrix}$$

$$\begin{vmatrix}1+x_1^2 & x_1x_2 & \cdots & x_1x_n\\ x_2x_1 & 1+x_2^2 & \cdots & x_2x_n\\ \vdots & \vdots & & \vdots\\ x_nx_1 & x_2x_n & \cdots & 1+x_n^2\end{vmatrix},\quad \begin{vmatrix}1+a_1 & 1 & \cdots & 1\\ 1 & 1+a_2 & \cdots & 1\\ \vdots & \vdots & & \vdots\\ 1 & 1 & \cdots & 1+a_n\end{vmatrix}$$

27. 用 Laplace 定理证明：$\begin{vmatrix} a_{11} & a_{12} & 0 & 0 \\ a_{21} & a_{22} & 0 & 0 \\ * & * & b_{11} & b_{12} \\ * & * & b_{21} & b_{22} \end{vmatrix} = \begin{vmatrix} a_{11} & a_{12} \\ a_{21} & a_{22} \end{vmatrix} \begin{vmatrix} b_{11} & b_{12} \\ b_{21} & b_{22} \end{vmatrix}$（其中 * 为任意数）。

28. 证明：$\begin{vmatrix} a_0 & 1 & 1 & \cdots & 1 \\ 1 & a_1 & 0 & \cdots & 0 \\ 1 & 0 & a_2 & \cdots & 0 \\ \vdots & \vdots & \vdots & & \vdots \\ 1 & 0 & 0 & \cdots & a_n \end{vmatrix} = a_1 a_2 \cdots a_n \left(a_0 - \sum_{i=1}^{n} \frac{1}{a_i} \right)$。

29. 证明：$\begin{vmatrix} a_0 & -1 & 0 & \cdots & 0 & 0 \\ a_1 & x & -1 & \cdots & 0 & 0 \\ \vdots & \vdots & \vdots & & \vdots & \vdots \\ a_{n-2} & 0 & 0 & \cdots & x & -1 \\ a_{n-1} & 0 & 0 & \cdots & 0 & x \end{vmatrix} = a_0 x^{n-1} + a_1 x^{n-2} + \cdots + a_{n-2} x + a_{n-1}$。

30. 设数域 P 上 n 阶行列式 $d = \begin{vmatrix} a_{11} & a_{12} & \cdots & a_{1n} \\ a_{21} & a_{22} & \cdots & a_{2n} \\ \vdots & \vdots & & \vdots \\ a_{n1} & a_{n2} & \cdots & a_{nn} \end{vmatrix}$，$A_{ij}$ 为元素 a_{ij} 的代数余子式，$t \in P$。证明：$|a_{ij} + t| = |a_{ij}| + t \sum_{i=1}^{n} \sum_{j=1}^{n} A_{ij}$。

31. 用 Cramer 法则解下列线性方程组：

(1) $\begin{cases} 2x_1 - 3x_2 + x_3 + 2x_4 = 1 \\ x_1 - 3x_3 + x_4 = 1 \\ x_1 + 6x_2 + 2x_3 + 4x_4 = 0 \\ 2x_1 - 2x_3 + 3x_4 = 1 \end{cases}$；　(2) $\begin{cases} x_1 + 2x_2 - 2x_3 + 4x_4 - x_5 = -1 \\ 2x_1 - x_2 + 3x_3 - 4x_4 + 2x_5 = 8 \\ 3x_1 + x_2 - x_3 + 2x_4 - x_5 = 3 \\ 4x_1 + 3x_2 + 4x_3 + 2x_4 + 2x_5 = -2 \\ x_1 - x_2 - x_3 + 2x_4 - 3x_5 = -3 \end{cases}$。

32. 当 a, b 满足什么条件时，线性方程组 $\begin{cases} ax_1 + ax_2 + bx_3 = 1 \\ ax_1 + bx_2 + ax_3 = 1 \\ bx_1 + ax_2 + ax_3 = 1 \end{cases}$ 有唯一解？并求其解。

33. 判定齐次线性方程组 $\begin{cases} x_1 + x_2 + 2x_3 + 3x_4 = 0 \\ x_1 + 2x_2 + 3x_3 - x_4 = 0 \\ 3x_1 - x_2 - x_3 - 2x_4 = 0 \\ 2x_1 + 3x_2 - x_3 - x_4 = 0 \end{cases}$ 是否只有零解。

34. 当 λ 取何值时，齐次线性方程组 $\begin{cases} (\lambda - 3)x_1 - x_2 + x_4 = 0 \\ -x_1 + (\lambda - 3)x_2 + x_3 = 0 \\ x_2 + (\lambda - 3)x_3 - x_4 = 0 \\ x_1 - x_3 + (\lambda - 3)x_4 = 0 \end{cases}$ 有非零解？只有零解？

35. 设三条直线 $L_1: a_1x+b_1y+c_1=0$；$L_2: a_2x+b_2y+c_2=0$；$L_3: a_3x+b_3y+c_3=0$ 有公共点，证明：行列式 $\begin{vmatrix} a_1 & b_1 & c_1 \\ a_2 & b_2 & c_2 \\ a_3 & b_3 & c_3 \end{vmatrix}=0$。

36. 设 $a_1,a_2,\cdots,a_n$ 为数域 P 上互不相同的数，$b_1,b_2,\cdots,b_n$ 是 P 上任一组给定的数。证明：存在数域 P 上唯一的次数小于 n 的多项式 $f(x)$，使 $f(a_i)=b_i(i=1,2,\cdots,n)$。

第 2 章　多　项　式

多项式是一个古老的代数课题，也是近代数学的一个基本概念，多项式及其密切相关的方程理论在计算机科学、现代通信、编码和密码等领域有重要应用。本章首先介绍一元多项式的概念，接着重点介绍一元多项式的整除理论、带余除法、最大公因式、因式分解定理及复数域、实数域和有理数域上的多项式，此外，还将介绍多元多项式。

2.1　数环和数域

数是数学的一个最基本的概念。从自然数到整数、有理数、实数，再到复数，随着人们认识的不断深化，数的概念不断扩展。不同的数集所允许的运算不尽相同。例如，在自然数集 **N** 中，总可以施行加法和乘法，但减法和除法不是一定可以施行的；在整数集 **Z** 中，总可以施行加法、减法和乘法，但除法也不是一定可以施行的；在有理数集 **Q**、实数集 **R** 和复数集 **C** 中，可以施行加、减、乘和除(除数不为零)四种运算。通过中学的学习我们知道在不同的集合内讨论同一个问题，可能得出不同的结果。例如，多项式的因式分解和方程的根等。代数学主要研究代数系统的运算性质，其中包括数的加、减、乘、除等，即所谓的代数性质。高等代数可以在更一般的数环和数域的范围内讨论。为此，我们首先引入数环和数域的定义。

2.1.1　数环

定义 2.1.1　设 S 是复数集 **C** 的非空子集。如果 S 中任意两个数的和、差、积仍然是 S 中的数，那么称 S 为一个**数环**。

显然，**Z**，**Q**，**R** 和 **C** 都是数环。

例 2.1.1　设 $M=\{2n \mid n\text{ 是整数}\}$，证明：$M$ 构成数环。

证明　对任意的整数 n_1, n_2，则有

$$2n_1 \pm 2n_2 = 2(n_1 \pm n_2) \in M$$
$$2n_1 \cdot 2n_2 = 2(2n_1 \cdot n_2) \in M$$

故 M 构成数环。

例 2.1.2　设 $S=\{2n+1 \mid n\text{ 是整数}\}$，证明：$S$ 不构成数环。

证明 由于 S 是奇数集，而两个奇数的和与差都是偶数，故不属于 S。因而 S 不构成数环。

例 2.1.3 设 $Z(\mathrm{i})=\{a+b\mathrm{i} \mid a,b\in \mathbf{Z},\mathrm{i}^2=-1\}$，证明：$Z(\mathrm{i})$是数环。

证明 显然 $Z(\mathrm{i})$非空，且对于加法和减法是封闭的。设 $a+b\mathrm{i},c+d\mathrm{i}\in Z(\mathrm{i})$，那么

$$(a+b\mathrm{i})(c+d\mathrm{i})=(ac-bd)+(ad+bc)\mathrm{i}\in Z(\mathrm{i})$$

因此，$Z(\mathrm{i})$是数环。

2.1.2 数域

定义 2.1.2 设 P 是复数集的子集且是一个数环，如果 P 含有一个非零的数，且对 P 中任意两个数的和、差、积、商(除数不为零)仍然是 P 中的数，那么称 P 为一个**数域**。

显然，数域是一个数环，有理数集 $\mathbf{Q}$、实数集 $\mathbf{R}$ 和复数集 $\mathbf{C}$ 都构成一个数域。

例 2.1.4 设 q 是素数，证明：$Q(\sqrt{q})=\{a+b\sqrt{q} \mid a,b\in \mathbf{Q}\}$是一个数域。

证明 首先 $Q(\sqrt{q})\neq\varnothing$，因为 $1\in Q(\sqrt{q})$。

其次，任取

$$\alpha=a+b\sqrt{q},\quad \beta=c+d\sqrt{q}\in Q(\sqrt{q})$$

容易验证 $\alpha\pm\beta,\alpha\beta\in Q(\sqrt{q})$；如果 $c+d\sqrt{q}\neq 0$，那么 $c-d\sqrt{q}\neq 0$，且

$$\frac{\alpha}{\beta}=\frac{a+b\sqrt{q}}{c+d\sqrt{q}}=\frac{(a+b\sqrt{q})(c-d\sqrt{q})}{(c+d\sqrt{q})(c-d\sqrt{q})}=\frac{ac-qbd}{c^2-qd^2}+\frac{bc-ad}{c^2-qd^2}\sqrt{q}\in Q(\sqrt{q})$$

因此，$Q(\sqrt{q})$是一个数域。

例 2.1.5 证明：所有可以表示成

$$\frac{a_0+a_1\pi+\cdots+a_n\pi^n}{b_0+b_1\pi+\cdots+b_m\pi^m}$$

的数组成一个数域，其中 m,n 都是任意非负整数，$a_i,b_j(i=1,2,\cdots,n;j=1,2,\cdots,m)$是整数。

证明 设

$$\alpha=\frac{a_0+a_1\pi+\cdots+a_n\pi^n}{b_0+b_1\pi+\cdots+b_m\pi^m},\quad \beta=\frac{c_0+c_1\pi+\cdots+c_p\pi^p}{d_0+d_1\pi+\cdots+d_q\pi^q}$$

则

$$\begin{aligned}\alpha\pm\beta&=\frac{a_0+a_1\pi+\cdots+a_n\pi^n}{b_0+b_1\pi+\cdots+b_m\pi^m}\pm\frac{c_0+c_1\pi+\cdots+c_p\pi^p}{d_0+d_1\pi+\cdots+d_q\pi^q}\\&=\frac{(a_0d_0\pm b_0c_0)+[(a_1d_0+a_0d_1)\pm(b_1c_0+b_0c_1)]\pi+\cdots+a_nd_q\pi^{n+q}}{b_0d_0+(b_1d_0+b_0d_1)\pi+\cdots+b_md_q\pi^{m+q}}\end{aligned}$$

$$\begin{aligned}\alpha\cdot\beta&=\frac{a_0+a_1\pi+\cdots+a_n\pi^n}{b_0+b_1\pi+\cdots+b_m\pi^m}\frac{c_0+c_1\pi+\cdots+c_p\pi^p}{d_0+d_1\pi+\cdots+d_q\pi^q}\\&=\frac{a_0c_0+(a_1c_0+a_0c_1)\pi+\cdots+a_nc_p\pi^{n+p}}{b_0d_0+(b_1d_0+b_0d_1)\pi+\cdots+b_md_q\pi^{m+q}}\end{aligned}$$

$$\frac{\alpha}{\beta}=\frac{a_0+a_1\pi+\cdots+a_n\pi^n}{b_0+b_1\pi+\cdots+b_m\pi^m}\,\frac{d_0+d_1\pi+\cdots+d_q\pi^q}{c_0+c_1\pi+\cdots+c_p\pi^p}$$

$$=\frac{a_0d_0+(a_1d_0+a_0d_1)\pi+\cdots+a_nd_q\pi^{n+q}}{b_0c_0+(b_1c_0+b_0c_1)\pi+\cdots+b_mc_p\pi^{m+p}}$$

从而所证数组成一个数域。

2.1.3　数环与数域的一些性质

除非特殊声明，本书均用 S 表示数环，用 P 表示数域。

引理 2.1.1　任何数环 S 都含有数零。

证明　任何数环至少含有一个数，设为 a，因为数环对于减法封闭，所以含有 $a-a=0$。

引理 2.1.2　任何数域都含有数 0 和数 1。

证明　任何数域中都有一个非零的数，设为 a，因为数域对于减法封闭，所以含有 $a-a=0$。又对除法也是封闭的，所以含有 $\frac{a}{a}=1$。

定理 2.1.1　任意一个数环 S 若含非零的数，则 S 必含有无穷多个数。

证明　设 $a\in S, a\neq 0$，因而 $a+a=2a\in S$，显然 $a\neq 2a$。同理 $a,2a,3a,\cdots,na,\cdots$ 都是 S 中的数，且互不相等。所以 S 含有无穷多个数。

由数 0 本身组成的数集，记为 $\{0\}$，该集合构成一个数环，称为零数环，它是唯一一个只含有一个数的数环，也是唯一一个只含有有限个数的数环。

定理 2.1.2　任意数域都包含有理数域 $\mathbf{Q}$。

证明　设 P 是一个数域，则 $0,1\in P$。因为 P 对加法封闭，对于任意 $n\in\mathbf{N}$ 有

$$n=1+1+\cdots+1\quad(n\text{ 个 1 相加})$$

$-n=0-n\in P$，所以 $\mathbf{Z}\subseteq P$。

对于任意 $a,b\in P(b\neq 0)$，有 $\frac{a}{b}\in P$。因此，P 包含一切有理数，即 $\mathbf{Q}\in P$。

注 2.1.1　有理数域是最小的数域，没有比它更小的数域了。

根据定义 2.1.2，要证明一个数集是数域，需要证明它对四则运算封闭。下面一个定理指出，只要验证它对减法和除法封闭就可以了。

定理 2.1.3　若数集 P 下至少含有两个数，且关于减法和除法封闭，则 P 构成数域。

证明　因为 P 中至少含有一个非零的数，设为 a，由于 P 关于减法封闭，所以 $0=a-a\in P$，$1=\frac{a}{a}\in P$，则 P 中含有 0 和 1。

现任取 $x\in P, y\in P$，只需要证 $x+y\in P, x\cdot y\in P$ 即可。

由于 P 对减法是封闭的，所以 $-y=0-y\in P$，从而 $x+y=x-(-y)\in P$。

若 $y=0$，则显然 $x\cdot y=x\cdot 0=0\in P$。

若 $y\neq 0$，则由 $1\in P, y\in P$，可得 $\frac{1}{y}\in P$，从而 $x\cdot y=\frac{x}{\frac{1}{y}}\in P$。

这样推得 P 关于加法和乘法也封闭,因而 P 是数域。

例 2.1.6 证明:一切形如 $a+b\sqrt{3}\mathrm{i}$(a,b 为任意的有理数)的复数组成一个数域。

证明 将上述数集用 P 表示。

(1) 显然,P 中至少包含两个数 0 和 1。

(2) 设 $x_1=a_1+b_1\sqrt{3}\mathrm{i}, x_2=a_2+b_2\sqrt{3}\mathrm{i}$ 是 P 中任意两个数,则

$$x_1-x_2=(a_1-a_2)+(b_1-b_2)\sqrt{3}\mathrm{i}\in P$$

设 $x_2\neq 0$,那么

$$\frac{x_1}{x_2}=\frac{a_1+b_1\sqrt{3}\mathrm{i}}{a_2+b_2\sqrt{3}\mathrm{i}}=\frac{(a_1+b_1\sqrt{3}\mathrm{i})(a_2-b_2\sqrt{3}\mathrm{i})}{(a_2+b_2\sqrt{3}\mathrm{i})(a_2-b_2\sqrt{3}\mathrm{i})}$$
$$=\frac{a_1a_2+3b_1b_2}{a_2^2+3b_2^2}+\frac{a_2b_1-a_1b_2}{a_2^2+3b_2^2}\sqrt{3}\mathrm{i}\in P$$

根据定理 2.1.3 可知,数集 P 是一数域。

2.2 一元多项式和一元多项式函数

本节主要研究一元多项式的定义,一元多项式的加、减、乘运算以及一元多项式函数的概念。

2.2.1 一元多项式

定义 2.2.1 设 P 是取定的数域,x 是一个文字(也称不定元)。形式表达式

$$a_nx^n+a_{n-1}x^{n-1}+\cdots+a_1x+a_0 \tag{2.2.1}$$

满足 $a_i\in P(i=0,1,\cdots,n)$,且 n 是非负整数,则称上述形式表达式为数域 P 上的**一元多项式**,简称**多项式**,记为 $f(x)$。其中 a_ix^i 称为多项式 $f(x)$ 的**第 i 次项**,a_i 称为 $f(x)$ 的**第 i 次项系数**,a_0 叫作**零次项**或**常数项**,系数为零的项可以不写出。特别地,系数全为零的多项式称为**零多项式**,记为 $f(x)=0$。

如果 $a_n\neq 0$,称 a_nx^n 为 $f(x)$ 的首项,非负整数 n 称为 $f(x)$ 的次数,记为 $\deg f(x)=n$ 或 $\partial(f(x))=n$,a_n 被称为 $f(x)$ 的**首项系数**。规定零次多项式 a_0 的次数为 0,而零多项式不定义次数。

数域 P 上的一元多项式的全体记为 $P[x]$,我们用 $f(x),g(x),h(x)\cdots$ 或 $f,g,h\cdots$ 表示一元多项式。

2.2.2 一元多项式的运算

设

$$f(x)=a_nx^n+a_{n-1}x^{n-1}+\cdots+a_1x+a_0$$

$$g(x) = b_m x^m + b_{m-1} x^{m-1} + \cdots + b_1 x + b_0$$

是数域 P 上的两个一元多项式，我们引入连和符号 $\sum$ 将其表达为

$$f(x) = \sum_{i=0}^{n} a_i x^i, \quad g(x) = \sum_{i=0}^{m} b_i x^i$$

不妨设 $m \leqslant n$。

定义 2.2.2 如果 $m = n$，且 $a_i = b_i\ (i = 0, 1, \cdots, n)$，那么称 $f(x)$ 与 $g(x)$ **相等**，记为 $f(x) = g(x)$。

若在 $g(x)$ 中令 $b_n = b_{n-1} = \cdots = b_{m+1} = 0$，则也可定义 $f(x)$ 与 $g(x)$ 的加法。

定义 2.2.3 令

$$f(x) + g(x) = \sum_{i=0}^{n} (a_i + b_i) x^i$$

则称 $f(x) + g(x)$ 是 $f(x)$ 与 $g(x)$ 的**和**，也称为多项式的**加法运算**。

定义 2.2.4 令

$$\begin{aligned} f(x)g(x) &= \sum_{s=0}^{n+m} \Big(\sum_{i+j=s} a_i b_j \Big) x^s \\ &= a_n b_m x^{m+n} + (a_n b_{m-1} + a_{n-1} b_m) x^{m+n-1} + \cdots + (a_1 b_0 + a_0 b_1) x + a_0 b_0 \end{aligned}$$

则称 $f(x)g(x)$ 为 $f(x)$ 与 $g(x)$ 的**积**，也称为多项式的**乘法运算**。特别地，当 $f(x) = a \in P$ 时，有 $ag(x) = \sum_{i=0}^{m} ab_i x^i$，称为数 a 与多项式 $g(x)$ 的**数乘运算**。当 $a = -1$ 时，用 $-g(x) = \sum_{i=0}^{m} -b_i x^i$ 表示 $g(x)$ 各项系数都变号后的多项式。这样就可以定义 $f(x)$ 与 $g(x)$ 的差为 $f(x) - g(x) = f(x) + (-g(x))$。

不难验证，$P[x]$ 中多项式的加法与数乘具有下列性质：

(1) $f(x) + g(x) = g(x) + f(x)$；

(2) $(f(x) + g(x)) + h(x) = f(x) + (g(x) + h(x))$；

(3) $f(x) + 0 = 0 + f(x) = f(x)$；

(4) $f(x) + (-f(x)) = 0$；

对于任意 $a, b \in P$，有

(5) $a(f(x) + g(x)) = af(x) + ag(x)$；

(6) $(a + b)f(x) = af(x) + bf(x)$；

(7) $(ab)f(x) = a(bf(x))$；

(8) $1f(x) = f(x)$，$0f(x) = 0$。

多项式的加法与乘法还具有下列性质：

(9) $f(x)g(x) = g(x)f(x)$；

(10) $(f(x)g(x))h(x) = f(x)(g(x)h(x))$；

(11) $(f(x) + g(x))h(x) = f(x)h(x) + g(x)h(x)$；

(12) $a(f(x)g(x)) = (af(x))g(x) = f(x)(ag(x))$。

多项式的次数是多项式的一个重要的数字特征，在多项式的讨论中具有重要作用。关

于多项式的次数有以下结论。

定理 2.2.1 设 $f(x),g(x)\in P[x]$,则

$$\deg(f(x)\pm g(x))\leqslant \max\{\deg f(x),\deg g(x)\}$$
$$\deg(f(x)g(x))=\deg f(x)+\deg g(x)$$

证明 当 $f(x)=0$ 或 $g(x)=0$ 时,按规定"零多项式的次数是 $-\infty$",所以上式成立。

下面证明 $f(x)\neq 0$ 且 $g(x)\neq 0$ 的情形。不妨设 $f(x)=\sum_{i=0}^{n}a_ix^i$,$g(x)=\sum_{i=0}^{m}b_ix^i$,其中 $a_n\neq 0$,$b_m\neq 0$,于是 $\deg f(x)=n$,$\deg g(x)=m$。不妨设 $n\geqslant m$,于是

$$f(x)\pm g(x)=\sum_{i=0}^{n}(a_i\pm b_i)x^i$$

因此

$$\deg(f(x)\pm g(x))\leqslant \max\{\deg f(x),\deg g(x)\}$$

由于 $f(x)g(x)=\sum_{s=0}^{n+m}\left(\sum_{i+j=s}a_ib_j\right)x^s$,由 $a_nb_m\neq 0$ 得

$$\deg(f(x)g(x))=n+m=\deg f(x)+\deg g(x)$$

推论 2.2.1 设 $f(x),g(x),h(x)\in P[x]$,有下列结论:

(1) 如果 $f(x)\neq 0$ 且 $g(x)\neq 0$,那么 $f(x)g(x)\neq 0$;

(2) 如果 $f(x)g(x)=f(x)h(x)$ 且 $f(x)\neq 0$,那么 $g(x)=h(x)$。

例 2.2.1 设 $f(x)=3x^2-5x+3$,$g(x)=Ax(x-1)+B(x+2)(x-1)+Cx(x+2)$。求 A,B,C 使得 $f(x)=g(x)$。

解 因为

$$g(x)=(A+B+C)x^2+(-A+B+2C)-2B$$

由 $f(x)=g(x)$ 的定义可得

$$\begin{cases}A+B+C=3\\-A+B+2C=-5\\-2B=3\end{cases}$$

解得

$$\begin{cases}A=\dfrac{25}{6}\\B=-\dfrac{3}{2}\\C=\dfrac{1}{3}\end{cases}$$

所以当 $A=\dfrac{25}{6}$,$B=-\dfrac{3}{2}$,$C=\dfrac{1}{3}$ 时,$f(x)=g(x)$。

2.2.3 一元多项式函数

下面从函数的观点讨论一元多项式。

设 $f(x)=\sum_{i=0}^{n}a_ix^i\in P[x]$。对于任意 $c\in P$，有

$$f(c)=\sum_{i=0}^{n}a_ic^i\in P$$

则称 $f(c)$ 为 $f(x)$ 当 $x=c$ 时的值。

定义 2.2.5 设 $f(x)=\sum_{i=0}^{n}a_ix^i\in P[x]$。我们定义数域 P 上的映射如下：

$$f:P\to P$$
$$c\mapsto f(c),\quad \forall c\in P$$

称 f 是由多项式 $f(x)$ 定义的 P 上的**一元多项式函数**。

设 $f(x),g(x)\in P[x]$。如果 $f(x)=g(x)$，那么对 $\forall c\in P$ 有

$$f(c)=g(c)$$

即一元多项式函数 $f=g$；后面我们将会看到，如果两个一元多项式函数相等，那么这两个一元多项式必然相等。

设 $f(x),g(x)\in P[x]$。由中学所学的函数运算易得，若

$$h_1(x)=f(x)\pm g(x)$$
$$h_2(x)=f(x)g(x)$$

则对 $\forall c\in P$ 有

$$h_1(c)=f(c)\pm g(c)$$
$$h_2(c)=f(c)g(c)$$

2.3 多项式的整除

我们知道任意大于 1 的整数都可以唯一分解为一些素数的乘积。与整数类似，本节将利用最大公因式和不可约因式的知识给出数域 P 上多项式环 $P[x]$ 的结构。

2.3.1 带余除法

与两个整数的关系类似，我们首先讨论多项式的带余除法，它是多项式的一个基本性质。

定理 2.3.1 （带余除法）设 $f(x),g(x)\in P[x]$，且 $g(x)\neq 0$，则在 $P[x]$ 中存在唯一的多项式 $q(x),r(x)$，使得

$$f(x)=q(x)g(x)+r(x),\quad r(x)=0 \text{ 或 } \deg r(x)<\deg g(x)$$

其中 $f(x),g(x)$ 分别称为**被除式**和**除式**，$q(x),r(x)$ 分别称为 $g(x)$ 除 $f(x)$ 的**商式**和**余式**。

证明 先证存在性，不妨设 $\deg g(x)=m$。

情形 1　$m=0$，设 $g(x)=b(\neq 0)\in P$，那么

$$f(x)=\left(\frac{1}{b}f(x)\right)b+0,\quad r(x)=0$$

情形 2　$m>0$,且 $\deg f(x)<m$。易得

$$f(x)=0g(x)+f(x),\quad \deg f(x)<\deg g(x)$$

情形 3　$m>0$,且 $\deg f(x)\geqslant m$。那么对被除式的次数做数学归纳法。假设商式和余式 $q(x)$,$r(x)$的存在性对于次数小于 n 的被除式成立。不妨设

$$f(x)=\sum_{i=0}^{n}a_ix^i,\quad g(x)=\sum_{i=0}^{m}b_ix^i\quad (a_n\neq 0,b_m\neq 0)$$

于是

$$f(x)=\frac{a_n}{b_m}x^{n-m}g(x)+f_1(x),\quad \deg f_1(x)<n$$

根据归纳假设知,存在 $q_1(x),r_1(x)\in P[x]$,使得

$$f_1(x)=q_1(x)g(x)+r_1(x),\quad \deg r_1(x)<m$$

因此

$$f(x)=\left(\frac{a_n}{b_m}x^{n-m}+q_1(x)\right)g(x)+r_1(x),\quad \deg r_1(x)<m=\deg g(x)$$

令 $q(x)=\frac{a_n}{b_m}x^{n-m}+q_1(x)$,$r(x)=r_1(x)$,即得定理 2.3.1 中的存在性。

再证唯一性,设存在 $q(x),r(x),q_0(x),r_0(x)\in P[x]$,满足

$$f(x)=q(x)g(x)+r(x),\quad \deg r(x)<\deg g(x)$$
$$f(x)=q_0(x)g(x)+r_0(x),\quad \deg r_0(x)<\deg g(x)$$

则

$$(q(x)-q_0(x))g(x)=r_0(x)-r(x)$$

于是

$$\begin{aligned}\deg\,(q(x)-q_0(x))g(x)&=\deg\,(q(x)-q_0(x))+\deg g(x)=\deg\,(r_0(x)-r(x))\\&\leqslant\max\{\deg r_0(x),\deg r(x)\}<\deg g(x)\end{aligned}$$

假如 $q(x)\neq q_0(x)$,则 $\deg\,(q(x)-q_0(x))<0$。矛盾。

因此,$q(x)=q_0(x)$,$r(x)=r_0(x)$。

例 2.3.1　设 $f(x)=x^5+2x^4-3x^3+4x^2+2x-1$,$g(x)=x^2+x+1$,求 $g(x)$除 $f(x)$的商式 $q(x)$和余式 $r(x)$。

解　方法 1 (带余除法)因为

$$\begin{array}{r|r|l}
x^3+x^2-5x+8 & x^5+2x^4-3x^3+4x^2+2x-1 & x^2+x+1\\
 & x^5+\ \ x^4+\ \ x^3\qquad\qquad\qquad\quad & \\ \cline{2-2}
 & x^4-4x^3+4x^2+2x-1 & \\
 & x^4+\ \ x^3+\ \ x^2\qquad\quad\ \ & \\ \cline{2-2}
 & -5x^3+3x^2+2x-1 & \\
 & -5x^3-5x^2-5x\quad\ \ & \\ \cline{2-2}
 & 8x^2+7x-1 &
\end{array}$$

$$\begin{array}{|r|}8x^2+8x+8\\ \hline -x-9\end{array}$$

所以

$$f(x)=(x^3+x^2-5x+8)g(x)+(-x-9)$$

故商式 $q(x)=x^3+x^2-5x+8$,余式 $r(x)=-x-9$。

方法 2 (待定系数法)设 $q(x)=ax^3+bx^2+cx+d$,$r(x)=rx+t$,则由 $f(x)=q(x)\cdot g(x)+r(x)$,可得

$$\begin{aligned}&x^5+2x^4-3x^3+4x^2+2x-1\\&=(ax^3+bx^2+cx+d)(x^2+x+1)+(rx+t)\\&=ax^5+(a+b)x^4+(a+b+c)x^3+(b+c+d)x^2+(c+d+r)x+d+t\end{aligned}$$

比较系数,可得方程组

$$\begin{cases}a=1\\a+b=2\\a+b+c=-3\\b+c+d=4\\c+d+r=2\\d+t=-1\end{cases}$$

解得 $a=1,b=1,c=-5,d=8,r=-1,t=-9$。

故商式 $q(x)=x^3+x^2-5x+8$,余式 $r(x)=-x-9$。

2.3.2 整除

定义 2.3.1 设 $f(x),g(x)\in P[x]$。如果存在 $h(x)\in P[x]$,使得

$$f(x)=g(x)h(x)$$

那么称 $g(x)$整除 $f(x)$,记为 $g(x)\mid f(x)$;否则,称 $g(x)$不整除 $f(x)$,记为 $g(x)\nmid f(x)$。特别地,当 $g(x)\mid f(x)$时,称 $g(x)$是 $f(x)$的因式,称 $f(x)$是 $g(x)$的倍式。

注 2.3.1 若 $h(x)$不是多项式而是函数,虽然满足 $f(x)=g(x)h(x)$,也不能够称 $g(x)$整除 $f(x)$,例如 $x+1=(x^2+x)x^{-1}$,由于 x^{-1}不是多项式,所以不能说 x^2+x 整除 $x+1$。

注 2.3.2 若 $g(x)\mid f(x)$且 $f(x)\neq 0$,那么 $\deg f(x)\geqslant \deg g(x)$。

注 2.3.3 任何一个多项式 $f(x)$都有非零常数因式 c 和自身因式 $f(x)$,这两个因式称为$f(x)$的**平凡因式**(又叫**当然因式**),$f(x)$的其他因式都称为**非平凡因式**。

定理 2.3.2 (整除的性质)设 $f(x),g(x),h(x)\in P[x]$,则有

(1) 反身性:$f(x)\mid f(x)$;

(2) 相伴性:若 $f(x)\mid g(x)$且 $g(x)\mid f(x)$,则存在 P 中的非零常数 a,使得 $f(x)=ag(x)$,这时称 $f(x),g(x)$为**相伴多项式**;

(3) 传递性:若 $f(x)\mid g(x)$且 $g(x)\mid h(x)$,则 $f(x)\mid h(x)$;

(4) 若 $h(x)\mid f(x)$且 $h(x)\mid g(x)$,则对任意 $u(x),v(x)\in P[x]$,都有

$$h(x) \mid u(x)f(x)+v(x)g(x)$$

(5) 零次多项式(即非零的常数)整除一切多项式；

(6) 任意多项式都能够整除 0。

例 2.3.2 确定 a,b 使得 $g(x)=(x-1)^2$ 能够整除 $f(x)=x^4-5x^3+11x^2+ax+b$。

解 由于 $g(x)\mid f(x)$,即存在多项式 $q(x)$,使得 $f(x)=g(x)q(x)$,又由于 $f(x)$是四次多项式,$g(x)$是二次多项式,所以 $q(x)$也是二次多项式;又由于 $f(x)$的首项系数是 1,常数项是 b,而 $g(x)$的首项系数和常数项均是 1,所以 $q(x)$的首项系数是 1,常数项是 b,这样不妨设 $q(x)=x^2+cx+b$,则由 $f(x)=g(x)q(x)$可得

$$x^4-5x^3+11x^2+ax+b=x^4+(c-2)x^3+(b-2c+1)x^2+(-2b+c)x+b$$

通过比较系数可得

$$\begin{cases} c-2=-5 \\ b-2c+1=11 \\ -2b+c=a \end{cases}$$

解得 $a=-11,b=4,c=-3$,所以

$$f(x)=x^4-5x^3+11x^2-11x+4$$

由定理 2.3.1 可得如下的一个重要的结论。

推论 2.3.1 设 $f(x),g(x)\in P[x]$,且 $g(x)\neq 0$。则 $g(x)\mid f(x)$的充要条件是$g(x)$除 $f(x)$的余式 $r(x)=0$。

证明 由定理 2.3.1 知,存在唯一的多项式 $q(x)$和 $r(x)$,满足

$$f(x)=g(x)q(x)+r(x)$$

若 $r(x)=0$,显然有 $f(x)=g(x)q(x)$,从而 $g(x)\mid f(x)$。

反之,若 $g(x)\mid f(x)$,那么存在 $q(x)$使得

$$f(x)=g(x)q(x)=g(x)q(x)+0$$

根据定理 2.3.1 知,余式是唯一的,故 $r(x)=0$。

注 2.3.4 从定理 2.3.1 和推论 2.3.1 可见,$q(x)$和 $r(x)$的系数是由 $f(x)$和 $g(x)$的系数经过四则运算得到的,因而 $q(x)$和 $r(x)$也是数域 P 上的多项式,当数域扩大时,根据定理 2.3.1 知,由于 $q(x)$和 $r(x)$是唯一的,所以它们不会变。因而一个多项式整除另一个多项式不会因为数域的扩大而改变。

2.3.3 综合除法

本节将讨论用一次多项式 $x-a$ 除多项式$f(x)$的相关问题。

定义 2.3.2 设 $f(x)=\sum\limits_{i=0}^{n}a_ix^i\in P[x]$。如果存在常数 $c\in P$,满足 $f(c)=0$,那么称 c 为$f(x)$的一个**根或零点**。

定理 2.3.3 (余数定理)设 $f(x)\in P[x]$,$a\in P$。则 $x-a$ 除$f(x)$的余式为一个常数,且这个常数为 $f(a)$。

这个定理可以利用带余除法直接得到。

推论 2.3.2 (零点-因子定理)设 $f(x)\in P[x]$,$a\in P$,则 a 为$f(x)$的根的充要条件

是$(x-a)\mid f(x)$，即$(x-a)$是$f(x)$的因式。

利用带余除法还可以得到一次多项式 $x-a$ 除多项式$f(x)$的另一种方法——**综合除法**：

设 $f(x)=\sum_{i=0}^{n}a_ix^i(a_n\neq 0,n\geqslant 1)$。则由带余除法得

$$f(x)=q(x)(x-a)+r\quad(r\in P)$$

其中 $\deg q(x)=n-1$。不妨设 $q(x)=\sum_{i=0}^{n-1}b_ix^i$。将 $q(x)$ 代入上式并比较两边的多项式系数，得

$$\begin{cases}a_n=b_{n-1}\\ a_{n-1}=b_{n-2}-ab_{n-1}\\ \cdots\cdots\\ a_i=b_{i-1}-ab_i\\ \cdots\cdots\\ a_0=r-ab_0\end{cases}\Leftrightarrow\begin{cases}b_{n-1}=a_n\\ b_{n-2}=a_{n-1}+ab_{n-1}\\ \cdots\cdots\\ b_{i-1}=a_i+ab_i\\ \cdots\cdots\\ r=a_0+ab_0\end{cases}$$

即 $q(x)$的第 $i-1$ 次项系数

$$b_{i-1}=a_i+ab_i\quad(i=1,2,\cdots,n)$$

用下表表示上述关系式：

$$\begin{array}{cccccc|c}
 & a_n & a_{n-1} & \cdots & a_1 & a_0 & \\
+ & & ab_{n-1} & \cdots & ab_1 & ab_0 & a\\
\hline
 & a_n & a_{n-1}+ab_{n-1} & \cdots & a_1+ab_1 & a_0+ab_0 & \\
 & \Vert & \Vert & \cdots & \Vert & \Vert & \\
 & b_{n-1} & b_{n-2} & \cdots & b_0 & r &
\end{array}$$

于是求得商式 $q(x)=b_{n-1}x^{n-1}+b_{n-2}x^{n-2}+\cdots+b_0$，余式 r。

例 2.3.3 设 $f(x)=x^4+2x^3+4x^2+x+1$，$g(x)=x+1$，利用综合除法求 $g(x)$除$f(x)$的商式 $q(x)$和余式 $r(x)$。

解 利用综合除法得

$$\begin{array}{cccccc|c}
 & 1 & 2 & 4 & 1 & 1 & \\
+ & & -1 & -1 & -3 & 2 & -1\\
\hline
 & 1 & 1 & 3 & -2 & 3 & \\
 & \Vert & \Vert & \Vert & \Vert & \Vert & \\
 & b_3 & b_2 & b_1 & b_0 & r &
\end{array}$$

所以 $g(x)$除 $f(x)$的商式 $q(x)=x^3+x^2+3x-2$，余式 $r(x)=3$。

例 2.3.4 设 $f(x)=2x^3+x-7$，$g(x)=2x+1$，利用综合除法求 $g(x)$除 $f(x)$的商式 $q(x)$和余式 $r(x)$。

解 先用 $x+\frac{1}{2}$除 $f(x)$，由综合除法得

$$
\begin{array}{rrrrr|l}
 & 2 & 0 & 1 & -7 & \\
+ & & -1 & -1 & -\frac{3}{4} & -\frac{1}{2} \\
\hline
 & 2 & -1 & \frac{3}{2} & -\frac{31}{4} & \\
 & \| & \| & \| & \| & \\
 & b_2 & b_1 & b_0 & r &
\end{array}
$$

从而

$$q'(x) = 2x^2 - x + \frac{3}{2}, \quad r(x) = -\frac{31}{4}$$

所以 $g(x)$除 $f(x)$的商式 $q(x)=\frac{1}{2}q'(x)=x^2-\frac{1}{2}x+\frac{3}{4}$,余式 $r(x)=-\frac{31}{4}$。

由于

$$
\begin{aligned}
f(x) &= (ax+b)q(x)+r(x) \\
&= \left(x-\left(-\frac{b}{a}\right)\right)(aq(x))+r(x)
\end{aligned}
$$

若令 $q'(x)=aq(x)$,则 $q(x)=\frac{1}{a}q'(x)$,但是 $r(x)$不变。

综合除法还可以推广到除式是二次多项式的情形,设

$$f(x) = a_n x^n + a_{n-1}x^{n-1} + \cdots + a_1 x + a_0, \quad g(x) = x^2 - cx - d$$

$$q(x) = b_{n-2}x^{n-2} + b_{n-3}x^{n-3} + \cdots + b_1 x + b_0, \quad r(x) = px + q$$

由 $f(x)=g(x)q(x)+r(x)$,相乘后比较两端的系数得

$$
\begin{cases}
a_n = b_{n-2} \\
a_{n-1} = b_{n-3} - cb_{n-2} \\
a_{n-2} = b_{n-4} - cb_{n-3} - db_{n-2} \\
a_{n-3} = b_{n-5} - cb_{n-4} - db_{n-3} \\
\cdots\cdots \\
a_2 = b_0 - cb_1 - db_2 \\
a_1 = p - cb_0 - db_1 \\
a_0 = q - db_0
\end{cases}
\Leftrightarrow
\begin{cases}
b_{n-2} = a_n \\
b_{n-3} = a_{n-1} + cb_{n-2} \\
b_{n-4} = a_{n-2} + cb_{n-3} + db_{n-2} \\
b_{n-5} = a_{n-3} + cb_{n-4} + db_{n-3} \\
\cdots\cdots \\
b_0 = a_2 + cb_1 + db_2 \\
p = a_1 + cb_0 + db_1 \\
q = a_0 + db_0
\end{cases}
$$

也可以按照下面的格式所示算法:

$$
\begin{array}{cccccccccc|l}
 & a_n & a_{n-1} & a_{n-2} & \cdots & a_{i+1} & a_i & \cdots & a_1 & a_0 & \\
 & & cb_{n-2} & cb_{n-3} & \cdots & cb_i & cb_{i-1} & \cdots & cb_0 & & c \\
+ & & & db_{n-2} & \cdots & db_{i+1} & db_i & \cdots & db_1 & db_0 & d \\
\hline
 & b_{n-2} & b_{n-3} & b_{n-4} & \cdots & b_{i-1} & b_{i-2} & \cdots & p & q &
\end{array}
$$

例 2.3.5 求以 $g(x)=x^2-5x-6$ 除 $f(x)=3x^4-8x^3-50x^2-57x-18$ 所得的商式 $q(x)$和余式 $r(x)$。

解 按照综合除法得

$$
\begin{array}{ccccc|c}
3 & -8 & -50 & -57 & -18 & \\
 & 15 & 35 & 15 & & 5 \\
+ & & 18 & 42 & 18 & 6 \\
\hline
3 & 7 & 3 & 0 & 0 &
\end{array}
$$

所以 $q(x)=3x^2+7x+3, r(x)=0$。

按照综合除法的思想,我们还可以将一个多项式 $f(x)$展开成一次多项式 $x-a$ 的方幂形式,这里也做一简单介绍。

设 $f(x)=a_nx^n+a_{n-1}x^{n-1}+\cdots+a_1x+a_0(a_n\neq0)$,把 $f(x)$表示成 $x-a$ 的多项式。

第 1 步　用 $x-a$ 除$f(x)$得

$$f(x)=[b_n(x-a)^{n-1}+b_{n-1}(x-a)^{n-2}+\cdots+b_2(x-a)+b_1](x-a)+b_0$$

其中 b_0 就是 $x-a$ 除$f(x)$的余数。

第 2 步　再用 $x-a$ 除第一次商式$q_1(x)$得

$$
\begin{aligned}
q_1(x) &= b_n(x-a)^{n-1}+b_{n-1}(x-a)^{n-2}+\cdots+b_2(x-a)+b_1 \\
&= [b_n(x-a)^{n-2}+b_{n-1}(x-a)^{n-3}+\cdots+b_2](x-a)+b_1
\end{aligned}
$$

其中 b_1 就是 $x-a$ 除 $q_1(x)$的余数,依此类推可以得到 $b_2,b_3,\cdots,b_{n-1}$。

于是 $b_0,b_1,b_2,\cdots,b_{n-1}$可以连续用综合除法求得,因此

$$f(x)=b_n(x-a)^n+b_{n-1}(x-a)^{n-1}+\cdots+b_2(x-a)^2+b_1(x-a)+b_0$$

例 2.3.6　将 $f(x)=3x^4-7x^3-9x^2+5x+16$ 展成 $x-2$ 的方幂。

解　连续使用综合除法得

$$
\begin{array}{ccccc|c}
3 & -7 & -9 & 5 & 16 & \\
+ & 6 & -2 & -22 & -34 & 2 \\
\hline
3 & -1 & -11 & -17 & -18 & \\
 & 6 & 10 & -2 & & \\
\hline
3 & 5 & -1 & -19 & & \\
 & 6 & 22 & & & \\
\hline
3 & 11 & 21 & & & \\
 & 6 & & & & \\
\hline
3 & 17 & & & & \\
\hline
3 & & & & &
\end{array}
$$

从而 $f(x)=3(x-2)^4+17(x-2)^3+21(x-2)^2-19(x-2)-18$。

注 2.3.5　$f(x)$按 $x-a$ 的方幂展开形式很重要,上面所使用的连续综合除法,称为秦九韶(秦九韶,又名秦道古,宋代数学家,著有《数书九章》)程序。秦九韶程序在方程近似求解问题中很有用。

2.4　最大公因式

公因式是两个多项式内在关系的重要体现，不但能够求出两个多项式的公共根，而且还可以给出两个多项式的因式分解，本节主要介绍多项式的最大公因式的概念和求法。

2.4.1　两个多项式的最大公因式

定义 2.4.1　设 $f(x),g(x)\in P[x]$。如果存在 $h(x)\in P[x]$满足 $h(x)\mid f(x),h(x)\mid g(x)$，则称 $h(x)$是 $f(x)$与 $g(x)$一个**公因式**。

定义 2.4.2　设 $f(x),g(x)\in P[x]$。如果存在 $d(x)\in P[x]$满足

(1) $d(x)\mid f(x),d(x)\mid g(x)$；

(2) 对任意 $h(x)\in P[x]$且 $h(x)\mid f(x),h(x)\mid g(x)$，有 $h(x)\mid d(x)$。

那么称 $d(x)$是 $f(x),g(x)$的**最大公因式**。

性质 2.4.1　若 $d(x)$和 $d_1(x)$均为 $f(x)$与 $g(x)$的最大公因式，则由最大公因式的定义知

$$d(x)\mid d_1(x),\quad d_1(x)\mid d(x)$$

从而 $d(x)=cd_1(x)$，即 $f(x)$与 $g(x)$的任意两个最大公因式至多相差一个非零常数，另外 $f(x)$与 $g(x)$的最大公因式与任意非零常数的积也是其最大公因式。

由于 $f(x)$与 $g(x)$不全为零时，它们的最大公因式是一个非零多项式。显然，$f(x)$和 $g(x)$的首项系数为 1 的最大公因式是唯一的，记为$(f(x),g(x))=d(x)$。下面用 $\hat{f}(x)$表示将 $f(x)$最高项系数化为 1 的多项式。

性质 2.4.2　$(f(x),0)=\hat{f}(x)$，特别地$(0,0)=0$。

性质 2.4.3　若 $g(x)\mid f(x)$，则$(f(x),g(x))=\hat{g}(x)$。

证明　由于 $g(x)\mid f(x)$，所以 $g(x)$是 $f(x)$与 $g(x)$的公因式。假设 $h(x)$是 $f(x)$与 $g(x)$的任一公因式，那么 $h(x)\mid g(x)$，从而 $g(x)$被 $f(x)$与 $g(x)$的任一公因式整除。

因此$(f(x),g(x))=\hat{g}(x)$。

若 $g(x)$的首项系数 $c\neq 1$ 且 $c\neq 0$，可以用 c 除 $g(x)$，即 $g(x)=c\left(\dfrac{1}{c}g(x)\right)$。

对于任意的两个多项式 $f(x),g(x)\in P[x]$，则 $f(x)$与 $g(x)$的最大公因式 $d(x)$总是存在的，并且可以通过上一节的带余除法求出。

由上一节定理 2.3.1 知

$$f(x)=q(x)g(x)+r(x),\quad r(x)=0 \text{ 或 } \deg r(x)<\deg g(x)$$

在没有证明 $d(x)$存在性之前，先证明 $f(x),g(x)$和 $g(x),r(x)$具有相同的公因式。

引理 2.4.1　设 $f(x),g(x),q(x),r(x)\in P[x]$，若

$$f(x)=q(x)g(x)+r(x),\quad r(x)=0 \text{ 或 } \deg r(x)<\deg g(x)$$

则

$$(f(x),g(x))=(g(x),r(x))$$

证明 设 $d(x)\mid f(x)$，$d(x)\mid g(x)$，则由定理2.3.2(4)得 $d(x)\mid r(x)$；反之，若 $d(x)\mid g(x)$，$d(x)\mid r(x)$，同理可得 $d(x)\mid f(x)$。即 $f(x)$，$g(x)$ 与 $g(x)$，$r(x)$ 有相同的公因式。若 $d(x)$ 是 $f(x)$ 与 $g(x)$ 的最大公因式，则 $d(x)$ 也是 $g(x)$ 与 $r(x)$ 的最大公因式，即

$$(f(x),g(x))=(g(x),r(x))$$

定理2.4.1 （辗转相除法）对于 $P[x]$ 中的任意两个多项式 $f(x)$，$g(x)$，必存在唯一的最大公因式 $d(x)$，且存在多项式 $u(x)$，$v(x)\in P[x]$，使得

$$d(x)=u(x)f(x)+v(x)g(x)$$

证明 先证存在性。

情形1 $f(x)$，$g(x)$ 中至少有一个为零多项式。不妨设 $g(x)=0$，则 $f(x)$ 为 $f(x)$，$g(x)$ 的一个最大公因式，且 $f(x)=1\times f(x)+1\times 0$。

情形2 $f(x)$，$g(x)$ 均为非零多项式。不妨设 $\deg g(x)\leqslant \deg f(x)$。根据带余除法得

$$f(x)=q_1(x)g(x)+r_1(x),\quad r_1(x)=0 \text{ 或 } \deg r_1(x)<\deg g(x)$$

若 $r_1(x)=0$，则

$$(f(x),g(x))=\hat{g}(x)$$

若 $r_1(x)\neq 0$，则

$$g(x)=q_2(x)r_1(x)+r_2(x),\quad r_2(x)=0 \text{ 或 } \deg r_2(x)<\deg r_1(x)$$

若 $r_2(x)=0$，则

$$(f(x),g(x))=(g(x),r_1(x))=\hat{r}_1(x)$$

若 $r_2(x)\neq 0$，则

$$r_1(x)=q_3(x)r_2(x)+r_3(x),\quad r_3(x)=0 \text{ 或 } \deg r_3(x)<\deg r_2(x)$$

如此辗转相除，由于所得余式次数不断降低；在有限次辗转相除后，必出现整除。

这样我们得到一串等式

$$\begin{aligned}
f(x)&=g(x)q_1(x)+r_1(x)\\
g(x)&=r_1(x)q_2(x)+r_2(x)\\
r_1(x)&=r_2(x)q_3(x)+r_3(x)\\
&\cdots\cdots\\
r_{k-3}(x)&=r_{k-2}(x)q_{k-1}(x)+r_{k-1}(x)\\
r_{k-2}(x)&=r_{k-1}(x)q_k(x)+r_k(x)\\
r_{k-1}(x)&=r_k(x)q_{k+1}(x)+r_{k+1}(x)
\end{aligned}$$

这里 $r_{k+1}(x)=0$，故有

$$\begin{aligned}
&\hat{r}_k(x)=(r_k(x),r_{k-1}(x))\\
&(r_k(x),r_{k-1}(x))=(r_{k-1}(x),r_{k-2}(x))\\
&\cdots\cdots\\
&(r_2(x),r_1(x))=(r_1(x),g(x))\\
&(r_1(x),g(x))=(g(x),f(x))
\end{aligned}$$

再证唯一性。

若存在 $d(x)=(f(x),g(x))$ 和 $d'(x)=(f(x),g(x))$，则有 $d'(x)\mid d(x)$ 与 $d(x)\mid d'(x)$，从而 $d(x)$ 和 $d'(x)$ 是相伴的，故有 $d(x)=cd'(x)$；又由于它们的首项系数均是 1，故 $d(x)=d'(x)$。

因此，根据引理 2.4.1 可得 $r_{k-1}(x)$，$r_k(x)$ 的最大公因式即为 $f(x)$，$g(x)$ 的最大公因式，从而 $d(x)=\hat{r}_k(x)$。由倒数第二个等式开始依次回代，有

$$\begin{aligned}\hat{r}_k(x) &= \frac{1}{c}(r_{k-2}(x)-q_k(x)r_{k-1}(x))\\&= \frac{1}{c}(r_{k-2}(x)-q_k(x)(r_{k-3}(x)-q_{k-1}(x)r_{k-2}(x)))\\&= \frac{1}{c}((1+q_k(x)q_{k-1}(x))r_{k-2}(x)-q_k(x)r_{k-3}(x))\\&\cdots\cdots\\&= u(x)f(x)+v(x)g(x)\end{aligned}$$

其中 $u(x)$，$v(x)\in P[x]$，c 为 $r_k(x)$ 的首项系数。

定理 2.4.1 的证明过程也给出了求最大公因式的方法，该方法称为**辗转相除法**。以下我们通过一个例子来介绍这种方法。

例 2.4.1　设 $f(x)=x^4+3x^3-x^2-4x-3$，$g(x)=3x^3+10x^2+2x-3$，求 $(f(x),g(x))$，并求 $u(x)$，$v(x)\in P[x]$，使得 $(f(x),g(x))=u(x)f(x)+v(x)g(x)$。

解　辗转相除法可按下面的格式来做：

	$g(x)$	$f(x)$	
$-\frac{27}{5}x+9$ $=q_2(x)$	$3x^3+10x^2+2x-3$ $3x^3+15x^2+18x$	$x^4+3x^3-x^2-4x-3$ $x^4+\frac{10}{3}x^3+\frac{2}{3}x^2-x$	$\frac{1}{3}x-\frac{1}{9}$ $=q_1(x)$
	$-5x^2-16x-3$ $-5x^2-25x-30$	$-\frac{1}{3}x^3-\frac{5}{3}x^2-3x-3$ $-\frac{1}{3}x^3-\frac{10}{9}x^2-\frac{2}{9}x+\frac{1}{3}$	
	$r_2(x)=9x+27$	$r_1(x)=-\frac{5}{9}x^2-\frac{25}{9}x-\frac{10}{3}$ $-\frac{5}{9}x^2-\frac{5}{3}x$	$-\frac{5}{81}x-\frac{10}{81}$ $=q_3(x)$
		$-\frac{10}{9}x-\frac{10}{3}$ $-\frac{10}{9}x-\frac{10}{3}$	
		$r_3(x)=0$	

用等式写出来，就是

$$f(x)=\left(\frac{1}{3}x-\frac{1}{9}\right)g(x)+\left(-\frac{5}{9}x^2-\frac{25}{9}x-\frac{10}{3}\right)$$

$$g(x)=\left(-\frac{27}{5}x+9\right)\left(-\frac{5}{9}x^2-\frac{25}{9}x-\frac{10}{3}\right)+(9x+27)$$

$$-\frac{5}{9}x^2-\frac{25}{9}x-\frac{10}{3}=\left(-\frac{5}{81}x-\frac{10}{81}\right)(9x+27)$$

因此，$(f(x),g(x))=x+3$，且

$$\begin{aligned}(9x+27)&=g(x)-\left(-\frac{27}{5}x+9\right)\left(-\frac{5}{9}x^2-\frac{25}{9}x-\frac{10}{3}\right)\\&=g(x)-\left(-\frac{27}{5}x+9\right)\left(f(x)-\left(\frac{1}{3}x-\frac{1}{9}\right)g(x)\right)\\&=\left(\frac{27}{5}x-9\right)f(x)+\left(-\frac{9}{5}x^2+\frac{18}{5}x\right)g(x)\end{aligned}$$

于是，令 $u(x)=\frac{3}{5}x-1$，$v(x)=-\frac{1}{5}x^2+\frac{2}{5}x$，就有

$$(f(x),g(x))=u(x)f(x)+v(x)g(x)$$

对于用回代法求 $u(x),v(x)\in P[x]$，满足 $d(x)=u(x)f(x)+v(x)g(x)$ 是比较麻烦的，而且容易出错，我们以 $r_5(x)=0$ 为例，介绍列表法：

	$-q_4(x)$	$-q_3(x)$	$-q_2(x)$	$-q_1(x)$
1	$-q_4(x)$	$1+q_4(x)\cdot q_3(x)$	$-q_4(x)-q_2(x)-q_4(x)q_3(x)q_2(x)$	$1+q_4(x)q_3(x)+q_4(x)q_1(x)+q_2(x)q_1(x)+q_4(x)q_3(x)q_2(x)q_1(x)$

此方法既简便又容易掌握，利用此方法可以迅速地求出 $u(x)$ 与 $v(x)$，满足

$$(f(x),g(x))=u(x)f(x)+v(x)g(x)$$

例 2.4.2 设 $f(x)=x^4+2x^3+x^2+x+1$，$g(x)=x^3+x^2-x-1$，求 $(f(x),g(x))$，并求 $u(x),v(x)\in P[x]$，使得 $(f(x),g(x))=u(x)f(x)+v(x)g(x)$。

解 对 $f(x)$ 与 $g(x)$ 实施辗转相除得

$q_1(x)=x+1$	$x^4+2x^3+x^2+x+1$	x^3+x^2-x-1	$x-2=q_2(x)$
	$x^4+x^3-x^2-x$	x^3+3x^2+2x	
	x^3+2x^2+2x+1	$-2x^2-3x-1$	
	x^3+x^2-x-1	$-2x^2-6x-4$	
$q_3(x)=\frac{1}{3}x+\frac{2}{3}$	$r_1(x)=x^2+3x+2$	$r_2(x)=3x+3$	
	x^2+x		
	$2x+2$		
	$2x+2$		
	$r_3(x)=0$		

所以$(f(x),g(x))=\frac{1}{3}r_2(x)=x+1$。

列表得

	$-(x-2)$	$-(x+1)$
1	$-(x-2)$	$1+(x-2)(x+1)$

从而 $u'(x)=-(x-2)=-q_2(x)=2-x, v'(x)=1+q_1(x)q_2(x)=x^2-x-1$。

再令 $u(x)=\frac{1}{3}u'(x)=\frac{2}{3}-\frac{1}{3}x, v(x)=\frac{1}{3}v'(x)=\frac{1}{3}x^2-\frac{1}{3}x-\frac{1}{3}$,可得

$$(f(x),g(x))=u(x)f(x)+v(x)g(x)$$

2.4.2 多个多项式的最大公因式

定义 2.4.3 设 $f_1(x),f_2(x),\cdots,f_n(x)(n\geqslant 2),h(x)\in P[x]$,若 $h(x)\mid f_i(x)(i=1,2,\cdots,n)$,则称 $h(x)$是这 n 个多项式的一个**公因式**。

定义 2.4.4 设 $f_1(x),f_2(x),\cdots,f_n(x)(n\geqslant 2)\in P[x]$,若有 $d(x)\in P[x]$且满足

(1) $d(x)\mid f_i(x)(i=1,2,\cdots,n)$;

(2) 若 $h(x)$是 $f_1(x),f_2(x),\cdots,f_n(x)$的任一公因式,均有 $h(x)\mid d(x)$。

则称 $d(x)$是 $f_1(x),f_2(x),\cdots,f_n(x)$的**最大公因式**。

为求出多个多项式的最大公因式,我们首先建立多个多项式的最大公因式和两个多项式最大公因式之间的关系。

定理 2.4.2 对于 $P[x]$中的任意两个多项式 $f_1(x),f_2(x),\cdots,f_n(x)(n\geqslant 2)$,则 $f_1(x),f_2(x),\cdots,f_n(x)$的最大公因式一定存在,除一个非零的常数因子外,是唯一的,且

$$d(x)=((\cdots((f_1(x),f_2(x)),f_3(x))\cdots),f_n(x))$$

证明 记

$$d_1(x)=(f_1(x),f_2(x)),d_2(x)=((f_1(x),f_2(x)),f_3(x))=(d_1(x),f_3(x)),\cdots,$$
$$d_{n-1}(x)=d(x)=((\cdots((f_1(x),f_2(x)),f_3(x))\cdots),f_n(x))=(d_{n-2}(x),f_n(x))$$

由于 $d(x)$是 $d_{n-2}(x)$和 $f_n(x)$的最大公因式,所以 $d(x)\mid f_n(x),d(x)\mid d_{n-2}(x)$,而 $d_{n-2}(x)$是 $d_{n-3}(x)$和 $f_{n-1}(x)$的最大公因式,由整除的传递性,必有 $d(x)\mid f_{n-1}(x)$,这样倒推过去,可以知道 $d(x)\mid f_i(x)(i=1,2,\cdots,n)$。

再设 $h(x)$是 $f_1(x),f_2(x),\cdots,f_n(x)$的任一公因式,则由 $h(x)\mid f_1(x),h(x)\mid f_2(x)$得 $h(x)\mid d_1(x)$,又 $h(x)\mid f_3(x)$,所以 $h(x)\mid d_2(x)=(d_1(x),f_3(x))$,依此类推可得$h(x)\mid d(x)$。因而

$$d(x)=(f_1(x),f_2(x),f_3(x),\cdots,f_n(x))$$

例 2.4.3 设 $f(x)=x^2+2x+1,g(x)=x^2-1,h(x)=x^3+1$,求$(f(x),g(x),h(x))$。

解 先求 $f(x)$与 $g(x)$的最大公因式

$$d_1(x)=(x^2+2x+1,x^2-1)=x+1$$

再求 $d_1(x)$和 $h(x)$的最大公因式

$$d(x)=(d_1(x),h(x))=(x+1,x^3+1)=x+1$$

从而

$$(f(x),g(x),h(x))=x+1$$

定理 2.4.3 设 $d(x)$ 是 $f_1(x),f_2(x),\cdots,f_n(x)(n\geqslant 2)$ 的公因式，则 $d(x)$ 是 $f_1(x)$，$f_2(x),\cdots,f_n(x)$ 的最大公因式的充要条件是存在多项式 $u_1(x),u_2(x),\cdots,u_n(x)$ 满足

$$d(x)=u_1(x)f_1(x)+u_2(x)f_2(x)+\cdots+u_n(x)f_n(x)$$

证明 先证充分性。

设 $h(x)$ 是 $f_1(x),f_2(x),\cdots,f_n(x)$ 的任一公因式，由整除的性质得 $h(x)\mid d(x)$，又由于 $d(x)$ 是 $f_1(x),f_2(x),\cdots,f_n(x)$ 的公因式，故

$$d(x)=(f_1(x),f_2(x),f_3(x),\cdots,f_n(x))$$

再证必要性。

设 $d(x)=(f_1(x),f_2(x),f_3(x),\cdots,f_n(x))$，由定理 2.4.2 知

$$d(x)=((\cdots((f_1(x),f_2(x)),f_3(x))\cdots),f_n(x))$$

记 $d_1(x)=(f_1(x),f_2(x))$，则存在 $w_1(x)$ 和 $w_2(x)$，满足

$$d_1(x)=w_1(x)f_1(x)+w_2(x)f_2(x)$$

记 $d_2(x)=((f_1(x),f_2(x)),f_3(x))=(d_1(x),f_3(x))$，则存在 $v_1(x)$ 和 $w_3(x)$，满足

$$\begin{aligned}d_2(x)&=v_1(x)d_1(x)+w_3(x)f_3(x)\\&=[w_1(x)v_1(x)]f_1(x)+[w_2(x)v_1(x)]f_2(x)+w_3(x)f_3(x)\end{aligned}$$

按照这种方法如此类推，最后可得多项式 $u_1(x),u_2(x),\cdots,u_n(x)$，满足

$$d(x)=u_1(x)f_1(x)+u_2(x)f_2(x)+\cdots+u_n(x)f_n(x)$$

2.4.3 多项式的互素

在整数环 **Z** 中，两个整数 a 和 b 若除了 ± 1 外没有其他公因数，则称 a 和 b 互素，记作 $(a,b)=1$，例如 32 和 21 就是互素的整数。在多项式环 $P[x]$ 中，同样有互素的概念。例如，$f(x)=x^2-1$ 和 $g(x)=x^2-4$ 就是互素的多项式，尽管每个多项式都有非当然因式，但它们除了零次多项式外，没有其他公因式，则称这两个多项式互素。

定义 2.4.5 设 $f(x),g(x)\in P[x]$。若 $(f(x),g(x))=1$，则称 $f(x)$ 与 $g(x)$ **互素**（或**互质**）。

由定义可得，$f(x)$ 与 $g(x)$ 互素当且仅当它们的公因式都是 P 中非零数。

定理 2.4.4 设 $f(x),g(x)\in P[x]$，则 $f(x)$ 与 $g(x)$ 互素的充要条件是存在 $u(x)$，$v(x)\in P[x]$，使得 $u(x)f(x)+v(x)g(x)=1$。

证明 必要性由定理 2.4.1 可得。

反之，若 $c(x)\mid f(x),c(x)\mid g(x)$，则 $c(x)\mid u(x)f(x)+v(x)g(x)$，即 $c(x)\mid 1$。从而，$c(x)$ 是 P 中非零数。因此，$f(x)$ 与 $g(x)$ 互素。

多项式互素具有下列基本性质：

性质 2.4.4 在 $P[x]$ 中，如果

$$f(x)\mid g(x)h(x)\quad 且\quad (f(x),g(x))=1$$

那么 $f(x)\mid h(x)$。

证明 由 $(f(x),g(x))=1$ 得，存在 $u(x),v(x)\in P[x]$，使得

$$u(x)f(x)+v(x)g(x)=1$$

从而 $u(x)f(x)h(x)+v(x)g(x)h(x)=h(x)$。由整除的性质得,$f(x)\mid h(x)$。

性质 2.4.5 在 $P[x]$中,如果

$$f(x)\mid h(x),g(x)\mid h(x) \quad 且 \quad (f(x),g(x))=1$$

那么 $f(x)g(x)\mid h(x)$。

证明 由$(f(x),g(x))=1$得,存在 $u(x),v(x)\in P[x]$,使得

$$u(x)f(x)+v(x)g(x)=1$$

从而 $u(x)f(x)h(x)+v(x)g(x)h(x)=h(x)$。又存在 $q_1(x),q_2(x)\in P[x]$,使得

$$h(x)=f(x)q_1(x),\quad h(x)=g(x)q_2(x)$$

所以

$$u(x)f(x)g(x)q_2(x)+v(x)g(x)f(x)q_1(x)=h(x)$$

即 $f(x)g(x)[u(x)q_2(x)+q_1(x)v(x)]=h(x)$。因此,$f(x)g(x)\mid h(x)$。

性质 2.4.6 在 $P[x]$中,如果

$$(f(x),h(x))=1 \quad 且 \quad (g(x),h(x))=1$$

那么$(f(x)g(x),h(x))=1$。

证明 由条件可知,存在 $u_1(x),u_2(x),v_1(x),v_2(x)\in P[x]$,使得

$$u_1(x)f(x)+v_1(x)h(x)=1,\quad u_2(x)g(x)+v_2(x)h(x)=1$$

以上两个等式左、右两边分别相乘可得

$$u_1(x)u_2(x)f(x)g(x)+[v_1(x)u_2(x)g(x)+u_1(x)v_2(x)f(x)+v_1(x)v_2(x)h(x)]h(x)=1$$

所以由定理 2.4.4 可得,$(f(x)g(x),h(x))=1$。

性质 2.4.7 设 $f(x)=f_1(x)d(x),g(x)=g_1(x)d(x),d(x)\neq 0$,则 $d(x)=(f(x),g(x))$的充要条件是

$$(f_1(x),g_1(x))=1$$

证明 先证必要性。

因为 $d(x)=(f(x),g(x))$,所以存在 $u(x)$和 $v(x)$满足

$$u(x)f(x)+v(x)g(x)=d(x)$$

即

$$u(x)f_1(x)d(x)+v(x)g_1(x)d(x)=d(x)$$

注意到 $d(x)\neq 0$,所以

$$u(x)f_1(x)+v(x)g_1(x)=1$$

从而$(f_1(x),g_1(x))=1$。

再证充分性。

由于$(f_1(x),g_1(x))=1$,所以存在 $u(x)$和 $v(x)$满足

$$u(x)f_1(x)+v(x)g_1(x)=1$$

上式两端同时乘以 $d(x)$得

$$u(x)f_1(x)d(x)+v(x)g_1(x)d(x)=d(x) \quad 或 \quad u(x)f(x)+v(x)g(x)=d(x)$$

显然 $d(x)$是 $f(x)$和 $g(x)$的公因式,若 $h(x)$是 $f(x)$和 $g(x)$的任一公因式,则

$$h(x)\mid u(x)f(x)+v(x)g(x)$$

即 $h(x)\mid d(x)$，故 $d(x)=(f(x),g(x))$。

定义 2.4.6 设 $f_1(x),f_2(x),\cdots,f_n(x)(n\geqslant 2)$，若 $(f_i(x),f_j(x))=1(i\neq j)$，则称这些多项式**两两互素**。

定义 2.4.7 设 $f_1(x),f_2(x),\cdots,f_n(x)(n\geqslant 2)$，若 $(f_1(x),f_2(x),f_3(x),\cdots,f_n(x))=1$，则称 $f_1(x),f_2(x),\cdots,f_n(x)$ 为**整体互素**。

显然，两两互素一定整体互素，但整体互素不一定两两互素，例如 $f(x)=x^2-1$，$g(x)=(x+1)^2$，$h(x)=(x-1)^2$ 是整体互素，但 $(f(x),g(x))=x+1$，$(f(x),h(x))=x-1$。

定理 2.4.5 多项式 $f_1(x),f_2(x),\cdots,f_n(x)$ 整体互素的充要条件是存在多项式 $u_1(x),u_2(x),\cdots,u_n(x)$，满足

$$u_1(x)f_1(x)+u_2(x)f_2(x)+\cdots+u_n(x)f_n(x)=1$$

证明 先证必要性。

若 $d(x)$ 是 $f_1(x),f_2(x),\cdots,f_n(x)$ 的最大公因式，由定理 2.4.3 知，存在多项式 $u_1(x),u_2(x),\cdots,u_n(x)$ 满足

$$u_1(x)f_1(x)+u_2(x)f_2(x)+\cdots+u_n(x)f_n(x)=d(x)$$

又由于 $f_1(x),f_2(x),\cdots,f_n(x)$ 整体互素，即 $d(x)=1$。从而

$$u_1(x)f_1(x)+u_2(x)f_2(x)+\cdots+u_n(x)f_n(x)=1$$

再证充分性。

设有多项式 $u_1(x),u_2(x),\cdots,u_n(x)$ 满足

$$u_1(x)f_1(x)+u_2(x)f_2(x)+\cdots+u_n(x)f_n(x)=1$$

则 $f_1(x),f_2(x),\cdots,f_n(x)$ 的任一公因式必为 1 的因式，即 $f_1(x),f_2(x),\cdots,f_n(x)$ 的公因式只能够是非零的常数，故 $f_1(x),f_2(x),\cdots,f_n(x)$ 整体互素。

例 2.4.4 设 $f(x)=3x^4-2x^3+5x^2-4x+4$，$g(x)=x^2+x+1$，试求 $u(x)$ 和 $v(x)$，使得 $u(x)f(x)+v(x)g(x)=1$。

解 对 $f(x)$ 和 $g(x)$ 实施辗转相除得

$q_1(x)=3x^2-5x+7$	$3x^4-2x^3+5x^2-4x+4$	x^2+x+1	$-\dfrac{1}{6}x-\dfrac{1}{12}=q_2(x)$
	$3x^4+3x^3+3x^2$	$x^2+\dfrac{1}{2}x$	
	$-5x^3+2x^2-4x+4$	$\dfrac{1}{2}x+1$	
	$-5x^3-5x^2-5x$	$\dfrac{1}{2}x+\dfrac{1}{4}$	
	$7x^2+x+4$	$r_2(x)=\dfrac{3}{4}$	
	$7x^2+7x+7$		
$q_3(x)=-8x-4$	$r_1(x)=-6x-3$		
	$-6x-3$		
	$r_3(x)=0$		

列表得

	$-\left(-\frac{1}{6}x-\frac{1}{12}\right)$	$-(3x^2-5x+7)$
1	$\frac{1}{6}x+\frac{1}{12}$	$-\frac{1}{2}x^2+\frac{7}{12}x^2-\frac{3}{4}x+\frac{5}{12}$

所以

$$u(x)=\frac{4}{3}\left(\frac{1}{6}x+\frac{1}{12}\right)=\frac{2}{9}x+\frac{1}{9}$$

$$v(x)=\frac{4}{3}\left(-\frac{1}{2}x^3+\frac{7}{12}x^2-\frac{3}{4}x+\frac{5}{12}\right)=-\frac{2}{3}x^3+\frac{7}{9}x^2-x+\frac{5}{9}$$

且满足

$$u(x)f(x)+v(x)g(x)=1$$

2.5 多项式的标准分解式

本节将研究多项式的因式分解，在中学我们学过一些方法，把一个多项式分解成不能再分解的因式乘积，但那时没有深入地讨论这个问题，当时所谓的不能再分解，常常只是自己看不出怎么再分解的意思，并没有给出严格的论证证明确实不能再分解下去。

2.5.1 不可约多项式

对于多项式 x^4-4，在有理数域 $\mathbf{Q}$ 内可以分解为

$$x^4-4=(x^2-2)(x^2+2)$$

但在实数域 $\mathbf{R}$ 内可以分解为

$$x^4-4=(x-\sqrt{2})(x+\sqrt{2})(x^2+2)$$

进一步地，在复数域 $\mathbf{C}$ 内可以分解为

$$x^4-4=(x-\sqrt{2})(x+\sqrt{2})(x-\sqrt{2}\mathrm{i})(x+\sqrt{2}\mathrm{i})$$

可见多项式的因式分解和数域是有关系的，我们必须选定一个数域 P 作为多项式的系数域，然后才可以考虑其上的多项式环 $P[x]$ 的因式分解。

定义 2.5.1 设 $f(x)\in P[x]$，$\deg f(x)\geqslant 1$。如果 $f(x)$ 不能表示为 $P[x]$ 中的两个次数比 $f(x)$ 的次数低的多项式的乘积，那么称多项式 $f(x)$ 为数域 P 上的**不可约多项式**。否则，称多项式 $f(x)$ 为数域 P 上的**可约多项式**。

注 2.5.1 显然数域 P 上的不可约多项式 $f(x)$ 只有平凡因式 c 和 $f(x)$。

命题 2.5.1 设 $f(x)\in P[x]$，$\deg f(x)\geqslant 1$，则 $f(x)$ 为 P 上的可约多项式的充要条件是

$$f(x) = f_1(x)f_2(x)$$

其中 $f_1(x),f_2(x)\in P[x]$且 $0<\deg f_1(x),\deg f_2(x)<\deg f(x)$。

关于不可约多项式，有下列基本性质：

性质 2.5.1 设 $p_1(x)$是数域 P 上的不可约多项式，$p_2(x)$是数域 P 上某个多项式，若满足 $p_2(x)\mid p_1(x)$，则 $p_1(x)=kp_2(x)$。

证明 由于 $p_2(x)\mid p_1(x)$，所以存在 $q_1(x)\in P[x]$满足

$$p_1(x) = p_2(x)q_1(x)$$

这里 $\deg p_2(x)\leqslant \deg p_1(x)$，$\deg q_1(x)\leqslant \deg p_1(x)$，但 $p_1(x)$不可约，所以 $q_1(x)=k\neq 0$，即有 $p_1(x)=kp_2(x)$。

性质 2.5.2 设 $p(x)$是数域 P 上的不可约多项式，对于任意 $f(x)\in P[x]$，则有 $p(x)\mid f(x)$或$(p(x),f(x))=1$。

证明 记 $d(x)=(p(x),f(x))$，则 $d(x)\mid p(x)$，由于 $p(x)$是不可约多项式，所以 $d(x)$是 $p(x)$的平凡因式，故 $d(x)=kp(x)$或 $d(x)=k$，这里 k 是非零常数。当 $d(x)=kp(x)$时，则有 $p(x)\mid f(x)$；当 $d(x)=k$ 时，则有$(p(x),f(x))=1$。

性质 2.5.3 若数域 P 上次数不低于 1 的多项式 $p(x)$具有这样的性质：对于任意的 $f(x)\in P[x]$，若 $p(x)\mid f(x)$与$(p(x),f(x))=1$ 至少有一种成立，则 $p(x)$一定是不可约多项式。

证明 假设 $p(x)$是可约多项式，令 $p(x)=p_1(x)p_2(x)$，其中 $p_1(x)$与 $p_2(x)$均是 $p(x)$的非平凡因式。令 $f(x)=p_1(x)$，则 $p(x)\nmid f(x)$，且$(f(x),p(x))\neq 1$，矛盾。

所以 $p(x)$一定是不可约多项式。

性质 2.5.4 设 $f(x),g(x),p(x)\in P[x]$，且 $p(x)$是不可约多项式，若 $p(x)\mid f(x)g(x)$则

$$p(x)\mid f(x) \quad 或 \quad p(x)\mid g(x)$$

证明 若 $p(x)\nmid f(x)$，则由性质 2.5.2 得$(p(x),f(x))=1$，由性质 2.4.4 得 $p(x)\mid g(x)$。

这个性质可以推广到多个乘积的形式。

推论 2.5.1 设 $p(x),f_1(x),f_2(x),\cdots,f_s(x)\in P[x]$，且 $p(x)$是不可约多项式，若 $p(x)\mid f_1(x)f_2(x)\cdots f_s(x)$，则 $p(x)$必整除 $f_1(x),f_2(x),\cdots,f_s(x)$中之一。

性质 2.5.5 若数域 P 上次数不低于 1 的多项式 $p(x)$具有这样的性质：对于任意的 $f(x),g(x)\in P[x]$，若 $p(x)\mid f(x)g(x)$，且 $p(x)$整除 $f(x)$与 $g(x)$之一，则 $p(x)$一定是不可约多项式。

证明 假设 $p(x)$是可约多项式，令 $p(x)=p_1(x)p_2(x)$，其中 $p_1(x)$与 $p_2(x)$均是 $p(x)$的非平凡因式。分别令 $f(x)=p_1(x)$，$g(x)=p_2(x)$，显然 $p(x)\mid f(x)g(x)$，但 $p(x)\nmid f(x)$，$p(x)\nmid g(x)$，矛盾。所以 $p(x)$一定是不可约多项式。

性质 2.5.6 设 $p_1(x),p_2(x)$均是数域 P 上的不可约多项式，且$(p_1(x),p_2(x))=1$，若多项式 $f(x)$是 $p_1(x)$与 $p_2(x)$的倍式，则有 $f(x)$是 $p_1(x)p_2(x)$的倍式。

证明 由题意，不妨设 $f(x)=p_1(x)q(x)$，由于$(p_1(x),p_2(x))=1$，且 $p_2(x)\mid p_1(x)q(x)$，从而 $p_2(x)\mid q(x)$，故 $q(x)=p_2(x)h(x)$，所以 $f(x)=p_1(x)p_2(x)h(x)$，即

$f(x)$是 $p_1(x)p_2(x)$的倍式。

2.5.2 因式分解唯一性定理

现在来证明多项式的因式分解唯一性定理。

定理 2.5.1 数域 P 上的每一个 $n(n\geqslant 1)$ 次多项式 $f(x)$都可以唯一地表示成数域 P 上的一些不可约多项式的乘积。这里的唯一性是指,若 $f(x)$有两个分解式:

$$f(x)=p_1(x)p_2(x)\cdots p_s(x)=q_1(x)q_2(x)\cdots q_t(x)$$

其中 $p_i(x),q_j(x)(i=1,2,\cdots,s;j=1,2,\cdots,t)$是$P$ 上的不可约多项式,则 $s=t$,且适当排列因式的次序后有

$$p_i(x)=c_iq_i(x)\quad(i=1,2,\cdots,s)$$

其中 $c_i(i=1,2,\cdots,s)$是数域P 中的非零数。

证明 对 n 做数学归纳法。当 $\deg f(x)=1$ 时,结论显然成立。设 $\deg f(x)=n\geqslant 2$,且命题对于任意次数小于 n 的多项式成立。若 $f(x)$不可约,则结论显然成立;若 $f(x)$可约,则存在次数小于 n 的多项式$f_1(x),f_2(x)\in P[x]$,使得

$$f(x)=f_1(x)f_2(x)$$

由归纳假设知,$f_1(x),f_2(x)$都可表示为有限个不可约因式的乘积,它们之积就是 $f(x)$。

对 s 做归纳。若 $s=1$,则 $f(x)=p_1(x)$,即 $f(x)$不可约。所以 $t=1,q_1(x)=p_1(x)$。假设对不可约多项式个数小于 s 的多项式结论成立,则有

$$p_1(x)\mid q_1(x)q_2(x)\cdots q_t(x)$$

则必存在某个 $j(1\leqslant j\leqslant t)$,不妨设 $j=1$,使得 $p_1(x)\mid q_1(x)$。因为 $p_1(x),q_1(x)$均为不可约多项式,所以存在 $c_1\neq 0$,使得

$$p_1(x)=c_1q_1(x)$$

根据多项式乘法的消去律,有

$$p_2(x)\cdots p_s(x)=c_1^{-1}q_2(x)\cdots q_t(x)$$

由归纳法假设知 $s-1=t-1$,即 $s=t$,且适当排列因式的次序后有

$$p_i(x)=c_iq_i(x)\quad(i=1,2,\cdots,s)$$

其中 $c_i(i=1,2,\cdots,s)$是数域P 中的非零数。

推论 2.5.2 数域 P 上的每一个 $n(n\geqslant 1)$次多项式 $f(x)$都有如下的分解式:

$$f(x)=cp_1^{r_1}(x)p_2^{r_2}(x)\cdots p_s^{r_s}(x)\tag{2.5.1}$$

式(2.5.1)称为 $f(x)$的**标准分解式**(又称为**典型分解**)。其中 $c\neq 0$ 是 $f(x)$的首项系数,$p_i(x)$是 P 上的首项系数为 1 的两两互素的不可约多项式,且 $r_i\geqslant 1(i=1,2,\cdots,s)$。

2.5.3 最大公因式和最小公倍式的表示

设 $f(x),g(x)\in P[x]$且它们的标准分解式如下:

$$\begin{aligned}f(x)&=ap_1^{k_1}(x)p_2^{k_2}(x)\cdots p_r^{k_r}(x)q_{r+1}^{k_{r+1}}(x)\cdots q_s^{k_s}(x)\\ g(x)&=bp_1^{l_1}(x)p_2^{l_2}(x)\cdots p_r^{l_r}(x)h_{r+1}^{l_{r+1}}(x)\cdots h_t^{l_t}(x)\end{aligned}\tag{2.5.2}$$

即假设 $f(x)$与 $g(x)$有 $r(r\geqslant 0)$个共同的不可约因式:$p_1(x),p_2(x),\cdots,p_r(x)$,其他因式

$q_i(x)$和$h_j(x)$各不相同。现在可用(2.5.2)式求$f(x)$与$g(x)$的最大公因式和最小公倍式。

定理 2.5.2 设$f(x),g(x)\in P[x]$且它们的标准分解式如(2.5.2)式，记$d(x)=(f(x),g(x)),m_i=\min\{k_i,l_i\}(i=1,2,\cdots,r)$，则

$$d(x)=p_1^{m_1}(x)p_2^{m_2}(x)\cdots p_r^{m_r}(x)$$

证明 首先，由于$m_i=\min\{k_i,l_i\}(i=1,2,\cdots,r)$，所以$d(x)$是$f(x)$与$g(x)$的公因式。

其次，设$d_1(x)$是$f(x)$与$g(x)$的任一公因式，把$d_1(x)$写成标准分解式时，其不可约因式只能在$p_1(x),p_2(x),\cdots,p_r(x)$中，因为若有某个因式不在$p_1(x),p_2(x),\cdots,p_r(x)$之列，它必然不能够同时整除$f(x)$与$g(x)$，因而$d_1(x)$也就不是$f(x)$与$g(x)$的公因式，设$d_1(x)=p_1^{u_1}(x)p_2^{u_2}(x)\cdots p_r^{u_r}(x)$，显然$u_i\leqslant m_i(i=1,2,\cdots,r)$，所以$d_1(x)\mid d(x)$。

定理 2.5.3 设$f(x),g(x)\in P[x]$且它们的标准分解式如(2.5.2)式，记$m(x)=[f(x),g(x)]$(这里$m(x)$称为$f(x)$与$g(x)$的最小公倍数式，其定义见习题 24)，$n_i=\max\{k_i,l_i\}(i=1,2,\cdots,r)$，则

$$m(x)=p_1^{n_1}(x)p_2^{n_2}(x)\cdots p_r^{n_r}(x)q_{r+1}^{k_{r+1}}(x)\cdots q_s^{k_s}(x)h_{r+1}^{l_{r+1}}(x)\cdots h_t^{l_t}(x)$$

证明 首先，由于$n_i=\max\{k_i,l_i\}(i=1,2,\cdots,r)$，所以$m(x)$是$f(x)$与$g(x)$的公倍式。

其次，设$m_1(x)$是$f(x)$与$g(x)$的任一公倍式，则在$m_1(x)$的标准分解式中，一定既要有$f(x)$的不可约因式，又要有$g(x)$的不可约因式，而且对应的幂指数不能够低于$m(x)$的指数，因而必有$m(x)\mid m_1(x)$。

例 2.5.1 设

$$f(x)=(x+1)^2(x+2)^3(x-1)$$
$$g(x)=(x+1)^3(x+2)^2(x-2)^3(x-3)$$

试求$d(x)=(f(x),g(x))$和$m(x)=[f(x),g(x)]$。

解 根据定理 2.5.2 和定理 2.5.3，不难求出

$$d(x)=(f(x),g(x))=(x+1)^2(x+2)^2$$
$$m(x)=[f(x),g(x)]=(x+1)^3(x+2)^3(x-1)(x+4)(x-2)^3(x-3)$$

2.6 重因式和重根

很多问题都需要判断一个多项式是否有重因式，虽然没有一个方法能够把一个多项式分解成不可约因式的乘积，但我们可以给出一个求多项式重因式的方法，这个方法需要用到多项式的导数。

2.6.1 多项式的导数

定义 2.6.1 设$f(x)=a_0+a_1x+a_2x^2+\cdots+a_nx^n$是数域$P$上的一个多项式，称数域

P 上的多项式 $f'(x)=a_1+2a_2x+\cdots+na_nx^{n-1}$ 为 $f(x)$ 的导数或一阶导数，称一阶导数 $f'(x)$ 的导数为 $f(x)$ 的二阶导数，记作 $f''(x)$，$f''(x)$ 的导数叫作 $f(x)$ 的三阶导数，记作 $f'''(x)$，归纳地，对于正整数 $m\geqslant 2$，$f(x)$ 的 m 阶导数定义为 $f(x)$ 的 $m-1$ 阶导数的导数，记作 $f^{(m)}(x)$，即 $f^{(m)}(x)=(f^{(m-1)}(x))'$。

导数的概念来自于数学分析，数学分析中导数的概念涉及实数域上函数的极限和连续性等概念，我们不能够把它简单地移用到任意数域上的多项式。所以，这里的导数定义目前只能够理解为一种形式上的规定，但与数学分析中的微商是一致的。

性质 2.6.1 多项式关于和与积的导数公式仍然成立：

(1) $(f(x)+g(x))'=f'(x)+g'(x)$；

(2) $(f(x)g(x))'=f'(x)g(x)+f(x)g'(x)$；

(3) $(cf(x))'=cf'(x)$；

(4) $(f^k(x))'=kf^{k-1}(x)f'(x)$；

(5) $(f_1(x)+f_2(x)+\cdots+f_s(x))'=f_1'(x)+f_2'(x)+\cdots+f_s'(x)$；

(6) $(f_1(x)f_2(x)\cdots f_s(x))'=f_1'(x)f_2(x)\cdots f_s(x)+f_1(x)f_2'(x)\cdots f_s(x)+\cdots+f_1(x)\cdot f_2(x)\cdots f_s'(x)$。

2.6.2 重因式

定义 2.6.2 设 $f(x)$ 和 $p(x)$ 均是数域 P 上的多项式，且 $p(x)$ 是不可约多项式，k 是自然数，如果 $p^k(x)\mid f(x)$，但 $p^{k+1}(x)\nmid f(x)$，则 $p(x)$ 是 $f(x)$ 的 **k 重因式**。当 $k=1$ 时，称 $p(x)$ 是 $f(x)$ 的**单因式**；当 $k>1$ 时，称 $p(x)$ 是 $f(x)$ 的重因式；当 $k=0$ 时，$p(x)$ 不是 $f(x)$ 的因式。

导数与重因式的关系：

定理 2.6.1 若数域 P 上的不可约多项式 $p(x)$ 是 P 上的多项式 $f(x)$ 的 $k(k\geqslant 1)$ 重因式，则 $p(x)$ 是 $f'(x)$ 的 $k-1$ 重因式，特别地，多项式 $f(x)$ 的单因式不是 $f'(x)$ 的因式。

证明 因为 $p(x)$ 是 $f(x)$ 的 k 重因式，所以

$$f(x) = p^k(x)g(x)$$

且 $p(x)\nmid g(x)$，对 $f(x)$ 求导数得

$$\begin{aligned} f'(x) &= kp(x)^{k-1}p'(x)g(x) + p(x)^kg'(x) \\ &= p(x)^{k-1}(kp'(x)g(x) + p(x)g'(x)) \end{aligned}$$

易知，$p(x)\nmid(kp'(x)g(x)+p(x)g'(x))$，从而，$p(x)$ 是 $f'(x)$ 的 $k-1$ 重因式。

注 2.6.1 定理 2.6.1 的逆定理不成立，即若不可约多项式 $p(x)$ 是 $f'(x)$ 的 $k-1$ 重因式，则不能够肯定 $p(x)$ 是 $f(x)$ 的 k 重因式。例如 $f(x)=x^3-3x^2+3x+3$，则其导数 $f'(x)=3x^2-6x+3=3(x-1)^2$，显然 $x-1$ 是 $f'(x)$ 的二重因式，但不是 $f(x)$ 的因式。

定理 2.6.2 若数域 P 上的不可约多项式 $p(x)$ 是 $f'(x)$ 的 $k-1$ 重因式，且 $p(x)\mid f(x)$，则 $p(x)$ 是 $f(x)$ 的 k 重因式。

证明 由于 $p(x)\mid f(x)$，所以 $p(x)$ 是 $f(x)$ 不低于一重的因式，不妨设为 $l(l\geqslant 1)$，由定理 2.6.1 知，$p(x)$ 是 $f'(x)$ 的 $l-1$ 重因式，但 $p(x)$ 是 $f'(x)$ 的 $k-1$ 重因式，所以 $l=k$，即 $p(x)$ 是 $f(x)$ 的 k 重因式。

推论 2.6.1 若数域 P 上的不可约多项式 $p(x)$ 是 P 上的多项式 $f(x)$ 的 $k(k\geqslant 1)$ 重因式，则 $p(x)$ 是 $f(x),f'(x),\cdots,f^{(k-1)}(x)$ 的因式，但不是 $f^{(k)}(x)$ 的因式。

推论 2.6.2 数域 P 上的不可约多项式 $p(x)$ 是 P 上的多项式 $f(x)$ 的重因式的充要条件是 $p(x)$ 是 $f(x)$ 与 $f'(x)$ 的公因式。

推论 2.6.3 数域 P 上的多项式 $f(x)$ 无重因式的充要条件是 $(f(x),f'(x))=1$，即 $f(x)$ 与 $f'(x)$ 互素。

证明 先证必要性。

不妨设 $\deg f(x)=n$，且 $f(x)$ 标准分解式为

$$f(x)=ap_1^{k_1}(x)p_2^{k_2}(x)\cdots p_s^{k_s}(x)$$

则

$$f'(x)=ap_1^{k_1-1}(x)p_2^{k_2-1}(x)\cdots p_s^{k_s-1}(x)q(x)$$

这里多项式 $q(x)$ 满足

$$p_i(x)\nmid q(x)\quad (i=1,2,\cdots,s)$$

所以

$$(f(x),f'(x))=d(x)=p_1^{k_1-1}(x)p_2^{k_2-1}(x)\cdots p_s^{k_s-1}(x)$$

因为 $f(x)$ 没有重因式，从而 $k_1=k_2=\cdots=k_s=1$，所以 $d(x)=1$，即 $(f(x),f'(x))=1$。

再证充分性。

若 $(f(x),f'(x))=1$，则 $k_1-1=k_2-1=\cdots=k_s-1=0$，从而 $k_1=k_2=\cdots=k_s=1$，即 $f(x)$ 无重因式。

下面给出一个求重因式的方法：

设 $f(x)$ 的标准分解式是 $f(x)=ap_1^{k_1}(x)p_2^{k_2}(x)\cdots p_s^{k_s}(x)$，则

$$\begin{aligned}f'(x)&=ar_1p_1^{k_1-1}(x)p_2^{k_2}(x)\cdots p_s^{k_s}(x)+ar_2p_1^{k_1}(x)p_2^{k_2-1}(x)\cdots p_s^{k_s}(x)+\cdots\\&\quad+ar_sp_1^{k_1}(x)p_2^{k_2}(x)\cdots p_s^{k_s-1}(x)=ap_1^{k_1-1}(x)p_2^{k_2-1}(x)\cdots p_s^{k_s-1}(x)q(x)\end{aligned}$$

所以 $(f(x),f'(x))=p_1^{k_1-1}(x)p_2^{k_2-1}(x)\cdots p_s^{k_s-1}(x)$，令

$$\varphi(x)=\frac{f(x)}{(f(x),f'(x))}=ap_1(x)p_2(x)\cdots p_s(x)$$

显然 $\varphi(x)$ 是没有重因式的，但 $\varphi(x)$ 与 $f(x)$ 有相同的不可约因式（不计重数），而且 $\varphi(x)$ 还有次数低无重因式的优点，在对 $f(x)$ 因式分解或求根时，借助 $\varphi(x)$ 可以起到简化的效果。

例 2.6.1 求 $f(x)=x^5-10x^3-20x^2-15x-4$ 在有理数域上的标准分解式。

解 先求 $f(x)$ 的导数 $f'(x)$，

$$f'(x)=5x^4-30x^2-40x-15$$

对 $f(x)$ 和 $f'(x)$ 实施辗转相除法，求出最大公因式

$$(f(x),f'(x))=d(x)=x^3+3x^2+3x+1=(x+1)^3$$

因此，

$$\varphi(x)=\frac{f(x)}{(f(x),f'(x))}=x^2-3x-4$$

又 $\varphi(x)$ 在有理数域上有标准分解式

$$\varphi(x)=(x-4)(x+1)$$

所以 $f(x)$ 在有理数域上的标准分解式为

$$f(x) = (x - 4)(x + 1)^4$$

例 2.6.2 设 $f(x) = x^n + 1(n > 1)$，证明：$f(x)$ 没有重因式。

证明 因为 $f'(x) = nx^{n-1}$ 的因式只能是 $ax^k(a \neq 0, 0 \leqslant k \leqslant n-1)$，但当 $k > 0$ 时，ax^k 不能整除 $x^n + 1$。因而，$(f(x), f'(x)) = 1$，故 $f(x)$ 没有重因式。

2.6.3 重根

定义 2.6.3 设 $f(x) \in P[x]$，$a \in P$。若 $x - a$ 是 $f(x)$ 的 k 重因式，则称 a 是 $f(x)$ 的 **k 重根**，当 $k = 1$ 时，称 a 是 $f(x)$ 的**单根**。

定理 2.6.3 设 $f(x) \in P[x]$，$\deg f(x) = n > 0$，则 $f(x)$ 在数域 P 内至多有 n 个根（重根按重数计算）。

证明 采用数学归纳法。

当 $n = 0$ 时，定理显然成立，因为零次多项式没有根。

假设对 $n \geqslant 1$ 时，定理都成立，即 $f(x)$ 在数域 P 内至多有 n 个根（重根按重数计算）。则对于 $n+1$ 次多项式 $f(x)$，若 $f(x)$ 没有实数根，定理成立，若存在 $a \in P$ 是 $f(x)$ 的一个根，那么

$$f(x) = (x - a)q(x)$$

这里 $q(x) \in P[x]$ 是一个 n 次多项式，如果 $b \in P$ 是 $f(x)$ 的另一个根且 $b \neq a$，那么

$$f(b) = (b - a)q(b) = 0$$

由于 $b - a \neq 0$，所以 $q(b) = 0$，即 b 是 $q(x)$ 的根，也就是说 $f(x)$ 异于 a 的根都是 $q(x)$ 的根，显然 $q(x)$ 的根全是 $f(x)$ 的根，由于 $q(x)$ 是 n 次多项式，由归纳假设知，$q(x)$ 在 P 内至多有 n 个根，所以 $f(x)$ 在 P 内至多有 $n+1$ 个根。

注 2.6.2 定理对零多项式不能用，因为零多项式没有次数。

推论 2.6.4 设 $f(x), g(x) \in P[x]$，$\deg f(x) \leqslant n$ 且 $\deg g(x) \leqslant n$。若 P 上存在 $n+1$ 个不同的数 $a_1, a_2, \cdots, a_{n+1}$，使得

$$f(a_i) = g(a_i) \quad (i = 1, 2, \cdots, n + 1)$$

则 $f(x)$ 与 $g(x)$ 作为多项式相等。

证明 令 $h(x) = f(x) - g(x)$，若 $h(x) \neq 0$，则 $0 \leqslant \deg h(x) \leqslant n$。由已知条件知，$h(x)$ 有 $n+1$ 个不同的根，与定理 2.6.3 的结论矛盾。

故 $h(x) = 0$，即 $f(x) = g(x)$。

定理 2.6.4 $P[x]$ 中的两个多项式 $f(x)$ 和 $g(x)$ 相等，当且仅当它们所定义的多项式函数相等。

证明 设 $f(x) = g(x)$，那么它们有完全相同的项，因而对任意的 $c \in P$，都有 $f(c) = g(c)$，即 $f(x)$ 和 $g(x)$ 所确定的函数相等。

反之，设 $f(x)$ 和 $g(x)$ 所确定的函数相等，令 $u(x) = f(x) - g(x)$，那么对任意的 $c \in P$ 都有

$$u(c) = f(c) - g(c) = 0$$

即数域 P 中每一个数都是 $u(x)$ 的根，但数域 P 中有无数多个数，即 $u(x)$ 有无数多个根，根

据定理 2.6.3 知，$u(x)=0$，从而 $f(x)=g(x)$。

2.7 复数域与实数域上的多项式

前面主要讨论了一般数域上的多项式的根和因式分解，本节和下一节主要针对复数域、实数域以及有理数域的特点，分别做进一步的探究。

2.7.1 复数域上的多项式

任意数域 P 上的次数大于零的多项式 $f(x)$ 在数域 P 中未必有根。但对于复数域 $\mathbf{C}$ 上的多项式来说，我们可以不加证明地给出代数学基本定理。

定理 2.7.1 （代数学基本定理）任何 $n(n>0)$ 次多项式在复数域上至少有一个根。

代数学基本定理的证明方法很多，有纯代数的证明，也有用函数方法证明，但不论用哪种证明方法，均要用到分析工具，都要有相当的准备知识，最简单的方法是利用复变函数理论的证法，这里就不做介绍了，详见复变函数。

定理 2.7.2 任何 $n(n>0)$ 次多项式在复数域上有 n 个根（重根按照重数计算）。

证明 设 $f(x)$ 是一个 $n(n>0)$ 次多项式，由代数学基本定理知，$f(x)$ 在复数域 $\mathbf{C}$ 中有一个根，记为 c_1，所以在 $C[x]$ 中有

$$f(x)=(x-c_1)f_1(x)$$

这里 $f_1(x)$ 是复数域 $\mathbf{C}$ 上一个 $n-1$ 次多项式。如果 $n-1>0$，那么再由代数学基本定理知，$f_1(x)$ 在复数域 $\mathbf{C}$ 中也有一个根，记为 c_2，因而在 $C[x]$ 中有

$$f(x)=(x-c_1)(x-c_2)f_2(x)$$

如此这样进行下去，最后 $f(x)$ 在复数域 $\mathbf{C}$ 中必能分解成 n 个一次因式的乘积，因而 $f(x)$ 在复数域 $\mathbf{C}$ 中有 n 个根。

根据定理 2.7.2 可知，复数域上任何次数大于 1 的多项式均是可约的，且可分解成一次因式的乘积，于是有分解定理。

定理 2.7.3 复数域 $\mathbf{C}$ 上的 $n(n>0)$ 次多项式 $f(x)$ 的标准分解式为

$$f(x)=c(x-a_1)^{r_1}(x-a_2)^{r_2}\cdots(x-a_s)^{r_s}$$

其中 $a_i\in\mathbf{C}$ 且两两互异，$r_i>0(i=1,2,\cdots,s)$，且 $r_1+r_2+\cdots+r_s=n$。

下面介绍复数域上多项式因式分解定理的一个重要应用——**Vieta 定理**，又称为复数域上多项式的根与系数关系。

定理 2.7.4 （Vieta 定理）设 $n(n>0)$ 次复数域上的多项式

$$f(x)=a_nx^n+a_{n-1}x^{n-1}+a_{n-2}x^{n-2}+\cdots+a_1x+a_0$$

在复数域 $\mathbf{C}$ 中的 n 个根为 $c_1,c_2,\cdots,c_n$，则

$$\sum_{i=1}^{n}c_i=-\frac{a_{n-1}}{a_n}$$

$$\sum_{1\leqslant i<j\leqslant n} c_i c_j = \frac{a_{n-2}}{a_n}$$

$$\sum_{1\leqslant i<j<k\leqslant n} c_i c_j c_k = -\frac{a_{n-3}}{a_n}$$

……

$$c_1 c_2 \cdots c_n = (-1)^n \frac{a_0}{a_n}$$

证明 由题意可设 $f(x)=a_n(x-c_1)(x-c_2)\cdots(x-c_n)$，将其右边展开并与 $f(x)$ 的系数比较，即得结论。

例 2.7.1 求有单根 5 与 −2 以及二重根 3 的首项系数为 1 的四次多项式。

解 不妨设 $f(x)=x^4+a_3x^3+a_2x^2+a_1x+a_0$，根据定理 2.7.4，即多项式的根与系数关系，可得

$$\begin{cases} a_3 = -(5-2+3+3) = -9 \\ a_2 = (5\cdot(-2)+5\cdot 3+5\cdot 3+(-2)\cdot 3+(-2)\cdot 3+3\cdot 3) = 17 \\ a_1 = -(5\cdot(-2)\cdot 3+5\cdot(-2)\cdot 3+5\cdot 3\cdot 3+(-2)\cdot 3\cdot 3) = 33 \\ a_0 = 5\cdot(-2)\cdot 3\cdot 3 = -90 \end{cases}$$

所以 $f(x)=x^4-9x^3+17x^2+33x-90$。

2.7.2 实数域上的多项式

接着我们讨论实数域上的多项式的因式分解与根。

引理 2.7.1 若实系数多项式 $f(x)$ 有一个非实复根 $\alpha=a+\mathrm{i}b$，则 α 的共轭复数 $\bar{\alpha}=a-\mathrm{i}b$ 也是 $f(x)$ 的根，且 α 与 $\bar{\alpha}$ 有相同的重数。即实系数多项式的非实复根是共轭成对的。

证明 设 $f(x)=a_nx^n+a_{n-1}x^{n-1}+a_{n-2}x^{n-2}+\cdots+a_0$，由 $f(\alpha)=0$ 易得

$$\begin{aligned} f(\bar{\alpha}) &= a_n\bar{\alpha}^n + a_{n-1}\bar{\alpha}^{n-1} + a_{n-2}\bar{\alpha}^{n-2} + \cdots + a_0 \\ &= \overline{a_n\alpha^n + a_{n-1}\alpha^{n-1} + a_{n-2}\alpha^{n-2} + \cdots + a_0} \\ &= \overline{f(\alpha)} = 0 \end{aligned}$$

即 $\bar{\alpha}$ 也是 $f(x)$ 的根。

不妨设 α 是 $f(x)$ 的 k 重根，从而，

$$f(x) = (x-\alpha)^k(x-\bar{\alpha})^k h(x)$$

若 $\bar{\alpha}$ 是 $h(x)$ 的根，则根据刚刚的证明，$\overline{(\bar{\alpha})}=\alpha$ 也是 $h(x)$ 的根。这与 α 是 $f(x)$ 的 k 重根矛盾，所以 α 与 $\bar{\alpha}$ 有相同的重数。

引理 2.7.1 告诉我们，实系数多项式 $f(x)$ 若有非实复数根 α，则 $f(x)$ 一定有实系数二次因式 $g(x)=(x-\alpha)(x-\bar{\alpha})=x^2-(\alpha+\bar{\alpha})x+\alpha\bar{\alpha}$。根据代数学基本定理 2.7.1，我们容易得出实数域上多项式的标准分解。

定理 2.7.5 实系数不可约多项式除一次多项式外，只有形如 ax^2+bx+c 的二次多项式，其中 $b^2-4ac<0$。所以实数域上次数大于零的一元多项式 $f(x)$ 的标准分解式为

$$f(x) = c(x-a_1)^{l_1}(x-a_2)^{l_2}\cdots(x-a_m)^{l_m}(x^2+b_1x+c_1)^{h_1}$$

$$\cdot (x^2 + b_2x + c_2)^{h_2} \cdots (x^2 + b_rx + c_r)^{h_r}$$

其中 $a_i \in \mathbf{R}$ 且两两互异，$l_i(i = 1,2,\cdots,m)$ 是正整数；$b_j, c_j \in \mathbf{R}$，h_j 是正整数，$b_j^2 - 4c_j < 0$ 且 $x^2 + b_jx + c_j(j = 1,2,\cdots,r)$ 两两互素；$\sum_{i=1}^{m} l_i + 2\sum_{j=1}^{r} h_j = \deg f(x)$。

例 2.7.2 已知方程 $2x^3 - 9x^2 + 30x - 13 = 0$ 有一个根为 $2 - 3\mathrm{i}$，求其全部根。

解 因为所给的方程是实系数方程，而 $2 - 3\mathrm{i}$ 是所给方程的复数根，所以 $2 + 3\mathrm{i}$ 也是其根，故多项式 $(x - (2 - 3\mathrm{i}))(x - (2 + 3\mathrm{i})) = x^2 - 4x + 13$ 是其因式，用 $x^2 - 4x + 13$ 去除多项式 $2x^3 - 9x^2 + 30x - 13$ 可得商式 $2x - 1$，即

$$2x^3 - 9x^2 + 30x - 13 = (x^2 - 4x + 13)(2x - 1)$$

故原方程的三个根分别为 $2 - 3\mathrm{i}, 2 + 3\mathrm{i}, \dfrac{1}{2}$。

例 2.7.3 求含有根 $1 - \mathrm{i}$ 和 $2 - \mathrm{i}$ 的次数最低的复系数和实系数多项式。

解 (1) 复系数多项式为

$$f(x) = (x - (1 - \mathrm{i}))(x - (2 - \mathrm{i})) = x^2 - (3 - 2\mathrm{i})x + (1 - 3\mathrm{i})$$

(2) 含有根 $1 - \mathrm{i}$ 和 $2 - \mathrm{i}$ 的实系数多项式，也必以它们的共轭复数 $1 + \mathrm{i}$ 和 $2 + \mathrm{i}$ 为其根，所以实系数多项式为

$$\begin{aligned} f(x) &= (x - (1 - \mathrm{i}))(x - (1 + \mathrm{i}))(x - (2 - \mathrm{i}))(x - (2 + \mathrm{i})) \\ &= x^4 - 6x^3 + 15x^2 - 18x + 10 \end{aligned}$$

例 2.7.4 设 $f(x) = a_nx^n + a_{n-1}x^{n-1} + a_{n-2}x^{n-2} + \cdots + a_0$ 的 n 个互异的非零根为 $c_1, c_2, \cdots, c_n$，求以 $\dfrac{1}{c_1}, \dfrac{1}{c_2}, \cdots, \dfrac{1}{c_n}$ 为根的多项式。

解 因 $f(c_i) = a_nc_i^n + a_{n-1}c_i^{n-1} + a_{n-2}c_i^{n-2} + \cdots + a_0 = 0$，所以 $c_i^{-n}f(c_i) = a_n + a_{n-1} \cdot c_i^{-1} + a_{n-2}c_i^{-2} + \cdots + a_0c_i^{-n} = 0$。

令

$$g(x) = a_n + a_{n-1}x + a_{n-2}x^2 + \cdots + a_0x^n$$

则 $g\left(\dfrac{1}{c_i}\right) = 0$。因此，$g(x)$ 为所求多项式。

2.7.3 一元三次方程求根公式介绍

对于多项式 $f(x)$ 或者 $f(x) = 0$ 根的研究，主要体现在以下两个方面：① 根的近似求法；② 根的根号解法。第一个问题是计算方法问题，这里不做介绍，下面对第二个问题的研究做一介绍，并介绍一元三次方程的求根公式。

对于一元二次方程 $ax^2 + bx + c = 0(a \neq 0)$，其求根公式为 $x_{1,2} = \dfrac{-b \pm \sqrt{b^2 - 4ac}}{2a}$，这个公式早在公元前古巴比伦人就知道了。到了 16 世纪，意大利数学家 S. del. Ferro 和 N. Taroglia 分别找到了用根号表示三次方程根的公式，这个结果是 G. Cardano 于 1545 年在“大法”(Ars. Magna)上发表的，因而称为 Cardano 公式。这里简单地介绍一下 Cardano 公式。

一般的三次方程 $ax^3+bx^2+cx+d=0(a,b,c,d\in\mathbf{R},a\neq0)$，将其首项系数化为1得 $x^3+\frac{b}{a}x^2+\frac{c}{a}x+\frac{d}{a}=0$，再令 $x=y-\frac{b}{3a}$，消去二次项得一元三次方程 $y^3+py+q=0$，记根的判别式 $\Delta=\frac{q^2}{4}+\frac{p^3}{27}$。

当 $\Delta>0$ 时，有

$$\begin{cases} y_1=\sqrt[3]{-\frac{q}{2}+\sqrt{\frac{q^2}{4}+\frac{p^3}{27}}}+\sqrt[3]{-\frac{q}{2}-\sqrt{\frac{q^2}{4}+\frac{p^3}{27}}} \\ y_2=\sqrt[3]{-\frac{q}{2}+\sqrt{\frac{q^2}{4}+\frac{p^3}{27}}}\omega+\sqrt[3]{-\frac{q}{2}-\sqrt{\frac{q^2}{4}+\frac{p^3}{27}}}\omega^2 \\ y_3=\sqrt[3]{-\frac{q}{2}+\sqrt{\frac{q^2}{4}+\frac{p^3}{27}}}\omega^2+\sqrt[3]{-\frac{q}{2}-\sqrt{\frac{q^2}{4}+\frac{p^3}{27}}}\omega \end{cases} \tag{2.7.1}$$

其中 $\omega=\frac{-1+\sqrt{3}\mathrm{i}}{2}$，$\mathrm{i}^2=-1$。

当 $\Delta=0$ 时，有

$$\begin{cases} y_1=-2\sqrt{-\frac{p}{3}} \\ y_2=y_3=\sqrt{-\frac{p}{3}} \end{cases} \tag{2.7.2}$$

当 $\Delta<0$ 时，有

$$\begin{cases} y_1=2\sqrt{-\frac{p}{3}}\cos\frac{\theta}{3} \\ y_2=2\sqrt{-\frac{p}{3}}\cos\left(\frac{\theta}{3}+120^\circ\right) \\ y_3=2\sqrt{-\frac{p}{3}}\cos\left(\frac{\theta}{3}-120^\circ\right) \end{cases} \tag{2.7.3}$$

其中 $\theta=\arccos\frac{-q\sqrt{-27p}}{2p^2}$，归纳可知：

当 $\Delta>0$ 时，方程有一个实根和一对共轭复根。

当 $\Delta=0$ 时，方程有三个实根，其中有两个根相等。

当 $\Delta<0$ 时，方程有三个不相等的实根。

四次方程的根号解法是由意大利数学家 L. Ferrari 推得的，由于方法非常繁琐，这里不做介绍了。从16世纪中叶到19世纪初，许多伟大的数学家(如 L. Euler、J. L. Lagrange 等)为得到五次方程的根号解法，做了很多的尝试。J. L. Lagrange 指出：三次、四次方程能用根号解的原因在于它们的根可简化为次数较低的“预解”方程的根，但用同样的方法求解五次方程时，却得到一个六次的“预解”方程。由此人们得到“高于四次的方程一般不能用根号解”的结论。1813年和1827年，A. Ruffini 和 N. H. Abel 各自发表了现在称之为 Abel-

Ruffini 定理的结果，即系数 a_i 不是具体数的 n 次方程 $a_nx^n+a_{n-1}x^{n-1}+\cdots+a_1x+a_0$ 不能用根号解，但他们的证明有点晦涩，而且在某些细节上不完整。不久后天才的数学家 E. Galois 在他未满 20 岁时，就彻底解决了这个问题，不但给出了 Abel-Ruffini 定理的完整证明，而且指出任意方程 $a_nx^n+a_{n-1}x^{n-1}+\cdots+a_1x+a_0$ 可以用根号解的判别准则，同时还给出了群、环等概念，从而开辟了代数学的新纪元，可惜未满 21 岁时，他在决斗中身亡了。

2.8 有理系数和整系数多项式

我们已经看到在复数域上只有一次多项式是不可约多项式，在实数域上只有一次多项式和含有虚根的二次多项式是不可约多项式。但在有理数域上存在任意次数的不可约多项式，因此，判断有理数域上的多项式是否可约要比复数域和实数域困难得多。本节我们将研讨有理系数多项式的可约性，顺便讨论一下有理根的问题。

2.8.1 有理系数和整系数多项式的可约性

若 n 次整系数多项式 $f(x)$ 可表示为两个次数小于 n 的整系数多项式 $g(x)$，$h(x)$ 的乘积，则称 $f(x)$ **在整数上可约**，否则称 $f(x)$ **在整数上不可约**。

定义 2.8.1 Z 上的多项式

$$f(x)=a_nx^n+a_{n-1}x^{n-1}+a_{n-2}x^{n-2}+\cdots+a_0$$

称为**本原多项式**，如果 $(a_n,a_{n-1},\cdots,a_1,a_0)=1$。

例如，$2x^3+3x^2-2x+1$ 就是本原多项式，但 $2x^4-4x^3+6x^2+2x-8$ 不是本原多项式。

显然，整系数多项式有一个系数是 ±1，那么该多项式一定是本原多项式。下面将给出有理系数多项式和本原多项式之间的关系，先看一个例子。

设 $f(x)=\dfrac{4}{5}x^3-\dfrac{8}{3}x^2+4x-\dfrac{2}{9}$，则 $f(x)=\dfrac{2}{45}(18x^3-60x^2+90x-5)$，若记 $g(x)=18x^3-60x^2+90x-5$，则 $g(x)$ 是本原多项式，且 $f(x)=\dfrac{2}{45}g(x)$，这说明一个有理系数多项式可以表示为一个有理数和一个本原多项式的乘积，对于有理系数多项式这一结论均是成立的。

引理 2.8.1 设 $f(x)\in Q[x]$ 且 $f(x)\neq0$，则存在 $r\in\mathbf{Q}$ 和本原多项式 $g(x)$，使得

$$f(x)=rg(x)$$

且在相差正负号的意义下，这样的表示是唯一的。

证明 设

$$f(x)=a_nx^n+a_{n-1}x^{n-1}+a_{n-2}x^{n-2}+\cdots+a_0$$

若设 c 为 $f(x)$ 所有系数的分母的最小公倍数，则 $cf(x)$ 是整系数多项式。设 d 是 $cf(x)$ 所

有系数的最大公因数，则 $cf(x)=dg(x)$，即

$$f(x) = \frac{d}{c}g(x)$$

其中$\frac{d}{c}\in\mathbf{Q}$，$g(x)$是本原多项式。

若 $f(x)=rg(x)=r_1g_1(x)$，其中 $r,r_1\in\mathbf{Q}$，$g(x)$，$g_1(x)$是本原多项式，则

$$g(x) = \frac{r_1}{r}g_1(x)$$

所以$\frac{r_1}{r}=\pm1$，即 $r=\pm r_1$；从而，$g(x)=\pm g_1(x)$。

特别地，一个整系数多项式 $f(x)$总可以表示为一个整数和若干个本原不可约多项式的乘积，在不计因子的次序和首项系数符号的意义下，这种分解是唯一的。

引理 2.8.2 （Gauss 引理）两个本原多项式之积是本原多项式。

证明 设

$$f(x) = a_nx^n + a_{n-1}x^{n-1} + a_{n-2}x^{n-2} + \cdots + a_0$$
$$g(x) = b_mx^m + b_{m-1}x^{m-1} + b_{m-2}x^{m-2} + \cdots + b_0$$

是两个本原多项式。若

$$f(x)g(x) = c_{m+n}x^{m+n} + c_{m+n-1}x^{m+n-1} + \cdots + c_1x + c_0$$

不是本原多项式，则

$$(c_{m+n},c_{m+n-1},\cdots,c_1,c_0) = d \neq 1$$

令 p 是d 的一个素因子。因 $c_0=a_0b_0$，所以 $p\mid a_0$或 $p\mid b_0$。不妨设 $p\mid a_0$，又因 $f(x)$是本原多项式，故 p 不能整除$f(x)$的所有系数。设 $p\mid a_0,p\mid a_1,\cdots,p\mid a_{i-1}$，但 $p\nmid a_i$。同理，设$p\mid b_0,p\mid b_1,\cdots,p\mid b_{j-1}$，但 $p\nmid b_j$。而

$$c_{i+j} = \cdots + a_{i-1}b_{j+1} + a_ib_j + a_{i+1}b_{j-1} + \cdots$$

且$1\leqslant i+j\leqslant m+n$，则 $p\mid a_ib_j$，与 $p\nmid a_i$ 且$p\nmid b_j$ 矛盾。

引理 2.8.3 设 $f(x)$是整系数多项式，$g(x)$是本原多项式，如果 $f(x)=g(x)h(x)$，则 $h(x)$也是整系数多项式。

证明 显然 $f(x),g(x)\in Q[x]$，所以 $h(x)\in Q[x]$，由引理 2.8.1 知，存在$\frac{d}{c}\in\mathbf{Q}$，$(c,d)=1$，使得 $h(x)=\frac{d}{c}\varphi(x)$，这里 $\varphi(x)$是本原多项式，从而有

$$f(x) = g(x)h(x) = \frac{d}{c}g(x)\varphi(x)$$

再由引理 2.8.2 知，$g(x)\varphi(x)$也是本原多项式。

由于 $f(x)$是整系数多项式，所以$\frac{d}{c}$必为整数，由于$(c,d)=1$，所以 $c=1$，从而 $h(x)=d\varphi(x)$，因此 $h(x)$也是整系数多项式。

定理 2.8.1 设 $f(x)$是整系数多项式，则 $f(x)$在有理数域上可约的充要条件是 $f(x)$在整数环上可约。

证明 只需证明必要性。

设存在 $g(x),h(x)\in Q[x]$，使得 $f(x)=g(x)h(x)$，且 $\deg g(x)<\deg f(x)$，$\deg h(x)<\deg f(x)$。由引理 2.8.1 知，存在有理数 r,s 和本原多项式 $g_1(x),h_1(x)$，满足 $g(x)=rg_1(x),h(x)=sh_1(x)$。

于是

$$f(x)=rsg_1(x)h_1(x)=\frac{v}{u}g_1(x)h_1(x)$$

其中 $u,v\in\mathbf{Z},(u,v)=1$。由 Gauss 引理知，$g_1(x)h_1(x)$是本原多项式，若$\frac{v}{u}$不是整数，则 $\frac{v}{u}g_1(x)h_1(x)$不是整系数多项式，所以$\frac{v}{u}\in\mathbf{Z}$，即 $f(x)$在整数环上可约。

通过以上的讨论，可以知道有理系数多项式的可约问题可以转化为整系数多项式的可约问题，为了讨论有理数域上多项式的不可约问题，先介绍下面的一个判别法。

定理 2.8.2 （Eisenstein 判别法）设

$$f(x)=a_nx^n+a_{n-1}x^{n-1}+a_{n-2}x^{n-2}+\cdots+a_0$$

是整系数多项式，$a_n\neq 0(n\geqslant 1)$，如果存在一个素数 p，满足：

(1) $p\mid a_i(i=0,1,\cdots,n-1)$；

(2) $p\nmid a_n$；

(3) $p^2\nmid a_0$，

则 $f(x)$在有理数域上不可约。

证明 若 $f(x)$在 $\mathbf{Q}$ 上可约，则根据定理 2.8.1 知，$f(x)$在 $\mathbf{Z}$ 上可约，即 $f(x)$在 $\mathbf{Z}$ 上有如下分解：

$$f(x)=(b_lx^l+\cdots+b_1x+b_0)(c_tx^t+\cdots+c_1x+c_0)$$

其中 $1\leqslant l<n,1\leqslant t<n$ 且 $l+t=n$。

显然，$a_0=b_0c_0,a_n=b_lc_t$。因 $p\mid a_0$，所以 $p\mid b_0$或 $p\mid c_0$；但 $p^2\nmid a_0$，所以 $p\mid b_0$和 $p\mid c_0$不能同时成立。不妨设 $p\mid b_0$但 $p\nmid c_0$。另外，由于 $p\nmid a_n$，所以 $p\nmid b_l$；从而，存在 i $(0<i\leqslant l)$，使得

$$p\mid b_0,p\mid b_1,\cdots,p\mid b_{i-1},\quad 但\ p\nmid b_i$$

考查 $f(x)$的 i 次项系数

$$a_i=b_ic_0+b_{i-1}c_1+b_{i-2}c_2+\cdots+b_0c_i$$

由 $p\mid a_i(i=0,1,\cdots,n-1)$得，$p\mid b_ic_0$。从而，$p\mid b_i$或 $p\mid c_0$，但这两者均不可能。所以 $f(x)$在 $\mathbf{Q}$ 上可约。

根据定理 2.8.2，我们很容易写出一个不可约多项式 $f(x)=x^n+3(n\in\mathbf{Z}^+)$。一般地，设 p 是素数，则对任意 $n>1$，多项式 $f(x)=x^n+p,g(x)=x^n-p,h(x)=x^n+px+p$ 均是有理数域上的不可约多项式。

注意：Eisenstein 判别法是判别整系数多项式在有理系数上不可约的充分条件；若找不到满足条件的素数时，多项式可能可约，也可能不可约。如 $f(x)=x^2+3x+2$ 是可约的，$g(x)=x^2+1$ 是不可约的。为了扩大 Eisenstein 判别法的使用范围，我们给出如下定理。

定理 2.8.3 设 $f(x)$是整系数多项式,令 $x=ay+b(a\neq 0,a,b\in \mathbf{Z})$,并记

$$g(y)=f(ay+b)=f(x)$$

则 $g(y)$与 $f(x)$在有理数域上的可约性相同。

证明 现设 $f(x)$在有理数域上可约,则有

$$f(x)=h_1(x)h_2(x)$$

其中 $h_1(x)$和 $h_2(x)$是次数较 $f(x)$低的整系数多项式,于是有

$$f(ay+b)=h_1(ay+b)h_2(ay+b)$$

令 $g_1(y)=h_1(ay+b)$和$g_2(y)=h_2(ay+b)$,则有

$$g(y)=g_1(y)g_2(y)$$

从而 $g(y)$可约。

反过来,若 $g(y)$可约,则存在次数低于 $g(y)$的整系数多项式 $t_1(x)$和 $t_2(x)$,使得

$$g(y)=t_1(y)t_2(y)$$

即

$$f(y)=t_1\left(\frac{x-b}{a}\right)t_2\left(\frac{x-b}{a}\right)$$

而 $t_1\left(\frac{x-b}{a}\right)$和$t_2\left(\frac{x-b}{a}\right)$还是有理系数多项式,且次数都低于 $f(x)$,所以 $f(x)$在有理数域上可约。

例 2.8.1 证明:多项式

$$f(x)=5x^5+6x^4-144x^3+18x^2-42x+12$$

在有理数域上不可约。

证明 应用 Eisenstein 判别法,取素数 $p=3$,则

(1) $3\nmid 5$;

(2) $3\mid 6,-144,18,-42,12$;

(3) $3^2\nmid 12$,

从而 $f(x)$在有理数域上可约。

例 2.8.2 证明:多项式 $f(x)=x^6+x^3+1$ 在有理数域上不可约。

证明 应用替换,令 $x=y+1$ 得

$$g(y)=f(y+1)=y^6+6y^5+15y^4+21y^3+18y^2+9y+3$$

取素数 $p=3$,应用 Eisenstein 判别法容易判断 $g(y)$在有理数域上不可约,再由定理 2.8.3 知,$f(x)$在有理数域上也可约。

例 2.8.3 设 p 是素数。证明:割圆多项式

$$f(x)=x^{p-1}+x^{p-2}+\cdots+x+1$$

在有理数域 $\mathbf{Q}$ 上不可约。

证明 令 $x=y+1$,则

$$f(x)=\frac{x^p-1}{x-1}=\frac{(y+1)^p-1}{y}=y^{p-1}+C_p^1y^{p-2}+C_p^2y^{p-3}+\cdots+C_p^{p-2}y+C_p^{p-1}$$

令多项式 $g(y)=y^{p-1}+C_p^1y^{p-2}+C_p^2y^{p-3}+\cdots+C_p^{p-2}y+C_p^{p-1}$,存在素数 p 满足 Eisenstein 判别法的条件(1)～(3),所以 $g(y)$在 $\mathbf{Q}$上不可约。

再由定理 2.8.3 知,$f(x)$在 $\mathbf{Q}$上不可约。

2.8.2 整系数多项式的有理根

现在来讨论有理系数多项式的有理根问题。我们无法精确求出多项式的复数根或实数根,但是我们能够较简单地求出有理系数多项式的有理根。根据引理 2.8.1,我们只需讨论整系数多项式的有理根问题。

定理 2.8.4 设 $f(x)=a_nx^n+a_{n-1}x^{n-1}+a_{n-2}x^{n-2}+\cdots+a_0$ 是整系数多项式。若有理数$\frac{d}{c}$是$f(x)$的根,其中 c,d 是互素的整数,则

(1) $c\mid a_n,d\mid a_0$;

(2) $f(x)=\left(x-\frac{d}{c}\right)g(x)$,这里 $g(x)$是一个整系数多项式。

证明 (1) 由 $f\left(\frac{d}{c}\right)=0$,得

$$a_n\left(\frac{d}{c}\right)^n+a_{n-1}\left(\frac{d}{c}\right)^{n-1}+a_{n-2}\left(\frac{d}{c}\right)^{n-2}+\cdots+a_1\left(\frac{d}{c}\right)+a_0=0$$

等式两边同时乘以 c^n,得

$$a_nd^n+a_{n-1}d^{n-1}c+a_{n-2}d^{n-2}c^2+\cdots+a_1dc^{n-1}+a_0c^n=0$$

所以 $c\mid a_nd^n,d\mid a_0c^n$,故 $c\mid a_n,d\mid a_0$。

(2) 因为

$$\begin{aligned}f(x)&=\left(x-\frac{d}{c}\right)g(x)\\&=(cx-d)\frac{1}{c}g(x)\end{aligned}$$

所以由引理 2.8.3 得,$\frac{1}{c}g(x)$是整系数多项式,从而 $g(x)$是整系数多项式。

定理 2.8.4 为我们提供了求整系数多项式的有理根的方法:设给定整系数多项式的首项系数 a_n 的因数$c_1,c_2,\cdots,c_k$,其常数项 a_0 的因数是 $d_1,d_2,\cdots,d_l$;根据定理 2.8.4,我们只需用综合除法对所有的$\frac{d_i}{c_j}$逐一判定其是否是$f(x)$的根及其重数。特别地,若$\frac{d_i}{c_j}$是$f(x)$的根,则由定理 2.8.4(2)得

$$\frac{f(1)}{1-\frac{d_i}{c_j}}\in\mathbf{Z}\quad 且\quad \frac{f(-1)}{1+\frac{d_i}{c_j}}\in\mathbf{Z}$$

所以,我们只需对那些商$\frac{f(1)}{1-\frac{d_i}{c_j}}$和$\frac{f(-1)}{1+\frac{d_i}{c_j}}$都是整数的$\frac{d_i}{c_j}$进行验算即可。

例 2.8.4 求多项式

$$f(x)=3x^4+5x^3+x^2+5x-2$$

的有理根。

解 因为 $f(x)$ 的首项系数 $a_n=3$ 的因数是 $\pm1,\pm3$；常数项 $a_0=-2$ 的因数是 ±1，±2，所以 $f(x)$ 的可能有理根是 $\pm1,\pm2,\pm\frac{1}{3},\pm\frac{2}{3}$。一方面，由于 $f(1)=12,f(-1)=-8$，所以 ±1 都不是 $f(x)$ 的根。

另一方面，由于

$$\frac{-8}{1+2},\frac{-8}{1+\frac{2}{3}},\frac{12}{1+\frac{2}{3}}\notin \mathbf{Z}$$

所以 2 和 $\pm\frac{2}{3}$ 都不是 $f(x)$ 的根。对有理数 $-2,\pm\frac{1}{3}$，可以用综合除法验证。

$$\begin{array}{cccccc|c} & 3 & 5 & 1 & 5 & -2 & \\ + & & -6 & 2 & -6 & 2 & -2 \\ \hline & 3 & -1 & 3 & -1 & 0 & \end{array}$$

所以 -2 是 $f(x)$ 的根，这样有

$$f(x)=(x+2)(3x^3-x^2+3x-1)$$

记 $g(x)=3x^3-x^2+3x-1$，容易验证 -2 不是 $g(x)$ 的根，所以 -2 是 $f(x)$ 的单根。$g(x)$ 可能的有理根只有 $\pm1,\pm\frac{1}{3}$，但 ±1 不是 $f(x)$ 的根，当然也不是 $g(x)$ 的根，先用 $-\frac{1}{3}$ 试验是不是 $g(x)$ 的根，应用综合除法有

$$\begin{array}{ccccc|c} & 3 & -1 & 3 & -1 & \\ + & & -1 & \frac{2}{3} & -\frac{11}{9} & -\frac{1}{3} \\ \hline & 3 & -2 & 3\frac{2}{3} & -2\frac{2}{9} & \end{array}$$

由于余数不是 0，所以 $-\frac{1}{3}$ 不是 $g(x)$ 的根，再用 $\frac{1}{3}$ 试验是不是 $g(x)$ 的根，再次应用综合除法有

$$\begin{array}{ccccc|c} & 3 & -1 & 3 & -1 & \\ + & & 1 & 0 & 1 & \frac{1}{3} \\ \hline & 3 & 0 & 3 & 0 & \end{array}$$

所以 $\frac{1}{3}$ 是 $g(x)$ 的一个根，于是

$$f(x)=3(x+2)\left(x-\frac{1}{3}\right)(x^2+1)$$

故 $f(x)$ 的有理根为 -2 和 $\frac{1}{3}$。

推论 2.8.1 首项系数为 1 的整系数多项式的有理根是整数，且是常数项的因数。

例 2.8.5 求多项式

$$f(x) = x^3 - x^2 + 3x + 5$$

的有理根。

解 由于多项式 $f(x)$ 的首项系数为 1，则由推论 2.8.1 知，其有理根是常数项 5 的因数，常数项 5 的因数只有 $\pm 1, \pm 5$，对 -1 用综合除法得

$$\begin{array}{rrrr|r} 1 & -1 & 3 & 5 & \\ + & -1 & 2 & -5 & -1 \\ \hline 1 & -2 & 5 & 0 & \end{array}$$

从而 $f(x) = (x+1)(x^2-2x+5)$，显然多项式 x^2-2x+5 没有实数根，所以 $f(x)$ 的有理根为 -1。

上述求有理根的方法的缺点是需要检验的分数太多，特别地，当首项系数和常数项有很多因数时，要检验的分数就很多，所以需要把待检验的有理数范围缩小一些，为此给出整系数多项式有有理根的一个必要条件。

定理 2.8.5 设既约分数 $\frac{d}{c}$ 是整系数多项式

$$f(x) = a_n x^n + a_{n-1} x^{n-1} + a_{n-2} x^{n-2} + \cdots + a_0$$

的有理根，则 $(c-d) \mid f(1)$，$(c+d) \mid f(-1)$。

证明 由于 $\frac{d}{c}$ 是 $f(x)$ 的根，所以 $\left(x - \frac{d}{c}\right) \Big| f(x)$，即

$$f(x) = \left(x - \frac{d}{c}\right) q(x)$$

其中 $q(x)$ 是一有理系数多项式，所以

$$f(x) = (cx - d)\frac{q(x)}{c}$$

由于 $\frac{d}{c}$ 是既约分数，所以 $cx-d$ 是本原多项式，由引理 2.8.3 知，$\frac{q(x)}{c}$ 也是整系数多项式。

若令 $x=1$，得 $f(1) = (c-d)\frac{q(1)}{c}$，从而 $(c-d) \mid f(1)$。

若令 $x=-1$，得 $f(-1) = (c+d)\frac{-q(1)}{c}$，从而 $(c+d) \mid f(-1)$。

若整系数多项式有整数根，则有如下的推论：

推论 2.8.2 若整数 d 是整系数多项式 $f(x)$ 的根，则 $(d-1) \mid f(1)$，$(d+1) \mid f(-1)$。

例 2.8.6 求多项式

$$f(x) = x^4 - x^3 + \frac{3}{4}x^2 + \frac{1}{2}x + \frac{1}{4}$$

的所有有理根。

解 将 $f(x)$ 化为整系数多项式

$$4f(x) = 4x^4 - 4x^3 + 3x^2 + 2x + 1$$

由于 $a_4 = 4$，所以 a_4 的所有因数为 $\pm 1, \pm 2, \pm 4$，又由于 $a_0 = 1$，所以 a_0 的所有因数为 ± 1，因而待检验的有理数有 6 个，分别是 $\pm 1, \pm\frac{1}{2}, \pm\frac{1}{4}$。

容易计算出 $4f(1) = 6$，而 $4f(-1) = 10$，所以 ± 1 均不是 $f(x)$ 的根。

又由于 $(1+2)\nmid 4f(-1)$，所以 $\frac{1}{2}$ 不是 $f(x)$ 的根，同理 $-\frac{1}{4}$ 也不是 $f(x)$ 的根。虽然 $-\frac{1}{2}$ 和 $\frac{1}{4}$ 满足 $(-1+2)\mid 4f(-1)$，$(-1-2)\mid 4f(1)$，$(1+4)\mid 4f(-1)$，$(1-4)\mid 4f(1)$，但 $4f\left(-\frac{1}{2}\right) = \frac{3}{2} \neq 0$，$4f\left(\frac{1}{4}\right) = \frac{105}{64} \neq 0$。

综上所述，$f(x)$ 没有有理根。

例 2.8.7 设 p 是一个素数，证明：$\sqrt[n]{p}$ 是一个无理数。

分析 只需要证明多项式 $f(x) = x^n - p$ 没有有理根即可。

证明 由于 $f(x)$ 是首项为 1 的整系数多项式，故其有理根均是整数，且是素数 p 的因数，但 p 的因数只有 ± 1 和 $\pm p$，显然它们都不是 $f(x)$ 的根，所以 $f(x)$ 没有有理根。

例 2.8.8 求多项式

$$f(x) = 3x^4 + 5x^3 + x^2 + 5x - 2$$

的所有有理根。

解 用 3^3 乘以 $f(x)$ 的两边得

$$3^3 f(x) = (3x)^4 + 5(3x)^3 + 3(3x)^2 + 45(3x) - 54$$

令 $y = 3x$ 得

$$\varphi(y) = y^4 + 5y^3 + 3y^2 + 45y - 54$$

因为 54 的因数有 $\pm 1, \pm 2, \pm 3, \pm 6, \pm 9, \pm 27, \pm 54$，这些均为待检验的因子，容易验证 $\varphi(-1) \neq 0$ 而 $\varphi(1) = 0$，从而 $\varphi(y) = (y-1)(y^3 + 6y^2 + 9y + 54)$，记 $q(y) = y^3 + 6y^2 + 9y + 54$，用数 -6 对 $q(y)$ 使用综合除法得

$$\begin{array}{rrrr|r} 1 & 6 & 9 & 54 & \\ + & -6 & 0 & -54 & -6 \\ \hline 1 & 0 & 9 & 0 & \end{array}$$

所以 -6 也是 $\varphi(y)$ 的根，进一步有

$$\varphi(y) = (y-1)(y+6)(y^2+9)$$

由于 $y^2 + 9$ 没有有理根，所以 $\varphi(y)$ 的全部有理根为 1 和 -6。

这样 $f(x)$ 的有理根为 $\frac{1}{3}$ 和 -2。

2.9 多元多项式*

前面我们所讨论的数域 P 上的多项式都是一元多项式，数域 P 上除一元多项式外，还有含多元的多项式，即多元多项式，如 $x^2-y^2, x^2+y^2+z^2-r^2$ 等。下面我们将介绍多元多项式的概念、多元多项式的基本性质和对称多项式。

2.9.1 多元多项式的定义

定义 2.9.1 设 P 是一个数域，$x_1,x_2,\cdots,x_n$ 是 n 个元素。形式如

$$ax_1^{k_1}x_2^{k_2}\cdots x_n^{k_n}\quad (k_1,k_2,\cdots,k_n \text{ 是非负整数})$$

的式子称为 P 上的**单项式**，其中 $a\in P$ 称为单项式的**系数**，$k_1+k_2+\cdots+k_n$ 称为这个单项式的**次数**。显然，每一个单项式对应一个 n 元有序数组 $(k_1,k_2,\cdots,k_n)$。当 $k_i=0$ 时，x^i 可省略不写，即约定

$$ax_1^{k_1}\cdots x_{i-1}^{k_{i-1}}x_i^0x_{i+1}^{k_{i+1}}\cdots x_n^{k_n}=ax_1^{k_1}\cdots x_{i-1}^{k_{i-1}}x_{i+1}^{k_{i+1}}\cdots x_n^{k_n}$$

$$ax_1^0x_2^0\cdots x_n^0=a\in P$$

$$0x_1^{k_1}x_2^{k_2}\cdots x_n^{k_n}=0\in P$$

定义 2.9.2 数域 P 上有限个单项式的和

$$f(x_1,x_2,\cdots,x_n)=\sum_{k_1,k_2,\cdots,k_n}a_{k_1,k_2,\cdots,k_n}x_1^{k_1}x_2^{k_2}\cdots x_n^{k_n}\tag{2.9.1}$$

称为数域 P 上的一个 n **元多项式**，简称为多元多项式，每一个单项式称为这个多项式的项。数域 P 上的一个 n **元多项式的次数**指的是出现在这个多项式中一切系数非零单项式的最大次数。例如，多项式 $f(x,y,z)=x^3y^2z-2x^2y^2z+3xyz^2-r^2$ 的次数是 6。数域 P 上的 n 元多项式的全体记为 $P[x_1,x_2,\cdots,x_n]$。

定义 2.9.3 数域上 P 的两个 n 元多项式 f 和 g，若含有相同的项(不计项的次序和零系数项)，则称这两个多元多项式相等，记作 $f=g$。

由定义 2.9.1 可以知道，次数相同的单项式可以是不同的类，故无法对单项式按照次数给出一个自然的排序，这给许多问题的讨论带来不便，为了给出 n 元多项式 $f(x_1,x_2,\cdots,x_n)$ 中每一个单项式的排列顺序，我们首先引入 n 元有序数组的排列顺序，即**字典排列法**。

定义 2.9.4 设 $(k_1,k_2,\cdots,k_n)$ 和 $(i_1,i_2,\cdots,i_n)$ 是两个 n 元有序数组。若

$$k_s=i_s\quad (s=1,2,\cdots,n)$$

则称这两个有序数组**相等**，记为 $(k_1,k_2,\cdots,k_n)=(i_1,i_2,\cdots,i_n)$。若

$$k_1=i_1,k_2=i_2,\cdots,k_{s-1}=i_{s-1},k_s>i_s\quad (1\leqslant s\leqslant n)$$

则称数组 $(k_1,k_2,\cdots,k_n)$ 先于数组 $(i_1,i_2,\cdots,i_n)$，记为 $(k_1,k_2,\cdots,k_n)>(i_1,i_2,\cdots,i_n)$。

显然每一个单项式 $ax_1^{k_1}x_2^{k_2}\cdots x_n^{k_n}$，都对应一个 n 元有序数组 $(k_1,k_2,\cdots,k_n)$，称它为该单项式的序向量，这个对应是一对一的，这样就可以按照 n 元有序数组的字典排列法对多

元多项式进行排序了。

例如,多项式

$$2x_1x_2^2x_3^2 + x_1^2x_2 + x_1^3$$

按字典排列法写出来是

$$x_1^3 + x_1^2x_2 + 2x_1x_2^2x_3^2$$

因为它们对应的序向量是

$$(3,0,0) > (2,1,0) > (1,2,2)$$

按字典排列法写出来的多项式的第一个系数非零的单项式,称为**多项式的首项**。注意多项式的首项不一定是次数最大的单项式,上面的例子就可以看出首项次数是3,但该多元多项式次数却是5。

2.9.2 多元多项式的运算

定义 2.9.5 设 $f(x_1,x_2,\cdots,x_n),g(x_1,x_2,\cdots,x_n)\in P[x_1,x_2,\cdots,x_n]$。令

$$f(x_1,x_2,\cdots,x_n) = \sum_{k_1,k_2,\cdots,k_n} a_{k_1,k_2,\cdots,k_n}x_1^{k_1}x_2^{k_2}\cdots x_n^{k_n}$$

$$g(x_1,x_2,\cdots,x_n) = \sum_{k_1,k_2,\cdots,k_n} b_{k_1,k_2,\cdots,k_n}x_1^{k_1}x_2^{k_2}\cdots x_n^{k_n}$$

则

$$f(x_1,x_2,\cdots,x_n)+g(x_1,x_2,\cdots,x_n) = \sum_{k_1,k_2,\cdots,k_n}(a_{k_1,k_2,\cdots,k_n} + b_{k_1,k_2,\cdots,k_n})x_1^{k_1}x_2^{k_2}\cdots x_n^{k_n}$$

称为多项式 $f(x_1,x_2,\cdots,x_n)$与$g(x_1,x_2,\cdots,x_n)$的**和**;

$$f(x_1,x_2,\cdots,x_n)g(x_1,x_2,\cdots,x_n) = \sum_{s_1,s_2,\cdots,s_n} c_{s_1,s_2,\cdots,s_n}x_1^{s_1}x_2^{s_2}\cdots x_n^{s_n}$$

其中 $c_{s_1,s_2,\cdots,s_n} = \sum_{k_1+i_1=s_1}\sum_{k_2+i_2=s_2}\cdots\sum_{k_n+i_n=s_n} a_{k_1,k_2,\cdots,k_n}b_{i_1,i_2,\cdots,i_n}$,称为多项式的 $f(x_1,x_2,\cdots,x_n)$与 $g(x_1,x_2,\cdots,x_n)$的**乘积**。

定理 2.9.1 当 $f(x_1,x_2,\cdots,x_n)\neq 0,g(x_1,x_2,\cdots,x_n)\neq 0$ 时,乘积

$$f(x_1,x_2,\cdots,x_n)g(x_1,x_2,\cdots,x_n)\neq 0$$

且乘积的首项等于 $f(x_1,x_2,\cdots,x_n)$的首项与$g(x_1,x_2,\cdots,x_n)$的首项的乘积。

证明 设 $f(x_1,x_2,\cdots,x_n)$的首项为 $a_{k_1,k_2,\cdots,k_n}x_1^{k_1}x_2^{k_2}\cdots x_n^{k_n}$,$g(x_1,x_2,\cdots,x_n)$的首项为$b_{i_1,i_2,\cdots,i_n}x_1^{i_1}x_2^{i_2}\cdots x_n^{i_n}$,$c_{l_1,l_2,\cdots,l_n}x_1^{l_1}x_2^{l_2}\cdots x_n^{l_n}$ 是$f(x_1,x_2,\cdots,x_n)$的非首项的任一单项式,$d_{j_1,j_2,\cdots,j_n}x_1^{j_1}x_2^{j_2}\cdots x_n^{j_n}$ 是$g(x_1,x_2,\cdots,x_n)$的非首项的任一单项式。那么由字典排序法,有

$$(k_1,k_2,\cdots,k_n)>(l_1,l_2,\cdots,l_n)$$

$$(i_1,i_2,\cdots,i_n)>(j_1,j_2,\cdots,j_n)$$

显然

$$(k_1+i_1,k_2+i_2,\cdots,k_n+i_n)>(k_1+j_1,k_2+j_2,\cdots,k_n+j_n)$$

$$(k_1+i_1,k_2+i_2,\cdots,k_n+i_n)>(l_1+i_1,l_2+i_2,\cdots,l_n+i_n)$$

$$(k_1+i_1,k_2+i_2,\cdots,k_n+i_n)>(l_1+j_1,l_2+j_2,\cdots,l_n+j_n)$$

所以 $a_{k_1,k_2,\cdots,k_n}b_{i_1,i_2,\cdots,i_n}x_1^{k_1+i_1}x_2^{k_2+i_2}\cdots x_n^{k_n+i_n}$ 是$f(x_1,x_2,\cdots,x_n)g(x_1,x_2,\cdots,x_n)$的首项,

从而 $f(x_1,x_2,\cdots,x_n)g(x_1,x_2,\cdots,x_n)\neq 0$。

推论 2.9.1 如果多元多项式 $f_i(x_1,x_2,\cdots,x_n)\neq 0(i=1,2,\cdots,m)$，那么 $f_1f_2\cdots f_n$ 的首项等于每个 f_i 的首项的乘积。

推论 2.9.2 多元多项式的乘法满足消去律，即若

$$f(x_1,x_2,\cdots,x_n)g(x_1,x_2,\cdots,x_n)=f(x_1,x_2,\cdots,x_n)h(x_1,x_2,\cdots,x_n)$$

且 $f(x_1,x_2,\cdots,x_n)\neq 0$，则

$$g(x_1,x_2,\cdots,x_n)=h(x_1,x_2,\cdots,x_n)$$

证明 由于 $f(x_1,x_2,\cdots,x_n)g(x_1,x_2,\cdots,x_n)=f(x_1,x_2,\cdots,x_n)h(x_1,x_2,\cdots,x_n)$，所以

$$f(x_1,x_2,\cdots,x_n)(g(x_1,x_2,\cdots,x_n)-h(x_1,x_2,\cdots,x_n))=0$$

又由于 $f(x_1,x_2,\cdots,x_n)\neq 0$，如果 $g(x_1,x_2,\cdots,x_n)-h(x_1,x_2,\cdots,x_n)\neq 0$，则由定理 2.9.1 知，$f(x_1,x_2,\cdots,x_n)(g(x_1,x_2,\cdots,x_n)-h(x_1,x_2,\cdots,x_n))\neq 0$，矛盾。所以

$$g(x_1,x_2,\cdots,x_n)-h(x_1,x_2,\cdots,x_n)=0$$

从而

$$g(x_1,x_2,\cdots,x_n)=h(x_1,x_2,\cdots,x_n)$$

2.9.3 齐次多项式

定义 2.9.6 如果一个多元多项式 $f(x_1,x_2,\cdots,x_n)$ 的所有单项式的次数都是 k 次，则称 $f(x_1,x_2,\cdots,x_n)$ 为 ***k* 次齐次多项式**。

例如，多元多项式 $f(x_1,x_2,x_3)=x_1^2x_2^2+2x_1x_2x_3^2+3x_2^4$ 就是 4 次齐次多项式。

任何一个 s 次多项式都可以唯一地表示成

$$f(x_1,x_2,\cdots,x_n)=\sum_{i=0}^{s}f_i(x_1,x_2,\cdots,x_n)$$

其中 $f_i(x_1,x_2,\cdots,x_n)$ 是 i 次齐次多项式，称为 $f(x_1,x_2,\cdots,x_n)$ 的 ***i* 次齐次成分**。

例如

$$\begin{aligned}f(x_1,x_2,x_3,x_4)&=4x_1^2x_2^2+x_1x_2-x_1x_3^2+x_2^2x_3+2x_3^2+x_4^4+6\\&=(4x_1^2x_2^2+x_4^4)+(-x_1x_3^2+x_2^2x_3)+(x_1x_2+2x_3^2)+6\end{aligned}$$

如果 $g(x_1,x_2,\cdots,x_n)=\sum_{j=0}^{l}g_j(x_1,x_2,\cdots,x_n)$ 是一个 l 次多元多项式，那么乘积多项式 $h(x_1,x_2,\cdots,x_n)=f(x_1,x_2,\cdots,x_n)g(x_1,x_2,\cdots,x_n)$ 的 k 次齐次成分为

$$h_k(x_1,x_2,\cdots,x_n)=\sum_{i+j=k}f_i(x_1,x_2,\cdots,x_n)g_j(x_1,x_2,\cdots,x_n)$$

特别地，$h(x_1,x_2,\cdots,x_n)$ 的最高齐次成分为

$$h_{s+l}(x_1,x_2,\cdots,x_n)=f_s(x_1,x_2,\cdots,x_n)g_l(x_1,x_2,\cdots,x_n)$$

从而多元多项式乘积的次数等于因子次数的和。

2.9.4 多元多项式函数

给定 P 上的多项式 $f(x_1,x_2,\cdots,x_n)$。我们可以定义一个函数(映射) $P^n\to P$，使得

$$(c_1,c_2,\cdots,c_n)\mapsto f(c_1,c_2,\cdots,c_n)$$

这个函数称为由多项式 $f(x_1,x_2,\cdots,x_n)$ 确定的**多项式函数**。

定理 2.9.2 设 $f(x_1,x_2,\cdots,x_n)$ 是数域 P 上 n 元非零多项式，则必存在 $(c_1,c_2,\cdots,c_n)\in P^n$，使得 $f(c_1,c_2,\cdots,c_n)\neq 0$。

证明 对 n 做数学归纳法。当 $n=1$ 时，多项式 $f(x)$ 在 P 上只有有限个根，所以必存在 $a\in P$，使得 $f(a)\neq 0$。

假设结论对 $n-1$ 个未定元的多项式成立。首先将 $f(x_1,x_2,\cdots,x_n)$ 表示为 x_n 的多项式

$$f(x_1,x_2,\cdots,x_n)=b_m x_n^m+b_{m-1}x_n^{m-1}+\cdots+b_1x_n+b_0$$

其中 $b_i=b_i(x_1,x_2,\cdots,x_{n-1})\in P[x_1,x_2,\cdots,x_n](i=(0,1,2,\cdots,m))$。又因 $f(x_1,x_2,\cdots,x_n)\neq 0$，故不妨设 $b_m(x_1,x_2,\cdots,x_{n-1})\neq 0$，由归纳假设知，必存在 $(c_1,c_2,\cdots,c_{n-1})\in P^{n-1}$，使得

$$b_m(c_1,c_2,\cdots,c_{n-1})\neq 0$$

从而

$$f(c_1,c_2,\cdots,c_{n-1},x_n)=b_m(c_1,c_2,\cdots,c_{n-1})x_n^m+\cdots+b_0(c_1,c_2,\cdots,c_{n-1})$$

是关于 x_n 的 m 次非零多项式，故存在 $c_n\in P$，使得

$$f(c_1,c_2,\cdots,c_{n-1},c_n)=b_m(c_1,c_2,\cdots,c_{n-1})c_n^m+\cdots+b_0(c_1,c_2,\cdots,c_{n-1})\neq 0$$

由定理 2.9.2 容易得出如下的推论：

推论 2.9.3 设 $f(x_1,x_2,\cdots,x_n)$ 是数域 P 上 n 元多项式，如果对任意 $(c_1,c_2,\cdots,c_n)\in P^n$，都有 $f(c_1,c_2,\cdots,c_n)=0$，则 $f(x_1,x_2,\cdots,x_n)=0$。

定理 2.9.3 设 $f(x_1,x_2,\cdots,x_n),g(x_1,x_2,\cdots,x_n)\in P[x_1,x_2,\cdots,x_n]$。则多元多项式 $f(x_1,x_2,\cdots,x_n)$ 与 $g(x_1,x_2,\cdots,x_n)$ 作为多项式相等当且仅当它们作为函数相等，即对任意 $(c_1,c_2,\cdots,c_n)\in P^n$，都有

$$f(c_1,c_2,\cdots,c_n)=g(c_1,c_2,\cdots,c_n)$$

证明 先证充分性。

设

$$h(x_1,x_2,\cdots,x_n)=f(x_1,x_2,\cdots,x_n)-g(x_1,x_2,\cdots,x_n)$$

若 $h(x_1,x_2,\cdots,x_n)\neq 0$，则由定理 2.9.2 知，必存在 $(c_1,c_2,\cdots,c_n)\in P^n$，使得 $f(c_1,c_2,\cdots,c_n)\neq g(c_1,c_2,\cdots,c_n)$，矛盾。

必要性由推论 2.9.3 可以直接得出。

2.10 对称多项式*

对称多项式是一类重要的多元多项式，对对称多项式的研究源于对一元多项式根的研究。首先回顾一元多项式根与系数的关系，再研讨对称多项式的概念和基本性质。

2.10.1 对称多项式的概念与基本定理

定理 2.7.4 给出了一元 n 次方程根与系数的关系,这里做一回顾:

设数域 P 上一元 n 次多项式

$$f(x)=x^n+a_{n-1}x^{n-1}+a_{n-2}x^{n-2}+\cdots+a_0$$

如果 $f(x)$ 在数域 P 中有 n 个根 $x_1,x_2,\cdots,x_n$(重根按重数计),则由 Vieta 定理知

$$-a_1=x_1+x_2+\cdots+x_n$$

$$a_2=x_1x_2+x_1x_3+\cdots+x_1x_n+x_2x_3+\cdots+x_{n-1}x_n$$

……

$$(-1)^ia_i=\sum_{1\leqslant k_1\leqslant k_2\leqslant\cdots\leqslant k_i\leqslant n}x_{k_1}x_{k_2}\cdots x_{k_i}$$

……

$$(-1)^na_n=x_1x_2\cdots x_n$$

可以看出以上关系对称地依赖于文字 $x_1,x_2,\cdots,x_n$,于是可以给出如下概念:

定义 2.10.1 设 $f(x_1,x_2,\cdots,x_n)\in P[x_1,x_2,\cdots,x_n]$,若对任意 $i,j(1\leqslant i<j\leqslant n)$,均有

$$f(x_1,\cdots,x_i,\cdots,x_j,\cdots,x_n)=f(x_1,\cdots,x_j,\cdots,x_i,\cdots,x_n)$$

则称 $f(x_1,x_2,\cdots,x_n)$ 是数域 P 上的 **n 元对称多项式**。

在对称多项式理论中,初等对称多项式占很重要的地位。

定义 2.10.2 下列 n 元多项式被称为 **n 元初等对称多项式**:

$$\sigma_1=x_1+x_2+\cdots+x_n$$

$$\sigma_2=x_1x_2+x_1x_3+\cdots+x_{n-1}x_n$$

……

$$\sigma_n=x_1x_2\cdots x_n$$

这里的 σ_k 表示 $x_1,x_2,\cdots,x_n$ 中每次取 k 个所做的一切可能乘积的和,显然它们都是对称多项式。

定理 2.10.1 对称多项式的和、乘积以及对称多项式的多项式还是对称多项式。

证明 由对称多项式的定义,易得对称多项式的和、乘积是对称多项式。

设 $f_k(x_1,x_2,\cdots,x_n)\in P[x_1,x_2,\cdots,x_n](k=1,2,\cdots,m)$ 是对称多项式,即对任意 $i,j(1\leqslant i<j\leqslant n)$,有

$$f_k(x_1,\cdots,x_i,\cdots,x_j,\cdots,x_n)=f_k(x_1,\cdots,x_j,\cdots,x_i,\cdots,x_n)$$

则任意的 $g(y_1,y_2,\cdots,y_m)\in P[y_1,y_2,\cdots,y_m]$,多项式

$$h(x_1,x_2,\cdots,x_n)=g(f_1(x_1,x_2,\cdots,x_n),f_2(x_1,x_2,\cdots,x_n),\cdots,f_n(x_1,x_2,\cdots,x_n))$$

也是关于 $x_1,x_2,\cdots,x_n$ 的对称多项式。

特别地,初等对称多项式的多项式还是对称多项式;反之,任一对称多项式都能表示成初等对称多项式的多项式。

定理 2.10.2 (对称多项式基本定理)设 $f(x_1,x_2,\cdots,x_n)$ 是 P 上对称多项式,则必存在 P 上唯一的多项式 $g(y_1,y_2,\cdots,y_n)$,使得

$$f(x_1,x_2,\cdots,x_n)=g(\sigma_1,\sigma_2,\cdots,\sigma_n)$$

证明 先证存在性。

设 $f(x_1,x_2,\cdots,x_n)$ 以字典排列法排序的首项是 $ax_1^{k_1}x_2^{k_2}\cdots x_n^{k_n}$，其中 $a\neq 0$。因 $f(x_1,x_2,\cdots,x_n)$ 是对称多项式，所以 $k_1\geqslant k_2\geqslant\cdots\geqslant k_n$。否则，不妨设 $k_1<k_2$，则 $x_1^{k_2}x_2^{k_1}\cdots\cdot x_n^{k_n}$ 也是 $f(x_1,x_2,\cdots,x_n)$ 的单项式，但 $(k_2,k_1,\cdots,k_n)>(k_1,k_2,\cdots,k_n)$，与 $ax_1^{k_1}x_2^{k_2}\cdots\cdot x_n^{k_n}$ 是首项矛盾。类似地，可得 $k_1\geqslant k_2\geqslant\cdots\geqslant k_n$。

令

$$g_1(x_1,x_2,\cdots,x_n)=a\sigma_1^{k_1-k_2}\sigma_2^{k_2-k_3}\cdots\sigma_{n-1}^{k_{n-1}-k_n}\sigma_n^{k_n}$$

显然 $g_1(x_1,x_2,\cdots,x_n)$ 是对称多项式，且其首项是 $ax_1^{k_1}x_2^{k_2}\cdots x_n^{k_n}$。于是，得到对称多项式

$$f_1(x_1,x_2,\cdots,x_n)=f(x_1,x_2,\cdots,x_n)-g_1(x_1,x_2,\cdots,x_n)$$

且 $f(x_1,x_2,\cdots,x_n)$ 的首项先于 $f_1(x_1,x_2,\cdots,x_n)$ 的首项。对 $f_1(x_1,x_2,\cdots,x_n)$ 重复上面的做法，继续做下去，我们就得到一系列对称多项式

$$f,\quad f_1=f-g_1,\quad f_2=f_1-g_2,\quad\cdots$$

其中 g_i 是 $\sigma_1,\sigma_2,\cdots,\sigma_n$ 的多项式，且其首项逐渐减小。则必存在正整数 s，满足

$$f=f_1+g_1=f_2+g_1+g_2=\cdots=g_1+g_2+\cdots+g_s$$

再证唯一性。

设存在 n 元多项式 $g(y_1,y_2,\cdots,y_n)$ 和 $h(y_1,y_2,\cdots,y_n)$，使得

$$f(x_1,x_2,\cdots,x_n)=g(\sigma_1,\sigma_2,\cdots,\sigma_n)$$
$$f(x_1,x_2,\cdots,x_n)=h(\sigma_1,\sigma_2,\cdots,\sigma_n)$$

我们断言 $g(y_1,y_2,\cdots,y_n)=h(y_1,y_2,\cdots,y_n)$。否则，令

$$\begin{aligned}\varphi(y_1,y_2,\cdots,y_n)&=g(y_1,y_2,\cdots,y_n)-h(y_1,y_2,\cdots,y_n)\\&=ay_1^{k_1}y_2^{k_2}\cdots y_n^{k_n}+by_1^{j_1}y_2^{j_2}\cdots y_n^{j_n}+\cdots\end{aligned}$$

其中 a,b 均非零，且其单项式互异。由推论 2.9.1 易知，在 $\varphi(\sigma_1,\sigma_2,\cdots,\sigma_n)$ 中，

$$a\sigma_1^{k_1}\sigma_2^{k_2}\cdots\sigma_n^{k_n}=ax_1^{k_1+k_2+\cdots+k_n}x_2^{k_2+\cdots+k_n}\cdots x_n^{k_n}+\cdots$$
$$b\sigma_1^{j_1}\sigma_2^{j_2}\cdots\sigma_n^{j_n}=bx_1^{j_1+j_2+\cdots+j_n}x_2^{j_2+\cdots+j_n}\cdots x_n^{j_n}+\cdots$$

其首项均不是同类项，所以 $\varphi(\sigma_1,\sigma_2,\cdots,\sigma_n)\neq 0$，这同

$$\varphi(\sigma_1,\sigma_2,\cdots,\sigma_n)=g(\sigma_1,\sigma_2,\cdots,\sigma_n)-h(\sigma_1,\sigma_2,\cdots,\sigma_n)=0$$

矛盾。

可以看到，定理的证明过程实际上已经给出了把一个对称多项式表示成初等对称多项式的多项式的方法，以下用两个例子加以验证。

例 2.10.1 在 $P[x_1,x_2,\cdots,x_m]$ 中，用初等对称多项式表示对称多项式

$$f(x_1,x_2,x_3)=x_1^2x_2^2+x_1^2x_3^2+x_2^2x_3^2$$

解 由于 $f(x_1,x_2,x_3)$ 的首项 $x_1^2x_2^2$ 对应的 3 元有序数组是 $(2,2,0)$，做多项式

$$g_1(x_1,x_2,x_3)=\sigma_1^{2-2}\sigma_2^{2-0}\sigma_3^0=\sigma_2^2$$

所以

$$\begin{aligned}f_1(x_1,x_2,x_3)&=f(x_1,x_2,x_3)-g_1(x_1,x_2,x_3)\\&=x_1^2x_2^2+x_1^2x_3^2+x_2^2x_3^2-(x_1x_2+x_1x_3+x_2x_3)^2\end{aligned}$$

$$= -2(x_1^2x_2x_3 + x_1x_2^2x_3 + x_1x_2x_3^2)$$
$$= -2\sigma_1\sigma_3$$

从而

$$f(x_1, x_2, x_3) = \sigma_2^2 - 2\sigma_1\sigma_3$$

特别地,我们还可以采用待定系数法将齐次对称多项式表示为初等对称多项式的多项式,下面介绍该方法。

定理 2.10.2 中有 $f = g_1 + g_2 + \cdots + g_s$,其中每个 g_i 都是初等对称多项式的方幂的乘积,每个 g_i 由 f_{i-1} 的首项决定,且 f_{i-1} 的首项都小于 f 的首项。由此,可以得到满足下列条件的所有可能的有序数组及相应的 g_i,即

(1) 写出小于 f 的首项的一切可能的项;

(2) 每一项的指数$(j_1, j_2, \cdots, j_n)$满足$j_1 \geqslant j_2 \geqslant \cdots \geqslant j_n$;

(3) 根据 f 是齐次多项式,确定每一项的系数。

例 2.10.2 用待定系数法将多项式

$$f(x_1, x_2, x_3) = x_1^2x_2^2 + x_1^2x_3^2 + x_2^2x_3^2$$

表示为初等对称多项式的多项式。

解 f 是 4 次齐次多项式,其首项是 $x_1^2x_2^2$,对应的 3 元有序数组是(2,2,0),则小于(2,2,0)的满足上述条件(2)的 3 元有序数组只有(2,1,1);其对应的对称多项式分别是 σ_2^2 和 $\sigma_1\sigma_3$。

不妨设 $f(x_1, x_2, x_3) = \sigma_2^2 + a\sigma_1\sigma_3$。令 $x_1 = x_2 = x_3 = 1$,解得 $a = -2$。

所以

$$f(x_1, x_2, x_3) = \sigma_2^2 - 2\sigma_1\sigma_3$$

若所给对称多项式不是齐次的,则可以将其表示成齐次对称多项式之和,然后对每个齐次多项式用待定系数法将其化为初等对称多项式的多项式。

2.10.2 对称多项式基本定理的应用

下面我们讨论对称多项式基本定理的应用。

1. 在一元多项式根与系数关系中的应用

例 2.10.3 设 $x^4 + 2x^3 - x^2 - 3x + 1 = 0$ 的根为 x_1, x_2, x_3, x_4,求

$$g(x_1, x_2, x_3, x_4) = x_1^2x_2^2 + x_1^2x_3^2 + x_1^2x_4^2 + x_2^2x_3^2 + x_2^2x_4^2 + x_3^2x_4^2$$

的值。

解 由 Vieta 定理,得 $\sigma_1 = -2, \sigma_2 = -1, \sigma_3 = 3, \sigma_4 = 1$。又因为 $g(x_1, x_2, x_3, x_4)$是 4 次齐次对称多项式,可将其表示为

$$g(x_1, x_2, x_3, x_4) = \sigma_2^2 - 2\sigma_1\sigma_3 + 2\sigma_4$$

所以 $g(x_1, x_2, x_3, x_4) = 15$。

2. 求判别式

对 $x_1, x_2, \cdots, x_n$,差积的平方

$$D=\prod_{i<j}(x_i-x_j)^2$$

是一个重要的对称多项式。由定理2.10.2知,D可以表示为

$$a_1=-\sigma_1,a_2=\sigma_2,\cdots,a_k=(-1)^k\sigma_k,\cdots,a_n=(-1)^n\sigma_n$$

的多项式。由 Vieta 定理知,$x_1,x_2,\cdots,x_n$ 是多项式

$$f(x)=x^n+a_1x^{n-1}+\cdots+a_n$$

的根。我们称$D=\prod_{i<j}(x_i-x_j)^2$是多项式$f(x_1,x_2,\cdots,x_n)$的**判别式**,显然,$f(x)$有重根的充要条件是$D=0$。

例 2.10.4 求多项式$f(x)=x^2+a_1x+a_2$和$g(x)=x^3+a_1x^2+a_2x+a_3$有重根的充要条件。

解 对$f(x)$而言,$\sigma_1=x_1+x_2=-a_1,\sigma_2=x_1x_2=a_2$,从而

$$D(x_1,x_2)=(x_1-x_2)^2=(x_1+x_2)^2-4x_1x_2=a_1^2-4a_2$$

所以$f(x)$有重根的充要条件是$a_1^2=4a_2$。

对$g(x)$而言,$\sigma_1=x_1+x_2+x_3=-a_1,\sigma_2=x_1x_2+x_1x_3+x_2x_3=a_2,\sigma_3=x_1x_2x_3=-a_3$,从而

$$D(x_1,x_2,x_3)=(x_1-x_2)^2(x_1-x_3)^2(x_2-x_3)^2$$

显然,判别式$D(x_1,x_2,x_3)$是6次齐次对称多项式,由待定系数法求得

$$D(x_1,x_2,x_3)=\sigma_1^2\sigma_2^2-4\sigma_1^3\sigma_3-4\sigma_2^3+18\sigma_1\sigma_2\sigma_3-27\sigma_3^2$$

即

$$D(x_1,x_2,x_3)=a_1^2a_2^2-4a_1^3a_3-4a_2^3+18a_1a_2a_3-27a_3^2$$

所以$g(x)$有重根的充要条件是$a_1^2a_2^2-4a_1^3a_3-4a_2^3+18a_1a_2a_3-27a_3^2=0$。

习　题

1. 证明:$S=\left\{\frac{a}{2^b}\mid a,b\in\mathbf{Z}\right\}$是一个数环。$S$是不是数域?

2. 若数域P包含$\sqrt{2}+\sqrt{3}$,证明:P一定包含$\sqrt{2}$和$\sqrt{3}$。

3. 证明:在实数域$\mathbf{R}$与复数域$\mathbf{C}$之间没有其他的数域。

4. 下列关于x的式子中,哪些是多项式?哪些是有理数域上的多项式?

(1) $\sum_{i=1}^{\infty}x^i$;(2) $x^{\frac{1}{3}}$;(3) $\frac{x^2+1}{x-1}$;(4) $x+\pi$;(5) 0。

5. 设$f(x),g(x),h(x)\in\mathbf{R}[x]$。证明:若

$$f(x)^2=xg(x)^2+xh(x)^2$$

则$f(x)=g(x)=h(x)=0$。

6. 找一组不全为零的复系数多项式$f(x),g(x),h(x)$,满足

$$f(x)^2 = xg(x)^2 + xh(x)^2$$

7. 求下列各题中 $g(x)$除 $f(x)$的商式和余式。

(1) $f(x)=x^3-3x^2-x-1, g(x)=3x^2-2x+1$;

(2) $f(x)=3x^4-4x^3+5x-1, g(x)=x-1$。

8. 证明:在 $P[x]$上,$(x^d-1)\mid(x^n-1)$的充要条件是 $d\mid n$在整数集 $\mathbf{Z}$ 上成立。

9. 证明定理 2.3.2。

10. 用综合除法将 $f(x)$表示成 $x-x_0$ 的方幂的和,即表示成

$$c_0 + c_1(x-x_0) + c_2(x-x_0)^2 + \cdots$$

的形式,其中 $c_0, c_1, c_2, \cdots$是常数。

(1) $f(x)=x^5, x_0=1$;

(2) $f(x)=x^4-2x^2+3, x_0=2$。

11. 证明:有无限多个素数(提示:设 $p_i(i=1,2,\cdots,n)$为素数,且两两不同,又令 $a=1+p_1p_2\cdots p_n$,则 $p_i\nmid a(i=1,2,\cdots,n)$)。

12. 证明:若 m 和 n 互素,则 2^m-1 和 2^n-1 互素。

13. 求 $f(x), g(x)$的最大公因式,并求 $u(x), v(x)\in P[x]$,使

$$(f(x),g(x)) = u(x)f(x) + v(x)g(x)$$

(1) $f(x)=x^4-2x^3+4x^2-x+1, g(x)=x^2-x+1$;

(2) $f(x)=x^4-x^3-4x^2+4x+1, g(x)=x^2-x-1$;

(3) $f(x)=x^4-x^3-x^2+2x-1, g(x)=x^3-2x+1$。

14. 证明:如果 $d(x)\mid f(x), d(x)\mid g(x)$,且 $d(x)$是 $f(x), g(x)$的一个组合(即 $d(x)=u(x)f(x)+v(x)g(x)$),则 $d(x)$是 $f(x), g(x)$的一个最大公因式。

15. 设 $f(x), g(x)$是 $P[x]$中不全为零的多项式,且

$$f(x) = d(x)f_1(x), \quad g(x) = d(x)g_1(x)$$

证明:$d(x)$是 $f(x), g(x)$的最大公因式的充要条件是$(f_1(x), g_1(x))=1$。

16. 设$(f(x),g(x))=d(x)$,$h(x)$为首一(即首项系数为 1)多项式,则

$$(f(x)h(x), g(x)h(x)) = d(x)h(x)$$

17. 设$(f(x),g(x))=1$。证明:$(f(x)g(x), f(x)+g(x))=1$。

18. 证明:若$(x-1)\mid f(x^n)$,则$(x^n-1)\mid f(x^n)$。

19. 设 $f(x), g(x), h(x)\in P[x]$,且满足

$$\begin{cases}(x^2+1)h(x) + (x-1)g(x) + (x-2)f(x) = 0\\(x^2+1)h(x) + (x+1)g(x) + (x+2)f(x) = 0\end{cases}$$

证明:x^2+1是 $f(x), g(x)$的公因式。

20. 证明:如果$(x^2+x+1)\mid f_1(x^3)+xf_2(x^3)$,那么$(x-1)\mid f_1(x)$,$(x-1)\mid f_2(x)$。

21. 证明:若 $f(x)$与 $g(x)$互素,则对任意 $m\in\mathbf{Z}$且 $m>1$,有 $f(x^m)$与$g(x^m)$也互素。

22. 设 $f(x)$与 $g(x)$互素,$\deg f(x)>0$,$\deg g(x)>0$。证明:存在唯一的 $u(x), v(x)$使得

$$f(x)u(x) + g(x)v(x) = 1$$

且 $\deg u(x)<\deg g(x)$,$\deg v(x)<\deg f(x)$。

23. (最小公倍式)设 $f(x),g(x)\in P[x]$,若存在 $m(x)\in P[x]$,使得

(1) $f(x)\mid m(x),g(x)\mid m(x)$;

(2) $m(x)$整除 $f(x),g(x)$的任一公倍式(即 $P[x]$中既能被 $f(x)$整除,又能被 $g(x)$整除的多项式),则称 $m(x)$是 $f(x),g(x)$的一个**最小公倍式**,用$[f(x),g(x)]$表示首项系数为 1 的最小公倍式。

证明:若 $f(x),g(x)$是首一的多项式,则

$$[f(x),g(x)]=\frac{f(x)g(x)}{(f(x),g(x))}$$

24. 设 P 和 F 都是数域,且 $F\subseteq P$。证明:对任意 $f(x),g(x)\in F[x]$,有

(1) 在 $F[x]$中 $f(x)\mid g(x)$当且仅当在 $P[x]$中 $f(x)\mid g(x)$;

(2) $f(x)$和 $g(x)$在 $F[x]$中首项系数为 1 的最大公因式与它们在 $P[x]$中首项系数为 1 的最大公因式相等;

(3) $f(x)$与 $g(x)$在 $F[x]$中互素当且仅当它们在 $P[x]$中互素。

25. 证明下列关于多项式的导数的公式:

(1) $(f(x)+g(x))'=f'(x)+g'(x)$;

(2) $(f(x)g(x))'=f'(x)g(x)+f(x)g'(x)$;

(3) $(cf(x))'=cf'(x)$;

(4) $(f(x)^m)'=mf(x)^{m-1}f'(x)$。

26. 设 $p(x)$是 $f(x)$的导数 $f'(x)$的 $k-1$ 重因式。证明:

(1) $p(x)$未必是 $f(x)$的 k 重因式;

(2) $p(x)$是 $f(x)$的 k 重因式的充要条件是$p(x)\mid f(x)$。

27. 确定 a,b 满足的条件,使下列多项式无重因式:

(1) $f(x)=x^3+3ax+b$;

(2) $f(x)=x^4+4ax+b$。

28. 证明:有理系数多项式

$$f(x)=1+x+\frac{x^2}{2!}+\cdots+\frac{x^n}{n!}$$

没有重根。

(令 $f(x)$为 $n(n\geqslant 1)$次多项式。证明:$f(x)$有 n 重根的充要条件为$f'(x)\mid f(x)$。)

29. 在有理数域上分解以下多项式为不可约因式的乘积:

(1) $3x^2+1$;

(2) x^3-2x^2-2x+1。

30. 分别在复数域、实数域和有理数域上分解多项式 x^4+1 为不可约因式的乘积。

31. 证明:$g^2(x)\mid f^2(x)$当且仅当 $g(x)\mid f(x)$。

32. (1) 求 $f(x)=x^5-x^4-2x^3+2x^2+x-1$ 在 $Q[x]$内的标准分解式;

(2) 求 $f(x)=2x^5-10x^4+16x^3-16x^2+14x-6$ 在 $R[x]$内的标准分解式。

33. 设 $f(x)=a_nx^n+a_{n-1}x^{n-1}+a_{n-2}x^{n-2}+\cdots+a_0$ 的 n 个互异的根为$c_1,c_2,\cdots,c_n$,求以 $ac_1,ac_2,\cdots,ac_n$ 为根的多项式。

34. 在复数域和实数域上,分解 x^n-1 为不可约因式的乘积。

35. 证明:数域 P 上任意一个不可约多项式在复数域内没有重根。

36. 证明:$x^n+ax^{n-m}+b$ 不能有非零的重数大于 2 的根。

37. 设 p 是素数,证明:

$$f(x)=1+x+\frac{x^2}{2!}+\frac{x^3}{3!}+\cdots+\frac{x^p}{p!}$$

在 **Q** 上不可约。

38. 判断下列多项式在 **Q** 上是否可约?

(1) $x^4-2x^3+8x-10$;

(2) x^6+x^3+1。

39. 设 $f(x)$是整系数多项式。证明:若 $f(0)$和 $f(1)$都是奇数,则 $f(x)$不能有整数根。

40. 求下列多项式的有理根:

(1) $x^3-6x^2+15x-14$;

(2) $4x^4-7x^2-5x-1$。

41. 设多项式 $f(x)=x^3-3x^2+tx-1$,问 t 取何整数时,$f(x)$在有理数域 **Q** 上不可约。

42. 若多项式 $g(x)=x^{n-1}+x^{n-2}+\cdots+x+1$ 整除多项式

$$f(x)=f_1(x^n)+xf_2(x^n)+\cdots+x^{n-2}f_{n-1}(x^n)$$

证明:$f_i(x)(i=1,2,\cdots,n-1)$所有系数之和均为零。

43. 设 $a_1,a_2,\cdots,a_n$ 是n 个不同的数,而

$$F(x)=(x-a_1)(x-a_2)\cdots(x-a_n)$$

证明:

(1) $\sum\limits_{i=1}^{n}\frac{F(x)}{(x-a_i)F'(a_i)}=1$;

(2) 任意多项式 $f(x)$ 用 $F(x)$ 除所得的余式为

$$\sum_{i=1}^{n}\frac{f(a_i)F(x)}{(x-a_i)F'(a_i)}$$

44. 写出数域 P 上三元三次多项式的一般形式。

45. 按字典排列法排列下列多项式:

(1) $f(x_1,x_2,x_3,x_4)=x_3^4x_4-x_1^3x_2+5x_2x_3x_4+2x_2^4x_3x_4$;

(2) $f(x_1,x_2,x_3,x_4)=x_1^3+x_3^3+5x_1x_2^2x_4+2x_1^2x_3x_4^2-3x_2^3x_3$。

46. 证明:数域 P 上的两个齐次多项式的乘积也是齐次多项式。

47. 在 $P[x_1,x_2,\cdots,x_m]$中,用初等对称多项式表示下列对称多项式:

(1) $x_1^3x_2+x_1x_2^3+x_1^3x_3+x_1^3x_3^3+x_2^3x_3+x_2x_3^3$;

(2) $x_1^4+x_2^4+x_3^3$。

48. 设 x_1,x_2,x_3 是多项式 $f(x)=5x^3-6x^2+7x-8$ 的三个根,求

$$g(x_1,x_2,x_3)=(x_1^2+x_1x_2+x_2^2)(x_2^2+x_2x_3+x_3^2)(x_1^2+x_1x_3+x_3^2)$$

的值。

49. 设 $a_1,a_2,\cdots,a_n$ 和$F(x)$同 44 题,$b_1,b_2,\cdots,b_n$ 是任意给定的n 个数。证明:次数

小于 n 的多项式

$$L(x) = \sum_{i=1}^{n} \frac{b_i F(x)}{(x - a_i) F'(a_i)}$$

适合条件

$$L(a_i) = b_i \quad (i = 1,2,\cdots,n)$$

$L(x)$称为 Lagrange **插值公式**。

50. 设 $a_1,a_2,\cdots,a_n$ 是n 个不同的数，$b_1,b_2,\cdots,b_n$ 是任意给定的n 个数。证明：存在唯一的次数小于 n 的多项式$f(x)=c_{n-1}x^{n-1}+c_{n-2}x^{n-2}+\cdots+c_1x+c_0$，使得 $f(a_i)=b_i$ $(i=1,2,\cdots,n)$成立。

第3章　矩　　阵

矩阵的概念最早是在19世纪由英国数学家阿瑟·凯利(Arthur Cayley)提出的,矩阵是高等代数中的一个重要的概念,它在自然科学、工程技术以及生产实践中均有广泛的应用。本章首先介绍了矩阵的概念,然后介绍了矩阵的运算、分块矩阵、逆矩阵、初等矩阵、初等变换以及方阵的行列式和矩阵秩等概念;研讨了矩阵标准形、矩阵可逆的充要条件;给出了用初等变换求一个可逆方阵的逆矩阵的方法。

3.1　矩阵的概念及运算

在现实生活和科技领域中,人们不仅需要使用单个的数,往往还需要使用成批的数,这就需要把单个数的概念推广到矩阵。

3.1.1　矩阵的概念

定义 3.1.1　由 $m\times n$ 个数 $a_{ij}(i=1,2,\cdots,m;j=1,2,\cdots,n)$ 排成的 m 行 n 列矩形数表,称为 $m\times n$ 的矩阵,矩形数表外用圆括号(或方括号)括起来,记作

$$\boldsymbol{A}=\begin{pmatrix} a_{11} & a_{12} & \cdots & a_{1n} \\ a_{21} & a_{22} & \cdots & a_{2n} \\ \vdots & \vdots & & \vdots \\ a_{m1} & a_{m2} & \cdots & a_{mn} \end{pmatrix} \tag{3.1.1}$$

横的每排称为矩阵的行,纵的每排称为矩阵的列。a_{ij} 称为矩阵 $\boldsymbol{A}$ 的第 i 行第 j 列的元素,矩阵 $\boldsymbol{A}$ 也可以记为 (a_{ij}),$(a_{ij})_{m\times n}$ 或者 $\boldsymbol{A}_{m\times n}$,通常用大写字母 $\boldsymbol{A},\boldsymbol{B},\boldsymbol{C}\cdots$来表示矩阵。

例如,线性方程组

$$\begin{cases} a_{11}x_1+a_{12}x_2+\cdots+a_{1n}x_n=b_1 \\ a_{21}x_1+a_{22}x_2+\cdots+a_{2n}x_n=b_2 \\ \cdots\cdots \\ a_{m1}x_1+a_{m2}x_2+\cdots+a_{mn}x_n=b_m \end{cases}$$

未知量的系数按原来的次序就构成一个 $m\times n$ 的矩阵

$$A=\begin{pmatrix} a_{11} & a_{12} & \cdots & a_{1n} \\ a_{21} & a_{22} & \cdots & a_{2n} \\ \vdots & \vdots & & \vdots \\ a_{m1} & a_{m2} & \cdots & a_{mn} \end{pmatrix}$$

元素均是实数的矩阵称为实矩阵,元素均是复数的矩阵称为复矩阵。如果没有特殊说明,本书研究的矩阵均是实矩阵。

当矩阵 $\boldsymbol{A}$ 的行数和列数相等都是 n,即 $m=n$,称矩阵 $\boldsymbol{A}$ 为 n 阶**矩阵**或 n 阶**方阵**,在 n 阶方阵 $\boldsymbol{A}$ 中,元素 $a_{ii}(i=1,2,\cdots,n)$ 称为矩阵 $\boldsymbol{A}$ 的主对角元素,它们排成的对角线称为方阵的主对角线。

当矩阵 $\boldsymbol{A}$ 的行数 $m=1$ 时,矩阵 $\boldsymbol{A}$ 称为**行矩阵**,又称为**行向量**,此时

$$\boldsymbol{A}_{1\times n}=(a_{11} \quad a_{12} \quad \cdots \quad a_{1n})$$

为了醒目起见,我们通常在行向量的元素之间加上逗号,即

$$\boldsymbol{A}_{1\times n}=(a_{11}, \quad a_{12}, \quad \cdots \quad ,a_{1n})$$

当矩阵 $\boldsymbol{A}$ 的列数 $n=1$ 时,矩阵 $\boldsymbol{A}$ 称为**列矩阵**,又称为**列向量**,此时

$$\boldsymbol{A}_{m\times 1}=\begin{pmatrix} a_{11} \\ a_{21} \\ \vdots \\ a_{n1} \end{pmatrix}$$

一般地,对于行向量和列向量我们常用希腊字母 $\boldsymbol{\alpha},\boldsymbol{\beta},\boldsymbol{\gamma},\cdots$ 表示。

对于一个 $\boldsymbol{A}=(a_{ij})_{m\times n}$,有时候也可写成 $\boldsymbol{A}=\begin{pmatrix} \boldsymbol{\alpha}_1 \\ \boldsymbol{\alpha}_2 \\ \vdots \\ \boldsymbol{\alpha}_m \end{pmatrix}$,这里的 $\boldsymbol{\alpha}_i$ 表示矩阵 $\boldsymbol{A}$ 的第 i 行的行向量,或 $\boldsymbol{A}=(\boldsymbol{\beta}_1 \quad \boldsymbol{\beta}_2 \quad \cdots \quad \boldsymbol{\beta}_n)$,这里的 $\boldsymbol{\beta}_j$ 表示矩阵 $\boldsymbol{A}$ 的第 j 列的列向量。

3.1.2 几类特殊的矩阵

在利用矩阵解决问题时,经常会遇到以下一些特殊的矩阵:

零矩阵:对于矩阵 $\boldsymbol{A}=\begin{pmatrix} a_{11} & a_{12} & \cdots & a_{1n} \\ a_{21} & a_{22} & \cdots & a_{2n} \\ \vdots & \vdots & & \vdots \\ a_{m1} & a_{m2} & \cdots & a_{mn} \end{pmatrix}$,若 $a_{ij}=0(i=1,2,\cdots,m;j=1,2,\cdots,n)$,则称 $\boldsymbol{A}$ 为零矩阵,一般记为 $\boldsymbol{O}_{m\times n}$ 或 $\boldsymbol{O}$。

对角矩阵:对于 n 阶方阵 $\boldsymbol{A}=\begin{pmatrix} a_{11} & a_{12} & \cdots & a_{1n} \\ a_{21} & a_{22} & \cdots & a_{2n} \\ \vdots & \vdots & & \vdots \\ a_{n1} & a_{n2} & \cdots & a_{nn} \end{pmatrix}$,若 $a_{ij}=0(i\neq j)$,但 $a_{ii}\neq 0(i=1,$

$2,\cdots,n$)，则称 $\boldsymbol{A}$ 为对角矩阵，一般记为 $\boldsymbol{\Lambda}$，即 $\boldsymbol{\Lambda}=\begin{pmatrix} a_{11} & & & \\ & a_{22} & & \\ & & \ddots & \\ & & & a_{nn} \end{pmatrix}$。

数量矩阵：若对角矩阵 $\boldsymbol{\Lambda}$ 的主对角线上的元素均等于 a，即 $a_{11}=a_{22}=\cdots=a_{nn}=a$，则称 $\boldsymbol{\Lambda}$ 为数量矩阵，即 $\boldsymbol{\Lambda}=\begin{pmatrix} a & & & \\ & a & & \\ & & \ddots & \\ & & & a \end{pmatrix}$。

单位矩阵：主对角线上元素全为 1 的 n 阶数量矩阵，称为 n 阶单位矩阵，记为 $\boldsymbol{E}_n$ 或 $\boldsymbol{I}_n$，在不混淆的情况下，记为 $\boldsymbol{E}$ 或 $\boldsymbol{I}$，即 $\boldsymbol{E}=\begin{pmatrix} 1 & & & \\ & 1 & & \\ & & \ddots & \\ & & & 1 \end{pmatrix}$。

矩阵单位：对于矩阵 $\boldsymbol{A}=\begin{pmatrix} a_{11} & a_{12} & \cdots & a_{1n} \\ a_{21} & a_{22} & \cdots & a_{2n} \\ \vdots & \vdots & & \vdots \\ a_{m1} & a_{m2} & \cdots & a_{mn} \end{pmatrix}$，若只有第 i 行第 j 列的元素 $a_{ij}=1$，其余元素全为 0，则称该矩阵为矩阵单位，记作 $\boldsymbol{E}_{ij}$，即

$$\boldsymbol{E}_{ij}=\begin{pmatrix} 0 & \cdots & 0 & \cdots & 0 \\ \vdots & & & & \\ 0 & \cdots & 1 & \cdots & 0 \\ \vdots & & \vdots & & \vdots \\ 0 & \cdots & 0 & \cdots & 0 \end{pmatrix} \rightarrow \text{第 } i \text{ 行}$$

$$\downarrow$$

第 j 列

三角矩阵：形如 $\begin{pmatrix} a_{11} & a_{12} & \cdots & a_{1n} \\ & a_{22} & \cdots & a_{2n} \\ & & \ddots & \vdots \\ & & & a_{nn} \end{pmatrix}$ 称为上三角矩阵，形如 $\begin{pmatrix} a_{11} & & & \\ a_{21} & a_{22} & & \\ \vdots & \vdots & \ddots & \\ a_{n1} & a_{n_2} & \cdots & a_{nn} \end{pmatrix}$ 称为下三角矩阵，上、下三角矩阵统称为三角矩阵。

3.1.3 矩阵的线性运算

我们知道数有加、减、乘、除四则运算，那么矩阵有相应的运算吗？本部分将把数的加、减、乘运算推广到矩阵，给出矩阵的加法、减法、数乘运算。

定义 3.1.2 如果矩阵 $\boldsymbol{A}$ 和矩阵 $\boldsymbol{B}$ 的行数、列数均相等，则称 $\boldsymbol{A}$ 与 $\boldsymbol{B}$ 为**同型矩阵**。

定义 3.1.3 如果矩阵 $\boldsymbol{A}=\begin{pmatrix} a_{11} & a_{12} & \cdots & a_{1n} \\ a_{21} & a_{22} & \cdots & a_{2n} \\ \vdots & \vdots & & \vdots \\ a_{m1} & a_{m2} & \cdots & a_{mn} \end{pmatrix}$ 和 $\boldsymbol{B}=\begin{pmatrix} b_{11} & b_{12} & \cdots & b_{1n} \\ b_{21} & b_{22} & \cdots & b_{2n} \\ \vdots & \vdots & & \vdots \\ b_{m1} & b_{m2} & \cdots & b_{mn} \end{pmatrix}$ 是同型矩阵，且对应的元素相等，即 $a_{ij}=b_{ij}(i=1,2,\cdots,m;j=1,2,\cdots,n)$，则称矩阵 $\boldsymbol{A}$ 和矩阵 $\boldsymbol{B}$ 相等，记为 $\boldsymbol{A}=\boldsymbol{B}$。

定义 3.1.4 如果矩阵 $\boldsymbol{A}=\begin{pmatrix} a_{11} & a_{12} & \cdots & a_{1n} \\ a_{21} & a_{22} & \cdots & a_{2n} \\ \vdots & \vdots & & \vdots \\ a_{m1} & a_{m2} & \cdots & a_{mn} \end{pmatrix}$ 和 $\boldsymbol{B}=\begin{pmatrix} b_{11} & b_{12} & \cdots & b_{1n} \\ b_{21} & b_{22} & \cdots & b_{2n} \\ \vdots & \vdots & & \vdots \\ b_{m1} & b_{m2} & \cdots & b_{mn} \end{pmatrix}$ 是同型矩阵，将矩阵 $\boldsymbol{A}$ 和矩阵 $\boldsymbol{B}$ 对应元素相加得到的矩阵 $\boldsymbol{C}$ 称为矩阵 $\boldsymbol{A}$ 和矩阵 $\boldsymbol{B}$ 的和，记为 $\boldsymbol{C}=\boldsymbol{A}+\boldsymbol{B}$，其中

$$\boldsymbol{C}=\begin{pmatrix} c_{11} & c_{12} & \cdots & c_{1n} \\ c_{21} & c_{22} & \cdots & c_{2n} \\ \vdots & \vdots & & \vdots \\ c_{m1} & c_{m2} & \cdots & c_{mn} \end{pmatrix},\quad c_{ij}=a_{ij}+b_{ij}(i=1,2,\cdots,m;j=1,2,\cdots,n) \tag{3.1.2}$$

定义 3.1.5 设矩阵 $\boldsymbol{A}=\begin{pmatrix} a_{11} & a_{12} & \cdots & a_{1n} \\ a_{21} & a_{22} & \cdots & a_{2n} \\ \vdots & \vdots & & \vdots \\ a_{m1} & a_{m2} & \cdots & a_{mn} \end{pmatrix}$，称矩阵 $\begin{pmatrix} -a_{11} & -a_{12} & \cdots & -a_{1n} \\ -a_{21} & -a_{22} & \cdots & -a_{2n} \\ \vdots & \vdots & & \vdots \\ -a_{m1} & -a_{m2} & \cdots & -a_{mn} \end{pmatrix}$ 为矩阵 $\boldsymbol{A}$ 的负矩阵，记为 $-\boldsymbol{A}$。

根据以上的定义容易验证矩阵的加法具有如下的性质：

性质 3.1.1 设矩阵 $\boldsymbol{A},\boldsymbol{B},\boldsymbol{C}$ 和 $\boldsymbol{O}$ 是同型矩阵，则

(1) $\boldsymbol{A}+\boldsymbol{B}=\boldsymbol{B}+\boldsymbol{A}$；

(2) $(\boldsymbol{A}+\boldsymbol{B})+\boldsymbol{C}=\boldsymbol{A}+(\boldsymbol{B}+\boldsymbol{C})$；

(3) $\boldsymbol{A}+\boldsymbol{O}=\boldsymbol{A}$；

(4) $\boldsymbol{A}+(-\boldsymbol{A})=\boldsymbol{O}$。

利用矩阵的加法运算和负矩阵的概念可以定义矩阵的减法运算。

定义 3.1.6 设矩阵 $\boldsymbol{A}=\begin{pmatrix} a_{11} & a_{12} & \cdots & a_{1n} \\ a_{21} & a_{22} & \cdots & a_{2n} \\ \vdots & \vdots & & \vdots \\ a_{m1} & a_{m2} & \cdots & a_{mn} \end{pmatrix}$ 和 $\boldsymbol{B}=\begin{pmatrix} b_{11} & b_{12} & \cdots & b_{1n} \\ b_{21} & b_{22} & \cdots & b_{2n} \\ \vdots & \vdots & & \vdots \\ b_{m1} & b_{m2} & \cdots & b_{mn} \end{pmatrix}$ 是同型矩阵，则

$$\boldsymbol{A}-\boldsymbol{B}=\boldsymbol{A}+(-\boldsymbol{B})=\begin{pmatrix} a_{11}-b_{11} & a_{12}-b_{12} & \cdots & a_{1n}-b_{1n} \\ a_{21}-b_{21} & a_{22}-b_{22} & \cdots & a_{2n}-b_{2n} \\ \vdots & \vdots & & \vdots \\ a_{m1}-b_{m1} & a_{m2}-b_{m2} & \cdots & a_{mn}-b_{mn} \end{pmatrix} \tag{3.1.3}$$

显然 $\boldsymbol{A}-\boldsymbol{A}=\boldsymbol{A}+(-\boldsymbol{A})=\boldsymbol{O}$。

从以上的定义可以知道矩阵的加法、减法运算推广了数的加法和减法运算。下面给出一个数和矩阵的乘法运算,该运算可以视为数的乘法的一种推广。

定义 3.1.7 设 k 是一个实数,矩阵 $\boldsymbol{A}=\begin{pmatrix} a_{11} & a_{12} & \cdots & a_{1n} \\ a_{21} & a_{22} & \cdots & a_{2n} \\ \vdots & \vdots & & \vdots \\ a_{m1} & a_{m2} & \cdots & a_{mn} \end{pmatrix}$,则矩阵 $\begin{pmatrix} ka_{11} & ka_{12} & \cdots & ka_{1n} \\ ka_{21} & ka_{22} & \cdots & ka_{2n} \\ \vdots & \vdots & & \vdots \\ ka_{m1} & ka_{m2} & \cdots & ka_{mn} \end{pmatrix}$ 称为矩阵 $\boldsymbol{A}$ 与实数 k 的**数量乘积**,简称为**数乘**,记作 $k\boldsymbol{A}$。

对于矩阵 $\boldsymbol{A}=\begin{pmatrix} a_{11} & a_{12} & \cdots & a_{1n} \\ a_{21} & a_{22} & \cdots & a_{2n} \\ \vdots & \vdots & & \vdots \\ a_{m1} & a_{m2} & \cdots & a_{mn} \end{pmatrix}$,由矩阵的数量乘法,容易得出 $\boldsymbol{A}=\sum_{i=1}^{m}\sum_{j=1}^{n} a_{ij}\boldsymbol{E}_{ij}$。

根据矩阵数乘的定义,容易验证矩阵的数乘运算具有如下的性质:

性质 3.1.2 设矩阵 $\boldsymbol{A}$ 和 $\boldsymbol{B}$ 是同型矩阵,k,l 是任意的实数,则

(1) $(k+l)\boldsymbol{A}=k\boldsymbol{A}+l\boldsymbol{A}$;

(2) $k(\boldsymbol{A}+\boldsymbol{B})=k\boldsymbol{A}+k\boldsymbol{B}$;

(3) $k(l\boldsymbol{A})=(kl)\boldsymbol{A}$;

(4) $1\cdot\boldsymbol{A}=\boldsymbol{A}$。

矩阵的加法与数乘运算统称为矩阵的线性运算。

例 3.1.1 设 $\boldsymbol{A}=\begin{pmatrix} 2 & -3 \\ -1 & 1 \end{pmatrix}$,$\boldsymbol{B}=\begin{pmatrix} 1 & -3 \\ 2 & -2 \end{pmatrix}$。

(1) 求 $3\boldsymbol{A}+2\boldsymbol{B}$;(2) 若 $\boldsymbol{A}+2\boldsymbol{X}=\boldsymbol{B}$,求 $\boldsymbol{X}$。

解 (1) $3\boldsymbol{A}+2\boldsymbol{B}=3\begin{pmatrix} 2 & -3 \\ -1 & 1 \end{pmatrix}+2\begin{pmatrix} 1 & -3 \\ 2 & -2 \end{pmatrix}=\begin{pmatrix} 8 & -15 \\ 1 & -1 \end{pmatrix}$。

(2) 由 $\boldsymbol{A}+2\boldsymbol{X}=\boldsymbol{B}$ 可得 $\boldsymbol{X}=\frac{1}{2}(\boldsymbol{B}-\boldsymbol{A})=\frac{1}{2}\left(\begin{pmatrix} 1 & -3 \\ 2 & -2 \end{pmatrix}-\begin{pmatrix} 2 & -3 \\ -1 & 1 \end{pmatrix}\right)=\begin{pmatrix} -\frac{1}{2} & 0 \\ \frac{3}{2} & -\frac{3}{2} \end{pmatrix}$。

3.1.4 矩阵的乘法运算

数的乘法运算的另一个推广就是矩阵的乘法运算。矩阵的乘法运算是矩阵运算中最为重要的且特具功效的一种运算,它的定义稍微复杂,先看一个与乘法有关的问题。

假设变量 x_1,x_2 与 y_1,y_2,y_3 之间有如下线性关系：

$$\begin{cases} x_1 = a_{11}y_1 + a_{12}y_2 + a_{13}y_3 \\ x_2 = a_{21}y_1 + a_{22}y_2 + a_{23}y_3 \end{cases} \tag{3.1.4}$$

变量 y_1,y_2,y_3 与 z_1,z_2 有如下的线性关系：

$$\begin{cases} y_1 = b_{11}z_1 + b_{12}z_2 \\ y_2 = b_{21}z_1 + b_{22}z_2 \\ y_3 = b_{31}z_1 + b_{32}z_2 \end{cases} \tag{3.1.5}$$

那么变量 x_1,x_2 与 z_1,z_2 的关系是什么呢？

将上述(3.1.5)式代入(3.1.4)式得

$$\begin{cases} x_1 = (a_{11}b_{11} + a_{12}b_{21} + a_{13}b_{31})z_1 + (a_{11}b_{12} + a_{12}b_{22} + a_{13}b_{32})z_2 \\ x_2 = (a_{21}b_{11} + a_{22}b_{21} + a_{23}b_{31})z_1 + (a_{21}b_{12} + a_{22}b_{22} + a_{23}b_{32})z_2 \end{cases} \tag{3.1.6}$$

将(3.1.4)式、(3.1.5)式和(3.1.6)式这三个式子对应的矩阵分别记为

$$\boldsymbol{A} = \begin{pmatrix} a_{11} & a_{12} & a_{13} \\ a_{21} & a_{22} & a_{23} \end{pmatrix},\quad \boldsymbol{B} = \begin{pmatrix} b_{11} & b_{12} \\ b_{21} & b_{22} \\ b_{31} & b_{32} \end{pmatrix},\quad \boldsymbol{C} = \begin{pmatrix} c_{11} & c_{12} \\ c_{21} & c_{22} \end{pmatrix}$$

则矩阵 $\boldsymbol{C}$ 的第 i 行第 j 列交叉处的元素是矩阵 $\boldsymbol{A}$ 的第 i 行的每一个元素与矩阵 $\boldsymbol{B}$ 的第 j 列对应元素乘积之和，即 $c_{ij} = a_{i1}b_{1j} + a_{i2}b_{2j} + a_{i3}b_{3j} = \sum\limits_{k=1}^{3} a_{ik}b_{kj}$，其中 $i,j = 1,2$，此时矩阵 $\boldsymbol{C}$ 称为矩阵 $\boldsymbol{A}$ 与矩阵 $\boldsymbol{B}$ 的积。一般的两个矩阵的乘积定义如下：

定义 3.1.8 设矩阵 $\boldsymbol{A} = \begin{pmatrix} a_{11} & a_{12} & \cdots & a_{1s} \\ a_{21} & a_{22} & \cdots & a_{2s} \\ \vdots & \vdots & & \vdots \\ a_{m1} & a_{m2} & \cdots & a_{ms} \end{pmatrix}$，$\boldsymbol{B} = \begin{pmatrix} b_{11} & b_{12} & \cdots & b_{1n} \\ b_{21} & b_{22} & \cdots & b_{2n} \\ \vdots & \vdots & & \vdots \\ b_{s1} & b_{s2} & \cdots & b_{sn} \end{pmatrix}$，做矩阵 $\boldsymbol{C} = \begin{pmatrix} c_{11} & c_{12} & \cdots & c_{1n} \\ c_{21} & c_{22} & \cdots & c_{2n} \\ \vdots & \vdots & & \vdots \\ c_{m1} & c_{m2} & \cdots & c_{mn} \end{pmatrix}$，其中

$$c_{ij} = a_{i1}b_{1j} + a_{i2}b_{2j} + \cdots + a_{is}b_{sj} = \sum_{k=1}^{s} a_{ik}b_{kj} \tag{3.1.7}$$

称矩阵 $\boldsymbol{C}$ 为矩阵 $\boldsymbol{A}$ 与矩阵 $\boldsymbol{B}$ 的乘积，记作 $\boldsymbol{C} = \boldsymbol{AB}$，即

$$\begin{pmatrix} c_{11} & c_{12} & \cdots & c_{1n} \\ c_{21} & c_{22} & \cdots & c_{2n} \\ \vdots & \vdots & & \vdots \\ c_{m1} & c_{m2} & \cdots & c_{mn} \end{pmatrix} = \begin{pmatrix} a_{11} & a_{12} & \cdots & a_{1s} \\ a_{21} & a_{22} & \cdots & a_{2s} \\ \vdots & \vdots & & \vdots \\ a_{m1} & a_{m2} & \cdots & a_{ms} \end{pmatrix}\begin{pmatrix} b_{11} & b_{12} & \cdots & b_{1n} \\ b_{21} & b_{22} & \cdots & b_{2n} \\ \vdots & \vdots & & \vdots \\ b_{s1} & b_{s2} & \cdots & b_{sn} \end{pmatrix}$$

$$
=\begin{pmatrix} a_{11}b_{11}+a_{12}b_{21}+\cdots+a_{1s}b_{s1} & a_{11}b_{12}+a_{12}b_{22}+\cdots+a_{1s}b_{s2} & \cdots & a_{11}b_{1n}+a_{12}b_{2n}+\cdots+a_{1s}b_{sn} \\ a_{21}b_{11}+a_{22}b_{21}+\cdots+a_{2s}b_{s1} & a_{21}b_{12}+a_{22}b_{22}+\cdots+a_{2s}b_{s2} & \cdots & a_{21}b_{1n}+a_{22}b_{2n}+\cdots+a_{2s}b_{sn} \\ \vdots & \vdots & & \vdots \\ a_{m1}b_{11}+a_{m2}b_{21}+\cdots+a_{ms}b_{s1} & a_{m1}b_{12}+a_{m2}b_{22}+\cdots+a_{ms}b_{s2} & \cdots & a_{m1}b_{1n}+a_{m2}b_{2n}+\cdots+a_{ms}b_{sn} \end{pmatrix}
$$

若矩阵 $\boldsymbol{A}$ 用行向量表示，矩阵 $\boldsymbol{B}$ 用列向量表示，即 $\boldsymbol{A}=\begin{pmatrix}\boldsymbol{\alpha}_1\\ \boldsymbol{\alpha}_2\\ \vdots\\ \boldsymbol{\alpha}_m\end{pmatrix}$，$\boldsymbol{B}=(\boldsymbol{\beta}_1\quad\boldsymbol{\beta}_2\quad\cdots\quad\boldsymbol{\beta}_n)$，则

$$
\boldsymbol{AB}=\begin{pmatrix}\boldsymbol{\alpha}_1\\ \boldsymbol{\alpha}_2\\ \vdots\\ \boldsymbol{\alpha}_m\end{pmatrix}(\boldsymbol{\beta}_1\quad\boldsymbol{\beta}_2\quad\cdots\quad\boldsymbol{\beta}_n)=\begin{pmatrix}\boldsymbol{\alpha}_1\boldsymbol{\beta}_1 & \boldsymbol{\alpha}_1\boldsymbol{\beta}_2 & \cdots & \boldsymbol{\alpha}_1\boldsymbol{\beta}_n\\ \boldsymbol{\alpha}_2\boldsymbol{\beta}_1 & \boldsymbol{\alpha}_2\boldsymbol{\beta}_2 & \cdots & \boldsymbol{\alpha}_2\boldsymbol{\beta}_n\\ \vdots & \vdots & & \vdots\\ \boldsymbol{\alpha}_m\boldsymbol{\beta}_1 & \boldsymbol{\alpha}_m\boldsymbol{\beta}_2 & \cdots & \boldsymbol{\alpha}_m\boldsymbol{\beta}_n\end{pmatrix}
$$

数学中许多关系用矩阵的乘积来表达就很简洁，例如，线性方程组

$$
\begin{cases} a_{11}x_1+a_{12}x_2+\cdots+a_{1n}x_n=b_1\\ a_{21}x_1+a_{22}x_2+\cdots+a_{2n}x_n=b_2\\ \cdots\cdots\\ a_{m1}x_1+a_{m2}x_2+\cdots+a_{mn}x_n=b_m \end{cases}
$$

就可以简洁地表示为

$$
\boldsymbol{AX}=\boldsymbol{b}
$$

其中 $\boldsymbol{A}=\begin{pmatrix}a_{11} & a_{12} & \cdots & a_{1n}\\ a_{21} & a_{22} & \cdots & a_{2n}\\ \vdots & \vdots & & \vdots\\ a_{m1} & a_{m2} & \cdots & a_{mn}\end{pmatrix}$，$\boldsymbol{X}=\begin{pmatrix}x_1\\ x_2\\ \vdots\\ x_n\end{pmatrix}$，$\boldsymbol{b}=\begin{pmatrix}b_1\\ b_2\\ \vdots\\ b_m\end{pmatrix}$ 分别叫作该线性方程组的**系数矩阵**、**未知向量**和**常数向量**。

注 3.1.1 在使用矩阵的乘法时，要注意以下一些规则：

(1) 只有当左边的矩阵 $\boldsymbol{A}$ 的列数与右边矩阵 $\boldsymbol{B}$ 的行数相同时，$\boldsymbol{A}$ 与 $\boldsymbol{B}$ 才能够相乘或 $\boldsymbol{AB}$ 有意义，简称为**行乘列的规则**；

(2) $\boldsymbol{AB}$ 仍是矩阵，它的行数等于 $\boldsymbol{A}$ 的行数，它的列数等于 $\boldsymbol{B}$ 的列数；

(3) 乘积矩阵 $\boldsymbol{C}$ 的第 i 行第 j 列的元素 c_{ij} 等于左边矩阵 $\boldsymbol{A}$ 的第 i 行与右边矩阵 $\boldsymbol{B}$ 的第 j 列对应元素乘积之和。

例 3.1.2 设 $\boldsymbol{A}=\begin{pmatrix}1 & -1\\ 2 & 1\\ 0 & 3\end{pmatrix}$，$\boldsymbol{B}=\begin{pmatrix}2 & -1\\ 1 & 1\end{pmatrix}$，求 $\boldsymbol{AB}$。

解 $\boldsymbol{AB}=\begin{pmatrix}1 & -1\\ 2 & 1\\ 0 & 3\end{pmatrix}\begin{pmatrix}2 & -1\\ 1 & 1\end{pmatrix}=\begin{pmatrix}1 & -2\\ 5 & -1\\ 3 & 3\end{pmatrix}$。

例 3.1.3 设 $\boldsymbol{A}=\begin{pmatrix}1\\2\\3\\4\end{pmatrix}$，$\boldsymbol{B}=(3\quad -2\quad 1\quad -1)$，求 $\boldsymbol{AB}$ 与 $\boldsymbol{BA}$。

解 $\boldsymbol{AB}=\begin{pmatrix}1\\2\\3\\4\end{pmatrix}(3\quad -2\quad 1\quad -1)=\begin{pmatrix}3&-2&1&-1\\6&-4&2&-2\\9&-6&3&-3\\12&-8&4&-4\end{pmatrix}$，但 $\boldsymbol{BA}=(3\quad -2\quad 1\quad -1)\begin{pmatrix}1\\2\\3\\4\end{pmatrix}=-2$。

例 3.1.4 设 $\boldsymbol{A}=\begin{pmatrix}2&1\\-4&-2\end{pmatrix}$，$\boldsymbol{B}=\begin{pmatrix}1&-1\\-2&2\end{pmatrix}$，求 $\boldsymbol{AB}$ 与 $\boldsymbol{BA}$。

解 $\boldsymbol{AB}=\begin{pmatrix}2&1\\-4&-2\end{pmatrix}\begin{pmatrix}1&-1\\-2&2\end{pmatrix}=\begin{pmatrix}0&0\\0&0\end{pmatrix}$，但

$$\boldsymbol{BA}=\begin{pmatrix}1&-1\\-2&2\end{pmatrix}\begin{pmatrix}2&1\\-4&-2\end{pmatrix}=\begin{pmatrix}6&3\\-12&-6\end{pmatrix}$$

例 3.1.5 设 $\boldsymbol{A}=\begin{pmatrix}-2&4\\1&-2\end{pmatrix}$，$\boldsymbol{B}=\begin{pmatrix}1&4\\1&0\end{pmatrix}$，$\boldsymbol{C}=\begin{pmatrix}-1&-6\\0&-5\end{pmatrix}$，求 $\boldsymbol{AB}$ 与 $\boldsymbol{AC}$。

解 $\boldsymbol{AB}=\begin{pmatrix}-2&4\\1&-2\end{pmatrix}\begin{pmatrix}1&4\\1&0\end{pmatrix}=\begin{pmatrix}2&-8\\-1&4\end{pmatrix}$，$\boldsymbol{AC}=\begin{pmatrix}-2&4\\1&-2\end{pmatrix}\begin{pmatrix}-1&-6\\0&-5\end{pmatrix}=\begin{pmatrix}2&-8\\-1&4\end{pmatrix}$。

例 3.1.6 设 $\boldsymbol{A}=\begin{pmatrix}1&0\\-3&-2\\2&1\end{pmatrix}$，求 $\boldsymbol{E}_3\boldsymbol{A}$，$\boldsymbol{AE}_2$。

解 $\boldsymbol{E}_3\boldsymbol{A}=\begin{pmatrix}1&0&0\\0&1&0\\0&0&1\end{pmatrix}\begin{pmatrix}1&0\\-3&-2\\2&1\end{pmatrix}=\begin{pmatrix}1&0\\-3&-2\\2&1\end{pmatrix}$，且

$$\boldsymbol{AE}_2=\begin{pmatrix}1&0\\-3&-2\\2&1\end{pmatrix}\begin{pmatrix}1&0\\0&1\end{pmatrix}=\begin{pmatrix}1&0\\-3&-2\\2&1\end{pmatrix}$$

注 3.1.2 从以上5个例子可以看出矩阵的乘法具有如下的特点：

(1) 矩阵的乘法不满足交换律，即当 $\boldsymbol{AB}$ 有意义时，$\boldsymbol{BA}$ 未必有意义，即使 $\boldsymbol{BA}$ 有意义，$\boldsymbol{AB}$ 与 $\boldsymbol{BA}$ 未必相等。如果 $\boldsymbol{A}$ 与 $\boldsymbol{B}$ 均是方阵，且 $\boldsymbol{AB}=\boldsymbol{BA}$，那么称矩阵 $\boldsymbol{A}$ 与矩阵 $\boldsymbol{B}$ 是可交换的。

(2) 两个非零矩阵的乘积可能为零，所以一般情况下 $\boldsymbol{AB}=\boldsymbol{O}$ 推不出 $\boldsymbol{A}=\boldsymbol{O}$ 或 $\boldsymbol{B}=\boldsymbol{O}$。当 $\boldsymbol{A}\neq\boldsymbol{O}$，$\boldsymbol{B}\neq\boldsymbol{O}$ 且 $\boldsymbol{AB}=\boldsymbol{O}$ 时，称矩阵 $\boldsymbol{A}$ 是矩阵 $\boldsymbol{B}$ 的**左零化子**，矩阵 $\boldsymbol{B}$ 是矩阵 $\boldsymbol{A}$ 的**右零化子**。

(3) 矩阵的乘法消去律也不成立，也就是说当 $\boldsymbol{A}\neq\boldsymbol{O}$ 但 $\boldsymbol{AB}=\boldsymbol{AC}$ 时未必能够推出 $\boldsymbol{B}$

$=\boldsymbol{C}$。

(4) 单位矩阵 $\boldsymbol{E}_n$ 在矩阵乘法中的作用类似于数 1 在数的乘法中的作用，即 $\boldsymbol{A}_{m\times n}\boldsymbol{E}_n=\boldsymbol{E}_m\boldsymbol{A}_{m\times n}=\boldsymbol{A}_{m\times n}$。

性质 3.1.3 矩阵的加法、数乘和乘法还满足如下的运算规律：

(1) 结合律 $(\boldsymbol{AB})\boldsymbol{C}=\boldsymbol{A}(\boldsymbol{BC})$；

(2) 数乘结合律 $\lambda(\boldsymbol{AB})=(\lambda\boldsymbol{A})\boldsymbol{B}=\boldsymbol{A}(\lambda\boldsymbol{B})$，其中 λ 为任意的实数；

(3) 左乘分配律 $\boldsymbol{A}(\boldsymbol{B}+\boldsymbol{C})=\boldsymbol{AB}+\boldsymbol{AC}$；

(4) 右乘分配律 $(\boldsymbol{B}+\boldsymbol{C})\boldsymbol{D}=\boldsymbol{BD}+\boldsymbol{CD}$。

这里只是证明结合律成立。

证明 设 $\boldsymbol{A}=(a_{ij})_{mn}$，$\boldsymbol{B}=(b_{ij})_{np}$，$\boldsymbol{C}=(c_{ij})_{pq}$。首先容易验证 $(\boldsymbol{AB})\boldsymbol{C}$ 与 $\boldsymbol{A}(\boldsymbol{BC})$ 是同型矩阵，均是 $m\times q$ 型。其次证明 $(\boldsymbol{AB})\boldsymbol{C}$ 与 $\boldsymbol{A}(\boldsymbol{BC})$ 对应的元素相等，令

$$\boldsymbol{AB}=\boldsymbol{U}=(u_{il}),\quad \boldsymbol{BC}=\boldsymbol{V}=(v_{kj})$$

由矩阵乘法的定义可知

$$u_{il}=\sum_{k=1}^{n}a_{ik}b_{kl},\quad v_{kj}=\sum_{l=1}^{p}b_{kl}c_{lj}$$

因此，$(\boldsymbol{AB})\boldsymbol{C}=\boldsymbol{UC}$ 的第 i 行第 j 列元素是

$$\sum_{l=1}^{p}u_{il}c_{lj}=\sum_{l=1}^{p}\Big(\sum_{k=1}^{n}a_{ik}b_{kl}\Big)c_{lj}=\sum_{l=1}^{p}\sum_{k=1}^{n}a_{ik}b_{kl}c_{lj}\tag{3.1.8}$$

另外，$\boldsymbol{A}(\boldsymbol{BC})=\boldsymbol{AV}$ 的第 i 行第 j 列元素是

$$\sum_{k=1}^{n}a_{ik}v_{kl}=\sum_{k=1}^{n}a_{ik}\Big(\sum_{l=1}^{p}b_{kl}c_{lj}\Big)=\sum_{k=1}^{n}\sum_{l=1}^{p}a_{ik}b_{kl}c_{lj}\tag{3.1.9}$$

由于双重求和符号可以交换次序，所以(3.1.8)式和(3.1.9)式的右端相等，这就证明了 $(\boldsymbol{AB})\boldsymbol{C}=\boldsymbol{A}(\boldsymbol{BC})$，即结合律成立。

3.1.5 矩阵的转置运算

定义 3.1.9 把一个 $m\times n$ 的矩阵 $\boldsymbol{A}$ 的行与列全部依次互换所得的 $n\times m$ 矩阵，称为矩阵 $\boldsymbol{A}$ 的**转置**，记作 $\boldsymbol{A}^{\mathrm{T}}$ 或 $\boldsymbol{A}'$。

例如，矩阵 $\boldsymbol{A}=\begin{pmatrix}1 & -2 & 2\\ -1 & 3 & 5\end{pmatrix}$ 的转置矩阵 $\boldsymbol{A}^{\mathrm{T}}=\begin{pmatrix}1 & -1\\ -2 & 3\\ 2 & 5\end{pmatrix}$。

性质 3.1.4 转置矩阵具有如下的运算性质(假设其中的运算都是可行的)：

(1) $(\boldsymbol{A}^{\mathrm{T}})^{\mathrm{T}}=\boldsymbol{A}$；

(2) $(\boldsymbol{A}+\boldsymbol{B})^{\mathrm{T}}=\boldsymbol{A}^{\mathrm{T}}+\boldsymbol{B}^{\mathrm{T}}$；

(3) $(k\boldsymbol{A})^{\mathrm{T}}=k\boldsymbol{A}^{\mathrm{T}}$($k$ 是任意实数)；

(4) $(\boldsymbol{AB})^{\mathrm{T}}=\boldsymbol{B}^{\mathrm{T}}\boldsymbol{A}^{\mathrm{T}}$。

这里只证明第四个性质，其他三个性质均容易验证。

设 $\boldsymbol{A}=(a_{ij})_{mn}$，$\boldsymbol{B}=(b_{ij})_{np}$。首先容易验证 $(\boldsymbol{AB})^{\mathrm{T}}$ 和 $\boldsymbol{B}^{\mathrm{T}}\boldsymbol{A}^{\mathrm{T}}$ 均是 $p\times m$ 型矩阵。其次，矩阵 $(\boldsymbol{AB})^{\mathrm{T}}$ 的第 i 行第 j 列的元素就是 $\boldsymbol{AB}$ 的第 j 行第 i 列的元素 $\sum_{k=1}^{n}a_{jk}b_{ki}$，另外矩阵 $\boldsymbol{B}^{\mathrm{T}}\boldsymbol{A}^{\mathrm{T}}$

的第 i 行第 j 列的元素等于 $\boldsymbol{B}^{\mathrm{T}}$ 的第 i 行（$\boldsymbol{B}$ 的第 i 列）和 $\boldsymbol{A}^{\mathrm{T}}$ 的第 j 列（$\boldsymbol{A}$ 的第 j 行）的对应元素乘积之和 $\sum_{k=1}^{n} b_{ki}a_{jk} = \sum_{k=1}^{n} a_{jk}b_{ki}$，所以 $(\boldsymbol{AB})^{\mathrm{T}}$ 和 $\boldsymbol{B}^{\mathrm{T}}\boldsymbol{A}^{\mathrm{T}}$ 对应元素相等，故 $(\boldsymbol{AB})^{\mathrm{T}} = \boldsymbol{B}^{\mathrm{T}}\boldsymbol{A}^{\mathrm{T}}$。

此外，性质 3.1.4 中等式(2)和(4)可以推广到多个矩阵的情形，即

$$(\boldsymbol{A}_1 + \boldsymbol{A}_2 + \cdots + \boldsymbol{A}_k)^{\mathrm{T}} = \boldsymbol{A}_1^{\mathrm{T}} + \boldsymbol{A}_2^{\mathrm{T}} + \cdots + \boldsymbol{A}_k^{\mathrm{T}}$$

$$(\boldsymbol{A}_1\boldsymbol{A}_2\cdots\boldsymbol{A}_k)^{\mathrm{T}} = \boldsymbol{A}_k^{\mathrm{T}}\cdots\boldsymbol{A}_2^{\mathrm{T}}\boldsymbol{A}_1^{\mathrm{T}}$$

例 3.1.7　设 $\boldsymbol{A} = \begin{pmatrix} 1 & 0 & 1 \\ -1 & 2 & -1 \\ 0 & 1 & 2 \end{pmatrix}$，$\boldsymbol{B} = \begin{pmatrix} 2 & 0 \\ 1 & 1 \\ -1 & 2 \end{pmatrix}$，求 $\boldsymbol{AB}$，$(\boldsymbol{AB})^{\mathrm{T}}$ 和 $\boldsymbol{B}^{\mathrm{T}}\boldsymbol{A}^{\mathrm{T}}$。

解　容易计算 $\boldsymbol{AB} = \begin{pmatrix} 1 & 0 & 1 \\ -1 & 2 & -1 \\ 0 & 1 & 2 \end{pmatrix}\begin{pmatrix} 2 & 0 \\ 1 & 1 \\ -1 & 2 \end{pmatrix} = \begin{pmatrix} 1 & 2 \\ 1 & 0 \\ -1 & 5 \end{pmatrix}$，所以 $(\boldsymbol{AB})^{\mathrm{T}} = \begin{pmatrix} 1 & 1 & -1 \\ 2 & 0 & 5 \end{pmatrix}$。

此外 $\boldsymbol{A}^{\mathrm{T}} = \begin{pmatrix} 1 & -1 & 0 \\ 0 & 2 & 1 \\ 1 & -1 & 2 \end{pmatrix}$，$\boldsymbol{B}^{\mathrm{T}} = \begin{pmatrix} 2 & 1 & -1 \\ 0 & 1 & 2 \end{pmatrix}$，$\boldsymbol{B}^{\mathrm{T}}\boldsymbol{A}^{\mathrm{T}} = \begin{pmatrix} 1 & 1 & -1 \\ 2 & 0 & 5 \end{pmatrix}$，从而可见 $(\boldsymbol{AB})^{\mathrm{T}} = \boldsymbol{B}^{\mathrm{T}}\boldsymbol{A}^{\mathrm{T}}$。

定义 3.1.10　若一个 n 阶方阵 $\boldsymbol{A} = (a_{ij})$ 满足 $\boldsymbol{A}^{\mathrm{T}} = \boldsymbol{A}$，则称 $\boldsymbol{A}$ 为**对称矩阵**，满足 $\boldsymbol{A}^{\mathrm{T}} = -\boldsymbol{A}$，则称 $\boldsymbol{A}$ 为**反对称矩阵**。

对称矩阵、反对称矩阵是两种重要的特殊矩阵，且容易验证对称矩阵其元素关于主对角线对称，即 $a_{ij} = a_{ji}(i \neq j)$，反对称矩阵其主对角线上的元素全为零，即 $a_{ii} = 0$。例如，矩阵 $\boldsymbol{A} = \begin{pmatrix} 1 & 2 & -1 \\ 2 & 3 & 1 \\ -1 & 1 & -4 \end{pmatrix}$ 就是 3 阶对称矩阵，而 $\boldsymbol{B} = \begin{pmatrix} 0 & -1 & 2 \\ 1 & 0 & -3 \\ -2 & 3 & 0 \end{pmatrix}$ 就是 3 阶反对称矩阵。

例 3.1.8　设矩阵 $\boldsymbol{A}$ 是反对称，矩阵 $\boldsymbol{B}$ 是对称矩阵，证明：

(1) $\boldsymbol{A}^2$ 是对称矩阵；

(2) $\boldsymbol{AB} - \boldsymbol{BA}$ 是对称矩阵；

(3) $\boldsymbol{AB}$ 是反对称矩阵的充要条件是 $\boldsymbol{AB} = \boldsymbol{BA}$。

证明　(1) 因为 $\boldsymbol{A}$ 是反对称矩阵，所以 $\boldsymbol{A}^{\mathrm{T}} = -\boldsymbol{A}$，从而

$$(\boldsymbol{A}^2)^{\mathrm{T}} = (\boldsymbol{AA})^{\mathrm{T}} = \boldsymbol{A}^{\mathrm{T}}\boldsymbol{A}^{\mathrm{T}} = (-\boldsymbol{A})(-\boldsymbol{A}) = \boldsymbol{A}^2$$

故 $\boldsymbol{A}^2$ 是对称矩阵。

(2) 因为

$$(\boldsymbol{AB} - \boldsymbol{BA})^{\mathrm{T}} = (\boldsymbol{AB})^{\mathrm{T}} - (\boldsymbol{BA})^{\mathrm{T}} = \boldsymbol{B}^{\mathrm{T}}\boldsymbol{A}^{\mathrm{T}} - \boldsymbol{A}^{\mathrm{T}}\boldsymbol{B}^{\mathrm{T}} = \boldsymbol{B}(-\boldsymbol{A}) + \boldsymbol{AB} = \boldsymbol{AB} - \boldsymbol{BA}$$

所以 $\boldsymbol{AB} - \boldsymbol{BA}$ 是对称矩阵。

(3) 先证必要性。

若 $\boldsymbol{AB}$ 是反对称矩阵，则 $(\boldsymbol{AB})^{\mathrm{T}} = -\boldsymbol{AB}$，另外 $(\boldsymbol{AB})^{\mathrm{T}} = \boldsymbol{B}^{\mathrm{T}}\boldsymbol{A}^{\mathrm{T}} = -\boldsymbol{BA}$，从而 $\boldsymbol{AB} = \boldsymbol{BA}$。

再证充分性。

由于 $\boldsymbol{AB}=\boldsymbol{BA}$，从而 $-\boldsymbol{AB}=-\boldsymbol{BA}$。

这样

$$(\boldsymbol{AB})^{\mathrm{T}}=\boldsymbol{B}^{\mathrm{T}}\boldsymbol{A}^{\mathrm{T}}=-\boldsymbol{BA}=-\boldsymbol{AB}$$

因此 $\boldsymbol{AB}$ 是反对称矩阵。

注 3.1.3 对于对称矩阵，我们还有如下两点说明：

(1) 对于任意方阵 $\boldsymbol{A}$，有 $\boldsymbol{A}^{\mathrm{T}}\boldsymbol{A}$ 和 $\boldsymbol{AA}^{\mathrm{T}}$ 均是对称矩阵，这是因为

$$(\boldsymbol{A}^{\mathrm{T}}\boldsymbol{A})^{\mathrm{T}}=\boldsymbol{A}^{\mathrm{T}}(\boldsymbol{A}^{\mathrm{T}})^{\mathrm{T}}=\boldsymbol{A}^{\mathrm{T}}\boldsymbol{A},\quad (\boldsymbol{AA}^{\mathrm{T}})^{\mathrm{T}}=(\boldsymbol{A}^{\mathrm{T}})^{\mathrm{T}}\boldsymbol{A}^{\mathrm{T}}=\boldsymbol{AA}^{\mathrm{T}}$$

(2) 两个同型对称矩阵的乘积不一定是对称矩阵。

例如，$\boldsymbol{A}=\begin{pmatrix}1 & 2\\ 2 & -1\end{pmatrix}$，$\boldsymbol{B}=\begin{pmatrix}2 & 1\\ 1 & 3\end{pmatrix}$，则

$$\boldsymbol{AB}=\begin{pmatrix}1 & 2\\ 2 & -1\end{pmatrix}\begin{pmatrix}2 & 1\\ 1 & 3\end{pmatrix}=\begin{pmatrix}4 & 7\\ 3 & -1\end{pmatrix}$$

$$\boldsymbol{BA}=\begin{pmatrix}2 & 1\\ 1 & 3\end{pmatrix}\begin{pmatrix}1 & 2\\ 2 & -1\end{pmatrix}=\begin{pmatrix}4 & 3\\ 7 & -1\end{pmatrix}$$

所以 $\boldsymbol{AB}$ 与 $\boldsymbol{BA}$ 均不是对称矩阵。但如果满足 $\boldsymbol{AB}=\boldsymbol{BA}$，则 $\boldsymbol{AB}$ 一定是对称矩阵。这是因为 $(\boldsymbol{AB})^{\mathrm{T}}=\boldsymbol{B}^{\mathrm{T}}\boldsymbol{A}^{\mathrm{T}}=\boldsymbol{BA}=\boldsymbol{AB}$。

3.2 方阵的多项式与行列式

由于方阵的行数和列数相同，可以定义方阵的任意次幂运算，进而给出方阵的多项式运算，首先给出 n 阶方阵方幂运算的定义。

3.2.1 矩阵的多项式

定义 3.2.1 设 $\boldsymbol{A}$ 是 n 阶方阵，m 是正整数，则规定

$$\boldsymbol{A}^1=\boldsymbol{A},\quad \boldsymbol{A}^2=\boldsymbol{AA},\quad \boldsymbol{A}^m=\boldsymbol{A}^{m-1}\boldsymbol{A}=\boldsymbol{AA}^{m-1}\tag{3.2.1}$$

称 $\boldsymbol{A}^m$ 为方阵 $\boldsymbol{A}$ 的 **m 次幂**，并规定方阵 $\boldsymbol{A}$ 的 0 次幂为单位矩阵 $\boldsymbol{E}_n$，即 $\boldsymbol{A}^0=\boldsymbol{E}_n$。

对于 n 阶方阵 $\boldsymbol{A}$ 的方幂显然有如下的性质：

(1) $\boldsymbol{A}^k\boldsymbol{A}^l=\boldsymbol{A}^l\boldsymbol{A}^k=\boldsymbol{A}^{k+l}$；

(2) $(\boldsymbol{A}^k)^l=(\boldsymbol{A}^l)^k=\boldsymbol{A}^{kl}$；

(3) 由于矩阵的乘法不满足交换律，因此一般 $(\boldsymbol{AB})^k\neq\boldsymbol{A}^k\boldsymbol{B}^k$（$k$ 为正整数），但当 $\boldsymbol{AB}=\boldsymbol{BA}$ 时有 $(\boldsymbol{AB})^k=\boldsymbol{A}^k\boldsymbol{B}^k$。

下面给出几个特殊矩阵的概念。

设 $\boldsymbol{A}$ 是 n 阶方阵，若 $\boldsymbol{A}^2=\boldsymbol{A}$，称 $\boldsymbol{A}$ 为**幂等矩阵**；若 $\boldsymbol{A}^m=\boldsymbol{O}(m\in\mathbf{Z}^+)$，称 $\boldsymbol{A}$ 为**幂零矩阵**；若 $\boldsymbol{A}^2=\boldsymbol{E}$，称 $\boldsymbol{A}$ 为**对合矩阵**。

定义 3.2.2 设 $\boldsymbol{A}$ 是 n 阶方阵，$f(x)=a_mx^m+a_{m-1}x^{m-1}+\cdots+a_1x+a_0$ 是 x 的 m 次多项式，称

$$f(\boldsymbol{A})=a_m\boldsymbol{A}^m+a_{m-1}\boldsymbol{A}^{m-1}+\cdots+a_1\boldsymbol{A}+a_0\boldsymbol{E}_n \tag{3.2.2}$$

为方阵 $\boldsymbol{A}$ 的 m 次多项式。

设有连个多项式 $f(x)$ 和 $g(x)$，则由矩阵的运算不难验证：如果

$$f(x)+g(x)=u(x),\quad f(x)g(x)=v(x)$$

那么

$$f(\boldsymbol{A})+g(\boldsymbol{A})=u(\boldsymbol{A}),\quad f(\boldsymbol{A})g(\boldsymbol{A})=v(\boldsymbol{A})$$

例 3.2.1 设 $\boldsymbol{A}=\begin{pmatrix}1&2\\3&-4\end{pmatrix}$，$f(x)=2x^2-3x+5$，$g(x)=x^2+4x-10$，求 $f(\boldsymbol{A})$，$g(\boldsymbol{A})$ 和 $f(\boldsymbol{A})+g(\boldsymbol{A})$。

解 容易计算

$$\boldsymbol{A}^2=\begin{pmatrix}1&2\\3&-4\end{pmatrix}\begin{pmatrix}1&2\\3&-4\end{pmatrix}=\begin{pmatrix}7&-6\\-9&22\end{pmatrix}$$

从而

$$f(\boldsymbol{A})=2\boldsymbol{A}^2-3\boldsymbol{A}+5\boldsymbol{E}=2\begin{pmatrix}7&-6\\-9&22\end{pmatrix}-3\begin{pmatrix}1&2\\3&-4\end{pmatrix}+5\begin{pmatrix}1&0\\0&1\end{pmatrix}=\begin{pmatrix}16&-18\\-27&61\end{pmatrix}$$

$$g(\boldsymbol{A})=\boldsymbol{A}^2+4\boldsymbol{A}-10\boldsymbol{E}=\begin{pmatrix}7&-6\\-9&22\end{pmatrix}+4\begin{pmatrix}1&2\\3&-4\end{pmatrix}-10\begin{pmatrix}1&0\\0&1\end{pmatrix}=\begin{pmatrix}1&2\\3&-4\end{pmatrix}$$

$$f(\boldsymbol{A})+g(\boldsymbol{A})=\begin{pmatrix}16&-18\\-27&61\end{pmatrix}+\begin{pmatrix}1&2\\3&-4\end{pmatrix}=\begin{pmatrix}17&-16\\-24&57\end{pmatrix}$$

例 3.2.2 设 $\boldsymbol{A}=\begin{pmatrix}1\\1\\-1\end{pmatrix}$，$\boldsymbol{B}=(2\quad -1\quad 3)$，$f(x)=2x^2-x+3$，求 $(\boldsymbol{AB})^n$ 和 $f(\boldsymbol{AB})$。

解 由于 $\boldsymbol{BA}=(2\quad -1\quad 3)\begin{pmatrix}1\\1\\-1\end{pmatrix}=-2$，再利用矩阵乘法的结合律可得

$$\begin{aligned}(\boldsymbol{AB})^n&=(\boldsymbol{AB})(\boldsymbol{AB})\cdots(\boldsymbol{AB})=\boldsymbol{A}(\boldsymbol{BA})(\boldsymbol{BA})\cdots(\boldsymbol{BA})\boldsymbol{B}\\&=\boldsymbol{A}(\boldsymbol{BA})^{n-1}\boldsymbol{B}=\boldsymbol{A}(-2)^{n-1}\boldsymbol{B}=(-2)^{n-1}\boldsymbol{AB}=(-2)^{n-1}\begin{pmatrix}2&-1&3\\2&-1&3\\-2&1&-3\end{pmatrix}\end{aligned}$$

从而 $f(\boldsymbol{AB})=2(\boldsymbol{AB})^2-\boldsymbol{AB}+3\boldsymbol{E}=-5\boldsymbol{AB}+3\boldsymbol{E}=\begin{pmatrix}-7&5&-15\\-10&8&-15\\10&-5&18\end{pmatrix}$。

例 3.2.3 设 $\boldsymbol{A}=\begin{pmatrix}1&\lambda\\0&1\end{pmatrix}(\lambda\neq0)$，求 $\boldsymbol{A}^n$（n 是正整数）。

解 $\boldsymbol{A}=\begin{pmatrix}1&\lambda\\0&1\end{pmatrix}=\begin{pmatrix}1&0\\0&1\end{pmatrix}+\begin{pmatrix}0&\lambda\\0&0\end{pmatrix}=\boldsymbol{E}_2+\boldsymbol{B}$，其中 $\boldsymbol{B}=\begin{pmatrix}0&\lambda\\0&0\end{pmatrix}$，显然 $\boldsymbol{B}^2=$

$\begin{pmatrix}0&\lambda\\0&0\end{pmatrix}\begin{pmatrix}0&\lambda\\0&0\end{pmatrix}=\begin{pmatrix}0&0\\0&0\end{pmatrix}$,从而,当 $n\geqslant 2$ 时,均有 $\boldsymbol{B}^n=\begin{pmatrix}0&0\\0&0\end{pmatrix}$,此外 $\boldsymbol{EB}=\boldsymbol{BE}=\boldsymbol{B}$。

这样可以利用二项式定理展开得

$$\boldsymbol{A}^n=(\boldsymbol{E}+\boldsymbol{B})=\boldsymbol{E}^n+n\boldsymbol{E}^{n-1}\boldsymbol{B}+\cdots+\boldsymbol{B}^n=\boldsymbol{E}+n\boldsymbol{B}$$
$$=\begin{pmatrix}1&0\\0&1\end{pmatrix}+\begin{pmatrix}0&n\lambda\\0&0\end{pmatrix}=\begin{pmatrix}1&n\lambda\\0&1\end{pmatrix}$$

3.2.2 方阵的行列式

由于方阵的特点是行数和列数相等,故可以建立方阵行列式的概念。

定义 3.2.3 设 $\boldsymbol{A}$ 是 n 阶方阵,由 $\boldsymbol{A}$ 的元素按照原来的位置构成的 n 阶行列式,称为 n 阶方阵 $\boldsymbol{A}$ 的行列式,记作 $|\boldsymbol{A}|$ 或 $\det\boldsymbol{A}$。即设 $\boldsymbol{A}=\begin{pmatrix}a_{11}&a_{12}&\cdots&a_{1n}\\a_{21}&a_{22}&\cdots&a_{2n}\\\vdots&\vdots&&\vdots\\a_{n1}&a_{n2}&\cdots&a_{nn}\end{pmatrix}$,则 $|\boldsymbol{A}|=\det\boldsymbol{A}=$

$$\begin{vmatrix}a_{11}&a_{12}&\cdots&a_{1n}\\a_{21}&a_{22}&\cdots&a_{2n}\\\vdots&\vdots&&\vdots\\a_{n1}&a_{n2}&\cdots&a_{nn}\end{vmatrix}。$$

进一步地,若 $|\boldsymbol{A}|\neq 0$,则称方阵 $\boldsymbol{A}$ 是非退化的或非奇异的;若 $|\boldsymbol{A}|=0$,则称方阵 $\boldsymbol{A}$ 是退化的或奇异的。

根据矩阵的数乘运算和行列式的性质 1.5.4,对于 n 阶方阵 $\boldsymbol{A}$ 的行列式有 $|k\boldsymbol{A}|=k^n|\boldsymbol{A}|$。此外对于方阵的乘法还有如下重要的行列式定理。

定理 3.2.1 设 $\boldsymbol{A},\boldsymbol{B}$ 均是 n 阶方阵,则 $|\boldsymbol{AB}|=|\boldsymbol{A}||\boldsymbol{B}|$。

证明 设 $\boldsymbol{A}=\begin{pmatrix}a_{11}&a_{12}&\cdots&a_{1n}\\a_{21}&a_{22}&\cdots&a_{2n}\\\vdots&\vdots&&\vdots\\a_{n1}&a_{n2}&\cdots&a_{nn}\end{pmatrix}$,$\boldsymbol{B}=\begin{pmatrix}b_{11}&b_{12}&\cdots&b_{1n}\\b_{21}&b_{22}&\cdots&b_{2n}\\\vdots&\vdots&&\vdots\\b_{n1}&b_{n2}&\cdots&b_{nn}\end{pmatrix}$。

记 $\boldsymbol{C}=\boldsymbol{AB}=\begin{pmatrix}a_{11}&a_{12}&\cdots&a_{1n}\\a_{21}&a_{22}&\cdots&a_{2n}\\\vdots&\vdots&&\vdots\\a_{n1}&a_{n2}&\cdots&a_{nn}\end{pmatrix}\begin{pmatrix}b_{11}&b_{12}&\cdots&b_{1n}\\b_{21}&b_{22}&\cdots&b_{2n}\\\vdots&\vdots&&\vdots\\b_{n1}&b_{n2}&\cdots&b_{nn}\end{pmatrix}=\begin{pmatrix}c_{11}&c_{12}&\cdots&c_{1n}\\c_{21}&c_{22}&\cdots&c_{2n}\\\vdots&\vdots&&\vdots\\c_{n1}&c_{n2}&\cdots&c_{nn}\end{pmatrix}$,则由矩阵的乘法可知 $c_{ij}=a_{i1}b_{1j}+a_{i2}b_{2j}+\cdots+a_{in}b_{nj}=\sum_{k=1}^{n}a_{ik}b_{kj}$。

由例 1.6.8 可得

$$|\boldsymbol{AB}|=|\boldsymbol{C}|=|\boldsymbol{A}||\boldsymbol{B}|$$

显然定理 3.2.1 可以推广到多个 n 阶方阵乘积形式。

推论 3.2.1 设 $\boldsymbol{A}_1,\boldsymbol{A}_2,\cdots,\boldsymbol{A}_m$ 均是 n 阶方阵,则 $|\boldsymbol{A}_1\boldsymbol{A}_2\cdots\boldsymbol{A}_m|=$

$|A_1||A_2|\cdots|A_m|$。

例 3.2.4 设 $A=\begin{pmatrix}2&-1\\3&1\end{pmatrix}$，$B=\begin{pmatrix}1&2\\-1&1\end{pmatrix}$，验证：$|AB|=|A||B|$。

验证 $AB=\begin{pmatrix}2&-1\\3&1\end{pmatrix}\begin{pmatrix}1&2\\-1&1\end{pmatrix}=\begin{pmatrix}3&3\\2&7\end{pmatrix}$，所以 $|AB|=\begin{vmatrix}3&3\\2&7\end{vmatrix}=15$；

另外，$|A||B|=\begin{vmatrix}2&-1\\3&1\end{vmatrix}\begin{vmatrix}1&2\\-1&1\end{vmatrix}=5\times3=15$。

例 3.2.5 证明：奇数阶反对称矩阵 n 阶方阵 A 的行列式 $\det A=0$。

证明 由于 A 反对称，从而 $A^{\mathrm{T}}=-A$，所以

$$\det A=\det(A^{\mathrm{T}})=\det(-A)=(-1)^n\det A$$

又由于 A 是奇数阶矩阵，所以有 $\det A=-\det A$，因此，有 $\det A=0$。

3.3 分 块 矩 阵

在进行矩阵运算时，当矩阵的行数和列数较大，将其“分割”成一些低阶的矩阵往往能够起到化繁为简的作用或能够为推理提供新的思路，这就需要对大矩阵进行分块。

3.3.1 分块矩阵的概念

定义 3.3.1 一般地，把一个大的矩阵 A，用一些横线和纵线分成 $s\times t$ 个“小矩阵”

$$A_{kl}\quad (k=1,2,\cdots,s;l=1,2,\cdots,t)$$

称 A_{kl} 为矩阵 A 的子块。于是矩阵 A 可以表示成以这些子块为元素的形式上的矩阵，即 $A=\begin{pmatrix}A_{11}&\cdots&A_{1t}\\\vdots&&\vdots\\A_{s1}&\cdots&A_{st}\end{pmatrix}$，该等式右边形式上的矩阵，称为**分块矩阵**。

例如，把一个5阶矩阵分割如下：

$$A=\left(\begin{array}{ccc|cc}1&0&0&1&2\\0&1&0&3&4\\0&0&1&8&9\\\hline 1&2&3&0&0\\4&5&6&0&0\end{array}\right)=\begin{pmatrix}E_3&A_{12}\\A_{21}&O\end{pmatrix}$$

则矩阵 A 就被分割成4块的子矩阵，其中

$$E_3=\begin{pmatrix}1&0&0\\0&1&0\\0&0&1\end{pmatrix},\quad A_{12}=\begin{pmatrix}1&2\\3&4\\8&9\end{pmatrix},\quad A_{21}=\begin{pmatrix}1&2&3\\4&5&6\end{pmatrix},\quad O=\begin{pmatrix}0&0\\0&0\end{pmatrix}$$

矩阵分块方式是相当随意的，同一个矩阵可以根据需要划分成不同的子块，构成不同的

分块矩阵。在具体运用矩阵分块法时，要结合问题的需要选取适当的分块方法。

$$\boldsymbol{A}=\begin{pmatrix}a_{11} & a_{12} & a_{13} & a_{14} & a_{15}\\ a_{21} & a_{22} & a_{23} & a_{24} & a_{25}\\ a_{31} & a_{32} & a_{33} & a_{34} & a_{35}\end{pmatrix}$$

可以按照不同的方法分块

$$\boldsymbol{A}=\left(\begin{array}{c|c|c|c|c}a_{11} & a_{12} & a_{13} & a_{14} & a_{15}\\ a_{21} & a_{22} & a_{23} & a_{24} & a_{25}\\ a_{31} & a_{32} & a_{33} & a_{34} & a_{35}\end{array}\right)$$

$$\boldsymbol{A}=\left(\begin{array}{cc|ccc}a_{11} & a_{12} & a_{13} & a_{14} & a_{15}\\ \hline a_{21} & a_{22} & a_{23} & a_{24} & a_{25}\\ a_{31} & a_{32} & a_{33} & a_{34} & a_{35}\end{array}\right)$$

虽然矩阵分块有很多种方法，但常用的分块方法主要有两种。

1．按列分块

把矩阵 $\boldsymbol{A}=\begin{pmatrix}a_{11} & a_{12} & \cdots & a_{1n}\\ a_{21} & a_{22} & \cdots & a_{2n}\\ \vdots & \vdots & & \vdots\\ a_{m1} & a_{m2} & \cdots & a_{mn}\end{pmatrix}$ 的每一列作为一个子块，依次记为 $\boldsymbol{\alpha}_1,\boldsymbol{\alpha}_2,\cdots,\boldsymbol{\alpha}_n$，可以得到如下的分块矩阵：

$$\boldsymbol{A}=(\boldsymbol{\alpha}_1\quad \boldsymbol{\alpha}_2\quad \cdots\quad \boldsymbol{\alpha}_n)$$

其中 $\boldsymbol{\alpha}_j=\begin{pmatrix}a_{1j}\\ a_{2j}\\ \vdots\\ a_{mj}\end{pmatrix}$ 称为矩阵 $\boldsymbol{A}$ 的第 j 个列向量。

2．按行分块

把矩阵 $\boldsymbol{B}=\begin{pmatrix}b_{11} & b_{12} & \cdots & b_{1n}\\ b_{21} & b_{22} & \cdots & b_{2n}\\ \vdots & \vdots & & \vdots\\ b_{m1} & b_{m2} & \cdots & b_{mn}\end{pmatrix}$ 的每一行作为一个子块，依次记为 $\boldsymbol{\beta}_1,\boldsymbol{\beta}_2,\cdots,\boldsymbol{\beta}_m$，可以得到如下的分块矩阵：

$$\boldsymbol{B}=\begin{pmatrix}\boldsymbol{\beta}_1\\ \boldsymbol{\beta}_2\\ \vdots\\ \boldsymbol{\beta}_m\end{pmatrix}$$

其中 $\boldsymbol{\beta}_i=(b_{i1}\quad b_{i2}\quad \cdots\quad b_{in})$ 称为矩阵 $\boldsymbol{A}$ 的第 i 个行向量。

矩阵的分块可以是任意的，同一个矩阵可以根据不同的需要分成不同的子块，从而构成不同的分块矩阵。除了理论和实际的需要，在矩阵进行分块时，一般应考虑如下两点：

(1) 要显示出矩阵某些部分特征

例如，设矩阵 $A=\begin{pmatrix}1&2&0&0&0\\-1&1&0&0&0\\2&3&1&0&0\\-1&4&0&1&0\\5&-6&0&0&1\end{pmatrix}$，则 $A=\begin{pmatrix}1&2&0&0&0\\-1&1&0&0&0\\2&3&1&0&0\\-1&4&0&1&0\\5&-6&0&0&1\end{pmatrix}=\begin{pmatrix}A_{11}&A_{12}\\A_{21}&A_{22}\end{pmatrix}$，

这里 $A_{11}=\begin{pmatrix}1&2\\-1&1\end{pmatrix}$，$A_{12}=O=\begin{pmatrix}0&0&0\\0&0&0\end{pmatrix}$，$A_{21}=\begin{pmatrix}2&3\\-1&4\\5&-6\end{pmatrix}$，$A_{22}=E_3=\begin{pmatrix}1&0&0\\0&1&0\\0&0&1\end{pmatrix}$。这种分块方法较好，最大程度地显示了矩阵部分特征，其他任一种分法均不能够最大程度显示。如

$$A=\begin{pmatrix}1&2&0&0&0\\-1&1&0&0&0\\2&3&1&0&0\\-1&4&0&1&0\\5&-6&0&0&1\end{pmatrix}=\begin{pmatrix}A_{11}&A_{12}\\A_{21}&A_{22}\end{pmatrix}$$

这里 $A_{11}=\begin{pmatrix}1&2\\-1&1\\2&3\end{pmatrix}$，$A_{12}=\begin{pmatrix}0&0&0\\0&0&0\\1&0&0\end{pmatrix}$，$A_{21}=\begin{pmatrix}-1&4\\5&-6\end{pmatrix}$，$A_{22}=\begin{pmatrix}0&1&0\\0&0&1\end{pmatrix}$就不能够最大限度显示矩阵 A 的部分特征。

(2) 要适合矩阵运算的相应要求

① 加法——满足对应的行数和列数相等；

② 乘法——满足左边子矩阵的列数和右边子矩阵的行数相等；

③ 求逆——必须满足原矩阵是方阵，求逆的子矩阵也是方阵。

3.3.2 分块矩阵的运算

1. 分块矩阵的加法运算

设矩阵 A 和矩阵 B 是同型矩阵，且它们的分块方式也完全相同，即

$$A=\begin{pmatrix}A_{11}&A_{12}&\cdots&A_{1t}\\A_{21}&A_{22}&\cdots&A_{2t}\\\vdots&\vdots&&\vdots\\A_{s1}&A_{s2}&\cdots&A_{st}\end{pmatrix},\quad B=\begin{pmatrix}B_{11}&B_{12}&\cdots&B_{1t}\\B_{21}&B_{22}&\cdots&B_{2t}\\\vdots&\vdots&&\vdots\\B_{s1}&B_{s2}&\cdots&B_{st}\end{pmatrix}$$

且 A_{ij} 与 B_{ij}（$i=1,2,\cdots,s$；$j=1,2,\cdots,t$）亦是同型矩阵，则 $A+B$

$$=\begin{pmatrix} \boldsymbol{A}_{11}+\boldsymbol{B}_{11} & \boldsymbol{A}_{12}+\boldsymbol{B}_{12} & \cdots & \boldsymbol{A}_{1t}+\boldsymbol{B}_{1t} \\ \boldsymbol{A}_{21}+\boldsymbol{B}_{21} & \boldsymbol{A}_{22}+\boldsymbol{B}_{22} & \cdots & \boldsymbol{A}_{2t}+\boldsymbol{B}_{2t} \\ \vdots & \vdots & & \vdots \\ \boldsymbol{A}_{s1}+\boldsymbol{B}_{s1} & \boldsymbol{A}_{s2}+\boldsymbol{B}_{s2} & \cdots & \boldsymbol{A}_{st}+\boldsymbol{B}_{st} \end{pmatrix}。$$

这说明分块矩阵 $\boldsymbol{A}$ 和分块矩阵 $\boldsymbol{B}$ 相加，只需要把它们对应的子块相加即可。前提条件是不但矩阵 $\boldsymbol{A}$ 和矩阵 $\boldsymbol{B}$ 要同型，而且他们的分块也一样，每个子块也要同型。

2. 分块矩阵的数乘运算

设矩阵 $\boldsymbol{A}=\begin{pmatrix} \boldsymbol{A}_{11} & \boldsymbol{A}_{12} & \cdots & \boldsymbol{A}_{1t} \\ \boldsymbol{A}_{21} & \boldsymbol{A}_{22} & \cdots & \boldsymbol{A}_{2t} \\ \vdots & \vdots & & \vdots \\ \boldsymbol{A}_{s1} & \boldsymbol{A}_{s2} & \cdots & \boldsymbol{A}_{st} \end{pmatrix}$，$\lambda$ 是一个常数，则 $\lambda\boldsymbol{A}=\begin{pmatrix} \lambda\boldsymbol{A}_{11} & \lambda\boldsymbol{A}_{12} & \cdots & \lambda\boldsymbol{A}_{1t} \\ \lambda\boldsymbol{A}_{21} & \lambda\boldsymbol{A}_{22} & \cdots & \lambda\boldsymbol{A}_{2t} \\ \vdots & \vdots & & \vdots \\ \lambda\boldsymbol{A}_{s1} & \lambda\boldsymbol{A}_{s2} & \cdots & \lambda\boldsymbol{A}_{st} \end{pmatrix}$

3. 分块矩阵的乘法运算

设矩阵 $\boldsymbol{A}$ 和矩阵 $\boldsymbol{B}$ 的分块如下：

$$\boldsymbol{A}=\begin{pmatrix} \boldsymbol{A}_{11} & \boldsymbol{A}_{12} & \cdots & \boldsymbol{A}_{1s} \\ \boldsymbol{A}_{21} & \boldsymbol{A}_{22} & \cdots & \boldsymbol{A}_{2s} \\ \vdots & \vdots & & \vdots \\ \boldsymbol{A}_{r1} & \boldsymbol{A}_{r2} & \cdots & \boldsymbol{A}_{rs} \end{pmatrix},\quad \boldsymbol{B}=\begin{pmatrix} \boldsymbol{B}_{11} & \boldsymbol{B}_{12} & \cdots & \boldsymbol{B}_{1t} \\ \boldsymbol{B}_{21} & \boldsymbol{B}_{22} & \cdots & \boldsymbol{B}_{2t} \\ \vdots & \vdots & & \vdots \\ \boldsymbol{B}_{s1} & \boldsymbol{B}_{s2} & \cdots & \boldsymbol{B}_{st} \end{pmatrix}$$

其中子块 $\boldsymbol{A}_{ij}$ 的列数等于子块 $\boldsymbol{B}_{jk}$ 的行数（$i=1,2,\cdots,r;j=1,2,\cdots,s;k=1,2,\cdots,t$），则

$$\boldsymbol{AB}=\begin{pmatrix} \boldsymbol{A}_{11} & \boldsymbol{A}_{12} & \cdots & \boldsymbol{A}_{1s} \\ \boldsymbol{A}_{21} & \boldsymbol{A}_{22} & \cdots & \boldsymbol{A}_{2s} \\ \vdots & \vdots & & \vdots \\ \boldsymbol{A}_{r1} & \boldsymbol{A}_{r2} & \cdots & \boldsymbol{A}_{rs} \end{pmatrix}\begin{pmatrix} \boldsymbol{B}_{11} & \boldsymbol{B}_{12} & \cdots & \boldsymbol{B}_{1t} \\ \boldsymbol{B}_{21} & \boldsymbol{B}_{22} & \cdots & \boldsymbol{B}_{2t} \\ \vdots & \vdots & & \vdots \\ \boldsymbol{B}_{s1} & \boldsymbol{B}_{s2} & \cdots & \boldsymbol{B}_{st} \end{pmatrix}=\boldsymbol{C}=\begin{pmatrix} \boldsymbol{C}_{11} & \boldsymbol{C}_{12} & \cdots & \boldsymbol{C}_{1t} \\ \boldsymbol{C}_{21} & \boldsymbol{C}_{22} & \cdots & \boldsymbol{C}_{2t} \\ \vdots & \vdots & & \vdots \\ \boldsymbol{C}_{r1} & \boldsymbol{C}_{r2} & \cdots & \boldsymbol{C}_{rt} \end{pmatrix}$$

其中 $\boldsymbol{C}_{ik}=\boldsymbol{A}_{i1}\boldsymbol{B}_{1k}+\boldsymbol{A}_{i2}\boldsymbol{B}_{2k}+\cdots+\boldsymbol{A}_{is}\boldsymbol{B}_{sk}$（$i=1,2,\cdots,r;k=1,2,\cdots,t$）。

需要强调的是，矩阵分块乘法的条件——左矩阵列的分法和右矩阵行的分法要一致，这是分块乘法仅有的条件，不用考虑左矩阵行和右矩阵列如何分，这就给应用分块矩阵进行乘法运算提供了广泛的可能性。例如，上一节中提到矩阵乘法就可以按照分行和分列乘。

设矩阵 $\boldsymbol{A}=\begin{pmatrix} a_{11} & a_{12} & \cdots & a_{1s} \\ a_{21} & a_{22} & \cdots & a_{2s} \\ \vdots & \vdots & & \vdots \\ a_{m1} & a_{m2} & \cdots & a_{ms} \end{pmatrix}$，$\boldsymbol{B}=\begin{pmatrix} b_{11} & b_{12} & \cdots & b_{1n} \\ b_{21} & b_{22} & \cdots & b_{2n} \\ \vdots & \vdots & & \vdots \\ b_{s1} & b_{s2} & \cdots & b_{sn} \end{pmatrix}$，若矩阵 $\boldsymbol{A}$ 用行向量表示，矩阵 $\boldsymbol{B}$ 用列向量表示，即 $\boldsymbol{A}=\begin{pmatrix} \boldsymbol{\alpha}_1 \\ \boldsymbol{\alpha}_2 \\ \vdots \\ \boldsymbol{\alpha}_m \end{pmatrix}$，$\boldsymbol{B}=(\boldsymbol{\beta}_1 \quad \boldsymbol{\beta}_2 \quad \cdots \quad \boldsymbol{\beta}_n)$，则

$$\boldsymbol{AB}=\begin{pmatrix}\boldsymbol{\alpha}_1\\ \boldsymbol{\alpha}_2\\ \vdots\\ \boldsymbol{\alpha}_m\end{pmatrix}\boldsymbol{B}=\begin{pmatrix}\boldsymbol{\alpha}_1\boldsymbol{B}\\ \boldsymbol{\alpha}_2\boldsymbol{B}\\ \vdots\\ \boldsymbol{\alpha}_m\boldsymbol{B}\end{pmatrix}$$

$$\boldsymbol{AB}=\boldsymbol{A}(\boldsymbol{\beta}_1\quad\boldsymbol{\beta}_2\quad\cdots\quad\boldsymbol{\beta}_n)=(\boldsymbol{A\beta}_1\quad\boldsymbol{A\beta}_2\quad\cdots\quad\boldsymbol{A\beta}_n)$$

若矩阵 $\boldsymbol{A}$ 用列向量表示,矩阵 $\boldsymbol{B}$ 用行向量表示,即 $\boldsymbol{A}=(\boldsymbol{\alpha}_1\quad\boldsymbol{\alpha}_2\quad\cdots\quad\boldsymbol{\alpha}_s)$, $\boldsymbol{B}=\begin{pmatrix}\boldsymbol{\beta}_1\\ \boldsymbol{\beta}_2\\ \vdots\\ \boldsymbol{\beta}_s\end{pmatrix}$,则

$$\boldsymbol{AB}=\begin{pmatrix}a_{11}&a_{12}&\cdots&a_{1s}\\ a_{21}&a_{22}&\cdots&a_{2s}\\ \vdots&\vdots&&\vdots\\ a_{m1}&a_{m2}&\cdots&a_{ms}\end{pmatrix}\begin{pmatrix}\boldsymbol{\beta}_1\\ \boldsymbol{\beta}_2\\ \vdots\\ \boldsymbol{\beta}_s\end{pmatrix}=\begin{pmatrix}a_{11}\boldsymbol{\beta}_1+a_{12}\boldsymbol{\beta}_2+\cdots+a_{1s}\boldsymbol{\beta}_s\\ a_{21}\boldsymbol{\beta}_1+a_{22}\boldsymbol{\beta}_2+\cdots+a_{2s}\boldsymbol{\beta}_s\\ \vdots\\ a_{m1}\boldsymbol{\beta}_1+a_{m2}\boldsymbol{\beta}_2+\cdots+a_{ms}\boldsymbol{\beta}_s\end{pmatrix}$$

$$\boldsymbol{AB}=(\boldsymbol{\alpha}_1\quad\boldsymbol{\alpha}_2\quad\cdots\quad\boldsymbol{\alpha}_s)\begin{pmatrix}b_{11}&b_{12}&\cdots&b_{1n}\\ b_{21}&b_{22}&\cdots&b_{2n}\\ \vdots&\vdots&&\vdots\\ b_{s1}&b_{s2}&\cdots&b_{sn}\end{pmatrix}=\left(\sum_{i=1}^{n}b_{i1}\boldsymbol{\alpha}_i\quad\sum_{i=1}^{n}b_{i2}\boldsymbol{\alpha}_i\quad\cdots\quad\sum_{i=1}^{n}b_{is}\boldsymbol{\alpha}_i\right)$$

例 3.3.1 已知 $\boldsymbol{A}=\begin{pmatrix}1&0&0&0\\0&1&0&0\\-1&2&1&0\\1&1&0&1\end{pmatrix}$, $\boldsymbol{B}=\begin{pmatrix}1&0&1&0\\1&2&0&1\\1&0&4&1\\1&-1&2&0\end{pmatrix}$,求 $k\boldsymbol{A}$, $\boldsymbol{A}+\boldsymbol{B}$, $\boldsymbol{AB}$。

解 对矩阵 $\boldsymbol{A}$, $\boldsymbol{B}$ 进行如下的分块:

$$\boldsymbol{A}=\begin{pmatrix}\boldsymbol{E}_2&\boldsymbol{O}\\ \boldsymbol{A}_{21}&\boldsymbol{E}_2\end{pmatrix},\quad\boldsymbol{B}=\begin{pmatrix}\boldsymbol{B}_{11}&\boldsymbol{E}_2\\ \boldsymbol{B}_{21}&\boldsymbol{B}_{22}\end{pmatrix}$$

这里 $\boldsymbol{A}_{21}=\begin{pmatrix}-1&2\\1&1\end{pmatrix}$, $\boldsymbol{B}_{11}=\begin{pmatrix}1&0\\1&2\end{pmatrix}$, $\boldsymbol{B}_{21}=\begin{pmatrix}1&0\\1&-1\end{pmatrix}$, $\boldsymbol{B}_{22}=\begin{pmatrix}4&1\\2&0\end{pmatrix}$,则

$$k\boldsymbol{A}=k\begin{pmatrix}\boldsymbol{E}_2&\boldsymbol{O}\\ \boldsymbol{A}_{21}&\boldsymbol{E}_2\end{pmatrix}=\begin{pmatrix}k\boldsymbol{E}_2&\boldsymbol{O}\\ k\boldsymbol{A}_{21}&k\boldsymbol{E}_2\end{pmatrix}=\begin{pmatrix}k&0&0&0\\0&k&0&0\\-k&2k&k&0\\k&k&0&k\end{pmatrix}$$

$$\boldsymbol{A}+\boldsymbol{B}=\begin{pmatrix}\boldsymbol{E}_2&\boldsymbol{O}\\ \boldsymbol{A}_{21}&\boldsymbol{E}_2\end{pmatrix}+\begin{pmatrix}\boldsymbol{B}_{11}&\boldsymbol{E}_2\\ \boldsymbol{B}_{21}&\boldsymbol{B}_{22}\end{pmatrix}=\begin{pmatrix}\boldsymbol{E}_2+\boldsymbol{B}_{11}&\boldsymbol{E}_2\\ \boldsymbol{A}_{21}+\boldsymbol{B}_{21}&\boldsymbol{E}_2+\boldsymbol{B}_{22}\end{pmatrix}=\begin{pmatrix}2&0&1&0\\1&3&0&1\\0&2&5&1\\2&0&2&1\end{pmatrix}$$

$$\boldsymbol{AB}=\begin{pmatrix}\boldsymbol{E}_2&\boldsymbol{O}\\ \boldsymbol{A}_{21}&\boldsymbol{E}_2\end{pmatrix}\begin{pmatrix}\boldsymbol{B}_{11}&\boldsymbol{E}_2\\ \boldsymbol{B}_{21}&\boldsymbol{B}_{22}\end{pmatrix}=\begin{pmatrix}\boldsymbol{B}_{11}&\boldsymbol{E}_2\\ \boldsymbol{A}_{21}\boldsymbol{B}_{11}+\boldsymbol{B}_{21}&\boldsymbol{A}_{21}+\boldsymbol{B}_{22}\end{pmatrix}$$

其中

$$A_{21}B_{11}+B_{21}=\begin{pmatrix}-1&2\\1&1\end{pmatrix}\begin{pmatrix}1&0\\1&2\end{pmatrix}+\begin{pmatrix}1&0\\1&-1\end{pmatrix}=\begin{pmatrix}2&4\\3&1\end{pmatrix}$$

$$A_{21}+B_{22}=\begin{pmatrix}-1&2\\1&1\end{pmatrix}+\begin{pmatrix}4&1\\2&0\end{pmatrix}=\begin{pmatrix}3&3\\3&1\end{pmatrix}$$

于是可得 $AB=\begin{pmatrix}1&0&1&0\\1&2&0&1\\2&4&3&3\\3&1&3&1\end{pmatrix}$。

例 3.3.2 证明:对于任一 $m\times n$ 矩阵 A,都有

$$A\varepsilon_j=A^{(j)},\quad \varepsilon_i^{\mathrm{T}}A=A_{(i)}$$

这里 $A^{(j)}$ 表示矩阵 A 的第 $j(j=1,2,\cdots,n)$ 列,$A_{(i)}$ 表示矩阵 A 的第 $i(i=1,2,\cdots,m)$ 行,

$$\varepsilon_1=\begin{pmatrix}1\\0\\\vdots\\0\\0\end{pmatrix},\quad \varepsilon_2=\begin{pmatrix}0\\1\\\vdots\\0\\0\end{pmatrix},\quad \cdots,\quad \varepsilon_j=\begin{pmatrix}0\\\vdots\\0\\1\\0\\\vdots\\0\end{pmatrix},\quad \cdots,\quad \varepsilon_n=\begin{pmatrix}0\\0\\\vdots\\0\\1\end{pmatrix}$$

证明 将矩阵 A 按列分块为

$$A=(A^{(1)}\quad A^{(2)}\quad \cdots\quad A^{(n)})$$

则

$$A\varepsilon_j=(A^{(1)}\quad A^{(2)}\quad \cdots\quad A^{(n)})\begin{pmatrix}0\\\vdots\\0\\1\\0\\\vdots\\0\end{pmatrix}=A^{(j)}$$

若将 A 按行分块为 $A=\begin{pmatrix}A_{(1)}\\A_{(2)}\\\vdots\\A_{(m)}\end{pmatrix}$,则

$$\varepsilon_i^{\mathrm{T}}A=(0\quad\cdots\quad 0\quad 1\quad 0\quad\cdots\quad 0)\begin{pmatrix}A_{(1)}\\A_{(2)}\\\vdots\\A_{(m)}\end{pmatrix}=A_{(i)}$$

例 3.3.3 对于任一 n 阶矩阵

$$\boldsymbol{A}=\begin{pmatrix}0 & 1 & & \\ & 0 & \ddots & \\ & & \ddots & 1\\ & & & 0\end{pmatrix}$$

求证：$\boldsymbol{A}^n=\boldsymbol{O}$。

证明 由于 $\boldsymbol{A}=\begin{pmatrix}0 & 1 & & \\ & 0 & \ddots & \\ & & \ddots & 1\\ & & & 0\end{pmatrix}=(\boldsymbol{0}\quad \boldsymbol{\varepsilon}_1\quad \boldsymbol{\varepsilon}_2\quad \cdots\quad \boldsymbol{\varepsilon}_{n-1})$，故

$$\boldsymbol{A}^2=\boldsymbol{A}(\boldsymbol{0}\quad \boldsymbol{\varepsilon}_1\quad \boldsymbol{\varepsilon}_2\quad \cdots\quad \boldsymbol{\varepsilon}_{n-1})=(\boldsymbol{0}\quad \boldsymbol{A\varepsilon}_1\quad \boldsymbol{A\varepsilon}_2\quad \cdots\quad \boldsymbol{A\varepsilon}_{n-1})$$

利用上面的结果应该有

$$\boldsymbol{A\varepsilon}_1=\boldsymbol{0},\quad \boldsymbol{A\varepsilon}_2=\boldsymbol{\varepsilon}_1,\quad \cdots,\quad \boldsymbol{A\varepsilon}_{n-1}=\boldsymbol{\varepsilon}_{n-2}$$

于是

$$\boldsymbol{A}^2=(\boldsymbol{0}\quad \boldsymbol{0}\quad \boldsymbol{\varepsilon}_1\quad \cdots\quad \boldsymbol{\varepsilon}_{n-2})$$

依此类推，可得

$$\boldsymbol{A}^k=\Big(\underbrace{\boldsymbol{0},\cdots,\boldsymbol{0}}_{k}\quad \boldsymbol{\varepsilon}_1\quad \cdots\quad \boldsymbol{\varepsilon}_{n-k}\Big)\quad (k=1,2,\cdots,n)$$

当 $k=n$ 时，即有 $\boldsymbol{A}^n=\boldsymbol{O}$。

4. 分块矩阵的转置

设矩阵 $\boldsymbol{A}=\begin{pmatrix}\boldsymbol{A}_{11} & \boldsymbol{A}_{12} & \cdots & \boldsymbol{A}_{1t}\\ \boldsymbol{A}_{21} & \boldsymbol{A}_{22} & \cdots & \boldsymbol{A}_{2t}\\ \vdots & \vdots & & \vdots\\ \boldsymbol{A}_{s1} & \boldsymbol{A}_{s2} & \cdots & \boldsymbol{A}_{st}\end{pmatrix}$，则规定矩阵 $\boldsymbol{A}^{\mathrm{T}}=\begin{pmatrix}\boldsymbol{A}_{11}^{\mathrm{T}} & \boldsymbol{A}_{21}^{\mathrm{T}} & \cdots & \boldsymbol{A}_{s1}^{\mathrm{T}}\\ \boldsymbol{A}_{12}^{\mathrm{T}} & \boldsymbol{A}_{22}^{\mathrm{T}} & \cdots & \boldsymbol{A}_{s2}^{\mathrm{T}}\\ \vdots & \vdots & & \vdots\\ \boldsymbol{A}_{1t}^{\mathrm{T}} & \boldsymbol{A}_{2t}^{\mathrm{T}} & \cdots & \boldsymbol{A}_{st}^{\mathrm{T}}\end{pmatrix}$ 为分块矩阵 $\boldsymbol{A}$ 的转置矩阵。

例如，设 $\boldsymbol{A}=\left(\begin{array}{cc:cc}1 & 2 & 4 & 1\\ \hdashline 5 & 7 & 3 & 1\\ 2 & 4 & 0 & 5\end{array}\right)=\begin{pmatrix}\boldsymbol{A}_{11} & \boldsymbol{A}_{12}\\ \boldsymbol{A}_{21} & \boldsymbol{A}_{22}\end{pmatrix}$，则 $\boldsymbol{A}^{\mathrm{T}}=\begin{pmatrix}\boldsymbol{A}_{11}^{\mathrm{T}} & \boldsymbol{A}_{21}^{\mathrm{T}}\\ \boldsymbol{A}_{12}^{\mathrm{T}} & \boldsymbol{A}_{22}^{\mathrm{T}}\end{pmatrix}=\left(\begin{array}{c:cc}1 & 5 & 2\\ 2 & 7 & 4\\ \hdashline 4 & 3 & 0\\ 1 & 1 & 5\end{array}\right)$。

5. 对角分块矩阵

若方阵 $\boldsymbol{A}$ 的分块矩阵只在主对角线上有非零的子块，其余子块都是零矩阵，且非零的子块都是方阵，即

$$\boldsymbol{A}=\begin{pmatrix}\boldsymbol{A}_1 & \boldsymbol{O} & \cdots & \boldsymbol{O}\\ \boldsymbol{O} & \boldsymbol{A}_2 & \cdots & \boldsymbol{O}\\ \vdots & \vdots & & \vdots\\ \boldsymbol{O} & \boldsymbol{O} & \cdots & \boldsymbol{A}_s\end{pmatrix}$$

其中 $\boldsymbol{A}_i(i=1,2,\cdots,s)$都是方阵，则称方阵 $\boldsymbol{A}$ 为**分块对角矩阵**。

对分块对角矩阵的运算可以化为对其主对角线上子块的运算。

例如：

$$\boldsymbol{A}=\begin{pmatrix}\boldsymbol{A}_1 & \boldsymbol{O} & \cdots & \boldsymbol{O}\\ \boldsymbol{O} & \boldsymbol{A}_2 & \cdots & \boldsymbol{O}\\ \vdots & \vdots & & \vdots\\ \boldsymbol{O} & \boldsymbol{O} & \cdots & \boldsymbol{A}_s\end{pmatrix},\quad \boldsymbol{B}=\begin{pmatrix}\boldsymbol{B}_1 & \boldsymbol{O} & \cdots & \boldsymbol{O}\\ \boldsymbol{O} & \boldsymbol{B}_2 & \cdots & \boldsymbol{O}\\ \vdots & \vdots & & \vdots\\ \boldsymbol{O} & \boldsymbol{O} & \cdots & \boldsymbol{B}_s\end{pmatrix}$$

若 $\boldsymbol{A}_i$ 与 $\boldsymbol{B}_i(i=1,2,\cdots,s)$是阶数相等的方阵，则

$$\boldsymbol{A}+\boldsymbol{B}=\begin{pmatrix}\boldsymbol{A}_1+\boldsymbol{B}_1 & \boldsymbol{O} & \cdots & \boldsymbol{O}\\ \boldsymbol{O} & \boldsymbol{A}_2+\boldsymbol{B}_2 & \cdots & \boldsymbol{O}\\ \vdots & \vdots & & \vdots\\ \boldsymbol{O} & \boldsymbol{O} & \cdots & \boldsymbol{A}_s+\boldsymbol{B}_s\end{pmatrix}$$

$$\boldsymbol{AB}=\begin{pmatrix}\boldsymbol{A}_1\boldsymbol{B}_1 & \boldsymbol{O} & \cdots & \boldsymbol{O}\\ \boldsymbol{O} & \boldsymbol{A}_2\boldsymbol{B}_2 & \cdots & \boldsymbol{O}\\ \vdots & \vdots & & \vdots\\ \boldsymbol{O} & \boldsymbol{O} & \cdots & \boldsymbol{A}_s\boldsymbol{B}_s\end{pmatrix}$$

3.4 初等矩阵和初等变换

初等变换起源于解线性方程组的消元法，早在我国古代，重要的数学著作《九章算术》就详细地讨论了线性方程组的解法，为线性代数铺下了第一块基石。然而初等变换的作用不只是用于解线性方程组，还可利用它将一个矩阵 $\boldsymbol{A}$ 化为形状简单的矩阵 $\boldsymbol{B}$，再通过 $\boldsymbol{B}$ 来探讨 $\boldsymbol{A}$ 的某些性质，初等变换是矩阵论中常用的方法。把矩阵的初等变换与矩阵的乘法联系起来，以便对矩阵问题进行研究。

3.4.1 矩阵的初等变换

首先看一个例子：

求解线性方程组

$$(\text{Ⅰ})\begin{cases}2x_1+x_2=3 & (3.4.1)\\ x_1+x_2=2 & (3.4.2)\end{cases}$$

首先交换(3.4.1)式和(3.4.2)式得

$$(\text{Ⅱ})\begin{cases}x_1+x_2=2 & (3.4.3)\\ 2x_1+x_2=3 & (3.4.4)\end{cases}$$

其次将(3.4.4)式减去(3.4.3)式的 2 倍得

$$(\text{Ⅲ})\begin{cases}x_1+x_2=2 & (3.4.5)\\ -x_2=-1 & (3.4.6)\end{cases}$$

最后将(3.4.6)式加到(3.4.5)式，再在(3.4.6)式两边乘以 -1，得

$$(\mathrm{IV})\begin{cases}x_1 = 1\\ x_2 = 1\end{cases}$$

这一解方程组的过程就是典型的高斯消元过程，由于方程组(Ⅰ)对应一个矩阵

$$\boldsymbol{A}=\begin{pmatrix}2&1&3\\1&1&2\end{pmatrix}$$

这里矩阵 $\boldsymbol{A}$ 的第1行对应(3.4.1)式，第二行对应(3.4.2)式。

若用 $r_i\leftrightarrow r_j(c_i\leftrightarrow c_j)$ 表示第 i 行(列)与第 j 行(列)对换；$kr_i(kc_i)$ 表示第 i 行(列)乘以非零的数 k；$r_i+kr_j(c_i+kc_j)$ 表示将第 j 行(列)的每个元素的 k 倍加到第 i 行(列)对应的元素上。

于是上述的 Gauss 消元过程可以用矩阵表示如下：

$$\boldsymbol{A}=\begin{pmatrix}2&1&3\\1&1&2\end{pmatrix}\xrightarrow{r_1\leftrightarrow r_2}\begin{pmatrix}1&1&2\\2&1&3\end{pmatrix}\xrightarrow{r_2-2r_1}\begin{pmatrix}1&1&2\\0&-1&-1\end{pmatrix}$$

$$\xrightarrow{r_1+r_2}\begin{pmatrix}1&0&1\\0&-1&-1\end{pmatrix}\xrightarrow{(-1)r_2}\begin{pmatrix}1&0&1\\0&1&1\end{pmatrix}=\boldsymbol{B}$$

其中矩阵 $\boldsymbol{B}$ 是形式简单的矩阵，它对应于方程组(Ⅳ)。今后也会对矩阵的列也进行相应的操作。

定义 3.4.1　矩阵的下面三种类型的变换统称为矩阵的初等行变换(初等列变换)：

(1) **对换变换**　交换矩阵的第 i 行(列)与第 j 行(列)，记作 $r_i\leftrightarrow r_j(c_i\leftrightarrow c_j)$；

(2) **倍乘变换**　用非零的数 k 乘以矩阵的第 i 行(列)的所有元素，记作 $kr_i(kc_i)$；

(3) **倍加变换**　把矩阵的第 j 行(列)乘以数 k 加到第 i 行(列)，记作 $r_i+kr_j(c_i+kc_j)$。

对矩阵的行实施的初等变换称为**行初等变换**，对矩阵的列实施的初等变换称为**列初等变换**，行初等变换和列初等变换统称为**初等变换**。

注 3.4.1　从下面的变换过程可以看出，上述的三种初等变换都是可逆的。

(1) $\boldsymbol{A}\xrightarrow{r_i\leftrightarrow r_j}\boldsymbol{B}\xrightarrow{r_i\leftrightarrow r_j}\boldsymbol{A}$，$\boldsymbol{A}\xrightarrow{c_i\leftrightarrow c_j}\boldsymbol{B}\xrightarrow{c_i\leftrightarrow c_j}\boldsymbol{A}$；

(2) $\boldsymbol{A}\xrightarrow{kr_i}\boldsymbol{B}\xrightarrow{\frac{1}{k}r_i}\boldsymbol{A}$，$\boldsymbol{A}\xrightarrow{kc_i}\boldsymbol{B}\xrightarrow{\frac{1}{k}c_i}\boldsymbol{A}$；

(3) $\boldsymbol{A}\xrightarrow{r_i+kr_j}\boldsymbol{B}\xrightarrow{r_i-kr_j}\boldsymbol{A}$，$\boldsymbol{A}\xrightarrow{c_i+kc_j}\boldsymbol{B}\xrightarrow{c_i-kc_j}\boldsymbol{A}$。

定义 3.4.2　如果矩阵 $\boldsymbol{A}$ 可以经过有限次初等变换化为矩阵 $\boldsymbol{B}$，则称 $\boldsymbol{A}$ 和 $\boldsymbol{B}$ 等价，记作 $\boldsymbol{A}\sim\boldsymbol{B}$。

容易验证矩阵之间的等价关系具有如下三个性质：

(1) **反身性**　$\boldsymbol{A}\sim\boldsymbol{A}$；

(2) **对称性**　若 $\boldsymbol{A}\sim\boldsymbol{B}$，则 $\boldsymbol{B}\sim\boldsymbol{A}$；

(3) **传递性**　若 $\boldsymbol{A}\sim\boldsymbol{B}$ 且 $\boldsymbol{B}\sim\boldsymbol{C}$，则 $\boldsymbol{A}\sim\boldsymbol{C}$。

数学中把具有上述三条性质的关系称为等价关系。

对于一个矩阵实施初等变换，一般要将其变成什么样的矩阵呢？为此我们给出行(列)

阶梯形矩阵和行(列)最简形矩阵的概念。

定义 3.4.3 如果矩阵 $\boldsymbol{A}$,它的元素满足如下条件:

(1) 零行(列)(元素全为零的行)位于全部非零行的下方(若有);

(2) 非零行(列)的首非零元的列下标随其行(列)下标的递增而严格递增,

则称此矩阵为**行(列)阶梯形矩阵**。例如:

$$\begin{pmatrix} 2 & -1 & 1 & 4 \\ 0 & 0 & -3 & 5 \\ 0 & 0 & 0 & 0 \end{pmatrix}$$

定义 3.4.4 如果一个行(列)阶梯形矩阵 $\boldsymbol{A}$,它的元素还满足如下条件:

(1) 非零行(列)的首非零元为 1;

(2) 非零行(列)的首非零元所在列的其余元均为 0,

则称此矩阵为**行(列)最简形矩阵**。例如:

$$\begin{pmatrix} 1 & 5 & 0 & -3 \\ 0 & 0 & 1 & 2 \\ 0 & 0 & 0 & 0 \end{pmatrix}$$

定理 3.4.1 任意一个矩阵 $\boldsymbol{A}=(a_{ij})_{m\times n}$ 都与如下的矩阵 $\boldsymbol{D}_{m\times n}$ 等价:

$$\boldsymbol{D}_{m\times n} = \begin{pmatrix} \boldsymbol{E}_{r\times r} & \boldsymbol{O}_{m\times(n-r)} \\ \boldsymbol{O}_{(m-r)\times n} & \boldsymbol{O}_{(m-r)\times(n-r)} \end{pmatrix} = \begin{pmatrix} 1 & 0 & \cdots & 0 & \cdots & 0 \\ 0 & 1 & \cdots & 0 & \cdots & 0 \\ \vdots & \vdots & & \vdots & & \vdots \\ 0 & 0 & \cdots & 1 & \cdots & 0 \\ 0 & 0 & \cdots & 0 & \cdots & 0 \\ \vdots & \vdots & & \vdots & & \vdots \\ 0 & 0 & \cdots & 0 & \cdots & 0 \end{pmatrix} \begin{matrix} \\ \\ \\ \rightarrow 第\ r\ 行 \\ \\ \\ \\ \end{matrix} \tag{3.4.7}$$

这里 $r\leqslant\min\{m,n\}$,$\boldsymbol{D}_{m\times n}$ 称为矩阵 $\boldsymbol{A}=(a_{ij})_{m\times n}$ 的**等价标准形**。

证明 如果矩阵 $\boldsymbol{A}=\boldsymbol{O}$,那么 $\boldsymbol{A}$ 本身就是 $r=0$ 的矩阵,由等价的反身性知 $\boldsymbol{A}\sim\boldsymbol{D}$。

若矩阵 $\boldsymbol{A}\neq\boldsymbol{O}$,则至少有一个元素 $a_{ij}\neq0$,经过若干次换行和换列一定能够得到 $a_{11}\neq0$,此时用 $-\dfrac{a_{i1}}{a_{11}}(i=2,3,\cdots,m)$ 乘矩阵 $\boldsymbol{A}$ 的第一行加到第 i 行,化 a_{i1} 为零;再用 $-\dfrac{a_{1j}}{a_{11}}(j=2,3,\cdots,n)$ 乘矩阵 $\boldsymbol{A}$ 的第一列加到第 j 列,化 a_{1j} 为零;最后用 $\dfrac{1}{a_{11}}$ 乘矩阵 $\boldsymbol{A}$ 的第一行,化 a_{11} 为 1,这样矩阵 $\boldsymbol{A}$ 化为

$$\boldsymbol{A}_1 = \begin{pmatrix} 1 & 0 & \cdots & 0 \\ 0 & a'_{22} & \cdots & a'_{2n} \\ \vdots & \vdots & & \vdots \\ 0 & a'_{n2} & \cdots & a'_{nn} \end{pmatrix} = \begin{pmatrix} 1 & \boldsymbol{O} \\ \boldsymbol{O} & \boldsymbol{B}_1 \end{pmatrix}$$

如果 $\boldsymbol{B}_1=\boldsymbol{O}$,则 $\boldsymbol{A}_1$ 就是 $r=1$ 的矩阵 $\boldsymbol{D}$。

如果 $\boldsymbol{B}_1\neq\boldsymbol{O}$,则按照上述方法继续对 $\boldsymbol{B}_1$ 实施初等变换,经过有限次初等变换可将矩阵

$\boldsymbol{A}$ 化为所要求的矩阵$\boldsymbol{D}$,所以 $\boldsymbol{A} \sim \boldsymbol{D}$。

注 3.4.1 本定理的证明过程就是给出化一个矩阵为其等价标准形的方法。

例 3.4.1 求矩阵 $\boldsymbol{A}=\begin{pmatrix}2&1&2&3\\6&2&5&8\\2&0&1&2\end{pmatrix}$的行阶梯形、行最简形和等价标准形。

解 对矩阵 $\boldsymbol{A}$ 实施行初等变换得

$$\begin{pmatrix}2&1&2&3\\6&2&5&8\\2&0&1&2\end{pmatrix}\xrightarrow[r_3-r_1]{r_2-3r_1}\begin{pmatrix}2&1&2&3\\0&-1&-1&-1\\0&-1&-1&-1\end{pmatrix}\xrightarrow{r_3-r_2}\begin{pmatrix}2&1&2&3\\0&-1&-1&-1\\0&0&0&0\end{pmatrix}$$

从而,矩阵 $\boldsymbol{A}$ 的行阶梯形矩阵为$\boldsymbol{B}=\begin{pmatrix}2&1&2&3\\0&-1&-1&-1\\0&0&0&0\end{pmatrix}$。

进一步地,对矩阵 $\boldsymbol{B}$ 实施初等行变换:

$$\begin{pmatrix}2&1&2&3\\0&-1&-1&-1\\0&0&0&0\end{pmatrix}\xrightarrow[(-1)r_2]{r_1+r_2}\begin{pmatrix}2&0&1&2\\0&1&1&1\\0&0&0&0\end{pmatrix}\xrightarrow{\frac{1}{2}r_1}\begin{pmatrix}1&0&\frac{1}{2}&1\\0&1&1&1\\0&0&0&0\end{pmatrix}$$

这样矩阵 $\boldsymbol{A}$ 的行最简形矩阵为$\boldsymbol{C}=\begin{pmatrix}1&0&\frac{1}{2}&1\\0&1&1&1\\0&0&0&0\end{pmatrix}$。

进一步地,对矩阵 $\boldsymbol{C}$ 实施初等列变换:

$$\begin{pmatrix}1&0&\frac{1}{2}&1\\0&1&1&1\\0&0&0&0\end{pmatrix}\xrightarrow[c_4-c_1]{c_3-\frac{1}{2}c_1}\begin{pmatrix}1&0&0&0\\0&1&1&1\\0&0&0&0\end{pmatrix}\xrightarrow[c_4-c_2]{c_3-c_2}\begin{pmatrix}1&0&0&0\\0&1&0&0\\0&0&0&0\end{pmatrix}$$

从而,矩阵 $\boldsymbol{A}$ 的等价标准形矩阵为$\boldsymbol{D}=\begin{pmatrix}1&0&0&0\\0&1&0&0\\0&0&0&0\end{pmatrix}$。

一般地,按照上述方法,对于任意的 $m\times n$ 矩阵$\boldsymbol{A}$,均可以实施有限次初等行变换,化为行最简形矩阵;而且总可以经过有限次初等变换(行变换和列变换),把它化为等价标准形,在3.6节中我们将看到一个 $m\times n$ 矩阵$\boldsymbol{A}$ 的等价标准形$\boldsymbol{D}_{m\times n}$是由$\boldsymbol{A}$ 唯一确定的。

3.4.2 初等矩阵

定义 3.4.5 对单位矩阵 $\boldsymbol{E}$ 实施一次初等变换所得到的矩阵称为**初等矩阵**。

由于初等变换只有 3 种形式,所以初等矩阵也有如下 3 个结构:

1. 对换矩阵

$$
\boldsymbol{E}(i,j)=\begin{pmatrix}
1 & & & & & & \\
 & \ddots & & & & & \\
 & & 0 & & 1 & & \\
 & & & 1 & & & \\
 & & & & \ddots & & \\
 & & & & & 1 & \\
 & & 1 & & & 0 & \\
 & & & & & & \ddots \\
 & & & & & & & 1
\end{pmatrix}\begin{matrix} \\ \\ \text{第 } i \text{ 行} \\ \\ \\ \\ \text{第 } j \text{ 行} \\ \\ \\ \end{matrix}\quad (1\leqslant i\leqslant j\leqslant n)
$$

$\boldsymbol{E}(i,j)$由单位矩阵 $\boldsymbol{E}$ 对换第 i 行(列)和第 j 行(列)所得。

2. 倍乘矩阵

$$
\boldsymbol{E}(i(k))=\begin{pmatrix}
1 & & & & & \\
 & \ddots & & & & \\
 & & 1 & & & \\
 & & & k & & \\
 & & & & 1 & \\
 & & & & & \ddots \\
 & & & & & & 1
\end{pmatrix}\begin{matrix} \\ \\ \\ \text{第 } i \text{ 行} \\ \\ \\ \\ \end{matrix}\quad (1\leqslant i\leqslant n)
$$

$\boldsymbol{E}(i(k))$由非零的数 k 乘以单位矩阵 $\boldsymbol{E}$ 的第 i 行(列)所得。

3. 倍加矩阵

$$
\boldsymbol{E}(i,j(k))=\begin{pmatrix}
1 & & & & & \\
 & \ddots & & & & \\
 & & 1 & \cdots & k & \\
 & & & \ddots & \vdots & \\
 & & & & 1 & \\
 & & & & & \ddots \\
 & & & & & & 1
\end{pmatrix}\begin{matrix} \\ \\ i \\ \\ j \\ \\ \\ \end{matrix}\quad (1\leqslant i\leqslant j\leqslant n)
$$

$\boldsymbol{E}(i,j(k))$由单位矩阵 $\boldsymbol{E}$ 的第 j 行的 k 倍加到第 i 行所得,或者由单位矩阵 $\boldsymbol{E}$ 的第 i 列的 k 倍加到第 j 列所得。

这样,初等变换与初等矩阵就可以建立对应关系。事实上,若把 $m\times n$ 矩阵 $\boldsymbol{A}$ 用列向量表示为 $\boldsymbol{A}=(\boldsymbol{\beta}_1\quad \boldsymbol{\beta}_2\quad \cdots\quad \boldsymbol{\beta}_n)$,则有

$$
\boldsymbol{A}=(\boldsymbol{\beta}_1\quad \cdots\quad \boldsymbol{\beta}_i\quad \cdots\quad \boldsymbol{\beta}_j\quad \cdots\quad \boldsymbol{\beta}_n)\xrightarrow{c_i\leftrightarrow c_j}(\boldsymbol{\beta}_1\quad \cdots\quad \boldsymbol{\beta}_j\quad \cdots\quad \boldsymbol{\beta}_i\quad \cdots\quad \boldsymbol{\beta}_n)=\boldsymbol{A}\boldsymbol{E}(i,j)
$$

$$
\boldsymbol{A}=(\boldsymbol{\beta}_1\quad \cdots\quad \boldsymbol{\beta}_i\quad \cdots\quad \boldsymbol{\beta}_n)\xrightarrow{kc_i}(\boldsymbol{\beta}_1\quad \cdots\quad k\boldsymbol{\beta}_i\quad \cdots\quad \boldsymbol{\beta}_n)=\boldsymbol{A}\boldsymbol{E}(i(k))
$$

$$\boldsymbol{A}=(\boldsymbol{\beta}_1\quad\cdots\quad\boldsymbol{\beta}_i\quad\cdots\quad\boldsymbol{\beta}_j\quad\cdots\quad\boldsymbol{\beta}_n)\xrightarrow{c_i+kc_j}(\boldsymbol{\beta}_1\quad\cdots\quad\boldsymbol{\beta}_i+k\boldsymbol{\beta}_j\quad\cdots\quad\boldsymbol{\beta}_j\quad\cdots\quad\boldsymbol{\beta}_n)=\boldsymbol{A}\boldsymbol{E}(j,i(k))$$

类似地,可以把 $m\times n$ 矩阵$\boldsymbol{A}$ 用行向量表示并进行初等行变换,则有

$$\boldsymbol{A}\xrightarrow{r_i\leftrightarrow r_j}\boldsymbol{E}(i,j)\boldsymbol{A},\quad \boldsymbol{A}\xrightarrow{kr_i}\boldsymbol{E}(i(k))\boldsymbol{A},\quad \boldsymbol{A}\xrightarrow{r_i+kr_j}\boldsymbol{E}(i,j(k))\boldsymbol{A}$$

从而有下面的定理:

定理 3.4.2 设矩阵 $\boldsymbol{A}=(a_{ij})_{m\times n}$,则

(1) 对 $\boldsymbol{A}$ 实施一次某种形式的行初等变换相当于在$\boldsymbol{A}$ 的左侧乘以相应的初等矩阵;

(2) 对 $\boldsymbol{A}$ 实施一次某种形式的列初等变换相当于在$\boldsymbol{A}$ 的右侧乘以相应的初等矩阵。

证明 只证明第一种形式,即交换矩阵 $\boldsymbol{A}$ 的第 i 行和第 j 行等于在$\boldsymbol{A}$ 的左侧乘以初等矩阵$\boldsymbol{E}(i,j)$,其余情况可以仿此进行证明。

将矩阵 $\boldsymbol{A}=(a_{ij})_{m\times n}$和单位矩阵$\boldsymbol{E}$ 写成行向量的形式,即

$$\boldsymbol{A}=\begin{pmatrix}\boldsymbol{\alpha}_1\\\boldsymbol{\alpha}_2\\\vdots\\\boldsymbol{\alpha}_m\end{pmatrix},\quad \boldsymbol{E}=\begin{pmatrix}\boldsymbol{e}_1\\\boldsymbol{e}_2\\\vdots\\\boldsymbol{e}_m\end{pmatrix}$$

这里$\boldsymbol{\alpha}_i=(a_{i1}\quad a_{i2}\quad\cdots\quad a_{in})$和$\boldsymbol{e}_i=\big(0\cdots\quad 0\quad \underset{第i列}{1}\quad 0\quad\cdots\quad 0\big)$分别表示矩阵 $\boldsymbol{A}$ 和单位$\boldsymbol{E}$ 的第 i 行的行向量。这样

$$\boldsymbol{E}(i,j)=\begin{pmatrix}e_1\\\vdots\\e_j\\\vdots\\e_i\\\vdots\\e_n\end{pmatrix}\begin{matrix}\\\\第 i 行\\\\第 j 行\\\\\\\end{matrix}$$

从而

$$\boldsymbol{E}(i,j)\boldsymbol{A}=\begin{pmatrix}\boldsymbol{e}_1\\\vdots\\\boldsymbol{e}_j\\\vdots\\\boldsymbol{e}_i\\\vdots\\\boldsymbol{e}_n\end{pmatrix}\boldsymbol{A}=\begin{pmatrix}\boldsymbol{e}_1\boldsymbol{A}\\\vdots\\\boldsymbol{e}_j\boldsymbol{A}\\\vdots\\\boldsymbol{e}_i\boldsymbol{A}\\\vdots\\\boldsymbol{e}_n\boldsymbol{A}\end{pmatrix}=\begin{pmatrix}\boldsymbol{\alpha}_1\\\vdots\\\boldsymbol{\alpha}_j\\\vdots\\\boldsymbol{\alpha}_i\\\vdots\\\boldsymbol{\alpha}_n\end{pmatrix}=\boldsymbol{B}$$

矩阵 $\boldsymbol{B}$ 恰好由矩阵$\boldsymbol{A}$ 的第i 行和第j 行交换所得。

推论 3.4.1 设矩阵 $\boldsymbol{A}=(a_{ij})_{m\times n}$,则存在初等矩阵 $\boldsymbol{P}_1,\boldsymbol{P}_2,\cdots,\boldsymbol{P}_s$,使得 $\boldsymbol{P}_1\boldsymbol{P}_2\cdots\boldsymbol{P}_s\boldsymbol{A}$ 为行阶梯形。

由定理 3.4.2 知,定理 3.4.1 可以改写成:

定理 3.4.3 对任意一个矩阵 $\boldsymbol{A}=(a_{ij})_{m\times n}$，存在初等矩阵 $\boldsymbol{P}_1,\boldsymbol{P}_2,\cdots,\boldsymbol{P}_s,\boldsymbol{Q}_1,\boldsymbol{Q}_2,\cdots,\boldsymbol{Q}_t$，使得

$$\boldsymbol{P}_1\boldsymbol{P}_2\cdots\boldsymbol{P}_s\boldsymbol{A}\boldsymbol{Q}_1\boldsymbol{Q}_2\cdots\boldsymbol{Q}_t=\boldsymbol{D}_{m\times n} \tag{3.4.2}$$

这里 $\boldsymbol{D}_{m\times n}$ 的格式同(3.2.1)式。

例 3.4.2 矩阵 $\boldsymbol{A}=\begin{pmatrix}1&-1&0\\0&1&1\\0&1&1\end{pmatrix}$。

(1) 用初等行变换将 $\boldsymbol{A}$ 化为行最简形 $\boldsymbol{U}$，并将 $\boldsymbol{U}$ 表示成 $\boldsymbol{A}$ 与初等矩阵的乘积；

(2) 求 $\boldsymbol{A}$ 的等价标准形 $\boldsymbol{D}$，并将 $\boldsymbol{D}$ 表示成 $\boldsymbol{A}$ 与初等矩阵的乘积。

解 (1) 对矩阵 $\boldsymbol{A}$ 实施如下的初等行变换可得

$$\boldsymbol{A}=\begin{pmatrix}1&-1&0\\0&1&1\\0&1&1\end{pmatrix}\xrightarrow{r_3-r_2}\begin{pmatrix}1&-1&0\\0&1&1\\0&0&0\end{pmatrix}\xrightarrow{r_1+r_2}\begin{pmatrix}1&0&1\\0&1&1\\0&0&0\end{pmatrix}=\boldsymbol{U}$$

由定理 3.4.2 得 $\boldsymbol{U}=\begin{pmatrix}1&1&0\\0&1&0\\0&0&1\end{pmatrix}\begin{pmatrix}1&0&0\\0&1&0\\0&-1&1\end{pmatrix}\boldsymbol{A}$。

(2) 对矩阵 $\boldsymbol{U}$ 实施如下的初等列变换可得

$$\boldsymbol{U}=\begin{pmatrix}1&0&1\\0&1&1\\0&0&0\end{pmatrix}\xrightarrow{c_3-c_1}\begin{pmatrix}1&0&0\\0&1&1\\0&0&0\end{pmatrix}\xrightarrow{c_3-c_2}\begin{pmatrix}1&0&0\\0&1&0\\0&0&0\end{pmatrix}=\boldsymbol{D}$$

再由定理 3.4.3 得

$$\boldsymbol{D}=\boldsymbol{U}\begin{pmatrix}1&0&-1\\0&1&0\\0&0&1\end{pmatrix}\begin{pmatrix}1&0&0\\0&1&-1\\0&0&1\end{pmatrix}=\begin{pmatrix}1&1&0\\0&1&0\\0&0&1\end{pmatrix}\begin{pmatrix}1&0&0\\0&1&0\\0&-1&1\end{pmatrix}\boldsymbol{A}\begin{pmatrix}1&0&-1\\0&1&0\\0&0&1\end{pmatrix}\begin{pmatrix}1&0&0\\0&1&-1\\0&0&1\end{pmatrix}$$

3.5 方阵的逆矩阵

到目前为止，我们已经将数的加法与乘法运算推广到了矩阵运算，但如何将数的除法运算也推广到矩阵呢？我们知道，在矩阵的乘法中如果矩阵 $\boldsymbol{A},\boldsymbol{B}$ 满足乘法法，则可以求出一个矩阵 $\boldsymbol{C}$，使得 $\boldsymbol{C}=\boldsymbol{AB}$。现在假如已知矩阵 $\boldsymbol{A},\boldsymbol{C}$ 能否求一个矩阵 $\boldsymbol{X}$，使得 $\boldsymbol{AX}=\boldsymbol{C}$？为此首先讨论最简单的情形，即矩阵 $\boldsymbol{A}$ 为 n 阶方阵，是否存在 n 阶方阵 $\boldsymbol{B}$ 满足 $\boldsymbol{AB}=\boldsymbol{E}$。

3.5.1 方阵逆矩阵的定义

定义 3.5.1 设 $\boldsymbol{A}$ 是一个 n 阶方阵，如果存在 n 阶方阵 $\boldsymbol{B}$，满足

$$\boldsymbol{AB}=\boldsymbol{BA}=\boldsymbol{E}_n \tag{3.5.1}$$

则称方阵 $\boldsymbol{A}$ 是可逆的（简称 $\boldsymbol{A}$ 可逆），并把方阵 $\boldsymbol{B}$ 称为 $\boldsymbol{A}$ 的逆矩阵（简称为 $\boldsymbol{A}$ 的逆矩阵或 $\boldsymbol{A}$ 的逆），记作 $\boldsymbol{B}=\boldsymbol{A}^{-1}$。

例 3.5.1 设 $\boldsymbol{A}=\begin{pmatrix}3 & 1\\ 2 & 1\end{pmatrix}$，$\boldsymbol{B}=\begin{pmatrix}1 & -1\\ -2 & 3\end{pmatrix}$，容易验证 $\boldsymbol{AB}=\boldsymbol{BA}=\begin{pmatrix}1 & 0\\ 0 & 1\end{pmatrix}$，故矩阵 $\boldsymbol{B}$ 就是矩阵 $\boldsymbol{A}$ 的逆矩阵。

例 3.5.2 设 $\boldsymbol{A}=\begin{pmatrix}1 & 0\\ 0 & 0\end{pmatrix}$，证明：矩阵 $\boldsymbol{A}$ 是不可逆的。

证明 由于对任意的矩阵 $\boldsymbol{B}=\begin{bmatrix}b_{11} & b_{12}\\ b_{21} & b_{22}\end{bmatrix}$，由于

$$\boldsymbol{AB}=\begin{pmatrix}1 & 0\\ 0 & 0\end{pmatrix}\begin{bmatrix}b_{11} & b_{12}\\ b_{21} & b_{22}\end{bmatrix}=\begin{pmatrix}b_{11} & b_{12}\\ 0 & 0\end{pmatrix}\neq\begin{pmatrix}1 & 0\\ 0 & 1\end{pmatrix}$$

所以矩阵 $\boldsymbol{A}$ 是不可逆的。

从以上两个例子可以看出并非所有的方阵均有逆矩阵，这就要求我们讨论以下两个问题：

（1）满足什么条件的方阵是可逆的？

（2）若一个方阵可逆，如何求出它的逆矩阵？

3.5.2 逆矩阵的性质

n 阶方阵如果可逆则其具有如下的一些性质：

定理 3.5.1 若 n 阶方阵 $\boldsymbol{A}$ 可逆，则 $\boldsymbol{A}^{-1}$ 是唯一的。

证明 假设 $\boldsymbol{B}_1,\boldsymbol{B}_2$ 均是 $\boldsymbol{A}$ 的逆矩阵，有

$$\boldsymbol{B}_1=\boldsymbol{B}_1\boldsymbol{E}=\boldsymbol{B}_1(\boldsymbol{AB}_2)=(\boldsymbol{B}_1\boldsymbol{A})\boldsymbol{B}_2=\boldsymbol{B}_2$$

故 $\boldsymbol{A}$ 的逆矩阵唯一。

由注 3.4.1 可知，初等变换均是可逆变换，所以初等变换对应的初等矩阵均是可逆矩阵，且

$$\boldsymbol{E}(i,j)\boldsymbol{E}(i,j)=\boldsymbol{E}$$

$$\boldsymbol{E}(i(k))\boldsymbol{E}\left(i\left(\frac{1}{k}\right)\right)=\boldsymbol{E}\left(i\left(\frac{1}{k}\right)\right)\boldsymbol{E}(i(k))=\boldsymbol{E}$$

$$\boldsymbol{E}(i,j(k))\boldsymbol{E}(i,j(-k))=\boldsymbol{E}(i,j(-k))\boldsymbol{E}(i,j(k))=\boldsymbol{E}$$

再由定理 3.5.1 可知，初等矩阵的逆矩阵均是唯一的，即

$$\boldsymbol{E}^{-1}(i,j)=\boldsymbol{E}(i,j)$$

$$\boldsymbol{E}^{-1}(i(k))=\boldsymbol{E}\left(i\left(\frac{1}{k}\right)\right)$$

$$\boldsymbol{E}^{-1}(i,j(k))=\boldsymbol{E}(i,j(-k))$$

性质 3.5.1 若 n 阶方阵 $\boldsymbol{A}$ 可逆，则 $\boldsymbol{A}^{-1}$ 也可逆且 $(\boldsymbol{A}^{-1})^{-1}=\boldsymbol{A}$。

性质 3.5.2 若 n 阶方阵 $\boldsymbol{A}$ 可逆，则 $\boldsymbol{A}^{\mathrm{T}}$ 也可逆且 $(\boldsymbol{A}^{\mathrm{T}})^{-1}=(\boldsymbol{A}^{-1})^{\mathrm{T}}$。

性质 3.5.3 若 n 阶方阵 $\boldsymbol{A}$ 可逆，k 是一个非零的数，则 $k\boldsymbol{A}$ 也可逆且 $(k\boldsymbol{A})^{-1}=$

$\frac{1}{k}\boldsymbol{A}^{-1}$。

性质 3.5.4 若 n 阶方阵 $\boldsymbol{A}$ 可逆则 $\det \boldsymbol{A} \neq 0$，且 $\det(\boldsymbol{A}^{-1}) = (\det \boldsymbol{A})^{-1} = \frac{1}{\det \boldsymbol{A}}$。

证明 性质 3.5.1、性质 3.5.2 和性质 3.5.3 均容易利用定义证明，下面只证明性质 3.5.4。

由于 $\boldsymbol{A}$ 可逆，所以存在 $\boldsymbol{A}^{-1}$ 满足 $\boldsymbol{A}\boldsymbol{A}^{-1} = \boldsymbol{E}$，所以

$$\det(\boldsymbol{A}\boldsymbol{A}^{-1}) = \det \boldsymbol{A} \det(\boldsymbol{A}^{-1}) = \det \boldsymbol{E} = 1$$

所以 $\det(\boldsymbol{A}) \neq 0$，且

$$\det(\boldsymbol{A}^{-1}) = (\det \boldsymbol{A})^{-1} = \frac{1}{\det \boldsymbol{A}}$$

性质 3.5.5 设 $\boldsymbol{A}, \boldsymbol{B}$ 均是 n 阶可逆方阵，则 $\boldsymbol{AB}$ 也可逆，且 $(\boldsymbol{AB})^{-1} = \boldsymbol{B}^{-1}\boldsymbol{A}^{-1}$。

证明 由于 $\boldsymbol{A}, \boldsymbol{B}$ 均可逆，所以 $\boldsymbol{A}^{-1}$ 和 $\boldsymbol{B}^{-1}$ 均存在，又因为

$$(\boldsymbol{AB})\boldsymbol{B}^{-1}\boldsymbol{A}^{-1} = \boldsymbol{A}(\boldsymbol{B}\boldsymbol{B}^{-1})\boldsymbol{A}^{-1} = \boldsymbol{AEA}^{-1} = \boldsymbol{AA}^{-1} = \boldsymbol{E}$$

且

$$\boldsymbol{B}^{-1}\boldsymbol{A}^{-1}(\boldsymbol{AB}) = \boldsymbol{B}^{-1}(\boldsymbol{A}^{-1}\boldsymbol{A})\boldsymbol{B} = \boldsymbol{B}^{-1}\boldsymbol{EB} = \boldsymbol{B}^{-1}\boldsymbol{B} = \boldsymbol{E}$$

由定义知 $\boldsymbol{AB}$ 可逆，且 $(\boldsymbol{AB})^{-1} = \boldsymbol{B}^{-1}\boldsymbol{A}^{-1}$。

该性质还可以推广到多个矩阵的乘积的情形，即

推论 3.5.1 设 $\boldsymbol{A}_1, \boldsymbol{A}_2, \cdots, \boldsymbol{A}_k$ 均是 n 阶可逆方阵，则 $\boldsymbol{A}_1\boldsymbol{A}_2\cdots\boldsymbol{A}_k$ 可逆，且

$$(\boldsymbol{A}_1\boldsymbol{A}_2\cdots\boldsymbol{A}_k)^{-1} = \boldsymbol{A}_k^{-1}\cdots\boldsymbol{A}_2^{-1}\boldsymbol{A}_1^{-1}$$

特别地，当 $\boldsymbol{A}_1 = \boldsymbol{A}_2 = \cdots = \boldsymbol{A}_k = \boldsymbol{A}$ 时，有 $(\boldsymbol{A}^k)^{-1} = (\boldsymbol{A}^{-1})^k$。

根据这些性质，我们容易证明：

(1) 若 $\boldsymbol{A}$ 是对合矩阵，即 $\boldsymbol{A}^2 = \boldsymbol{E}$，则 $\boldsymbol{A}$ 是可逆矩阵且 $\boldsymbol{A}^{-1} = \boldsymbol{A}$。

(2) 若 $\boldsymbol{A}$ 是幂零矩阵，即 $\boldsymbol{A}^m = \boldsymbol{O}$，则 $\boldsymbol{A}$ 一定不可逆。

(3) 若 $\boldsymbol{A}$ 是幂等矩阵且可逆，即 $\boldsymbol{A}^2 = \boldsymbol{A}$，则 $\boldsymbol{A} = \boldsymbol{E}$。

例 3.5.3 已知 $\boldsymbol{A}$ 是 3 阶可逆方阵，若 $|\boldsymbol{A}| = 4$，则 $\left|\left(\frac{1}{2}\boldsymbol{A}\right)^{-1}\right| = \underline{\ 2\ }$。

例 3.5.4 设 $\boldsymbol{A}$ 是幂等矩阵，求证 $\boldsymbol{E} - 2\boldsymbol{A}$ 是可逆矩阵，且 $(\boldsymbol{E} - 2\boldsymbol{A})^{-1} = \boldsymbol{E} - 2\boldsymbol{A}$。

证明 由于 $\boldsymbol{A}$ 是幂等矩阵，所以 $\boldsymbol{A}^2 = \boldsymbol{A}$，于是有

$$(\boldsymbol{E} - 2\boldsymbol{A})(\boldsymbol{E} - 2\boldsymbol{A}) = \boldsymbol{E} - 4\boldsymbol{A} + 4\boldsymbol{A}^2 = \boldsymbol{E}$$

这表明矩阵 $\boldsymbol{E} - 2\boldsymbol{A}$ 是可逆的，且 $(\boldsymbol{E} - 2\boldsymbol{A})^{-1} = \boldsymbol{E} - 2\boldsymbol{A}$。

例 3.5.5 设 $\boldsymbol{A}, \boldsymbol{B}$ 以及 $\boldsymbol{A} + \boldsymbol{B}$ 均是可逆矩阵，证明：$\boldsymbol{A}^{-1} + \boldsymbol{B}^{-1}$ 也是可逆矩阵，并求其逆矩阵。

证明 首先将矩阵 $\boldsymbol{A}^{-1} + \boldsymbol{B}^{-1}$ 表示成已知逆矩阵的乘积形式，即

$$\boldsymbol{A}^{-1} + \boldsymbol{B}^{-1} = \boldsymbol{A}^{-1}(\boldsymbol{E} + \boldsymbol{AB}^{-1}) = \boldsymbol{A}^{-1}(\boldsymbol{A} + \boldsymbol{B})\boldsymbol{B}^{-1}$$

由于矩阵 $\boldsymbol{A}^{-1}, \boldsymbol{B}^{-1}$ 以及 $\boldsymbol{A} + \boldsymbol{B}$ 均是可逆矩阵，故 $\boldsymbol{A}^{-1} + \boldsymbol{B}^{-1}$ 可逆，且

$$(\boldsymbol{A}^{-1} + \boldsymbol{B}^{-1})^{-1} = \boldsymbol{B}(\boldsymbol{A} + \boldsymbol{B})^{-1}\boldsymbol{A}$$

类似地，$\boldsymbol{A}^{-1} + \boldsymbol{B}^{-1}$ 也可以表示成

$$A^{-1}+B^{-1}=(E+B^{-1}A)A^{-1}=B^{-1}(A+B)A^{-1}$$

从而

$$(A^{-1}+B^{-1})^{-1}=A(A+B)^{-1}B$$

3.5.3 方阵可逆的判别

通过前面的例子，我们可以看出不是任何 n 阶方阵均是可逆的，那么什么样的方阵才可逆呢？本部分我们将对矩阵做出判断。

引理 3.5.1 有零行或零列的 n 阶方阵均不可逆。

证明 设矩阵 A 是有零行(或零列)的 n 阶方阵，则对任意的 n 阶方阵 B，乘积矩阵 AB 有零行(或 BA 有零列)，这样 AB(或 BA)不能够等于单位矩阵，所以矩阵 A 不可逆。

引理 3.5.2 设 A 是一个 n 阶方阵，对 A 实施一次初等变换后得到矩阵 B，则矩阵 A 可逆的充要条件是矩阵 B 可逆。

证明 我们只对矩阵实施初等行变换来证明，初等列变换可以类似证明。

设矩阵 A 经过一次行初等变换得到矩阵 B，由初等变换和初等矩阵的关系(定理 3.4.2)知，存在一个初等矩阵 P，满足

$$PA=B \tag{3.5.2}$$

由于初等矩阵 P 是可逆的，故当矩阵 A 可逆时，矩阵 B 是两个可逆矩阵的乘积，故矩阵 B 也可逆。

另外用矩阵 P 的逆矩阵 P^{-1} 左乘(3.5.2)式的两端得

$$A=EA=P^{-1}PA=P^{-1}B \tag{3.5.3}$$

这样当矩阵 B 可逆时，矩阵 A 是两个可逆矩阵的乘积，所以亦可逆。

引理 3.5.2 说明初等变换不改变矩阵的可逆性，这给我们提供了用矩阵的初等变换来解决矩阵是否可逆的问题。根据定理 3.4.3，我们知道任何 n 阶方阵 A 均等价于如下的标准形：

$$B=\begin{pmatrix} \overbrace{1 \quad \ \ }^{r} & & & & \\ & \ddots & & & \\ & & 1 & & \\ & & & 0 & \\ & & & & \ddots \\ & & & & & 0 \end{pmatrix} \tag{3.5.4}$$

由(3.5.4)式我们知道 n 阶方阵 A 是否可逆，可以从其标准形看出：

(1) 当矩阵 A 等价的标准形是单位矩阵 E(即 $r=n$)，A 可逆，因为单位矩阵 E 的逆矩阵是其本身。

(2) 当矩阵 A 等价的标准形不是单位矩阵 E(即 $r<n$)，A 不可逆，因为这个时候矩阵 B 至少有一个零行，由引理 3.5.1 知，矩阵 B 不可逆，所以矩阵 A 也不可逆。根据定理 3.4.3 和引理 3.5.2 可以给出矩阵 A 可逆的一个充要条件。

定理 3.5.2 设 $\boldsymbol{A}$ 是 $m\times n$ 矩阵，则存在 m 阶可逆矩阵 $\boldsymbol{P}$ 与 n 阶可逆矩阵 $\boldsymbol{Q}$ 满足：

$$\boldsymbol{A}=\boldsymbol{P}\begin{pmatrix} \overbrace{1 \quad \quad \quad}^{r} & & & \\ & \ddots & & \boldsymbol{O} \\ & & 1 & \\ & \boldsymbol{O} & & \boldsymbol{O} \end{pmatrix}\boldsymbol{Q}=\boldsymbol{P}\begin{pmatrix} \boldsymbol{E}_r & \boldsymbol{O} \\ \boldsymbol{O} & \boldsymbol{O} \end{pmatrix}\boldsymbol{Q} \tag{3.5.5}$$

证明 根据定理 3.4.3 知，存在初等矩阵 $\boldsymbol{P}_1,\boldsymbol{P}_2,\cdots,\boldsymbol{P}_s,\boldsymbol{Q}_1,\boldsymbol{Q}_2,\cdots,\boldsymbol{Q}_t$，使得

$$\boldsymbol{P}_1\boldsymbol{P}_2\cdots\boldsymbol{P}_s\boldsymbol{A}\boldsymbol{Q}_1\boldsymbol{Q}_2\cdots\boldsymbol{Q}_t=\begin{pmatrix} \overbrace{1 \quad \quad \quad}^{r} & & & \\ & \ddots & & \boldsymbol{O} \\ & & 1 & \\ & \boldsymbol{O} & & \boldsymbol{O} \end{pmatrix}$$

由于初等矩阵均是可逆矩阵，记 $\boldsymbol{P}=\boldsymbol{P}_s^{-1}\cdots\boldsymbol{P}_2^{-1}\boldsymbol{P}_1^{-1}$，$\boldsymbol{Q}=\boldsymbol{Q}_t^{-1}\cdots\boldsymbol{Q}_2^{-1}\boldsymbol{Q}_1^{-1}$，则 $\boldsymbol{P}$ 与 $\boldsymbol{Q}$ 均是可逆矩阵，且满足(3.5.5)式。

推论 3.5.2 n 阶方阵 $\boldsymbol{A}$ 可逆的充要条件是 $\boldsymbol{A}$ 等价于单位矩阵 $\boldsymbol{E}$，亦即存在可逆矩阵 $\boldsymbol{P}$ 与 $\boldsymbol{Q}$ 满足

$$\boldsymbol{PAQ}=\boldsymbol{E} \tag{3.5.6}$$

推论 3.5.3 n 阶方阵 $\boldsymbol{A}$ 可逆的充要条件是 $\boldsymbol{A}$ 可以表示为若干个初等矩阵的乘积。

证明 先证必要性。

设 $\boldsymbol{A}$ 是可逆矩阵，由推论 3.5.2 知，矩阵 $\boldsymbol{A}$ 等价于单位矩阵，即存在初等矩阵 $\boldsymbol{P}_1,\boldsymbol{P}_2,\cdots,\boldsymbol{P}_s$ 和 $\boldsymbol{Q}_1,\boldsymbol{Q}_2,\cdots,\boldsymbol{Q}_t$，使得

$$\boldsymbol{P}_1\boldsymbol{P}_2\cdots\boldsymbol{P}_s\boldsymbol{A}\boldsymbol{Q}_1\boldsymbol{Q}_2\cdots\boldsymbol{Q}_t=\boldsymbol{E}$$

由于初等矩阵均是可逆矩阵，所以

$$\boldsymbol{A}=\boldsymbol{P}_s^{-1}\cdots\boldsymbol{P}_2^{-1}\boldsymbol{P}_1^{-1}\boldsymbol{E}\boldsymbol{Q}_t^{-1}\cdots\boldsymbol{Q}_2^{-1}\boldsymbol{Q}_1^{-1}=\boldsymbol{P}_s^{-1}\cdots\boldsymbol{P}_2^{-1}\boldsymbol{P}_1^{-1}\boldsymbol{Q}_t^{-1}\cdots\boldsymbol{Q}_2^{-1}\boldsymbol{Q}_1^{-1}$$

且 $\boldsymbol{P}_s^{-1},\cdots,\boldsymbol{P}_2^{-1},\boldsymbol{P}_1^{-1}$ 与 $\boldsymbol{Q}_t^{-1},\cdots\boldsymbol{Q}_2^{-1},\boldsymbol{Q}_1^{-1}$ 也都是初等矩阵，即矩阵 $\boldsymbol{A}$ 可以表示成若干个初等矩阵的乘积。

再证充分性。

由于 $\boldsymbol{A}$ 可以表示为若干个初等矩阵的乘积，即存在初等矩阵 $\boldsymbol{P}_1,\boldsymbol{P}_2,\cdots,\boldsymbol{P}_s$ 满足

$$\boldsymbol{A}=\boldsymbol{P}_1\boldsymbol{P}_2\cdots\boldsymbol{P}_s$$

由于初等矩阵均是可逆矩阵，由推论 3.5.1 知，矩阵 $\boldsymbol{A}$ 可逆。

定理 3.5.3 若 n 阶方阵 $\boldsymbol{A}$ 可逆，则 $\boldsymbol{A}$ 的行列式不等于零，即 $|\boldsymbol{A}|\neq 0$。

证明 由于 n 阶方阵 $\boldsymbol{A}$ 可逆，故存在 n 阶方阵 $\boldsymbol{B}$ 满足 $\boldsymbol{AB}=\boldsymbol{E}$ 从而 $|\boldsymbol{AB}|=|\boldsymbol{E}|=1$，从而 $|\boldsymbol{A}||\boldsymbol{B}|=1$，所以 $|\boldsymbol{A}|\neq 0$。

3.5.4 逆矩阵的伴随矩阵求法

我们已经知道 n 阶方阵的判别条件了，若已知一个方阵 $\boldsymbol{A}$ 是可逆的，如何求出其逆矩

阵呢？我们首先引入伴随矩阵的概念。

定义 3.5.2 设 n 阶方阵

$$\boldsymbol{A}=\begin{pmatrix} a_{11} & a_{12} & \cdots & a_{1n} \\ a_{21} & a_{22} & \cdots & a_{2n} \\ \vdots & \vdots & & \vdots \\ a_{n1} & a_{n2} & \cdots & a_{nn} \end{pmatrix}$$

由 $\boldsymbol{A}$ 的行列式 $\det \boldsymbol{A}$ 的元素 a_{ij} 的代数余子式 A_{ij} 所构成的 n 阶方阵

$$\boldsymbol{A}^*=\begin{pmatrix} A_{11} & A_{21} & \cdots & A_{n1} \\ A_{12} & A_{22} & \cdots & A_{n2} \\ \vdots & \vdots & & \vdots \\ A_{1n} & A_{2n} & \cdots & A_{nn} \end{pmatrix}$$

称为矩阵 $\boldsymbol{A}$ 的**伴随矩阵**,记作 $\boldsymbol{A}^*$。

根据行列式按行按列展开(1.6.3)式和(1.6.4)式,我们可以得到如下的定理:

定理 3.5.4 设 n 阶方阵 $\boldsymbol{A}$,如果 $\det \boldsymbol{A}\neq 0$,则 $\boldsymbol{A}$ 可逆,且 $\boldsymbol{A}^{-1}=\dfrac{1}{\det \boldsymbol{A}}\boldsymbol{A}^*$。

证明 分别记 $\boldsymbol{A}$ 和 $\boldsymbol{A}^*$ 如下:

$$\boldsymbol{A}=\begin{pmatrix} a_{11} & a_{12} & \cdots & a_{1n} \\ a_{21} & a_{22} & \cdots & a_{2n} \\ \vdots & \vdots & & \vdots \\ a_{n1} & a_{n2} & \cdots & a_{nn} \end{pmatrix},\quad \boldsymbol{A}^*=\begin{pmatrix} A_{11} & A_{21} & \cdots & A_{n1} \\ A_{12} & A_{22} & \cdots & A_{n2} \\ \vdots & \vdots & & \vdots \\ A_{1n} & A_{2n} & \cdots & A_{nn} \end{pmatrix}$$

利用行列式按行展开式(1.6.3)式可得

$$\boldsymbol{A}\boldsymbol{A}^*=\begin{pmatrix} \det \boldsymbol{A} & & & \\ & \det \boldsymbol{A} & & \\ & & \ddots & \\ & & & \det \boldsymbol{A} \end{pmatrix}=\det \boldsymbol{A}\cdot \boldsymbol{E}$$

同理,利用行列式按列展开式(1.6.4)式可得

$$\boldsymbol{A}^*\boldsymbol{A}=\begin{pmatrix} \det \boldsymbol{A} & & & \\ & \det \boldsymbol{A} & & \\ & & \ddots & \\ & & & \det \boldsymbol{A} \end{pmatrix}=\det \boldsymbol{A}\cdot \boldsymbol{E}$$

从而有

$$\boldsymbol{A}\boldsymbol{A}^*=\boldsymbol{A}^*\boldsymbol{A}=\det \boldsymbol{A}\cdot \boldsymbol{E} \tag{3.5.7}$$

又因为 $\det \boldsymbol{A}\neq 0$,则从(3.5.7)式可得

$$\boldsymbol{A}\left(\frac{1}{\det \boldsymbol{A}}\boldsymbol{A}^*\right)=\left(\frac{1}{\det \boldsymbol{A}}\boldsymbol{A}^*\right)\boldsymbol{A}=\boldsymbol{E}$$

所以矩阵 $\boldsymbol{A}$ 可逆,按照逆矩阵的定义 3.5.1,有

$$\boldsymbol{A}^{-1}=\frac{1}{\det \boldsymbol{A}}\boldsymbol{A}^*$$

定理 3.5.3 和定理 3.5.4 可以写成如下一个定理：

定理 3.5.5 n 阶方阵 $\boldsymbol{A}$ 可逆的充要条件是 $|\boldsymbol{A}|\neq 0$，即矩阵 $\boldsymbol{A}$ 是非退化的，且

$$\boldsymbol{A}^{-1} = \frac{1}{\det \boldsymbol{A}}\boldsymbol{A}^*$$

定理 3.5.5 不仅给出了判断一个方阵是否可逆的方法，还给出了一个求逆矩阵的方法——伴随矩阵法。

例 3.5.6 设

$$\boldsymbol{A} = \begin{pmatrix} 2 & 3 & 3 \\ 1 & -1 & 0 \\ -1 & 2 & 1 \end{pmatrix}$$

判别 $\boldsymbol{A}$ 是否可逆。若可逆，求 $\boldsymbol{A}^{-1}$。

解 因为

$$\det \boldsymbol{A} = \begin{vmatrix} 2 & 3 & 3 \\ 1 & -1 & 0 \\ -1 & 2 & 1 \end{vmatrix} = -2 \neq 0$$

所以矩阵 $\boldsymbol{A}$ 可逆。

又因为

$$A_{11} = (-1)^{1+1}\begin{vmatrix} -1 & 0 \\ 2 & 1 \end{vmatrix} = -1,\quad A_{12} = (-1)^{1+2}\begin{vmatrix} 1 & 0 \\ -1 & 1 \end{vmatrix} = -1$$

$$A_{13} = (-1)^{1+3}\begin{vmatrix} 1 & -1 \\ -1 & 2 \end{vmatrix} = 1,\quad A_{21} = (-1)^{2+1}\begin{vmatrix} 3 & 3 \\ 2 & 1 \end{vmatrix} = 3$$

$$A_{22} = (-1)^{2+2}\begin{vmatrix} 2 & 3 \\ -1 & 1 \end{vmatrix} = 5,\quad A_{23} = (-1)^{2+3}\begin{vmatrix} 2 & 3 \\ -1 & 2 \end{vmatrix} = -7$$

$$A_{31} = (-1)^{3+1}\begin{vmatrix} 3 & 3 \\ -1 & 0 \end{vmatrix} = 3,\quad A_{32} = (-1)^{3+2}\begin{vmatrix} 2 & 3 \\ 1 & 0 \end{vmatrix} = 3$$

$$A_{33} = (-1)^{3+3}\begin{vmatrix} 2 & 3 \\ 1 & -1 \end{vmatrix} = -5$$

所以

$$\boldsymbol{A}^{-1} = \frac{1}{\det \boldsymbol{A}}\boldsymbol{A}^* = \frac{1}{-2}\begin{pmatrix} -1 & 3 & 3 \\ -1 & 5 & 3 \\ 1 & -7 & -5 \end{pmatrix} = \begin{pmatrix} \frac{1}{2} & -\frac{3}{2} & -\frac{3}{2} \\ \frac{1}{2} & -\frac{5}{2} & -\frac{3}{2} \\ -\frac{1}{2} & \frac{7}{2} & \frac{5}{2} \end{pmatrix}$$

例 3.5.7 求二阶方阵 $\boldsymbol{A} = \begin{pmatrix} a & b \\ c & d \end{pmatrix}$ 可逆的条件，并求逆矩阵 $\boldsymbol{A}^{-1}$。

解 由于

$$|\boldsymbol{A}| = \begin{vmatrix} a & b \\ c & d \end{vmatrix} = ad - bc$$

所以 $\boldsymbol{A}$ 可逆的条件是 $ad-bc\neq0$，进一步可得

$$\boldsymbol{A}^*=\begin{pmatrix} d & -b \\ -c & a \end{pmatrix}$$

所以 $\boldsymbol{A}^{-1}=\dfrac{1}{ad-bc}\begin{pmatrix} d & -b \\ -c & a \end{pmatrix}$。

特别地，当 $|\boldsymbol{A}|=ad-bc=1$ 时，有

$$\boldsymbol{A}^{-1}=\begin{pmatrix} d & -b \\ -c & a \end{pmatrix}$$

例 3.5.8 设三阶对角方阵 $\boldsymbol{A}=\begin{pmatrix} a & & \\ & b & \\ & & c \end{pmatrix}$，问 $\boldsymbol{A}$ 何时可逆？若可逆，求 $\boldsymbol{A}^{-1}$。

解 由于 $\det\boldsymbol{A}=\begin{vmatrix} a & & \\ & b & \\ & & c \end{vmatrix}=abc$，所以当 $abc\neq0$ 时，矩阵 $\boldsymbol{A}$ 可逆，此时 $\boldsymbol{A}^*=\begin{pmatrix} bc & & \\ & ac & \\ & & ab \end{pmatrix}$，所以 $\boldsymbol{A}^{-1}=\begin{pmatrix} a^{-1} & & \\ & b^{-1} & \\ & & c^{-1} \end{pmatrix}$。

容易验证 n 阶对角方阵

$$\boldsymbol{A}=\begin{pmatrix} a_1 & & & \\ & a_2 & & \\ & & \ddots & \\ & & & a_n \end{pmatrix}$$

且 $a_i\neq0(i=1,2,\cdots,n)$，则

$$\boldsymbol{A}^{-1}=\begin{pmatrix} a_1^{-1} & & & \\ & a_2^{-1} & & \\ & & \ddots & \\ & & & a_n^{-1} \end{pmatrix}$$

定理 3.5.6 设 $\boldsymbol{A}$ 与 $\boldsymbol{B}$ 均是 n 阶方阵，若 $\boldsymbol{AB}=\boldsymbol{E}$ 或 $\boldsymbol{BA}=\boldsymbol{E}$，则 $\boldsymbol{A}$ 与 $\boldsymbol{B}$ 均可逆，并且 $\boldsymbol{A}^{-1}=\boldsymbol{B}$ 且 $\boldsymbol{B}^{-1}=\boldsymbol{A}$。

证明 因为 $\boldsymbol{AB}=\boldsymbol{E}$，所以

$$\det(\boldsymbol{AB})=\det\boldsymbol{A}\det\boldsymbol{B}=\det\boldsymbol{E}=1$$

从而 $\det\boldsymbol{A}\neq0$，即矩阵 $\boldsymbol{A}$ 可逆。

此外

$$\boldsymbol{B}=\boldsymbol{EB}=(\boldsymbol{A}^{-1}\boldsymbol{A})\boldsymbol{B}=\boldsymbol{A}^{-1}(\boldsymbol{AB})=\boldsymbol{A}^{-1}\boldsymbol{E}=\boldsymbol{A}^{-1}$$

同理可证 $\boldsymbol{B}^{-1}=\boldsymbol{A}$。

本定理说明，要想证明矩阵 $\boldsymbol{A}$ 可逆，只要找到一个矩阵 $\boldsymbol{B}$，验证 $\boldsymbol{AB}=\boldsymbol{E}$ 与 $\boldsymbol{BA}=\boldsymbol{E}$ 之一成立就可以了。

例 3.5.9 设 n 阶方阵 $\boldsymbol{A}$ 满足方程 $\boldsymbol{A}^2-2\boldsymbol{A}+3\boldsymbol{E}=\boldsymbol{O}$，求证：矩阵 $\boldsymbol{A}$ 和 $\boldsymbol{A}-3\boldsymbol{E}$ 均可逆，

并求出它们的逆矩阵。

证明 由 $\boldsymbol{A}^2-2\boldsymbol{A}+3\boldsymbol{E}=\boldsymbol{O}$ 得 $\boldsymbol{A}(\boldsymbol{A}-2\boldsymbol{E})=-3\boldsymbol{E}$，即

$$\boldsymbol{A}\left(-\frac{1}{3}(\boldsymbol{A}-2\boldsymbol{E})\right)=\boldsymbol{E}$$

由定理 3.5.6 可知矩阵 $\boldsymbol{A}$ 可逆，且

$$\boldsymbol{A}^{-1}=-\frac{1}{3}(\boldsymbol{A}-2\boldsymbol{E})$$

再由 $\boldsymbol{A}^2-2\boldsymbol{A}+3\boldsymbol{E}=\boldsymbol{O}$ 得 $(\boldsymbol{A}+\boldsymbol{E})(\boldsymbol{A}-3\boldsymbol{E})=-6\boldsymbol{E}$，即

$$\left(-\frac{1}{6}(\boldsymbol{A}+\boldsymbol{E})\right)(\boldsymbol{A}-3\boldsymbol{E})=\boldsymbol{E}$$

所以矩阵 $\boldsymbol{A}-3\boldsymbol{E}$ 可逆，且

$$(\boldsymbol{A}-3\boldsymbol{E})^{-1}=-\frac{1}{6}(\boldsymbol{A}+\boldsymbol{E})$$

有了逆矩阵的概念，只要方阵 $\boldsymbol{A}$ 可逆，则矩阵方程 $\boldsymbol{AX}=\boldsymbol{C}(\boldsymbol{XA}=\boldsymbol{D})$ 就有唯一解 $\boldsymbol{X}=\boldsymbol{A}^{-1}\boldsymbol{C}(\boldsymbol{X}=\boldsymbol{DA}^{-1})$。

例 3.5.10 解矩阵方程 $\begin{pmatrix}1&2\\2&5\end{pmatrix}\boldsymbol{X}=\begin{pmatrix}3&-1\\2&-5\end{pmatrix}$。

解 记 $\boldsymbol{A}=\begin{pmatrix}1&2\\2&5\end{pmatrix}$，$\boldsymbol{B}=\begin{pmatrix}3&-1\\2&-5\end{pmatrix}$，则原方程等价于 $\boldsymbol{AX}=\boldsymbol{B}$，又因为 $\det\boldsymbol{A}=\begin{vmatrix}1&2\\2&5\end{vmatrix}=1\neq0$，所以 $\boldsymbol{A}$ 可逆，且 $\boldsymbol{A}^{-1}=\begin{pmatrix}5&-2\\-2&1\end{pmatrix}$，从而

$$\boldsymbol{X}=\boldsymbol{A}^{-1}\boldsymbol{B}=\begin{pmatrix}5&-2\\-2&1\end{pmatrix}\begin{pmatrix}3&-1\\2&-5\end{pmatrix}=\begin{pmatrix}11&5\\-4&-3\end{pmatrix}$$

例 3.5.11 如果 $\boldsymbol{ABC}=\boldsymbol{E}$，则下列等式一定成立的有哪些？

$$\boldsymbol{ACB}=\boldsymbol{E};\quad \boldsymbol{BAC}=\boldsymbol{E};\quad \boldsymbol{BCA}=\boldsymbol{E};\quad \boldsymbol{CAB}=\boldsymbol{E};\quad \boldsymbol{CBA}=\boldsymbol{E}$$

解 因为 $\boldsymbol{ABC}=\boldsymbol{E}$，所以 $\boldsymbol{A}^{-1}=\boldsymbol{BC}$ 或者 $(\boldsymbol{AB})^{-1}=\boldsymbol{C}$，于是由逆矩阵的定义，必有 $\boldsymbol{BCA}=\boldsymbol{E}$ 和 $\boldsymbol{CBA}=\boldsymbol{E}$，其他三个不一定正确，因为矩阵的乘法不满足交换律。

3.5.5 逆矩阵的初等变换求法

低阶矩阵利用伴随矩阵法求其逆矩阵是一个有效的方法，但随着矩阵阶数的增加，这种方法的计算量将会很大，高阶矩阵的逆矩阵要用矩阵的初等变换法求其逆矩阵。

由推论 3.5.3 可知，n 阶方阵 $\boldsymbol{A}$ 可逆，则 $\boldsymbol{A}$ 可以表示为若干个初等矩阵的乘积。

$$\boldsymbol{A}=\boldsymbol{P}_1\boldsymbol{P}_2\cdots\boldsymbol{P}_s \tag{3.5.8}$$

从而

$$\boldsymbol{P}_s^{-1}\cdots\boldsymbol{P}_2^{-1}\boldsymbol{P}_1^{-1}\boldsymbol{A}=\boldsymbol{E}_n \tag{3.5.9}$$

对(3.5.9)式两边同乘以 $\boldsymbol{A}^{-1}$ 得

$$\boldsymbol{P}_s^{-1}\cdots\boldsymbol{P}_2^{-1}\boldsymbol{P}_1^{-1}\boldsymbol{E}_n=\boldsymbol{A}^{-1} \tag{3.5.10}$$

注 3.5.1 (3.5.10)式表明 $\boldsymbol{A}^{-1}=\boldsymbol{P}_s^{-1}\cdots\boldsymbol{P}_2^{-1}\boldsymbol{P}_1^{-1}$，由于初等矩阵的逆矩阵仍是初等矩

阵，所以(3.5.8)式和(3.5.9)式还说明当 $\boldsymbol{A}$ 经过初等变换化为单位矩阵 $\boldsymbol{E}_n$ 时，$\boldsymbol{E}_n$ 经过同样的线性变换也可化为 $\boldsymbol{A}^{-1}$。所以，求 n 阶方阵 $\boldsymbol{A}$ 的逆矩阵时，不需先判断 $\boldsymbol{A}$ 是否可逆，只要对 $n\times 2n$ 阶分块矩阵 $(\boldsymbol{A} \,\vdots\, \boldsymbol{E}_n)$ 实施初等行变换即可，如果左块矩阵 $\boldsymbol{A}$ 可以化为单位矩阵 $\boldsymbol{E}_n$，就说明矩阵 $\boldsymbol{A}$ 是可逆的，且右块矩阵 $\boldsymbol{E}_n$ 变换的结果就是逆矩阵 $\boldsymbol{A}^{-1}$。

例 3.5.12 利用初等行变换法求矩阵

$$\boldsymbol{A}=\begin{pmatrix}1 & 2 & -3\\ 1 & 3 & -4\\ -1 & 2 & 1\end{pmatrix}$$

的逆矩阵 $\boldsymbol{A}^{-1}$。

解 对分块矩阵 $(\boldsymbol{A} \,\vdots\, \boldsymbol{E}_3)$ 实施初等行变换

$$\left(\begin{array}{ccc:ccc}1 & 2 & -3 & 1 & 0 & 0\\ 1 & 3 & -4 & 0 & 1 & 0\\ -1 & 2 & 1 & 0 & 0 & 1\end{array}\right)\xrightarrow[r_3+r_1]{r_2-r_1}\left(\begin{array}{ccc:ccc}1 & 2 & -3 & 1 & 0 & 0\\ 0 & 1 & -1 & -1 & 1 & 0\\ 0 & 4 & -2 & 1 & 0 & 1\end{array}\right)$$

$$\xrightarrow[r_3-4r_2]{r_1-2r_2}\left(\begin{array}{ccc:ccc}1 & 0 & -1 & 3 & -2 & 0\\ 0 & 1 & -1 & -1 & 1 & 0\\ 0 & 0 & 2 & 5 & -4 & 1\end{array}\right)$$

$$\xrightarrow[r_2+\frac{1}{2}r_3]{r_1+\frac{1}{2}r_3}\left(\begin{array}{ccc:ccc}1 & 0 & 0 & \frac{11}{2} & -4 & \frac{1}{2}\\ 0 & 1 & 0 & \frac{3}{2} & -1 & \frac{1}{2}\\ 0 & 0 & 2 & 5 & -4 & 1\end{array}\right)$$

$$\xrightarrow{\frac{1}{2}r_3}\left(\begin{array}{ccc:ccc}1 & 0 & 0 & \frac{11}{2} & -4 & \frac{1}{2}\\ 0 & 1 & 0 & \frac{3}{2} & -1 & \frac{1}{2}\\ 0 & 0 & 1 & \frac{5}{2} & -2 & \frac{1}{2}\end{array}\right)$$

所以

$$\boldsymbol{A}^{-1}=\begin{pmatrix}\frac{11}{2} & -4 & \frac{1}{2}\\ \frac{3}{2} & -1 & \frac{1}{2}\\ \frac{5}{2} & -2 & \frac{1}{2}\end{pmatrix}$$

注 3.5.2 类似地，对 $2n\times n$ 阶分块矩阵 $\begin{pmatrix}\boldsymbol{A}\\ \hdashline \boldsymbol{E}\end{pmatrix}$ 实施初等列变换，如果上块矩阵 $\boldsymbol{A}$ 可以化为单位矩阵 $\boldsymbol{E}$，就说明 $\boldsymbol{A}$ 可逆，且 $\boldsymbol{E}$ 变换的结果就是 $\boldsymbol{A}^{-1}$。

例 3.5.13 利用初等列变换法求矩阵

$$A=\begin{pmatrix}1&0&0\\2&1&0\\-3&2&1\end{pmatrix}$$

的逆矩阵 A^{-1}。

解 对分块矩阵 $\begin{pmatrix}A\\ \hdashline E\end{pmatrix}$ 实施初等列变换

$$\begin{pmatrix}1&0&0\\2&1&0\\-3&2&1\\ \hdashline 1&0&0\\0&1&0\\0&0&1\end{pmatrix}\xrightarrow[c_2-2c_3]{c_1+3c_3}\begin{pmatrix}1&0&0\\2&1&0\\0&0&1\\ \hdashline 1&0&0\\0&1&0\\3&-2&1\end{pmatrix}\xrightarrow{c_1-2c_2}\begin{pmatrix}1&0&0\\0&1&0\\0&0&1\\ \hdashline 1&0&0\\-2&1&0\\7&-2&1\end{pmatrix}$$

所以

$$A^{-1}=\begin{pmatrix}1&0&0\\-2&1&0\\7&-2&1\end{pmatrix}$$

注 3.5.3 利用初等变换求 A^{-1} 的方法，同样可以用来求解矩阵方程 $AX=B$，其解法是对分块矩阵 $(A\ \vdots\ B)$ 实施初等行变换至 $(E\ \vdots\ A^{-1}B)$，这时所要求的解 $X=A^{-1}B$；而对于矩阵方程 $XC=D$，一般是对分块矩阵 $\begin{pmatrix}C\\ \hdashline D\end{pmatrix}$ 实施初等列变换至 $\begin{pmatrix}E\\ \hdashline DC^{-1}\end{pmatrix}$，这时所要求的解 $X=DC^{-1}$。

例 3.5.14 利用初等变换求解矩阵方程 $AX=B$。其中

$$A=\begin{pmatrix}1&0&1\\1&-1&0\\0&1&2\end{pmatrix},\quad B=\begin{pmatrix}2&-4\\3&-2\\2&-7\end{pmatrix}$$

解 分块矩阵 $(A\ \vdots\ B)$ 实施初等行变换

$$\left(\begin{array}{ccc:cc}1&0&1&2&-4\\1&-1&0&3&-2\\0&1&2&2&-7\end{array}\right)\to\left(\begin{array}{ccc:cc}1&0&1&2&-4\\0&-1&-1&1&2\\0&1&2&2&-7\end{array}\right)\to\left(\begin{array}{ccc:cc}1&0&1&2&-4\\0&-1&-1&1&2\\0&0&1&3&-5\end{array}\right)$$

$$\to\left(\begin{array}{ccc:cc}1&0&0&-1&1\\0&-1&0&4&-3\\0&0&1&3&-5\end{array}\right)\to\left(\begin{array}{ccc:cc}1&0&0&-1&1\\0&1&0&-4&3\\0&0&1&3&-5\end{array}\right)$$

所以

$$X=A^{-1}B=\begin{pmatrix}-1&1\\-4&3\\3&-5\end{pmatrix}$$

例 3.5.15 已知矩阵 $\boldsymbol{A}=\begin{pmatrix}1&-2&0\\2&1&0\\0&0&2\end{pmatrix}$，满足 $\boldsymbol{XA}-\boldsymbol{A}=\boldsymbol{X}$，求矩阵 $\boldsymbol{X}$。

解 由 $\boldsymbol{XA}-\boldsymbol{A}=\boldsymbol{X}$，得 $\boldsymbol{X}(\boldsymbol{A}-\boldsymbol{E})=\boldsymbol{A}$，容易计算出 $\boldsymbol{A}-\boldsymbol{E}=\begin{pmatrix}0&-2&0\\2&0&0\\0&0&1\end{pmatrix}$，对分块矩阵 $\begin{pmatrix}\boldsymbol{A}-\boldsymbol{E}\\ \cdots\\ \boldsymbol{A}\end{pmatrix}$ 实施初等列变换得

$$\begin{pmatrix}0&-2&0\\2&0&0\\0&0&1\\ \hdashline 1&-2&0\\2&1&0\\0&0&2\end{pmatrix}\to\begin{pmatrix}-2&0&0\\0&2&0\\0&0&1\\ \hdashline -2&1&0\\1&2&0\\0&0&2\end{pmatrix}\to\begin{pmatrix}1&0&0\\0&1&0\\0&0&1\\ \hdashline 1&\frac{1}{2}&0\\-\frac{1}{2}&1&0\\0&0&2\end{pmatrix}$$

所以

$$\boldsymbol{X}=\begin{pmatrix}1&\frac{1}{2}&0\\-\frac{1}{2}&1&0\\0&0&2\end{pmatrix}$$

例 3.5.16 设 $\boldsymbol{B}$ 是 n 阶可逆方阵，$\boldsymbol{\alpha},\boldsymbol{\beta}$ 是 n 阶非零列向量，记 $\boldsymbol{A}=\boldsymbol{B}+\boldsymbol{\alpha\beta}^{\mathrm{T}}$，证明：当 $r=1+\boldsymbol{\beta}^{\mathrm{T}}\boldsymbol{B}^{-1}\boldsymbol{\alpha}\neq0$ 时，矩阵 $\boldsymbol{A}$ 可逆，且

$$\boldsymbol{A}^{-1}=\boldsymbol{B}^{-1}-\frac{1}{r}(\boldsymbol{B}^{-1}\boldsymbol{\alpha})(\boldsymbol{\beta}^{\mathrm{T}}\boldsymbol{B}^{-1})$$

证明 由于 $r=1+\boldsymbol{\beta}^{\mathrm{T}}\boldsymbol{B}^{-1}\boldsymbol{\alpha}\neq0$，所以

$$\begin{aligned}\boldsymbol{A}\left(\boldsymbol{B}^{-1}-\frac{1}{r}(\boldsymbol{B}^{-1}\boldsymbol{\alpha})(\boldsymbol{\beta}^{\mathrm{T}}\boldsymbol{B}^{-1})\right)&=(\boldsymbol{B}+\boldsymbol{\alpha\beta}^{\mathrm{T}})\left(\boldsymbol{B}^{-1}-\frac{1}{r}(\boldsymbol{B}^{-1}\boldsymbol{\alpha})(\boldsymbol{\beta}^{\mathrm{T}}\boldsymbol{B}^{-1})\right)\\&=\boldsymbol{BB}^{-1}-\frac{1}{r}\boldsymbol{BB}^{-1}\boldsymbol{\alpha\beta}^{\mathrm{T}}\boldsymbol{B}^{-1}+\boldsymbol{\alpha\beta}^{\mathrm{T}}\boldsymbol{B}^{-1}-\frac{1}{r}\boldsymbol{\alpha\beta}^{\mathrm{T}}\boldsymbol{B}^{-1}\boldsymbol{\alpha\beta}^{\mathrm{T}}\boldsymbol{B}^{-1}\\&=\boldsymbol{E}-\frac{1}{r}\boldsymbol{\alpha\beta}^{\mathrm{T}}\boldsymbol{B}^{-1}+\boldsymbol{\alpha\beta}^{\mathrm{T}}\boldsymbol{B}^{-1}-\frac{1}{r}\boldsymbol{\beta}^{\mathrm{T}}\boldsymbol{B}^{-1}\boldsymbol{\alpha}(\boldsymbol{\alpha\beta}^{\mathrm{T}}\boldsymbol{B}^{-1})\\&=\boldsymbol{E}+\boldsymbol{\alpha\beta}^{\mathrm{T}}\boldsymbol{B}^{-1}-\frac{1}{r}(1+\boldsymbol{\beta}^{\mathrm{T}}\boldsymbol{B}^{-1}\boldsymbol{\alpha})(\boldsymbol{\alpha\beta}^{\mathrm{T}}\boldsymbol{B}^{-1})\\&=\boldsymbol{E}+\boldsymbol{\alpha\beta}^{\mathrm{T}}\boldsymbol{B}^{-1}-\frac{1}{r}r\boldsymbol{\alpha\beta}^{\mathrm{T}}\boldsymbol{B}^{-1}\\&=\boldsymbol{E}\end{aligned}$$

则

$$A^{-1} = B^{-1} - \frac{1}{r}(B^{-1}\alpha)(\beta^{T} B^{-1})$$

3.6 矩阵的秩

在矩阵理论中有一个很重要的概念——矩阵的秩，它在线性方程组的理论中起着重要的作用，为了建立矩阵秩的概念，首先给出矩阵子式的定义。

3.6.1 矩阵的秩

定义 3.6.1 设 $A=(a_{ij})_{m\times n}$是一个 $m\times n$ 矩阵，在 A 中任意选取k 行$(i_1,i_2,\cdots,i_k)$和 k 列$(j_1,j_2,\cdots,j_k)$，位于这些行列相交处的元素，按照它们原来的次序组成一个 $k\times k$ 阶的行列式

$$\begin{vmatrix} a_{i_1j_1} & a_{i_1j_2} & \cdots & a_{i_1j_k} \\ a_{i_2j_1} & a_{i_2j_2} & \cdots & a_{i_2j_k} \\ \vdots & \vdots & & \vdots \\ a_{i_kj_1} & a_{i_kj_2} & \cdots & a_{i_kj_k} \end{vmatrix} \tag{3.6.1}$$

称为矩阵 A 的一个$k(k\leqslant\min\{m,n\})$阶子式。若(3.6.1)式等于零，称其为 **k 阶零子式**；若(3.6.1)式不等于零，称其为 **k 阶非零子式**；当 $i_1=j_1,i_2=j_2,\cdots,i_k=j_k$ 时，称其为 A 的 **k 阶主子式**。

一般地，一个 $m\times n$ 矩阵A 的$k(k\leqslant\min\{m,n\})$阶子式共有 $C_m^k C_n^k$ 个；显然 n 阶方阵 A 只有一个n 阶子式就是该矩阵的行列式$|A|$，$n-1$ 阶子式就有 n^2 个，恰好是所有 a_{ij} 的余子式M_{ij}。对于任何一个 $m\times n$ 矩阵A，我们关注最高阶且不等于零的子式。

定义 3.6.2 矩阵 A 中的非零子式的最高阶数称为**矩阵A 的秩**，记作**秩**(A)或 $r(A)$。

如果一个 n 阶方阵A 的秩等于n，称 A 为满秩矩阵，即 $r(A)=n$；否则称 A 为降秩矩阵，即 $r(A)<n$。由于零矩阵的所有子式全为零，故规定零矩阵的秩为零。对于 $m\times n$ 矩阵A，若 $r(A)=n$ 则称A 是**列满秩的**；若 $r(A)=m$，则称 A 是**行满秩的**。

注 3.6.1 对于方阵而言，可逆、非退化(非奇异)、满秩是等价的概念。于是可以用矩阵的秩来判断一个方阵是否可逆。

根据矩阵秩的定义容易得出如下一个重要的定理：

定理 3.6.1 一个 $m\times n$ 矩阵A 的秩$r(A)=r$ 的充要条件是A 存在一个r 阶非零子式，但 A 的所有$r+1$ 阶子式全等于零。

例 3.6.1 求下列矩阵的秩：

(1) $\boldsymbol{A}=\begin{pmatrix}2&1\\4&2\end{pmatrix}$；(2) $\boldsymbol{B}=\begin{pmatrix}1&0&1\\1&-1&0\\-2&1&-1\\3&-2&1\end{pmatrix}$；(3) $\boldsymbol{C}=\begin{pmatrix}1&-2&4&1&2\\0&3&5&1&6\\0&0&0&5&-1\\0&0&0&0&0\end{pmatrix}$。

解 (1) 由于 $|\boldsymbol{A}|=\begin{vmatrix}2&1\\4&2\end{vmatrix}=0$，但 $\boldsymbol{A}$ 有一个一阶非零子式，故由定义 3.6.2 可知，$r(\boldsymbol{A})=1$。

(2) 由于 $\boldsymbol{B}$ 有一个二阶子式 $\begin{vmatrix}1&0\\1&-1\end{vmatrix}=-1\neq0$，但 $\boldsymbol{B}$ 的 4 个三阶子式全为零，即

$$\begin{vmatrix}1&0&1\\1&-1&0\\-2&1&-1\end{vmatrix}=0,\quad \begin{vmatrix}1&0&1\\1&-1&0\\3&-2&1\end{vmatrix}=0$$

$$\begin{vmatrix}1&0&1\\-2&1&-1\\3&-2&1\end{vmatrix}=0,\quad \begin{vmatrix}1&-1&0\\-2&1&-1\\3&-2&1\end{vmatrix}=0$$

故由定义 3.6.2 可知，$r(\boldsymbol{B})=2$。

(3) 由于矩阵 $\boldsymbol{C}$ 是行阶梯形，且有零行，易知其所有的四阶子式全为零，但有一个三阶子式 $\begin{vmatrix}1&-2&1\\0&3&1\\0&0&5\end{vmatrix}=15\neq0$，所以 $r(\boldsymbol{C})=3$。

由以上例子可见利用定义 3.6.2 来求矩阵的秩是不方便的，然而对于阶梯形矩阵，其秩就等于其非零行的个数，所以求矩阵秩的问题就转化为求行阶梯形矩阵的秩。

3.6.2 矩阵秩的几个重要结论

由于利用初等变化可以将一个矩阵化为行阶梯形，而行阶梯形矩阵的非零行数就是该矩阵的秩，如果初等变换不改变矩阵的秩，那么我们就可以用初等行变换来求矩阵的秩。

定理 3.6.2 初等变换不改变矩阵的秩。

证明 只证明初等行变换的形式，列变换类似可得。

设 $m\times n$ 矩阵 $\boldsymbol{A}$ 经过一次初等变换化为矩阵 $\boldsymbol{B}$，需证 $r(\boldsymbol{A})=r(\boldsymbol{B})$，对照初等行变换的三种形式分别有：

(1) 设矩阵 $\boldsymbol{B}$ 由矩阵 $\boldsymbol{A}$ 经过一次交换行所得，且设矩阵 $\boldsymbol{A}$ 某一最高阶 r 阶非零子式为 D，则在矩阵 $\boldsymbol{B}$ 一定也能够找到与 D 相对应的子式 D_1，此时 $D_1=-D\neq0$。

(2) 矩阵 $\boldsymbol{B}$ 是由矩阵 $\boldsymbol{A}$ 的第 i 行乘以 k 加到第 j 行所得，且设矩阵 $\boldsymbol{A}$ 某一最高阶 r 阶非零子式为 D。若子式 D 中没有第 j 行，则子式 D 也是矩阵 $\boldsymbol{B}$ 的一个非零子式；若子式 D 含有第 j 行，则矩阵 $\boldsymbol{B}$ 存在一个对应非零子式 D'（D' 和 D 的行数与列数完全相同）在数值上仍等于子式 D。

(3) 设矩阵 $\boldsymbol{B}$ 由矩阵 $\boldsymbol{A}$ 的第 i 行乘以非零的常数 k 所得，且设矩阵 $\boldsymbol{A}$ 某一最高阶 r 阶非零子式为 D，则在矩阵矩阵 $\boldsymbol{B}$ 一定也能够找到与 D 相对应的子式 D_1，此时 $D_1=k^rD\neq0$。

若记矩阵 $\boldsymbol{B}$ 的最高阶非零子式的阶数为 r'，根据以上的讨论可以知道 $r\leqslant r'$，又由于初等变换是可逆的，矩阵 $\boldsymbol{A}$ 也可由矩阵 $\boldsymbol{B}$ 经过初等行变换而来，所以 $r'\leqslant r$，从而初等行变换不改变矩阵的秩。

推论 3.6.1 设矩阵 $\boldsymbol{A}$ 与矩阵 $\boldsymbol{B}$ 等价，即 $\boldsymbol{A}\sim\boldsymbol{B}$，则 $r(\boldsymbol{A})=r(\boldsymbol{B})$。

推论 3.6.2 设 $\boldsymbol{A}$ 是 $m\times n$ 矩阵，$\boldsymbol{P}$ 和 $\boldsymbol{Q}$ 分别是 m 和 n 阶可逆矩阵，则

$$r(\boldsymbol{A})=r(\boldsymbol{PA})=r(\boldsymbol{AQ})=r(\boldsymbol{PAQ})$$

从定理 3.6.2 和推论 3.6.1 可以知道，对于任何一个矩阵 $\boldsymbol{A}$，只要对其实施初等行变换至行阶梯形，阶梯形中非零行的个数就是该矩阵的秩。

例 3.6.2 求矩阵 $\boldsymbol{A}=\begin{pmatrix}1&-2&2&-1&1\\1&2&6&1&1\\2&-4&2&-3&5\\1&-2&-2&-3&7\end{pmatrix}$ 的秩 $r(\boldsymbol{A})$。

解 对矩阵 $\boldsymbol{A}$ 实施初等行变换至行阶梯形

$$\begin{pmatrix}1&-2&2&-1&1\\1&2&6&1&1\\2&-4&2&-3&5\\1&-2&-2&-3&7\end{pmatrix}\to\begin{pmatrix}1&-2&2&-1&1\\0&4&4&2&0\\0&0&-2&-1&3\\0&0&-4&-2&6\end{pmatrix}\to\begin{pmatrix}1&-2&2&-1&1\\0&4&4&2&0\\0&0&-2&-1&3\\0&0&0&0&0\end{pmatrix}$$

因此 $r(\boldsymbol{A})=3$。

例 3.6.3 设矩阵 $\boldsymbol{A}=\begin{pmatrix}1&2&-1&1\\1&0&\lambda&-2\\2&6&-2&\mu\end{pmatrix}$，若 $r(\boldsymbol{A})=2$，求 λ 与 μ 的值。

解 对矩阵 $\boldsymbol{A}$ 实施初等行变换至行阶梯形

$$\begin{pmatrix}1&2&-1&1\\1&0&\lambda&-2\\2&6&-2&\mu\end{pmatrix}\to\begin{pmatrix}1&2&-1&1\\0&-2&\lambda+1&-3\\0&2&0&\mu-2\end{pmatrix}\to\begin{pmatrix}1&2&-1&1\\0&-2&\lambda+1&-3\\0&0&\lambda+1&\mu-5\end{pmatrix}$$

由于 $r(\boldsymbol{A})=2$，故 $\begin{cases}\lambda+1=0\\\mu-5=0\end{cases}$，即 $\begin{cases}\lambda=-1\\\mu=5\end{cases}$。

例 3.6.4 求矩阵 $\boldsymbol{A}=\begin{pmatrix}a&1&1\\1&a&1\\1&1&a\end{pmatrix}$ 的秩。

解 对矩阵 $\boldsymbol{A}$ 实施初等行变换

$$\begin{pmatrix}a&1&1\\1&a&1\\1&1&a\end{pmatrix}\to\begin{pmatrix}1&1&a\\1&a&1\\a&1&1\end{pmatrix}\to\begin{pmatrix}1&1&a\\0&a-1&1-a\\0&1-a&1-a^2\end{pmatrix}$$

$$\to\begin{pmatrix}1&1&a\\0&a-1&1-a\\0&0&(1-a)(a+2)\end{pmatrix}=\boldsymbol{B}$$

当 $a\neq1$ 且 $a\neq-2$ 时，$r(\boldsymbol{B})=3$，所以 $r(\boldsymbol{A})=3$。

当 $a=1$ 时，$\boldsymbol{B}=\begin{pmatrix}1&1&1\\0&0&0\\0&0&0\end{pmatrix}$，所以 $r(\boldsymbol{A})=r(\boldsymbol{B})=1$。

当 $a=-2$ 时，$\boldsymbol{B}=\begin{pmatrix}1&1&-2\\0&-3&3\\0&0&0\end{pmatrix}$，所以 $r(\boldsymbol{A})=r(\boldsymbol{B})=2$。

对于矩阵的秩，还有如下一些基本的性质：

性质 3.6.1 $m\times n$ 矩阵 $\boldsymbol{A}$ 的秩 $r(\boldsymbol{A})=r$，则有

(1) $0\leqslant r(\boldsymbol{A})\leqslant\min\{m,n\}$；

(2) $r(\boldsymbol{A}^{\mathrm{T}})=r(\boldsymbol{A})$；

(3) $\max\{r(\boldsymbol{A}),r(\boldsymbol{B})\}\leqslant r(\boldsymbol{A}\quad\boldsymbol{B})$；

(4) $\max\{r(\boldsymbol{A}),r(\boldsymbol{B})\}\leqslant r\begin{pmatrix}\boldsymbol{A}\\\boldsymbol{B}\end{pmatrix}$。

证明 性质(1)和(2)利用定义很容易验证，只证明性质(3)，性质(4)可以类似验证。

由于矩阵 $\boldsymbol{A}$ 的最高阶非零子式总是$(\boldsymbol{A}\quad\boldsymbol{B})$的非零子式，所以必有

$$r(\boldsymbol{A})\leqslant r(\boldsymbol{A}\quad\boldsymbol{B})$$

同理可证

$$r(\boldsymbol{B})\leqslant r(\boldsymbol{A}\quad\boldsymbol{B})$$

从而

$$\max\{r(\boldsymbol{A}),r(\boldsymbol{B})\}\leqslant r(\boldsymbol{A}\quad\boldsymbol{B})$$

性质 3.6.2 设 $\boldsymbol{A}$ 是 $s\times m$ 矩阵，$\boldsymbol{B}$ 是 $s\times n$ 矩阵，则 $r(\boldsymbol{A},\boldsymbol{B})\leqslant r(\boldsymbol{A})+r(\boldsymbol{B})$。

证明 由定理 3.4.2 及其推论可知，存在可逆矩阵 $\boldsymbol{P}_1$ 和 $\boldsymbol{P}_2$ 满足 $\boldsymbol{P}_1\boldsymbol{A}^{\mathrm{T}}=\boldsymbol{U}_1$ 和 $\boldsymbol{P}_2\boldsymbol{B}^{\mathrm{T}}=\boldsymbol{U}_2$，其中 $\boldsymbol{U}_1$ 和 $\boldsymbol{U}_2$ 分别是 $\boldsymbol{A}^{\mathrm{T}}$ 与 $\boldsymbol{B}^{\mathrm{T}}$ 的行阶梯形，由性质 3.6.1 的(2)式得

$$r(\boldsymbol{A},\boldsymbol{B})=r(\boldsymbol{A},\boldsymbol{B})^{\mathrm{T}}=r\begin{pmatrix}\boldsymbol{A}^{\mathrm{T}}\\\boldsymbol{B}^{\mathrm{T}}\end{pmatrix}=r\left[\begin{pmatrix}\boldsymbol{P}_1&\boldsymbol{O}\\\boldsymbol{O}&\boldsymbol{P}_2\end{pmatrix}\begin{pmatrix}\boldsymbol{A}^{\mathrm{T}}\\\boldsymbol{B}^{\mathrm{T}}\end{pmatrix}\right]=r\begin{pmatrix}\boldsymbol{U}_1\\\boldsymbol{U}_2\end{pmatrix}\leqslant\begin{pmatrix}\boldsymbol{U}_1\\\boldsymbol{U}_2\end{pmatrix}\text{的行数}$$
$$\leqslant r(\boldsymbol{A})+r(\boldsymbol{B})$$

定理 3.6.3 乘积矩阵的秩不大于每个因子的秩，即

$$r(\boldsymbol{AB})\leqslant\min\{r(\boldsymbol{A}),r(\boldsymbol{B})\}$$

证明 设 $\boldsymbol{A}$ 是 $m\times n$ 矩阵，$\boldsymbol{B}$ 是 $n\times s$ 矩阵，若 $\boldsymbol{A}$ 与 $\boldsymbol{B}$ 中有一个是零矩阵，则结论显然成立，因此下设 $\boldsymbol{A}\neq\boldsymbol{O},\boldsymbol{B}\neq\boldsymbol{O}$。不妨设 $r(\boldsymbol{A})=r$，则由定理 3.5.2 知，存在 m 阶可逆矩阵 $\boldsymbol{P}$ 与 n 阶可逆矩阵 $\boldsymbol{Q}$ 满足

$$\boldsymbol{A}=\boldsymbol{P}\begin{pmatrix}\boldsymbol{E}_r&\boldsymbol{O}\\\boldsymbol{O}&\boldsymbol{O}\end{pmatrix}\boldsymbol{Q}$$

令 $\boldsymbol{QB}=\begin{pmatrix}\boldsymbol{Q}_1\\\boldsymbol{Q}_2\end{pmatrix}$，这里 $\boldsymbol{Q}_1$ 是 $r\times s$ 矩阵，$\boldsymbol{Q}_2$ 是$(n-r)\times s$ 矩阵，则

$$\boldsymbol{AB}=\boldsymbol{P}\begin{pmatrix}\boldsymbol{E}_r&\boldsymbol{O}\\\boldsymbol{O}&\boldsymbol{O}\end{pmatrix}\boldsymbol{QB}=\boldsymbol{P}\begin{pmatrix}\boldsymbol{E}_r&\boldsymbol{O}\\\boldsymbol{O}&\boldsymbol{O}\end{pmatrix}\begin{pmatrix}\boldsymbol{Q}_1\\\boldsymbol{Q}_2\end{pmatrix}=\boldsymbol{P}\begin{pmatrix}\boldsymbol{Q}_1\\\boldsymbol{O}\end{pmatrix}$$

于是有

$$r(\boldsymbol{AB})=r\left(\boldsymbol{P}\begin{pmatrix}\boldsymbol{Q}_1\\\boldsymbol{O}\end{pmatrix}\right)=r\begin{pmatrix}\boldsymbol{Q}_1\\\boldsymbol{O}\end{pmatrix}\leqslant r=r(\boldsymbol{A})$$

另外

$$r(\boldsymbol{AB})=r((\boldsymbol{AB})^{\mathrm{T}})=r(\boldsymbol{B}^{\mathrm{T}}\boldsymbol{A}^{\mathrm{T}})\leqslant r(\boldsymbol{B}^{\mathrm{T}})=r(\boldsymbol{B})$$

推论 3.6.3 设 $\boldsymbol{AB}=\boldsymbol{C}$,当 $\boldsymbol{A}$ 可逆时,则 $r(\boldsymbol{B})=r(\boldsymbol{C})$,当 $\boldsymbol{B}$ 可逆时,则 $r(\boldsymbol{A})=r(\boldsymbol{C})$。

定理3.6.3还可以推广到多个矩阵乘积的形式,即

推论 3.6.4 $r(\boldsymbol{A}_1\boldsymbol{A}_2\cdots\boldsymbol{A}_p)\leqslant\min\{r(\boldsymbol{A}_1),r(\boldsymbol{A}_2),\cdots,r(\boldsymbol{A}_p)\}$。

例 3.6.5 设 $\boldsymbol{A}$ 是 n 阶非零实方阵,若 $\boldsymbol{A}$ 的每个元素都等于其代数余子式,即 $a_{ij}=\boldsymbol{A}_{ij}$ $(i,j=1,2,\cdots,n)$。证明:$\boldsymbol{A}$ 的秩等于 n,当 $n\geqslant3$ 时,$|\boldsymbol{A}|=1$ 或 -1。

证明 由于 $\boldsymbol{A}$ 是 n 阶非零实方阵,不妨设 $a_{11}\neq0$,将 $|\boldsymbol{A}|$ 按第一行展开有

$$|\boldsymbol{A}|=\sum_{j=1}^{n}a_{1j}\boldsymbol{A}_{1j}=\sum_{j=1}^{n}(a_{1j})^2\neq0$$

所以,$r(\boldsymbol{A})=n$。又

$$|\boldsymbol{A}|^2=|\boldsymbol{A}||\boldsymbol{A}^{\mathrm{T}}|=|\boldsymbol{AA}^{\mathrm{T}}|=|\boldsymbol{AA}^*|=||\boldsymbol{A}|\boldsymbol{E}|=|\boldsymbol{A}|^n$$

所以 $|\boldsymbol{A}|^{n-2}=1$,从而当 $n\geqslant3$ 时,$|\boldsymbol{A}|=1$ 或 -1。

例 3.6.6 设 $\boldsymbol{A}$ 是 $m\times n$ 矩阵,证明:$r(\boldsymbol{A})=1$ 的充要条件是存在 m 维非零列向量 $\boldsymbol{\xi}$ 和 n 维非零列向量 $\boldsymbol{\eta}$,满足 $\boldsymbol{A}=\boldsymbol{\xi\eta}^{\mathrm{T}}$。

证明 先证必要性。

由于 $r(\boldsymbol{A})=1$,由定理3.5.2知,存在 m 阶可逆矩阵 $\boldsymbol{P}$ 与 n 阶可逆矩阵 $\boldsymbol{Q}$ 满足

$$\boldsymbol{A}=\boldsymbol{P}\begin{pmatrix}1&0&\cdots&0\\0&0&\cdots&0\\\vdots&\vdots&&\vdots\\0&0&\cdots&0\end{pmatrix}\boldsymbol{Q}=\boldsymbol{P}\begin{pmatrix}1\\0\\\vdots\\0\end{pmatrix}(1\quad0\quad\cdots\quad0)\boldsymbol{Q}$$

记 $\boldsymbol{\xi}=\boldsymbol{P}\begin{pmatrix}1\\0\\\vdots\\0\end{pmatrix}$,$\boldsymbol{\eta}=\boldsymbol{Q}^{\mathrm{T}}\begin{pmatrix}1\\0\\\vdots\\0\end{pmatrix}$,则 $\boldsymbol{\xi}$ 与 $\boldsymbol{\eta}$ 分别是 m 维和 n 维非零列向量,且 $\boldsymbol{A}=\boldsymbol{\xi\eta}^{\mathrm{T}}$。

再证充分性。

由定理3.6.3知

$$r(\boldsymbol{A})=r(\boldsymbol{\xi\eta}^{\mathrm{T}})\leqslant r(\boldsymbol{\xi})=1$$

由于 $\boldsymbol{\xi}$ 与 $\boldsymbol{\eta}$ 分别是 m 维和 n 维非零列向量,故 $\boldsymbol{A}=\boldsymbol{\xi\eta}^{\mathrm{T}}\neq\boldsymbol{O}$,所以 $r(\boldsymbol{A})\geqslant1$。

综合可知 $r(\boldsymbol{A})=1$。

特别地,设 $\boldsymbol{A}$ 是 $m\times2$ 矩阵,那么 $r(\boldsymbol{A})=1$ 的充要条件是矩阵 $\boldsymbol{A}$ 的两列向量的元素对应成比例。

3.7　分块矩阵的初等变换及应用

前面已经分别讨论分块矩阵和矩阵的初等变化，若能够把这两个概念结合，则可以有效地解决分块矩阵的各种运算。本节将主要以 2×2 分块矩阵为例，重点研讨分块矩阵的逆和秩。

3.7.1　分块矩阵的初等变换

定义 3.7.1　与普通矩阵的初等行变换类似，分块矩阵也有三种类型的初等行(列)变换：

(1) **对换分块变换**　对换两个块行(列)的位置；

(2) **倍乘分块变换**　用一个可逆矩阵 $\boldsymbol{P}$ 左(右)乘某一块行(列)；

(3) **倍加分块变换**　把一个块行的左(右)乘矩阵 $\boldsymbol{P}$ 加到另一个块行(列)上。

例如，设分块矩阵 $\boldsymbol{M}=\begin{pmatrix}\boldsymbol{A} & \boldsymbol{B}\\ \boldsymbol{C} & \boldsymbol{D}\end{pmatrix}$，对换第一行与第二行得 $\boldsymbol{M}_1=\begin{pmatrix}\boldsymbol{C} & \boldsymbol{D}\\ \boldsymbol{A} & \boldsymbol{B}\end{pmatrix}$，第二行左乘可逆矩阵 $\boldsymbol{P}$ 得 $\boldsymbol{M}_2=\begin{pmatrix}\boldsymbol{A} & \boldsymbol{B}\\ \boldsymbol{PC} & \boldsymbol{PD}\end{pmatrix}$，把第二行左乘矩阵 $\boldsymbol{P}$ 加到第一行上得 $\boldsymbol{M}_3=\begin{pmatrix}\boldsymbol{A}+\boldsymbol{PC} & \boldsymbol{B}+\boldsymbol{PD}\\ \boldsymbol{C} & \boldsymbol{D}\end{pmatrix}$。

对于某单位矩阵 $\boldsymbol{E}$ 若采取如下的分块：

$$\boldsymbol{E}=\begin{bmatrix}\boldsymbol{E}_s & \boldsymbol{O}\\ \boldsymbol{O} & \boldsymbol{E}_t\end{bmatrix}$$

仿照初等矩阵，可以给出初等分块矩阵：

(1) 对换分块矩阵

$$\begin{bmatrix}\boldsymbol{O} & \boldsymbol{E}_t\\ \boldsymbol{E}_s & \boldsymbol{O}\end{bmatrix}$$

(2) 倍乘分块矩阵

$$\begin{pmatrix}\boldsymbol{P} & \boldsymbol{O}\\ \boldsymbol{O} & \boldsymbol{E}_t\end{pmatrix},\quad \begin{pmatrix}\boldsymbol{E}_s & \boldsymbol{O}\\ \boldsymbol{O} & \boldsymbol{P}\end{pmatrix}$$

(3) 倍加分块矩阵

$$\begin{bmatrix}\boldsymbol{E}_s & \boldsymbol{O}\\ \boldsymbol{P} & \boldsymbol{E}_t\end{bmatrix},\quad \begin{bmatrix}\boldsymbol{E}_s & \boldsymbol{P}\\ \boldsymbol{O} & \boldsymbol{E}_t\end{bmatrix}$$

和初等矩阵与初等变换的关系一样，用这些矩阵左乘任意 2×2 分块矩阵 $\begin{pmatrix}\boldsymbol{A} & \boldsymbol{B}\\ \boldsymbol{C} & \boldsymbol{D}\end{pmatrix}$，只要分块乘法能够进行，其结果就是对该分块矩阵进行相应的行变换：

$$\begin{bmatrix}\boldsymbol{O} & \boldsymbol{E}_t\\ \boldsymbol{E}_s & \boldsymbol{O}\end{bmatrix}\begin{pmatrix}\boldsymbol{A} & \boldsymbol{B}\\ \boldsymbol{C} & \boldsymbol{D}\end{pmatrix}=\begin{pmatrix}\boldsymbol{C} & \boldsymbol{D}\\ \boldsymbol{A} & \boldsymbol{B}\end{pmatrix}$$

$$\begin{pmatrix} P & O \\ O & E_t \end{pmatrix}\begin{pmatrix} A & B \\ C & D \end{pmatrix} = \begin{pmatrix} PA & PB \\ C & D \end{pmatrix}$$

$$\begin{pmatrix} E_s & O \\ O & P \end{pmatrix}\begin{pmatrix} A & B \\ C & D \end{pmatrix} = \begin{pmatrix} A & B \\ PC & PD \end{pmatrix}$$

$$\begin{pmatrix} E_s & O \\ P & E_t \end{pmatrix}\begin{pmatrix} A & B \\ C & D \end{pmatrix} = \begin{pmatrix} A & B \\ C + PA & D + PB \end{pmatrix}$$

$$\begin{pmatrix} E_s & P \\ O & E_t \end{pmatrix}\begin{pmatrix} A & B \\ C & D \end{pmatrix} = \begin{pmatrix} A + PC & B + PD \\ C & D \end{pmatrix}$$

同样地,用这些矩阵右乘任意 2×2 分块矩阵$\begin{pmatrix} A & B \\ C & D \end{pmatrix}$,只要分块乘法能够进行,其结果就是对该分块矩阵进行相应的列变换,这里就不写了。

3.7.2 分块矩阵初等变换的应用

例 3.7.1 利用分块矩阵初等变换证明:$|A||B| = |AB|$。

证明 做分块矩阵的初等变换如下:

$$\begin{pmatrix} E & A \\ O & E \end{pmatrix}\begin{pmatrix} A & O \\ -E & B \end{pmatrix} = \begin{pmatrix} O & AB \\ -E & B \end{pmatrix} \tag{3.7.1}$$

对(3.7.1)式两边取行列式,其左边为

$$\left|\begin{pmatrix} E & A \\ O & E \end{pmatrix}\begin{pmatrix} A & O \\ -E & B \end{pmatrix}\right| = \begin{vmatrix} E & A \\ O & E \end{vmatrix}\begin{vmatrix} A & O \\ -E & B \end{vmatrix} \tag{3.7.2}$$

根据例 1.6.8 可知,(3.7.2)式右边的两个行列式乘积为

$$\begin{vmatrix} E & A \\ O & E \end{vmatrix}\begin{vmatrix} A & O \\ -E & B \end{vmatrix} = |E||E||A||B| = |A||B|$$

而(3.7.1)式右边的行列式可经过 n 次列交换,变为

$$\begin{vmatrix} O & AB \\ -E & B \end{vmatrix} = (-1)^n\begin{vmatrix} AB & O \\ B & -E \end{vmatrix} = (-1)^n|AB||-E| = |AB|$$

这就证明了

$$|A||B| = |AB|$$

例 3.7.2 设 A,B,C,D 均是 n 阶方阵,且 $|A|\neq0$,$AC=CA$,证明:

$$\begin{vmatrix} A & B \\ C & D \end{vmatrix} = |AD - CB|$$

证明 由于 n 阶方阵 A 的行列式 $|A|\neq0$,所以 A 可逆,做分块矩阵初等变换如下:

$$\begin{pmatrix} E & O \\ -CA^{-1} & E \end{pmatrix}\begin{pmatrix} A & B \\ C & D \end{pmatrix} = \begin{pmatrix} A & B \\ O & D - CA^{-1}B \end{pmatrix} \tag{3.7.3}$$

对(3.7.3)式左右两边分别取行列式,其左边为

$$\left|\begin{pmatrix} E & O \\ -CA^{-1} & E \end{pmatrix}\begin{pmatrix} A & B \\ C & D \end{pmatrix}\right| = \begin{vmatrix} E & O \\ -CA^{-1} & E \end{vmatrix}\begin{vmatrix} A & B \\ C & D \end{vmatrix} = \begin{vmatrix} A & B \\ C & D \end{vmatrix}$$

其右边为

$$\begin{vmatrix} \boldsymbol{A} & \boldsymbol{B} \\ \boldsymbol{O} & \boldsymbol{D}-\boldsymbol{C}\boldsymbol{A}^{-1}\boldsymbol{B} \end{vmatrix} = |\boldsymbol{A}|\,|\boldsymbol{D}-\boldsymbol{C}\boldsymbol{A}^{-1}\boldsymbol{B}| \tag{3.7.4}$$

再利用行列式的乘积公式和条件 $\boldsymbol{AC}=\boldsymbol{CA}$,(3.7.4)式右边可化为

$$|\boldsymbol{A}|\,|\boldsymbol{D}-\boldsymbol{C}\boldsymbol{A}^{-1}\boldsymbol{B}| = |\boldsymbol{AD}-\boldsymbol{AC}\boldsymbol{A}^{-1}\boldsymbol{B}| = |\boldsymbol{AD}-\boldsymbol{CA}\boldsymbol{A}^{-1}\boldsymbol{B}| = |\boldsymbol{AD}-\boldsymbol{CB}|$$

从而结论得证。

例 3.7.3 已知 $\boldsymbol{M}=\begin{pmatrix} \boldsymbol{A} & \boldsymbol{O} \\ \boldsymbol{C} & \boldsymbol{D} \end{pmatrix}$,其中 $\boldsymbol{A},\boldsymbol{D}$ 均可逆,求证:矩阵 $\boldsymbol{M}$ 可逆,并求 $\boldsymbol{M}^{-1}$。

解 根据题意和例 1.6.8,可得 $\det\boldsymbol{M}=\det\boldsymbol{A}\det\boldsymbol{D}\neq 0$,所以 $\boldsymbol{M}$ 可逆,不妨设

$$\boldsymbol{M}^{-1} = \begin{pmatrix} \boldsymbol{X} & \boldsymbol{Y} \\ \boldsymbol{Z} & \boldsymbol{W} \end{pmatrix}$$

其中 $\boldsymbol{X}$ 与 $\boldsymbol{A}$,$\boldsymbol{W}$,$\boldsymbol{D}$ 同型。利用分块矩阵的乘法和逆矩阵的定义,有

$$\boldsymbol{M}\boldsymbol{M}^{-1} = \begin{pmatrix} \boldsymbol{A} & \boldsymbol{O} \\ \boldsymbol{C} & \boldsymbol{D} \end{pmatrix}\begin{pmatrix} \boldsymbol{X} & \boldsymbol{Y} \\ \boldsymbol{Z} & \boldsymbol{W} \end{pmatrix} = \begin{pmatrix} \boldsymbol{AX} & \boldsymbol{AY} \\ \boldsymbol{CX}+\boldsymbol{DZ} & \boldsymbol{CY}+\boldsymbol{DW} \end{pmatrix} = \begin{bmatrix} \boldsymbol{E}_1 & \boldsymbol{O} \\ \boldsymbol{O} & \boldsymbol{E}_2 \end{bmatrix}$$

则有

$$\begin{cases} \boldsymbol{AX} = \boldsymbol{E}_1 \\ \boldsymbol{AY} = \boldsymbol{O} \\ \boldsymbol{CX}+\boldsymbol{DZ} = \boldsymbol{O} \\ \boldsymbol{CY}+\boldsymbol{DW} = \boldsymbol{E}_2 \end{cases}$$

解得

$$\begin{cases} \boldsymbol{X} = \boldsymbol{A}^{-1} \\ \boldsymbol{Y} = \boldsymbol{O} \\ \boldsymbol{Z} = -\boldsymbol{D}^{-1}\boldsymbol{CA} \\ \boldsymbol{W} = \boldsymbol{D}^{-1} \end{cases}$$

从而

$$\boldsymbol{M}^{-1} = \begin{bmatrix} \boldsymbol{A}^{-1} & \boldsymbol{O} \\ -\boldsymbol{D}^{-1}\boldsymbol{C}\boldsymbol{A}^{-1} & \boldsymbol{D}^{-1} \end{bmatrix}$$

特别地,当 $\boldsymbol{C}=\boldsymbol{O}$ 时,即 $\boldsymbol{M}=\begin{pmatrix} \boldsymbol{A} & \boldsymbol{O} \\ \boldsymbol{O} & \boldsymbol{D} \end{pmatrix}$,则有 $\boldsymbol{M}^{-1}=\begin{bmatrix} \boldsymbol{A}^{-1} & \boldsymbol{O} \\ \boldsymbol{O} & \boldsymbol{D}^{-1} \end{bmatrix}$。这个结果可以推广到多个分块对角矩阵,即分块对角矩阵 $\boldsymbol{M}=\begin{bmatrix} \boldsymbol{A}_1 & \boldsymbol{O} & \cdots & \boldsymbol{O} \\ \boldsymbol{O} & \boldsymbol{A}_2 & \cdots & \boldsymbol{O} \\ \vdots & \vdots & & \vdots \\ \boldsymbol{O} & \boldsymbol{O} & \cdots & \boldsymbol{A}_s \end{bmatrix}$,若 $\boldsymbol{A}_i\,(i=1,2,\cdots,s)$ 均可逆,则 $\boldsymbol{M}$ 也可逆,且 $\boldsymbol{M}^{-1}=\begin{bmatrix} \boldsymbol{A}_1^{-1} & \boldsymbol{O} & \cdots & \boldsymbol{O} \\ \boldsymbol{O} & \boldsymbol{A}_2^{-1} & \cdots & \boldsymbol{O} \\ \vdots & \vdots & & \vdots \\ \boldsymbol{O} & \boldsymbol{O} & \cdots & \boldsymbol{A}_s^{-1} \end{bmatrix}$。

例 3.7.4 已知 $A=\begin{pmatrix}3&5&0\\1&2&0\\0&0&7\end{pmatrix}$,利用对角分块法求 A^{-1}。

解 对矩阵 A 实施分块如下:

$$A=\left(\begin{array}{cc|c}3&5&0\\1&2&0\\\hline 0&0&7\end{array}\right)=\begin{pmatrix}A_1&O\\O&A_2\end{pmatrix}$$

其中

$$A_1=\begin{pmatrix}3&5\\1&2\end{pmatrix},\quad A_2=7$$

容易计算

$$A_1^{-1}=\begin{pmatrix}2&-5\\-1&3\end{pmatrix},\quad A_2^{-1}=\frac{1}{7}$$

所以

$$A^{-1}=\left(\begin{array}{cc|c}2&-5&0\\-1&3&0\\\hline 0&0&\frac{1}{7}\end{array}\right)$$

对于分块矩阵的秩,我们有如下几个重要的性质:

引理 3.7.1 设 A,B 为任意两个矩阵,则

(1) $r(A)+r(B)=r\begin{pmatrix}A&O\\O&B\end{pmatrix}$;

(2) $r(A)+r(B)=r\begin{pmatrix}O&A\\B&O\end{pmatrix}$。

引理 3.7.2 设 A,B,C 为任意三个矩阵且满足分块条件,则

(1) $r(A)+r(B)\leqslant r\begin{pmatrix}A&O\\C&B\end{pmatrix}$;

(2) $r(A)+r(B)\leqslant r\begin{pmatrix}O&A\\B&C\end{pmatrix}$。

证明 只证明(1),(2)可以类似证明。

当 A,B 中有一个的秩等于零,结论显然成立,因此,设 $r(A)=r\neq0,r(B)=s\neq0$,则 A 有一个 r 阶子式 $\det M_r\neq0$,B 有一个 s 阶子式 $\det M_s\neq0$。

从而$\begin{pmatrix}A&O\\C&B\end{pmatrix}$中有一个 $r+s$ 阶子式

$$\begin{vmatrix}M_r&O\\ *&M_s\end{vmatrix}\neq0$$

因此有 $r\begin{pmatrix}A&O\\C&B\end{pmatrix}\geqslant r+s$,即

$$r(\boldsymbol{A})+r(\boldsymbol{B})\leqslant r\begin{pmatrix}\boldsymbol{A} & \boldsymbol{O}\\ \boldsymbol{C} & \boldsymbol{B}\end{pmatrix}$$

引理 3.7.3 设 $\boldsymbol{A}$ 是 $m\times n$ 矩阵，$\boldsymbol{B}$ 是 $p\times m$ 矩阵，$\boldsymbol{C}$ 是 $n\times t$ 矩阵，则

$$r\begin{pmatrix}\boldsymbol{A} & \boldsymbol{O}\\ \boldsymbol{BA} & \boldsymbol{C}\end{pmatrix}=r\begin{pmatrix}\boldsymbol{A} & \boldsymbol{O}\\ \boldsymbol{O} & \boldsymbol{C}\end{pmatrix}$$

证明 做分块矩阵初等变换如下：

$$\begin{bmatrix}\boldsymbol{E}_m & \boldsymbol{O}\\ \boldsymbol{B} & \boldsymbol{E}_n\end{bmatrix}\begin{pmatrix}\boldsymbol{A} & \boldsymbol{O}\\ \boldsymbol{O} & \boldsymbol{C}\end{pmatrix}=\begin{pmatrix}\boldsymbol{A} & \boldsymbol{O}\\ \boldsymbol{BA} & \boldsymbol{C}\end{pmatrix}$$

由于矩阵 $\begin{bmatrix}\boldsymbol{E}_m & \boldsymbol{O}\\ \boldsymbol{B} & \boldsymbol{E}_n\end{bmatrix}$ 是 $m+n$ 阶可逆矩阵，故 $r\begin{pmatrix}\boldsymbol{A} & \boldsymbol{O}\\ \boldsymbol{BA} & \boldsymbol{C}\end{pmatrix}=r\begin{pmatrix}\boldsymbol{A} & \boldsymbol{O}\\ \boldsymbol{O} & \boldsymbol{C}\end{pmatrix}$。

特别地，若 $\boldsymbol{A}=\boldsymbol{E}_n$，则有 $r\begin{pmatrix}\boldsymbol{E}_n & \boldsymbol{O}\\ \boldsymbol{B} & \boldsymbol{C}\end{pmatrix}=r\begin{pmatrix}\boldsymbol{E}_n & \boldsymbol{O}\\ \boldsymbol{O} & \boldsymbol{C}\end{pmatrix}$。

例 3.7.5 设 $\boldsymbol{A},\boldsymbol{B}$ 均是 $m\times n$ 矩阵，证明：$r(\boldsymbol{A}+\boldsymbol{B})\leqslant r(\boldsymbol{A})+r(\boldsymbol{B})$。

证明 做初等分块变换如下：

$$\begin{pmatrix}\boldsymbol{A} & \boldsymbol{O}\\ \boldsymbol{A} & \boldsymbol{B}\end{pmatrix}\begin{bmatrix}\boldsymbol{E}_n & \boldsymbol{O}\\ \boldsymbol{E}_n & \boldsymbol{O}\end{bmatrix}=\begin{pmatrix}\boldsymbol{A} & \boldsymbol{O}\\ \boldsymbol{A}+\boldsymbol{B} & \boldsymbol{O}\end{pmatrix}$$

再根据乘积矩阵的秩不大于每个因子的秩，故由引理 3.7.1 和引理 3.7.3 得

$$r(\boldsymbol{A}+\boldsymbol{B})\leqslant r\begin{pmatrix}\boldsymbol{A} & \boldsymbol{O}\\ \boldsymbol{A}+\boldsymbol{B} & \boldsymbol{O}\end{pmatrix}\leqslant r\begin{pmatrix}\boldsymbol{A} & \boldsymbol{O}\\ \boldsymbol{A} & \boldsymbol{B}\end{pmatrix}=r(\boldsymbol{A})+r(\boldsymbol{B})$$

例 3.7.6 设 $\boldsymbol{A},\boldsymbol{B}$ 分别是 $m\times n$ 和 $n\times s$ 矩阵，且 $\boldsymbol{AB}=\boldsymbol{O}$，证明：$r(\boldsymbol{A})+r(\boldsymbol{B})\leqslant n$。

证明 由于 $\boldsymbol{AB}=\boldsymbol{O}$，做分块矩阵的初等变换如下：

$$\begin{pmatrix}\boldsymbol{A} & \boldsymbol{O}\\ \boldsymbol{E}_n & \boldsymbol{O}\end{pmatrix}\begin{pmatrix}\boldsymbol{E}_n & \boldsymbol{B}\\ \boldsymbol{O} & \boldsymbol{O}\end{pmatrix}=\begin{pmatrix}\boldsymbol{A} & \boldsymbol{O}\\ \boldsymbol{E}_n & \boldsymbol{B}\end{pmatrix}$$

根据乘积矩阵的秩不大于每个因子的秩以及引理 3.7.2 与引理 3.7.3 可得

$$r(\boldsymbol{A})+r(\boldsymbol{B})\leqslant r\begin{pmatrix}\boldsymbol{A} & \boldsymbol{O}\\ \boldsymbol{E}_n & \boldsymbol{B}\end{pmatrix}\leqslant r\begin{pmatrix}\boldsymbol{A} & \boldsymbol{O}\\ \boldsymbol{E}_n & \boldsymbol{O}\end{pmatrix}=r\begin{pmatrix}\boldsymbol{O} & \boldsymbol{O}\\ \boldsymbol{E}_n & \boldsymbol{O}\end{pmatrix}=n$$

习 题

1. 已知 $\boldsymbol{A}=\begin{bmatrix}4 & x_1-2x_2\\ 2 & 1\\ 6 & 0\end{bmatrix}$，$\boldsymbol{B}=\begin{bmatrix}4 & -2\\ 2 & 1\\ 2x_1+x_2 & 0\end{bmatrix}$，若 $\boldsymbol{A}=\boldsymbol{B}$，求 x_1 和 x_2。

2. 设 $\boldsymbol{A}=\begin{bmatrix}1 & 2 & 3 & 4\\ 0 & -1 & 5 & 2\\ 2 & 3 & 1 & 0\end{bmatrix}$，$\boldsymbol{B}=\begin{bmatrix}0 & 2 & 1 & 3\\ 4 & 1 & 0 & 2\\ 0 & -3 & 2 & 5\end{bmatrix}$，求 $3\boldsymbol{A}+2\boldsymbol{B}$ 与 $4\boldsymbol{A}-3\boldsymbol{B}$。

3. 设 $\boldsymbol{A}=\begin{pmatrix}2 & 1 & -2\\0 & 3 & 1\end{pmatrix}$，$\boldsymbol{B}=\begin{pmatrix}1 & 0 & 2\\1 & -1 & 2\end{pmatrix}$，$\boldsymbol{C}=\begin{pmatrix}-1 & 1 & 2\\2 & 3 & -1\\1 & 0 & 2\end{pmatrix}$，求 $\boldsymbol{AC}-\boldsymbol{CB}$。

4. 计算

(1) $(x_1\quad x_2\quad \cdots\quad x_n)\begin{pmatrix}x_1\\x_2\\\vdots\\x_n\end{pmatrix}$，$\begin{pmatrix}x_1\\x_2\\\vdots\\x_n\end{pmatrix}(x_1\quad x_2\quad \cdots\quad x_n)$；

(2) $(x_1\quad x_2\quad x_3)\begin{pmatrix}a_{11} & a_{12} & a_{13}\\a_{21} & a_{22} & a_{23}\\a_{31} & a_{32} & a_{33}\end{pmatrix}\begin{pmatrix}x_1\\x_2\\x_3\end{pmatrix}$；

(3) $\begin{pmatrix}1 & 2 & 1\\0 & 1 & 2\\3 & 1 & 1\end{pmatrix}\begin{pmatrix}2 & 3 & 1\\-1 & 1 & 0\\1 & 2 & -1\end{pmatrix}\begin{pmatrix}-1 & 1 & 1\\1 & -1 & -2\\2 & 0 & 1\end{pmatrix}$；

(4) $\begin{pmatrix}1 & 2 & 3\\2 & 4 & 6\\3 & 6 & 9\end{pmatrix}\begin{pmatrix}-1 & -2 & -4\\-1 & -2 & -4\\1 & 2 & 4\end{pmatrix}$。

5. 求所有与矩阵 $\boldsymbol{A}$ 相乘可交换的矩阵：

(1) $\boldsymbol{A}=\begin{pmatrix}1 & 1\\0 & 1\end{pmatrix}$；(2) $\boldsymbol{A}=\begin{pmatrix}1 & 0 & 0\\0 & 1 & 2\\3 & 1 & 2\end{pmatrix}$；(3) $\boldsymbol{A}=\begin{pmatrix}0 & 1 & 0\\0 & 0 & 1\\0 & 0 & 0\end{pmatrix}$。

6. 设 $\boldsymbol{A}=\begin{pmatrix}a_1 & 0 & \cdots & 0\\0 & a_2 & \cdots & 0\\\vdots & \vdots & & \vdots\\0 & 0 & \cdots & a_n\end{pmatrix}$，其中 $a_i\neq a_j$，当 $i\neq j(i,j=1,2,\cdots,n)$ 时，证明：与 $\boldsymbol{A}$ 相乘可交换的矩阵只能是对角矩阵。

7. 证明：若 $\boldsymbol{B}_1,\boldsymbol{B}_2$ 都与 $\boldsymbol{A}$ 可交换，则 $\boldsymbol{B}_1+\boldsymbol{B}_2,\boldsymbol{B}_1\boldsymbol{B}_2$ 也都与 $\boldsymbol{A}$ 可交换。

8. 如果 $\boldsymbol{AB}=\boldsymbol{BA},\boldsymbol{AC}=\boldsymbol{CA}$，证明：

$$(\boldsymbol{A}+\boldsymbol{B})^2=\boldsymbol{A}^2+2\boldsymbol{AB}+\boldsymbol{B}^2$$
$$(\boldsymbol{A}+\boldsymbol{B})(\boldsymbol{A}-\boldsymbol{B})=\boldsymbol{A}^2-\boldsymbol{B}^2$$
$$(\boldsymbol{A}-\boldsymbol{C})^3=\boldsymbol{A}^3-3\boldsymbol{A}^2\boldsymbol{C}+3\boldsymbol{AC}^2-\boldsymbol{C}^3$$

9. 证明：对于任意的 n 阶方阵 $\boldsymbol{A}$ 和 $\boldsymbol{B}$，均有 $\boldsymbol{AB}-\boldsymbol{BA}\neq\boldsymbol{E}$。

10. 证明：任何一个方阵均可以写成一个对称矩阵和一个反对称矩阵的和。

11. 证明：两个上(下)三角矩阵之积仍是上(下)三角矩阵。

12. 设 $\boldsymbol{A}$ 为实对称矩阵，若 $\boldsymbol{A}^2=\boldsymbol{O}$，则 $\boldsymbol{A}=\boldsymbol{O}$。

13. 求下列矩阵的方幂：

(1) $\begin{pmatrix}\cos\theta & -\sin\theta\\\sin\theta & \cos\theta\end{pmatrix}^n$；

(2) $\begin{pmatrix} a & b \\ b & a \end{pmatrix}^n$；

(3) 设 $A=\begin{bmatrix} 1 & \lambda & 0 \\ 0 & 1 & \lambda \\ 0 & 0 & 1 \end{bmatrix}(\lambda\neq 0)$，求 $A^n(n\in \mathbf{Z}^+)$；

(4) $\begin{pmatrix} 1 & -1 & -1 & -1 \\ -1 & 1 & -1 & -1 \\ -1 & -1 & 1 & -1 \\ -1 & -1 & -1 & 1 \end{pmatrix}^n$；

(5) $\begin{bmatrix} 0 & 0 & 1 \\ 0 & 1 & 0 \\ 1 & 0 & 0 \end{bmatrix}^{100}$。

14. (1) 设 $\boldsymbol{A}=\begin{pmatrix} 2 & 1 \\ -3 & -2 \end{pmatrix}$，$f(x)=4x^3-3x^2+2x-1$，求 $f(\boldsymbol{A})$；

(2) 设 $\boldsymbol{A}=\begin{bmatrix} 2 & 1 & 1 \\ 3 & 1 & 2 \\ 1 & -1 & 0 \end{bmatrix}$，$f(x)=x^2-4x+1$，求 $f(\boldsymbol{A})$。

15. 设 $\boldsymbol{A}$ 是任意 n 阶方阵，$\boldsymbol{E}$ 是 n 阶单位矩阵，证明：

$$(\boldsymbol{E}-\boldsymbol{A})(\boldsymbol{E}+\boldsymbol{A}+\boldsymbol{A}^2+\cdots+\boldsymbol{A}^{m-1})=\boldsymbol{E}-\boldsymbol{A}^m$$

16. 如果 $\boldsymbol{A}=\frac{1}{2}(\boldsymbol{B}+\boldsymbol{E})$，证明：$\boldsymbol{A}^2=\boldsymbol{A}$ 当且仅当 $\boldsymbol{B}^2=\boldsymbol{E}$。

17. 证明：对称矩阵的任意正整数次幂仍是对称矩阵。

18. 设 $\boldsymbol{A},\boldsymbol{B}$ 均是三阶方阵，且 $|\boldsymbol{A}|=2$，$|\boldsymbol{B}|=5$，求 $|-2\boldsymbol{A}\boldsymbol{B}^{\mathrm{T}}|$。

19. 试证：设 $\boldsymbol{A}$ 是 n 阶矩阵，则 $|\boldsymbol{A}\boldsymbol{A}^{\mathrm{T}}|=|\boldsymbol{A}^{\mathrm{T}}\boldsymbol{A}|=|\boldsymbol{A}|^2$。

20. 试证：设 $\boldsymbol{A}$ 是 n 阶矩阵，若 $\boldsymbol{A}\boldsymbol{A}^{\mathrm{T}}=\boldsymbol{E}$，则 $|\boldsymbol{A}|=1$ 或 -1。

21. 设 $s_k=x_1^k+x_2^k+\cdots+x_n^k(k=0,1,2,\cdots)$，$a_{ij}=s_{i+j-2}(i,j=1,2,\cdots n)$。证明：

$$\det(a_{ij})=\prod_{i<j}(x_i-x_j)^2$$

22. 设 $\boldsymbol{S}=\begin{pmatrix} \boldsymbol{E}_r & \boldsymbol{O} \\ \boldsymbol{K}^{\mathrm{T}} & \boldsymbol{E}_s \end{pmatrix}$，$\boldsymbol{T}=\begin{pmatrix} \boldsymbol{E}_r & \boldsymbol{K} \\ \boldsymbol{O} & \boldsymbol{E}_s \end{pmatrix}$，$\boldsymbol{A}=\begin{pmatrix} \boldsymbol{A}_{11} & \boldsymbol{A}_{12} \\ \boldsymbol{A}_{21} & \boldsymbol{A}_{22} \end{pmatrix}$ 都是 $n=s+t$ 阶方阵，并且有相同的分块形状，求 $\boldsymbol{SA},\boldsymbol{AS},\boldsymbol{TA},\boldsymbol{AT}$。

23. 设 $\boldsymbol{A}=\begin{bmatrix} \boldsymbol{A}_{(1)} \\ \boldsymbol{A}_{(2)} \\ \vdots \\ \boldsymbol{A}_{(m)} \end{bmatrix}$，这里 $\boldsymbol{A}_{(i)}=(a_{i1} \quad a_{i2} \quad \cdots \quad a_{in})(i=1,2,\cdots,m)$，证明：

$$\boldsymbol{A}^{\mathrm{T}}\boldsymbol{A}=\sum_{I=1}^{m}\boldsymbol{A}_{(i)}^{\mathrm{T}}\boldsymbol{A}_{(i)}$$

24. 设 $A=\begin{pmatrix} a_1E_1 & 0 & \cdots & 0 \\ 0 & a_2E_2 & \cdots & 0 \\ \vdots & \vdots & & \vdots \\ 0 & 0 & \cdots & a_rE_r \end{pmatrix}$,其中 $a_i \neq a_j$,当 $i \neq j(i,j=1,2,\cdots,r)$ 时,E_i 是 n_i 阶单位矩阵且 $\sum_{i=1}^{r} n_i = n$,证明:与 A 相乘可交换的矩阵只能是准对角矩阵

$$\begin{pmatrix} B_1 & 0 & \cdots & 0 \\ 0 & B_2 & \cdots & 0 \\ \vdots & \vdots & & \vdots \\ 0 & 0 & \cdots & B_r \end{pmatrix}$$

这里 B_i 是 n_i 阶矩阵($i=1,2,\cdots,r$)。

25. 用矩阵的分块乘法计算 AB 和 BA,其中

$$A=\begin{pmatrix} 4 & -5 & 7 & 0 & 0 \\ -1 & 2 & 6 & 0 & 0 \\ -3 & 1 & 8 & 0 & 0 \\ 0 & 0 & 0 & 5 & 0 \\ 0 & 0 & 0 & 0 & 5 \end{pmatrix},\quad B=\begin{pmatrix} 3 & 0 & 0 & 0 & 0 \\ 0 & 3 & 0 & 0 & 0 \\ 0 & 0 & 3 & 0 & 0 \\ 0 & 0 & 0 & -1 & 3 \\ 0 & 0 & 0 & 9 & 4 \end{pmatrix}$$

26. 证明:第一种初等变换可以表示为第二种和第三种初等变换的乘积。

27. 用初等行变换将下列矩阵化为行阶梯形、行最简形和等价标准形。

(1) $\begin{pmatrix} 1 & 2 & 2 \\ 3 & -2 & 1 \end{pmatrix}$;　　(2) $\begin{pmatrix} 1 & -2 & 0 \\ 3 & 2 & 2 \\ 1 & -2 & 1 \end{pmatrix}$;

(3) $\begin{pmatrix} 1 & -1 & 2 \\ 4 & -4 & 3 \\ -1 & 1 & -2 \end{pmatrix}$;　　(4) $\begin{pmatrix} 2 & -1 & -1 & 1 & 2 \\ 1 & 1 & -2 & 1 & 4 \\ 4 & -6 & 2 & -2 & 4 \\ 3 & 6 & -9 & 7 & 9 \end{pmatrix}$。

28. 用初等变化将矩阵化成等价标准形,并用初等矩阵的乘积表示变换过程。

(1) $\begin{pmatrix} 1 & -2 & 1 \\ 0 & 3 & 1 \\ 1 & 1 & 2 \end{pmatrix}$;　　(2) $\begin{pmatrix} 2 & 3 & 4 \\ 1 & -2 & 3 \\ 3 & 1 & 3 \end{pmatrix}$。

29. 证明:设 A 是 n 阶方阵,若 $|A|=1$,则 A 可以表示成第三类初等矩阵的乘积。

30. 判别下列矩阵是否可逆?若可逆,用伴随矩阵法求出其逆矩阵。

(1) $\begin{pmatrix} 1 & 2 & 3 \\ 2 & 1 & 2 \\ 1 & 3 & 3 \end{pmatrix}$;　(2) $\begin{pmatrix} 4 & 2 & 3 \\ 2 & 2 & 3 \\ 7 & 2 & 3 \end{pmatrix}$;　(3) $\begin{pmatrix} 2 & -1 & 1 \\ 1 & 0 & 1 \\ 3 & -1 & 4 \end{pmatrix}$。

31. 设 A 是三阶方阵,A^* 是 A 的伴随矩阵,若 $\det A=\frac{1}{2}$,求行列式 $|(3A)^{-1}-2A^*|$ 的值。

32. 证明:设 $\boldsymbol{A}$ 是 $n(n>2)$ 阶方阵,$\boldsymbol{A}^*$ 是 $\boldsymbol{A}$ 的伴随矩阵,则

$$\det(\boldsymbol{A}^*)=(\det\boldsymbol{A})^{n-1}$$

$$(\boldsymbol{A}^*)^*=(\det\boldsymbol{A})^{n-2}\boldsymbol{A}$$

进一步地,若 $\boldsymbol{A}$ 可逆,则 $\boldsymbol{A}^*$ 也可逆,且 $(\boldsymbol{A}^*)^{-1}=(\boldsymbol{A}^{-1})^*=\dfrac{1}{\det\boldsymbol{A}}\boldsymbol{A}$。

33. 设 $\boldsymbol{A}$ 是 n 阶方阵且满足 $\boldsymbol{A}^m=\boldsymbol{E}(m\in\mathbf{Z}^+)$,若将 $\boldsymbol{A}$ 中 n^2 个元素 a_{ij} 用其代数余子式 A_{ij} 代替,得到的矩阵记为 $\boldsymbol{A}_0$,证明:$\boldsymbol{A}_0^m=\boldsymbol{E}$。

34. 利用初等变换求下列矩阵的逆矩阵。

(1) $\begin{pmatrix}1&1&-1\\2&0&0\\1&3&-1\end{pmatrix}$; (2) $\begin{pmatrix}5&6&4\\4&6&6\\1&2&3\end{pmatrix}$;

(3) $\begin{pmatrix}3&-1&3\\2&1&4\\2&2&3\end{pmatrix}$; (4) $\begin{pmatrix}1&3&-5&7\\0&1&2&-3\\0&0&1&2\\0&0&0&1\end{pmatrix}$;

(5) $\begin{pmatrix}1&1&1&1\\1&1&-1&-1\\1&-1&1&-1\\1&-1&-1&1\end{pmatrix}$; (6) $\begin{pmatrix}1&2&3&4\\2&3&1&2\\1&1&1&-1\\1&0&-2&6\end{pmatrix}$。

35. 用初等变换法解下列矩阵方程:

(1) $\begin{pmatrix}1&1&-1\\2&5&-4\\2&4&-5\end{pmatrix}\boldsymbol{X}=\begin{pmatrix}1&3\\2&7\\1&6\end{pmatrix}$; (2) $\begin{pmatrix}1&1&-1\\0&2&2\\1&-1&0\end{pmatrix}\boldsymbol{X}=\begin{pmatrix}1&-1&1\\1&1&0\\2&1&1\end{pmatrix}$;

(3) $\boldsymbol{X}\begin{pmatrix}1&-1&1\\2&1&0\\2&1&-1\end{pmatrix}=\begin{pmatrix}1&0&1\\2&1&2\end{pmatrix}$; (4) $\begin{pmatrix}1&1&-1\\0&2&2\\1&-1&0\end{pmatrix}\boldsymbol{X}=\begin{pmatrix}1&-1&1\\1&1&0\\2&1&1\end{pmatrix}$;

(5) $\begin{pmatrix}2&1\\3&2\end{pmatrix}\boldsymbol{X}\begin{pmatrix}-3&2\\5&-3\end{pmatrix}=\begin{pmatrix}2&-3\\-4&1\end{pmatrix}$。

36. 已知矩阵 $\boldsymbol{A}=\begin{pmatrix}3&0&1\\1&1&0\\0&1&4\end{pmatrix}$,$\boldsymbol{AX}=\boldsymbol{A}+2\boldsymbol{X}$,求矩阵 $\boldsymbol{X}$。

37. 设 n 阶方阵 $\boldsymbol{A}$ 满足 $\boldsymbol{A}^2-\boldsymbol{A}-2\boldsymbol{E}=\boldsymbol{O}$,求证:矩阵 $\boldsymbol{A}$ 和 $\boldsymbol{A}+2\boldsymbol{E}$ 均可逆,并求出它们的逆矩阵。

38. 设 $\boldsymbol{A}$ 是 n 阶方阵,并且存在正整数 m 满足 $\boldsymbol{A}^m=\boldsymbol{O}$,证明:$\boldsymbol{E}-\boldsymbol{A}$ 可逆,并且

$$(\boldsymbol{E}-\boldsymbol{A})^{-1}=\boldsymbol{E}+\boldsymbol{A}+\cdots+\boldsymbol{A}^{m-1}$$

39. 证明:(1) 不存在奇数阶可逆的反对称矩阵。

(2) 如果 $\boldsymbol{A}$ 是 n 阶可逆的对称(反对称)矩阵,那么 $\boldsymbol{A}^{-1}$ 也是对称(反对称)矩阵。

40. 证明:可逆的上(下)三角矩阵的逆矩阵仍是上(下)三角矩阵。

41. 化简矩阵算式

$$(BC^{\mathrm{T}}-E)^{\mathrm{T}}(AB^{-1})^{\mathrm{T}}+[(BA^{-1})^{\mathrm{T}}]^{-1}$$

42. 用定义法求下列矩阵的秩：

(1) $A=\begin{pmatrix}-1&0&0\\3&2&0\\-1&1&1\\4&0&1\end{pmatrix}$；　　(2) $A=\begin{pmatrix}2&4&3&1\\1&2&1&-4\\1&2&3&14\end{pmatrix}$。

43. 用初等变化法求下列矩阵的秩：

(1) $\begin{pmatrix}3&1&0&2\\1&-1&2&-1\\1&3&-4&4\end{pmatrix}$；　　(2) $\begin{pmatrix}3&2&-1&-3&-2\\2&-1&3&1&-3\\7&0&5&-1&8\end{pmatrix}$；

(3) $\begin{pmatrix}1&1&2&2&1\\0&2&1&5&-1\\2&0&3&-1&3\\1&1&0&4&-1\end{pmatrix}$；　　(4) $\begin{pmatrix}1&-1&2&1\\1&-2&-1&2\\3&-1&5&3\\3&-1&5&3\\-2&2&3&4\end{pmatrix}$。

44. 设 A,B 是两个 n 阶方阵，若 $r(A)=r(B)$，是否对任意的正整数 m，均有 $r(A^m)=r(B^m)$？

45. 设 B 是一个 $r\times r$ 矩阵，C 是一个 $n\times r$ 矩阵，且 $r(C)=r$. 证明：

(1) 如果 $BC=O$，那么 $B=O$。

(2) 如果 $BC=C$，那么 $B=E$。

46. 证明：若 $m\times n$ 矩阵 A 的秩为 r，则存在 $m\times r$ 列满秩矩阵 P 和 $r\times n$ 行满秩矩阵 Q，使得 $A=PQ$。

47. 设 A 是 n 阶方阵，证明：$r(A^*)=\begin{cases}n, r(A)=n\\1, r(A)=n-1\\0, r(A)<n-1\end{cases}$。

48. 设矩阵 $A=\begin{pmatrix}1&-1&1&2\\3&\lambda&-1&2\\5&3&\mu&6\end{pmatrix}$ 的秩为 2，求 λ 与 μ 的值。

49. 设 $A=\begin{pmatrix}a&b&b\\b&a&b\\b&b&a\end{pmatrix}$，确定 a 与 b 关系，使得 $r(A^*)=1$。

50. 证明：秩为 r 的矩阵可以表示为 r 个秩为 1 的同型矩阵的和。

51. 设 A 是 $m\times n(m\leqslant n)$ 矩阵，证明：$r(A)=m$ 的充要条件是存在 $n\times m$ 的矩阵 B，使得 $AB=E_m$。

52. 假如从矩阵 A 中划去一行得到矩阵 B，那么矩阵 A 的秩与矩阵 B 的秩有何关系？

53. 利用对角分块法求下列矩阵的逆矩阵：

$$A=\begin{pmatrix}2&-1&0&0\\1&1&0&0\\0&0&2&3\\0&0&1&2\end{pmatrix},\quad B=\begin{pmatrix}1&3&0&0&0\\2&8&0&0&0\\0&0&1&0&1\\0&0&2&3&2\\0&0&3&1&1\end{pmatrix},\quad C=\begin{pmatrix}1&2&0&0&0&0\\2&1&0&0&0&0\\0&0&2&1&0&0\\0&0&1&3&0&0\\0&0&0&0&3&2\\0&0&0&0&2&1\end{pmatrix}$$

54. 设 $\boldsymbol{A},\boldsymbol{B}$ 均是可逆矩阵,记 $\boldsymbol{X}=\begin{pmatrix}\boldsymbol{O}&\boldsymbol{A}\\\boldsymbol{C}&\boldsymbol{O}\end{pmatrix}$,求 $\boldsymbol{X}^{-1}$。

55. 已知 $\boldsymbol{A}=\begin{pmatrix}\boldsymbol{A}_{11}&\boldsymbol{A}_{12}\\\boldsymbol{O}&\boldsymbol{A}_{22}\end{pmatrix}$,其中 $\boldsymbol{A}_{11},\boldsymbol{A}_{22}$ 均可逆,求证:矩阵 $\boldsymbol{A}$ 可逆,并求 $\boldsymbol{A}^{-1}$。

56. 求下列矩阵的逆矩阵:

$$A=\begin{pmatrix}3&7&-4&1&0\\-2&-5&9&0&-1\\0&0&-1&0&0\\0&0&0&4&0\\0&0&0&0&-6\end{pmatrix},\quad B=\begin{pmatrix}0&0&0&1&2\\0&0&0&2&3\\1&-3&2&0&0\\-3&0&1&0&0\\1&1&-1&0&0\end{pmatrix}$$

57. 设 $\boldsymbol{X}=\begin{pmatrix}0&a_1&0&\cdots&0&0\\0&0&a_2&\cdots&0&0\\\vdots&\vdots&\vdots&&\vdots&\vdots\\0&0&0&\cdots&0&a_{n-1}\\a_n&0&0&\cdots&0&0\end{pmatrix}$,其中 $a_i\neq0(i=1,2,\cdots,n)$,求 $\boldsymbol{X}^{-1}$。

58. 设 $\boldsymbol{A}=\begin{pmatrix}\boldsymbol{O}&\boldsymbol{B}\\\boldsymbol{B}&\boldsymbol{O}\end{pmatrix}$,$r(\boldsymbol{A})$与 $r(\boldsymbol{B})$有什么关系?

59. 设 $\boldsymbol{A}$ 是 n 阶方阵,且 $\boldsymbol{A}^2=\boldsymbol{E}_n$,证明:$r(\boldsymbol{A}+\boldsymbol{E}_n)+r(\boldsymbol{A}-\boldsymbol{E}_n)=n$。

60. 设 $\boldsymbol{A}$ 是 n 阶方阵,且 $\boldsymbol{A}^2=\boldsymbol{A}$,证明:$r(\boldsymbol{A})+r(\boldsymbol{A}-\boldsymbol{E}_n)=n$。

61. 设 $\boldsymbol{A}$ 是 $m\times n$ 矩阵,$\boldsymbol{B}$ 是 $n\times p$ 矩阵,证明:$r(\boldsymbol{AB})\geqslant r(\boldsymbol{A})+r(\boldsymbol{B})-n$。

62. 设 $\boldsymbol{A},\boldsymbol{B},\boldsymbol{C}$ 分别是 $m\times n,n\times s$ 和 $s\times t$ 矩阵,证明:$r(\boldsymbol{AB})+r(\boldsymbol{BC})-r(\boldsymbol{B})\leqslant r(\boldsymbol{ABC})$。

第4章　二　次　型

二次型最早由法国数学家 Cauchy 提出，它是研究二次曲线和二次曲面的代数工具，在多元函数微分学和现代控制理论中有着重要的应用。本章围绕某个数域上的二次型经一类特殊的线性替换（可逆线性替换）化简成一类特殊的只有平方项形式这一问题，探讨它的存在性、唯一性和化简方法，并着重讨论了二次型的正定性。

4.1　二次型和对称矩阵

本节介绍二次型的定义及其矩阵表示，建立二次型与其对称矩阵之间的一一对应关系，借助对称矩阵来研究二次型问题。

4.1.1　二次型的概念与矩阵表示

定义 4.1.1　系数在数域 P 中的含有 n 个变量 $x_1,x_2,\cdots,x_n$ 的二次齐次多项式

$$f(x_1,x_2,\cdots,x_n)=a_{11}x_1^2+2a_{12}x_1x_2+\cdots+2a_{1n}x_1x_n+a_{22}x_2^2+2a_{23}x_2x_3+\cdots+2a_{2n}x_2x_n+\cdots+a_{nn}x_n^2 \tag{4.1.1}$$

称为数域 P 上的一个 n 元二次型。当系数 a_{ij} 是实数时，称其为实二次型；当系数 a_{ij} 是复数时，称其为复二次型。

为了方便利用矩阵来研究二次型，令 $a_{ij}=a_{ji}$，则二次型 $f(x_1,x_2,\cdots,x_n)$ 还可以写成

$$\begin{aligned}f(x_1,x_2,\cdots,x_n)&=a_{11}x_1^2+a_{12}x_1x_2+\cdots+a_{1n}x_1x_n+a_{21}x_2x_1+a_{22}x_2^2+\cdots\\&\quad+a_{2n}x_2x_n+\cdots+a_{n1}x_nx_1+a_{n2}x_nx_2+\cdots+a_{nn}x_n^2\\&=\sum_{i=1}^n\sum_{j=1}^n a_{ij}x_ix_j\end{aligned} \tag{4.1.2}$$

把(4.1.2)式中的系数排成如下的矩阵：

$$\boldsymbol{A}=\begin{pmatrix}a_{11}&a_{12}&\cdots&a_{1n}\\a_{21}&a_{22}&\cdots&a_{2n}\\\vdots&\vdots&&\vdots\\a_{n1}&a_{n2}&\cdots&a_{nn}\end{pmatrix}$$

易知 $\boldsymbol{A}$ 为对称矩阵。记

$$\boldsymbol{X}=\begin{pmatrix}x_1\\x_2\\\vdots\\x_n\end{pmatrix}$$

则二次型 $f(x_1,x_2,\cdots,x_n)$还可以写为

$$f(x_1,x_2,\cdots,x_n)=\boldsymbol{X}^{\mathrm{T}}\boldsymbol{A}\boldsymbol{X}$$

注意到二次型 $f(x_1,x_2,\cdots,x_n)$与对称矩阵 $\boldsymbol{A}$ 是一一对应的,因此,讨论二次型的问题就转化为讨论对称矩阵的问题。任给一个 n 元二次型,可唯一地确定一个 n 阶对称矩阵;反之,任给一个 n 阶对称矩阵,也可唯一地确定一个 n 元二次型。这样二次型与对称矩阵之间就存在一一对应关系。因此,我们把对称矩阵 $\boldsymbol{A}$ 称为二次型$f(x_1,x_2,\cdots,x_n)$的矩阵,也把二次型 $f(x_1,x_2,\cdots,x_n)$叫作对称矩阵 $\boldsymbol{A}$ 的二次型。对称矩阵 $\boldsymbol{A}$ 的秩又称为二次型 $f(x_1,x_2,\cdots,x_n)$的**秩**,记为 $r(f)$。

例 4.1.1 写出二次型

$$f(x_1,x_2,x_3)=x_1^2+2x_1x_2+x_2^2+4x_2x_3+3x_3^2$$

的矩阵。

解 先把二次型中缺项用 0 补齐,再把非平方项对半拆开得

$$f(x_1,x_2,x_3)=x_1^2+x_1x_2+0x_1x_3+x_2x_1+x_2^2+2x_2x_3+0x_3x_1+2x_3x_2+3x_3^2$$

因此,二次型 $f(x_1,x_2,x_3)$的矩阵为

$$\boldsymbol{A}=\begin{pmatrix}1&1&0\\1&1&2\\0&2&3\end{pmatrix}$$

对于二次型的研究可以转化为对其对应矩阵的研究,我们的中心问题是,用可逆的线性变换来化简二次型。为此,引入:

定义 4.1.2 设

$$\boldsymbol{X}=\begin{pmatrix}x_1\\x_2\\\vdots\\x_n\end{pmatrix},\quad \boldsymbol{Y}=\begin{pmatrix}y_1\\y_2\\\vdots\\y_n\end{pmatrix}$$

$\boldsymbol{P}=(p_{ij})_{n\times n}$是数域$P$ 上的一个 n 阶矩阵,关系式 $\boldsymbol{X}=\boldsymbol{P}\boldsymbol{Y}$,即

$$\begin{cases}x_1=p_{11}y_1+p_{12}y_2+\cdots+p_{1n}y_n\\x_2=p_{21}y_1+p_{22}y_2+\cdots+p_{2n}y_n\\\cdots\cdots\\x_n=p_{n1}y_1+p_{n2}y_2+\cdots+p_{nn}y_n\end{cases}\tag{4.1.3}$$

称为由 $x_1,x_2,\cdots,x_n$ 到 $y_1,y_2,\cdots,y_n$ 的一个**线性替换**,矩阵 $\boldsymbol{P}$ 称为替换矩阵,若 $\boldsymbol{P}$ 为可逆矩阵,则称关系式(4.1.3)为**可逆(非退化的)线性替换**。

可逆线性替换是处理二次型问题的重要工具。例如,平面几何中的坐标旋转变换

$$\begin{pmatrix} x \\ y \end{pmatrix} = \begin{pmatrix} \frac{\sqrt{2}}{2} & \frac{-\sqrt{2}}{2} \\ \frac{\sqrt{2}}{2} & \frac{\sqrt{2}}{2} \end{pmatrix} \begin{pmatrix} x' \\ y' \end{pmatrix}$$

就是一个可逆线性替换。

对 n 元二次型 $\boldsymbol{X}^{\mathrm{T}}\boldsymbol{AX}$ 做可逆线性替换 $\boldsymbol{X}=\boldsymbol{PY}$，可得

$$g(y_1, y_2, \cdots, y_n) = (\boldsymbol{PY})^{\mathrm{T}}\boldsymbol{A}(\boldsymbol{PY}) = \boldsymbol{Y}^{\mathrm{T}}(\boldsymbol{P}^{\mathrm{T}}\boldsymbol{AP})\boldsymbol{Y} \tag{4.1.4}$$

记 $\boldsymbol{B}=\boldsymbol{P}^{\mathrm{T}}\boldsymbol{AP}$，则(4.1.4)式化为 $\boldsymbol{Y}^{\mathrm{T}}\boldsymbol{BY}$，这是关于 $y_1, y_2, \cdots, y_n$ 的一个 n 元二次型。由于

$$\boldsymbol{B}^{\mathrm{T}} = (\boldsymbol{P}^{\mathrm{T}}\boldsymbol{AP})^{\mathrm{T}} = \boldsymbol{P}^{\mathrm{T}}\boldsymbol{AP} = \boldsymbol{B} \tag{4.1.5}$$

故 $\boldsymbol{B}$ 为对称矩阵。从而，二次型 $\boldsymbol{Y}^{\mathrm{T}}\boldsymbol{BY}$ 的矩阵为 $\boldsymbol{B}$，进而得到如下定理：

定理 4.1.1 任何一个二次型经过非退化线性替换后仍为二次型。

4.1.2 合同变换

定义 4.1.3 设 $\boldsymbol{A}, \boldsymbol{B}$ 为两个 n 阶方阵，若存在一个 n 阶可逆矩阵 $\boldsymbol{P}$，使得

$$\boldsymbol{B} = \boldsymbol{P}^{\mathrm{T}}\boldsymbol{AP}$$

则称矩阵 $\boldsymbol{A}$ 与矩阵 $\boldsymbol{B}$ **合同**，记作 $\boldsymbol{A}\simeq\boldsymbol{B}$。

合同是对称矩阵之间又一种重要关系，不难验证，它具有如下一些性质：

性质 4.1.1 n 阶方阵的合同具有：

(1) **自反性** $\boldsymbol{A}\simeq\boldsymbol{A}$。

这是由于 $\boldsymbol{A}=\boldsymbol{E}^{\mathrm{T}}\boldsymbol{AE}$。

(2) **对称性** 若 $\boldsymbol{A}\simeq\boldsymbol{B}$，则 $\boldsymbol{B}\simeq\boldsymbol{A}$。

由 $\boldsymbol{B}=\boldsymbol{P}^{\mathrm{T}}\boldsymbol{AP}$，得 $\boldsymbol{A}=(\boldsymbol{P}^{-1})^{\mathrm{T}}\boldsymbol{BP}^{-1}$。

(3) **传递性** 若 $\boldsymbol{A}\simeq\boldsymbol{B}, \boldsymbol{B}\simeq\boldsymbol{C}$，则 $\boldsymbol{A}\simeq\boldsymbol{C}$。

不妨设 $\boldsymbol{B}=\boldsymbol{P}^{\mathrm{T}}\boldsymbol{AP}, \boldsymbol{C}=\boldsymbol{Q}^{\mathrm{T}}\boldsymbol{BQ}$，记 $\boldsymbol{R}=\boldsymbol{PQ}$，则

$$\boldsymbol{R}^{\mathrm{T}}\boldsymbol{AR} = (\boldsymbol{PQ})^{\mathrm{T}}\boldsymbol{APQ} = \boldsymbol{Q}^{\mathrm{T}}\boldsymbol{P}^{\mathrm{T}}\boldsymbol{APQ} = \boldsymbol{Q}^{\mathrm{T}}\boldsymbol{BQ} = \boldsymbol{C}$$

从而 $\boldsymbol{A}\simeq\boldsymbol{C}$。

这说明合同关系也是矩阵之间的一个等价关系。

性质 4.1.2 设 n 阶方阵 $\boldsymbol{A}$ 与 $\boldsymbol{B}$ 合同，则 $r(\boldsymbol{A})=r(\boldsymbol{B})$。

证明 由于 $\boldsymbol{A}$ 与 $\boldsymbol{B}$ 合同，所以存在可逆矩阵 $\boldsymbol{P}$，使得 $\boldsymbol{B}=\boldsymbol{P}^{\mathrm{T}}\boldsymbol{AP}$，所以 $r(\boldsymbol{A})=r(\boldsymbol{B})$。

性质 4.1.3 设 n 阶方阵 $\boldsymbol{A}$ 与 $\boldsymbol{B}$ 合同，则 $\boldsymbol{A}$ 为对称矩阵当且仅当 $\boldsymbol{B}$ 为对称矩阵。

由(4.1.5)式立即可以得到：

定义 4.1.4 设 $f(x_1, x_2, \cdots, x_n)$ 与 $g(y_1, y_2, \cdots, y_n)$ 是数域 P 上两个二次型，若存在可逆的线性替换把 f 变 g，则称二次型 f 与 g 等价。

定理 4.1.2 数域 P 上两个二次型 $f(y_1, y_2, \cdots, y_n)$ 与 $g(y_1, y_2, \cdots, y_n)$ 等价的充要条件是它们的矩阵合同。

由于我们所讨论的线性替换都是可逆的线性替换，所以由 $\boldsymbol{X}=\boldsymbol{PY}$，可得 $\boldsymbol{Y}=\boldsymbol{P}^{-1}\boldsymbol{X}$。这也是一个可逆的线性替换，它恰好把所得的二次型还原。

例 4.1.2 写出矩阵

$$A=\begin{pmatrix}1&3&5\\3&5&7\\5&7&9\end{pmatrix}$$

所对应的二次型。

解 由于矩阵是3阶的,故所求的二次型必含有3个元,设为

$$\begin{aligned}f(x_1,x_2,x_3)&=(x_1\quad x_2\quad x_3)\begin{pmatrix}1&3&5\\3&5&7\\5&7&9\end{pmatrix}\begin{pmatrix}x_1\\x_2\\x_3\end{pmatrix}\\&=x_1^2+6x_1x_2+10x_1x_3+5x_2^2+14x_2x_3+9x_3^2\end{aligned}$$

4.2 标 准 形

本节将讨论如何用非退化的线性替换化简二次型问题,先证明二次型标准形的存在性,再给出两种化二次型为标准形的方法:合同变换法和配方法。

4.2.1 二次型的标准形

在所有的二次型中最简单的一种二次型是只含有平方项的二次型,即

$$d_1x_1^2+d_2x_2^2+\cdots+d_nx_n^2$$

定义 4.2.1 若 n 元二次型 $f(x_1,x_2,\cdots,x_n)$ 只含有二次项,即

$$f(x_1,x_2,\cdots,x_n)=a_1x_1^2+a_2x_2^2+\cdots+a_nx_n^2 \tag{4.2.1}$$

则称该二次型 $f(x_1,x_2,\cdots,x_n)$ 为标准形。易知标准形所对应的矩阵是对角矩阵,即

$$A=\begin{pmatrix}a_1&0&\cdots&0\\0&a_2&\cdots&0\\\vdots&\vdots&&\vdots\\0&0&\cdots&a_n\end{pmatrix}$$

标准形是最简单的一种二次型,以下我们将研讨如何将一个一般的二次型化为标准形。为此先看一个例子。

例 4.2.1 化二次型

$$f(x_1,x_2,x_3)=2x_1^2+5x_2^2+5x_3^2+4x_1x_2-4x_1x_3-8x_2x_3$$

为标准形。

解 先集中含有 x_1 的项,再配成一个含 x_1 的一次式的完全平方

$$\begin{aligned}f(x_1,x_2,x_3)=&\,2(x_1^2+2x_1(x_2-x_3)+(x_2-x_3)^2)\\&-2(x_2-x_3)^2+5x_2^2+5x_3^2-8x_2x_3\\=&\,2(x_1+x_2-x_3)^2+3x_2^2+3x_3^2-4x_2x_3\end{aligned}$$

再集中含有 x_2 的项,配成一个含 x_2 的一次式的完全平方

$$\begin{aligned} f(x_1,x_2,x_3) &= 2(x_1+x_2-x_3)^2+3x_2^2+3x_3^2-4x_2x_3 \\ &= 2(x_1+x_2-x_3)^2+3\left(x_2^2-\frac{4}{3}x_2x_3+\left(\frac{2}{3}x_3\right)^2\right)+\frac{5}{3}x_3^2 \\ &= 2(x_1+x_2-x_3)^2+3\left(x_2-\frac{2}{3}x_3\right)^2+\frac{5}{3}x_3^2 \end{aligned}$$

做线性替换

$$\begin{cases} y_1 = x_1+x_2-x_3 \\ y_2 = x_2-\dfrac{2}{3}x_3 \\ y_3 = x_3 \end{cases}$$

即

$$\begin{cases} x_1 = y_1-y_2+\dfrac{1}{3}y_3 \\ x_2 = y_2+\dfrac{2}{3}y_3 \\ x_3 = y_3 \end{cases}$$

这显然是一个可逆的线性替换,这样原二次型化为

$$f(x_1,x_2,x_3) = g(y_1,y_2,y_3) = 2y_1^2+3y_2^2+\frac{5}{3}y_3^2$$

若用矩阵来表示,则原二次型对应的矩阵为

$$\boldsymbol{A} = \begin{pmatrix} 2 & 2 & -2 \\ 2 & 5 & -4 \\ -2 & -4 & 5 \end{pmatrix}$$

对应的替换矩阵为

$$\boldsymbol{C} = \begin{pmatrix} 1 & -1 & \dfrac{1}{3} \\ 0 & 1 & \dfrac{2}{3} \\ 0 & 0 & 1 \end{pmatrix}$$

这样可逆线性替换可用矩阵表示为

$$\boldsymbol{X} = \boldsymbol{CY} = \begin{pmatrix} 1 & -1 & \dfrac{1}{3} \\ 0 & 1 & \dfrac{2}{3} \\ 0 & 0 & 1 \end{pmatrix}\boldsymbol{Y}$$

对应的标准形矩阵为

$$C^{\mathrm{T}}AC=\begin{pmatrix}2&0&0\\0&3&0\\0&0&\frac{5}{3}\end{pmatrix}=B$$

以上的化二次型为标准形的方法称为配方法。化二次型为标准形，就是通过合同变换化对称矩阵为对角矩阵，以下将介绍用矩阵的初等变换来实现矩阵的合同变换。

4.2.2 初等变换法化二次型为标准形

引理 4.2.1 设

$$A=\begin{pmatrix}a_{11}&a_{12}&\cdots&a_{1n}\\a_{21}&a_{22}&\cdots&a_{2n}\\\vdots&\vdots&&\vdots\\a_{n1}&a_{n2}&\cdots&a_{nn}\end{pmatrix}$$

为数域 P 上的 n 阶对称方阵，且对于某个 i，$a_{ii}\neq 0$，则存在 n 阶可逆方阵 P 使得

$$P^{\mathrm{T}}AP=\begin{pmatrix}b_1&0&\cdots&0\\0&&&\\\vdots&&A_1&\\0&&&\end{pmatrix}$$

其中 A_1 是一个 $n-1$ 阶对称方阵。

证明 若 $i=1$，则将 A 的第 1 列乘以 $-\frac{a_{1j}}{a_{11}}$ 后加到第 j 列，这相当于用 $E\left(j,1\left(-\frac{a_{1j}}{a_{11}}\right)\right)=\left(E\left(1,j\left(-\frac{a_{1j}}{a_{11}}\right)\right)\right)^{\mathrm{T}}$ 右乘 A，于是 A 的第 1 行中的各第 j 个元素都化成了零。再将 A 的第 1 行乘以 $-\frac{a_{j1}}{a_{11}}=-\frac{a_{1j}}{a_{11}}$ 后加到第 j 行，这相当于用 $E\left(1,j\left(-\frac{a_{1j}}{a_{11}}\right)\right)$ 左乘 A，于是 A 的第 1 列中的各第 j 个元素都化成了零。从而

$$\left(E\left(1,2\left(-\frac{a_{12}}{a_{11}}\right)\right)\right)^{\mathrm{T}}\cdots\left(E\left(1,n\left(-\frac{a_{1n}}{a_{11}}\right)\right)\right)^{\mathrm{T}}AE\left(1,2\left(-\frac{a_{12}}{a_{11}}\right)\right)\cdots E\left(1,n\left(-\frac{a_{1n}}{a_{11}}\right)\right)$$
$$=\begin{pmatrix}b_1&0&\cdots&0\\0&&&\\\vdots&&A_1&\\0&&&\end{pmatrix}$$

令 $P=E\left(1,2\left(-\frac{a_{12}}{a_{11}}\right)\right)\cdots E\left(1,n\left(-\frac{a_{1n}}{a_{11}}\right)\right)$，则 P 为可逆矩阵。从而结论成立。

若 $i\neq 1$，则交换 A 的第 $1,i$ 两列，再交换所得矩阵的第 $1,i$ 两行，这就将 a_{ii} 换到了 $(1,1)$ 位置上，即相当于 $(E(1,i))^{\mathrm{T}}AE(1,i)$。从而可以按上一情形讨论。

定理 4.2.1 设 $f(x_1,x_2,\cdots,x_n)$ 为数域 P 上一个 n 元二次型，其对应的对称矩阵为 A，即

$$f(x_1,x_2,\cdots,x_n)=\boldsymbol{X}^{\mathrm{T}}\boldsymbol{A}\boldsymbol{X}$$

则存在可逆线性替换

$$\boldsymbol{X}=\boldsymbol{C}\boldsymbol{Y},\quad |\boldsymbol{C}|\neq 0$$

使得

$$f(x_1,x_2,\cdots,x_n)=\boldsymbol{Y}^{\mathrm{T}}(\boldsymbol{C}^{\mathrm{T}}\boldsymbol{A}\boldsymbol{C})\boldsymbol{Y}=\boldsymbol{Y}^{\mathrm{T}}\begin{pmatrix}b_1 & & & \\ & b_2 & & \\ & & \ddots & \\ & & & b_n\end{pmatrix}\boldsymbol{Y}$$

$$=b_1y_1^2+b_2y_2^2+\cdots+b_ny_n^2$$

证明　根据二次型与对称矩阵之间的一一对应关系，只需证明对于 n 阶对称方阵 $\boldsymbol{A}$，存在 n 阶可逆方阵 $\boldsymbol{C}$ 使得

$$\boldsymbol{C}^{\mathrm{T}}\boldsymbol{A}\boldsymbol{C}=\begin{pmatrix}b_1 & & & \\ & b_2 & & \\ & & \ddots & \\ & & & b_n\end{pmatrix}$$

现对对称方阵 $\boldsymbol{A}$ 的阶 n 做数学归纳：

(1) $n=1$ 时，显然成立。

(2) 假设 $n=k-1$ 时，结论成立。考察 $n=k$ 时情形。

若对于某个 i，$a_{ii}\neq 0$，由引理 4.2.1 知，存在 k 阶可逆方阵 $\boldsymbol{P}$ 使得

$$\boldsymbol{P}^{\mathrm{T}}\boldsymbol{A}\boldsymbol{P}=\begin{pmatrix}b_1 & 0 & \cdots & 0\\ 0 & & & \\ \vdots & & \boldsymbol{A}_1 & \\ 0 & & & \end{pmatrix}$$

其中 $\boldsymbol{A}_1$ 是一个 $k-1$ 阶对称方阵。根据归纳假设知，存在 $k-1$ 阶可逆矩阵 $\boldsymbol{Q}_1$，使得

$$\boldsymbol{Q}_1^{\mathrm{T}}\boldsymbol{A}\boldsymbol{Q}_1=\begin{pmatrix}b_2 & & & \\ & b_3 & & \\ & & \ddots & \\ & & & b_k\end{pmatrix}$$

令

$$\boldsymbol{Q}=\begin{pmatrix}1 & 0 & \cdots & 0\\ 0 & & & \\ \vdots & & \boldsymbol{Q}_1 & \\ 0 & & & \end{pmatrix},\quad \boldsymbol{C}=\boldsymbol{P}\boldsymbol{Q}$$

则

$$\boldsymbol{C}^{\mathrm{T}}\boldsymbol{A}\boldsymbol{C}=\boldsymbol{Q}^{\mathrm{T}}\boldsymbol{P}^{\mathrm{T}}\boldsymbol{A}\boldsymbol{P}\boldsymbol{Q}=\boldsymbol{Q}^{\mathrm{T}}\begin{pmatrix}b_1 & 0 & \cdots & 0\\ 0 & & & \\ \vdots & & \boldsymbol{A}_1 & \\ 0 & & & \end{pmatrix}\boldsymbol{Q}=\begin{pmatrix}b_1 & & & \\ & b_2 & & \\ & & \ddots & \\ & & & b_k\end{pmatrix}$$

若 $a_{ii}=0(i=1,\cdots,k)$，则存在 $a_{ij}\neq 0(i\neq j)$。将 $\boldsymbol{A}$ 的第 j 列加到第 i 列，再将所得矩阵的第 j 行加到第 i 行，得到的矩阵为

$$\boldsymbol{M}=(\boldsymbol{E}(i,j(1)))^{\mathrm{T}}\boldsymbol{A}\boldsymbol{E}(i,j(1))$$

对称矩阵 $\boldsymbol{M}$ 的 (i,i) 元素为 $2a_{ij}\neq 0$。从而可以按上一情形讨论。

由数学归纳法可知，对任意的正整数 n 结论均成立。

定义 4.2.2 数域 P 上矩阵的下列变换称为**矩阵的初等合同变换**。

(1) 对换合同变换：交换矩阵的第 i 行与第 j 行，同时交换矩阵的第 i 列与第 j 列；

(2) 倍乘合同变换：用非零的数 k 乘以矩阵的第 i 行的所有元素，同时用非零的数 k 乘以矩阵的第 i 列的所有元素；

(3) 倍加合同变换：把矩阵的第 j 行乘以数 k 加到第 i 行，同时把矩阵的第 j 列乘以数 k 加到第 i 列。

定理 4.2.2 设 $\boldsymbol{A}$ 为数域 P 上的 n 元对称矩阵，则 $2n\times n$ 矩阵 $\begin{pmatrix}\boldsymbol{A}\\ \boldsymbol{E}\end{pmatrix}$ 可以经一系列的合同变换化为 $\begin{pmatrix}\boldsymbol{D}\\ \boldsymbol{C}\end{pmatrix}$，其中 $\boldsymbol{D}$ 为对角矩阵，$\boldsymbol{C}$ 为可逆矩阵，且 $\boldsymbol{D}=\boldsymbol{C}^{\mathrm{T}}\boldsymbol{A}\boldsymbol{C}$。

证明 由定理 4.2.1 可知，存在 n 阶初等矩阵 $\boldsymbol{P}_1,\boldsymbol{P}_2,\cdots,\boldsymbol{P}_s$，使得

$$\boldsymbol{D}=(\boldsymbol{P}_1\boldsymbol{P}_2\cdots\boldsymbol{P}_s)^{\mathrm{T}}\boldsymbol{A}\boldsymbol{P}_1\boldsymbol{P}_2\cdots\boldsymbol{P}_s$$

令 $\boldsymbol{C}=\boldsymbol{P}_1\boldsymbol{P}_2\cdots\boldsymbol{P}_s$，有

$$\begin{pmatrix}\boldsymbol{C}^{\mathrm{T}} & \boldsymbol{O}\\ \boldsymbol{O} & \boldsymbol{E}\end{pmatrix}\begin{pmatrix}\boldsymbol{A}\\ \boldsymbol{E}\end{pmatrix}\boldsymbol{C}=\begin{pmatrix}\boldsymbol{C}^{\mathrm{T}}\boldsymbol{A}\boldsymbol{C}\\ \boldsymbol{C}\end{pmatrix}=\begin{pmatrix}\boldsymbol{D}\\ \boldsymbol{C}\end{pmatrix}$$

从定理 4.2.2 可以看出：若 $f(x_1,x_2,\cdots,x_n)=\boldsymbol{X}^{\mathrm{T}}\boldsymbol{A}\boldsymbol{X}$，构造 $\begin{pmatrix}\boldsymbol{A}\\ \boldsymbol{E}\end{pmatrix}$，用合同变换化 $\begin{pmatrix}\boldsymbol{A}\\ \boldsymbol{E}\end{pmatrix}$ 为 $\begin{pmatrix}\boldsymbol{D}\\ \boldsymbol{C}\end{pmatrix}$，其中 $\boldsymbol{D}=\mathrm{diag}(b_1,\cdots,b_n)$，这就能用可逆的线性替换 $\boldsymbol{X}=\boldsymbol{C}\boldsymbol{Y}$ 将 $f(x_1,x_2,\cdots,x_n)$ 化成了标准形 $b_1y_1^2+b_2y_2^2+\cdots+b_ny_n^2$。这种化二次型为标准形的方法称为**合同变换法**。

例 4.2.2 化二次型

$$f(x_1,x_2,x_3)=x_1^2+2x_1x_2+2x_2^2+2x_1x_3+5x_3^2+6x_2x_3$$

为标准形，并写出所用的可逆线性替换。

解 二次型 $f(x_1,x_2,x_3)$ 所对应的矩阵为

$$\boldsymbol{A}=\begin{pmatrix}1&1&1\\1&2&3\\1&3&5\end{pmatrix}$$

对矩阵 $\boldsymbol{A}$ 使用合同变换得

$$\begin{pmatrix}\boldsymbol{A}\\ \text{----}\\ \boldsymbol{E}\end{pmatrix}=\begin{pmatrix}1&1&1\\1&2&3\\1&3&5\\ \hdashline 1&0&0\\0&1&0\\0&0&1\end{pmatrix}\xrightarrow[c_3-c_1]{c_2-c_1}\begin{pmatrix}1&0&0\\1&1&2\\1&2&4\\ \hdashline 1&-1&-1\\0&1&0\\0&0&1\end{pmatrix}\xrightarrow[r_3-r_1]{r_2-r_1}\begin{pmatrix}1&0&0\\0&1&2\\0&2&4\\ \hdashline 1&-1&-1\\0&1&0\\0&0&1\end{pmatrix}$$

$$\xrightarrow{c_3-2c_2}\begin{pmatrix}1&0&0\\0&1&0\\0&2&0\\\hdashline 1&-1&1\\0&1&-2\\0&0&1\end{pmatrix}\xrightarrow{r_3-2r_2}\begin{pmatrix}1&0&0\\0&1&0\\0&0&0\\\hdashline 1&-1&1\\0&1&-2\\0&0&1\end{pmatrix}$$

记 $\boldsymbol{P}=\begin{pmatrix}1&-1&1\\0&1&-2\\0&0&1\end{pmatrix}$，则 $\boldsymbol{P}$ 可逆，且记可逆线性替换为 $\boldsymbol{X}=\boldsymbol{PY}$，则有

$$\boldsymbol{P}^{\mathrm{T}}\boldsymbol{AP}=\begin{pmatrix}1&0&0\\-1&1&0\\1&-2&1\end{pmatrix}\begin{pmatrix}1&1&1\\1&2&3\\1&3&5\end{pmatrix}\begin{pmatrix}1&-1&1\\0&1&-2\\0&0&1\end{pmatrix}=\begin{pmatrix}1&0&0\\0&1&0\\0&0&0\end{pmatrix}$$

原二次型的标准形为

$$f(x_1,x_2,x_3)=g(y_1,y_2,y_3)=y_1^2+y_2^2$$

例 4.2.3 化二次型

$$f(x_1,x_2,x_3)=2x_1x_2-4x_2x_3+2x_1x_3$$

为标准形，并写出所用的可逆线性替换。

解 二次型 $f(x_1,x_2,x_3)$ 所对应的矩阵为

$$\boldsymbol{A}=\begin{pmatrix}0&1&1\\1&0&-2\\1&-2&0\end{pmatrix}$$

对矩阵 $\boldsymbol{A}$ 使用合同变换得

$$\begin{pmatrix}\boldsymbol{A}\\\hdashline\boldsymbol{E}\end{pmatrix}=\begin{pmatrix}0&1&1\\1&0&-2\\1&-2&0\\\hdashline 1&0&0\\0&1&0\\0&0&1\end{pmatrix}\xrightarrow[c_1+c_2]{r_1+r_2}\begin{pmatrix}2&1&-1\\1&0&-2\\-1&-2&0\\\hdashline 1&0&0\\1&1&0\\0&0&1\end{pmatrix}$$

$$\xrightarrow[c_2-\frac{1}{2}c_1]{r_2-\frac{1}{2}r_1}\begin{pmatrix}2&0&-1\\0&-\frac{1}{2}&-\frac{3}{2}\\-1&-\frac{3}{2}&0\\\hdashline 1&-\frac{1}{2}&0\\1&\frac{1}{2}&0\\0&0&1\end{pmatrix}\xrightarrow[c_3+\frac{1}{2}c_1]{r_3+\frac{1}{2}r_1}\begin{pmatrix}2&0&0\\0&-\frac{1}{2}&-\frac{3}{2}\\0&-\frac{3}{2}&-\frac{1}{2}\\\hdashline 1&-\frac{1}{2}&\frac{1}{2}\\1&\frac{1}{2}&\frac{1}{2}\\0&0&1\end{pmatrix}\xrightarrow[c_3-3c_2]{r_3-3r_2}\begin{pmatrix}2&0&0\\0&-\frac{1}{2}&0\\0&0&4\\\hdashline 1&-\frac{1}{2}&2\\1&\frac{1}{2}&-1\\0&0&1\end{pmatrix}$$

记 $\boldsymbol{P}=\begin{pmatrix}1 & -\frac{1}{2} & 2\\ 1 & \frac{1}{2} & -1\\ 0 & 0 & 1\end{pmatrix}$，则 $\boldsymbol{P}$ 可逆，且记可逆线性替换为 $\boldsymbol{X}=\boldsymbol{PY}$，则有

$$\boldsymbol{P}^{\mathrm{T}}\boldsymbol{AP}=\begin{pmatrix}1 & 1 & 0\\ -\frac{1}{2} & \frac{1}{2} & 0\\ 2 & -1 & 1\end{pmatrix}\begin{pmatrix}0 & 1 & 1\\ 1 & 0 & -2\\ 1 & -2 & 0\end{pmatrix}\begin{pmatrix}1 & -\frac{1}{2} & 2\\ 1 & \frac{1}{2} & -1\\ 0 & 0 & 1\end{pmatrix}=\begin{pmatrix}2 & 0 & 0\\ 0 & -\frac{1}{2} & 0\\ 0 & 0 & 4\end{pmatrix}$$

从而原二次型的标准形为

$$f(x_1,x_2,x_3)=g(y_1,y_2,y_3)=2y_1^2-\frac{1}{2}y_2^2+4y_3^2$$

4.3 规 范 形

上一节研究了二次型的标准形，在一般的数域里，二次型的标准形不是唯一的，它与所做的线性替换有关系。本节将研究二次型的标准形的唯一性，只针对复数域和实数域上的二次型的标准形做进一步的研讨。

4.3.1 复二次型的规范形

由定理 4.2.1 的证明可以看出，一个二次型的标准形是不唯一的，与所做的可逆线性替换有关。但二次型的标准形中系数不为零的平方项的项数及符号是唯一确定的，它与所做的可逆线性替换无关。

下面先从复数域上的二次型做进一步的讨论。

设 $f(x_1,x_2,\cdots,x_n)$ 是一个复系数的二次型，则经过一个可逆线性替换 $\boldsymbol{X}=\boldsymbol{CY}$ 变成标准形

$$b_1y_1^2+b_2y_2^2+\cdots+b_ry_r^2\quad(b_i\neq 0;i=1,2,\cdots,r)\tag{4.3.1}$$

其中 r 是二次型的秩。由于复数可以开平方，再做可逆线性替换 $\boldsymbol{Y}=\boldsymbol{FZ}$，其中

$$F = \begin{pmatrix} \frac{1}{\sqrt{b_1}} & & & & & \\ & \ddots & & & & \\ & & \frac{1}{\sqrt{b_r}} & & & \\ & & & 1 & & \\ & & & & \ddots & \\ & & & & & 1 \end{pmatrix}$$

这就将(4.3.1)式化成

$$z_1^2 + z_2^2 + \cdots + z_r^2 \tag{4.3.2}$$

称(4.3.2)式为复二次型 $f(x_1, x_2, \cdots, x_n)$ 的规范形。

定理 4.3.1 复数域上的任意二次型都可以化成规范形,并且规范形是唯一的。

用矩阵的语言来描述,有:

推论 4.3.1 任意一个 n 阶复对称矩阵都合同于

$$\begin{pmatrix} \boldsymbol{E}_r & \boldsymbol{O} \\ \boldsymbol{O} & \boldsymbol{O} \end{pmatrix}$$

推论 4.3.2 两个同阶复对称矩阵合同的充要条件是它们的秩相等。

证明 必要性是显然的,下面只证充分性。

设 $\boldsymbol{A}, \boldsymbol{B}$ 是复数域上的两个 n 阶矩阵,且 $\boldsymbol{A}$ 与 $\boldsymbol{B}$ 有相同的秩 r,故存在可逆的复矩阵 $\boldsymbol{P}$ 与 $\boldsymbol{Q}$,满足

$$\boldsymbol{P}^{\mathrm{T}}\boldsymbol{A}\boldsymbol{P} = \begin{pmatrix} a_1 & & & & & \\ & \ddots & & & & \\ & & a_r & & & \\ & & & 0 & & \\ & & & & \ddots & \\ & & & & & 0 \end{pmatrix}, \quad \boldsymbol{Q}^{\mathrm{T}}\boldsymbol{B}\boldsymbol{Q} = \begin{pmatrix} b_1 & & & & & \\ & \ddots & & & & \\ & & b_r & & & \\ & & & 0 & & \\ & & & & \ddots & \\ & & & & & 0 \end{pmatrix}$$

这里 $r>0, a_i \neq 0, b_i \neq 0 (i=1,2,\cdots,r)$。取 n 阶复矩阵

$$\boldsymbol{S} = \begin{pmatrix} \frac{1}{\sqrt{a_1}} & & & & & \\ & \ddots & & & & \\ & & \frac{1}{\sqrt{a_r}} & & & \\ & & & 1 & & \\ & & & & \ddots & \\ & & & & & 1 \end{pmatrix}, \quad \boldsymbol{T} = \begin{pmatrix} \frac{1}{\sqrt{b_1}} & & & & & \\ & \ddots & & & & \\ & & \frac{1}{\sqrt{b_r}} & & & \\ & & & 1 & & \\ & & & & \ddots & \\ & & & & & 1 \end{pmatrix}$$

显然有 $\boldsymbol{S}^{\mathrm{T}} = \boldsymbol{S}, \boldsymbol{T}^{\mathrm{T}} = \boldsymbol{T}$,并且

$$\boldsymbol{S}^{\mathrm{T}}\boldsymbol{P}^{\mathrm{T}}\boldsymbol{A}\boldsymbol{P}\boldsymbol{S} = \boldsymbol{T}^{\mathrm{T}}\boldsymbol{Q}^{\mathrm{T}}\boldsymbol{B}\boldsymbol{Q}\boldsymbol{T} = \begin{pmatrix} \boldsymbol{E}_r & \boldsymbol{O} \\ \boldsymbol{O} & \boldsymbol{O} \end{pmatrix}$$

于是矩阵 $\boldsymbol{A},\boldsymbol{B}$ 都和矩阵$\begin{pmatrix}\boldsymbol{E}_r & \boldsymbol{O}\\ \boldsymbol{O} & \boldsymbol{O}\end{pmatrix}$合同,从而矩阵 $\boldsymbol{A}$ 与 $\boldsymbol{B}$ 合同。

4.3.2 实二次型的规范形

设 $f(x_1,x_2,\cdots,x_n)$是一个实系数的二次型,则经过一个可逆线性替换 $\boldsymbol{X}=\boldsymbol{CY}$ 变成标准形

$$b_1y_1^2+\cdots+b_py_p^2-b_{p+1}y_{p+1}^2-\cdots-b_ry_r^2\quad(b_i>0,i=1,2,\cdots,r)\qquad(4.3.3)$$

其中 r 是二次型的秩。由于正实数可以开平方,再做可逆线性替换 $\boldsymbol{Y}=\boldsymbol{GZ}$,其中

$$\boldsymbol{G}=\begin{pmatrix}\frac{1}{\sqrt{b_1}} & & & & & \\ & \ddots & & & & \\ & & \frac{1}{\sqrt{b_r}} & & & \\ & & & 1 & & \\ & & & & \ddots & \\ & & & & & 1\end{pmatrix}$$

这就将(4.3.3)式化成

$$z_1^2+\cdots+z_p^2-z_{p+1}^2-\cdots-z_r^2\qquad(4.3.4)$$

称(4.3.4)式为实二次型 $f(x_1,x_2,\cdots,x_n)$的规范形。可以看出,实二次型的规范形由 r,p 两个数唯一确定。

定理 4.3.2 设 $f(x_1,x_2,\cdots,x_n)=\boldsymbol{X}^{\mathrm{T}}\boldsymbol{AX}$ 是一个实系数的二次型,则经过一个可逆线性替换 $\boldsymbol{X}=\boldsymbol{CZ}$ 化成规范形

$$z_1^2+\cdots+z_p^2-z_{p+1}^2-\cdots-z_r^2$$

其中 $r=r(f)$,并且正项个数 p 是唯一确定的,与所用的可逆线性替换无关。

证明 只需证明唯一性。

易知,存在 n 阶可逆矩阵 $\boldsymbol{C}$,使

$$\boldsymbol{C}^{\mathrm{T}}\boldsymbol{AC}=\boldsymbol{\Lambda}_p=\begin{pmatrix}1 & & & & & & & & \\ & \ddots & & & & & & & \\ & & 1 & & & & & & \\ & & & -1 & & & & & \\ & & & & \ddots & & & & \\ & & & & & -1 & & & \\ & & & & & & 0 & & \\ & & & & & & & \ddots & \\ & & & & & & & & 0\end{pmatrix}$$

其中 $1,-1$ 的个数和等于 $r(A)$,1 的个数为 p。

另有 n 阶可逆矩阵 $\boldsymbol{B}$,使

$$B^{\mathrm{T}}AB = \Lambda_q = \begin{pmatrix} 1 & & & & & & & & \\ & \ddots & & & & & & & \\ & & 1 & & & & & & \\ & & & -1 & & & & & \\ & & & & \ddots & & & & \\ & & & & & -1 & & & \\ & & & & & & 0 & & \\ & & & & & & & \ddots & \\ & & & & & & & & 0 \end{pmatrix}$$

其中 1，−1 的个数和等于 $r(A)$，1 的个数为 q。

先用反证法证明 $p\leqslant q$。假设 $p>q$，令

$$B^{-1}C = \begin{pmatrix} H_1 & H_2 \\ H_3 & H_4 \end{pmatrix}$$

其中 H_1 为 $q\times p$ 矩阵。考查齐次线性方程组

$$H_1 x = 0$$

其方程的个数 q 小于未知数的个数 p，则有非零解。设

$$\alpha = (a_1, a_2, \cdots, a_p)^{\mathrm{T}}$$

是 $H_1 x=0$ 的一个非零解。令

$$\eta = (a_1, a_2, \cdots, a_p, 0, \cdots, 0)^{\mathrm{T}}, \quad B^{-1}C\eta = (b_1, b_2, \cdots, b_n)$$

则

$$(b_1, b_2, \cdots, b_q)^{\mathrm{T}} = H_1\alpha = 0$$

由

$$(C^{\mathrm{T}})^{-1}\Lambda_p C^{-1} = A = (B^{\mathrm{T}})^{-1}\Lambda_q B^{-1}$$

得

$$\Lambda_p = C^{\mathrm{T}}(B^{\mathrm{T}})^{-1}\Lambda_q B^{-1}C$$

从而

$$\eta^{\mathrm{T}}\Lambda_p\eta = \eta^{\mathrm{T}}C^{\mathrm{T}}(B^{\mathrm{T}})^{-1}\Lambda_q B^{-1}C\eta = (B^{-1}C\eta)^{\mathrm{T}}\Lambda_q B^{-1}C\eta$$

但是

$$\eta^{\mathrm{T}}\Lambda_p\eta = a_1^2 + \cdots + a_p^2 + 0 + \cdots + 0 > 0$$

$$(B^{-1}C\eta)^{\mathrm{T}}\Lambda_q B^{-1}C\eta = 0 + \cdots + 0 - b_{q+1}^2 - \cdots - b_r^2 + 0 + \cdots + 0 \leqslant 0$$

矛盾。因此，$p\leqslant q$。同理可以证明 $p\geqslant q$。故 $p=q$。

实二次型 $f(x_1, x_2, \cdots, x_n)=X^{\mathrm{T}}AX$ 的规范形 $z_1^2+\cdots+z_p^2-z_{p+1}^2-\cdots-z_r^2$ 中正项的个数 p 称为该二次型（或者矩阵 A）的**正惯性指数**，负项的个数 $r-p$ 称为该二次型（或者矩阵 A）的**负惯性指数**。因此，定理 4.3.2 也被称为**惯性定理**。

用矩阵的语言来描述，有：

推论 4.3.3 任意一个 n 阶实对称矩阵都合同于

$$\begin{pmatrix} E_p & & \\ & -E_{r-p} & \\ & & O_{n-r} \end{pmatrix}$$

其中 r 为该矩阵的**秩**，p 为该矩阵的**正惯性指数**。

推论 4.3.4　两个同阶实对称矩阵合同的充要条件是它们的秩和正惯性指数分别相等。

证明　先证必要性。

设 $\boldsymbol{A},\boldsymbol{B}$ 是实数域上的两个 n 阶矩阵，且合同，由定理 4.3.2 知，存在实可逆矩阵 $\boldsymbol{P}$，使得

$$\boldsymbol{P}^{\mathrm{T}}\boldsymbol{A}\boldsymbol{P}=\begin{pmatrix}\boldsymbol{E}_p & & \\ & -\boldsymbol{E}_{r-p} & \\ & & \boldsymbol{O}_{n-r}\end{pmatrix}$$

又由于 $\boldsymbol{A}\simeq\boldsymbol{B}$，于是存在可逆实矩阵 $\boldsymbol{Q}$，使得 $\boldsymbol{B}=\boldsymbol{Q}^{\mathrm{T}}\boldsymbol{A}\boldsymbol{Q}$，现取 $\boldsymbol{T}=\boldsymbol{Q}^{-1}\boldsymbol{P}$，那么

$$\boldsymbol{T}^{\mathrm{T}}\boldsymbol{B}\boldsymbol{T}=\boldsymbol{P}^{\mathrm{T}}(\boldsymbol{Q}^{-1})^{\mathrm{T}}\boldsymbol{Q}^{\mathrm{T}}\boldsymbol{A}\boldsymbol{Q}\boldsymbol{Q}^{-1}\boldsymbol{P}=\boldsymbol{P}^{\mathrm{T}}\boldsymbol{A}\boldsymbol{P}=\begin{pmatrix}\boldsymbol{E}_p & & \\ & -\boldsymbol{E}_{r-p} & \\ & & \boldsymbol{O}_{n-r}\end{pmatrix}$$

所以 $\boldsymbol{A}$ 与 $\boldsymbol{B}$ 有相同的秩和正惯性指数。

再证充分性。

若 $\boldsymbol{A}$ 与 $\boldsymbol{B}$ 有相同的秩和正惯性指数，则 $\boldsymbol{A}$ 与 $\boldsymbol{B}$ 都和矩阵

$$\begin{pmatrix}\boldsymbol{E}_p & & \\ & -\boldsymbol{E}_{r-p} & \\ & & \boldsymbol{O}_{n-r}\end{pmatrix}$$

合同，所以 $\boldsymbol{A}$ 与 $\boldsymbol{B}$ 也一定合同。

例 4.3.1　实数域 $\mathbf{R}$ 上一切 n 元实二次型可以分成 $\dfrac{1}{2}(n+1)(n+2)$ 类，属于同一类的二次型彼此等价，属于不同类的二次型互不等价。

证明　给定 $0\leqslant r\leqslant n$ 和 $0\leqslant p\leqslant r$，令

$$\boldsymbol{C}(r,p)=\begin{pmatrix}\boldsymbol{E}_p & & \\ & -\boldsymbol{E}_{r-p} & \\ & & \boldsymbol{O}_{n-r}\end{pmatrix}$$

由推论 4.3.3 知，实数域 $\mathbf{R}$ 上每一个 n 元二次型恰与一个以 $\boldsymbol{C}(r,p)$ 为规范形的矩阵等价，当 r 给定后，p 可以取 $0,1,2,\cdots,r$，而 r 可以取 $0,1,2,\cdots,n$ 中任何一个数，这样的 $\boldsymbol{C}(r,p)$ 共有

$$1+2+\cdots+(n+1)=\frac{1}{2}(n+1)(n+2)$$

个，对于每一个 $\boldsymbol{C}(r,p)$，就有一个规范形

$$x_1^2+\cdots+x_p^2-x_{p+1}^2-\cdots-x_r^2$$

与之对应。把与同一个规范形等价的二次型放在一类，于是 $\mathbf{R}$ 上一切 n 元二次型恰可分为 $\dfrac{1}{2}(n+1)(n+2)$ 类，属于同一类的二次型彼此等价，属于不同类的二次型互不等价。

4.4 正定二次型

本节将研究一种特殊的二次型——正定二次型,正定二次型在研究数学的其他分支以及物理学、化学等领域中是很有用的。

4.4.1 正定二次型的概念

定义 4.4.1 设 n 元实二次型 $f(x_1,x_2,\cdots,x_n)=\boldsymbol{X}^{\mathrm{T}}\boldsymbol{AX}$,其中 $\boldsymbol{A}=\boldsymbol{A}^{\mathrm{T}}$,若对任意的一组不全为零的数 $c_1,c_2,\cdots,c_n$,均有 $f(c_1,c_2,\cdots,c_n)>0$,则称二次型 $f(x_1,x_2,\cdots,x_n)$ 为**正定二次型**。

例 4.4.1 判断下列二次型的正定性:

(1) $f(x_1,x_2,x_3)=x_1^2+x_2^2+x_3^2$;

(2) $f(x_1,x_2,x_3)=x_1^2+x_2^2$;

(3) $f(x_1,x_2,x_3)=x_1^2+x_2^2-x_3^2$。

解 (1) 由于对任意非零的 a_1,a_2,a_3,都有

$$f(a_1,a_2,a_3)=a_1^2+a_2^2+a_3^2>0$$

故该二次型是正定二次型。

(2) 由于对一组不全为零的数 0,0,1,有

$$f(0,0,1)=0^2+0^2=0$$

故该二次型不是正定二次型。

(3) 由于对一组不全为零的数 0,0,1,有

$$f(0,0,1)=0^2+0^2-1^2=-1$$

故该二次型不是正定二次型。

引理 4.4.1 可逆线性替换不改变实二次型的正定性。

证明 设 n 元实二次型 $f(x_1,x_2,\cdots,x_n)=\boldsymbol{X}^{\mathrm{T}}\boldsymbol{AX}$ 是正定的,经过一个可逆线性替换把 $\boldsymbol{X}=\boldsymbol{PY}$ 变成 $g(y_1,y_2,\cdots,y_n)=\boldsymbol{Y}^{\mathrm{T}}\boldsymbol{BY}$,其中 $\boldsymbol{B}=\boldsymbol{P}^{\mathrm{T}}\boldsymbol{AP}$。对于任意的非零向量 $\boldsymbol{Y}$,由于矩阵 $\boldsymbol{P}$ 可逆,所以 $\boldsymbol{X}=\boldsymbol{PY}$ 也非零。于是 $\boldsymbol{Y}^{\mathrm{T}}\boldsymbol{BY}=\boldsymbol{Y}^{\mathrm{T}}\boldsymbol{P}^{\mathrm{T}}\boldsymbol{APY}=(\boldsymbol{PY})^{\mathrm{T}}\boldsymbol{A}(\boldsymbol{PY})=\boldsymbol{X}^{\mathrm{T}}\boldsymbol{AX}>0$。从而 $g(y_1,y_2,\cdots,y_n)=\boldsymbol{Y}^{\mathrm{T}}\boldsymbol{BY}>0$。故二次型 $g(y_1,y_2,\cdots,y_n)=\boldsymbol{Y}^{\mathrm{T}}\boldsymbol{BY}$ 也是正定的。

受例 4.4.1 启发,我们猜测:n 元实二次型 $f(x_1,x_2,\cdots,x_n)=\boldsymbol{X}^{\mathrm{T}}\boldsymbol{AX}$ 为正定二次型当且仅当它的规范形为 $x_1^2+x_2^2+\cdots+x_n^2$。进一步地,得出如下定理:

定理 4.4.1 设 $\boldsymbol{X}^{\mathrm{T}}\boldsymbol{AX}$ 是一个 n 元实二次型,则以下条件等价:

(1) $\boldsymbol{X}^{\mathrm{T}}\boldsymbol{AX}$ 是正定的;

(2) $\boldsymbol{X}^{\mathrm{T}}\boldsymbol{AX}$ 的规范形为

$$z_1^2+z_2^2+\cdots+z_n^2$$

(3) $\boldsymbol{X}^{\mathrm{T}}\boldsymbol{A}\boldsymbol{X}$ 的正惯性指数等于 n;

(4) $\boldsymbol{X}^{\mathrm{T}}\boldsymbol{A}\boldsymbol{X}$ 的标准形

$$b_1y_1^2+b_2y_2^2+\cdots+b_ny_n^2$$

中 $b_i>0(i=1,\cdots,n)$。

证明 (1)⇒(2) 由引理 4.4.1 可知,正定二次型 $\boldsymbol{X}^{\mathrm{T}}\boldsymbol{A}\boldsymbol{X}$ 经过一个可逆线性替换 $\boldsymbol{X}=\boldsymbol{C}\boldsymbol{Z}$ 可以变成的规范形

$$z_1^2+\cdots+z_p^2-z_{p+1}^2-\cdots-z_r^2 \tag{4.4.1}$$

也是正定的。若 $p<n$,则可取不全为零的一组数$(0,\cdots,0,1,0,\cdots,0)$,其中第 r 个数为 1,代入(4.4.1)式,得

$$z_1^2+\cdots+z_p^2-z_{p+1}^2-\cdots-z_r^2=0^2+\cdots+0^2-0^2-\cdots-0^2-1^2=-1<0$$

与规范形是正定的矛盾。于是,$p=n$。因此,$\boldsymbol{X}^{\mathrm{T}}\boldsymbol{A}\boldsymbol{X}$ 的规范形为

$$z_1^2+z_2^2+\cdots+z_n^2$$

(2)⇒(3) 根据正惯性指数的定义即得。

(3)⇒(4) 根据实二次型的标准形化规范形的过程中并没有改变正平方项的个数可得。

(4)⇒(1) 设 $\boldsymbol{X}^{\mathrm{T}}\boldsymbol{A}\boldsymbol{X}$ 的标准形为

$$b_1y_1^2+b_2y_2^2+\cdots+b_ny_n^2$$

其中 $b_i>0(i=1,\cdots,n)$。根据正定二次型定义可知,$\boldsymbol{X}^{\mathrm{T}}\boldsymbol{A}\boldsymbol{X}$ 的标准形是正定的。再由引理 4.4.1 得,$\boldsymbol{X}^{\mathrm{T}}\boldsymbol{A}\boldsymbol{X}$ 是正定二次型。

4.4.2 正定矩阵

定义 4.4.2 设 $\boldsymbol{A}$ 是 n 阶实对称矩阵,若其对应的二次型 $\boldsymbol{X}^{\mathrm{T}}\boldsymbol{A}\boldsymbol{X}$ 是正定的,则称矩阵 $\boldsymbol{A}$ 是正定矩阵。

结合二次型是正定的充要条件和正定矩阵的概念,可以得出如下定理:

定理 4.4.2 设 $\boldsymbol{A}$ 是一个 n 阶实对称矩阵,则以下条件等价:

(1) $\boldsymbol{A}$ 是正定的;

(2) $\boldsymbol{A}$ 的正惯性指数等于 n;

(3) $\boldsymbol{A}$ 合同于单位矩阵 $\boldsymbol{E}$;

(4) 存在可逆矩阵 $\boldsymbol{P}$,使得 $\boldsymbol{A}=\boldsymbol{P}^{\mathrm{T}}\boldsymbol{P}$。

证明 (1)⇒(2) 由定理 4.4.1 和定义 4.4.1 即得。

(2)⇒(3) 由推论 4.3.2 可得。

(3)⇒(4) 由于 $\boldsymbol{A}$ 合同于单位矩阵 $\boldsymbol{E}$,则存在可逆矩阵 $\boldsymbol{P}$,使得 $\boldsymbol{A}=\boldsymbol{P}^{\mathrm{T}}\boldsymbol{E}\boldsymbol{P}$。于是 $\boldsymbol{A}=\boldsymbol{P}^{\mathrm{T}}\boldsymbol{P}$。

(4)⇒(1) 对于任意的 n 维非零列向量 $\boldsymbol{\alpha}$,由于矩阵 $\boldsymbol{P}$ 可逆,所以 $\boldsymbol{P}\boldsymbol{\alpha}$ 也是非零列向量。于是

$$\boldsymbol{\alpha}^{\mathrm{T}}\boldsymbol{A}\boldsymbol{\alpha}=\boldsymbol{\alpha}^{\mathrm{T}}(\boldsymbol{P}^{\mathrm{T}}\boldsymbol{P})\boldsymbol{\alpha}=(\boldsymbol{P}\boldsymbol{\alpha})^{\mathrm{T}}(\boldsymbol{P}\boldsymbol{\alpha})>0$$

从而,根据正定矩阵的概念知,$\boldsymbol{A}$ 为正定矩阵。

推论 4.4.1 若 $\boldsymbol{A}$ 是正定矩阵,则 $|\boldsymbol{A}|>0$。

证明 由于 $\boldsymbol{A}$ 是正定矩阵,由定理 4.4.2 的(4)可知,存在可逆矩阵 $\boldsymbol{P}$,使得 $\boldsymbol{A}=\boldsymbol{P}^{\mathrm{T}}\boldsymbol{P}$,从而

$$|\boldsymbol{A}|=|\boldsymbol{P}^{\mathrm{T}}\boldsymbol{P}|=|\boldsymbol{P}|^2>0$$

定理 4.4.3 若矩阵 $\boldsymbol{A},\boldsymbol{B}$ 均是 n 阶正定矩阵,k,l 是正实数,则 $k\boldsymbol{A}+l\boldsymbol{B}$ 也是正定矩阵。

证明 由于 $\boldsymbol{A},\boldsymbol{B}$ 是对称矩阵,从而$(k\boldsymbol{A}+l\boldsymbol{B})^{\mathrm{T}}=k\boldsymbol{A}^{\mathrm{T}}+l\boldsymbol{B}^{\mathrm{T}}=k\boldsymbol{A}+l\boldsymbol{B}$,即 $k\boldsymbol{A}+l\boldsymbol{B}$ 也是对称矩阵。又因为 $\boldsymbol{A},\boldsymbol{B}$ 是正定矩阵,则对任意非零的向量 $\boldsymbol{X}$,有 $\boldsymbol{X}^{\mathrm{T}}\boldsymbol{A}\boldsymbol{X}>0,\boldsymbol{X}^{\mathrm{T}}\boldsymbol{B}\boldsymbol{X}>0$,故有

$$\boldsymbol{X}^{\mathrm{T}}(k\boldsymbol{A}+l\boldsymbol{B})\boldsymbol{X}=k\boldsymbol{X}^{\mathrm{T}}\boldsymbol{A}\boldsymbol{X}+l\boldsymbol{X}^{\mathrm{T}}\boldsymbol{B}\boldsymbol{X}>0$$

由正定矩阵的定义知,$k\boldsymbol{A}+l\boldsymbol{B}$ 也是正定矩阵。

定理 4.4.4 设实二次型 $f(x_1,x_2,\cdots,x_n)=\boldsymbol{X}^{\mathrm{T}}\boldsymbol{A}\boldsymbol{X}$ 为正定二次型,则 $\boldsymbol{A}$ 的主对角线元素 $a_{ii}>0(i=1,2,\cdots,n)$。

证明 由于实二次型 $f(x_1,x_2,\cdots,x_n)=\boldsymbol{X}^{\mathrm{T}}\boldsymbol{A}\boldsymbol{X}$ 是正定二次型,所以对任意非零向量均有 $\boldsymbol{X}^{\mathrm{T}}\boldsymbol{A}\boldsymbol{X}>0$,不妨设 $\boldsymbol{X}=\begin{pmatrix}0\\ \vdots\\ 0\\ 1\\ 0\\ \vdots\\ 0\end{pmatrix}$(第 i 行),则

$$f(x_1,x_2,\cdots,x_n)=\boldsymbol{X}^{\mathrm{T}}\boldsymbol{A}\boldsymbol{X}=a_{ii}>0\quad(i=1,2,\cdots,n)$$

由引理 4.4.1 和定理 4.4.1,可得如下命题:

命题 4.4.1 若矩阵 $\boldsymbol{A}$ 与 $\boldsymbol{B}$ 合同,且 $\boldsymbol{A}$ 是正定矩阵,则 $\boldsymbol{B}$ 也是正定矩阵。

命题 4.4.2 设 $\boldsymbol{A}$ 是正定矩阵,则 $\boldsymbol{A}^{\mathrm{T}},\boldsymbol{A}^{-1}$ 与 $\boldsymbol{A}^*$ 均是正定矩阵。

定义 4.4.3 在 n 阶方阵 $\boldsymbol{A}=(a_{ij})$ 中,取第 $i_1,i_2,\cdots,i_k$ 行及第 $j_1,j_2,\cdots,j_k$ 列(即行标和列标相同)所得到的 k 阶子式($k\leqslant n$)称为矩阵 $\boldsymbol{A}$ 的 k 阶主子式;进一步取第 $1,2,\cdots,k$ 行及第 $1,2,\cdots,k$ 列,所得到的 k 阶子式($k\leqslant n$)称为矩阵 $\boldsymbol{A}$ 的 k 阶顺序主子式。

$$\begin{vmatrix}a_{i_1i_1} & a_{i_1i_2} & \cdots & a_{i_1i_k}\\ a_{i_2i_1} & a_{i_2i_2} & \cdots & a_{i_ki_k}\\ \vdots & \vdots & & \vdots\\ a_{i_ki_1} & a_{i_ki_2} & \cdots & a_{i_ki_k}\end{vmatrix}\quad(1\leqslant i_1\leqslant i_2\leqslant\cdots\leqslant i_k\leqslant n)$$

k 阶主子式

$$\begin{vmatrix}a_{11} & a_{12} & \cdots & a_{1k}\\ a_{21} & a_{22} & \cdots & a_{2k}\\ \vdots & \vdots & & \vdots\\ a_{k1} & a_{k2} & \cdots & a_{kk}\end{vmatrix}$$

k 阶顺序主子式

显然 n 阶方阵的 k 阶子式共有 C_n^k 个，而 k 阶顺序主子式只有 1 个。

定理 4.4.5 n 阶实对称矩阵 $\boldsymbol{A}$ 是正定的充要条件是 $\boldsymbol{A}$ 的所有顺序主子式全大于零。

证明 先证必要性。

设 n 阶实对称矩阵 $\boldsymbol{A}$ 是正定的。取

$$\boldsymbol{A}=\begin{pmatrix}\boldsymbol{A}_k & \boldsymbol{P}\\ \boldsymbol{P}^{\mathrm{T}} & \boldsymbol{B}\end{pmatrix}$$

其中 $\boldsymbol{A}_k=\begin{pmatrix}a_{11} & a_{12} & \cdots & a_{1k}\\ a_{21} & a_{22} & \cdots & a_{2k}\\ \vdots & \vdots & & \vdots\\ a_{k1} & a_{k2} & \cdots & a_{kk}\end{pmatrix}$。下面证明 $\boldsymbol{A}_k$ 是正定的。对于任意的 k 维非零向量 $\boldsymbol{\alpha}$，即 $\boldsymbol{\alpha}\in\mathbf{R}^k$ 且 $\boldsymbol{\alpha}\neq\mathbf{0}$，将 $\boldsymbol{\alpha}$ 扩充为 n 维非零向量 $\boldsymbol{\beta}=\begin{pmatrix}\boldsymbol{\alpha}\\ \mathbf{0}\end{pmatrix}$，由于矩阵 $\boldsymbol{A}$ 是正定的，所以

$$0<\begin{pmatrix}\boldsymbol{\alpha}\\ \mathbf{0}\end{pmatrix}^{\mathrm{T}}\boldsymbol{A}\begin{pmatrix}\boldsymbol{\alpha}\\ \mathbf{0}\end{pmatrix}=(\boldsymbol{\alpha}\quad \mathbf{0})\begin{pmatrix}\boldsymbol{A}_k & \boldsymbol{P}\\ \boldsymbol{P}^{\mathrm{T}} & \boldsymbol{B}\end{pmatrix}\begin{pmatrix}\boldsymbol{\alpha}\\ \mathbf{0}\end{pmatrix}=\boldsymbol{\alpha}^{\mathrm{T}}\boldsymbol{A}_k\boldsymbol{\alpha}$$

由正定矩阵的定义，得 $\boldsymbol{A}_k$ 是正定的。根据推论 4.4.1 得，$|\boldsymbol{A}_k|>0$，即矩阵 $\boldsymbol{A}$ 的所有顺序主子式全大于零。

再证充分性。

对 $\boldsymbol{A}$ 的阶数 n 做数学归纳。

当 $n=1$ 时，结论显然成立。假设当 $n=k-1$ 时，结论成立。

当 $n=k$ 时，现令

$$\boldsymbol{A}=\begin{pmatrix}\boldsymbol{A}_{k-1} & \boldsymbol{\alpha}\\ \boldsymbol{\alpha}^{\mathrm{T}} & a_{kk}\end{pmatrix}$$

其中

$$\boldsymbol{A}_{k-1}=\begin{pmatrix}a_{11} & a_{12} & \cdots & a_{1,k-1}\\ a_{21} & a_{22} & \cdots & a_{2,k-1}\\ \vdots & \vdots & & \vdots\\ a_{k-1,1} & a_{k-1,2} & \cdots & a_{k-1,k-1}\end{pmatrix},\quad \boldsymbol{\alpha}=\begin{pmatrix}a_{1k}\\ a_{2k}\\ \vdots\\ a_{k-1,k}\end{pmatrix}$$

因为 $\boldsymbol{A}$ 的顺序主子式全大于零，则 $\boldsymbol{A}_{k-1}$ 的顺序主子式也全大于零。由归纳假设知，$\boldsymbol{A}_{k-1}$ 是正定矩阵。根据定理 4.4.2 得，存在 $k-1$ 阶可逆矩阵 $\boldsymbol{Q}$ 使 $\boldsymbol{Q}^{\mathrm{T}}\boldsymbol{A}_{k-1}\boldsymbol{Q}=\boldsymbol{E}_{k-1}$。令

$$\boldsymbol{P}=\begin{pmatrix}\boldsymbol{Q} & -\boldsymbol{Q}\boldsymbol{Q}^{\mathrm{T}}\boldsymbol{\alpha}\\ \mathbf{0} & 1\end{pmatrix}$$

则 $\boldsymbol{P}$ 是 k 阶可逆矩阵。由

$$\boldsymbol{P}^{\mathrm{T}}\boldsymbol{A}\boldsymbol{P}=\begin{pmatrix}\boldsymbol{E}_{k-1} & \mathbf{0}\\ \mathbf{0} & a_{kk}-\boldsymbol{\alpha}^{\mathrm{T}}\boldsymbol{Q}\boldsymbol{Q}^{\mathrm{T}}\boldsymbol{\alpha}\end{pmatrix}$$

得

$$|\boldsymbol{P}|^2|\boldsymbol{A}|=a_{kk}-\boldsymbol{\alpha}^{\mathrm{T}}\boldsymbol{Q}\boldsymbol{Q}^{\mathrm{T}}\boldsymbol{\alpha}>0$$

于是

$$a_{kk}-\boldsymbol{\alpha}^{\mathrm{T}}QQ^{\mathrm{T}}\boldsymbol{\alpha}>0$$

根据定理 4.4.2 知,矩阵

$$\begin{pmatrix}\boldsymbol{E}_{k-1} & \boldsymbol{0}\\ \boldsymbol{0} & a_{kk}-\boldsymbol{\alpha}^{\mathrm{T}}QQ^{\mathrm{T}}\boldsymbol{\alpha}\end{pmatrix}$$

是正定矩阵。于是再根据引理 4.4.1 可知,$\boldsymbol{A}$ 是正定的。

例 4.4.2 判断下列二次型:

$$f(x_1,x_2,x_3)=3x_1^2+4x_2^2+5x_3^2+6x_1x_2+6x_1x_3+6x_2x_3$$

是否是正定二次型。

解 该二次型对应的是对称矩阵且为

$$\boldsymbol{A}=\begin{pmatrix}3&3&3\\3&4&3\\3&3&5\end{pmatrix}$$

矩阵 $\boldsymbol{A}$ 的各阶顺序主子式分别为

$$|\boldsymbol{A}_1|=3>0,\quad |\boldsymbol{A}_2|=\begin{vmatrix}3&3\\3&4\end{vmatrix}=3>0,\quad |\boldsymbol{A}_3|=\begin{vmatrix}3&3&3\\3&4&3\\3&3&5\end{vmatrix}=6>0$$

所以 $f(x_1,x_2,x_3)$ 是正定二次型。

例 4.4.3 若二次型

$$f(x_1,x_2,x_3)=x_1^2+x_2^2+5x_3^2+2tx_1x_2-2x_1x_3+4x_2x_3$$

是正定二次型,请确定 t 的范围。

解 该二次型对应的是对称矩阵为

$$\boldsymbol{A}=\begin{pmatrix}1&t&-1\\t&1&2\\-1&2&5\end{pmatrix}$$

要使 $f(x_1,x_2,x_3)$ 正定,只要矩阵 $\boldsymbol{A}$ 的各阶顺序主子式均大于零

$$|\boldsymbol{A}_1|=1>0,\quad |\boldsymbol{A}_2|=\begin{vmatrix}1&t\\t&1\end{vmatrix}=1-t^2>0$$

$$|\boldsymbol{A}_3|=\begin{vmatrix}1&t&-1\\t&1&2\\-1&2&5\end{vmatrix}=-5t^2-4t>0$$

综合可得,t 满足的范围是 $-\dfrac{4}{5}<t<0$。

4.4.3 其他类型的二次型

n 元实二次型除了正定二次型以外,还有其他类型的二次型。

定义 4.4.3 若对任意的一组不全为零的数 $c_1,c_2,\cdots,c_n$，均有 $f(c_1,c_2,\cdots,c_n)<0$，则称二次型 $f(x_1,x_2,\cdots,x_n)$为**负定二次型**，对应的矩阵 $\boldsymbol{A}$ 称为**负定矩阵**。

若对任意的一组不全为零的数 $c_1,c_2,\cdots,c_n$，均有 $f(c_1,c_2,\cdots,c_n)\geqslant 0$，则称二次型 $f(x_1,x_2,\cdots,x_n)$为**半正定二次型**，对应的矩阵 $\boldsymbol{A}$ 称为**半正定矩阵**。

若对任意的一组不全为零的数 $c_1,c_2,\cdots,c_n$，均有 $f(c_1,c_2,\cdots,c_n)\leqslant 0$，则称二次型 $f(x_1,x_2,\cdots,x_n)$为**半负定二次型**，对应的矩阵 $\boldsymbol{A}$ 称为**半负定矩阵**。

若对任意的一组不全为零的数 $c_1,c_2,\cdots,c_n$，均有 $f(c_1,c_2,\cdots,c_n)$可正可负，则称二次型 $f(x_1,x_2,\cdots,x_n)$为**不定二次型**，对应的矩阵 $\boldsymbol{A}$ 称为**不定矩阵**。

对于半正定矩阵有如下的定理：

定理 4.4.6 对于 n 阶实对称矩阵$\boldsymbol{A}$，下列条件等价：

(1) $\boldsymbol{A}$ 是半正定的；

(2) $\boldsymbol{A}$ 的正惯性指数等于其秩；

(3) 存在可逆矩阵 $\boldsymbol{P}$，使得

$$\boldsymbol{P}^{\mathrm{T}}\boldsymbol{A}\boldsymbol{P}=\begin{pmatrix}\boldsymbol{E}_r & \boldsymbol{O}\\ \boldsymbol{O} & \boldsymbol{O}\end{pmatrix}\quad(0<r\leqslant n)$$

(4) 存在矩阵 $\boldsymbol{C}$，使得 $\boldsymbol{A}=\boldsymbol{C}^{\mathrm{T}}\boldsymbol{C}$；

(5) $\boldsymbol{A}$ 的所有主子式皆大于或等于零。

对于负定矩阵有如下的定理：

定理 4.4.7 对于 n 阶实对称矩阵$\boldsymbol{A}$，下列条件等价：

(1) $\boldsymbol{A}$ 是负定的；

(2) $\boldsymbol{A}$ 的负惯性指数等于n；

(3) 存在可逆矩阵 $\boldsymbol{P}$，使得 $\boldsymbol{P}^{\mathrm{T}}\boldsymbol{A}\boldsymbol{P}=-\boldsymbol{E}_n$；

(4) 存在可逆矩阵 $\boldsymbol{C}$，使得 $\boldsymbol{A}=-\boldsymbol{C}^{\mathrm{T}}\boldsymbol{C}$；

(5) $\boldsymbol{A}$ 的所有奇数阶顺序主子式皆小于零，偶数阶顺序主子式皆大于零。

定理 4.4.6 和定理 4.4.7 的证明和正定矩阵的类似，这里省略。

习 题

1. 写出下列二次型的矩阵：

(1) $f(x_1,x_2,x_3)=x_1^2+x_2^2+x_3^2+x_1x_2-4x_1x_3+6x_2x_3$；

(2) $f(x_1,x_2,x_3,x_4)=x_1x_2-2x_2x_3+3x_3x_4-6x_1x_4$；

(3) $f(x_1,x_2,x_3)=\boldsymbol{X}^{\mathrm{T}}\begin{pmatrix}1&3&5\\2&4&6\\7&8&5\end{pmatrix}\boldsymbol{X}$；

(4) $f(x_1,x_2,x_3,x_4)=x_1^2-4x_2^2+5x_3^2-3x_4^2-2x_1x_2-6x_1x_3+7x_2x_3-4x_3x_4$。

2. 写出下列对称矩阵所对应的二次型：

$$\begin{pmatrix} 2 & 2 & -3 \\ 2 & 1 & 3 \\ -3 & 3 & 4 \end{pmatrix},\quad \begin{pmatrix} 1 & 1 & 2 & -1 \\ 1 & -2 & 1 & 0 \\ 2 & 1 & 3 & -2 \\ -1 & 0 & -2 & 4 \end{pmatrix}$$

$$\begin{pmatrix} 1 & \frac{1}{2} & 0 & 1 \\ \frac{1}{2} & 2 & \frac{3}{2} & 0 \\ 0 & \frac{3}{2} & -3 & 0 \\ 1 & 0 & 0 & 4 \end{pmatrix},\quad \begin{pmatrix} 0 & \frac{3}{2} & 1 & -\frac{1}{2} \\ \frac{1}{2} & 0 & 1 & 0 \\ 1 & 1 & 0 & -1 \\ -\frac{1}{2} & 0 & -1 & 0 \end{pmatrix}$$

3. 将二次型

$$f(x_1,x_2,x_3)=x_1^2+3x_2^2-2x_3^2+8x_1x_2-10x_2x_3$$

表示成矩阵形式，并求该二次型的秩。

4. 设

$$\boldsymbol{A}=\begin{pmatrix} a_1 & 0 & 0 \\ 0 & a_2 & 0 \\ 0 & 0 & a_3 \end{pmatrix},\quad \boldsymbol{B}=\begin{pmatrix} a_2 & 0 & 0 \\ 0 & a_3 & 0 \\ 0 & 0 & a_1 \end{pmatrix}$$

证明：$\boldsymbol{A}$ 与 $\boldsymbol{B}$ 合同，并求可逆矩阵 $\boldsymbol{C}$，使得 $\boldsymbol{B}=\boldsymbol{C}^{\mathrm{T}}\boldsymbol{A}\boldsymbol{C}$。

5. 证明下列两个矩阵合同：

$$\begin{pmatrix} \lambda_1 & & & \\ & \lambda_2 & & \\ & & \ddots & \\ & & & \lambda_n \end{pmatrix},\quad \begin{pmatrix} \lambda_{i_1} & & & \\ & \lambda_{i_2} & & \\ & & \ddots & \\ & & & \lambda_{i_n} \end{pmatrix}$$

其中 $i_1,i_2,\cdots,i_n$ 是 $1,2,\cdots,n$ 的一个排列。

6. 如果 n 阶实对称矩阵 $\boldsymbol{A}$ 与 $\boldsymbol{B}$ 合同，$\boldsymbol{C}$ 与 $\boldsymbol{D}$ 合同，证明：矩阵 $\begin{pmatrix} \boldsymbol{A} & \boldsymbol{O} \\ \boldsymbol{O} & \boldsymbol{C} \end{pmatrix}$ 与 $\begin{pmatrix} \boldsymbol{B} & \boldsymbol{O} \\ \boldsymbol{O} & \boldsymbol{D} \end{pmatrix}$ 合同。

7. 用合同变换法化下列二次型为标准形，并求出所用的可逆线性替换。

(1) $f(x_1,x_2,x_3)=x_1^2+2x_2^2+5x_3^2+2x_1x_2+2x_1x_3+8x_2x_3$；

(2) $f(x_1,x_2,x_3)=-4x_1x_2+2x_1x_3+x_2x_3$；

(3) $f(x_1,x_2,x_3)=2x_1^2+3x_2^2+x_3^2+4x_1x_2-4x_1x_3$；

(4) $f(x_1,x_2,x_3,x_4)=x_1^2+x_2^2+x_3^2+x_4^2+2x_1x_2+2x_2x_3+8x_2x_4$；

(5) $f(x_1,x_2,\cdots,x_{2n})=x_1x_{2n}+x_2x_{2n-1}+\cdots+x_nx_{n+1}$。

8. 证明：秩等于 r 的对称矩阵可以表示成 r 个秩等于 1 的对称矩阵之和。

9. 设 $\boldsymbol{A}$ 是一个 n 阶矩阵，证明：

(1) $\boldsymbol{A}$ 是反对称矩阵，当且仅当对任一 n 维向量 $\boldsymbol{X}$ 均有 $\boldsymbol{X}^{\mathrm{T}}\boldsymbol{A}\boldsymbol{X}=\boldsymbol{O}$。

(2) 如果 $\boldsymbol{A}$ 是对称矩阵，且对任一 n 维向量 $\boldsymbol{X}$，都有 $\boldsymbol{X}^{\mathrm{T}}\boldsymbol{A}\boldsymbol{X}=\boldsymbol{O}$，则 $\boldsymbol{A}=\boldsymbol{O}$。

10. 化下列二次型：

(1) $f(x_1,x_2,x_3)=x_1^2+2x_1x_2+4x_1x_3+x_2^2+4x_3^2-3x_2x_3$；

(2) $f(x_1x_2x_3)=x_1x_2+x_2x_3$；

(3) $f(x_1,x_2,x_3)=-4x_1x_2+2x_1x_3+2x_2x_3$

为标准形，写出所做的非退化的线性替换。并回答下列问题：

(1) 该二次型的正、负惯性指数及符号差是多少？

(2) 该二次型在复数域、实数域上的规范形分别是什么？

11. 用合同变换法化二次型 $f(x_1,x_2,x_3)=x_1^2+2x_2^2+2x_1x_2-2x_2x_3$ 为标准形；写出所做的非退化线性替换；并分别写出其实数域和复数域上的规范形。

12. 证明：实二次型

$$f(x_1,x_2,\cdots,x_n)=\sum_{i=1}^{n}\sum_{j=1}^{n}(\lambda_{ij}+i+j)x_ix_j\quad(n>1)$$

的秩和符号差与 λ 无关。

13. 设

$$f(x_1,x_2,\cdots,x_n)=l_1^2+l_2^2+\cdots+l_p^2-l_{p+1}^2-\cdots-l_{p+q}^2\quad(p,q>0)$$

其中 $l_i(i=1,2,\cdots,p+q)$ 均是 $x_1,x_2,\cdots,x_n$ 的一次齐次式。证明：$f(x_1,x_2,\cdots,x_n)$ 的正惯性指数小于等于 p，负惯性指数小于等于 q。

14. 证明：一个实二次型可以分解为两个实系数一次齐次多项式的乘积的充要条件是它的秩等于 2 且符号差等于 0，或者秩等于 1。

15. 判定下列实二次型的正定性：

(1) $f(x_1,x_2,x_3)=2x_1^2+3x_2^2+4x_3^2-4x_1x_2-2x_2x_3$；

(2) $f(x_1,x_2,x_3)=-2x_1^2-3x_2^2-x_3^2+2x_1x_2-2x_1x_3+2x_2x_3$；

(3) $f(x_1,x_2,x_3)=x_1x_2+5x_1x_3-x_2x_3$；

(4) $\sum\limits_{i=1}^{n}x_i^2+\sum\limits_{1\leqslant i<j\leqslant n}x_ix_j$。

16. a 为何值时，下列实二次型是正定的：

(1) $f(x_1,x_2,x_3)=x_1^2+(2+a)x_2^2+ax_3^2+2x_1x_2-2x_1x_3-x_2x_3$；

(2) $f(x_1,x_2,x_3)=x_1^2+4x_2^2+2x_3^2+2ax_1x_2+2x_1x_3$；

(3) $f(x_1,x_2,x_3,x_4)=a(x_1^2+x_2^2+x_3^2)+2x_1x_2-2x_1x_3-2x_2x_3+x_4^2$。

17. 证明：二次型 $f(x_1,x_2,\cdots,x_n)=n\sum\limits_{i=1}^{n}x_i^2-\left(\sum\limits_{i=1}^{n}x_i\right)^2$ 是半正定的。

18. 设 $\boldsymbol{A}$ 为 n 阶实对称矩阵且满足 $\boldsymbol{A}^3+\boldsymbol{A}^2+\boldsymbol{A}=3\boldsymbol{E}$。证明：$\boldsymbol{A}$ 是正定矩阵。

19. 设 $\boldsymbol{A}$ 是正定矩阵。证明：$\boldsymbol{A}^*$ 也是正定矩阵。

20. 设 $\boldsymbol{A}$ 是实对称矩阵。证明：当实数 t 充分大时，$t\boldsymbol{E}+\boldsymbol{A}$ 是正定矩阵。

21. 设 $\boldsymbol{B}$ 为可逆矩阵，$\boldsymbol{A}=\boldsymbol{B}^T\boldsymbol{B}$。证明：$f=\boldsymbol{X}^{\mathrm{T}}\boldsymbol{A}\boldsymbol{X}$ 为正定二次型。

22. 试讨论 a 取什么值时，n 元二次型 $a\sum_{i=1}^{n}x_i^2-\left(\sum_{i=1}^{n}x_i\right)^2$ 是正定的。

23. 试证：若 $\boldsymbol{A}$ 是 n 阶方阵，则 $\boldsymbol{A}^{\mathrm{T}}\boldsymbol{A}$ 是半正定矩阵。

24. 设 $\boldsymbol{A}=(a_{ij})$ 是一个 n 阶正定实对称矩阵，证明：$|\boldsymbol{A}|\leqslant a_{11}a_{22}\cdots a_{nn}$，当且仅当 $\boldsymbol{A}$ 是对角矩阵时等号成立。

25. 设 $f(x_1,x_2,\cdots,x_n)=\boldsymbol{X}^{\mathrm{T}}\boldsymbol{A}\boldsymbol{X}$ 是一个实二次型，证明：若有 n 维实向量 $\boldsymbol{X}_1$ 和 $\boldsymbol{X}_2$ 分别满足 $\boldsymbol{X}_1^{\mathrm{T}}\boldsymbol{A}\boldsymbol{X}_1>0$ 和 $\boldsymbol{X}_2^{\mathrm{T}}\boldsymbol{A}\boldsymbol{X}_2<0$，则存在 n 维实向量 $\boldsymbol{X}_0$ 满足 $\boldsymbol{X}_0^{\mathrm{T}}\boldsymbol{A}\boldsymbol{X}_0=0$。

26. 设 $\boldsymbol{A}$ 是 n 阶实对称正定矩阵，且分块矩阵 $\begin{pmatrix}\boldsymbol{A} & \boldsymbol{B}\\ \boldsymbol{B}^{\mathrm{T}} & \boldsymbol{D}\end{pmatrix}$ 也是正定矩阵。证明：$\boldsymbol{D}-\boldsymbol{B}^{\mathrm{T}}\boldsymbol{A}^{-1}\boldsymbol{B}$ 也是正定矩阵。

第 5 章　向量组与线性方程组

向量是代数学中的一个基本的概念，线性方程组是科学和工程技术中重要的应用工具，它们都是高等代数讨论的重要内容。本章前半部分主要介绍 n 维向量的概念、线性运算、线性相关性、向量组的极大无关组和秩等概念，并讨论与之有关的一些性质。本章后半部分主要介绍线性方程组的矩阵表示，Gauss 消元法与方程组的相容性，线性方程组的有解判别定理，齐次线性方程组的通解和非齐次线性方程组的解结构，最后给出了二元高次方程组的解法。

5.1　n 维向量概念及其运算

在第 3 章中，我们将只有一行的矩阵称为行向量，只有一列的矩阵称为列向量，行向量和列向量均是矩阵的特殊情形，其实，行向量和列向量也都是向量的一种表达形式，本节将研讨 n 维向量的概念及其运算。

5.1.1　n 维向量的概念

定义 5.1.1　由 n 个数 $a_1,a_2,\cdots,a_n$ 构成的有序数组称为**向量**，其中的第 i 个数 a_i 称为这个向量的第 i 个**分量**。由于有 n 个分量，所以也称为 n 维向量。n 维向量写成行的形式 $(a_1,a_2,\cdots,a_n)$ 就称为行向量(也称为 $1\times n$ 矩阵)，写成列的形式 $\begin{pmatrix} a_1 \\ a_2 \\ \vdots \\ a_n \end{pmatrix}$ 就称为列向量(也称为 $n\times 1$ 矩阵)。通常用希腊字母 $\boldsymbol{\alpha},\boldsymbol{\beta},\boldsymbol{\gamma},\cdots$ 来表示向量。

分量全为实数的称为实向量，分量为复数的称为复向量，没有特别申明，本书中的向量均是指实向量。

下面给出向量常用的几个概念：

(1) 分量全为零的向量称为零向量，记作 $\mathbf{0}=(0,0,\cdots,0)$。

(2) 向量 $(-a_1,-a_2,\cdots,-a_n)$ 称为向量 $\boldsymbol{\alpha}=(a_1,a_2,\cdots,a_n)$ 的负向量，记作 $-\boldsymbol{\alpha}$。

(3) 如果两个 n 维向量 $\boldsymbol{\alpha}=(a_1,a_2,\cdots,a_n)$，$\boldsymbol{\beta}=(b_1,b_2,\cdots,b_n)$ 对应的分量相等，即 $a_i=b_i(i=1,2,\cdots,n)$，则称向量 $\boldsymbol{\alpha}$ 与 $\boldsymbol{\beta}$ 相等，记作 $\boldsymbol{\alpha}=\boldsymbol{\beta}$。

向量的概念是解析几何中矢量概念的推广，2 维向量、3 维向量可以分别看成是平面和空间中的矢量，但当 $n>3$ 时，n 维向量就没有明显的几何参照物了。但在许多理论问题和实际问题中，n 维向量是具有明确的实际意义的，并有广泛的应用。

5.1.2 n 维向量的运算

作为特殊的矩阵，向量之间也有加(减)法和数乘运算。

定义 5.1.2 设两个 n 维向量 $\boldsymbol{\alpha}=(a_1,a_2,\cdots,a_n)$，$\boldsymbol{\beta}=(b_1,b_2,\cdots,b_n)$，称 n 维向量 $(a_1+b_1,a_2+b_2,\cdots,a_n+b_n)$ 为向量 $\boldsymbol{\alpha}$ 与 $\boldsymbol{\beta}$ 的和，记作 $\boldsymbol{\alpha}+\boldsymbol{\beta}$，即

$$\boldsymbol{\alpha}+\boldsymbol{\beta}=(a_1+b_1,a_2+b_2,\cdots,a_n+b_n)$$

定义 5.1.3 设 n 维向量 $\boldsymbol{\alpha}=(a_1,a_2,\cdots,a_n)$，$k$ 为实数，称 n 维向量 $(ka_1,ka_2,\cdots,ka_n)$ 为实数 k 与向量 $\boldsymbol{\alpha}$ 的**数乘积**，简称**数乘**，记作 $k\boldsymbol{\alpha}$，即

$$k\boldsymbol{\alpha}=(ka_1,ka_2,\cdots,ka_n)$$

向量的加法和数乘运算，统称为向量的线性运算，容易验证向量的线性运算满足下面的运算规律：

性质 5.1.1 设 $\boldsymbol{\alpha},\boldsymbol{\beta},\boldsymbol{\gamma}$ 均为 n 维列向量，k,l 是实数，则

(1) $\boldsymbol{\alpha}+\boldsymbol{\beta}=\boldsymbol{\beta}+\boldsymbol{\alpha}$；

(2) $(\boldsymbol{\alpha}+\boldsymbol{\beta})+\boldsymbol{\gamma}=\boldsymbol{\alpha}+(\boldsymbol{\beta}+\boldsymbol{\gamma})$；

(3) $\boldsymbol{\alpha}+\boldsymbol{0}=\boldsymbol{\alpha}$；

(4) $\boldsymbol{\alpha}+(-\boldsymbol{\alpha})=\boldsymbol{0}$；

(5) $1\boldsymbol{\alpha}=\boldsymbol{\alpha}$；

(6) $k(l\boldsymbol{\alpha})=(kl)\boldsymbol{\alpha}$；

(7) $k(\boldsymbol{\alpha}+\boldsymbol{\beta})=k\boldsymbol{\alpha}+k\boldsymbol{\beta}$；

(8) $(k+l)\boldsymbol{\alpha}=k\boldsymbol{\alpha}+l\boldsymbol{\alpha}$。

性质(5)～(8)是关于向量数乘的四条基本运算规则。由性质(5)～(8)或者数乘的定义不难推出

$$0\boldsymbol{\alpha}=\boldsymbol{0},\quad k\boldsymbol{0}=\boldsymbol{0},\quad (-1)\boldsymbol{\alpha}=-\boldsymbol{\alpha}$$

如果 $k\neq0$，$\boldsymbol{\alpha}\neq\boldsymbol{0}$，则 $k\boldsymbol{\alpha}\neq\boldsymbol{0}$，反之 $k\boldsymbol{\alpha}=\boldsymbol{0}$，则 $k=0$ 或 $\boldsymbol{\alpha}=\boldsymbol{0}$。

例 5.1.1 已知向量 $\boldsymbol{\alpha}_1=\begin{pmatrix}3\\1\\2\end{pmatrix}$，$\boldsymbol{\alpha}_2=\begin{pmatrix}2\\1\\0\end{pmatrix}$，$\boldsymbol{\alpha}_3=\begin{pmatrix}3\\2\\-1\end{pmatrix}$，满足 $3(\boldsymbol{\alpha}_1+\boldsymbol{\beta})-2(\boldsymbol{\alpha}_2+\boldsymbol{\beta})=\boldsymbol{\alpha}_3$，求向量 $\boldsymbol{\beta}$。

解 由 $3(\boldsymbol{\alpha}_1+\boldsymbol{\beta})-2(\boldsymbol{\alpha}_2+\boldsymbol{\beta})=\boldsymbol{\alpha}_3$，可得

$$\boldsymbol{\beta}=-3\boldsymbol{\alpha}_1+2\boldsymbol{\alpha}_2+\boldsymbol{\alpha}_3=-3\begin{pmatrix}3\\1\\2\end{pmatrix}+2\begin{pmatrix}2\\1\\0\end{pmatrix}+\begin{pmatrix}3\\2\\-1\end{pmatrix}=\begin{pmatrix}-2\\1\\-7\end{pmatrix}$$

5.1.3　向量的线性组合与线性表示

定义 5.1.4　设 $\boldsymbol{\beta},\boldsymbol{\alpha}_1,\boldsymbol{\alpha}_2,\cdots,\boldsymbol{\alpha}_s$ 是数域 P 中 $s+1(s\geqslant 1)$ 个 n 维向量，$k_1,k_2,\cdots,k_s$ 是数域 P 中任意 s 个数，称 n 维向量

$$k_1\boldsymbol{\alpha}_1+k_2\boldsymbol{\alpha}_2+\cdots+k_s\boldsymbol{\alpha}_s$$

为向量 $\boldsymbol{\alpha}_1,\boldsymbol{\alpha}_2,\cdots,\boldsymbol{\alpha}_s$ 的一个**线性组合**，$k_1,k_2,\cdots,k_s$ 是这个线性组合的组合系数。如果 n 维向量 $\boldsymbol{\beta}$ 可以写成 $\boldsymbol{\alpha}_1,\boldsymbol{\alpha}_2,\cdots,\boldsymbol{\alpha}_s$ 的线性组合，即

$$\boldsymbol{\beta}=k_1\boldsymbol{\alpha}_1+k_2\boldsymbol{\alpha}_2+\cdots+k_s\boldsymbol{\alpha}_s$$

则称 $\boldsymbol{\beta}$ 可以由 $\boldsymbol{\alpha}_1,\boldsymbol{\alpha}_2,\cdots,\boldsymbol{\alpha}_s$ **线性表示**或**线性表出**。

例 5.1.2　已知向量组 $\boldsymbol{\alpha}_1=\begin{pmatrix}1\\-2\\3\end{pmatrix},\boldsymbol{\alpha}_2=\begin{pmatrix}1\\-1\\2\end{pmatrix},\boldsymbol{\alpha}_3=\begin{pmatrix}-1\\2\\-4\end{pmatrix},\boldsymbol{\beta}=\begin{pmatrix}1\\-1\\1\end{pmatrix}$，讨论向量 $\boldsymbol{\beta}$ 能否由向量组 $\boldsymbol{\alpha}_1,\boldsymbol{\alpha}_2,\boldsymbol{\alpha}_3$ 线性表示。

解　若向量 $\boldsymbol{\beta}$ 能由向量组 $\boldsymbol{\alpha}_1,\boldsymbol{\alpha}_2,\boldsymbol{\alpha}_3$ 线性表示，即存在一组数 k_1,k_2,k_3，满足 $\boldsymbol{\beta}=k_1\boldsymbol{\alpha}_1+k_2\boldsymbol{\alpha}_2+k_3\boldsymbol{\alpha}_3$ 成立，根据它们分量之间的关系，得方程组

$$\begin{cases}k_1+k_2-k_3=1\\-2k_1-k_2+2k_3=-1\\3k_1+2k_2-4k_3=1\end{cases}\tag{5.1.1}$$

由于方程组(5.1.1)的系数行列式

$$D=\begin{vmatrix}1&1&-1\\-2&-1&2\\3&2&-4\end{vmatrix}=-1\neq 0$$

由 Cramer 法则容易求得 $k_1=k_2=k_3=1$，即

$$\boldsymbol{\beta}=\boldsymbol{\alpha}_1+\boldsymbol{\alpha}_2+\boldsymbol{\alpha}_3$$

例 5.1.3　证明：任意 n 维列向量 $\boldsymbol{\alpha}=\begin{pmatrix}a_1\\a_2\\\vdots\\a_n\end{pmatrix}$ 都可以由列向量组 $\boldsymbol{\varepsilon}_1=\begin{pmatrix}1\\0\\0\\\vdots\\0\end{pmatrix},\boldsymbol{\varepsilon}_2=\begin{pmatrix}0\\1\\0\\\vdots\\0\end{pmatrix},\cdots,$

$\boldsymbol{\varepsilon}_n=\begin{pmatrix}0\\0\\0\\\vdots\\1\end{pmatrix}$ 线性表示。

证明　因为 $\boldsymbol{\alpha}=a_1\boldsymbol{\varepsilon}_1+a_2\boldsymbol{\varepsilon}_2+\cdots+a_n\boldsymbol{\varepsilon}_n=\begin{pmatrix}a_1\\a_2\\\vdots\\a_n\end{pmatrix}$，并且这种表示法是唯一的，向量 $\boldsymbol{\varepsilon}_1$，

$\boldsymbol{\varepsilon}_2,\cdots,\boldsymbol{\varepsilon}_n$ 称为 n 维标准单位向量。

例 5.1.4 证明:零向量是任何向量组的线性组合。

证明 设 $\boldsymbol{\alpha}_1,\boldsymbol{\alpha}_2,\cdots,\boldsymbol{\alpha}_r$ 是任一向量组,因为 $\boldsymbol{0}=0\boldsymbol{\alpha}_1+0\boldsymbol{\alpha}_2+\cdots+0\boldsymbol{\alpha}_r$。所以得证。

例 5.1.5 设 $\boldsymbol{\beta}=\begin{pmatrix}1\\2\\1\\1\end{pmatrix},\boldsymbol{\alpha}_1=\begin{pmatrix}1\\1\\1\\1\end{pmatrix},\boldsymbol{\alpha}_2=\begin{pmatrix}1\\1\\-1\\-1\end{pmatrix},\boldsymbol{\alpha}_3=\begin{pmatrix}1\\-1\\1\\-1\end{pmatrix},\boldsymbol{\alpha}_4=\begin{pmatrix}1\\-1\\-1\\1\end{pmatrix}$,试判断向量 $\boldsymbol{\beta}$ 能否由向量组 $\boldsymbol{\alpha}_1,\boldsymbol{\alpha}_2,\boldsymbol{\alpha}_3,\boldsymbol{\alpha}_4$ 线性表出。

分析 仅凭观察是不易得出结论的,为此采取以下的方法:

解 做线性组合,即令

$$\boldsymbol{\beta}=k_1\boldsymbol{\alpha}_1+k_2\boldsymbol{\alpha}_2+k_3\boldsymbol{\alpha}_3+k_4\boldsymbol{\alpha}_4$$

根据向量的加法、数乘积及向量相等的定义得

$$\begin{cases}k_1+k_2+k_3+k_4=1\\k_1+k_2-k_3-k_4=2\\k_1-k_2+k_3-k_4=1\\k_1-k_2-k_3+k_4=1\end{cases}\tag{5.1.2}$$

问题转化为线性方程组(5.1.2)有无解的问题,若方程组(5.1.2)有解,则存在 k_1,k_2,k_3,k_4 满足

$$\boldsymbol{\beta}=k_1\boldsymbol{\alpha}_1+k_2\boldsymbol{\alpha}_2+k_3\boldsymbol{\alpha}_3+k_4\boldsymbol{\alpha}_4$$

即 $\boldsymbol{\beta}$ 能被向量组 $\boldsymbol{\alpha}_1,\boldsymbol{\alpha}_2,\boldsymbol{\alpha}_3,\boldsymbol{\alpha}_4$ 线性表出;若方程组(5.1.2)无解,那么 $\boldsymbol{\beta}$ 不能被向量组 $\boldsymbol{\alpha}_1,\boldsymbol{\alpha}_2,\boldsymbol{\alpha}_3,\boldsymbol{\alpha}_4$ 线性表出。

因为方程组(5.1.2)的系数行列式

$$d=\begin{vmatrix}1&1&1&1\\1&1&-1&-1\\1&-1&1&-1\\1&-1&-1&1\end{vmatrix}=-16\neq 0$$

由 Cramer 法则知道方程组(5.1.2)有唯一解 $\begin{cases}k_1=\dfrac{5}{4}\\k_2=\dfrac{1}{4}\\k_3=-\dfrac{1}{4}\\k_4=-\dfrac{1}{4}\end{cases}$,故 $\boldsymbol{\beta}=\dfrac{5}{4}\boldsymbol{\alpha}_1+\dfrac{1}{4}\boldsymbol{\alpha}_2-\dfrac{1}{4}k_3\boldsymbol{\alpha}_3-\dfrac{1}{4}\boldsymbol{\alpha}_4$。

注 5.1.1 一般地,采用以上的方法可以判断一个向量 $\boldsymbol{\beta}$ 能否被向量组 $\boldsymbol{\alpha}_1,\boldsymbol{\alpha}_2,\cdots,\boldsymbol{\alpha}_s$ 线性表示。

例 5.1.6　设 $\boldsymbol{\beta}=\begin{pmatrix}3\\2\\a\end{pmatrix}$，$\boldsymbol{\alpha}_1=\begin{pmatrix}1\\-2\\1\end{pmatrix}$，$\boldsymbol{\alpha}_2=\begin{pmatrix}2\\-1\\5\end{pmatrix}$，$\boldsymbol{\alpha}_3=\begin{pmatrix}1\\3\\6\end{pmatrix}$，求当 a 取何值时向量 $\boldsymbol{\beta}$ 可以被向量 $\boldsymbol{\alpha}_1,\boldsymbol{\alpha}_2,\boldsymbol{\alpha}_3$ 线性表示。

解　由于向量 $\boldsymbol{\beta}$ 可以被向量 $\boldsymbol{\alpha}_1,\boldsymbol{\alpha}_2,\boldsymbol{\alpha}_3$ 线性表示，所以存在一组数 k_1,k_2,k_3，满足 $\boldsymbol{\beta}=k_1\boldsymbol{\alpha}_1+k_2\boldsymbol{\alpha}_2+k_3\boldsymbol{\alpha}_3$，根据它们分量之间的关系得方程组

$$\begin{cases}k_1+2k_2+k_3=3\\-2k_1-k_2+3k_3=-1\\k_1+5k_2+6k_3=a\end{cases}$$

第一个方程的3倍加第二个方程得 $k_1+5k_2+6k_3=8$，再和第三个方程相比较，若方程组有解则 $a=8$。

定理 5.1.1　向量组 $\boldsymbol{\alpha}_1,\boldsymbol{\alpha}_2,\cdots,\boldsymbol{\alpha}_s$ 中的任何一个向量 $\boldsymbol{\alpha}_i$ 都可以由该向量组线性表示。

证明　由于

$$\boldsymbol{\alpha}_i=0\boldsymbol{\alpha}_1+\cdots+0\boldsymbol{\alpha}_{i-1}+1\cdot\boldsymbol{\alpha}_i+0\boldsymbol{\alpha}_{i+1}+\cdots+0\boldsymbol{\alpha}_s\quad(i=1,2,\cdots,s)$$

所以结论成立。

定理 5.1.2　向量 $\boldsymbol{\gamma}$ 可由向量组 $\boldsymbol{\alpha}_1,\boldsymbol{\alpha}_2,\cdots,\boldsymbol{\alpha}_s$ 线性表示，而每一个向量 $\boldsymbol{\alpha}_i$ 都可由向量组 $\boldsymbol{\beta}_1,\boldsymbol{\beta}_2,\cdots,\boldsymbol{\beta}_t$ 线性表示，则向量 $\boldsymbol{\gamma}$ 可由向量组 $\boldsymbol{\beta}_1,\boldsymbol{\beta}_2,\cdots,\boldsymbol{\beta}_t$ 线性表示。

证明　由题意可得

$$\boldsymbol{\gamma}=k_1\boldsymbol{\alpha}_1+k_2\boldsymbol{\alpha}_2+\cdots+k_s\boldsymbol{\alpha}_s=\sum_{i=1}^{s}k_i\boldsymbol{\alpha}_i$$

$$\boldsymbol{\alpha}_i=l_{i1}\boldsymbol{\beta}_1+l_{i2}\boldsymbol{\beta}_2+\cdots+l_{it}\boldsymbol{\beta}_t=\sum_{j=1}^{t}l_{ij}\boldsymbol{\beta}_j$$

则

$$\boldsymbol{\gamma}=\sum_{i=1}^{s}k_i\boldsymbol{\alpha}_i=\sum_{i=1}^{s}k_i\Big(\sum_{j=1}^{t}l_{ij}\boldsymbol{\beta}_j\Big)=\sum_{j=1}^{t}\Big(\sum_{i=1}^{s}k_il_{ij}\Big)\boldsymbol{\beta}_j$$

所以结论成立。

定义 5.1.5　设 n 维向量组 A：$\boldsymbol{\alpha}_1,\boldsymbol{\alpha}_2,\cdots,\boldsymbol{\alpha}_s$ 和 n 维向量组 B：$\boldsymbol{\beta}_1,\boldsymbol{\beta}_2,\cdots,\boldsymbol{\beta}_t$，如果向量组 B 中的每个向量 $\boldsymbol{\beta}_i(i=1,2,\cdots,t)$ 均可被向量组 A 中的向量线性表示，称向量组 B 可被向量组 A 线性表示，如果这两个向量组可以互相表示，称这两个向量组**等价**。记作 $A\sim B$。

例 5.1.7　已知向量组

$$A:\quad\boldsymbol{\alpha}_1=\begin{pmatrix}1\\0\\0\end{pmatrix},\quad\boldsymbol{\alpha}_2=\begin{pmatrix}0\\1\\0\end{pmatrix},\quad\boldsymbol{\alpha}_3=\begin{pmatrix}0\\0\\1\end{pmatrix}$$

$$B:\quad\boldsymbol{\beta}_1=\begin{pmatrix}1\\1\\0\end{pmatrix},\quad\boldsymbol{\beta}_2=\begin{pmatrix}0\\1\\1\end{pmatrix},\quad\boldsymbol{\beta}_3=\begin{pmatrix}1\\0\\1\end{pmatrix}$$

讨论向量组 A,B 是否等价。

解　由于

$$\boldsymbol{\beta}_1 = \boldsymbol{\alpha}_1 + \boldsymbol{\alpha}_2,\quad \boldsymbol{\beta}_2 = \boldsymbol{\alpha}_2 + \boldsymbol{\alpha}_3,\quad \boldsymbol{\beta}_3 = \boldsymbol{\alpha}_1 + \boldsymbol{\alpha}_3$$

$$\boldsymbol{\alpha}_1 = \frac{1}{2}(\boldsymbol{\beta}_1 - \boldsymbol{\beta}_2 + \boldsymbol{\beta}_3),\quad \boldsymbol{\alpha}_2 = \frac{1}{2}(\boldsymbol{\beta}_1 + \boldsymbol{\beta}_2 - \boldsymbol{\beta}_3),\quad \boldsymbol{\alpha}_3 = \frac{1}{2}(-\boldsymbol{\beta}_1 + \boldsymbol{\beta}_2 + \boldsymbol{\beta}_3)$$

所以向量组 A,B 是等价的。

向量组的等价是一个等价关系，由定理 5.1.1 和定理 5.1.2 可以得出如下三个性质：

(1) **反身性** 任何向量组与自身等价；

(2) **对称性** 若向量组 $\boldsymbol{\alpha}_1,\boldsymbol{\alpha}_2,\cdots,\boldsymbol{\alpha}_s$ 与 $\boldsymbol{\beta}_1,\boldsymbol{\beta}_2,\cdots,\boldsymbol{\beta}_t$ 等价，则向量组 $\boldsymbol{\beta}_1,\boldsymbol{\beta}_2,\cdots,\boldsymbol{\beta}_t$ 与 $\boldsymbol{\alpha}_1,\boldsymbol{\alpha}_2,\cdots,\boldsymbol{\alpha}_s$ 等价；

(3) **传递性** 若向量组 $\boldsymbol{\alpha}_1,\boldsymbol{\alpha}_2,\cdots,\boldsymbol{\alpha}_s$ 与 $\boldsymbol{\beta}_1,\boldsymbol{\beta}_2,\cdots,\boldsymbol{\beta}_r$ 等价，向量组 $\boldsymbol{\beta}_1,\boldsymbol{\beta}_2,\cdots,\boldsymbol{\beta}_r$ 与 $\boldsymbol{\gamma}_1,\boldsymbol{\gamma}_2,\cdots,\boldsymbol{\gamma}_t$，则向量组 $\boldsymbol{\alpha}_1,\boldsymbol{\alpha}_2,\cdots,\boldsymbol{\alpha}_s$ 与 $\boldsymbol{\gamma}_1,\boldsymbol{\gamma}_2,\cdots,\boldsymbol{\gamma}_t$ 等价。

5.2 向量组的线性相关性

考虑一个向量组 $\boldsymbol{\alpha}_1,\boldsymbol{\alpha}_2,\cdots,\boldsymbol{\alpha}_s$，还需要研究向量之间的关系——线性相关性，它和向量之间的基本运算——线性运算密切相关，并共同构成线性代数中的基本内容之一。

5.2.1 向量组的线性相关性的概念

由例 5.1.4 我们知道，零向量可以由任意的向量线性表示，那么用向量组 $\boldsymbol{\alpha}_1,\boldsymbol{\alpha}_2,\cdots,\boldsymbol{\alpha}_s$ 来表示零向量，除了组合系数是零外，是否存在一组不全为零的数 $k_1,k_2,\cdots,k_s$ 使得

$$k_1\boldsymbol{\alpha}_1 + k_2\boldsymbol{\alpha}_2 + \cdots + k_s\boldsymbol{\alpha}_s = \mathbf{0}$$

成立呢？实际上这两种情形是均会发生的。

例如，向量组 $\boldsymbol{\alpha}_1 = \begin{pmatrix}1\\0\\-1\end{pmatrix},\boldsymbol{\alpha}_2 = \begin{pmatrix}2\\-1\\1\end{pmatrix},\boldsymbol{\alpha}_3 = \begin{pmatrix}3\\-1\\0\end{pmatrix}$，一方面有 $0\boldsymbol{\alpha}_1 + 0\boldsymbol{\alpha}_2 + 0\boldsymbol{\alpha}_3 = \mathbf{0}$，另一方面还有 $\boldsymbol{\alpha}_1 + \boldsymbol{\alpha}_2 - \boldsymbol{\alpha}_3 = \mathbf{0}$。但对向量组 $\boldsymbol{\varepsilon}_1 = \begin{pmatrix}1\\0\\0\end{pmatrix},\boldsymbol{\varepsilon}_2 = \begin{pmatrix}0\\1\\0\end{pmatrix},\boldsymbol{\varepsilon}_3 = \begin{pmatrix}0\\0\\1\end{pmatrix}$，只有 $0\boldsymbol{\varepsilon}_1 + 0\boldsymbol{\varepsilon}_2 + 0\boldsymbol{\varepsilon}_3 = \mathbf{0}$ 成立，即不可能存在非零的常数 k_1,k_2,k_3，使得 $k_1\boldsymbol{\varepsilon}_1 + k_2\boldsymbol{\varepsilon}_2 + k_3\boldsymbol{\varepsilon}_3 = \mathbf{0}$。以上两个向量组是有区别的。

定义 5.2.1 设 $\boldsymbol{\alpha}_1,\boldsymbol{\alpha}_2,\cdots,\boldsymbol{\alpha}_s$ 是 P^n 中 s 个非零的向量，如果在 P 中存在 s 个不全为零的数 $k_1,k_2,\cdots,k_s$，使得等式

$$k_1\boldsymbol{\alpha}_1 + k_2\boldsymbol{\alpha}_2 + \cdots + k_s\boldsymbol{\alpha}_s = \mathbf{0} \tag{5.2.1}$$

成立，则称向量组 $\boldsymbol{\alpha}_1,\boldsymbol{\alpha}_2,\cdots,\boldsymbol{\alpha}_s$ **线性相关**，如果在 P 中不存在 s 个不全为零的数 $k_1,k_2,\cdots,k_s$，使得等式(5.2.1)成立，则称向量组**线性无关**。换句话说，向量组线性无关等价于 $k_1 = k_2 = \cdots = k_s = 0$ 时等式(5.2.1)才成立。

定理 5.2.1　设 $\boldsymbol{\alpha}_1=\begin{pmatrix}a_{11}\\a_{21}\\\vdots\\a_{n1}\end{pmatrix},\boldsymbol{\alpha}_2=\begin{pmatrix}a_{12}\\a_{22}\\\vdots\\a_{n2}\end{pmatrix},\cdots,\boldsymbol{\alpha}_s=\begin{pmatrix}a_{1s}\\a_{2s}\\\vdots\\a_{ns}\end{pmatrix}$ 是 P^n 中 s 个非零的向量，记齐次线性方程组 $x_1\boldsymbol{\alpha}_1+x_2\boldsymbol{\alpha}_2+\cdots+x_s\boldsymbol{\alpha}_s=\mathbf{0}$ 或

$$\begin{cases}a_{11}x_1+a_{12}x_2+\cdots+a_{1s}x_s=0\\a_{21}x_1+a_{22}x_2+\cdots+a_{2s}x_s=0\\\cdots\cdots\\a_{n1}x_1+a_{n2}x_2+\cdots+a_{ns}x_s=0\end{cases}\tag{5.2.2}$$

则

(1) 向量组 $\boldsymbol{\alpha}_1,\boldsymbol{\alpha}_2,\cdots,\boldsymbol{\alpha}_s$ 线性相关等价于齐次线性方程组(5.2.2)有非零解；

(2) 向量组 $\boldsymbol{\alpha}_1,\boldsymbol{\alpha}_2,\cdots,\boldsymbol{\alpha}_s$ 线性无关等价于齐次线性方程组(5.2.2)只有零解。

推论 5.2.1　含有 n 个 n 维向量组 $\boldsymbol{\alpha}_1,\boldsymbol{\alpha}_2,\cdots,\boldsymbol{\alpha}_n$ 线性相关的充要条件是 $\det\boldsymbol{A}=0$，这里 $\boldsymbol{A}=(\boldsymbol{\alpha}_1,\boldsymbol{\alpha}_2,\cdots,\boldsymbol{\alpha}_n)$；反之，向量组 $\boldsymbol{\alpha}_1,\boldsymbol{\alpha}_2,\cdots,\boldsymbol{\alpha}_n$ 线性无关的充要条件是 $\det\boldsymbol{A}\neq0$。

例 5.2.1　(1) 证明：n 维向量组 $\boldsymbol{\varepsilon}_1=\begin{pmatrix}1\\0\\0\\\vdots\\0\end{pmatrix},\boldsymbol{\varepsilon}_2=\begin{pmatrix}0\\1\\0\\\vdots\\0\end{pmatrix},\cdots,\boldsymbol{\varepsilon}_n=\begin{pmatrix}0\\0\\0\\\vdots\\1\end{pmatrix}$ 线性无关。

(2) 证明：3 维向量组 $\boldsymbol{\alpha}_1=\begin{pmatrix}1\\-2\\3\\1\end{pmatrix},\boldsymbol{\alpha}_2=\begin{pmatrix}2\\1\\5\\-1\end{pmatrix},\boldsymbol{\alpha}_3=\begin{pmatrix}1\\8\\1\\-5\end{pmatrix}$ 线性相关。

证明　(1) 令 $k_1\boldsymbol{\varepsilon}_1+k_2\boldsymbol{\varepsilon}_2+\cdots+k_n\boldsymbol{\varepsilon}_n=\mathbf{0}$，得

$$k_1\begin{pmatrix}1\\0\\0\\\vdots\\0\end{pmatrix}+k_2\begin{pmatrix}0\\1\\0\\\vdots\\0\end{pmatrix}+\cdots+k_n\begin{pmatrix}0\\0\\0\\\vdots\\1\end{pmatrix}=\begin{pmatrix}0\\0\\0\\\vdots\\0\end{pmatrix}$$

解得 $k_1=k_2=\cdots=k_n=0$，所以 $\boldsymbol{\varepsilon}_1,\boldsymbol{\varepsilon}_2,\cdots,\boldsymbol{\varepsilon}_n$ 线性无关。或者 $\begin{vmatrix}1&0&0&\cdots&0\\0&1&0&\cdots&0\\0&0&1&\cdots&0\\\vdots&\vdots&\vdots&&\vdots\\0&0&0&\cdots&1\end{vmatrix}=1\neq0$，由推论 5.2.1 知，$\boldsymbol{\varepsilon}_1,\boldsymbol{\varepsilon}_2,\cdots,\boldsymbol{\varepsilon}_n$ 线性无关。

(2) 因为存在一组非零的数 $k_1=3,k_2=-2,k_3=1$，满足 $3\boldsymbol{\alpha}_1-2\boldsymbol{\alpha}_2+\boldsymbol{\alpha}_3=\mathbf{0}$，所以 $\boldsymbol{\alpha}_1,\boldsymbol{\alpha}_2,\boldsymbol{\alpha}_3$ 线性无关。

一般地，我们称 n 维向量组$\boldsymbol{\varepsilon}_1=\begin{pmatrix}1\\0\\\vdots\\0\end{pmatrix},\boldsymbol{\varepsilon}_2=\begin{pmatrix}0\\1\\\vdots\\0\end{pmatrix},\cdots,\boldsymbol{\varepsilon}_n=\begin{pmatrix}0\\0\\\vdots\\1\end{pmatrix}$为**标准单位向量组**，标准单位向量组显然是线性无关的。

例 5.2.2 当 k 取何值时，向量组 $\boldsymbol{\alpha}_1=\begin{pmatrix}6\\k+1\\7\end{pmatrix},\boldsymbol{\alpha}_2=\begin{pmatrix}k\\2\\2\end{pmatrix},\boldsymbol{\alpha}_3=\begin{pmatrix}k\\1\\0\end{pmatrix}$线性相关？线性无关？

解 令

$$D=\begin{vmatrix}6 & k & k\\ k+1 & 2 & 1\\ 7 & 2 & 0\end{vmatrix}=(k-4)(2k+3)$$

当 $k=4$ 或 $k=-\dfrac{3}{2}$时，向量组 $\boldsymbol{\alpha}_1,\boldsymbol{\alpha}_2,\boldsymbol{\alpha}_3$ 线性相关。

当 $k\neq4$ 且 $k\neq-\dfrac{3}{2}$时，向量组 $\boldsymbol{\alpha}_1,\boldsymbol{\alpha}_2,\boldsymbol{\alpha}_3$ 线性无关。

5.2.2 向量组线性相关性的性质

性质 5.2.1 向量组 $\boldsymbol{\alpha}_1,\boldsymbol{\alpha}_2,\cdots,\boldsymbol{\alpha}_s(s\geqslant2)$线性相关的充要条件是该向量组中至少有一个向量可以被其余向量线性表示。

证明 先证必要性。

由于 $\boldsymbol{\alpha}_1,\boldsymbol{\alpha}_2,\cdots,\boldsymbol{\alpha}_s(s\geqslant2)$线性相关，故存在一组不全为零的数 $k_1,k_2,\cdots,k_s$，满足

$$k_1\boldsymbol{\alpha}_1+k_2\boldsymbol{\alpha}_2+\cdots+k_s\boldsymbol{\alpha}_s=\mathbf{0}$$

不失一般性，不妨设 $k_1\neq0$，则有

$$\boldsymbol{\alpha}_1=-\frac{k_2}{k_1}\boldsymbol{\alpha}_2-\frac{k_3}{k_1}\boldsymbol{\alpha}_3-\cdots-\frac{k_s}{k_1}\boldsymbol{\alpha}_s$$

从而存在一个向量 $\boldsymbol{\alpha}_1$ 可以被其余向量线性表示。

再证必要性。

不妨设 $\boldsymbol{\alpha}_s$ 可以被其余向量线性表示，即存在一组数 $k_1,k_2,\cdots,k_{s-1}$满足

$$\boldsymbol{\alpha}_s=k_1\boldsymbol{\alpha}_1+k_2\boldsymbol{\alpha}_2+\cdots+k_{s-1}\boldsymbol{\alpha}_{s-1}$$

从而

$$k_1\boldsymbol{\alpha}_1+k_2\boldsymbol{\alpha}_2+\cdots+k_{s-1}\boldsymbol{\alpha}_{s-1}+(-1)\boldsymbol{\alpha}_s=\mathbf{0}$$

由于 $k_1,k_2,\cdots,k_{s-1},-1$ 不全为零，所以 $\boldsymbol{\alpha}_1,\boldsymbol{\alpha}_2,\cdots,\boldsymbol{\alpha}_s(s\geqslant2)$线性相关。

性质 5.2.2 向量组 $\boldsymbol{\alpha}_1,\boldsymbol{\alpha}_2,\cdots,\boldsymbol{\alpha}_s(s\geqslant2)$线性无关的充要条件是该向量组中每个向量均不能够被其余向量线性表示。

性质 5.2.3 如果向量组 $\boldsymbol{\alpha}_1,\boldsymbol{\alpha}_2,\cdots,\boldsymbol{\alpha}_s$ 中有一个零向量，则该向量组线性相关。

证明 不妨设 $\boldsymbol{\alpha}_i=\mathbf{0}$，这样令 $k_i=1$，其余向量的组合系数全为零，即

$$0\boldsymbol{\alpha}_1+\cdots+0\boldsymbol{\alpha}_{i-1}+1\boldsymbol{\alpha}_i+0\boldsymbol{\alpha}_{i+1}+\cdots+0\boldsymbol{\alpha}_s=\boldsymbol{\alpha}_i=\mathbf{0}$$

所以向量组 $\boldsymbol{\alpha}_1,\boldsymbol{\alpha}_2,\cdots,\boldsymbol{\alpha}_s$ 线性相关。

由该性质容易得到单独一个零向量的向量组线性相关，单独一个非零向量的向量组线性无关。

性质 5.2.4　如果向量组 $\boldsymbol{\alpha}_1,\boldsymbol{\alpha}_2,\cdots,\boldsymbol{\alpha}_s$ 中有两个向量对应分量成比例，则该向量组线性相关。

证明　不妨设向量 $\boldsymbol{\alpha}_i$ 与 $\boldsymbol{\alpha}_j$ 对应分量成比例，即存在非零常数 $k\neq 0$，满足 $\boldsymbol{\alpha}_i=k\boldsymbol{\alpha}_j$，取一组非零的数组 $k_1,k_2,\cdots,k_s$，其中 $k_i=-1,k_j=k$，其余的组合系数全为零，则

$$k_1\boldsymbol{\alpha}_1+k_2\boldsymbol{\alpha}_2+\cdots+k_s\boldsymbol{\alpha}_s=-\boldsymbol{\alpha}_i+k\boldsymbol{\alpha}_j=\mathbf{0}$$

所以向量组 $\boldsymbol{\alpha}_1,\boldsymbol{\alpha}_2,\cdots,\boldsymbol{\alpha}_s$ 线性相关。

作为特殊情况，如果向量组只含有两个向量 $\boldsymbol{\alpha}$ 与 $\boldsymbol{\beta}$，那么 $\boldsymbol{\alpha}$ 与 $\boldsymbol{\beta}$ 线性相关等价于 $\boldsymbol{\alpha}$ 与 $\boldsymbol{\beta}$ 对应的分量成比例。

在一个向量组 $\boldsymbol{\alpha}_1,\boldsymbol{\alpha}_2,\cdots,\boldsymbol{\alpha}_s$ 中，任取若干个向量组成的向量组，叫作 $\boldsymbol{\alpha}_1,\boldsymbol{\alpha}_2,\cdots,\boldsymbol{\alpha}_s$ 的部分向量组，简称部分组。

性质 5.2.5　如果一个向量组中的部分组线性相关，则整个向量组线性相关；反之，若整个向量组线性无关，则其任一部分组亦线性无关。

证明　设向量组 $\boldsymbol{\alpha}_1,\boldsymbol{\alpha}_2,\cdots,\boldsymbol{\alpha}_s$ 中有 $r(r<s)$ 个向量组成的部分组线性相关，不妨设 $\boldsymbol{\alpha}_1,\boldsymbol{\alpha}_2,\cdots,\boldsymbol{\alpha}_r$ 线性相关，即存在一组不全为零的数 $k_1,k_2,\cdots,k_r$，满足

$$k_1\boldsymbol{\alpha}_1+k_2\boldsymbol{\alpha}_2+\cdots+k_r\boldsymbol{\alpha}_r=\mathbf{0}$$

现取 $k_{r+1}=k_{r+2}=\cdots=k_r=0$，则 $k_1,k_2,\cdots,k_r,0,\cdots,0$ 仍是一组不全为零的数，但

$$k_1\boldsymbol{\alpha}_1+k_2\boldsymbol{\alpha}_2+\cdots+k_r\boldsymbol{\alpha}_r+0\boldsymbol{\alpha}_{r+1}+\cdots+0\boldsymbol{\alpha}_s=\mathbf{0}$$

从而 $\boldsymbol{\alpha}_1,\boldsymbol{\alpha}_2,\cdots,\boldsymbol{\alpha}_s$ 线性相关。

性质 5.2.6　若 n 维列向量组

$$\boldsymbol{\alpha}_1=\begin{pmatrix}a_{11}\\a_{21}\\\vdots\\a_{n1}\end{pmatrix},\quad\boldsymbol{\alpha}_2=\begin{pmatrix}a_{12}\\a_{22}\\\vdots\\a_{n2}\end{pmatrix},\quad\cdots,\quad\boldsymbol{\alpha}_m=\begin{pmatrix}a_{1m}\\a_{2m}\\\vdots\\a_{nm}\end{pmatrix}$$

线性无关，则在每个向量上都添加 s 个分量，所得到的 $n+s$ 维列向量组

$$\boldsymbol{\beta}_1=\begin{pmatrix}a_{11}\\a_{21}\\\vdots\\a_{n1}\\a_{n+1,1}\\\vdots\\a_{n+s,1}\end{pmatrix},\quad\boldsymbol{\beta}_2=\begin{pmatrix}a_{12}\\a_{22}\\\vdots\\a_{n2}\\a_{n+1,2}\\\vdots\\a_{n+s,2}\end{pmatrix},\quad\cdots,\quad\boldsymbol{\beta}_m=\begin{pmatrix}a_{1m}\\a_{2m}\\\vdots\\a_{nm}\\a_{n+1,m}\\\vdots\\a_{n+s,m}\end{pmatrix}$$

也线性无关。

证明　由于向量组 $\boldsymbol{\alpha}_1,\boldsymbol{\alpha}_2,\cdots,\boldsymbol{\alpha}_m$ 线性无关，根据定理 5.2.1 可知，齐次线性方程组

$$\begin{cases}a_{11}x_1+a_{12}x_2+\cdots+a_{1m}x_m=0\\ a_{21}x_1+a_{22}x_2+\cdots+a_{2m}x_m=0\\ \cdots\cdots\\ a_{n1}x_1+a_{n2}x_2+\cdots+a_{nm}x_m=0\end{cases}\tag{5.2.3}$$

只有零解。现考虑 $\boldsymbol{\beta}_1,\boldsymbol{\beta}_2,\cdots,\boldsymbol{\beta}_m$ 的线性相关性，该向量组对应的齐次线性方程组为

$$\begin{cases}a_{11}x_1+a_{12}x_2+\cdots+a_{1m}x_m=0\\ a_{21}x_1+a_{22}x_2+\cdots+a_{2m}x_m=0\\ \cdots\cdots\\ a_{n1}x_1+a_{n2}x_2+\cdots+a_{nm}x_m=0\\ a_{n+1,1}x_1+a_{n+1,2}x_2+\cdots+a_{n+1,m}x_m=0\\ \cdots\cdots\\ a_{n+s,1}x_1+a_{n+s,2}x_2+\cdots+a_{n+s,m}x_m=0\end{cases}\tag{5.2.4}$$

显然方程组(5.2.4)的每个解都是方程组(5.2.3)的解，既然方程组(5.2.3)只有零解，故方程组(5.2.4)也只有零解，再由定理 5.2.1 知道，向量组 $\boldsymbol{\beta}_1,\boldsymbol{\beta}_2,\cdots,\boldsymbol{\beta}_m$ 线性无关。

注意，n 维向量组 $\boldsymbol{\alpha}_1,\boldsymbol{\alpha}_2,\cdots,\boldsymbol{\alpha}_m$ 线性无关，若每个向量去掉 $s(s<n)$ 个分量，得到 $n-s$ 维向量组 $\boldsymbol{\gamma}_1,\boldsymbol{\gamma}_2,\cdots,\boldsymbol{\gamma}_m$，则向量组 $\boldsymbol{\gamma}_1,\boldsymbol{\gamma}_2,\cdots,\boldsymbol{\gamma}_m$ 未必线性无关。

例如，取 3 维标准向量组 $\boldsymbol{\varepsilon}_1=\begin{pmatrix}1\\0\\0\end{pmatrix},\boldsymbol{\varepsilon}_2=\begin{pmatrix}0\\1\\0\end{pmatrix},\boldsymbol{\varepsilon}_3=\begin{pmatrix}0\\0\\1\end{pmatrix}$，易知 $\boldsymbol{\varepsilon}_1,\boldsymbol{\varepsilon}_2,\boldsymbol{\varepsilon}_3$ 线性无关，若把 $\boldsymbol{\varepsilon}_1,\boldsymbol{\varepsilon}_2,\boldsymbol{\varepsilon}_3$ 的第三个分量都去掉，得到 2 维向量组 $\boldsymbol{\varepsilon}_1'=\begin{pmatrix}1\\0\end{pmatrix},\boldsymbol{\varepsilon}_2'=\begin{pmatrix}0\\1\end{pmatrix},\boldsymbol{\varepsilon}_3'=\begin{pmatrix}0\\0\end{pmatrix}$，显然向量组是线性相关的。但由性质 5.2.6 可以得到如下的推论：

推论 5.2.2 设 n 维向量组 $\boldsymbol{\alpha}_1,\boldsymbol{\alpha}_2,\cdots,\boldsymbol{\alpha}_m$ 线性相关，若每个向量去掉 $s(s<n)$ 个分量，得到 $n-s$ 维向量组 $\boldsymbol{\gamma}_1,\boldsymbol{\gamma}_2,\cdots,\boldsymbol{\gamma}_m$，则向量组 $\boldsymbol{\gamma}_1,\boldsymbol{\gamma}_2,\cdots,\boldsymbol{\gamma}_m$ 也一定线性相关。

性质 5.2.1 至性质 5.2.6 及其推论也可以用来判断向量组的线性相关性，现在给出几个重要的定理。

定理 5.2.1 向量组 $\boldsymbol{\alpha}_1,\boldsymbol{\alpha}_2,\cdots,\boldsymbol{\alpha}_s$ 线性无关但向量组 $\boldsymbol{\alpha}_1,\boldsymbol{\alpha}_2,\cdots,\boldsymbol{\alpha}_s,\boldsymbol{\beta}$ 线性相关，则向量 $\boldsymbol{\beta}$ 可由向量组 $\boldsymbol{\alpha}_1,\boldsymbol{\alpha}_2,\cdots,\boldsymbol{\alpha}_s$ 线性表示，且表示唯一。

证明 由于 $\boldsymbol{\alpha}_1,\boldsymbol{\alpha}_2,\cdots,\boldsymbol{\alpha}_s,\boldsymbol{\beta}$ 线性相关，故存在一组不全为零的数 $k_1,k_2,\cdots,k_s,k$，满足

$$k_1\boldsymbol{\alpha}_1+k_2\boldsymbol{\alpha}_2+\cdots+k_s\boldsymbol{\alpha}_s+k\boldsymbol{\beta}=\mathbf{0}$$

若 $k=0$，则有 $k_1\boldsymbol{\alpha}_1+k_2\boldsymbol{\alpha}_2+\cdots+k_s\boldsymbol{\alpha}_s=\mathbf{0}$。又因为 $\boldsymbol{\alpha}_1,\boldsymbol{\alpha}_2,\cdots,\boldsymbol{\alpha}_s$ 线性无关，所以 $k_1=k_2\cdots=k_s=0$，这与 $k_1,k_2,\cdots,k_s,k$ 不全为零相矛盾，所以 $k\neq0$. 从而

$$\boldsymbol{\beta}=-\frac{k_1}{k}\boldsymbol{\alpha}_1-\frac{k_2}{k}\boldsymbol{\alpha}_2-\cdots-\frac{k_s}{k}\boldsymbol{\alpha}_s$$

再证明表示法的唯一性。

假设向量 $\boldsymbol{\beta}$ 可被向量组 $\boldsymbol{\alpha}_1,\boldsymbol{\alpha}_2,\cdots,\boldsymbol{\alpha}_s$ 两种线性表示，即

$$\boldsymbol{\beta}=k_1\boldsymbol{\alpha}_1+k_2\boldsymbol{\alpha}_2+\cdots+k_s\boldsymbol{\alpha}_s$$

$$\boldsymbol{\beta} = l_1\boldsymbol{\alpha}_1 + l_2\boldsymbol{\alpha}_2 + \cdots + l_s\boldsymbol{\alpha}_s$$

以上两式相减得

$$(k_1 - l_1)\boldsymbol{\alpha}_1 + (k_2 - l_2)\boldsymbol{\alpha}_2 + \cdots + (k_s - l_s)\boldsymbol{\alpha}_s = \mathbf{0}$$

由于向量组 $\boldsymbol{\alpha}_1,\boldsymbol{\alpha}_2,\cdots,\boldsymbol{\alpha}_s$ 线性无关，所以

$$k_1 - l_1 = k_2 - l_2 = \cdots = k_s - l_s = 0$$

所以 $k_1 = l_1, k_2 = l_2, \cdots, k_s = l_s$，即表示法唯一。

定理 5.2.2　设 $\boldsymbol{\alpha}_1,\boldsymbol{\alpha}_2,\cdots,\boldsymbol{\alpha}_s$ 与 $\boldsymbol{\beta}_1,\boldsymbol{\beta}_2,\cdots,\boldsymbol{\beta}_t$ 是两个向量组，如果

(1) 向量组 $\boldsymbol{\alpha}_1,\boldsymbol{\alpha}_2,\cdots,\boldsymbol{\alpha}_s$ 可被向量组 $\boldsymbol{\beta}_1,\boldsymbol{\beta}_2,\cdots,\boldsymbol{\beta}_t$ 线性表示；

(2) $s>t$，

那么向量组 $\boldsymbol{\alpha}_1,\boldsymbol{\alpha}_2,\cdots,\boldsymbol{\alpha}_s$ 线性相关。

证明　由(1)可知

$$\boldsymbol{\alpha}_i = k_{1i}\boldsymbol{\beta}_1 + k_{2i}\boldsymbol{\beta}_2 + \cdots + k_{ti}\boldsymbol{\beta}_t = \sum_{j=1}^{t} k_{ji}\boldsymbol{\beta}_j \quad (i = 1,2,\cdots,s)$$

为了证明 $\boldsymbol{\alpha}_1,\boldsymbol{\alpha}_2,\cdots,\boldsymbol{\alpha}_s$ 线性相关，只要证明存在不全为零的数 $k_1,k_2,\cdots,k_s$ 使得

$$k_1\boldsymbol{\alpha}_1 + k_2\boldsymbol{\alpha}_2 + \cdots + k_s\boldsymbol{\alpha}_s = \mathbf{0}$$

为此我们做线性组合

$$x_1\boldsymbol{\alpha}_1 + x_2\boldsymbol{\alpha}_2 + \cdots + x_s\boldsymbol{\alpha}_s = \sum_{i=1}^{s} x_i\boldsymbol{\alpha}_i = \sum_{i=1}^{s} x_i \sum_{j=1}^{t} k_{ji}\beta_j = \sum_{j=1}^{t}\Big(\sum_{i=1}^{s} k_{ji}x_i\Big)\boldsymbol{\beta}_j$$

如果能够找到不全为零的数 $x_1,x_2,\cdots,x_s$ 使得 $\boldsymbol{\beta}_1,\boldsymbol{\beta}_2,\cdots,\boldsymbol{\beta}_t$ 的系数全为零，那就证明了向量组 $\boldsymbol{\alpha}_1,\boldsymbol{\alpha}_2,\cdots,\boldsymbol{\alpha}_s$ 线性相关。

由(2)知 $s>t$，故齐次线性方程组

$$\begin{cases} k_{11}x_1 + k_{12}x_2 + \cdots + k_{1s}x_s = 0 \\ k_{21}x_1 + k_{22}x_2 + \cdots + k_{2s}x_s = 0 \\ \cdots\cdots \\ k_{t1}x_1 + k_{t2}x_2 + \cdots + k_{ts}x_s = 0 \end{cases} \tag{5.2.5}$$

中未知数的个数多于方程的个数，由 Cramer 法则知方程组(5.2.5)必有非零解，所以向量组 $\boldsymbol{\alpha}_1,\boldsymbol{\alpha}_2,\cdots,\boldsymbol{\alpha}_s$ 线性相关。

推论 5.2.3　任意 $n+1$ 个 n 维向量组必线性相关。

事实上，每一个 n 维向量均可以被 n 维标准单位向量组 $\boldsymbol{\varepsilon}_1,\boldsymbol{\varepsilon}_2,\cdots,\boldsymbol{\varepsilon}_n$ 线性表出，且 $n+1>n$，因此该向量组必线性相关。

定理 5.2.2 也可以换成如下的替换定理：

定理 5.2.3　(替换定理)如果向量组 $\boldsymbol{\alpha}_1,\boldsymbol{\alpha}_2,\cdots,\boldsymbol{\alpha}_s$ 可由向量组 $\boldsymbol{\beta}_1,\boldsymbol{\beta}_2,\cdots,\boldsymbol{\beta}_t$ 线性表出，且向量组 $\boldsymbol{\alpha}_1,\boldsymbol{\alpha}_2,\cdots,\boldsymbol{\alpha}_s$ 线性无关，那么 $s\leqslant t$；并且必要时可以对向量组 $\boldsymbol{\beta}_1,\boldsymbol{\beta}_2,\cdots,\boldsymbol{\beta}_t$ 中的向量重新编号使得 $\boldsymbol{\alpha}_1,\boldsymbol{\alpha}_2,\cdots,\boldsymbol{\alpha}_s$ 替换 $\boldsymbol{\beta}_1,\boldsymbol{\beta}_2,\cdots,\boldsymbol{\beta}_t$ 中的前 s 个后，所得的向量组 $\boldsymbol{\alpha}_1,\boldsymbol{\alpha}_2,\cdots,\boldsymbol{\alpha}_s,\boldsymbol{\beta}_{s+1},\cdots,\boldsymbol{\beta}_t$ 与向量组 $\boldsymbol{\beta}_1,\boldsymbol{\beta}_2,\cdots,\boldsymbol{\beta}_t$ 等价。

推论 5.2.4　两个线性无关的等价向量组必含有相同个数的向量。

事实上，若向量组 $\boldsymbol{\alpha}_1,\boldsymbol{\alpha}_2,\cdots,\boldsymbol{\alpha}_s$ 与向量组 $\boldsymbol{\beta}_1,\boldsymbol{\beta}_2,\cdots,\boldsymbol{\beta}_t$ 都线性无关且等价，则既有 $s\leqslant t$，又有 $s\geqslant t$，所以 $s=t$。

例 5.2.3 设向量组

$$\boldsymbol{\alpha}_1=\begin{pmatrix}b_{11}\\b_{21}\\\vdots\\b_{r1}\\b_{r+1,1}\\\vdots\\b_{n1}\end{pmatrix},\quad \boldsymbol{\alpha}_2=\begin{pmatrix}0\\b_{22}\\\vdots\\b_{r2}\\b_{r+1,2}\\\vdots\\b_{n2}\end{pmatrix},\quad \cdots,\quad \boldsymbol{\alpha}_r=\begin{pmatrix}0\\0\\\vdots\\b_{rr}\\b_{r+1,r}\\\vdots\\b_{nr}\end{pmatrix}$$

其中 $b_{ii}\neq 0(i=1,2,\cdots,r)$。证明:向量组 $\boldsymbol{\alpha}_1,\boldsymbol{\alpha}_2,\cdots,\boldsymbol{\alpha}_r$ 线性无关。

证明 把向量组 $\boldsymbol{\alpha}_1,\boldsymbol{\alpha}_2,\cdots,\boldsymbol{\alpha}_r$ 中的每个向量去掉后 $n-r$ 个分量得到一个新的向量组

$$\boldsymbol{\beta}_1=\begin{pmatrix}b_{11}\\b_{21}\\\vdots\\b_{r1}\end{pmatrix},\quad \boldsymbol{\beta}_2=\begin{pmatrix}0\\b_{22}\\\vdots\\b_{r2}\end{pmatrix},\quad \cdots,\quad \boldsymbol{\beta}_r=\begin{pmatrix}0\\0\\\vdots\\b_{rr}\end{pmatrix}$$

由于该向量组向量的个数和其分量的个数相等,且

$$\begin{vmatrix}b_{11}&0&0\\b_{21}&b_{22}&0\\\vdots&\vdots&\vdots\\b_{r1}&b_{r2}&b_{rr}\end{vmatrix}=b_{11}b_{22}\cdots b_{rr}\neq 0$$

故由推论 5.2.1 知,向量组 $\boldsymbol{\beta}_1,\boldsymbol{\beta}_2,\cdots,\boldsymbol{\beta}_r$ 线性无关。由于向量组 $\boldsymbol{\alpha}_1,\boldsymbol{\alpha}_2,\cdots,\boldsymbol{\alpha}_r$ 是由向量组 $\boldsymbol{\beta}_1,\boldsymbol{\beta}_2,\cdots,\boldsymbol{\beta}_r$ 每个向量添加 $n-r$ 个分量而来的,故由性质 5.2.6 知,向量组 $\boldsymbol{\alpha}_1,\boldsymbol{\alpha}_2,\cdots,\boldsymbol{\alpha}_r$ 也线性无关。

例 5.2.4 设向量组 $\boldsymbol{\alpha}_1,\boldsymbol{\alpha}_2,\cdots,\boldsymbol{\alpha}_n$ 是一组 n 维向量。证明:$\boldsymbol{\alpha}_1,\boldsymbol{\alpha}_2,\cdots,\boldsymbol{\alpha}_n$ 线性无关的充要条件是任一 n 维向量都可由该向量组线性表示。

证明 先证必要性。

设向量组 $\boldsymbol{\alpha}_1,\boldsymbol{\alpha}_2,\cdots,\boldsymbol{\alpha}_n$ 线性无关,但任意 $n+1$ 个 n 维向量组 $\boldsymbol{\alpha}_1,\boldsymbol{\alpha}_2,\cdots,\boldsymbol{\alpha}_n,\boldsymbol{\beta}$ 必线性相关,由定理 5.2.2 知,任意 n 维向量 $\boldsymbol{\beta}$ 都可由 $\boldsymbol{\alpha}_1,\boldsymbol{\alpha}_2,\cdots,\boldsymbol{\alpha}_n$ 线性表示。

再证充分性。

由于任意 n 维向量都可由该向量组 $\boldsymbol{\alpha}_1,\boldsymbol{\alpha}_2,\cdots,\boldsymbol{\alpha}_n$ 线性表示,故单位标准向量组 $\boldsymbol{\varepsilon}_1,\boldsymbol{\varepsilon}_2,\cdots,\boldsymbol{\varepsilon}_n$ 也可由 $\boldsymbol{\alpha}_1,\boldsymbol{\alpha}_2,\cdots,\boldsymbol{\alpha}_n$ 线性表示,而向量组 $\boldsymbol{\alpha}_1,\boldsymbol{\alpha}_2,\cdots,\boldsymbol{\alpha}_n$ 一定可由标准向量组 $\boldsymbol{\varepsilon}_1,\boldsymbol{\varepsilon}_2,\cdots,\boldsymbol{\varepsilon}_n$ 线性表示,因此这两个向量组等价,又因为它们所含向量的个数相等,单位向量组 $\boldsymbol{\varepsilon}_1,\boldsymbol{\varepsilon}_2,\cdots,\boldsymbol{\varepsilon}_n$ 是线性无关的,所以向量组 $\boldsymbol{\alpha}_1,\boldsymbol{\alpha}_2,\cdots,\boldsymbol{\alpha}_n$ 也线性无关。

5.3 向量组的极大无关组与秩

对于一个给定的向量组,它不一定是线性无关的。如何从这个向量组中选取一些线性

无关的向量，并且这些线性无关的向量能够同这个向量组的作用一样？为此本节将引入一些概念。

5.3.1 向量组的极大无关组

定义 5.3.1 对一个向量组 $\boldsymbol{\alpha}_1,\boldsymbol{\alpha}_2,\cdots,\boldsymbol{\alpha}_s$，如果有一个部分组 $\boldsymbol{\alpha}_{i_1},\boldsymbol{\alpha}_{i_2},\cdots,\boldsymbol{\alpha}_{i_r}$，满足

(1) $\boldsymbol{\alpha}_{i_1},\boldsymbol{\alpha}_{i_2},\cdots,\boldsymbol{\alpha}_{i_r}$ 线性无关；

(2) 在 $\boldsymbol{\alpha}_1,\boldsymbol{\alpha}_2,\cdots,\boldsymbol{\alpha}_s$ 中任何一个向量 $\boldsymbol{\alpha}_i$ 均能够被向量组 $\boldsymbol{\alpha}_{i_1},\boldsymbol{\alpha}_{i_2},\cdots,\boldsymbol{\alpha}_{i_r}$ 线性表示，

则称 $\boldsymbol{\alpha}_{i_1},\boldsymbol{\alpha}_{i_2},\cdots,\boldsymbol{\alpha}_{i_r}$ 为向量组 $\boldsymbol{\alpha}_1,\boldsymbol{\alpha}_2,\cdots,\boldsymbol{\alpha}_s$ 的一个**极大线性无关组**，简称**极大无关组**。

由定义可以知道，若 $\boldsymbol{\alpha}_{i_1},\boldsymbol{\alpha}_{i_2},\cdots,\boldsymbol{\alpha}_{i_r}$ 是 $\boldsymbol{\alpha}_1,\boldsymbol{\alpha}_2,\cdots,\boldsymbol{\alpha}_s$ 的极大无关组，则 $\boldsymbol{\alpha}_{i_1},\boldsymbol{\alpha}_{i_2},\cdots,\boldsymbol{\alpha}_{i_r}$ 是 $\boldsymbol{\alpha}_1,\boldsymbol{\alpha}_2,\cdots,\boldsymbol{\alpha}_s$ 中含向量数最多的一个线性无关部分组。

定义 5.3.1 中的(2)也可以改为如下等价条件(2)′：

(2)′ 在 $\boldsymbol{\alpha}_1,\boldsymbol{\alpha}_2,\cdots,\boldsymbol{\alpha}_s$ 中除这 r 个向量之外（如果还有的话）任取一个向量 $\boldsymbol{\alpha}_i$，则向量组 $\boldsymbol{\alpha}_{i_1},\boldsymbol{\alpha}_{i_2},\cdots,\boldsymbol{\alpha}_{i_r},\boldsymbol{\alpha}_i$ 都线性相关。

一个向量组若全是零向量，则显然是没有极大无关组，除去这个极端的情形外，任何向量组必有极大无关组。

例如，向量组 $\boldsymbol{\alpha}_1=\begin{pmatrix}1\\1\\-1\end{pmatrix},\boldsymbol{\alpha}_2=\begin{pmatrix}0\\1\\2\end{pmatrix},\boldsymbol{\alpha}_3=\begin{pmatrix}1\\0\\-3\end{pmatrix},\boldsymbol{\alpha}_4=\begin{pmatrix}2\\3\\0\end{pmatrix},\boldsymbol{\alpha}_5=\begin{pmatrix}3\\2\\-5\end{pmatrix}$ 中，由于 $\boldsymbol{\alpha}_1,\boldsymbol{\alpha}_2$ 对应的分量不成比例，所以 $\boldsymbol{\alpha}_1,\boldsymbol{\alpha}_2$ 线性无关，又由于 $\boldsymbol{\alpha}_3=\boldsymbol{\alpha}_1-\boldsymbol{\alpha}_2,\boldsymbol{\alpha}_4=2\boldsymbol{\alpha}_1+\boldsymbol{\alpha}_2,\boldsymbol{\alpha}_5=3\boldsymbol{\alpha}_1-\boldsymbol{\alpha}_2$，故由定义 5.3.1 知，$\boldsymbol{\alpha}_1,\boldsymbol{\alpha}_2$ 是该向量组的极大无关组，不难看出 $\boldsymbol{\alpha}_1,\boldsymbol{\alpha}_3$ 也线性无关，所以也是该向量组的极大无关组。该例子说明一个向量组如果有极大无关组，可能极大无关组有很多个，即极大无关组不是唯一的。

由极大无关组和向量组等价的定义，立即可以得到如下的定理：

定理 5.3.1 任何一个向量组的极大线性无关组与其本身是等价的。

证明 设向量组 $\boldsymbol{\alpha}_1,\boldsymbol{\alpha}_2,\cdots,\boldsymbol{\alpha}_s$ 的一个极大无关组为 $\boldsymbol{\alpha}_{i_1},\boldsymbol{\alpha}_{i_2},\cdots,\boldsymbol{\alpha}_{i_r}$。一方面，由于 $\boldsymbol{\alpha}_{i_1},\boldsymbol{\alpha}_{i_2},\cdots,\boldsymbol{\alpha}_{i_r}$ 是 $\boldsymbol{\alpha}_1,\boldsymbol{\alpha}_2,\cdots,\boldsymbol{\alpha}_s$ 的部分组，所以 $\boldsymbol{\alpha}_{i_1},\boldsymbol{\alpha}_{i_2},\cdots,\boldsymbol{\alpha}_{i_r}$ 可以被 $\boldsymbol{\alpha}_1,\boldsymbol{\alpha}_2,\cdots,\boldsymbol{\alpha}_s$ 线性表示。另一方面，由极大无关组的定义知，$\boldsymbol{\alpha}_1,\boldsymbol{\alpha}_2,\cdots,\boldsymbol{\alpha}_s$ 可以被 $\boldsymbol{\alpha}_{i_1},\boldsymbol{\alpha}_{i_2},\cdots,\boldsymbol{\alpha}_{i_r}$ 线性表示。因此，$\boldsymbol{\alpha}_1,\boldsymbol{\alpha}_2,\cdots,\boldsymbol{\alpha}_s$ 和 $\boldsymbol{\alpha}_{i_1},\boldsymbol{\alpha}_{i_2},\cdots,\boldsymbol{\alpha}_{i_r}$ 等价。

定理 5.3.2 一个向量组的任意两个极大线性无关组所含向量的个数相同。

证明 设向量组 $\boldsymbol{\alpha}_1,\boldsymbol{\alpha}_2,\cdots,\boldsymbol{\alpha}_s$ 的任意两个极大无关组为 $\boldsymbol{\alpha}_{i_1},\boldsymbol{\alpha}_{i_2},\cdots,\boldsymbol{\alpha}_{i_r}$ 和 $\boldsymbol{\alpha}_{j_1},\boldsymbol{\alpha}_{j_2},\cdots,\boldsymbol{\alpha}_{j_t}$。由定理 5.3.1 知，这两个极大无关组都与原向量组 $\boldsymbol{\alpha}_1,\boldsymbol{\alpha}_2,\cdots,\boldsymbol{\alpha}_s$ 等价，由等价关系的对称性和传递性知，$\boldsymbol{\alpha}_{i_1},\boldsymbol{\alpha}_{i_2},\cdots,\boldsymbol{\alpha}_{i_r}$ 和 $\boldsymbol{\alpha}_{j_1},\boldsymbol{\alpha}_{j_2},\cdots,\boldsymbol{\alpha}_{j_t}$ 等价，又因为这两个向量组均线性无关，所以由推论 5.2.4 知，$r=t$。

定理 5.3.2 说明向量组的极大无关组所含向量的个数反映了向量本身的性质，为此需要引进新的概念——**向量组的秩**。

5.3.2 向量组的秩

定义 5.3.2 向量组的极大无关组所含向量的个数称为这个**向量组的秩**。

注 5.3.1 由于零向量组成的向量组无极大无关组，故规定全由零向量组成的向量组的秩是零。

由替换定理可知，如果一个向量组的秩是 r，则这个向量组中任意 $r+1$ 个向量必线性相关。

定理 5.3.3 设向量组Ⅰ：$\boldsymbol{\alpha}_1,\boldsymbol{\alpha}_2,\cdots,\boldsymbol{\alpha}_s$ 与向量组Ⅱ：$\boldsymbol{\beta}_1,\boldsymbol{\beta}_2,\cdots,\boldsymbol{\beta}_t$ 的秩分别是 r_1,r_2，如果向量组Ⅰ可由向量组Ⅱ线性表示，则 $r_1\leqslant r_2$，如果向量组Ⅰ与向量组Ⅱ等价，则 $r_1=r_2$，即等价向量组具有相等的秩。

证明 如果 $r_1=0$，则显然有 $r_1\leqslant r_2$；如果 $r_1\neq 0$，不妨设向量组Ⅰ$'$：$\boldsymbol{\alpha}_{i_1},\boldsymbol{\alpha}_{i_2},\cdots,\boldsymbol{\alpha}_{i_{r_1}}$ 与向量组Ⅱ$'$：$\boldsymbol{\beta}_{j_1},\boldsymbol{\beta}_{j_2},\cdots,\boldsymbol{\beta}_{j_{r_2}}$ 分别是向量组Ⅰ与向量组Ⅱ的极大无关组。由定理 5.3.1 知，向量组Ⅰ$'$与向量组Ⅰ等价，向量组Ⅰ又与向量组Ⅱ等价，向量组Ⅱ又与向量组Ⅱ$'$等价，由等价的传递性知，向量组Ⅰ$'$与向量组Ⅱ$'$等价。但向量组Ⅰ$'$线性无关，由替换定理知 $r_1\leqslant r_2$。

特别地，当向量组Ⅰ与向量组Ⅱ等价时，向量组Ⅰ$'$与向量组Ⅱ$'$也等价，所以 $r_1=r_2$。

注 5.3.2 定理 5.3.3 说明等价向量组具有相等的秩，但具有相等秩的向量组却不一定等价，需要增加一个条件，它们才等价。

定理 5.3.4 若两个向量组具有相等的秩，并且其中一个向量组可以由另一个向量组线性表示，则这两个向量组等价。

证明 设向量组 $\boldsymbol{\alpha}_1,\boldsymbol{\alpha}_2,\cdots,\boldsymbol{\alpha}_s$ 与向量组 $\boldsymbol{\beta}_1,\boldsymbol{\beta}_2,\cdots,\boldsymbol{\beta}_t$ 的秩均是 r，且向量组 $\boldsymbol{\beta}_1,\boldsymbol{\beta}_2,\cdots,\boldsymbol{\beta}_t$ 可由向量组 $\boldsymbol{\alpha}_1,\boldsymbol{\alpha}_2,\cdots,\boldsymbol{\alpha}_s$ 线性表示。取它们的极大无关组分别为 $\boldsymbol{\alpha}_{i_1},\boldsymbol{\alpha}_{i_2},\cdots,\boldsymbol{\alpha}_{i_r}$ 与 $\boldsymbol{\beta}_{j_1},\boldsymbol{\beta}_{j_2},\cdots,\boldsymbol{\beta}_{j_r}$，由于 $\boldsymbol{\beta}_{j_1},\boldsymbol{\beta}_{j_2},\cdots,\boldsymbol{\beta}_{j_r}$ 与 $\boldsymbol{\beta}_1,\boldsymbol{\beta}_2,\cdots,\boldsymbol{\beta}_t$ 可以互相线性表示，$\boldsymbol{\alpha}_{i_1},\boldsymbol{\alpha}_{i_2},\cdots,\boldsymbol{\alpha}_{i_r}$ 与 $\boldsymbol{\alpha}_1,\boldsymbol{\alpha}_2,\cdots,\boldsymbol{\alpha}_s$ 也可以互相表示，故 $\boldsymbol{\beta}_{j_1},\boldsymbol{\beta}_{j_2},\cdots,\boldsymbol{\beta}_{j_r}$ 可被 $\boldsymbol{\alpha}_{i_1},\boldsymbol{\alpha}_{i_2},\cdots,\boldsymbol{\alpha}_{i_r}$ 线性表示。做合成向量组 $\boldsymbol{\alpha}_{i_1},\boldsymbol{\alpha}_{i_2},\cdots,\boldsymbol{\alpha}_{i_r},\boldsymbol{\beta}_{j_1},\boldsymbol{\beta}_{j_2},\cdots,\boldsymbol{\beta}_{j_r}$，该向量组的一个极大无关组为 $\boldsymbol{\alpha}_{i_1},\boldsymbol{\alpha}_{i_2},\cdots,\boldsymbol{\alpha}_{i_r}$，故其秩也为 r，又因为 $\boldsymbol{\beta}_{j_1},\boldsymbol{\beta}_{j_2},\cdots,\boldsymbol{\beta}_{j_r}$ 是含有 r 个向量的线性无关组，也是该向量组的一个极大无关组，从而 $\boldsymbol{\alpha}_{i_1},\boldsymbol{\alpha}_{i_2},\cdots,\boldsymbol{\alpha}_{i_r}$ 与 $\boldsymbol{\beta}_{j_1},\boldsymbol{\beta}_{j_2},\cdots,\boldsymbol{\beta}_{j_r}$ 等价，再由等价的传递性可知，向量组 $\boldsymbol{\alpha}_1,\boldsymbol{\alpha}_2,\cdots,\boldsymbol{\alpha}_s$ 与向量组 $\boldsymbol{\beta}_1,\boldsymbol{\beta}_2,\cdots,\boldsymbol{\beta}_t$ 等价。

根据向量组秩的定义和向量组线性无关的性质，可以得出如下的性质：

性质 5.3.1 一个向量组线性无关的充要条件是它的秩等于它所含向量的个数。

证明 先证必要性。

若向量组 $\boldsymbol{\alpha}_1,\boldsymbol{\alpha}_2,\cdots,\boldsymbol{\alpha}_r$ 线性无关，则它的极大无关组就是它本身，从而 $\boldsymbol{\alpha}_1,\boldsymbol{\alpha}_2,\cdots,\boldsymbol{\alpha}_r$ 的秩等于 r。

再证充分性。

若向量组 $\boldsymbol{\alpha}_1,\boldsymbol{\alpha}_2,\cdots,\boldsymbol{\alpha}_r$ 的秩等于 r，则此向量组的极大无关组含有 r 个向量，因而，极大无关组就是向量组本身，所以此向量组线性无关。

注 5.3.3 性质 5.3.1 也给出了一种判断向量组线性无关的方法，若向量组的秩等于它所含向量的个数，则此向量组线性无关；若向量组的秩小于所含向量的个数，则此向量组线性相关。

第 3 章我们研究了矩阵的秩的概念及其性质，现在我们将向量的秩和矩阵的秩联系起来，进一步研究矩阵的秩。

设

$$
\boldsymbol{A} = \begin{pmatrix} a_{11} & a_{12} & \cdots & a_{1n} \\ a_{21} & a_{22} & \cdots & a_{2n} \\ \vdots & \vdots & & \vdots \\ a_{m1} & a_{m2} & \cdots & a_{mn} \end{pmatrix}
$$

是一个 $m \times n$ 矩阵。

矩阵 $\boldsymbol{A}$ 的每一行都是一个 n 元有序数组，因而，它是一个 n 维行向量，称为矩阵 $\boldsymbol{A}$ 的行向量，由于矩阵 $\boldsymbol{A}$ 有 m 行，故矩阵 $\boldsymbol{A}$ 有 m 个行向量，分别为

$$
\boldsymbol{\alpha}_1 = (a_{11}, \quad a_{12}, \quad \cdots, \quad a_{1n}), \quad \boldsymbol{\alpha}_2 = (a_{21}, \quad a_{22}, \quad \cdots, \quad a_{2n}), \quad \cdots,
$$
$$
\boldsymbol{\alpha}_m = (a_{m1}, \quad a_{m2}, \quad \cdots, \quad a_{mn})
$$

向量组 $\boldsymbol{\alpha}_1, \boldsymbol{\alpha}_2, \cdots, \boldsymbol{\alpha}_m$ 称为矩阵 $\boldsymbol{A}$ 的行向量组。

类似地，矩阵 $\boldsymbol{A}$ 的每一列均是一个 m 元有序数组，因而，它是一个 m 维向量，称为矩阵 $\boldsymbol{A}$ 的列向量，由于矩阵 $\boldsymbol{A}$ 有 n 列，故矩阵 $\boldsymbol{A}$ 有 n 个列向量，分别为

$$
\boldsymbol{\beta}_1 = \begin{pmatrix} a_{11} \\ a_{21} \\ \vdots \\ a_{m1} \end{pmatrix}, \quad \boldsymbol{\beta}_2 = \begin{pmatrix} a_{12} \\ a_{22} \\ \vdots \\ a_{m2} \end{pmatrix}, \quad \cdots, \quad \boldsymbol{\beta}_m = \begin{pmatrix} a_{1n} \\ a_{2n} \\ \vdots \\ a_{mn} \end{pmatrix}
$$

向量组 $\boldsymbol{\beta}_1, \boldsymbol{\beta}_2, \cdots, \boldsymbol{\beta}_m$ 称为矩阵 $\boldsymbol{A}$ 的列向量组。

定义 5.3.3　矩阵 $\boldsymbol{A}$ 的行向量组的秩称为 $\boldsymbol{A}$ 的**行秩**，矩阵 $\boldsymbol{A}$ 的列向量组的秩称为 $\boldsymbol{A}$ 的**列秩**。

定理 5.3.5　矩阵的行秩和列秩相等，统称为矩阵的秩。

证明　不妨设所讨论的矩阵为

$$
\boldsymbol{A} = \begin{pmatrix} a_{11} & a_{12} & \cdots & a_{1n} \\ a_{21} & a_{22} & \cdots & a_{2n} \\ \vdots & \vdots & & \vdots \\ a_{m1} & a_{m2} & \cdots & a_{mn} \end{pmatrix}
$$

设矩阵 $\boldsymbol{A}$ 的行秩为 r，列秩为 r_1，下证 $r = r_1$，首先证明 $r \leqslant r_1$。

用 $\boldsymbol{\alpha}_1, \boldsymbol{\alpha}_2, \cdots, \boldsymbol{\alpha}_m$ 表示矩阵 $\boldsymbol{A}$ 的行向量组，不妨设 $\boldsymbol{\alpha}_1, \boldsymbol{\alpha}_2, \cdots, \boldsymbol{\alpha}_r$ 是它的一个极大无关组，所以 $\boldsymbol{\alpha}_1, \boldsymbol{\alpha}_2, \cdots, \boldsymbol{\alpha}_r$ 线性无关，从而方程组

$$
x_1 \boldsymbol{\alpha}_1 + x_2 \boldsymbol{\alpha}_2 + \cdots + x_r \boldsymbol{\alpha}_r = \boldsymbol{0}
$$

只有零解，也就是说齐次线性方程组

$$
\begin{cases} a_{11} x_1 + a_{21} x_2 + \cdots + a_{r1} x_r = 0 \\ a_{12} x_1 + a_{22} x_2 + \cdots + a_{r2} x_r = 0 \\ \cdots\cdots \\ a_{1n} x_1 + a_{2n} x_2 + \cdots + a_{rn} x_r = 0 \end{cases}
$$

只有零解，故这个齐次线性方程组的系数矩阵

$$\begin{pmatrix} a_{11} & a_{21} & \cdots & a_{r1} \\ a_{12} & a_{22} & \cdots & a_{r2} \\ \vdots & \vdots & & \vdots \\ a_{1r} & a_{2r} & \cdots & a_{rr} \\ \vdots & \vdots & & \vdots \\ a_{1n} & a_{2n} & \cdots & a_{rn} \end{pmatrix}$$

有一个 r 阶子式不为零,不妨设

$$\begin{vmatrix} a_{11} & a_{21} & \cdots & a_{r1} \\ a_{12} & a_{22} & \cdots & a_{r2} \\ \vdots & \vdots & & \vdots \\ a_{1r} & a_{2r} & \cdots & a_{rr} \end{vmatrix} \neq 0$$

从而这个子式的行构成的向量组

$(a_{11},\ a_{21},\ \cdots,\ a_{r1})$, $(a_{12},\ a_{22},\ \cdots,\ a_{r2})$, $\cdots$, $(a_{1r},\ a_{2r},\ \cdots,\ a_{rr})$

线性无关。再由性质 5.2.6 知,在这些向量上添加 $n-r$ 个分量后所得的向量组为

$(a_{11},a_{21},\cdots,a_{r1},\cdots,a_{n1})$, $(a_{12},a_{22},\cdots,a_{r2},\cdots,a_{n2})$, $\cdots$, $(a_{1r},a_{2r},\cdots,a_{rr},\cdots,a_{nr})$

也线性无关。它们正好是矩阵 $\boldsymbol{A}$ 的 r 个列向量,由于它们是线性无关的,可知矩阵 $\boldsymbol{A}$ 的列秩只是 r,从而 $r_1 \geqslant r$。用同样的方法可以证明 $r \geqslant r_1$。这样就证明了 $r=r_1$,即矩阵的行秩和列秩相等。

矩阵的秩是一个具有深刻内涵的概念,它是矩阵本身固有的性质。矩阵的秩可以理解为行秩(行向量组的秩),也可以理解为列秩(列向量组的秩),还可以理解为矩阵不等于零的最高阶子式的阶数,这样矩阵的秩可以从三个不同的角度加以刻画,可见它具有十分广泛的应用。

在 3.6 节讲到矩阵的初等变换不改变矩阵的秩,我们可以利用矩阵这个工具计算向量组的秩,即把所给的行向量组(列向量组)作为矩阵的行(列)构造一个矩阵 $\boldsymbol{A}$,再对矩阵 $\boldsymbol{A}$ 做初等行变换,将 $\boldsymbol{A}$ 化为形如

$$\begin{pmatrix} \boldsymbol{E}_r & \boldsymbol{C}_{m-r} \\ \boldsymbol{O} & \boldsymbol{O} \end{pmatrix}$$

的矩阵。这样既可判断一个向量组是否线性相关,又可求出相关系数,还可以求出该向量组的极大无关组与秩。

例 5.3.1 设向量组

$$\boldsymbol{\alpha}_1=\begin{pmatrix}1\\0\\0\end{pmatrix},\quad \boldsymbol{\alpha}_2=\begin{pmatrix}1\\1\\1\end{pmatrix},\quad \boldsymbol{\alpha}_3=\begin{pmatrix}2\\1\\1\end{pmatrix},\quad \boldsymbol{\alpha}_4=\begin{pmatrix}4\\2\\3\end{pmatrix}$$

求该向量组的秩和极大线性无关组。

解 构造矩阵 $\boldsymbol{A}=(\boldsymbol{\alpha}_1\quad \boldsymbol{\alpha}_2\quad \boldsymbol{\alpha}_3\quad \boldsymbol{\alpha}_4)$,用初等行变换将矩阵 $\boldsymbol{A}$ 化为行阶梯形。

$$\begin{pmatrix} 1 & 1 & 2 & 4 \\ 0 & 1 & 1 & 2 \\ 0 & 1 & 1 & 3 \end{pmatrix} \to \begin{pmatrix} 1 & 1 & 2 & 4 \\ 0 & 1 & 1 & 2 \\ 0 & 0 & 0 & 1 \end{pmatrix}$$

根据定理3.6.2可知，该向量组的秩是3，且向量组 $\boldsymbol{\alpha}_1,\boldsymbol{\alpha}_2,\boldsymbol{\alpha}_4$ 和向量组 $\boldsymbol{\alpha}_1,\boldsymbol{\alpha}_3,\boldsymbol{\alpha}_4$ 均是其极大线性无关组。

注 5.3.4　该例表明向量组的极大无关组可以不只是一个，但所有极大无关组所含向量的个数是相等的。

例 5.3.2　设向量组

$$\boldsymbol{\alpha}_1=\begin{pmatrix}1\\-1\\2\\4\end{pmatrix},\quad \boldsymbol{\alpha}_2=\begin{pmatrix}0\\3\\1\\2\end{pmatrix},\quad \boldsymbol{\alpha}_3=\begin{pmatrix}3\\0\\7\\14\end{pmatrix},\quad \boldsymbol{\alpha}_4=\begin{pmatrix}2\\1\\5\\6\end{pmatrix},\quad \boldsymbol{\alpha}_5=\begin{pmatrix}1\\-1\\2\\0\end{pmatrix}$$

求该向量组的秩、一个极大线性无关组，并用极大无关组表示其他向量。

解　构造矩阵 $\boldsymbol{A}=(\boldsymbol{\alpha}_1\quad\boldsymbol{\alpha}_2\quad\boldsymbol{\alpha}_3\quad\boldsymbol{\alpha}_4\quad\boldsymbol{\alpha}_5)$，用初等行变换将矩阵 $\boldsymbol{A}$ 化为行最简形。

$$\begin{pmatrix}1&0&3&2&1\\-1&3&0&1&-1\\2&1&7&5&2\\4&2&14&6&0\end{pmatrix}\to\begin{pmatrix}1&0&3&2&1\\0&3&3&3&0\\0&1&1&1&0\\0&2&2&-2&-4\end{pmatrix}\to\begin{pmatrix}1&0&3&2&1\\0&3&3&3&0\\0&0&0&0&0\\0&0&0&-4&-4\end{pmatrix}$$

$$\to\begin{pmatrix}1&0&3&2&1\\0&1&1&1&0\\0&0&0&1&1\\0&0&0&0&0\end{pmatrix}\to\begin{pmatrix}1&0&3&0&-1\\0&1&1&0&-1\\0&0&0&1&1\\0&0&0&0&0\end{pmatrix}$$

从而该向量组的秩是3，$\boldsymbol{\alpha}_1,\boldsymbol{\alpha}_2,\boldsymbol{\alpha}_4$ 是极大线性无关组，并且

$$\begin{cases}\boldsymbol{\alpha}_3=3\boldsymbol{\alpha}_1+\boldsymbol{\alpha}_2\\ \boldsymbol{\alpha}_5=-\boldsymbol{\alpha}_1-\boldsymbol{\alpha}_2+\boldsymbol{\alpha}_4\end{cases}$$

例 5.3.3　若列向量组 $\boldsymbol{\alpha}_1,\boldsymbol{\alpha}_2,\cdots,\boldsymbol{\alpha}_s$ 与 $\boldsymbol{\beta}_1,\boldsymbol{\beta}_2,\cdots,\boldsymbol{\beta}_t$ 的秩分别是 r_1 与 r_2，则列向量组 $\boldsymbol{\alpha}_1,\boldsymbol{\alpha}_2,\cdots,\boldsymbol{\alpha}_s,\boldsymbol{\beta}_1,\boldsymbol{\beta}_2,\cdots,\boldsymbol{\beta}_t$ 秩不大于 r_1+r_2。

证明　设列向量组 $\boldsymbol{\alpha}_1,\boldsymbol{\alpha}_2,\cdots,\boldsymbol{\alpha}_s$ 的极大无关组为 $\boldsymbol{\alpha}_{i_1},\boldsymbol{\alpha}_{i_2},\cdots,\boldsymbol{\alpha}_{i_{r_1}}$，向量组 $\boldsymbol{\beta}_1,\boldsymbol{\beta}_2,\cdots,\boldsymbol{\beta}_t$ 的极大无关组为 $\boldsymbol{\beta}_{j_1},\boldsymbol{\beta}_{j_2},\cdots,\boldsymbol{\beta}_{j_{r_2}}$。设 $\boldsymbol{\gamma}$ 是 $\boldsymbol{\alpha}_1,\boldsymbol{\alpha}_2,\cdots,\boldsymbol{\alpha}_s,\boldsymbol{\beta}_1,\boldsymbol{\beta}_2,\cdots,\boldsymbol{\beta}_t$ 中的任意向量。

若 $\boldsymbol{\gamma}$ 是 $\boldsymbol{\alpha}_1,\boldsymbol{\alpha}_2,\cdots,\boldsymbol{\alpha}_s$ 中的向量，则 $\boldsymbol{\gamma}$ 可被 $\boldsymbol{\alpha}_{i_1},\boldsymbol{\alpha}_{i_2},\cdots,\boldsymbol{\alpha}_{i_{r_1}}$ 线性表示；

若 $\boldsymbol{\gamma}$ 是 $\boldsymbol{\beta}_1,\boldsymbol{\beta}_2,\cdots,\boldsymbol{\beta}_t$ 中的向量，则 $\boldsymbol{\gamma}$ 可被 $\boldsymbol{\beta}_{j_1},\boldsymbol{\beta}_{j_2},\cdots,\boldsymbol{\beta}_{j_{r_2}}$ 线性表示。

所以 $\boldsymbol{\gamma}$ 可被 $\boldsymbol{\alpha}_{i_1},\boldsymbol{\alpha}_{i_2},\cdots,\boldsymbol{\alpha}_{i_{r_1}},\boldsymbol{\beta}_{j_1},\boldsymbol{\beta}_{j_2},\cdots,\boldsymbol{\beta}_{j_{r_2}}$ 线性表示，即向量组 $\boldsymbol{\alpha}_1,\boldsymbol{\alpha}_2,\cdots,\boldsymbol{\alpha}_s,\boldsymbol{\beta}_1,\boldsymbol{\beta}_2,\cdots,\boldsymbol{\beta}_t$ 中的任一向量均可被向量组 $\boldsymbol{\alpha}_{i_1},\boldsymbol{\alpha}_{i_2},\cdots,\boldsymbol{\alpha}_{i_{r_1}},\boldsymbol{\beta}_{j_1},\boldsymbol{\beta}_{j_2},\cdots,\boldsymbol{\beta}_{j_{r_2}}$ 线性表示，从而向量组 $\boldsymbol{\alpha}_1,\boldsymbol{\alpha}_2,\cdots,\boldsymbol{\alpha}_s,\boldsymbol{\beta}_1,\boldsymbol{\beta}_2,\cdots,\boldsymbol{\beta}_t$ 的秩不大于向量组 $\boldsymbol{\alpha}_{i_1},\boldsymbol{\alpha}_{i_2},\cdots,\boldsymbol{\alpha}_{i_{r_1}},\boldsymbol{\beta}_{j_1},\boldsymbol{\beta}_{j_2},\cdots,\boldsymbol{\beta}_{j_{r_2}}$ 的秩。即列向量组 $\boldsymbol{\alpha}_1,\boldsymbol{\alpha}_2,\cdots,\boldsymbol{\alpha}_s,\boldsymbol{\beta}_1,\boldsymbol{\beta}_2,\cdots,\boldsymbol{\beta}_t$ 的秩不大于 r_1+r_2。

例 5.3.4　设矩阵 $\boldsymbol{A}$ 是非退化矩阵，且 $\boldsymbol{A}$ 每行元素之和都等于常数 a，试证：

(1) $a\neq 0$；

(2) $\boldsymbol{A}^{-1}$ 每行元素之和都等于常数 $\dfrac{1}{a}$。

证明　(1) 设 $\boldsymbol{A}=(\boldsymbol{\alpha}_1,\boldsymbol{\alpha}_2,\cdots,\boldsymbol{\alpha}_n)$，$\boldsymbol{A}^{-1}=(\boldsymbol{\beta}_1,\boldsymbol{\beta}_2,\cdots,\boldsymbol{\beta}_n)$，则由题意可得

$$\boldsymbol{\alpha}_1+\boldsymbol{\alpha}_2+\cdots+\boldsymbol{\alpha}_n=\begin{pmatrix}a\\a\\\vdots\\a\end{pmatrix}=a\begin{pmatrix}1\\1\\\vdots\\1\end{pmatrix}$$

如果 $a=0$,那么表示矩阵 $\boldsymbol{A}$ 的列向量线性相关,与题设 $\boldsymbol{A}$ 是非退化矛盾,故 $a\neq 0$。

(2) 由于

$$\begin{aligned}\boldsymbol{A}^{-1}\boldsymbol{A}&=\boldsymbol{A}^{-1}(\boldsymbol{\alpha}_1,\boldsymbol{\alpha}_2,\cdots,\boldsymbol{\alpha}_n)\\&=(\boldsymbol{A}^{-1}\boldsymbol{\alpha}_1,\boldsymbol{A}^{-1}\boldsymbol{\alpha}_2,\cdots,\boldsymbol{A}^{-1}\boldsymbol{\alpha}_n)\\&=(\boldsymbol{\varepsilon}_1,\boldsymbol{\varepsilon}_2,\cdots,\boldsymbol{\varepsilon}_n)=\boldsymbol{E}\end{aligned}$$

则 $\boldsymbol{A}^{-1}\boldsymbol{\alpha}_i=\boldsymbol{\varepsilon}_i(i=1,2,\cdots,n)$。

由于 $\begin{pmatrix}a\\a\\\vdots\\a\end{pmatrix}=\boldsymbol{\alpha}_1+\boldsymbol{\alpha}_2+\cdots+\boldsymbol{\alpha}_n$,则用 $\boldsymbol{A}^{-1}$ 左乘该等式左右两边得

$$\begin{aligned}\boldsymbol{A}^{-1}\begin{pmatrix}a\\a\\\vdots\\a\end{pmatrix}&=\boldsymbol{A}^{-1}(\boldsymbol{\alpha}_1+\boldsymbol{\alpha}_2+\cdots+\boldsymbol{\alpha}_n)=\boldsymbol{A}^{-1}\boldsymbol{\alpha}_1+\boldsymbol{A}^{-1}\boldsymbol{\alpha}_2+\cdots+\boldsymbol{A}^{-1}\boldsymbol{\alpha}_n\\&=\boldsymbol{\varepsilon}_1+\boldsymbol{\varepsilon}_2+\cdots+\boldsymbol{\varepsilon}_n=\begin{pmatrix}1\\1\\\vdots\\1\end{pmatrix}\end{aligned}$$

又由于

$$\begin{aligned}\boldsymbol{A}^{-1}\begin{pmatrix}a\\a\\\vdots\\a\end{pmatrix}&=(\boldsymbol{\beta}_1,\boldsymbol{\beta}_2,\cdots,\boldsymbol{\beta}_n)\begin{pmatrix}a\\a\\\vdots\\a\end{pmatrix}\\&=a(\boldsymbol{\beta}_1+\boldsymbol{\beta}_2+\cdots+\boldsymbol{\beta}_n)\\&=\begin{pmatrix}1\\1\\\vdots\\1\end{pmatrix}\end{aligned}$$

而 $a\neq 0$,所以

$$\boldsymbol{\beta}_1+\boldsymbol{\beta}_2+\cdots+\boldsymbol{\beta}_n=a^{-1}\begin{pmatrix}1\\1\\\vdots\\1\end{pmatrix}=\begin{pmatrix}a^{-1}\\a^{-1}\\\vdots\\a^{-1}\end{pmatrix}$$

即 $\boldsymbol{A}^{-1}$ 每行元素之和都等于常数 $\frac{1}{a}$。

例 5.3.5　设矩阵 $\boldsymbol{A}$ 和 $\boldsymbol{B}$ 均是 $m\times n$ 矩阵，证明：$r(\boldsymbol{A}+\boldsymbol{B})\leqslant r(\boldsymbol{A})+r(\boldsymbol{B})$。

证明　设 $\boldsymbol{A}=\begin{pmatrix}\boldsymbol{\alpha}_1\\ \boldsymbol{\alpha}_2\\ \vdots\\ \boldsymbol{\alpha}_m\end{pmatrix}$，$\boldsymbol{B}=\begin{pmatrix}\boldsymbol{\beta}_1\\ \boldsymbol{\beta}_2\\ \vdots\\ \boldsymbol{\beta}_m\end{pmatrix}$，则 $\boldsymbol{A}+\boldsymbol{B}=\begin{pmatrix}\boldsymbol{\alpha}_1+\boldsymbol{\beta}_1\\ \boldsymbol{\alpha}_2+\boldsymbol{\beta}_2\\ \vdots\\ \boldsymbol{\alpha}_m+\boldsymbol{\beta}_m\end{pmatrix}$，所以矩阵 $\boldsymbol{A}+\boldsymbol{B}$ 的行向量组 $\boldsymbol{\alpha}_1+\boldsymbol{\beta}_1,\boldsymbol{\alpha}_2+\boldsymbol{\beta}_2,\cdots,\boldsymbol{\alpha}_m+\boldsymbol{\beta}_m$ 可由向量组 $\boldsymbol{\alpha}_1,\boldsymbol{\alpha}_2,\cdots,\boldsymbol{\alpha}_m,\boldsymbol{\beta}_1,\boldsymbol{\beta}_2,\cdots,\boldsymbol{\beta}_m$ 线性表出，所以矩阵 $\boldsymbol{A}+\boldsymbol{B}$ 的秩不大于向量组 $\boldsymbol{\alpha}_1,\boldsymbol{\alpha}_2,\cdots,\boldsymbol{\alpha}_m,\boldsymbol{\beta}_1,\boldsymbol{\beta}_2,\cdots,\boldsymbol{\beta}_m$ 的秩，再由例 5.3.3 可知

$$r(\boldsymbol{\alpha}_1,\boldsymbol{\alpha}_2,\cdots,\boldsymbol{\alpha}_m,\boldsymbol{\beta}_1,\boldsymbol{\beta}_2,\cdots,\boldsymbol{\beta}_m)\leqslant r(\boldsymbol{\alpha}_1,\boldsymbol{\alpha}_2,\cdots,\boldsymbol{\alpha}_m)+r(\boldsymbol{\beta}_1,\boldsymbol{\beta}_2,\cdots,\boldsymbol{\beta}_m)$$

从而，$r(\boldsymbol{A}+\boldsymbol{B})\leqslant r(\boldsymbol{A})+r(\boldsymbol{B})$。

5.4　Gauss 消元法与线性方程组的相容性

对于线性方程组，只有当方程的个数等于未知数的个数且系数行列式不等于零时，才能用 Crame 法则或者逆矩阵求出其解。本节及其以下将以矩阵为工具来讨论一般线性方程组，即含有 n 个未知数 m 个方程的方程组的解的情况，并回答以下三个问题：

(1) 如何判定线性方程组是否有解？

(2) 在有解的情况下，解是否唯一？

(3) 在解不唯一时，解的结构如何？

5.4.1　线性方程组的概念

一个线性方程组的一般形式：

$$\begin{cases}a_{11}x_1+a_{12}x_2+\cdots+a_{1n}x_n=b_1\\ a_{21}x_1+a_{22}x_2+\cdots+a_{2n}x_n=b_2\\ \cdots\cdots\\ a_{m1}x_1+a_{m2}x_2+\cdots+a_{mn}x_n=b_m\end{cases}\tag{5.4.1}$$

式子中的系数 $a_{ij}(i=1,2,\cdots,m;j=1,2,\cdots,m)$，常数项 $b_i(i=1,2,\cdots,m)$ 均是已知数，而 $x_j(j=1,2,\cdots,n)$ 是未知数(也称元)。当 $b_i(i=1,2,\cdots,m)$ 不全等于零时，称方程组(5.4.1)为**非齐次线性方程组**；当 $b_i(i=1,2,\cdots,m)$ 全等于零时，称方程组(5.4.1)为**齐次线性方程组**，即

$$\begin{cases}a_{11}x_1+a_{12}x_2+\cdots+a_{1n}x_n=0\\ a_{21}x_1+a_{22}x_2+\cdots+a_{2n}x_n=0\\ \cdots\cdots\\ a_{m1}x_1+a_{m2}x_2+\cdots+a_{mn}x_n=0\end{cases}\tag{5.4.2}$$

线性方程组(5.4.1)的矩阵表达式为

$$AX = b \tag{5.4.3}$$

式中

$$A = \begin{pmatrix} a_{11} & a_{12} & \cdots & a_{1n} \\ a_{21} & a_{22} & \cdots & a_{2n} \\ \vdots & \vdots & & \vdots \\ a_{m1} & a_{m2} & \cdots & a_{mn} \end{pmatrix}$$

称为系数矩阵;

$$X = \begin{pmatrix} x_1 \\ x_2 \\ \vdots \\ x_n \end{pmatrix}$$

称为未知数矩阵,又可以称为未知数向量;

$$b = \begin{pmatrix} b_1 \\ b_2 \\ \vdots \\ b_m \end{pmatrix}$$

称为常数矩阵,又称为常数向量。

把矩阵 $\overline{A} = (A \quad b)$,即

$$\overline{A} = \left(\begin{array}{cccc:c} a_{11} & a_{12} & \cdots & a_{1n} & b_1 \\ a_{21} & a_{22} & \cdots & a_{2n} & b_2 \\ \vdots & \vdots & & \vdots & \vdots \\ a_{m1} & a_{m2} & \cdots & a_{mn} & b_m \end{array}\right) \tag{5.4.4}$$

称为线性方程组(5.4.1)的**增广矩阵**,显然线性方程组(5.4.1)完全由它的增广矩阵所决定。以后我们将以矩阵为工具来研究线性方程组(5.4.1)解的一般性质。

若存在 n 个数 $x_1^0, x_2^0, \cdots, x_n^0$ 满足线性方程组(5.4.1),或者将 $x_1^0, x_2^0, \cdots, x_n^0$ 代入线性方程组(5.4.1)中,使得每个方程均为恒等式,则称 $x_0 = (x_1^0, x_2^0, \cdots, x_n^0)^{\mathrm{T}}$ 为线性方程组(5.4.1)的**解**,线性方程组(5.4.1)所有的解构成的集合称为该线性方程组的**解集合**。如果两个线性方程组具有相同的解集合,则称这两个方程组为**同解方程组**。

5.4.2 Gauss 消元法

本部分将研究初等变换不改变线性方程组的解。

定理 5.4.1 若将线性方程组的增广矩阵$(A \mid b)$实施初等行变化至$(U \mid v)$,则方程组 $AX = b$ 和 $UX = v$ 是**同解方程组**。

证明 由于对矩阵做一次初等行变化相当于左乘一个初等矩阵,因此,存在初等矩阵 $P_1, P_2, \cdots, P_k$,满足

$$P_1 P_2 \cdots P_k (A \mid b) = (U \mid v)$$

记 $\boldsymbol{P}=\boldsymbol{P}_1\boldsymbol{P}_2\cdots\boldsymbol{P}_k$，显然 $\boldsymbol{P}$ 可逆，若设 $\boldsymbol{X}_0$ 为 $\boldsymbol{AX}=\boldsymbol{b}$ 的任一个解，即

$$\boldsymbol{AX}_0=\boldsymbol{b}$$

则对上式两边同时左乘可逆矩阵 $\boldsymbol{P}$，得

$$\boldsymbol{PAX}_0=\boldsymbol{Pb}$$

即

$$\boldsymbol{UX}_0=\boldsymbol{v}$$

于是，$\boldsymbol{X}_0$ 也是 $\boldsymbol{UX}=\boldsymbol{v}$ 的一个解。

反之，设 $\widetilde{\boldsymbol{X}}_0$ 也是 $\boldsymbol{UX}=\boldsymbol{v}$ 的任一个解，即

$$\boldsymbol{U}\widetilde{\boldsymbol{X}}_0=\boldsymbol{v}$$

两边同时左乘矩阵 $\boldsymbol{P}^{-1}$，有

$$\boldsymbol{P}^{-1}\boldsymbol{U}\widetilde{\boldsymbol{X}}_0=\boldsymbol{P}^{-1}\boldsymbol{v}$$

即

$$\boldsymbol{A}\widetilde{\boldsymbol{X}}_0=\boldsymbol{b}$$

所以 $\widetilde{\boldsymbol{X}}_0$ 也是 $\boldsymbol{AX}=\boldsymbol{b}$ 的解。

综上所述，方程组 $\boldsymbol{AX}=\boldsymbol{b}$ 和 $\boldsymbol{UX}=\boldsymbol{v}$ 是同解方程组。

定理 5.4.1 告诉我们求线性方程组(5.4.1)的解，只要对其增广矩阵$(\boldsymbol{A}\,\vdots\,\boldsymbol{b})$实施初等行变换至行最简形，求出行最简形所对应的新线性方程组的解即可，由于两者是同解方程，所以该解也是线性方程组(5.4.1)的解。这个方法称为 Gauss 消元法。

现对方程组(5.4.1)的增广矩阵

$$\overline{\boldsymbol{A}}=(\boldsymbol{A}\,\vdots\,\boldsymbol{b})=\begin{pmatrix} a_{11} & a_{12} & \cdots & a_{1n} & \vdots & b_1 \\ a_{21} & a_{22} & \cdots & a_{2n} & \vdots & b_2 \\ \vdots & \vdots & & \vdots & & \vdots \\ a_{m1} & a_{m2} & \cdots & a_{mn} & \vdots & b_m \end{pmatrix}$$

实施初等行变换至行最简形：

$$\boldsymbol{C}_1=\begin{pmatrix} 1 & 0 & \cdots & 0 & c_{1r+1} & \cdots & c_{1n} & \vdots & d_1 \\ 0 & 1 & \cdots & 0 & c_{2r+1} & \cdots & c_{2n} & \vdots & d_2 \\ \vdots & \vdots & & \vdots & \vdots & & \vdots & & \vdots \\ 0 & 0 & \cdots & 1 & c_{rr+1} & \cdots & c_{rn} & \vdots & d_r \\ 0 & 0 & \cdots & 0 & 0 & 0 & 0 & \vdots & d_{r+1} \\ 0 & 0 & \cdots & 0 & 0 & 0 & 0 & \vdots & 0 \\ \vdots & \vdots & & \vdots & \vdots & \vdots & \vdots & & \vdots \\ 0 & 0 & \cdots & 0 & 0 & 0 & 0 & \vdots & 0 \end{pmatrix}$$

或者

$$
C_2 = \left(\begin{array}{ccccccc:c}
1 & 0 & \cdots & 0 & c_{1r+1} & \cdots & c_{1n} & d_1 \\
0 & 1 & \cdots & 0 & c_{2r+1} & \cdots & c_{2n} & d_2 \\
\vdots & \vdots & & \vdots & \vdots & & \vdots & \vdots \\
0 & 0 & \cdots & 1 & c_{rr+1} & \cdots & c_{rn} & d_r \\
0 & 0 & \cdots & 0 & 0 & 0 & 0 & 0 \\
0 & 0 & \cdots & 0 & 0 & 0 & 0 & 0 \\
\vdots & \vdots & & \vdots & \vdots & \vdots & \vdots & \vdots \\
0 & 0 & \cdots & 0 & 0 & 0 & 0 & 0
\end{array}\right)
$$

显然在前一种情形，当 $d_{r+1} \neq 0$ 时，会出现 $0 = d_{r+1} \neq 0$ 这样的矛盾方程，所以方程组(5.4.1)无解；对于后一种情况，即 $d_{r+1} = 0$，方程组(5.4.1)是有解的，此时矩阵 $\boldsymbol{C}_2$ 等价于方程组

$$
\begin{cases}
x_1 + c_{1r+1}x_{r+1} + \cdots + c_{1n}x_n = d_1 \\
x_2 + c_{2r+1}x_{r+1} + \cdots + c_{2n}x_n = d_2 \\
\cdots\cdots \\
x_r + c_{rr+1}x_{r+1} + \cdots + c_{rn}x_n = d_r
\end{cases}
\tag{5.4.5}
$$

当 $r = n$ 时，方程组(5.4.5)有唯一解，也就是方程组(5.4.1)也有唯一解，其解为

$$
\begin{cases}
x_1 = d_1 \\
x_2 = d_2 \\
\cdots\cdots \\
x_n = d_n
\end{cases}
$$

当 $r < n$ 时，方程组(5.4.5)等价于

$$
\begin{cases}
x_1 = d_1 - c_{1r+1}x_{r+1} - \cdots - c_{1n}x_n \\
x_2 = d_2 - c_{2r+1}x_{r+1} - \cdots - c_{2n}x_n \\
\cdots\cdots \\
x_r = d_r - c_{rr+1}x_{r+1} - \cdots - c_{rn}x_n
\end{cases}
\tag{5.4.6}
$$

这里 $x_{r+1}, x_{r+2}, \cdots, x_n$ 是方程组(5.4.1)的 $n - r$ 个自由未知量(元)，对于 $x_{r+1}, x_{r+2}, \cdots, x_n$ 的任意一组值，方程组(5.4.6)都有唯一解，也就是方程组(5.4.1)此时也有唯一解；此时，方程组(5.4.6)有无穷多解，也就是方程组(5.4.1)有无穷多解，而方程组(5.4.6)也是方程组(5.4.1)的一般解。进一步地，若令 $x_{r+1} = k_1, x_{r+2} = k_2, \cdots, x_n = k_{n-r}$，这里 $k_1, k_2, \cdots, k_{n-r}$ 为任意的实数，则方程组(5.4.1)的一般解可以写成如下的向量形式：

$$
\begin{pmatrix} x_1 \\ x_2 \\ \vdots \\ x_r \\ x_{r+1} \\ x_{r+2} \\ \vdots \\ x_n \end{pmatrix}
= \begin{pmatrix} d_1 \\ d_2 \\ \vdots \\ d_r \\ 0 \\ 0 \\ \vdots \\ 0 \end{pmatrix}
+ k_1 \begin{pmatrix} -c_{1r+1} \\ -c_{2r+1} \\ \vdots \\ -c_{rr+1} \\ 1 \\ 0 \\ \vdots \\ 0 \end{pmatrix}
+ k_2 \begin{pmatrix} -c_{1r+2} \\ -c_{2r+2} \\ \vdots \\ -c_{rr+2} \\ 0 \\ 1 \\ \vdots \\ 0 \end{pmatrix}
+ \cdots + k_{n-r} \begin{pmatrix} -c_{1n} \\ -c_{2n} \\ \vdots \\ -c_{rn} \\ 0 \\ 0 \\ \vdots \\ 1 \end{pmatrix}
\tag{5.4.7}
$$

下面举例说明利用 Gauss 消元法来求解一般的线性方程组。

例 5.4.1　解线性方程组

$$\begin{cases} x_1 - x_2 + 2x_3 - 3x_4 = 1 \\ 2x_1 - x_2 + 3x_3 - 4x_4 = 3 \\ 3x_1 - 2x_2 + 4x_3 - 8x_4 = 6 \end{cases} \tag{5.4.8}$$

解　首先写出该方程组的增广矩阵,将增广矩阵化为行最简形,即

$$\left(\begin{array}{cccc:c} 1 & -1 & 2 & -3 & 1 \\ 2 & -1 & 3 & -4 & 3 \\ 3 & -2 & 4 & -8 & 6 \end{array}\right) \to \left(\begin{array}{cccc:c} 1 & -1 & 2 & -3 & 1 \\ 0 & 1 & -1 & 2 & 1 \\ 0 & 1 & -2 & 1 & 3 \end{array}\right) \to \left(\begin{array}{cccc:c} 1 & 0 & 1 & -1 & 2 \\ 0 & 1 & -1 & 2 & 1 \\ 0 & 0 & -1 & -1 & 2 \end{array}\right)$$

$$\to \left(\begin{array}{cccc:c} 1 & 0 & 0 & -2 & 4 \\ 0 & 1 & 0 & 3 & -1 \\ 0 & 0 & 1 & 1 & -2 \end{array}\right)$$

行最简形对应的线性方程组为

$$\begin{cases} x_1 - 2x_4 = 4 \\ x_2 + 3x_4 = -1 \\ x_3 + x_4 = -2 \end{cases} \tag{5.4.9}$$

将方程组(5.4.9)中含 x_4 的项移至等号的右端,得

$$\begin{cases} x_1 = 2x_4 + 4 \\ x_2 = -3x_4 - 1 \\ x_3 = -x_4 - 2 \end{cases} \tag{5.4.10}$$

显然,未知数 x_4 任意取定一个值,代入方程组(5.4.10)就可以求出相应的 x_1,x_2,x_3 的值。这样得到的 x_1,x_2,x_3,x_4 的一组值也是原方程组(5.4.8)的一个解。由于 x_4 的任意性,因此,方程组(5.4.8)有无数多个解。反之,方程组(5.4.8)的任意一个解也一定是方程组(5.4.9)的解,它也一定可以表示成方程组(5.4.10)的形式。由此可见表达式(5.4.10)表示了方程组(5.4.8)的所有解。表达式(5.4.10)中右端的未知数 x_4 称为自由未知量(元),用自由未知量来表达其他未知数的表达式(5.4.10)称为方程组(5.4.8)的一般解。

进一步地,令 $x_4 = k$,则一般解(5.4.10)可以改写成

$$\begin{cases} x_1 = 2k + 4 \\ x_2 = -3k - 1 \\ x_3 = -k - 2 \\ x_4 = k \end{cases} \tag{5.4.11}$$

方程(5.4.8)的解也可以写成向量的形式,即

$$\begin{pmatrix} x_1 \\ x_2 \\ x_3 \\ x_4 \end{pmatrix} = \begin{pmatrix} 2k + 4 \\ -3k - 1 \\ -k - 2 \\ k \end{pmatrix} = \begin{pmatrix} 4 \\ -1 \\ -2 \\ 0 \end{pmatrix} + k\begin{pmatrix} 2 \\ -3 \\ -1 \\ 1 \end{pmatrix} \tag{5.4.12}$$

式中 k 为任意的常数,(5.4.12)式即为方程组(5.4.8)所有解的向量形式。

例 5.4.2　解线性方程组

$$\begin{cases} x_1 - 2x_2 + 3x_3 - 4x_4 = 4 \\ x_2 - x_3 + x_4 = -3 \\ x_1 + 3x_2 + x_4 = 1 \\ -7x_2 + 3x_3 + x_4 = -3 \end{cases} \tag{5.4.13}$$

解 将方程组(5.4.13)的增广矩阵实施初等行变换化为行最简形，即

$$\bar{\boldsymbol{A}} = \left(\begin{array}{cccc:c} 1 & -2 & 3 & -4 & 4 \\ 0 & 1 & -1 & 1 & -3 \\ 1 & 3 & 0 & 1 & 1 \\ 0 & -7 & 3 & 1 & -3 \end{array}\right) \to \left(\begin{array}{cccc:c} 1 & 2 & 3 & -4 & 4 \\ 0 & 1 & -1 & 1 & -3 \\ 0 & 5 & -3 & 5 & -3 \\ 0 & -7 & 3 & 1 & -3 \end{array}\right)$$

$$\to \left(\begin{array}{cccc:c} 1 & 0 & 1 & -2 & -2 \\ 0 & 1 & -1 & 1 & -3 \\ 0 & 0 & 2 & 0 & 12 \\ 0 & 0 & -4 & 8 & -24 \end{array}\right) \to \left(\begin{array}{cccc:c} 1 & 0 & 0 & -2 & -8 \\ 0 & 1 & 0 & 1 & 3 \\ 0 & 0 & 1 & 0 & 6 \\ 0 & 0 & 0 & 8 & 0 \end{array}\right) \to \left(\begin{array}{cccc:c} 1 & 0 & 0 & 0 & -8 \\ 0 & 1 & 0 & 0 & 3 \\ 0 & 0 & 1 & 0 & 6 \\ 0 & 0 & 0 & 1 & 0 \end{array}\right)$$

行最简形对应的方程组为

$$\begin{cases} x_1 = -8 \\ x_2 = 3 \\ x_3 = 6 \\ x_4 = 0 \end{cases} \tag{5.4.14}$$

这表示原线性方程组(5.4.13)有唯一解。

例 5.4.3 解线性方程组

$$\begin{cases} 2x_1 + x_2 + 3x_3 = 6 \\ 3x_1 + 2x_2 + x_3 = 6 \\ 5x_1 + 3x_2 + 4x_3 = 27 \end{cases} \tag{5.4.15}$$

解 将方程组(5.4.15)的增广矩阵实施初等行变换化为行最简形，即

$$\bar{\boldsymbol{A}} = \left(\begin{array}{ccc:c} 2 & 1 & 3 & 6 \\ 3 & 2 & 1 & 6 \\ 5 & 3 & 4 & 27 \end{array}\right) \to \left(\begin{array}{ccc:c} 2 & 1 & 3 & 6 \\ 1 & 1 & -2 & 0 \\ 1 & 1 & -2 & 15 \end{array}\right)$$

$$\to \left(\begin{array}{ccc:c} 1 & 0 & 5 & 6 \\ 0 & -1 & 7 & 6 \\ 0 & 0 & 0 & 15 \end{array}\right) \to \left(\begin{array}{ccc:c} 1 & 0 & 5 & 6 \\ 0 & 1 & -7 & -6 \\ 0 & 0 & 0 & 15 \end{array}\right)$$

行最简形矩阵所对应的方程组为

$$\begin{cases} x_1 + 5x_3 = 6 \\ x_2 - 7x_3 = 6 \\ 0x_3 = 15 \end{cases} \tag{5.4.16}$$

显然不可能有 x_1, x_2, x_3 的值满足第三个方程，因此，方程组(5.4.16)无解，所以原方程组(5.4.15)也无解。

通过上面的分析和例子，可以归纳出利用 Gauss 消元法解线性方程组(5.4.1)的一般步骤：

(1) 写出方程组(5.4.1)的增广矩阵$(\boldsymbol{A} \vdots \boldsymbol{b})$，并对$(\boldsymbol{A} \vdots \boldsymbol{b})$实施初等行变换至行最简形；

(2) 称最简形矩阵中首个非零元所在的列的未知量(元)为基本未知量(元)，不妨设为r，其余未知量(元)称为自由未知量(元)，共有 $n-r$ 个；

(3) 将行最简形所对应的方程组写出，若有零等于一个非零的常数，则该方程组无解；否则把该方程自由未知量(元)移到方程的右端，得出非自由量(元)用自由量(元)表示出的表达式，这也就是方程组(5.4.1)的全部的解；

(4) 为求方程组(5.4.1)全部解的向量形式，把 $n-r$ 个自由未知量依次令为任意常数$k_1, k_2, \cdots, k_{n-r}$，然后再对应解出基本未知量，即可写出方程组(5.4.1)全部解的向量形式。

5.4.3　线性方程组的相容性

由前面的3个例子我们知道并不是所有的线性方程组均有解，为此我们给出如下概念：

定义 5.4.1　若线性方程组(5.4.1)有解，则称此方程组是**相容的**，否则称此方程组是**不相容的**。

由 Gauss 消元法知，线性方程组(5.4.1)是否有解，就是看把方程组(5.4.1)的增广矩阵$(\boldsymbol{A} \vdots \boldsymbol{b})$和系数矩阵$\boldsymbol{A}$实施初等行变换化为最简形后的非零行行数是否相等。从第3章我们知道，一个矩阵用初等变换化为行最简形后非零行的行数就是该矩阵的秩，因此，可以用矩阵的秩来反映线性方程组(5.4.1)是否相容。

定理 5.4.2　线性方程组(5.4.1)有解的充要条件是它的系数矩阵

$$\boldsymbol{A} = \begin{pmatrix} a_{11} & a_{12} & \cdots & a_{1n} \\ a_{21} & a_{22} & \cdots & a_{2n} \\ \vdots & \vdots & & \vdots \\ a_{m1} & a_{m2} & \cdots & a_{mn} \end{pmatrix}$$

与增广矩阵

$$\bar{\boldsymbol{A}} = \left(\begin{array}{cccc:c} a_{11} & a_{12} & \cdots & a_{1n} & b_1 \\ a_{21} & a_{22} & \cdots & a_{2n} & b_2 \\ \vdots & \vdots & & \vdots & \vdots \\ a_{m1} & a_{m2} & \cdots & a_{mn} & b_m \end{array}\right)$$

有相同的秩，即 $r((\boldsymbol{A} \vdots \boldsymbol{b})) = r(\boldsymbol{A})$。

证明　首先将线性方程组(5.4.1)写成矩阵(5.4.3)的形式，再将矩阵$\boldsymbol{A}$，$\boldsymbol{X}$与$\boldsymbol{b}$写成列向量形式，即

$$\boldsymbol{A} = (\boldsymbol{\alpha}_1, \boldsymbol{\alpha}_2, \cdots, \boldsymbol{\alpha}_n), \quad \boldsymbol{X} = \begin{pmatrix} x_1 \\ x_2 \\ \vdots \\ x_n \end{pmatrix}, \quad \boldsymbol{b} = \begin{pmatrix} b_1 \\ b_2 \\ \vdots \\ b_n \end{pmatrix}$$

则矩阵(5.4.3)等价于

$$x_1\boldsymbol{\alpha}_1 + x_2\boldsymbol{\alpha}_2 + \cdots + x_n\boldsymbol{\alpha}_n = \boldsymbol{b}$$

这样方程组(5.4.1)有解等价于向量 $\boldsymbol{b}$ 可以由向量组 $\boldsymbol{\alpha}_1,\boldsymbol{\alpha}_2,\cdots,\boldsymbol{\alpha}_n$ 线性表出,所以向量组 $\boldsymbol{\alpha}_1,\boldsymbol{\alpha}_2,\cdots,\boldsymbol{\alpha}_n$ 和向量组 $\boldsymbol{\alpha}_1,\boldsymbol{\alpha}_2,\cdots,\boldsymbol{\alpha}_n,\boldsymbol{b}$ 等价,则线性方程组(5.4.1)有解等价于 $r(\boldsymbol{A}\,\vdots\,\boldsymbol{b})=r(\boldsymbol{A})$。

本定理已经全面地回答了本节开始所提的第一个问题,而 Gauss 消元法也给出了第二个问题的回答,即当 $r(\boldsymbol{A}\,\vdots\,\boldsymbol{b})=r(\boldsymbol{A})=r<n$ 时,方程组有 r 个基本未知量,$n-r$ 个自由未知量,只要有自由未知量,方程组(5.4.1)的解就有无穷多个,而当方程组没有自由未知量,即 $r(\boldsymbol{A}\,\vdots\,\boldsymbol{b})=r(\boldsymbol{A})=r=n$,方程组有唯一解,为此我们有如下定理:

定理 5.4.3 线性方程组(5.4.1)解的情况如下:

(1) 当 $r(\boldsymbol{A}\,\vdots\,\boldsymbol{b})=r(\boldsymbol{A})=r$ 时,方程组有解,进一步地,当 $r<n$ 时,方程组(5.4.1)有无数多解,当 $r=n$ 时,方程组(5.4.1)有唯一解。

(2) 当 $r(\boldsymbol{A}\,\vdots\,\boldsymbol{b})\neq r(\boldsymbol{A})$时,方程组(5.4.1)无解。

例 5.4.4 判定下列方程组的相容性以及相容时解的个数:

(1) $\begin{cases}x_1-x_2+2x_3=3\\2x_1+3x_2-4x_3=2\\3x_1+2x_2-2x_3=5\\5x_1+5x_2-6x_3=7\end{cases}$; (2) $\begin{cases}x_1-x_2+2x_3=3\\2x_1+3x_2-4x_3=2\\3x_1+2x_2-2x_3=5\\5x_1+5x_2-6x_3=9\end{cases}$; (3) $\begin{cases}x_1-x_2+2x_3=3\\2x_1+3x_2-4x_3=2\\3x_1+2x_2-2x_3=5\\5x_1-5x_2-6x_3=7\end{cases}$。

解 分别对以上三个方程组的增广矩阵做初等行变换至行最简形,即

$$(1)\ \left(\begin{array}{ccc:c}1&-1&2&3\\2&3&-4&2\\3&2&-2&5\\5&5&-6&7\end{array}\right)\to\left(\begin{array}{ccc:c}1&-1&2&3\\0&5&-8&-4\\0&5&-8&-4\\0&10&-16&-8\end{array}\right)\to\left(\begin{array}{ccc:c}1&0&\frac{2}{5}&\frac{11}{5}\\0&1&-\frac{8}{5}&-\frac{4}{5}\\0&0&0&0\\0&0&0&0\end{array}\right);$$

$$(2)\ \left(\begin{array}{ccc:c}1&-1&2&3\\2&3&-4&2\\3&2&-2&5\\5&5&-6&9\end{array}\right)\to\left(\begin{array}{ccc:c}1&-1&2&3\\0&5&-8&-4\\0&5&-8&-4\\0&10&-16&-6\end{array}\right)\to\left(\begin{array}{ccc:c}1&0&\frac{2}{5}&\frac{11}{5}\\0&1&-\frac{8}{5}&-\frac{4}{5}\\0&0&0&2\\0&0&0&0\end{array}\right);$$

$$(3)\ \left(\begin{array}{ccc:c}1&-1&2&3\\2&3&-4&2\\3&2&-2&5\\5&-5&-6&7\end{array}\right)\to\left(\begin{array}{ccc:c}1&-1&2&3\\0&5&-8&-4\\0&5&-8&-4\\0&0&-16&-8\end{array}\right)\to\left(\begin{array}{ccc:c}1&0&\frac{2}{5}&\frac{11}{5}\\0&1&-\frac{8}{5}&-\frac{4}{5}\\0&0&1&\frac{1}{2}\\0&0&0&0\end{array}\right)\to$$

$$\begin{pmatrix}1 & 0 & 0 & \vdots & 2\\0 & 1 & 0 & \vdots & 0\\0 & 0 & 1 & \vdots & \frac{1}{2}\\0 & 0 & 0 & \vdots & 0\end{pmatrix}。$$

由此可知：

(1) 由于 $r(\boldsymbol{A})=r(\boldsymbol{A}\vdots\boldsymbol{b})=2<3$，所以方程组(1)有无穷多个解；

(2) 由于 $r(\boldsymbol{A})=2<r(\boldsymbol{A}\vdots\boldsymbol{b})=3$，所以方程组(2)无解；

(3) 由于 $r(\boldsymbol{A})=r(\boldsymbol{A}\vdots\boldsymbol{b})=3$，所以方程组(3)有唯一解。

例 5.4.5　讨论 λ,μ 取何值时，方程组

$$\begin{cases}x_1+2x_2+3x_3=6\\x_1-x_2+6x_3=0\\3x_1-2x_2+\lambda x_3=\mu\end{cases}\tag{5.4.17}$$

无解？有唯一解？有无穷多解？

解　对该方程组的增广矩阵实施初等行变换至行最简形矩阵，即

$$\overline{\boldsymbol{A}}=(\boldsymbol{A}\vdots\boldsymbol{b})=\begin{pmatrix}1 & 2 & 3 & \vdots & 6\\1 & -1 & 6 & \vdots & 0\\3 & -2 & \lambda & \vdots & \mu\end{pmatrix}\to\begin{pmatrix}1 & 2 & 3 & \vdots & 6\\0 & -3 & 3 & \vdots & -6\\0 & -8 & \lambda-9 & \vdots & \mu-18\end{pmatrix}\to\begin{pmatrix}1 & 0 & 5 & \vdots & 2\\0 & 1 & -1 & \vdots & 2\\0 & 0 & \lambda-17 & \vdots & \mu-2\end{pmatrix}$$

从而

$$r(\boldsymbol{A})=\begin{cases}2 & (\lambda=17)\\3 & (\lambda\neq 17)\end{cases}$$

$$r(\overline{\boldsymbol{A}})=\begin{cases}2 & (\lambda=17\text{ 且 }\mu=2)\\3 & (\text{其他})\end{cases}$$

因此，当 $\lambda=17$ 而 $\mu\neq 2$ 时，方程组无解；

当 $\lambda\neq 17$ 时，方程组有唯一解；

当 $\lambda=17$ 且 $\mu=2$ 时，方程组有无穷多解。

由于齐次方程组的增广矩阵的最后一列全是零，所以一定有 $r(\boldsymbol{A})=r(\boldsymbol{A}\vdots\boldsymbol{b})=r$(对于齐次方程组以后只需要对其系数矩阵 $\boldsymbol{A}$ 实施初等变化)，从而齐次方程组一定有解，比如所有的未知数全等于零就是其解，称为**零解**，又称为**平凡解**，对于齐次方程组如何判断其有非零解呢？由定理 5.4.3 可得：

定理 5.4.4　对于齐次线性方程组(5.4.2)的解，有如下结论：

(1) 有非零解的充要条件是 $r(\boldsymbol{A})=r<n$；

(2) 只有零解的充要条件时 $r(\boldsymbol{A})=n$。

例 5.4.6　解线性方程组

$$\begin{cases}x_1+3x_2-2x_3+2x_4-x_5=0\\-2x_1-5x_2+x_3-5x_4+3x_5=0\\3x_1+7x_2-x_3+x_4-3x_5=0\\-x_1-4x_2+5x_3-x_4=0\end{cases}\tag{5.4.18}$$

解 对方程组(5.4.18)的系数矩阵实施初等行变换,使其化为行最简形,即

$$A=\begin{pmatrix}1&3&-2&2&-1\\-2&-5&1&-5&3\\3&7&-1&1&-3\\-1&-4&5&-1&0\end{pmatrix}\rightarrow\begin{pmatrix}1&3&-2&2&-1\\0&1&-3&-1&1\\0&-2&5&-5&0\\0&-1&3&1&-1\end{pmatrix}$$

$$\rightarrow\begin{pmatrix}1&0&7&5&-4\\0&1&-3&-1&1\\0&0&-1&-7&2\\0&0&0&0&0\end{pmatrix}\rightarrow\begin{pmatrix}1&0&0&-44&10\\0&1&0&20&-5\\0&0&1&7&-2\\0&0&0&0&0\end{pmatrix}$$

最简形矩阵所对应的方程组为

$$\begin{cases}x_1-44x_4+10x_5=0\\x_2+20x_4-5x_5=0\\x_3+7x_4-2x_5=0\end{cases}\tag{5.4.19}$$

将 x_4,x_5 移至等号的右端,得

$$\begin{cases}x_1=44x_4-10x_5\\x_2=-20x_4+5x_5\\x_3=-7x_4+2x_5\end{cases}\tag{5.4.20}$$

(5.4.20)式就是线性方程组(5.4.18)的一般解,其中 x_4,x_5 是自由未知量。若写成向量的形式,可以令自由量 x_4 取任意的常数 k_1,自由量 x_5 取任意的常数 k_2,这样方程组(5.4.18)的所有解为

$$\begin{pmatrix}x_1\\x_2\\x_3\\x_4\\x_5\end{pmatrix}=\begin{pmatrix}44k_1-10k_2\\-20k_1+5k_2\\-7k_1+2k_2\\k_1\\k_2\end{pmatrix}=k_1\begin{pmatrix}44\\-20\\-7\\1\\0\end{pmatrix}+k_2\begin{pmatrix}-10\\5\\2\\0\\1\end{pmatrix}$$

其中 k_1,k_2 是任意的常数。

5.5 线性方程组的解结构

5.5.1 齐次线性方程组的解结构

由定理 5.4.4 可知,齐次线性方程组

$$\begin{cases} a_{11}x_1 + a_{12}x_2 + \cdots + a_{1n}x_n = 0 \\ a_{21}x_1 + a_{22}x_2 + \cdots + a_{2n}x_n = 0 \\ \cdots\cdots \\ a_{m1}x_1 + a_{m2}x_2 + \cdots + a_{mn}x_n = 0 \end{cases}$$

即

$$\boldsymbol{AX} = \mathbf{0} \tag{5.5.1}$$

其中 $\boldsymbol{A} = \begin{pmatrix} a_{11} & a_{12} & \cdots & a_{1n} \\ a_{21} & a_{22} & \cdots & a_{2n} \\ \vdots & \vdots & & \vdots \\ a_{m1} & a_{m2} & \cdots & a_{mn} \end{pmatrix}$ 是方程组(5.5.1)的系数矩阵,我们可以将(5.5.1)式的解归纳如下:

(1) 方程组(5.5.1)只有零解的充要条件是 $r(\boldsymbol{A}) = n$;

(2) 方程组(5.5.1)有非零解的充要条件是 $r(\boldsymbol{A}) = r < n$,此时该方程组有 $n - r$ 个自由未知量。

下面首先讨论齐次线性方程组(5.5.1)解的性质。

性质 5.5.1　设 $\boldsymbol{X} = \boldsymbol{\eta}_1$ 和 $\boldsymbol{X} = \boldsymbol{\eta}_2$ 均是齐次方程组 $\boldsymbol{AX} = \mathbf{0}$ 的解,则 $\boldsymbol{X} = \boldsymbol{\eta}_1 + \boldsymbol{\eta}_2$ 也是 $\mathbf{0}$ 的解。

证明　由已知条件知, $\boldsymbol{A\eta}_1 = \mathbf{0}, \boldsymbol{A\eta}_2 = \mathbf{0}$,所以

$$\boldsymbol{A}(\boldsymbol{\eta}_1 + \boldsymbol{\eta}_2) = \boldsymbol{A\eta}_1 + \boldsymbol{A\eta}_2 = \mathbf{0} + \mathbf{0} = \mathbf{0}$$

性质 5.5.2　设 $\boldsymbol{X} = \boldsymbol{\eta}$ 是齐次方程组 $\boldsymbol{AX} = 0$ 的解,k 是任意的实数,则 $\boldsymbol{X} = k\boldsymbol{\eta}$ 也是 $\boldsymbol{AX} = \mathbf{0}$ 的解。

证明　由已知条件知, $\boldsymbol{A\eta} = \mathbf{0}$,所以

$$\boldsymbol{A}(k\boldsymbol{\eta}_1) = k\boldsymbol{A\eta}_1 = k\mathbf{0} = \mathbf{0}$$

综合以上两条可知,齐次线性方程组的解向量的线性组合仍是解向量,即若设 $\boldsymbol{\eta}_1, \boldsymbol{\eta}_2, \cdots, \boldsymbol{\eta}_{n-r}$ 为齐次线性方程组(5.5.1)的 $n - r$ 个解,$k_1, k_2, \cdots, k_{n-r}$ 是任意 $n - r$ 个实数,则 $k_1\boldsymbol{\eta}_1 + k_2\boldsymbol{\eta}_2 + \cdots + k_{n-r}\boldsymbol{\eta}_{n-r}$ 也是齐次线性方程组(5.5.1)的一个解。基于这个事实,我们要问:齐次线性方程组全部的解能否通过它有限的几个解的线性组合给出来?回答是肯定的。为此我们需要引入齐次线性方程组解的专用名词——**基础解系**。

定义 5.5.1　齐次方程组(5.5.1)的一组解向量 $\boldsymbol{\eta}_1, \boldsymbol{\eta}_2, \cdots, \boldsymbol{\eta}_{n-r}$,满足如下两个条件:

(1) $\boldsymbol{\eta}_1, \boldsymbol{\eta}_2, \cdots, \boldsymbol{\eta}_{n-r}$ 线性无关;

(2) 齐次方程组(5.5.1)的任意一个解均可以用 $\boldsymbol{\eta}_1, \boldsymbol{\eta}_2, \cdots, \boldsymbol{\eta}_{n-r}$ 线性表示,

则称解向量组 $\boldsymbol{\eta}_1, \boldsymbol{\eta}_2, \cdots, \boldsymbol{\eta}_{n-r}$ 为齐次线性方程组(5.5.1)的一个**基础解系**。

下面我们来给出求齐次线性方程组 $\boldsymbol{AX} = \mathbf{0}$ 的一个基础解系的方法。

由定理 5.4.4 知:

(1) 当 $r(\boldsymbol{A}) = n$ 时,齐次线性方程组 $\boldsymbol{AX} = \mathbf{0}$ 只有零解,当然没有基础解系;

(2) 当 $r(\boldsymbol{A}) = r < n$ 时,不妨设矩阵 $\boldsymbol{A}$ 的前 r 列线性无关(否则可以改变未知数的编号重写编排未知数的次序),由矩阵的初等行变化将系数矩阵 $\boldsymbol{A}$ 化为行最简形,也就是

$$A \to U = \begin{pmatrix} 1 & 0 & \cdots & 0 & b_{1r+1} & b_{1r+2} & \cdots & b_{1n} \\ 0 & 1 & \cdots & 0 & b_{2r+1} & b_{2r+2} & \cdots & b_{2n} \\ \vdots & \vdots & & \vdots & \vdots & \vdots & & \vdots \\ 0 & 0 & \cdots & 1 & b_{rr+1} & b_{rr+2} & \cdots & b_{rn} \\ 0 & 0 & \cdots & 0 & 0 & 0 & \cdots & 0 \\ \vdots & \vdots & & \vdots & \vdots & \vdots & & \vdots \\ 0 & 0 & \cdots & 0 & 0 & 0 & \cdots & 0 \end{pmatrix} \tag{5.5.2}$$

根据定理5.4.1可知，齐次线性方程组 $\boldsymbol{AX}=\boldsymbol{0}$，等价于同解齐次线性方程组 $\boldsymbol{UX}=\boldsymbol{0}$，即

$$\begin{cases} x_1 + b_{1r+1}x_{r+1} + b_{1r+2}x_{r+2} + \cdots + b_{1n}x_n = 0 \\ x_2 + b_{2r+1}x_{r+1} + b_{2r+2}x_{r+2} + \cdots + b_{2n}x_n = 0 \\ \cdots\cdots \\ x_r + b_{rr+1}x_{r+1} + b_{rr+2}x_{r+2} + \cdots + b_{rn}x_n = 0 \end{cases} \tag{5.5.3}$$

易知方程组(5.5.3)的自由未知元为 $x_{r+1},x_{r+2},\cdots,x_n$，将自由未知元移至方程的右端，得

$$\begin{cases} x_1 = -b_{1r+1}x_{r+1} - b_{1r+2}x_{r+2} - \cdots - b_{1n}x_n \\ x_2 = -b_{2r+1}x_{r+1} - b_{2r+2}x_{r+2} - \cdots - b_{2n}x_n \\ \cdots\cdots \\ x_r = -b_{rr+1}x_{r+1} - b_{rr+2}x_{r+2} - \cdots - b_{rn}x_n \end{cases} \tag{5.5.4}$$

任取自由量 $x_{r+1},x_{r+2},\cdots,x_n$ 的一组值 $x_{r+1}^0,x_{r+2}^0,\cdots,x_n^0$，将其代入方程组(5.5.4)就可以确定基本未知量 $x_1,x_2,\cdots,x_r$ 的一组值 $x_1^0,x_2^0,\cdots,x_r^0$，从而得到 $\boldsymbol{UX}=\boldsymbol{0}$ 的一个解为

$$\boldsymbol{X}_0 = (x_1^0,x_2^0,\cdots,x_r^0,x_{r+1}^0,x_{r+2}^0,\cdots,x_n^0)^{\mathrm{T}}$$

也就是 $\boldsymbol{AX}=\boldsymbol{0}$ 的一个解。

为方便起见，一般地，自由量 $x_{r+1},x_{r+2},\cdots,x_n$ 取 $n-r$ 维空间的标准单位向量组，即

$$\begin{pmatrix} x_{r+1} \\ x_{r+2} \\ \vdots \\ x_n \end{pmatrix} = \begin{pmatrix} 1 \\ 0 \\ \vdots \\ 0 \end{pmatrix}, \begin{pmatrix} 0 \\ 1 \\ \vdots \\ 0 \end{pmatrix}, \cdots, \begin{pmatrix} 0 \\ 0 \\ \vdots \\ 1 \end{pmatrix}$$

分别代入(5.5.4)式，依次得出基本未知量

$$\begin{pmatrix} x_1 \\ x_2 \\ \vdots \\ x_r \end{pmatrix} = \begin{pmatrix} -b_{1r+1} \\ -b_{2r+1} \\ \vdots \\ -b_{rr+1} \end{pmatrix}, \begin{pmatrix} -b_{1r+2} \\ -b_{2r+2} \\ \vdots \\ -b_{rr+2} \end{pmatrix}, \cdots, \begin{pmatrix} -b_{1n} \\ -b_{2n} \\ \vdots \\ -b_{rn} \end{pmatrix}$$

从而得出 $\boldsymbol{AX}=\boldsymbol{0}$ 的一组解

$$\boldsymbol{\eta}_1=\begin{pmatrix}-b_{1r+1}\\-b_{2r+1}\\\vdots\\-b_{rr+1}\\1\\0\\\vdots\\0\end{pmatrix},\quad \boldsymbol{\eta}_2=\begin{pmatrix}-b_{1r+2}\\-b_{2r+2}\\\vdots\\-b_{rr+2}\\0\\1\\\vdots\\0\end{pmatrix},\quad \cdots,\quad \boldsymbol{\eta}_{n-r}=\begin{pmatrix}-b_{1n}\\-b_{2n}\\\vdots\\-b_{rn}\\0\\0\\\vdots\\1\end{pmatrix}$$

下面再证明 $\boldsymbol{\eta}_1,\boldsymbol{\eta}_2,\cdots,\boldsymbol{\eta}_{n-r}$ 是齐次方程组 $\boldsymbol{AX}=\boldsymbol{0}$ 的一个基础解系。

事实上,由于 $n-r$ 个 $n-r$ 维标准单位向量组

$$\begin{pmatrix}1\\0\\\vdots\\0\end{pmatrix},\begin{pmatrix}0\\1\\\vdots\\0\end{pmatrix},\cdots,\begin{pmatrix}0\\0\\\vdots\\1\end{pmatrix}$$

是线性无关的,根据性质 5.2.6 可知,向量组 $\boldsymbol{\eta}_1,\boldsymbol{\eta}_2,\cdots,\boldsymbol{\eta}_{n-r}$ 也线性无关。

再证明 $\boldsymbol{AX}=\boldsymbol{0}$ 的任意一个解 $\boldsymbol{\eta}$ 可由向量组 $\boldsymbol{\eta}_1,\boldsymbol{\eta}_2,\cdots,\boldsymbol{\eta}_{n-r}$ 线性表出。一方面任取自由未知元 $x_{r+1},x_{r+2},\cdots,x_n$ 的一组数 $k_1,k_2,\cdots,k_{n-r}$ 代入(3.4.14)式,得到齐次线性方程组(5.5.1)的任意一个解:

$$\boldsymbol{\eta}=\begin{pmatrix}d_1\\\vdots\\d_r\\k_1\\\vdots\\k_{n-r}\end{pmatrix}$$

另一方面,由于 $\boldsymbol{\eta}^*=k_1\boldsymbol{\eta}_1+k_2\boldsymbol{\eta}_2+\cdots+k_{n-r}\boldsymbol{\eta}_{n-r}$ 也是 $\boldsymbol{AX}=\boldsymbol{0}$ 的一个解,注意到 $\boldsymbol{\eta}^*$ 的后 $n-r$ 个自由未知量与 $\boldsymbol{\eta}$ 的后 $n-r$ 个自由未知量对应相等,从而

$$\boldsymbol{\eta}=\boldsymbol{\eta}^*=k_1\boldsymbol{\eta}_1+k_2\boldsymbol{\eta}_2+\cdots+k_{n-r}\boldsymbol{\eta}_{n-r}$$

也就是 $\boldsymbol{AX}=\boldsymbol{0}$ 的任意一个解均可以被 $\boldsymbol{\eta}_1,\boldsymbol{\eta}_2,\cdots,\boldsymbol{\eta}_{n-r}$ 线性表出。这就证明了 $\boldsymbol{\eta}_1,\boldsymbol{\eta}_2,\cdots,\boldsymbol{\eta}_{n-r}$ 是齐次线性方程组 $\boldsymbol{AX}=\boldsymbol{0}$ 的一个基础解系。

下面给出求齐次线性方程组 $\boldsymbol{AX}=\boldsymbol{0}$ 解的一般步骤:

(1) 写出齐次方程组的系数矩阵 $\boldsymbol{A}$;

(2) 对系数矩阵 $\boldsymbol{A}$ 实施初等行变换至行最简形,找出 $n-r$ 个自由元;

(3) 分别令一个自由元为 1,其余为零,求出 $n-r$ 个解向量,这 $n-r$ 个解向量就是齐次线性方程组 $\boldsymbol{AX}=\boldsymbol{0}$ 的一个基础解系。

例 5.5.1　解齐次线性方程组 $\begin{cases}x_1+2x_2+2x_3+x_4=0\\2x_1+x_2-2x_3-x_4=0\\x_1-x_2-4x_3-2x_4=0\end{cases}$。

解　对系数矩阵实施初等行变换至行最简形,即

$$A=\begin{pmatrix}1&2&2&1\\2&1&-2&-1\\1&-1&-4&-2\end{pmatrix}\rightarrow\begin{pmatrix}1&2&2&1\\0&-3&-6&-3\\0&-3&-6&-3\end{pmatrix}$$

$$\rightarrow\begin{pmatrix}1&2&2&1\\0&1&2&1\\0&0&0&0\end{pmatrix}\rightarrow\begin{pmatrix}1&0&-2&-1\\0&1&2&1\\0&0&0&0\end{pmatrix}$$

可见，$r(A)=2<4$，故原方程组有非零解，且基础解系含有 $n-r=4-2=2$ 个解向量，易知自由未知元为 x_3,x_4，原方程组等价于

$$\begin{cases}x_1=2x_3+x_4\\x_2=-2x_3-x_4\end{cases}$$

分别令

$$\begin{pmatrix}x_3\\x_4\end{pmatrix}=\begin{pmatrix}1\\0\end{pmatrix},\begin{pmatrix}0\\1\end{pmatrix}$$

从而得到一个基础解系为

$$\boldsymbol{\eta}_1=\begin{pmatrix}2\\-2\\1\\0\end{pmatrix},\quad\boldsymbol{\eta}_2=\begin{pmatrix}1\\-1\\0\\1\end{pmatrix}$$

所以该方程组的通解为

$$\boldsymbol{\eta}=\begin{pmatrix}x_1\\x_2\\x_3\\x_4\end{pmatrix}=k_1\boldsymbol{\eta}_1+k_2\boldsymbol{\eta}_2$$

其中 k_1,k_2 为任意的实数。

例 5.5.2 解齐次线性方程组$\begin{cases}3x_1+x_2+2x_4=0\\x_1-x_2+2x_3-x_4=0\\x_1+3x_2-4x_3+5x_4=0\end{cases}$。

解 对系数矩阵实施初等行变换至行最简形，得

$$A=\begin{pmatrix}3&1&0&2\\1&-1&2&-1\\1&3&-4&5\end{pmatrix}\rightarrow\begin{pmatrix}1&-1&2&-\frac{3}{2}\\0&4&-6&5\\0&4&-6&6\end{pmatrix}$$

$$\rightarrow\begin{pmatrix}1&-1&2&-\frac{3}{2}\\0&1&-\frac{3}{2}&\frac{5}{4}\\0&0&0&1\end{pmatrix}\rightarrow\begin{pmatrix}1&0&\frac{1}{2}&0\\0&1&-\frac{3}{2}&0\\0&0&0&1\end{pmatrix}$$

可见，$r(A)=3<4$，故原方程组有非零解，且基础解系含有 $n-r=4-3=1$ 个解向量，易知

自由未知元为 x_3，原方程组等价于

$$\begin{cases} x_1 = -\dfrac{1}{2}x_3 \\ x_2 = \dfrac{3}{2}x_3 \\ x_4 = 0 \end{cases}$$

令 $x_3=1$，从而得到一个基础解系为

$$\boldsymbol{\eta}_1 = \begin{pmatrix} -\dfrac{1}{2} \\ \dfrac{3}{2} \\ 1 \\ 0 \end{pmatrix}$$

所以该方程组的通解为

$$\boldsymbol{\eta} = \begin{pmatrix} x_1 \\ x_2 \\ x_3 \\ x_4 \end{pmatrix} = k_1\boldsymbol{\eta}_1$$

其中 k_1 为任意的实数。

5.5.2　非齐次线性方程组的解结构

根据定理 5.4.3，非齐次线性方程组(5.4.1)(或者写成(5.4.3)的形式，即 $\boldsymbol{AX}=\boldsymbol{b}$)，解的情况如下：

(1) 当 $r(\boldsymbol{A} \vdots \boldsymbol{b})=r(\boldsymbol{A})=r$ 时，方程组有解，进一步当 $r<n$，方程组(5.4.1)有无数多解，当 $r=n$ 时，方程组(5.4.1)有唯一解。

(2) 当 $r(\boldsymbol{A} \vdots \boldsymbol{b}) \neq r(\boldsymbol{A})$时，方程组(5.4.1)无解。

对于非齐次方程组 $\boldsymbol{AX}=\boldsymbol{b}$，称齐次方程组 $\boldsymbol{AX}=\boldsymbol{0}$ 为其导出组。

下面将讨论当 $r(\boldsymbol{A} \vdots \boldsymbol{b})=r(\boldsymbol{A})=r<n$ 时，非齐次线性方程组 $\boldsymbol{AX}=\boldsymbol{b}$ 的解结构。

性质 5.5.3　设 $\boldsymbol{X}=\boldsymbol{\eta}_1$ 和 $\boldsymbol{X}=\boldsymbol{\eta}_2$ 均是非齐次方程组 $\boldsymbol{AX}=\boldsymbol{b}$ 的解，则 $\boldsymbol{\eta}_1-\boldsymbol{\eta}_2$ 是其对应导出组 $\boldsymbol{AX}=\boldsymbol{0}$ 的解。

证明　由已知条件知，$\boldsymbol{A\eta}_1=\boldsymbol{b}$，$\boldsymbol{A\eta}_2=\boldsymbol{b}$，所以

$$\boldsymbol{A}(\boldsymbol{\eta}_1-\boldsymbol{\eta}_2)=\boldsymbol{A\eta}_1-\boldsymbol{A\eta}_2=\boldsymbol{b}-\boldsymbol{b}=\boldsymbol{0}$$

性质 5.5.4　设 $\boldsymbol{X}=\boldsymbol{\eta}_0$ 是非齐次方程组 $\boldsymbol{AX}=\boldsymbol{b}$ 的某一个解，$\tilde{\boldsymbol{\eta}}$ 是其对应导出组 $\boldsymbol{AX}=\boldsymbol{0}$ 的一个解，则 $\boldsymbol{\eta}_0+\tilde{\boldsymbol{\eta}}$ 也是 $\boldsymbol{AX}=\boldsymbol{b}$ 的解。

证明　由已知条件知，$\boldsymbol{A\eta}_0=\boldsymbol{b}$，$\boldsymbol{A}\tilde{\boldsymbol{\eta}}=\boldsymbol{0}$，所以

$$\boldsymbol{A}(\boldsymbol{\eta}_0+\tilde{\boldsymbol{\eta}})=\boldsymbol{A\eta}_0+\boldsymbol{A}\tilde{\boldsymbol{\eta}}=\boldsymbol{b}+\boldsymbol{0}=\boldsymbol{b}$$

定理 5.5.1　设 $\boldsymbol{\eta}_0$ 是非齐次方程组 $\boldsymbol{AX}=\boldsymbol{b}$ 的某一个解，则方程组 $\boldsymbol{AX}=\boldsymbol{b}$ 的任一解 $\boldsymbol{\eta}$ 可以表示成 $\boldsymbol{\eta}_0$ 与其对应导出组 $\boldsymbol{AX}=\boldsymbol{0}$ 的某一个解 $\tilde{\boldsymbol{\eta}}$ 之和，即 $\boldsymbol{\eta}=\boldsymbol{\eta}_0+\tilde{\boldsymbol{\eta}}$。

证明 把解 $\boldsymbol{\eta}$ 写成

$$\boldsymbol{\eta} = \boldsymbol{\eta}_0 + (\boldsymbol{\eta} - \boldsymbol{\eta}_0)$$

由性质 5.5.3 知，$\boldsymbol{\eta} - \boldsymbol{\eta}_0$ 是 $\boldsymbol{AX} = \boldsymbol{0}$ 的一个解。

由于齐次线性方程组 $\boldsymbol{AX} = \boldsymbol{0}$ 的解都是其基础解系 $\boldsymbol{\eta}_1, \boldsymbol{\eta}_2, \cdots, \boldsymbol{\eta}_{n-r}$ 的线性组合，因此，定理 5.5.1 说明非齐次线性方程组 $\boldsymbol{AX} = \boldsymbol{b}$ 的每个解 $\boldsymbol{\eta}$ 都可以表示为

$$\boldsymbol{\eta} = \boldsymbol{\eta}_0 + k_1\boldsymbol{\eta}_1 + k_2\boldsymbol{\eta}_2 + \cdots + k_{n-r}\boldsymbol{\eta}_{n-r}$$

其中 $\boldsymbol{\eta}_0$ 是 $\boldsymbol{AX} = \boldsymbol{b}$ 的任一个特解。反之任一组数 $k_1, k_2, \cdots, k_{n-r}$，由于 $\boldsymbol{\eta}_1, \boldsymbol{\eta}_2, \cdots, \boldsymbol{\eta}_{n-r}$ 的线性组合 $k_1\boldsymbol{\eta}_1 + k_2\boldsymbol{\eta}_2 + \cdots + k_{n-r}\boldsymbol{\eta}_{n-r}$ 一定还是 $\boldsymbol{AX} = \boldsymbol{0}$ 的解，由性质 5.5.4 知，$\boldsymbol{\eta}_0 + k_1\boldsymbol{\eta}_1 + k_2\boldsymbol{\eta}_2 + \cdots + k_{n-r}\boldsymbol{\eta}_{n-r}$ 也一定是 $\boldsymbol{AX} = \boldsymbol{b}$ 的解。

这样非齐次线性方程组 $\boldsymbol{AX} = \boldsymbol{b}$ 解结构就清楚了，归纳如下：

当 $r(\boldsymbol{A} \vdots \boldsymbol{b}) = r(\boldsymbol{A}) = r < n$ 时，若 $\boldsymbol{\eta}_0$ 是 $\boldsymbol{AX} = \boldsymbol{b}$ 的一个特解，$\boldsymbol{\eta}_1, \boldsymbol{\eta}_2, \cdots, \boldsymbol{\eta}_{n-r}$ 是其对应导出组 $\boldsymbol{AX} = \boldsymbol{0}$ 的基础解系，则方程组 $\boldsymbol{AX} = \boldsymbol{b}$ 的全部解为

$$\boldsymbol{\eta}_0 + k_1\boldsymbol{\eta}_1 + k_2\boldsymbol{\eta}_2 + \cdots + k_{n-r}\boldsymbol{\eta}_{n-r}$$

其中 $k_1, k_2, \cdots, k_{n-r}$ 为任意的常数。

下面给出求齐次线性方程组 $\boldsymbol{AX} = \boldsymbol{b}$ 解的一般步骤：

(1) 写出非齐次方程组的增广矩阵 $\overline{\boldsymbol{A}} = (\boldsymbol{A} \vdots \boldsymbol{b})$；

(2) 对增广矩阵 $(\boldsymbol{A} \vdots \boldsymbol{b})$ 实施初等行变换至行最简形，找出 $n - r$ 个自由未知量；

(3) 令自由未知量全为零得出 $\boldsymbol{AX} = \boldsymbol{b}$ 的一个特解 $\boldsymbol{\eta}_0$；

(4) 在不计最后一列的行最简形中，分别令一个自由未知量为 1，其余为零，求出对应导出组 $\boldsymbol{AX} = \boldsymbol{0}$ 的基础解系 $\boldsymbol{\eta}_1, \boldsymbol{\eta}_2, \cdots, \boldsymbol{\eta}_{n-r}$；

(5) 写出非齐次线性方程组 $\boldsymbol{AX} = \boldsymbol{b}$ 的通解

$$\boldsymbol{\eta} = \boldsymbol{\eta}_0 + k_1\boldsymbol{\eta}_1 + k_2\boldsymbol{\eta}_2 + \cdots + k_{n-r}\boldsymbol{\eta}_{n-r}$$

其中 $k_1, k_2, \cdots, k_{n-r}$ 为任意的常数。

下面用几个例子验证求非齐次方程组全部解的过程：

例 5.5.3 解非齐次线性方程组 $\begin{cases} x_1 + x_2 + x_3 + x_4 = 7 \\ 3x_1 + 2x_2 + x_3 + x_4 = 8 \\ x_2 + 2x_3 + 2x_4 = 13 \\ 5x_1 + 4x_2 + 3x_3 + 3x_4 = 22 \end{cases}$。

解 对增广矩阵实施初等行变换至行最简形，即

$$\overline{\boldsymbol{A}} = (\boldsymbol{A} \vdots \boldsymbol{b}) = \left(\begin{array}{cccc:c} 1 & 1 & 1 & 1 & 7 \\ 3 & 2 & 1 & 1 & 8 \\ 0 & 1 & 2 & 2 & 13 \\ 5 & 4 & 3 & 3 & 22 \end{array}\right) \to \left(\begin{array}{cccc:c} 1 & 1 & 1 & 1 & 7 \\ 0 & -1 & -2 & -2 & -13 \\ 0 & 1 & 2 & 2 & 13 \\ 0 & -1 & -2 & -2 & -13 \end{array}\right)$$

$$\to \left(\begin{array}{cccc:c} 1 & 0 & -1 & -1 & -6 \\ 0 & 1 & 2 & 2 & 13 \\ 0 & 0 & 0 & 0 & 0 \\ 0 & 0 & 0 & 0 & 0 \end{array}\right)$$

从而 $r(\boldsymbol{A}) = r(\boldsymbol{A} \vdots \boldsymbol{b}) = 2 < 4$，故原方程组有无穷多个解，易知自由未知量为 x_3, x_4，方程组

等价于

$$\begin{cases} x_1 = -6 + x_3 + x_4 \\ x_2 = 13 - 2x_3 - 2x_4 \end{cases}$$

首先令自由未知量 $x_3 = x_4 = 0$,得方程组一个特解 $\boldsymbol{r}_0 = \begin{pmatrix} -6 \\ 13 \\ 0 \\ 0 \end{pmatrix}$。

再分别令

$$\begin{pmatrix} x_3 \\ x_4 \end{pmatrix} = \begin{pmatrix} 1 \\ 0 \end{pmatrix}, \begin{pmatrix} 0 \\ 1 \end{pmatrix}$$

从而得到对应齐导出组的一个基础解系为

$$\boldsymbol{\eta}_1 = \begin{pmatrix} 1 \\ -2 \\ 1 \\ 0 \end{pmatrix}, \quad \boldsymbol{\eta}_2 = \begin{pmatrix} 1 \\ -2 \\ 0 \\ 1 \end{pmatrix}$$

所以该方程组的通解为

$$\boldsymbol{\eta} = \begin{pmatrix} x_1 \\ x_2 \\ x_3 \\ x_4 \end{pmatrix} = \boldsymbol{\eta}_0 + k_1\boldsymbol{\eta}_1 + k_2\boldsymbol{\eta}_2$$

其中 k_1, k_2 为任意的实数。

例 5.5.4　设非齐次线性方程组$\begin{cases} x_1 + ax_2 + x_3 = 5 \\ x_1 + x_2 + bx_3 = 4 \\ x_1 + x_2 + 2bx_3 = 7 \end{cases}$,试就 a, b 讨论方程组解的情况,若有解,求出解。

解　对方程组的增广矩阵实施初等行变换

$$\overline{\boldsymbol{A}} = (\boldsymbol{A} \vdots \boldsymbol{b}) = \left(\begin{array}{ccc:c} 1 & a & 1 & 5 \\ 1 & 1 & b & 4 \\ 1 & 1 & 2b & 7 \end{array}\right) \to \begin{pmatrix} 1 & a & 1 & 5 \\ 0 & 1-a & b-1 & -1 \\ 0 & 0 & b & 3 \end{pmatrix}$$

(1) 若 $a \neq 1$ 且 $b \neq 0$,则 $r(\boldsymbol{A}) = r(\boldsymbol{A} \vdots \boldsymbol{b}) = 3$,故方程组有唯一解,且解为

$$\begin{cases} x_1 = \dfrac{5b - ab - 3}{b(1-a)} \\ x_2 = \dfrac{3 - 4b}{b(1-a)} \\ x_3 = \dfrac{3}{b} \end{cases}$$

(2) 当 $a = 1$ 时,进一步对增广矩阵实施初等行变换得

$$(\boldsymbol{A} \vdots \boldsymbol{b}) \rightarrow \cdots \rightarrow \begin{pmatrix} 1 & 1 & 1 & \vdots & 5 \\ 0 & 0 & b-1 & \vdots & -1 \\ 0 & 0 & b & \vdots & 3 \end{pmatrix} \rightarrow \begin{pmatrix} 1 & 1 & 1 & \vdots & 5 \\ 0 & 0 & 1 & \vdots & 4 \\ 0 & 0 & b & \vdots & 3 \end{pmatrix}$$

① 若 $b=\dfrac{3}{4}$,则方程组有无穷多解,此时可对增广矩阵在实施初等行变换至行最简形

$$(\boldsymbol{A} \vdots \boldsymbol{b}) \rightarrow \cdots \rightarrow \begin{pmatrix} 1 & 1 & 1 & \vdots & 5 \\ 0 & 0 & 1 & \vdots & 4 \\ 0 & 0 & \dfrac{3}{4} & \vdots & 3 \end{pmatrix} \rightarrow \begin{pmatrix} 1 & 1 & 0 & \vdots & 1 \\ 0 & 0 & 1 & \vdots & 4 \\ 0 & 0 & 0 & \vdots & 0 \end{pmatrix}$$

求得方程组的通解为

$$\boldsymbol{\eta} = \begin{pmatrix} 1 \\ 0 \\ 4 \end{pmatrix} + k \begin{pmatrix} -1 \\ 1 \\ 0 \end{pmatrix}$$

② 若 $b \neq \dfrac{3}{4}$ 且 $b \neq 0$,由于 $r(\boldsymbol{A})=2<r(\bar{\boldsymbol{A}})=3$,所以方程组无解。

(3) 当 $b=0$,显然方程组无解。

5.6 二元高次方程组*

本节将利用已经建立的线性方程组理论给出一个解二元高次方程组的一般方法——结式法。

5.6.1 两个一元多项式的结式

引理 5.6.1 设

$$f(x) = a_0 x^n + a_1 x^{n-1} + \cdots + a_n \tag{5.6.1}$$

$$g(x) = b_0 x^m + b_1 x^{m-1} + \cdots + b_m \tag{5.6.2}$$

是数域 P 上的两个一元多项式,它们的系数 a_0, b_0 不全为零。则 $f(x)$ 与 $g(x)$ 在 $P[x]$ 中有非常数的公因式的充要条件是在 $P[x]$ 中存在非零的次数小于 m 的多项式 $u(x)$ 与次数小于 n 的多项式 $v(x)$,满足

$$u(x)f(x) = v(x)g(x) \tag{5.6.3}$$

证明 先证必要性。

如果 $f(x)$ 与 $g(x)$ 有非常数的公因式 $d(x)$,即

$$f(x) = d(x)f_1(x), \quad g(x) = d(x)g_1(x)$$

其中 $\partial(f_1(x))<n$, $\partial(g_1(x))<m$,那么取 $u(x)=g_1(x)$, $v(x)=f_1(x)$,显然就有

$$u(x)f(x) = d(x)f_1(x)g_1(x) = v(x)g(x)$$

再证充分性。

不妨设 $a_0 \neq 0$,也就是说 $f(x)$是一个 n 次多项式。假设 $u(x)$,$v(x)$满足

$$u(x)f(x) = v(x)g(x)$$

其中$\partial(u(x))<m$,$\partial(v(x))<n$。令

$$(f(x),v(x)) = d(x)$$

于是有

$$f(x) = d(x)f_1(x), \quad v(x) = d(x)v_1(x)$$

从而

$$d(x)f_1(x)u(x) = d(x)v_1(x)g(x)$$

消去 $d(x)$得

$$f_1(x)u(x) = v_1(x)g(x) \tag{5.6.4}$$

由于 $d(x)\mid v(x)$,所以 $d(x)$的次数小于 n,因而 $f_1(x)$的次数大于零。又由于$(f_1(x),v_1(x))=1$以及(5.6.4)式,得

$$f_1(x)\mid v_1(x)g(x)$$

从而

$$f_1(x)\mid g(x)$$

这就说明 $f(x)$与 $g(x)$中有非常数的公因式 $f_1(x)$。

对于引理5.6.1,我们可以换一种方式加以理解,设

$$u(x) = u_0x^{m-1} + u_1x^{m-2} + \cdots + u_{m-1}$$
$$v(x) = v_0x^{n-1} + v_1x^{n-2} + \cdots + v_{n-1}$$

再根据多项式相等的定义,等式

$$u(x)f(x) = v(x)g(x)$$

就是左右两端对应的系数相等,即

$$\begin{cases} a_0u_0 = b_0v_0 \\ a_1u_0 + a_0u_1 = b_1v_0 + b_0v_1 \\ a_2u_0 + a_1u_1 + a_0u_2 = b_2v_0 + b_1v_1 + b_0v_2 \\ \cdots\cdots \\ a_nu_{m-2} + a_{n-1}u_{m-1} = b_mv_{n-2} + b_{m-1}v_{n-1} \\ a_nu_{m-1} = b_mv_{n-1} \end{cases} \tag{5.6.5}$$

如果把方程组(5.6.5)看作是关于 $u_0,u_1,\cdots,u_{m-1},v_0,v_1,\cdots,v_{n-1}$的齐次线性方程组,这是一个含有 $n+m$ 个未知量的$n+m$ 个方程。根据引理5.6.1可知,“存在次数小于 m 的多项式$u(x)$与次数小于 n 的多项式$v(x)$满足(5.6.3)式”,即方程组(5.6.5)有非零解,由定理1.8.2知,齐次方程组(5.6.5)有非零解的充要条件是其系数行列式等于零,再把方程组(5.6.5)的系数矩阵行列互换、后 n 行符号反号,再取行列式可得

$$D = \begin{vmatrix} a_0 & a_1 & a_2 & \cdots & a_n & & & \\ & a_0 & a_1 & \cdots & \cdots & a_n & & \\ \vdots & \vdots & \vdots & & \vdots & \vdots & \vdots & \\ & & & a_0 & a_1 & \cdots & a_n & \\ b_0 & b_1 & b_2 & \cdots & b_m & & & \\ & b_0 & b_1 & \cdots & \cdots & b_m & & \\ \vdots & \vdots & \vdots & & \vdots & \vdots & \vdots & \\ & & & b_0 & b_1 & \cdots & b_m & \end{vmatrix} \begin{matrix} \left.\vphantom{\begin{matrix}a\\a\\a\\a\end{matrix}}\right\} m\text{ 行} \\ \left.\vphantom{\begin{matrix}a\\a\\a\\a\end{matrix}}\right\} n\text{ 行} \end{matrix} \tag{5.6.6}$$

定义 5.6.1 对于任意的两个多项式

$$f(x) = a_0x^n + a_1x^{n-1} + \cdots + a_n$$
$$g(x) = b_0x^m + b_1x^{m-1} + \cdots + b_m$$

我们称行列式(5.6.6)为它们的**结式**,记作 $R(f,g)$。

定理 5.6.1 设

$$f(x) = a_0x^n + a_1x^{n-1} + \cdots + a_n \quad (n > 0)$$
$$g(x) = b_0x^m + b_1x^{m-1} + \cdots + b_m \quad (m > 0)$$

是复数域上的两个多项式,$\alpha_1,\alpha_1,\cdots,\alpha_n$ 和$\beta_1,\beta_2,\cdots,\beta_m$ 分别是$f(x)$与 $g(x)$在复数域上的 n 个和m 个复数根,$R(f,g)$是它们的结式,则

(1) 当 $a_0 \neq 0$ 时,$R(f,g) = a_0^m\prod\limits_{i=1}^{n}g(\alpha_i)$;

(2) 当 $b_0 \neq 0$ 时,$R(f,g) = (-1)^n b_0^n\prod\limits_{j=1}^{m}f(\beta_j)$;

(3) 当 $a_0 \neq 0$ 或者 $b_0 \neq 0$ 时,$R(f,g) = a_0^m b_0^n\prod\limits_{i=1}^{n}\prod\limits_{j=1}^{m}(\alpha_i - \beta_j)$。

证明 我们使用数学归纳法证明(1)。

当 $n=1$ 时,不妨设 $f(x)=a_0x+a_1(a_0\neq0)$,则 $f(x)$的唯一根是 $\alpha=-\dfrac{a_1}{a_0}$,而

$$R(f,g) = \begin{vmatrix} a_0 & a_1 & & & \\ & a_0 & a_1 & & \\ & & \ddots & \ddots & \\ & & & a_0 & a_1 \\ b_0 & b_1 & & \cdots & b_m \end{vmatrix}$$

把行列式的第 1 列乘以 α 加到第 2 列,再把新的第 2 列乘以 α 加到第 3 列,依此类推,最后把新的第 m 列乘以α 加到第$m+1$ 列,这时行列式中元素 a_1 均消失了(由于 $f(\alpha)=a_0\alpha+a_1=0$),而最后一行的元素依次为 $b_0,b_0\alpha+b_1,b_0\alpha^2+b_1\alpha+b_2,\cdots,b_0\alpha^m+b_1\alpha^{m-1}+\cdots+b_m=g(\alpha)$。因此

$$R(f,g)=\begin{vmatrix} a_0 & & & \\ & a_0 & & \\ & \ddots & & \\ & & a_0 & \\ b_0 & b_0\alpha+b_1 & \cdots & g(\alpha)\end{vmatrix}=a_0^n g(\alpha)$$

从而当 $n=1$ 时,结论成立。

假设当 $n=k\geqslant 1$ 时,结论成立,则当 $n=k+1$ 时,设

$$f(x)=a_0x^{k+1}+a_1x^k+\cdots+a_kx+a_{k+1}$$

令 $\alpha,\alpha_1,\alpha_1,\cdots,\alpha_k$ 是$f(x)$在复数域上的 $k+1$ 个根,那么

$$f(x)=(x-\alpha)(a_0x^k+c_1x^{k-1}+\cdots+c_k)=(x-\alpha)\hat{f}(x)$$

这里 $\hat{f}(x)=a_0x^k+c_1x^{k-1}+\cdots+c_k$ 是复数域上一个k 次多项式,它的根是 $\alpha_1,\alpha_1,\cdots,\alpha_k$,比较系数 $f(x)$,我们可得

$$a_1=c_1-a_0\alpha,\quad a_2=c_2-c_1\alpha,\quad \cdots,\quad a_k=c_k-c_{k-1}\alpha, a_{k+1}=-c_{k+1}\alpha$$

因此有

$$R(f,g)=\begin{vmatrix} a_0 & a_1 & a_2 & \cdots & a_{k+1} & & \\ & a_0 & a_1 & \cdots & \cdots & a_{k+1} & \\ \vdots & \vdots & \vdots & & \vdots & \vdots & \vdots \\ & & & a_0 & a_1 & \cdots & a_{k+1} \\ b_0 & b_1 & b_2 & \cdots & b_m & & \\ & b_0 & b_1 & \cdots & \cdots & b_m & \\ \vdots & \vdots & \vdots & & \vdots & \vdots & \vdots \\ & & & b_0 & b_1 & \cdots & b_m \end{vmatrix}\begin{matrix}\left.\begin{matrix}\\ \\ \\ \\ \end{matrix}\right\} m\text{ 行} \\ \left.\begin{matrix}\\ \\ \\ \\ \end{matrix}\right\} k+1\text{ 行}\end{matrix}$$

$$=\begin{vmatrix} a_0 & c_1-a_0\alpha & c_2-c_1\alpha & \cdots & -c_{k+1}\alpha & & \\ & a_0 & c_1-a_0\alpha & \cdots & \cdots & -c_{k+1}\alpha & \\ \vdots & \vdots & \vdots & & \vdots & \vdots & \vdots \\ & & & a_0 & c_1-a_0\alpha & \cdots & -c_{k+1}\alpha \\ b_0 & b_1 & b_2 & \cdots & b_m & & \\ & b_0 & b_1 & \cdots & \cdots & b_m & \\ \vdots & \vdots & \vdots & & \vdots & \vdots & \vdots \\ & & & b_0 & b_1 & \cdots & b_m \end{vmatrix}\begin{matrix}\left.\begin{matrix}\\ \\ \\ \\ \end{matrix}\right\} m\text{ 行} \\ \left.\begin{matrix}\\ \\ \\ \\ \end{matrix}\right\} k+1\text{ 行}\end{matrix}$$

把行列式的第1列乘以 α 加到第2列上,再把新的第2列乘以 α 加到第3列上,依此类推,最后把第 $m+k$ 列乘以α 加到第$m+k+1$ 列上,并注意到 $g(\alpha)=b_0\alpha^m+b_1\alpha^{m-1}+\cdots+b_m$,这样可得

$$R(f,g) = \begin{vmatrix} a_0 & c_1 & c_2 & \cdots & c_k & & & & \\ & a_0 & c_1 & c_2 & \cdots & c_k & & & \\ & \ddots & \ddots & \ddots & & \ddots & & & \\ & & a_0 & c_1 & c_2 & \cdots & c_k & & \\ b_0 & b_0\alpha+b_1 & \cdots & g(\alpha) & \alpha g(\alpha) & \alpha^2 g(\alpha) & \cdots & \alpha^{k-1}g(\alpha) & \alpha^k g(\alpha) \\ & b_0 & b_0\alpha+b_1 & \cdots & g(\alpha) & \alpha g(\alpha) & \cdots & \alpha^{k-2}g(\alpha) & \alpha^{k-1}g(\alpha) \\ & \ddots & \ddots & & \ddots & \ddots & & \ddots & \ddots \\ & & & & b_0 & b_0\alpha+b_1 & \cdots & b_{m-1}\alpha+b_m & g(\alpha) \end{vmatrix} \begin{matrix} \left.\right\} m\text{ 行} \\ \left.\right\} k+1\text{ 行} \end{matrix}$$

再依次把 $m+2$ 行乘以 $-\alpha$ 加到 $m+1$ 行,再把 $m+3$ 行乘以 $-\alpha$ 加到 $m+2$ 行,依此类推,最后把 $m+k+1$ 行乘以 $-\alpha$ 加到 $m+k$ 行,于是

$$R(f,g) = \begin{vmatrix} a_0 & c_1 & c_2 & \cdots & c_k & & & & \\ & a_0 & c_1 & c_2 & \cdots & c_k & & & \\ & & \ddots & \ddots & \ddots & & \ddots & & \\ & & a_0 & c_1 & c_2 & \cdots & c_k & & \\ b_0 & b_1 & b_2 & \cdots & b_m & & & & \\ & b_0 & b_1 & b_2 & \cdots & b_m & & & \\ & & \ddots & \ddots & \ddots & & \ddots & & \\ & & b_0 & b_1 & b_2 & \cdots & b_m & & \\ & & & & b_0 & b_0\alpha+b_1 & \cdots & b_{m-1}\alpha+b_m & g(\alpha) \end{vmatrix} \begin{matrix} \left.\right\} m\text{ 行} \\ \left.\right\} k+1\text{ 行} \end{matrix}$$

把这个行列式按最后一列展开,可得

$$R(f,g) = g(\alpha)D_1$$

这里的 D_1 是位于行列式左上角的 $m+k$ 阶行列式,它恰好是 $\hat{f}(x)$ 与 $g(x)$ 的结式 $R(\hat{f},g)$,再由归纳假设可得

$$R(\hat{f},g) = a_0^m g(\alpha_1)g(\alpha_2)\cdots g(\alpha_k)$$

于是

$$R(f,g) = a_0^m g(\alpha)g(\alpha_1)g(\alpha_2)\cdots g(\alpha_k)$$

从而当 $n=k+1$ 时,结论成立。故由数学归纳法可知:当 $a_0\neq 0$ 时,

$$R(f,g) = a_0^m \prod_{i=1}^{n} g(\alpha_i)$$

利用同样的方法可以证明:当 $b_0\neq 0$ 时,

$$R(f,g) = (-1)^n b_0^n \prod_{j=1}^{m} f(\beta_j)$$

由于 $\beta_1,\beta_2,\cdots,\beta_m$ 分别是 $g(x)$ 在复数域上的 n 个根,且 $g(x)=b_0x^m+b_1x^{m-1}+\cdots+b_m$,所以

$$g(x) = b_0(x-\beta_1)(x-\beta_2)\cdots(x-\beta_m)$$

从而

$$g(\alpha_i) = b_0(\alpha_i-\beta_1)(\alpha_i-\beta_2)\cdots(\alpha_i-\beta_m) \quad (i=1,2,\cdots,n)$$

从而当 $a_0\neq0$ 或者 $b_0\neq0$ 时，

$$R(f,g)=a_0^m b_0^n\prod_{i=1}^{n}\prod_{j=1}^{m}(\alpha_i-\beta_j)$$

注 5.6.1 由以上结论可以得出 $R(f,g)=(-1)^{mn}R(g,f)$。

定理 5.6.2 设

$$f(x)=a_0x^n+a_1x^{n-1}+\cdots+a_n\quad(n>0)$$
$$g(x)=b_0x^m+b_1x^{m-1}+\cdots+b_m\quad(m>0)$$

是复数域上的两个多项式，它们的结式 $R(f,g)=0$ 的充要条件是 $f(x)$ 与 $g(x)$ 在复数域有公共根或者它们的最高项系数均为零。

证明 先证充分性。

如果 $f(x)$ 与 $g(x)$ 的最高项系数均为零，即 $a_0=b_0=0$，从而 $R(f,g)$ 所对应的行列式第1列全为零，所以 $R(f,g)=0$。

如果 $a_0\neq0$ 或者 $b_0\neq0$，$f(x)$ 与 $g(x)$ 在复数域有公共根，即存在 $\alpha_i=\beta_j$，则 $R(f,g)=a_0^m b_0^n\prod_{i=1}^{n}\prod_{j=1}^{m}(\alpha_i-\beta_j)=0$ 显然成立。

再证必要性。

由于 $R(f,g)=0$，从而 $a_0^m b_0^n\prod_{i=1}^{n}\prod_{j=1}^{m}(\alpha_i-\beta_j)=0$，易知要么 $f(x)$ 与 $g(x)$ 在复数域有公共根，要么它们的最高项系数均为零。

例 5.6.1 判别多项式

$$\begin{cases}f(x)=x^2+3x+2\\g(x)=x^2-2x+1\end{cases}$$

在复数域上有无公共根。

解 由于 $f(x)$ 与 $g(x)$ 的最高项系数均不为零，且它们的结式

$$R(f,g)=\begin{vmatrix}1&3&2&0\\0&1&3&2\\1&-2&1&0\\0&1&-2&1\end{vmatrix}=36\neq0$$

根据定理5.6.2可知，$f(x)$ 与 $g(x)$ 在复数域上没有公共根。

5.6.2 二元高次多项式的解法

设方程组

$$\begin{cases}f(x,y)=0\\g(x,y)=0\end{cases}\tag{5.6.7}$$

是复数域上的二元多项式，如果复数 x_0,y_0 满足(5.6.7)中的两个方程，即

$$\begin{cases}f(x_0,y_0)=0\\g(x_0,y_0)=0\end{cases}$$

则称 (x_0,y_0) 为方程组(5.6.7)的一个解。

现将 $f(x,y)$ 与 $g(x,y)$ 按照 x 的降幂排列,设为

$$\begin{cases}f(x,y)=F_y(x)=a_0(y)x^k+a_1(y)x^{k-1}+\cdots+a_{k-1}(y)x+a_k(y)=0\\g(x,y)=G_y(x)=b_0(y)x^l+b_1(y)x^{l-1}+\cdots+b_{l-1}(y)x+b_l(y)=0\end{cases}\tag{5.6.8}$$

其中 $a_0(y),a_1(y),\cdots,a_{k-1}(y),a_k(y),b_0(y),b_1(y),\cdots,b_{l-1}(y),b_l(y)$ 都是复数域上变量 y 的一元多项式。

注 5.6.2 当然也可以按照变量 y 的降幂排列。

若 (x_0,y_0) 是方程组(5.6.7)的解,当然也是方程组(5.6.8)的解,如果 $a_0(y)$,$b_0(y)$ 都不等于零,把方程组(5.6.8)视为一元多项式,则 x_0 是 $F_{y_0}(x)$ 和 $G_{y_0}(x)$ 的公共根,由定理 5.6.2 可知

$$R(F_{y_0},G_{y_0})=0$$

即 y_0 是 y 的一元多项式 $R(F_{y_0},G_{y_0})$ 的根。

反之,设有某个复数 y_0,满足 $a_0(y_0)\neq0$,$b_0(y_0)\neq0$,且 y_0 是 $R(F_y,G_y)$ 的根,即

$$R(F_{y_0},G_{y_0})=0$$

则 $F_{y_0}(x)$ 和 $G_{y_0}(x)$ 有公共根,任取其公共根 x_0,那么 (x_0,y_0) 是原方程组(5.6.7)的解。

由此可得二元高次方程组(5.6.7)的解法,其步骤如下:

(1) 将二元多项式 $f(x,y)$ 与 $g(x,y)$ 按照 x 的降幂排列(或按 y 的降幂,下同),得到方程组(5.6.8);

(2) 计算 $F_y(x)$ 和 $G_y(x)$ 的结式 $R(F_y,G_y)$;

(3) 求出方程 $R(F_y,G_y)=0$ 的全部根;

(4) 将 $R(F_y,G_y)=0$ 的每一个根 β,代入方程组(5.6.8)中,求出 $F_\beta(x)$ 和 $G_\beta(x)$ 的公共根 α,则 (α,β) 就是原方程组的解。

例 5.6.2 解二元高次方程组

$$\begin{cases}yx^2+3yx+2y-2=0\\(2y-2)x+y-1=0\end{cases}$$

解 记

$$\begin{cases}f(x,y)=yx^2+3yx+2y-2\\g(x,y)=(2y-2)x+y-1\end{cases}$$

将 $f(x,y)$ 与 $g(x,y)$ 按照 x 的降幂排列得

$$\begin{cases}f(x,y)=yx^2+3yx+(2y-2)\\g(x,y)=(2y-2)x+(y-1)\end{cases}$$

计算 $f(x,y)$ 与 $g(x,y)$ 的结式 $R_x(f,g)$,即

$$R_x(f,g)=\begin{vmatrix}y&3y&2y-2\\2y-2&y-1&0\\0&2y-1&y-1\end{vmatrix}=(y-1)^2(3y-8)$$

再求出 $R_x(f,g)=0$ 的全部根,分别为 $y_1=1$(重根),$y_2=\dfrac{8}{3}$。

先将 $y_1=1$ 代入原方程组,得一元方程组

$$\begin{cases}f(x,1)=x^2+3x=0\\g(x,1)=0\end{cases}$$

其公共根为 $x_1=0,x_2=-3$。

再将 $y_2=\dfrac{8}{3}$代入原方程组,得一元方程组

$$\begin{cases} f\left(x,\dfrac{8}{3}\right)=\dfrac{8}{3}x^2+8x+\left(\dfrac{16}{3}-2\right)=\dfrac{4}{3}(2x+5)\left(x+\dfrac{1}{2}\right)=0 \\ g\left(x,\dfrac{8}{3}\right)=\left(\dfrac{16}{3}-2\right)x+\left(\dfrac{8}{3}-1\right)=\dfrac{5}{3}(2x+1)=0 \end{cases}$$

其公共根为 $x_3=-\dfrac{1}{2}$。

因而,方程组的全部解是

$$\begin{cases} x_1=0 \\ y_1=1 \end{cases},\quad \begin{cases} x_2=-3 \\ y_2=1 \end{cases},\quad \begin{cases} x_3=-\dfrac{1}{2} \\ y_3=\dfrac{8}{3} \end{cases}$$

习　　题

1. 设向量 $\boldsymbol{\alpha}=\begin{pmatrix}2\\-1\\-3\\4\end{pmatrix},\boldsymbol{\beta}=\begin{pmatrix}-4\\2\\6\\1\end{pmatrix},\boldsymbol{\gamma}=\begin{pmatrix}-2\\-5\\4\\3\end{pmatrix}$,求 $2\boldsymbol{\alpha}-3\boldsymbol{\beta}-\boldsymbol{\gamma}$ 和 $-2\boldsymbol{\alpha}+\boldsymbol{\beta}+3\boldsymbol{\gamma}$。

2. 设向量 $\boldsymbol{\alpha}=\begin{pmatrix}2\\5\\1\\3\end{pmatrix},\boldsymbol{\beta}=\begin{pmatrix}7\\1\\-5\\8\end{pmatrix},\boldsymbol{\gamma}=\begin{pmatrix}-4\\1\\-1\\1\end{pmatrix}$,求下列各式中的向量 $\boldsymbol{\theta}$:

(1) $3\boldsymbol{\theta}+2\boldsymbol{\alpha}=(\boldsymbol{\beta}-\boldsymbol{\theta})-(\boldsymbol{\gamma}+3\boldsymbol{\theta})$;

(2) $3(\boldsymbol{\alpha}-\boldsymbol{\beta})+2(\boldsymbol{\beta}+\boldsymbol{\theta})=5(\boldsymbol{\gamma}+\boldsymbol{\theta})$。

3. 证明:如果 $a\begin{pmatrix}2\\1\\3\end{pmatrix}+b\begin{pmatrix}0\\1\\2\end{pmatrix}+c\begin{pmatrix}-1\\-1\\4\end{pmatrix}=\begin{pmatrix}0\\0\\0\end{pmatrix}$,则 $a=b=c=0$。

4. 设 $\begin{pmatrix}x\\1+y\\2-z\end{pmatrix}=\begin{pmatrix}y-1\\z\\1-2x\end{pmatrix}$,求 x,y,z。

5. 证明:在 P^n 中下列等式成立:

(1) $a(\boldsymbol{\alpha}-\boldsymbol{\beta})=a\boldsymbol{\alpha}-a\boldsymbol{\beta}$;

(2) $(a-b)\boldsymbol{\alpha}=a\boldsymbol{\alpha}-b\boldsymbol{\alpha}$。

6. 判断下列命题哪些是对的？哪些是错的？对的给出证明，错的举出反例。

(1) 如果全为零的数 $k_1,k_2,\cdots,k_r$ 满足 $k_1\boldsymbol{\alpha}_1+k_2\boldsymbol{\alpha}_2+\cdots+k_r\boldsymbol{\alpha}_r=\mathbf{0}$，则 $\boldsymbol{\alpha}_1,\boldsymbol{\alpha}_2,\cdots,\boldsymbol{\alpha}_r$ 线性无关；

(2) 如果向量组 $\boldsymbol{\alpha}_1,\boldsymbol{\alpha}_2,\cdots,\boldsymbol{\alpha}_r$ 线性相关，则对任意一组不全为零的数 $k_1,k_2,\cdots,k_r$，都有 $k_1\boldsymbol{\alpha}_1+k_2\boldsymbol{\alpha}_2+\cdots+k_r\boldsymbol{\alpha}_r=\mathbf{0}$；

(3) 设 $k_1\boldsymbol{\alpha}_1+k_2\boldsymbol{\alpha}_2+\cdots+k_r\boldsymbol{\alpha}_r=\mathbf{0}$，若 $\boldsymbol{\alpha}_1,\boldsymbol{\alpha}_2,\cdots,\boldsymbol{\alpha}_r$ 线性相关，则 $k_1,k_2,\cdots,k_r$ 必不全为零，若 $\boldsymbol{\alpha}_1,\boldsymbol{\alpha}_2,\cdots,\boldsymbol{\alpha}_r$ 线性无关，则 $k_1,k_2,\cdots,k_r$ 必全为零；

(4) 如果等式 $k_1\boldsymbol{\alpha}_1+k_2\boldsymbol{\alpha}_2+\cdots+k_r\boldsymbol{\alpha}_r+k_1\boldsymbol{\beta}_1+k_2\boldsymbol{\beta}_2+\cdots+k_r\boldsymbol{\beta}_r=\mathbf{0}$，只有当 $k_1,k_2,\cdots,k_r$ 全为零时才成立，则 $\boldsymbol{\alpha}_1,\boldsymbol{\alpha}_2,\cdots,\boldsymbol{\alpha}_r,\boldsymbol{\beta}_1,\boldsymbol{\beta}_2,\cdots,\boldsymbol{\beta}_r$ 必线性相关；

(5) 如果 $\boldsymbol{\alpha}_1,\boldsymbol{\alpha}_2,\cdots,\boldsymbol{\alpha}_r$ 线性无关，而 $\boldsymbol{\alpha}_{r+1}$ 不能够被 $\boldsymbol{\alpha}_1,\boldsymbol{\alpha}_2,\cdots,\boldsymbol{\alpha}_r$ 线性表示，则向量组 $\boldsymbol{\alpha}_1,\boldsymbol{\alpha}_2,\cdots,\boldsymbol{\alpha}_r,\boldsymbol{\alpha}_{r+1}$ 必线性无关；

(6) 如果向量组 $\boldsymbol{\alpha}_1,\boldsymbol{\alpha}_2,\cdots,\boldsymbol{\alpha}_r$ 线性相关，则其中每个向量都是其余向量的线性组合；

(7) 如果存在一组不全为零的数 $k_1,k_2,\cdots,k_r$，使得 $k_1\boldsymbol{\alpha}_1+k_2\boldsymbol{\alpha}_2+\cdots+k_r\boldsymbol{\alpha}_r\neq\mathbf{0}$，则向量组 $\boldsymbol{\alpha}_1,\boldsymbol{\alpha}_2,\cdots,\boldsymbol{\alpha}_r$ 必线性无关。

7. 把向量 $\boldsymbol{\beta}$ 表示成向量组 $\boldsymbol{\alpha}_1,\boldsymbol{\alpha}_2,\boldsymbol{\alpha}_3,\boldsymbol{\alpha}_4$ 的线性组合：

(1) $\boldsymbol{\beta}=\begin{pmatrix}-1\\3\\1\\1\end{pmatrix},\boldsymbol{\alpha}_1=\begin{pmatrix}1\\1\\1\\1\end{pmatrix},\boldsymbol{\alpha}_2=\begin{pmatrix}1\\1\\-1\\-1\end{pmatrix},\boldsymbol{\alpha}_3=\begin{pmatrix}1\\-1\\1\\-1\end{pmatrix},\boldsymbol{\alpha}_4=\begin{pmatrix}1\\-1\\-1\\1\end{pmatrix}$；

(2) $\boldsymbol{\beta}=\begin{pmatrix}3\\4\\1\\8\end{pmatrix},\boldsymbol{\alpha}_1=\begin{pmatrix}0\\-1\\1\\1\end{pmatrix},\boldsymbol{\alpha}_2=\begin{pmatrix}1\\-1\\1\\2\end{pmatrix},\boldsymbol{\alpha}_3=\begin{pmatrix}0\\1\\1\\2\end{pmatrix},\boldsymbol{\alpha}_4=\begin{pmatrix}2\\2\\1\\3\end{pmatrix},\boldsymbol{\alpha}_5=\begin{pmatrix}0\\-1\\-1\\-1\end{pmatrix}$。

8. 设 $\boldsymbol{\alpha}_1=\begin{pmatrix}1\\-2\\-1\end{pmatrix},\boldsymbol{\alpha}_2=\begin{pmatrix}0\\3\\1\end{pmatrix},\boldsymbol{\alpha}_3=\begin{pmatrix}-1\\5\\a\end{pmatrix}$，当 a 取何值时向量组 $\boldsymbol{\alpha}_1,\boldsymbol{\alpha}_2,\boldsymbol{\alpha}_3$ 线性相关？

9. 判断下列向量组的线性关系：

(1) $\boldsymbol{\alpha}_1=\begin{pmatrix}3\\1\\4\end{pmatrix},\boldsymbol{\alpha}_2=\begin{pmatrix}2\\5\\-1\end{pmatrix},\boldsymbol{\alpha}_3=\begin{pmatrix}4\\-3\\7\end{pmatrix}$；

(2) $\boldsymbol{\alpha}_1=\begin{pmatrix}2\\0\\1\end{pmatrix},\boldsymbol{\alpha}_2=\begin{pmatrix}0\\1\\-2\end{pmatrix},\boldsymbol{\alpha}_3=\begin{pmatrix}1\\-1\\1\end{pmatrix}$；

(3) $\boldsymbol{\alpha}_1=\begin{pmatrix}2\\-1\\3\\2\end{pmatrix},\boldsymbol{\alpha}_2=\begin{pmatrix}-1\\2\\2\\3\end{pmatrix},\boldsymbol{\alpha}_3=\begin{pmatrix}3\\-1\\2\\2\end{pmatrix},\boldsymbol{\alpha}_4=\begin{pmatrix}2\\-1\\3\\2\end{pmatrix}$；

(4) $\boldsymbol{\alpha}_1=\begin{pmatrix}1\\-2\\4\\-8\end{pmatrix},\boldsymbol{\alpha}_2=\begin{pmatrix}1\\3\\9\\27\end{pmatrix},\boldsymbol{\alpha}_3=\begin{pmatrix}1\\4\\16\\64\end{pmatrix},\boldsymbol{\alpha}_4=\begin{pmatrix}1\\-1\\1\\-1\end{pmatrix}$。

10. 设向量 $\boldsymbol{\alpha}_i=\begin{pmatrix}a_{1i}\\a_{2i}\\\vdots\\a_{ni}\end{pmatrix}(i=1,2,\cdots,n)$。证明:向量组 $\boldsymbol{\alpha}_1,\boldsymbol{\alpha}_2,\cdots,\boldsymbol{\alpha}_n$ 线性无关的充要条件是

$$\begin{vmatrix}a_{11}&a_{12}&\cdots&a_{1n}\\a_{21}&a_{22}&\cdots&a_{2n}\\\vdots&\vdots&&\vdots\\a_{n1}&a_{n2}&\cdots&a_{nn}\end{vmatrix}\neq 0$$

11. 设向量组 $\boldsymbol{\alpha}_1,\boldsymbol{\alpha}_2,\cdots,\boldsymbol{\alpha}_r(r\geqslant 2)$线性无关,任取 $r-1$ 个数 $k_1,k_2,\cdots,k_{r-1}$,证明:向量组 $\boldsymbol{\beta}_1=\boldsymbol{\alpha}_1+k_1\boldsymbol{\alpha}_r,\boldsymbol{\beta}_2=\boldsymbol{\alpha}_2+k_2\boldsymbol{\alpha}_r,\cdots,\boldsymbol{\beta}_{r-1}=\boldsymbol{\alpha}_{r-1}+k_{r-1}\boldsymbol{\alpha}_r$ 也线性无关。

12. 设向量组 $\boldsymbol{\beta}$ 可以由向量组$\boldsymbol{\alpha}_1,\boldsymbol{\alpha}_2,\cdots,\boldsymbol{\alpha}_r$ 线性表示,但不能由 $\boldsymbol{\alpha}_1,\boldsymbol{\alpha}_2,\cdots,\boldsymbol{\alpha}_{r-1}$线性表示,证明:向量组 $\boldsymbol{\alpha}_1,\boldsymbol{\alpha}_2,\cdots,\boldsymbol{\alpha}_r$ 与向量组$\boldsymbol{\alpha}_1,\boldsymbol{\alpha}_2,\cdots,\boldsymbol{\alpha}_{r-1},\boldsymbol{\beta}$ 等价。

13. 设向量 $\boldsymbol{\beta}$ 可由向量组$\boldsymbol{\alpha}_1,\boldsymbol{\alpha}_2,\cdots,\boldsymbol{\alpha}_r$ 线性表示,证明:表示法唯一的充要条件是向量组 $\boldsymbol{\alpha}_1,\boldsymbol{\alpha}_2,\cdots,\boldsymbol{\alpha}_r$ 线性无关。

14. 设 $\boldsymbol{\alpha}_1,\boldsymbol{\alpha}_2,\cdots,\boldsymbol{\alpha}_r$ 与$\boldsymbol{\beta}_1,\boldsymbol{\beta}_2,\cdots,\boldsymbol{\beta}_r$ 是两个向量组,且满足

$$\begin{cases}\boldsymbol{\beta}_1=k_{11}\boldsymbol{\alpha}_1+k_{12}\boldsymbol{\alpha}_2+\cdots+k_{1r}\boldsymbol{\alpha}_r\\\boldsymbol{\beta}_2=k_{21}\boldsymbol{\alpha}_1+k_{22}\boldsymbol{\alpha}_2+\cdots+k_{2r}\boldsymbol{\alpha}_r\\\cdots\cdots\\\boldsymbol{\beta}_r=k_{r1}\boldsymbol{\alpha}_1+k_{r2}\boldsymbol{\alpha}_2+\cdots+k_{rr}\boldsymbol{\alpha}_r\end{cases}$$

证明:若行列式

$$D=\begin{vmatrix}k_{11}&k_{12}&\cdots&k_{1r}\\k_{21}&k_{22}&\cdots&k_{2r}\\\vdots&\vdots&&\vdots\\k_{r1}&k_{r2}&\cdots&k_{rr}\end{vmatrix}\neq 0$$

则向量组 $\boldsymbol{\alpha}_1,\boldsymbol{\alpha}_2,\cdots,\boldsymbol{\alpha}_r$ 与向量组$\boldsymbol{\beta}_1,\boldsymbol{\beta}_2,\cdots,\boldsymbol{\beta}_r$ 等价。

15. 设 $t_1,t_2,\cdots,t_r$ 是互不相同的实数,且 $r\leqslant n$,证明:向量组

$$\boldsymbol{\alpha}_1=\begin{pmatrix}1\\t_1\\t_1^2\\\vdots\\t_1^{n-1}\end{pmatrix},\quad\boldsymbol{\alpha}_2=\begin{pmatrix}1\\t_2\\t_2^2\\\vdots\\t_2^{n-1}\end{pmatrix},\quad\cdots,\quad\boldsymbol{\alpha}_r=\begin{pmatrix}1\\t_r\\t_r^2\\\vdots\\t_r^{n-1}\end{pmatrix}$$

线性无关。

16. 设向量组 $\boldsymbol{\alpha}_1,\boldsymbol{\alpha}_2,\cdots,\boldsymbol{\alpha}_r$ 线性无关,并且可由向量组 $\boldsymbol{\beta}_1,\boldsymbol{\beta}_2,\cdots,\boldsymbol{\beta}_r$ 线性表示,证明:

向量组 $\boldsymbol{\beta}_1,\boldsymbol{\beta}_2,\cdots,\boldsymbol{\beta}_r$ 也线性无关,且与向量组 $\boldsymbol{\alpha}_1,\boldsymbol{\alpha}_2,\cdots,\boldsymbol{\alpha}_r$ 等价。

17. 设向量组 $\boldsymbol{\alpha}_1,\boldsymbol{\alpha}_2,\cdots,\boldsymbol{\alpha}_r$ 线性无关,但向量组 $\boldsymbol{\alpha}_1,\boldsymbol{\alpha}_2,\cdots,\boldsymbol{\alpha}_r,\boldsymbol{\beta},\boldsymbol{\gamma}$ 线性相关。证明:向量 $\boldsymbol{\beta}$ 与 $\boldsymbol{\gamma}$ 中至少有一个可以由向量组 $\boldsymbol{\alpha}_1,\boldsymbol{\alpha}_2,\cdots,\boldsymbol{\alpha}_r$ 线性表示,或者向量组 $\boldsymbol{\alpha}_1,\boldsymbol{\alpha}_2,\cdots,\boldsymbol{\alpha}_r,\boldsymbol{\beta}$ 与向量组 $\boldsymbol{\alpha}_1,\boldsymbol{\alpha}_2,\cdots,\boldsymbol{\alpha}_r,\boldsymbol{\gamma}$ 等价。

18. 设 $\boldsymbol{\beta}_1=\boldsymbol{\alpha}_2+\boldsymbol{\alpha}_3+\cdots+\boldsymbol{\alpha}_n,\boldsymbol{\beta}_2=\boldsymbol{\alpha}_1+\boldsymbol{\alpha}_3+\cdots+\boldsymbol{\alpha}_n,\cdots,\boldsymbol{\beta}_n=\boldsymbol{\alpha}_1+\boldsymbol{\alpha}_2+\cdots+\boldsymbol{\alpha}_{n-1}$,证明:向量组 $\boldsymbol{\alpha}_1,\boldsymbol{\alpha}_2,\cdots,\boldsymbol{\alpha}_n$ 与向量组 $\boldsymbol{\beta}_1,\boldsymbol{\beta}_2,\cdots,\boldsymbol{\beta}_n$ 等价。

19. 设向量组 $\boldsymbol{\alpha}_1=(1\quad 2\quad -1\quad 1)^{\mathrm{T}},\boldsymbol{\alpha}_2=(2\quad 0\quad t\quad 0)^{\mathrm{T}},\boldsymbol{\alpha}_3=(0\quad -4\quad 5\quad -2)^{\mathrm{T}}$ 的秩是 2,求 t 的值。

20. 求下列向量组的秩、一个极大线性无关组,并将其他向量用极大线性无关组表示:

(1) $\boldsymbol{\alpha}_1=\begin{pmatrix}6\\4\\1\\-1\\2\end{pmatrix},\boldsymbol{\alpha}_2=\begin{pmatrix}1\\0\\2\\3\\-4\end{pmatrix},\boldsymbol{\alpha}_3=\begin{pmatrix}1\\4\\-9\\-16\\22\end{pmatrix},\boldsymbol{\alpha}_4=\begin{pmatrix}7\\1\\0\\-1\\3\end{pmatrix}$;

(2) $\boldsymbol{\alpha}_1=\begin{pmatrix}1\\1\\2\\4\end{pmatrix},\boldsymbol{\alpha}_2=\begin{pmatrix}1\\-3\\1\\-2\end{pmatrix},\boldsymbol{\alpha}_3=\begin{pmatrix}4\\0\\7\\10\end{pmatrix},\boldsymbol{\alpha}_4=\begin{pmatrix}1\\-1\\2\\0\end{pmatrix}$;

(3) $\boldsymbol{\alpha}_1=\begin{pmatrix}1\\1\\1\end{pmatrix},\boldsymbol{\alpha}_2=\begin{pmatrix}1\\1\\0\end{pmatrix},\boldsymbol{\alpha}_3=\begin{pmatrix}1\\0\\0\end{pmatrix},\boldsymbol{\alpha}_4=\begin{pmatrix}-1\\-2\\3\end{pmatrix}$。

21. 设向量组 $\boldsymbol{\alpha}_1,\boldsymbol{\alpha}_2,\cdots,\boldsymbol{\alpha}_n$ 的秩是 r,$\boldsymbol{\alpha}_{i_1},\boldsymbol{\alpha}_{i_2},\cdots,\boldsymbol{\alpha}_{i_r}$ 是 $\boldsymbol{\alpha}_1,\boldsymbol{\alpha}_2,\cdots,\boldsymbol{\alpha}_n$ 中含有 r 个向量的一个部分组,且 $\boldsymbol{\alpha}_1,\boldsymbol{\alpha}_2,\cdots,\boldsymbol{\alpha}_n$ 中每一个向量都可由它们线性表示,证明:$\boldsymbol{\alpha}_{i_1},\boldsymbol{\alpha}_{i_2},\cdots,\boldsymbol{\alpha}_{i_r}$ 是 $\boldsymbol{\alpha}_1,\boldsymbol{\alpha}_2,\cdots,\boldsymbol{\alpha}_n$ 的一个极大无关组。

22. 已知向量组 $\boldsymbol{\alpha}_1,\boldsymbol{\alpha}_2,\cdots,\boldsymbol{\alpha}_n$ 的秩是 r,证明:$\boldsymbol{\alpha}_1,\boldsymbol{\alpha}_2,\cdots,\boldsymbol{\alpha}_n$ 中任意 r 个线性无关的向量都构成它的一个极大无关组。

23. 已知向量组 $\boldsymbol{\alpha}_1,\boldsymbol{\alpha}_2,\cdots,\boldsymbol{\alpha}_r$ 与向量组 $\boldsymbol{\alpha}_1,\boldsymbol{\alpha}_2,\cdots,\boldsymbol{\alpha}_r,\boldsymbol{\alpha}_{r+1},\cdots,\boldsymbol{\alpha}_n$ 有相同的秩,证明:向量组 $\boldsymbol{\alpha}_1,\boldsymbol{\alpha}_2,\cdots,\boldsymbol{\alpha}_r$ 与向量组 $\boldsymbol{\alpha}_1,\boldsymbol{\alpha}_2,\cdots,\boldsymbol{\alpha}_r,\boldsymbol{\alpha}_{r+1},\cdots,\boldsymbol{\alpha}_n$ 等价。

24. 证明:一个向量组的任何一个无关组都可以扩展为一个极大无关组。

25. 设 $\boldsymbol{\alpha}_1=\begin{pmatrix}1\\-1\\2\\4\end{pmatrix},\boldsymbol{\alpha}_2=\begin{pmatrix}0\\3\\1\\2\end{pmatrix},\boldsymbol{\alpha}_3=\begin{pmatrix}3\\0\\7\\14\end{pmatrix},\boldsymbol{\alpha}_4=\begin{pmatrix}1\\-1\\1\\0\end{pmatrix},\boldsymbol{\alpha}_5=\begin{pmatrix}2\\1\\5\\6\end{pmatrix}$。

(1) 证明:$\boldsymbol{\alpha}_1,\boldsymbol{\alpha}_2$ 线性无关;

(2) 把 $\boldsymbol{\alpha}_1,\boldsymbol{\alpha}_2$ 扩充为一个极大无关组。

26. 设向量组 $\boldsymbol{\alpha}_1,\boldsymbol{\alpha}_2,\cdots,\boldsymbol{\alpha}_s$;$\boldsymbol{\beta}_1,\boldsymbol{\beta}_2,\cdots,\boldsymbol{\beta}_t$ 和 $\boldsymbol{\alpha}_1,\boldsymbol{\alpha}_2,\cdots,\boldsymbol{\alpha}_s,\boldsymbol{\beta}_1,\boldsymbol{\beta}_2,\cdots,\boldsymbol{\beta}_t$ 的秩分别为 r_1,r_2 和 r_3,证明:$\max\{r_1,r_2\}\leqslant r_3\leqslant r_1+r_2$。

27. 设 $\boldsymbol{A}$ 是一个 $m\times n$ 矩阵,且 $r(\boldsymbol{A})=r$,从 $\boldsymbol{A}$ 中任意划去 $m-s$ 行与 $n-t$ 列,其余

元素按照原来的位置排列成一个 $s\times t$ 矩阵 $\boldsymbol{C}$。证明：$r(\boldsymbol{C})\geqslant r+s+t-m$。

28. 用 Gauss 消元法解下列线性方程组：

(1) $\begin{cases}x_1+x_2+2x_3+3x_4=1\\x_2+x_3-4x_4=1\\x_1+2x_2+3x_3-x_4=4\\2x_1+3x_2-x_3-x_4=-6\end{cases}$；　(2) $\begin{cases}2x_1-x_2+3x_3=3\\3x_1+x_2-5x_3=0\\4x_1-x_2+x_3=3\\x_1+3x_2-13x_3=-6\end{cases}$；

(3) $\begin{cases}x_1-x_2+x_3-x_4=1\\x_1+x_2+x_3+x_4=-1\\x_1-x_2-2x_3+2x_4=1\end{cases}$；　(4) $\begin{cases}2x_1+2x_2-3x_3=9\\x_1+2x_2+x_3=4\\3x_1+9x_2+2x_3=19\end{cases}$。

29. 判定下列方程组的相容性以及相容时解的个数：

(1) $\begin{cases}2x_1+x_2+x_3=2\\x_1+3x_2+x_3=5\\x_1+x_2+5x_3=-7\\2x_1+3x_2-3x_3=14\end{cases}$；　(2) $\begin{cases}x_1-x_2+3x_3-x_4=1\\2x_1-x_2+x_3+4x_4=2\\-4x_3+5x_4=-2\end{cases}$；

(3) $\begin{cases}2x_1+x_2-x_3+x_4=1\\3x_1-2x_2+2x_3-3x_4=2\\5x_1+x_2-x_3+2x_4=-1\\2x_1-x_2+x_3-3x_4=4\end{cases}$。

30. 讨论 λ 取什么值时，下列线性方程组有解：

(1) $\begin{cases}(\lambda+3)x_1+x_2+2x_3=\lambda\\\lambda x_1+(\lambda-1)x_2+x_3=2\lambda\\3(\lambda+1)x_1+\lambda x_2+(\lambda+3)x_3=3\end{cases}$；　(2) $\begin{cases}\lambda x_1+x_2+x_3=1\\x_1+\lambda x_2+x_3=\lambda\\x_1+x_2+\lambda x_3=\lambda^2\end{cases}$。

31. 讨论 a,b 取什么值时，下列方程组有解，并求解：

$$\begin{cases}ax_1+x_2+x_3=4\\x_1+bx_2+x_3=3\\x_1+2bx_2+x_3=4\end{cases}$$

32. 设线性方程组

$$\begin{cases}x_1+x_2=a_1\\x_3+x_4=a_2\\x_1+x_3=b_1\\x_2+x_4=b_2\end{cases}$$

这里 $a_1+a_2=b_1+b_2$，证明：这个方程组有解，且其系数矩阵的秩为 3。

33. 当 λ 取何值时，下列齐次方程组有非零解，并求出它的一般解：

$$\begin{cases}(\lambda-1)x_1-3x_2-2x_3=0\\-x_1+(\lambda-8)x_2-2x_3=0\\2x_1+14x_2+(\lambda+3)x_3=0\end{cases}$$

34. 设线性方程组

$$\begin{cases} a_{11}x_1 + a_{12}x_2 + \cdots + a_{1n}x_n = b_1 \\ a_{21}x_1 + a_{22}x_2 + \cdots + a_{2n}x_n = b_2 \\ \cdots\cdots \\ a_{m1}x_1 + a_{m2}x_2 + \cdots + a_{mn}x_n = b_m \end{cases} \quad (\text{I})$$

有解，并且添加一个方程得到方程组

$$\begin{cases} a_{11}x_1 + a_{12}x_2 + \cdots + a_{1n}x_n = b_1 \\ a_{21}x_1 + a_{22}x_2 + \cdots + a_{2n}x_n = b_2 \\ \cdots\cdots \\ a_{m1}x_1 + a_{m2}x_2 + \cdots + a_{mn}x_n = b_m \\ a_1x_1 + a_2x_2 + \cdots + a_nx_n = b \end{cases} \quad (\text{II})$$

若方程组(Ⅰ)与方程组(Ⅱ)同解，证明：添加的方程 $a_1x_1 + a_2x_2 + \cdots + a_nx_n = b$ 可由方程组(Ⅰ)中 m 个方程线性表示。

35. 求下列齐次线性方程组的基础解系，并用基础解系表示通解：

(1) $\begin{cases} 3x_1 + 2x_2 + 3x_3 - 2x_4 = 0 \\ 2x_1 + x_2 + x_3 - x_4 = 0 \\ 2x_1 + 2x_2 + x_3 + 2x_4 = 0 \end{cases}$； (2) $\begin{cases} x_1 - x_3 = 0 \\ 2x_1 + x_2 - 2x_3 - x_4 = 0 \\ x_1 + x_2 - x_3 - x_4 = 0 \\ 3x_1 + 2x_2 - 3x_3 - 2x_4 = 0 \end{cases}$；

(3) $\begin{cases} x_1 - x_2 + 5x_3 - x_4 = 0 \\ x_1 + x_2 - 2x_3 + 3x_4 = 0 \\ 3x_1 - x_2 + 8x_3 + x_4 = 0 \\ x_1 + 3x_2 - 9x_3 + 7x_4 = 0 \end{cases}$； (4) $\begin{cases} x_1 + x_2 + x_3 + 4x_4 - 3x_5 = 0 \\ x_1 - x_2 + 3x_3 - 2x_4 - x_5 = 0 \\ 2x_1 + x_2 + 3x_3 + 5x_4 - 5x_5 = 0 \\ 3x_1 + x_2 + 5x_3 + 6x_4 - 7x_5 = 0 \end{cases}$。

36. 设齐次方程组

$$\begin{cases} a_{11}x_1 + a_{12}x_2 + \cdots + a_{1n}x_n = 0 \\ a_{21}x_1 + a_{22}x_2 + \cdots + a_{2n}x_n = 0 \\ \cdots\cdots \\ a_{s1}x_1 + a_{s2}x_2 + \cdots + a_{sn}x_n = 0 \end{cases}$$

的系数矩阵的秩为 r，证明：方程组的任意 $n-r$ 个线性无关的解都是它的基础解系。

37. 求下列非齐次方程组的通解：

(1) $\begin{cases} x_1 + 3x_2 + 5x_3 - 4x_4 = 1 \\ x_1 + 3x_2 + 2x_3 - 2x_4 + x_5 = -1 \\ x_1 - 2x_2 + x_3 - x_4 - x_5 = 3 \\ x_1 - 4x_2 + x_3 + x_4 - x_5 = 3 \\ x_1 + 2x_2 + x_3 - x_4 + x_5 = -1 \end{cases}$； (2) $\begin{cases} x_1 - 2x_2 + 3x_3 - 4x_4 = 4 \\ x_2 - x_3 + x_4 = -3 \\ x_1 + 3x_2 + x_4 = 1 \\ -7x_2 + 3x_3 + x_4 = -3 \end{cases}$；

(3) $\begin{cases} x_1 + 2x_2 - 3x_4 + 3x_5 = 1 \\ x_1 - x_2 - 3x_3 + x_4 - 3x_5 = 1 \\ 2x_1 - 3x_2 + 4x_3 - 5x_4 + 2x_5 = 7 \\ 9x_1 - 9x_2 + 6x_3 - 16x_4 + 2x_5 = 25 \end{cases}$； (4) $\begin{cases} 2x_1 + x_2 - x_3 + x_4 = 1 \\ 3x_1 - 2x_2 + 2x_3 - 3x_4 = 2 \\ 5x_1 + x_2 - x_3 + 2x_4 = -1 \\ 2x_1 - x_2 + x_3 - 3x_4 = 4 \end{cases}$。

38. 设 $x_1-x_2=a_1, x_2-x_3=a_2, x_3-x_4=a_3, x_4-x_5=a_4, x_5-x_1=a_5$，证明：这个方程组有解的充要条件是 $\sum_{i=1}^{5} a_i=0$。

39. 证明：如果 $\boldsymbol{\eta}_1,\boldsymbol{\eta}_2,\cdots,\boldsymbol{\eta}_t$ 是线性方程组 $\boldsymbol{AX}=\boldsymbol{b}$ 的解，那么 $k_1\boldsymbol{\eta}_1+k_2\boldsymbol{\eta}_2+\cdots+k_t\boldsymbol{\eta}_t$（其中 $k_1+k_2+\cdots+k_t=1$）也是它的一个解。

40. 设 $\boldsymbol{\eta}_0$ 是线性方程组 $\boldsymbol{AX}=\boldsymbol{b}$ 的一个解，$\boldsymbol{\eta}_1,\boldsymbol{\eta}_2,\cdots,\boldsymbol{\eta}_t$ 是它的导出组的一个基础解系，令

$$\boldsymbol{\gamma}_1=\boldsymbol{\eta}_0,\quad \boldsymbol{\gamma}_2=\boldsymbol{\eta}_1+\boldsymbol{\eta}_0,\quad \cdots,\quad \boldsymbol{\gamma}_{t+1}=\boldsymbol{\eta}_t+\boldsymbol{\eta}_0$$

证明：线性方程组的任一解 $\boldsymbol{\gamma}$，都可以表示成 $\boldsymbol{\gamma}=k_1\boldsymbol{\gamma}_1+k_2\boldsymbol{\gamma}_2+\cdots+k_t\boldsymbol{\gamma}_t+k_{t+1}\boldsymbol{\gamma}_{t+1}$，其中 $k_1+k_2+\cdots+k_t+k_{t+1}=1$。

41. 设线性方程组

$$\begin{cases} a_{11}x_1+a_{12}x_2+\cdots+a_{1n}x_n=0 \\ a_{21}x_1+a_{22}x_2+\cdots+a_{2n}x_n=0 \\ \cdots\cdots \\ a_{n-11}x_1+a_{n-12}x_2+\cdots+a_{n-1n}x_n=0 \end{cases}$$

的系数矩阵为

$$\boldsymbol{A}=\begin{pmatrix} a_{11} & a_{12} & \cdots & a_{1n} \\ a_{21} & a_{22} & \cdots & a_{2n} \\ \vdots & \vdots & & \vdots \\ a_{n-11} & a_{n-12} & \cdots & a_{n-1n} \end{pmatrix}$$

设 M_j 是矩阵 $\boldsymbol{A}$ 中划去第 j 列剩下的 $(n-1)\times(n-1)$ 矩阵的行列式。则

(1) $(M_1,-M_2,\cdots,(-1)^{n-1}M_n)$ 是齐次方程组的一个解；

(2) 若 $r(\boldsymbol{A})=n-1$，则齐次方程组的解都是 $(M_1,-M_2,\cdots,(-1)^{n-1}M_n)$ 的倍数。

42. 多项式 $f(x)=2x^3-3x^2+\lambda x+3$ 与 $g(x)=x^3+\lambda x+1$ 在 λ 取什么值时，有公共根。

43. 判断下列多项式有无公共根：

(1) $f(x)=x^2-6x+2$；$g(x)=x^2+x+5$；

(2) $f(x)=3x^3-4x^2+5x+6$；$g(x)=9x^3+2x+4$。

44. 解下列二元高次方程组：

(1) $\begin{cases} 5y^2-6xy+5x^2-16=0 \\ y^2-xy+2x^2-y-x-4=0 \end{cases}$；

(2) $\begin{cases} x^2+y^2+4x-2y+3=0 \\ x^2+4xy-y^2+10y-9=0 \end{cases}$；

(3) $\begin{cases} y^2+(x-4)y+x^2-2x+3=0 \\ y^3-5y^2+(x+7)y+x^3-x^2-5x-3=0 \end{cases}$。

第6章　线 性 空 间

第5章我们学习了 n 维向量空间,它是几何空间的推广。本章将 n 维向量空间进一步抽象,得出线性空间的概念。线性空间又称为向量空间,是集合、数域、线性运算三位一体的抽象化概念,也是高等代数中基本的概念之一,空间向量、函数、矩阵、多项式等问题都可以用线性空间的观点进行处理,其理论和方法已经渗透到自然科学、工程技术等领域,具有十分广泛的应用。本章主要学习线性空间的公理化定义、维数、基与基变换、坐标与坐标变换、子空间的和与直和、线性空间的同构等基本概念和性质,通过本章的学习也将加深我们对线性方程组和矩阵的理解。

6.1　线性空间的定义

本节,我们首先介绍集合的定义及运算,然后介绍线性空间的定义及其基本性质。

6.1.1　集合的定义与运算

集合是数学中最基本的概念,没有一个严格的数学定义,只有描述性的说明。集合论的创始人是德国数学家 G. Cantor,他将集合描述为:所谓集合是指我们直觉中或思维中确定的、彼此有明确区别的全体事物,集合中的那些事物就称为集合的元素。集合通常用大写英文字母 $A,B,C,\cdots$ 表示,元素则用小写英文字母 $a,b,c,\cdots$ 表示。元素与集合之间的关系是属于或者是不属于关系。若 x 是集合 A 的一个元素,则称 x 属于集合 A 或集合 A 包含 x,记作 $x\in A$。若 x 不是集合 A 中的元素,则称 x 不属于集合 A 或集合 A 不包含 x,记作 $x\notin A$。不包含任何元素的集合称为空集合,记作 $\varnothing$。

给出一个集合,就是要规定一个集合是由哪些元素构成的,可以用列举法,例如:

$$A=\{1,2,3,4\},\quad B=\left\{1,\frac{1}{2},\frac{1}{3},\frac{1}{4},\cdots\right\}$$

也可以用描述元素性质法,例如:

$$C=\{\text{全体整数}\},\quad D=\{x\mid x\text{ 是实数且 }x^2\leqslant 1\}$$

集合中的元素具有三个性质:确定性、互异性、无序性。确定性是指集合中的元素是确定的；互异性是指集合中的元素互不相同；无序性是指集合中的元素不规定次序。

定义 6.1.1 设 A，B 是两个集合，若 A 中的每一个元素都属于 B，则称 A 是 B 的一个子集，记作 $A \subseteq B$。若 A 是 B 的一个子集，并且 B 中有元素不在 A 中，则称 A 是 B 的一个真子集，记作 $A \subset B$。空集合可以看作是任何集合的一个子集。当集合 A 不是集合 B 的子集或真子集时，分别记作 $A \nsubseteq B$ 和 $A \not\subset B$。

若两个集合 A 与 B 含有完全相同的元素，即 $a \in A$ 当且仅当 $a \in B$，则称 A 与 B **相等**，记作 $A = B$。易知，$A = B$ 当且仅当 $A \subseteq B$ 且 $B \subseteq A$。因此要证明两个集合 A 与 B 相等，常需证明 $A \subseteq B$ 且 $B \subseteq A$，即 A 与 B 相互包含。

用 $|A|$ 表示集合 A 中元素的个数。如果 A 中包含 n 个元素，记作 $|A| = n$；如果 A 中包含无限多个元素，记作 $|A| = \infty$。

定义 6.1.2 由既属于集合 A 又属于集合 B 的全体元素组成的集合，称为 A 与 B 的**交**，记作 $A \cap B$。

定义 6.1.3 由属于集合 A 或集合 B 的全体元素组成的集合，称为 A 与 B 的**并**，记作 $A \cup B$。

对于三个及三个以上的集合也可以类似地定义它们的交与并。容易知道集合的交与并运算具有下面的运算规律：

(1)（幂等律）$A \cap A = A$，$A \cup A = A$；

(2)（交换律）$A \cap B = B \cap A$，$A \cup B = B \cup A$；

(3)（结合律）$(A \cap B) \cap C = A \cap (B \cap C)$，$(A \cup B) \cup C = A \cup (B \cup C)$；

(4)（分配律）$A \cap (B \cup C) = (A \cap B) \cup (A \cap C)$，$A \cup (B \cap C) = (A \cup B) \cap (A \cup C)$。

6.1.2 线性空间的定义

在第 5 章中，我们把有序数组称作向量。本章我们将把这个概念推广，使向量的概念更具一般性。当然，推广后的向量概念也更加抽象化。

我们知道，数域 P 上全体 n 维向量构成的集合 P^n 对向量加法和数量乘法是封闭的（即两个向量之和以及数乘向量之积还在这个集合中）。在闭区间 $[a, b]$ 上，全体连续实函数的集合记作 $C[a, b]$，这个集合对通常的函数加法和数与函数的乘法也是封闭的。通过数学分析的学习，我们知道，任意两个连续函数之和仍为连续函数，任意实数与连续函数的乘积仍为连续函数，并且八条运算律也满足。下面，我们将集合中的元素称为向量，尽管这些问题所考虑的对象不同，但其实质却是相同的。对两种运算，即向量加法和数量乘法封闭，满足八条运算律。由此，除去这些对象的具体属性，在某个数域上的非空集合中定义向量加法和数量乘法，将八条运算律作为公理，非空集合就构成一个抽象的代数系统，称之为线性空间。

定义 6.1.4 设 V 是非空集合，P 是一数域，V 中的元素称为向量，在集合 V 中定义一种运算称为**向量加法**，即对于 V 中任意的两个元素 $\boldsymbol{\alpha}$，$\boldsymbol{\beta}$，在 V 中存在唯一的元素 $\boldsymbol{\gamma}$ 与之对应，称为 $\boldsymbol{\alpha}$，$\boldsymbol{\beta}$ 的和，记作 $\boldsymbol{\gamma} = \boldsymbol{\alpha} + \boldsymbol{\beta}$。在数域 P 和集合 V 之间定义了一种运算，称为**数量乘法**，简称为**数乘**，即对于 P 中任意的数 k，和 V 中任意的向量 $\boldsymbol{\alpha}$，在 V 中存在唯一的元素 $\boldsymbol{\delta}$ 与之对应，称为 k 与 $\boldsymbol{\alpha}$ 的**数量乘积**，记作 $\boldsymbol{\delta} = k\boldsymbol{\alpha}$。这样定义的向量加法与数量乘法满足下面八

条运算律：

(1) **加法交换律**　$\boldsymbol{\alpha}+\boldsymbol{\beta}=\boldsymbol{\beta}+\boldsymbol{\alpha}$；

(2) **加法结合律**　$\boldsymbol{\alpha}+(\boldsymbol{\beta}+\boldsymbol{\gamma})=(\boldsymbol{\alpha}+\boldsymbol{\beta})+\boldsymbol{\gamma}$；

(3) **零元存在**　在 V 中存在元素 $\mathbf{0}$，使得对于 V 中的任意元素 $\boldsymbol{\alpha}$ 都有 $\boldsymbol{\alpha}+\mathbf{0}=\boldsymbol{\alpha}$；

(4) **负元存在**　对于 V 中每一个元素 $\boldsymbol{\alpha}$，存在 V 中的元素 $\boldsymbol{\beta}$ 使得 $\boldsymbol{\alpha}+\boldsymbol{\beta}=\mathbf{0}$，称 $\boldsymbol{\beta}$ 为 $\boldsymbol{\alpha}$ 的负元素；

(5) $1\boldsymbol{\alpha}=\boldsymbol{\alpha}$；

(6) **数的结合律**　$k(l\boldsymbol{\alpha})=(kl)\boldsymbol{\alpha}$；

(7) **第一分配律**　$(k+l)\boldsymbol{\alpha}=k\boldsymbol{\alpha}+l\boldsymbol{\alpha}$；

(8) **第二分配律**　$k(\boldsymbol{\alpha}+\boldsymbol{\beta})=k\boldsymbol{\alpha}+k\boldsymbol{\beta}$。

其中 $k,l\in P$，$\boldsymbol{\alpha},\boldsymbol{\beta},\boldsymbol{\gamma}\in V$，称 V 是数域 P 上的**线性空间**，也称作为**向量空间**。线性空间中的向量加法和数量乘法统称为线性运算。

例 6.1.1　全体实函数构成的集合，对于函数的加法和数与函数的乘法构成实数域上的线性空间。

例 6.1.2　数域 P 上全体 $m\times n$ 矩阵构成的集合 $P^{m\times n}$，按通常的矩阵加法和数与矩阵的乘法构成数域 P 上的线性空间。

例 6.1.3　数域 P 上一元多项式环 $P[x]$ 按通常的多项式加法和数与多项式的乘法构成数域 P 上的线性空间。若考察 $P[x]$ 的子集

$$\{p(x)\in P[x]\mid p(x)\text{ 的次数}<n\text{ 或 }p(x)=0\}$$

则它也构成数域 P 上的线性空间，记作 $P[x]_n$。

例 6.1.4　仅含数 0 的集合 $\{0\}$ 是任意数域上的线性空间。任意数域 P 按照通常两个数的加法和乘法构成数域 P 上的线性空间。

例 6.1.5　对于全体正实数 $\mathbf{R}^+$，加法与数量乘法定义为：$a\oplus b=ab$，$k\circ a=a^k$，则 $\mathbf{R}^+$ 按照定义的运算构成实数域上的线性空间。事实上，$\mathbf{R}^+$ 对定义的加法和数量乘法是封闭的。下面验证八条运算律：

(1) $a\oplus b=ab=ba=b\oplus a$；

(2) $(a\oplus b)\oplus c=(ab)c=a(bc)=a\oplus(b\oplus c)$；

(3) 1 是零元，$a\oplus 1=a\cdot 1=a$；

(4) a 的负元是 $\dfrac{1}{a}$，$a\oplus\dfrac{1}{a}=a\cdot\dfrac{1}{a}=1$；

(5) $1\circ a=a^1=a$；

(6) $k\circ(l\circ a)=(a^l)^k=a^{lk}=a^{kl}=(kl)\circ a$；

(7) $(k+l)\circ a=a^{k+l}=a^ka^l=(k\circ a)\oplus(l\circ a)$；

(8) $k\circ(a\oplus b)=(ab)^k=a^kb^k=(k\circ a)\oplus(k\circ b)$。

故 $\mathbf{R}^+$ 构成线性空间。

6.1.3　线性空间的基本性质

定理 6.1.1　设 V 是数域 P 上的线性空间，对任意的 $\boldsymbol{\alpha},\boldsymbol{\beta},\boldsymbol{\gamma}\in V$ 和 $k\in P$，则

(1) 零元素是唯一的；

(2) 负元素是唯一的；

(3) $0\boldsymbol{\alpha}=\mathbf{0}$；

(4) $k\mathbf{0}=\mathbf{0}$；

(5) $(-k)\boldsymbol{\alpha}=-k\boldsymbol{\alpha}$；

(6) $k\boldsymbol{\alpha}=\mathbf{0}\Rightarrow k=0$ 或 $\boldsymbol{\alpha}=\mathbf{0}$；

(7) $k(\boldsymbol{\alpha}-\boldsymbol{\beta})=k\boldsymbol{\alpha}-k\boldsymbol{\beta}$；

(8) $\boldsymbol{\alpha}+\boldsymbol{\beta}=\boldsymbol{\gamma}\Rightarrow\boldsymbol{\alpha}=\boldsymbol{\gamma}-\boldsymbol{\beta}$；

(9) 若 $\boldsymbol{\alpha}+\boldsymbol{\beta}=\boldsymbol{\alpha}+\boldsymbol{\gamma}$,则 $\boldsymbol{\beta}=\boldsymbol{\gamma}$。

证明　(1) 假设 $\mathbf{0}_1,\mathbf{0}_2$ 是线性空间 V 的两个零元素。由线性空间的定义可以得到 $\mathbf{0}_1=\mathbf{0}_1+\mathbf{0}_2=\mathbf{0}_2+\mathbf{0}_1=\mathbf{0}_2$,故零元素是唯一的。

(2) 假设某个向量 $\boldsymbol{\alpha}$ 有两个负元素 $\boldsymbol{\beta},\boldsymbol{\gamma}$,则 $\boldsymbol{\alpha}+\boldsymbol{\beta}=\boldsymbol{\alpha}+\boldsymbol{\gamma}=\mathbf{0}$。由线性空间的定义可知 $\boldsymbol{\beta}=\boldsymbol{\beta}+\mathbf{0}=\boldsymbol{\beta}+(\boldsymbol{\alpha}+\boldsymbol{\gamma})=(\boldsymbol{\beta}+\boldsymbol{\alpha})+\boldsymbol{\gamma}=\mathbf{0}+\boldsymbol{\gamma}=\boldsymbol{\gamma}$,故负元素是唯一的。

利用负元素可以定义向量的减法:$\boldsymbol{\alpha}-\boldsymbol{\beta}=\boldsymbol{\alpha}+(-\boldsymbol{\beta})$,即减法是加法的逆运算。

(3) 因为 $\boldsymbol{\alpha}+0\boldsymbol{\alpha}=1\boldsymbol{\alpha}+0\boldsymbol{\alpha}=(1+0)\boldsymbol{\alpha}=1\boldsymbol{\alpha}=\boldsymbol{\alpha}$,故 $0\boldsymbol{\alpha}=\mathbf{0}$。

(4) 对任意的 $\boldsymbol{\alpha}\in V$,因为 $k\mathbf{0}+k\boldsymbol{\alpha}=k(\mathbf{0}+\boldsymbol{\alpha})=k\boldsymbol{\alpha}$,故 $k\mathbf{0}=\mathbf{0}$。

(5) 对任意的 $\boldsymbol{\alpha}\in V$,因为

$$(-k)\boldsymbol{\alpha}+k\boldsymbol{\alpha}=(-k+k)\boldsymbol{\alpha}=0\boldsymbol{\alpha}=\mathbf{0}$$

再由负元素的定义和负元素的唯一性可得

$$(-k)\boldsymbol{\alpha}=-k\boldsymbol{\alpha}$$

特别当 $k=-1$ 时,有

$$(-1)\boldsymbol{\alpha}=-\boldsymbol{\alpha}$$

(6) 因为 $k\boldsymbol{\alpha}=\mathbf{0}$,若 $k=0$,结论显然成立。假设 $k\neq 0$,则由(4)知

$$\boldsymbol{\alpha}=1\boldsymbol{\alpha}=(k^{-1}k)\boldsymbol{\alpha}=k^{-1}(k\boldsymbol{\alpha})=k^{-1}\mathbf{0}=\mathbf{0}$$

(7) 对任意的 $\boldsymbol{\alpha},\boldsymbol{\beta}\in V,k\in P$,有

$$k(\boldsymbol{\alpha}-\boldsymbol{\beta})=k(\boldsymbol{\alpha}+(-\boldsymbol{\beta}))=k\boldsymbol{\alpha}+k((-1)\boldsymbol{\beta})=k\boldsymbol{\alpha}+(-k)\boldsymbol{\beta}=k\boldsymbol{\alpha}+(-k\boldsymbol{\beta})=k\boldsymbol{\alpha}-k\boldsymbol{\beta}$$

(8) 对任意的 $\boldsymbol{\alpha},\boldsymbol{\beta},\boldsymbol{\gamma}\in V$,若 $\boldsymbol{\alpha}+\boldsymbol{\beta}=\boldsymbol{\gamma}$,则等式两边都加上 $-\boldsymbol{\beta}$,得

$$\boldsymbol{\alpha}=\boldsymbol{\alpha}+\boldsymbol{\beta}+(-\boldsymbol{\beta})=\boldsymbol{\gamma}+(-\boldsymbol{\beta})=\boldsymbol{\gamma}-\boldsymbol{\beta}$$

(9) 因为 $\boldsymbol{\alpha}+\boldsymbol{\beta}=\boldsymbol{\alpha}+\boldsymbol{\gamma}$,故由(8)知

$$\boldsymbol{\beta}=\boldsymbol{\alpha}+\boldsymbol{\beta}-\boldsymbol{\alpha}=\boldsymbol{\alpha}+\boldsymbol{\gamma}-\boldsymbol{\alpha}=\boldsymbol{\gamma}$$

由(3)(4)和(6)可知,$k\boldsymbol{\alpha}=\mathbf{0}$ 当且仅当 $k=0$ 或 $\boldsymbol{\alpha}=\mathbf{0}$。

6.2　维数、基与基变换

在研究线性空间的理论时,我们关注的不在于线性空间中的元素具体代表什么,而是关

注于线性空间元素间的运算性质,即讨论其元素(向量)的线性组合。既然线性空间 V 含有无数个向量,自然就提出这样一个问题,是否能在 V 中选出有限个向量,它们可以把 V 中所有向量都线性表示,并且这有限个向量的个数尽可能的少,这个问题类似于极大线性无关组,本节就来研究这个问题。

6.2.1 维数与基

定义 6.2.1 设 V 是数域 P 上的线性空间,$\boldsymbol{\beta},\boldsymbol{\alpha}_1,\boldsymbol{\alpha}_2,\cdots,\boldsymbol{\alpha}_s$ 是 V 中 $s+1(s\geqslant 1)$ 个向量,$k_1,k_2,\cdots,k_s$ 是数域 P 中任意 s 个数,称向量

$$k_1\boldsymbol{\alpha}_1+k_2\boldsymbol{\alpha}_2+\cdots+k_s\boldsymbol{\alpha}_s$$

为向量组 $\boldsymbol{\alpha}_1,\boldsymbol{\alpha}_2,\cdots,\boldsymbol{\alpha}_s$ 的一个**线性组合**,$k_1,k_2,\cdots,k_s$ 是这个线性组合的组合系数。如果向量 $\boldsymbol{\beta}$ 可以写成 $\boldsymbol{\alpha}_1,\boldsymbol{\alpha}_2,\cdots,\boldsymbol{\alpha}_s$ 的线性组合,即

$$\boldsymbol{\beta}=k_1\boldsymbol{\alpha}_1+k_2\boldsymbol{\alpha}_2+\cdots+k_s\boldsymbol{\alpha}_s$$

则称 $\boldsymbol{\beta}$ 可以由 $\boldsymbol{\alpha}_1,\boldsymbol{\alpha}_2,\cdots,\boldsymbol{\alpha}_s$ **线性表示**或**线性表出**。

定义 6.2.2 设 $A:\boldsymbol{\alpha}_1,\boldsymbol{\alpha}_2,\cdots,\boldsymbol{\alpha}_s$ 和 $B:\boldsymbol{\beta}_1,\boldsymbol{\beta}_2,\cdots,\boldsymbol{\beta}_t$ 是 V 的两个向量组,如果向量组 B 中的每个向量 $\boldsymbol{\beta}_i(i=1,2,\cdots,t)$ 均可由向量组 A 中的向量线性表示,称向量组 B 可由向量组 A 线性表示,如果这两个向量组可以互相表示,称这两个向量组**等价**。记作 $A\sim B$。

定义 6.2.3 设 $\boldsymbol{\alpha}_1,\boldsymbol{\alpha}_2,\cdots,\boldsymbol{\alpha}_s$ 是 V 中 s 个向量,如果在 P 中存在 s 个不全为零的数 $k_1,k_2,\cdots,k_s$,使得等式

$$k_1\boldsymbol{\alpha}_1+k_2\boldsymbol{\alpha}_2+\cdots+k_s\boldsymbol{\alpha}_s=\mathbf{0}$$

成立,则称向量组 $\boldsymbol{\alpha}_1,\boldsymbol{\alpha}_2,\cdots,\boldsymbol{\alpha}_s$ **线性相关**;如果在 P 中不存在 s 个不全为零的数 $k_1,k_2,\cdots,k_s$,使得 $k_1\boldsymbol{\alpha}_1+k_2\boldsymbol{\alpha}_2+\cdots+k_s\boldsymbol{\alpha}_s=\mathbf{0}$ 成立,则称向量组**线性无关**。换句话说,向量组线性无关等价于只有 $k_1=k_2=\cdots=k_s=0$ 时 $k_1\boldsymbol{\alpha}_1+k_2\boldsymbol{\alpha}_2+\cdots+k_s\boldsymbol{\alpha}_s=\mathbf{0}$ 才成立。

例 6.2.1 若 $f_1(x),f_2(x),f_3(x)$ 是线性空间 $P[x]$ 中三个互素的多项式,但其中任意两个都不互素,则它们线性无关。

证明 设有一组数 k_1,k_2,k_3 使得 $k_1f_1(x)+k_2f_2(x)+k_3f_3(x)=0$,下证 $k_1=k_2=k_3=0$。若存在某 $k_i\neq 0$,不妨设为 $k_1\neq 0$,则可得

$$f_1(x)=-\frac{k_2}{k_1}f_2(x)-\frac{k_3}{k_1}f_3(x)$$

由此可知,$f_2(x),f_3(x)$ 的公因式都是 $f_1(x)$ 的因式。另由题意知,$f_2(x),f_3(x)$ 有非常数公因式,故 $f_1(x),f_2(x),f_3(x)$ 也有非常数公因式,这与题意 $f_1(x),f_2(x),f_3(x)$ 互素矛盾。故 $k_1=k_2=k_3=0$,即 $f_1(x),f_2(x),f_3(x)$ 线性无关。

定义 6.2.4 对 V 的向量组 $\boldsymbol{\alpha}_1,\boldsymbol{\alpha}_2,\cdots,\boldsymbol{\alpha}_s$,如果有一个部分组 $\boldsymbol{\alpha}_{i_1},\boldsymbol{\alpha}_{i_2},\cdots,\boldsymbol{\alpha}_{i_r}$ 满足

(1) $\boldsymbol{\alpha}_{i_1},\boldsymbol{\alpha}_{i_2},\cdots,\boldsymbol{\alpha}_{i_r}$ 线性无关;

(2) 在 $\boldsymbol{\alpha}_1,\boldsymbol{\alpha}_2,\cdots,\boldsymbol{\alpha}_s$ 中任何一个向量 $\boldsymbol{\alpha}_i$ 均能够由向量组 $\boldsymbol{\alpha}_{i_1},\boldsymbol{\alpha}_{i_2},\cdots,\boldsymbol{\alpha}_{i_r}$ 线性表示,

则称 $\boldsymbol{\alpha}_{i_1},\boldsymbol{\alpha}_{i_2},\cdots,\boldsymbol{\alpha}_{i_r}$ 为向量组 $\boldsymbol{\alpha}_1,\boldsymbol{\alpha}_2,\cdots,\boldsymbol{\alpha}_s$ 的一个**极大线性无关组**,简称**极大无关组**。

在线性空间中,其向量组的线性组合、线性表示、等价、线性相关、线性无关、极大线性无关组等的定义都与第 5 章中的定义是一致的。区别在于第 5 章的向量是数域 P 上的 n 维线性空间 P^n 中的向量,这里所讲的向量是一般的线性空间中的向量。在第 5 章中,从这些定

义出发，对 n 元数组所得到的结论，也可以完全平移到数域 P 上的抽象的线性空间中，并得出相同的结论。我们不再一一重复这些结论，下面只列出几个结论。

定理 6.2.1 线性空间 V 的向量组 $\boldsymbol{\alpha}_1,\boldsymbol{\alpha}_2,\cdots,\boldsymbol{\alpha}_s(s\geqslant 2)$ 线性相关的充要条件是该向量组中至少有一个向量可以被其余向量线性表示。

定理 6.2.2 若线性空间 V 的向量组 $\boldsymbol{\alpha}_1,\boldsymbol{\alpha}_2,\cdots,\boldsymbol{\alpha}_s$ 线性无关但向量组 $\boldsymbol{\alpha}_1,\boldsymbol{\alpha}_2,\cdots,\boldsymbol{\alpha}_s,\boldsymbol{\beta}$ 线性相关，则向量 $\boldsymbol{\beta}$ 可由向量组 $\boldsymbol{\alpha}_1,\boldsymbol{\alpha}_2,\cdots,\boldsymbol{\alpha}_s$ 线性表示，且表示唯一。

通过解析几何的学习，我们知道，对于几何空间中的线性无关的向量，最多是 3 个，而任意 4 个向量都是线性相关的。对于 n 元数组所成的向量空间，有 n 个线性无关的向量，而任意 $n+1$ 个向量都是线性相关的。在一个线性空间中，究竟最多能有几个线性无关的向量，显然是线性空间的一个重要属性，为此我们引入如下定义：

定义 6.2.5 如果在线性空间 V 中存在 n 个线性无关的向量，但是没有更多数目的线性无关的向量（即对 V 中任意 $n+1$ 个向量都线性相关），那么就称 V 是 **n 维的**，这时这 n 个线性无关的向量 $\boldsymbol{\varepsilon}_1,\boldsymbol{\varepsilon}_2,\cdots,\boldsymbol{\varepsilon}_n$ 称为 V 的**一组基**。如果在 V 中存在任意多个线性无关的向量，那么就称 V 是**无限维的**。V 的维数记作 $\dim V$。

根据定义 6.2.5，在求线性空间 V 的一组基之前，必须先确定 V 的维数。但实际上，这两个问题一般是被同时解决的。

定理 6.2.3 如果线性空间 V 中存在 n 个线性无关的向量 $\boldsymbol{\alpha}_1,\boldsymbol{\alpha}_2,\cdots,\boldsymbol{\alpha}_n$，并且 V 中任意一个向量都可以由它线性表示，则 V 的维数为 n，$\boldsymbol{\alpha}_1,\boldsymbol{\alpha}_2,\cdots,\boldsymbol{\alpha}_n$ 是 V 的一组基。

证明 若 $\boldsymbol{\alpha}_1,\boldsymbol{\alpha}_2,\cdots,\boldsymbol{\alpha}_n$ 是线性无关的，则 $\dim V\geqslant n$。$\dim V=n$，只需证 V 中任意 $n+1$ 个向量都是线性相关的。设 $\boldsymbol{\beta}_1,\boldsymbol{\beta}_2,\cdots,\boldsymbol{\beta}_{n+1}$ 是 V 中任意 $n+1$ 个向量，则它们可以由 $\boldsymbol{\alpha}_1,\boldsymbol{\alpha}_2,\cdots,\boldsymbol{\alpha}_n$ 线性表示。假若它们线性无关，则有 $n+1\leqslant n$。这显然是矛盾的。从而完成了定理的证明。

定理 6.2.4 若 $\boldsymbol{\alpha}_1,\boldsymbol{\alpha}_2,\cdots,\boldsymbol{\alpha}_n$ 是线性空间 V 的一组基，则 V 中每一个向量 $\boldsymbol{\alpha}$ 都可以由它唯一线性表示。

证明 假设向量 $\boldsymbol{\alpha}$ 不能被 $\boldsymbol{\alpha}_1,\boldsymbol{\alpha}_2,\cdots,\boldsymbol{\alpha}_n$ 唯一地表示出来，不妨设

$$\boldsymbol{\alpha}=k_1\boldsymbol{\alpha}_1+k_2\boldsymbol{\alpha}_2+\cdots+k_n\boldsymbol{\alpha}_n,\quad \boldsymbol{\alpha}=l_1\boldsymbol{\alpha}_1+l_2\boldsymbol{\alpha}_2+\cdots+l_n\boldsymbol{\alpha}_n$$

那么

$$k_1\boldsymbol{\alpha}_1+k_2\boldsymbol{\alpha}_2+\cdots+k_n\boldsymbol{\alpha}_n=l_1\boldsymbol{\alpha}_1+l_2\boldsymbol{\alpha}_2+\cdots+l_n\boldsymbol{\alpha}_n$$

从而

$$(k_1-l_1)\boldsymbol{\alpha}_1+(k_2-l_2)\boldsymbol{\alpha}_2+\cdots+(k_n-l_n)\boldsymbol{\alpha}_n=\boldsymbol{0}$$

又由于 $\boldsymbol{\alpha}_1,\boldsymbol{\alpha}_2,\cdots,\boldsymbol{\alpha}_n$ 线性无关，所以

$$k_1-l_1=k_2-l_2=\cdots=k_n-l_n=0$$

即

$$k_1=l_1,\quad k_2=l_2,\quad \cdots,\quad k_n=l_n$$

即表示法唯一。

定理 6.2.5 设 V 是 n 维线性空间，则 V 中任意 n 个线性无关的向量都是 V 的一组基。

证明 设 $\boldsymbol{\alpha}_1,\boldsymbol{\alpha}_2,\cdots,\boldsymbol{\alpha}_n$ 是 V 的一组基，而 $\boldsymbol{\beta}_1,\boldsymbol{\beta}_2,\cdots,\boldsymbol{\beta}_n$ 是 V 中任意 n 个线性无关的向

量，则 $\boldsymbol{\beta}_1,\boldsymbol{\beta}_2,\cdots,\boldsymbol{\beta}_n$ 可由 $\boldsymbol{\alpha}_1,\boldsymbol{\alpha}_2,\cdots,\boldsymbol{\alpha}_n$ 线性表出；另外对任意的 $\boldsymbol{\alpha}_i(i=1,2,\cdots,n)$，向量组 $\boldsymbol{\beta}_1,\boldsymbol{\beta}_2,\cdots,\boldsymbol{\beta}_n,\boldsymbol{\alpha}_i$ 都线性相关（n 维线性空间中任意 $n+1$ 个向量组成的向量组线性相关），所以 $\boldsymbol{\alpha}_i$ 可以由 $\boldsymbol{\beta}_1,\boldsymbol{\beta}_2,\cdots,\boldsymbol{\beta}_n$ 线性表出，即向量组 $\boldsymbol{\alpha}_1,\boldsymbol{\alpha}_2,\cdots,\boldsymbol{\alpha}_n$ 也可由 $\boldsymbol{\beta}_1,\boldsymbol{\beta}_2,\cdots,\boldsymbol{\beta}_n$ 线性表出。故向量组 $\boldsymbol{\alpha}_1,\boldsymbol{\alpha}_2,\cdots,\boldsymbol{\alpha}_n$ 和向量组 $\boldsymbol{\beta}_1,\boldsymbol{\beta}_2,\cdots,\boldsymbol{\beta}_n$ 等价，V 中任意一个向量都可以由 $\boldsymbol{\beta}_1,\boldsymbol{\beta}_2,\cdots,\boldsymbol{\beta}_n$ 线性表示。从而 $\boldsymbol{\beta}_1,\boldsymbol{\beta}_2,\cdots,\boldsymbol{\beta}_n$ 也是 V 的一组基。

定理 6.2.6 设 V 是 n 维线性空间，$\boldsymbol{\beta}_1,\boldsymbol{\beta}_2,\cdots,\boldsymbol{\beta}_r$ 是 V 中任意 r 个线性无关的向量，则 $r\leqslant n$，且

(1) 当 $r=n$ 时，$\boldsymbol{\beta}_1,\boldsymbol{\beta}_2,\cdots,\boldsymbol{\beta}_n$ 是 V 的一组基。

(2) 当 $r<n$ 时，在 V 中存在 $n-r$ 向量 $\boldsymbol{\beta}_{r+1},\boldsymbol{\beta}_{r+2},\cdots,\boldsymbol{\beta}_n$，使得 $\boldsymbol{\beta}_1,\boldsymbol{\beta}_2,\cdots,\boldsymbol{\beta}_r,\boldsymbol{\beta}_{r+1},\boldsymbol{\beta}_{r+2},\cdots,\boldsymbol{\beta}_n$ 为 V 的一组基。

证明 因为 V 是 n 维线性空间，故可设 $\boldsymbol{\alpha}_1,\boldsymbol{\alpha}_2,\cdots,\boldsymbol{\alpha}_n$ 是 V 的一组基，于是 $\boldsymbol{\beta}_1,\boldsymbol{\beta}_2,\cdots,\boldsymbol{\beta}_r$ 可由 $\boldsymbol{\alpha}_1,\boldsymbol{\alpha}_2,\cdots,\boldsymbol{\alpha}_n$ 线性表出，而 $\boldsymbol{\beta}_1,\boldsymbol{\beta}_2,\cdots,\boldsymbol{\beta}_r$ 线性无关，由替换定理知 $r\leqslant n$。

(1) 当 $r=n$ 时，由定理 6.2.5 知，$\boldsymbol{\beta}_1,\boldsymbol{\beta}_2,\cdots,\boldsymbol{\beta}_n$ 是 V 的一组基。

(2) 如果 $r<n$，可令 $\boldsymbol{\beta}_{r+1}=\boldsymbol{\alpha}_{r+1},\boldsymbol{\beta}_{r+2}=\boldsymbol{\alpha}_{r+2},\cdots,\boldsymbol{\beta}_n=\boldsymbol{\alpha}_n$，则 $\boldsymbol{\beta}_1,\boldsymbol{\beta}_2,\cdots,\boldsymbol{\beta}_r,\boldsymbol{\beta}_{r+1},\boldsymbol{\beta}_{r+2},\cdots,\boldsymbol{\beta}_n$ 线性无关，故为 V 的一组基。

例 6.2.2 n 向量空间 P^n 中，n 维向量 $\boldsymbol{\varepsilon}_1=\begin{pmatrix}1\\0\\0\\\vdots\\0\end{pmatrix},\boldsymbol{\varepsilon}_2=\begin{pmatrix}0\\1\\0\\\vdots\\0\end{pmatrix},\cdots,\boldsymbol{\varepsilon}_n=\begin{pmatrix}0\\0\\0\\\vdots\\1\end{pmatrix}$ 是线性无关的，对任意的 n 维向量 $\boldsymbol{\alpha}=\begin{pmatrix}a_1\\a_2\\\vdots\\a_n\end{pmatrix}$，有 $\boldsymbol{\alpha}=a_1\boldsymbol{\varepsilon}_1+a_2\boldsymbol{\varepsilon}_2+\cdots+a_n\boldsymbol{\varepsilon}_n$。故 $\boldsymbol{\varepsilon}_1,\boldsymbol{\varepsilon}_2,\cdots,\boldsymbol{\varepsilon}_n$ 是 P^n 的一组基，称为 P^n 的**标准基**，P^n 是 n 维的。

例 6.2.3 在线性空间 $P[x]_n$ 中，$1,x,\cdots,x^{n-1}$ 是 n 个线性无关的向量，且 $P[x]_n$ 的任一多项式都可由它线性表示，故 $1,x,\cdots,x^{n-1}$ 是 $P[x]_n$ 的一组基，$P[x]_n$ 是 n 维的。

虽然 $P[x]_n$ 是 n 维的，但 $P[x]$ 这个线性空间却是无限维的。因为对于任意的 n，都有 n 个线性无关的向量 $1,x,\cdots,x^{n-1}$。无限维空间是一个专门研究的对象，它与有限维空间有比较大的差别，但是上面所提到的线性表示、线性相关、线性无关等性质，只要不涉及维数和基，就对无限维的空间也成立。在高等代数课程中，我们主要研究有限维的线性空间。

应该注意，线性空间的维数和所考虑的数域是有关系的。例如，如果把复数域看作是自身上的线性空间，那么它是一维的，任意一个非零数都是它的一组基；如果看作是实数域上的线性空间，那么它就是二维的，1 和 i 就是最常用的一组基。

例 6.2.4 求下列线性空间的维数与一组基：

(1) 数域 P 上的空间 $P^{n\times n}$；

(2) $P^{n\times n}$ 中全体对称（反称，上三角形）矩阵组成的数域 P 上的空间；

(3) 例 6.1.5 中的空间；

(4) 实数域上由矩阵 $\boldsymbol{A}$ 的全体实系数多项式组成的空间，其中

$$\boldsymbol{A}=\begin{pmatrix}1&0&0\\0&\omega&0\\0&0&\omega^2\end{pmatrix},\quad \omega=\frac{-1+\sqrt{3}\mathrm{i}}{2}$$

解 (1) 令

$$E_{ij}=\begin{pmatrix}0&\cdots&0&\cdots&0\\ \vdots&&\vdots&&\vdots\\ 0&\cdots&1&\cdots&0\\ \vdots&&\vdots&&\vdots\\ 0&\cdots&0&\cdots&0\end{pmatrix}_{n\times n}\ \text{第}\,i\,\text{行}$$

第 j 列

即 E_{ij} 中第 i 行第 j 列的元素为 1，其余元素全是零。于是，对任意 $n\times n$ 的矩阵 $\boldsymbol{A}$，有

$$\boldsymbol{A}=\begin{pmatrix}a_{11}&a_{12}&\cdots&a_{1n}\\a_{21}&a_{22}&\cdots&a_{2n}\\ \vdots&\vdots&&\vdots\\a_{n1}&a_{n2}&\cdots&a_{nn}\end{pmatrix}=\sum_{i=1}^{n}\sum_{j=1}^{n}a_{ij}E_{ij}$$

又设 $\sum\limits_{i=1}^{n}\sum\limits_{j=1}^{n}a_{ij}E_{ij}=\boldsymbol{0}$，则 $(a_{ij})_{n\times n}=\boldsymbol{0}$。故 $a_{ij}=0$，所以 $\{E_{ij},i=1,2,\cdots,n,j=1,2,\cdots,n\}$ 是线性无关的。又有任意的矩阵 $\boldsymbol{A}$ 都是 $\{E_{ij},i=1,2,\cdots,n,j=1,2,\cdots,n\}$ 的线性组合，故 $\{E_{ij},i=1,2,\cdots,n,j=1,2,\cdots,n\}$ 是 $P^{n\times n}$ 的一组基，且 $P^{n\times n}$ 是 n^2 维的。

(2) 设 V_1 是 $P^{n\times n}$ 中对称矩阵的集合，V_2 是 $P^{n\times n}$ 中反对称矩阵的集合，V_3 是 $P^{n\times n}$ 中上三角阵的集合，则

$$V_1=\Big\{\sum_{1\leqslant i\leqslant j\leqslant n}a_{ij}(E_{ij}+E_{ji})\ \Big|\ a_{ij}\in P\Big\}$$

$$V_2=\Big\{\sum_{1\leqslant i<j\leqslant n}a_{ij}(E_{ij}-E_{ji})\ \Big|\ a_{ij}\in P\Big\}$$

$$V_3=\Big\{\sum_{1\leqslant i\leqslant j\leqslant n}a_{ij}E_{ij}\ \Big|\ a_{ij}\in P\Big\}$$

$\{E_{ij}+E_{ji},1\leqslant i\leqslant j\leqslant n\}$ 是 V_1 的一组基，V_1 是 $\dfrac{n(n+1)}{2}$ 维的。$\{E_{ij}-E_{ji},1\leqslant i<j\leqslant n\}$ 是 V_2 的一组基，V_2 是 $\dfrac{n(n-1)}{2}$ 维的。$\{E_{ij},1\leqslant i\leqslant j\leqslant n\}$ 是 V_3 的一组基，V_3 是 $\dfrac{n(n+1)}{2}$ 维的。

(3) 对任意 $a\in\mathbf{R}^+$，令 $\lg a=k$，则 $a=10^k=k\circ 10$。又 $10\neq 1$，它不是 $\mathbf{R}^+$ 的加法($\oplus$)运算的零元素，故是线性无关的。于是 10 是 $\mathbf{R}^+$ 这个线性空间的一组基，且 $\mathbf{R}^+$ 是一维的。

(4) 记

$$V=\{f(\boldsymbol{A})\mid f(x)\text{是实系数多项式}\}$$

由于 $\omega^3=1$，故

$$A^2 = \begin{pmatrix} 1 & & \\ & \omega^2 & \\ & & \omega^4 \end{pmatrix} = \begin{pmatrix} 1 & & \\ & \omega^2 & \\ & & \omega \end{pmatrix}, \quad A^3 = \begin{pmatrix} 1 & 0 & 0 \\ 0 & 1 & 0 \\ 0 & 0 & 1 \end{pmatrix} = E$$

对任意 k 有 $\boldsymbol{A}^{3k} = \boldsymbol{E}, \boldsymbol{A}^{3k+1} = \boldsymbol{A}, \boldsymbol{A}^{3k+2} = \boldsymbol{A}^2$。对任意 $f(x) = a_0 + a_1 x + \cdots + a_n x^n$，令 $g(x) = (a_0 + a_3 + a_6 + \cdots) + (a_1 + a_4 + a_7 + \cdots)x + (a_2 + a_5 + a_8 + \cdots)x^2$，则 $f(\boldsymbol{A}) = g(\boldsymbol{A})$。故 V 中任一元是 $\boldsymbol{E}, \boldsymbol{A}, \boldsymbol{A}^2$ 的线性组合。

现设 $a_0\boldsymbol{E} + a_1\boldsymbol{A} + a_2\boldsymbol{A}^2 = \boldsymbol{0}$。即有

$$\begin{cases} a_0 + a_1 + a_2 = 0 \\ a_0 + a_1\omega + a_2\omega^2 = 0 \\ a_0 + a_1\omega^2 + a_2\omega^4 = 0 \end{cases}$$

其系数行列式为 Vandermonde 行列式

$$\begin{vmatrix} 1 & 1 & 1 \\ 1 & \omega & \omega^2 \\ 1 & \omega^2 & (\omega^2)^2 \end{vmatrix} = (1-\omega)(1-\omega^2)(\omega^2-\omega) \neq 0$$

故上述方程组只有零解，即 $a_0 = a_1 = a_2 = 0$。于是 $\boldsymbol{E}, \boldsymbol{A}, \boldsymbol{A}^2$ 是线性无关的，因而是 V 的一组基，V 是三维的。

6.2.2 基变换

我们知道 n 维线性空间 V 的基可有很多个，但不同基所含向量的个数是相等的，本小节将研究同一线性空间不同基之间的关系——**基变换**。

定义 6.2.5 设 $\boldsymbol{\varepsilon}_1, \boldsymbol{\varepsilon}_2, \cdots, \boldsymbol{\varepsilon}_n$ 和 $\boldsymbol{\varepsilon}_1', \boldsymbol{\varepsilon}_2', \cdots, \boldsymbol{\varepsilon}_n'$ 是 n 维线性空间 V 的两组基，满足如下关系式：

$$\begin{cases} \boldsymbol{\varepsilon}_1' = a_{11}\boldsymbol{\varepsilon}_1 + a_{21}\boldsymbol{\varepsilon}_2 + \cdots + a_{n1}\boldsymbol{\varepsilon}_n \\ \boldsymbol{\varepsilon}_2' = a_{12}\boldsymbol{\varepsilon}_1 + a_{22}\boldsymbol{\varepsilon}_2 + \cdots + a_{n2}\boldsymbol{\varepsilon}_n \\ \cdots\cdots \\ \boldsymbol{\varepsilon}_n' = a_{1n}\boldsymbol{\varepsilon}_1 + a_{2n}\boldsymbol{\varepsilon}_2 + \cdots + a_{nn}\boldsymbol{\varepsilon}_n \end{cases} \tag{6.2.1}$$

可把它写成矩阵形式

$$(\boldsymbol{\varepsilon}_1', \boldsymbol{\varepsilon}_2', \cdots, \boldsymbol{\varepsilon}_n') = (\boldsymbol{\varepsilon}_1, \boldsymbol{\varepsilon}_2, \cdots, \boldsymbol{\varepsilon}_n) \begin{pmatrix} a_{11} & a_{12} & \cdots & a_{1n} \\ a_{21} & a_{22} & \cdots & a_{2n} \\ \vdots & \vdots & & \vdots \\ a_{n1} & a_{n2} & \cdots & a_{nn} \end{pmatrix}$$

记矩阵

$$\boldsymbol{A} = \begin{pmatrix} a_{11} & a_{12} & \cdots & a_{1n} \\ a_{21} & a_{22} & \cdots & a_{2n} \\ \vdots & \vdots & & \vdots \\ a_{n1} & a_{n2} & \cdots & a_{nn} \end{pmatrix}$$

则有

$$(\boldsymbol{\varepsilon}_1',\boldsymbol{\varepsilon}_2',\cdots,\boldsymbol{\varepsilon}_n')=(\boldsymbol{\varepsilon}_1,\boldsymbol{\varepsilon}_2,\cdots,\boldsymbol{\varepsilon}_n)\boldsymbol{A} \tag{6.2.2}$$

称矩阵 $\boldsymbol{A}$ 是基 $\boldsymbol{\varepsilon}_1,\boldsymbol{\varepsilon}_2,\cdots,\boldsymbol{\varepsilon}_n$ 到基 $\boldsymbol{\varepsilon}_1',\boldsymbol{\varepsilon}_2',\cdots,\boldsymbol{\varepsilon}_n'$ 的**过渡矩阵**，称关系式(6.2.1)为**基变换公式**。

若线性空间 V 是空间 P^n，则显然 $(\boldsymbol{\varepsilon}_1,\boldsymbol{\varepsilon}_2,\cdots,\boldsymbol{\varepsilon}_n)$ 和 $(\boldsymbol{\varepsilon}_1',\boldsymbol{\varepsilon}_2',\cdots,\boldsymbol{\varepsilon}_n')$ 都是可逆矩阵，故过渡矩阵 $\boldsymbol{A}$ 是可逆矩阵。下面，讨论对一般的有限维线性空间 V，过渡矩阵 $\boldsymbol{A}$ 也是可逆矩阵。

假设 $\boldsymbol{B}$ 是基 $\boldsymbol{\varepsilon}_1',\boldsymbol{\varepsilon}_2',\cdots,\boldsymbol{\varepsilon}_n'$ 到基 $\boldsymbol{\varepsilon}_1,\boldsymbol{\varepsilon}_2,\cdots,\boldsymbol{\varepsilon}_n$ 的过渡矩阵，则

$$(\boldsymbol{\varepsilon}_1,\boldsymbol{\varepsilon}_2,\cdots,\boldsymbol{\varepsilon}_n)=(\boldsymbol{\varepsilon}_1',\boldsymbol{\varepsilon}_2',\cdots,\boldsymbol{\varepsilon}_n')\boldsymbol{B} \tag{6.2.3}$$

把(6.2.2)式和(6.2.3)式结合可得

$$(\boldsymbol{\varepsilon}_1',\boldsymbol{\varepsilon}_2',\cdots,\boldsymbol{\varepsilon}_n')=(\boldsymbol{\varepsilon}_1',\boldsymbol{\varepsilon}_2',\cdots,\boldsymbol{\varepsilon}_n')\boldsymbol{BA}$$

$$(\boldsymbol{\varepsilon}_1,\boldsymbol{\varepsilon}_2,\cdots,\boldsymbol{\varepsilon}_n)=(\boldsymbol{\varepsilon}_1,\boldsymbol{\varepsilon}_2,\cdots,\boldsymbol{\varepsilon}_n)\boldsymbol{AB}$$

所以，$\boldsymbol{AB}=\boldsymbol{BA}=\boldsymbol{E}$，即过渡矩阵 $\boldsymbol{A},\boldsymbol{B}$ 都是可逆矩阵，且 $\boldsymbol{A},\boldsymbol{B}$ 互为逆矩阵。

基变换公式有如下的运算规律：

性质 6.2.1　设 $\boldsymbol{\alpha}_1,\boldsymbol{\alpha}_2,\cdots,\boldsymbol{\alpha}_n$ 和 $\boldsymbol{\beta}_1,\boldsymbol{\beta}_2,\cdots,\boldsymbol{\beta}_n$ 是线性空间 V 中两个向量组，$\boldsymbol{A}=(a_{ij})$，$\boldsymbol{B}=(b_{ij})$ 是两个 $n\times n$ 矩阵，那么

(1) $((\boldsymbol{\alpha}_1,\boldsymbol{\alpha}_2,\cdots,\boldsymbol{\alpha}_n)\boldsymbol{A})\boldsymbol{B}=(\boldsymbol{\alpha}_1,\boldsymbol{\alpha}_2,\cdots,\boldsymbol{\alpha}_n)(\boldsymbol{AB})$；

(2) $(\boldsymbol{\alpha}_1,\boldsymbol{\alpha}_2,\cdots,\boldsymbol{\alpha}_n)\boldsymbol{A}+(\boldsymbol{\alpha}_1,\boldsymbol{\alpha}_2,\cdots,\boldsymbol{\alpha}_n)\boldsymbol{B}=(\boldsymbol{\alpha}_1,\boldsymbol{\alpha}_2,\cdots,\boldsymbol{\alpha}_n)(\boldsymbol{A}+\boldsymbol{B})$；

(3) $(\boldsymbol{\alpha}_1,\boldsymbol{\alpha}_2,\cdots,\boldsymbol{\alpha}_n)\boldsymbol{A}+(\boldsymbol{\beta}_1,\boldsymbol{\beta}_2,\cdots,\boldsymbol{\beta}_n)\boldsymbol{A}=(\boldsymbol{\alpha}_1+\boldsymbol{\beta}_1,\boldsymbol{\alpha}_2+\boldsymbol{\beta}_2,\cdots,\boldsymbol{\alpha}_n+\boldsymbol{\beta}_n)\boldsymbol{A}$。

例 6.2.5　给出 P^3 中的两组基

$$\boldsymbol{\alpha}_1=\begin{pmatrix}0\\1\\1\end{pmatrix},\quad \boldsymbol{\alpha}_2=\begin{pmatrix}1\\0\\1\end{pmatrix},\quad \boldsymbol{\alpha}_3=\begin{pmatrix}1\\1\\0\end{pmatrix};\quad \boldsymbol{\beta}_1=\begin{pmatrix}-3\\1\\-2\end{pmatrix},\quad \boldsymbol{\beta}_2=\begin{pmatrix}1\\-1\\1\end{pmatrix},\quad \boldsymbol{\beta}_3=\begin{pmatrix}2\\3\\-1\end{pmatrix}$$

求由基 $\boldsymbol{\alpha}_1,\boldsymbol{\alpha}_2,\boldsymbol{\alpha}_3$ 到基 $\boldsymbol{\beta}_1,\boldsymbol{\beta}_2,\boldsymbol{\beta}_3$ 的过渡矩阵。

解　设由基 $\boldsymbol{\alpha}_1,\boldsymbol{\alpha}_2,\boldsymbol{\alpha}_3$ 到基 $\boldsymbol{\beta}_1,\boldsymbol{\beta}_2,\boldsymbol{\beta}_3$ 的过渡矩阵为 $\boldsymbol{A}$，即

$$(\boldsymbol{\beta}_1,\boldsymbol{\beta}_2,\boldsymbol{\beta}_3)=(\boldsymbol{\alpha}_1,\boldsymbol{\alpha}_2,\boldsymbol{\alpha}_3)\boldsymbol{A}$$

再设 $\boldsymbol{\varepsilon}_1,\boldsymbol{\varepsilon}_2,\boldsymbol{\varepsilon}_3$ 是 P^3 中的标准基，则

$$(\boldsymbol{\alpha}_1,\boldsymbol{\alpha}_2,\boldsymbol{\alpha}_3)=(\boldsymbol{\varepsilon}_1,\boldsymbol{\varepsilon}_2,\boldsymbol{\varepsilon}_3)\begin{pmatrix}0&1&1\\1&0&1\\1&1&0\end{pmatrix}$$

$$(\boldsymbol{\beta}_1,\boldsymbol{\beta}_2,\boldsymbol{\beta}_3)=(\boldsymbol{\varepsilon}_1,\boldsymbol{\varepsilon}_2,\boldsymbol{\varepsilon}_3)\begin{pmatrix}-3&1&2\\1&-1&3\\-2&1&-1\end{pmatrix}$$

从而

$$(\boldsymbol{\beta}_1,\boldsymbol{\beta}_2,\boldsymbol{\beta}_3)=(\boldsymbol{\alpha}_1,\boldsymbol{\alpha}_2,\boldsymbol{\alpha}_3)\begin{pmatrix}0&1&1\\1&0&1\\1&1&0\end{pmatrix}^{-1}\begin{pmatrix}-3&1&2\\1&-1&3\\-2&1&-1\end{pmatrix}$$

所以由基 $\boldsymbol{\alpha}_1,\boldsymbol{\alpha}_2,\boldsymbol{\alpha}_3$ 到基 $\boldsymbol{\beta}_1,\boldsymbol{\beta}_2,\boldsymbol{\beta}_3$ 的过渡矩阵为

$$A=\begin{pmatrix}0&1&1\\1&0&1\\1&1&0\end{pmatrix}^{-1}\begin{pmatrix}-3&1&2\\1&-1&3\\-2&1&-1\end{pmatrix}=\begin{pmatrix}1&-\frac{1}{2}&-1\\-3&\frac{3}{2}&-1\\0&-\frac{1}{2}&3\end{pmatrix}$$

6.3 坐标与坐标变换

学习解析几何时，我们常常通过坐标研究向量性质。其实对于有限维线性空间，坐标同样也是一个非常重要的工具。

6.3.1 坐标

定义 6.3.1 设 V 是 n 维线性空间，$\boldsymbol{\varepsilon}_1,\boldsymbol{\varepsilon}_2,\cdots,\boldsymbol{\varepsilon}_n$ 是 V 的一组基，设 $\boldsymbol{\alpha}$ 是 V 中某一向量，则 $\boldsymbol{\alpha}$ 可以由基 $\boldsymbol{\varepsilon}_1,\boldsymbol{\varepsilon}_2,\cdots,\boldsymbol{\varepsilon}_n$ 线性表示，不妨设 $\boldsymbol{\alpha}=a_1\boldsymbol{\varepsilon}_1+a_2\boldsymbol{\varepsilon}_2+\cdots+a_n\boldsymbol{\varepsilon}_n$，其中表示系数 $a_1,a_2,\cdots,a_n$ 是由向量 $\boldsymbol{\alpha}$ 和基 $\boldsymbol{\varepsilon}_1,\boldsymbol{\varepsilon}_2,\cdots,\boldsymbol{\varepsilon}_n$ 唯一确定的，称这组数 $a_1,a_2,\cdots,a_n$ 为向量 $\boldsymbol{\alpha}$ 在基 $\boldsymbol{\varepsilon}_1,\boldsymbol{\varepsilon}_2,\cdots,\boldsymbol{\varepsilon}_n$ 下的坐标，记作 $\begin{pmatrix}a_1\\a_2\\\vdots\\a_n\end{pmatrix}$（有时候也可以写成行向量 $(a_1,a_2,\cdots,a_n)$）。

例 6.3.1 在 n 维线性空间 P^n 中，若 $\boldsymbol{\varepsilon}_1,\boldsymbol{\varepsilon}_2,\cdots,\boldsymbol{\varepsilon}_n$ 是 P^n 的标准基，则对任意的向量 $\boldsymbol{\alpha}=\begin{pmatrix}a_1\\a_2\\\vdots\\a_n\end{pmatrix}$，有 $\boldsymbol{\alpha}=a_1\boldsymbol{\varepsilon}_1+a_2\boldsymbol{\varepsilon}_2+\cdots+a_n\boldsymbol{\varepsilon}_n$，故向量 $\boldsymbol{\alpha}$ 在该组基 $\boldsymbol{\varepsilon}_1,\boldsymbol{\varepsilon}_2,\cdots,\boldsymbol{\varepsilon}_n$ 下的坐标为 $\begin{pmatrix}a_1\\a_2\\\vdots\\a_n\end{pmatrix}$，其各分量恰好为向量 $\boldsymbol{\alpha}$ 的各分量。

显然 $\boldsymbol{\varepsilon}_1'=\begin{pmatrix}1\\0\\0\\\vdots\\0\end{pmatrix},\boldsymbol{\varepsilon}_2'=\begin{pmatrix}1\\1\\0\\\vdots\\0\end{pmatrix},\cdots,\boldsymbol{\varepsilon}_n'=\begin{pmatrix}1\\1\\1\\\vdots\\1\end{pmatrix}$ 是 P^n 中的 n 个线性无关的向量，因为 $(\boldsymbol{\varepsilon}_1',\boldsymbol{\varepsilon}_2',\cdots,\boldsymbol{\varepsilon}_n')$ 为上三角形矩阵，其行列式不等于零。故 $\boldsymbol{\varepsilon}_1',\boldsymbol{\varepsilon}_2',\cdots,\boldsymbol{\varepsilon}_n'$ 也是 P^n 的一组基，且

$$\begin{aligned}\boldsymbol{\alpha}&=a_1\boldsymbol{\varepsilon}_1+a_2\boldsymbol{\varepsilon}_2+\cdots+a_n\boldsymbol{\varepsilon}_n=a_1\boldsymbol{\varepsilon}_1'+a_2(\boldsymbol{\varepsilon}_2'-\boldsymbol{\varepsilon}_1')+\cdots+a_n(\boldsymbol{\varepsilon}_n'-\boldsymbol{\varepsilon}_{n-1}')\\&=(a_1-a_2)\boldsymbol{\varepsilon}_1'+(a_2-a_3)\boldsymbol{\varepsilon}_2'+\cdots+(a_{n-1}-a_n)\boldsymbol{\varepsilon}_{n-1}'+a_n\boldsymbol{\varepsilon}_n'\end{aligned}$$

即向量 $\boldsymbol{\alpha}$ 在基 $\boldsymbol{\varepsilon}_1',\boldsymbol{\varepsilon}_2',\cdots,\boldsymbol{\varepsilon}_n'$ 下的坐标的各分量为 $a_1-a_2,\cdots,a_{n-1}-a_n,a_n$。

例 6.3.2 在 P^4 中,求向量 $\boldsymbol{\xi}$ 在基 $\boldsymbol{\varepsilon}_1,\boldsymbol{\varepsilon}_2,\boldsymbol{\varepsilon}_3,\boldsymbol{\varepsilon}_4$ 下的坐标,其中

$$\boldsymbol{\varepsilon}_1=\begin{pmatrix}1\\1\\1\\1\end{pmatrix},\quad \boldsymbol{\varepsilon}_2=\begin{pmatrix}1\\1\\-1\\-1\end{pmatrix},\quad \boldsymbol{\varepsilon}_3=\begin{pmatrix}1\\-1\\1\\-1\end{pmatrix},\quad \boldsymbol{\varepsilon}_4=\begin{pmatrix}1\\-1\\-1\\1\end{pmatrix},\quad \boldsymbol{\xi}=\begin{pmatrix}1\\2\\1\\1\end{pmatrix}$$

解 令 $\boldsymbol{\xi}=x_1\boldsymbol{\varepsilon}_1+x_2\boldsymbol{\varepsilon}_2+x_3\boldsymbol{\varepsilon}_3+x_4\boldsymbol{\varepsilon}_4$,由此得线性方程组

$$\begin{pmatrix}1&1&1&1\\1&1&-1&-1\\1&-1&1&-1\\1&-1&-1&1\end{pmatrix}\begin{pmatrix}x_1\\x_2\\x_3\\x_4\end{pmatrix}=\begin{pmatrix}1\\2\\1\\1\end{pmatrix}$$

解得

$$x_1=\frac{5}{4},\quad x_2=\frac{1}{4},\quad x_3=-\frac{1}{4},\quad x_4=-\frac{1}{4}$$

所以 $\boldsymbol{\xi}$ 在基 $\boldsymbol{\varepsilon}_1,\boldsymbol{\varepsilon}_2,\boldsymbol{\varepsilon}_3,\boldsymbol{\varepsilon}_4$ 下的坐标为 $\left(\frac{5}{4},\frac{1}{4},-\frac{1}{4},-\frac{1}{4}\right)^{\mathrm{T}}$。

例 6.3.3 在 P^4 中,求由基 $\boldsymbol{\varepsilon}_1,\boldsymbol{\varepsilon}_2,\boldsymbol{\varepsilon}_3,\boldsymbol{\varepsilon}_4$ 到基 $\boldsymbol{\eta}_1,\boldsymbol{\eta}_2,\boldsymbol{\eta}_3,\boldsymbol{\eta}_4$ 的过渡矩阵,并求向量 $\boldsymbol{\xi}=\begin{pmatrix}x_1\\x_2\\x_3\\x_4\end{pmatrix}$ 在 $\boldsymbol{\eta}_1,\boldsymbol{\eta}_2,\boldsymbol{\eta}_3,\boldsymbol{\eta}_4$ 下的坐标,其中

$$\boldsymbol{\varepsilon}_1=\begin{pmatrix}1\\0\\0\\0\end{pmatrix},\quad \boldsymbol{\varepsilon}_2=\begin{pmatrix}0\\1\\0\\0\end{pmatrix},\quad \boldsymbol{\varepsilon}_3=\begin{pmatrix}0\\0\\1\\0\end{pmatrix},\quad \boldsymbol{\varepsilon}_4=\begin{pmatrix}0\\0\\0\\1\end{pmatrix}$$

$$\boldsymbol{\eta}_1=\begin{pmatrix}2\\1\\-1\\1\end{pmatrix},\quad \boldsymbol{\eta}_2=\begin{pmatrix}0\\3\\1\\0\end{pmatrix},\quad \boldsymbol{\eta}_3=\begin{pmatrix}5\\3\\2\\1\end{pmatrix},\quad \boldsymbol{\eta}_4=\begin{pmatrix}6\\6\\1\\3\end{pmatrix}$$

解 $\boldsymbol{\varepsilon}_1,\boldsymbol{\varepsilon}_2,\boldsymbol{\varepsilon}_3,\boldsymbol{\varepsilon}_4$ 是单位向量组成的基。$\boldsymbol{\eta}_i$ 的各分量恰是它在此基下坐标的各个分量,故 $\boldsymbol{\eta}_i$ 就是过渡矩阵的第 i 列,过渡矩阵

$$\boldsymbol{A}=\begin{pmatrix}2&0&5&6\\1&3&3&6\\-1&1&2&1\\1&0&1&3\end{pmatrix}$$

设向量 $\boldsymbol{\xi}=\begin{pmatrix}x_1\\x_2\\x_3\\x_4\end{pmatrix}$ 在 $\boldsymbol{\eta}_1,\boldsymbol{\eta}_2,\boldsymbol{\eta}_3,\boldsymbol{\eta}_4$ 的坐标为 $\begin{pmatrix}y_1\\y_2\\y_3\\y_4\end{pmatrix}$,则

$$\begin{pmatrix} y_1 \\ y_2 \\ y_3 \\ y_4 \end{pmatrix} = \begin{pmatrix} 2 & 0 & 5 & 6 \\ 1 & 3 & 3 & 6 \\ -1 & 1 & 2 & 1 \\ 1 & 0 & 1 & 3 \end{pmatrix}^{-1} \begin{pmatrix} x_1 \\ x_2 \\ x_3 \\ x_4 \end{pmatrix}$$

计算得

$$\begin{pmatrix} y_1 \\ y_2 \\ y_3 \\ y_4 \end{pmatrix} = \begin{pmatrix} \frac{4}{9} & \frac{1}{3} & -1 & -\frac{11}{9} \\ \frac{1}{27} & \frac{4}{9} & -\frac{1}{3} & -\frac{23}{27} \\ \frac{1}{3} & 0 & 0 & -\frac{2}{3} \\ -\frac{7}{27} & -\frac{1}{9} & \frac{1}{3} & \frac{26}{27} \end{pmatrix} \begin{pmatrix} x_1 \\ x_2 \\ x_3 \\ x_4 \end{pmatrix}$$

例 6.3.4 在 $P^{2\times 2}$ 中选定一组基

$$\boldsymbol{A}_1 = \begin{pmatrix} 0 & 1 \\ 1 & 1 \end{pmatrix},\quad \boldsymbol{A}_2 = \begin{pmatrix} 1 & 0 \\ 1 & 1 \end{pmatrix},\quad \boldsymbol{A}_3 = \begin{pmatrix} 1 & 1 \\ 0 & 1 \end{pmatrix},\quad \boldsymbol{A}_4 = \begin{pmatrix} 1 & 1 \\ 1 & 0 \end{pmatrix}$$

求矩阵 $\boldsymbol{B} = \begin{pmatrix} 1 & 2 \\ 3 & 6 \end{pmatrix}$在这组基下的坐标。

解 设 $\boldsymbol{B} = x_1\boldsymbol{A}_1 + x_2\boldsymbol{A}_2 + x_3\boldsymbol{A}_3 + x_4\boldsymbol{A}_4$，即

$$x_1\begin{pmatrix} 0 & 1 \\ 1 & 1 \end{pmatrix} + x_2\begin{pmatrix} 1 & 0 \\ 1 & 1 \end{pmatrix} + x_3\begin{pmatrix} 1 & 1 \\ 0 & 1 \end{pmatrix} + x_4\begin{pmatrix} 1 & 1 \\ 1 & 0 \end{pmatrix} = \begin{pmatrix} 1 & 2 \\ 3 & 6 \end{pmatrix}$$

应用矩阵运算的性质和矩阵相等的概念，有

$$\begin{cases} x_2 + x_3 + x_4 = 1 \\ x_1 + x_3 + x_4 = 2 \\ x_1 + x_2 + x_4 = 3 \\ x_1 + x_2 + x_3 = 6 \end{cases}$$

解得 $x_1 = 3, x_2 = 2, x_3 = 1, x_4 = -2$。即 $\boldsymbol{B}$ 在基 $\boldsymbol{A}_1, \boldsymbol{A}_2, \boldsymbol{A}_3, \boldsymbol{A}_4$ 下的坐标为$(3,2,1,-2)$。

我们知道，在 n 维线性空间 V 中，任意 n 个线性无关的向量都可取作线性空间 V 的一组基。由定义 6.3.1 知，V 中任一向量在某一组基下的坐标是唯一确定的，但是在不同基下的坐标一般是不同的，如例 6.3.1、例 6.3.3。因此，在处理一些问题时，如何适当地选择基，从而使我们所讨论的向量的坐标尽可能简单，这是一个重要且实际的问题。为此我们首先要知道同一向量在不同基下的坐标之间的关系式，即随着基的改变，向量的坐标是如何变化的。

6.3.2 坐标变换

对 n 维线性空间 V 中的任意向量 $\boldsymbol{\alpha}$，下面讨论 $\boldsymbol{\alpha}$ 在两组基 $\boldsymbol{\varepsilon}_1, \boldsymbol{\varepsilon}_2, \cdots, \boldsymbol{\varepsilon}_n$ 和 $\boldsymbol{\varepsilon}_1', \boldsymbol{\varepsilon}_2', \cdots, \boldsymbol{\varepsilon}_n'$ 下的坐标之间的关系。设基 $\boldsymbol{\varepsilon}_1, \boldsymbol{\varepsilon}_2, \cdots, \boldsymbol{\varepsilon}_n$ 到基 $\boldsymbol{\varepsilon}_1', \boldsymbol{\varepsilon}_2', \cdots, \boldsymbol{\varepsilon}_n'$ 的过渡矩阵为 $\boldsymbol{A}$，即

$$(\boldsymbol{\varepsilon}_1', \boldsymbol{\varepsilon}_2', \cdots, \boldsymbol{\varepsilon}_n') = (\boldsymbol{\varepsilon}_1, \boldsymbol{\varepsilon}_2, \cdots, \boldsymbol{\varepsilon}_n)\boldsymbol{A}$$

若 $\boldsymbol{\alpha}$ 在这两组基下的坐标分别是 $\boldsymbol{x}=\begin{pmatrix}x_1\\x_2\\\vdots\\x_n\end{pmatrix}$ 和 $\boldsymbol{x}'=\begin{pmatrix}x_1'\\x_2'\\\vdots\\x_n'\end{pmatrix}$，即

$$\boldsymbol{\alpha}=(\boldsymbol{\varepsilon}_1,\boldsymbol{\varepsilon}_2,\cdots,\boldsymbol{\varepsilon}_n)\begin{pmatrix}x_1\\x_2\\\vdots\\x_n\end{pmatrix}=(\boldsymbol{\varepsilon}_1',\boldsymbol{\varepsilon}_2',\cdots,\boldsymbol{\varepsilon}_n')\begin{pmatrix}x_1'\\x_2'\\\vdots\\x_n'\end{pmatrix}$$

故

$$(\boldsymbol{\varepsilon}_1,\boldsymbol{\varepsilon}_2,\cdots,\boldsymbol{\varepsilon}_n)\begin{pmatrix}x_1\\x_2\\\vdots\\x_n\end{pmatrix}=(\boldsymbol{\varepsilon}_1,\boldsymbol{\varepsilon}_2,\cdots,\boldsymbol{\varepsilon}_n)\boldsymbol{A}\begin{pmatrix}x_1'\\x_2'\\\vdots\\x_n'\end{pmatrix}$$

根据向量在同一组基下的坐标的唯一性知 $\boldsymbol{x}=\boldsymbol{A}\boldsymbol{x}'$。它称作**坐标变换公式**。由于过渡矩阵是可逆的，所以 $\boldsymbol{x}'=\boldsymbol{A}^{-1}\boldsymbol{x}$。

在例 6.3.1 中，有

$$(\boldsymbol{\varepsilon}_1',\boldsymbol{\varepsilon}_2',\cdots,\boldsymbol{\varepsilon}_n')=(\boldsymbol{\varepsilon}_1,\boldsymbol{\varepsilon}_2,\cdots,\boldsymbol{\varepsilon}_n)\begin{pmatrix}1&1&\cdots&1\\0&1&\cdots&1\\\vdots&\vdots&&\vdots\\0&0&\cdots&1\end{pmatrix}$$

其中 $\boldsymbol{A}=\begin{pmatrix}1&1&\cdots&1\\0&1&\cdots&1\\\vdots&\vdots&&\vdots\\0&0&\cdots&1\end{pmatrix}$ 为过渡矩阵。通过计算可求出 $\boldsymbol{A}^{-1}=\begin{pmatrix}1&-1&0&\cdots&0\\0&1&-1&\cdots&0\\0&0&1&\cdots&0\\\vdots&\vdots&\vdots&&\vdots\\0&0&0&\cdots&1\end{pmatrix}$，则有

$$\begin{pmatrix}x_1'\\x_2'\\\vdots\\x_n'\end{pmatrix}=\begin{pmatrix}1&-1&0&\cdots&0\\0&1&-1&\cdots&0\\0&0&1&\cdots&0\\\vdots&\vdots&\vdots&&\vdots\\0&0&0&\cdots&1\end{pmatrix}\begin{pmatrix}x_1\\x_2\\\vdots\\x_n\end{pmatrix}$$

即 $x_i'=x_i-x_{i+1}(i=1,\cdots,n-1)$，$x_n'=x_n$，这与例 6.3.1 的结果一致。

下面的例子表明可能存在某些向量在不同基下的坐标相同。

例 6.3.5 $\boldsymbol{\varepsilon}_1,\boldsymbol{\varepsilon}_2,\boldsymbol{\varepsilon}_3,\boldsymbol{\varepsilon}_4$ 和 $\boldsymbol{\eta}_1,\boldsymbol{\eta}_2,\boldsymbol{\eta}_3,\boldsymbol{\eta}_4$ 均同于例 6.3.3，求一非零向量 $\boldsymbol{\xi}$，使它在两组基 $\boldsymbol{\varepsilon}_1,\boldsymbol{\varepsilon}_2,\boldsymbol{\varepsilon}_3,\boldsymbol{\varepsilon}_4$ 与 $\boldsymbol{\eta}_1,\boldsymbol{\eta}_2,\boldsymbol{\eta}_3,\boldsymbol{\eta}_4$ 下有相同的坐标。

解 设 $\boldsymbol{\xi}=\begin{pmatrix}x_1\\x_2\\x_3\\x_4\end{pmatrix}=(\boldsymbol{\varepsilon}_1,\boldsymbol{\varepsilon}_2,\boldsymbol{\varepsilon}_3,\boldsymbol{\varepsilon}_4)\begin{pmatrix}x_1\\x_2\\x_3\\x_4\end{pmatrix}=(\boldsymbol{\eta}_1,\boldsymbol{\eta}_2,\boldsymbol{\eta}_3,\boldsymbol{\eta}_4)\begin{pmatrix}x_1\\x_2\\x_3\\x_4\end{pmatrix}$。

由于过渡矩阵是

$$\boldsymbol{A}=\begin{pmatrix}2&0&5&6\\1&3&3&6\\-1&1&2&1\\1&0&1&3\end{pmatrix}$$

可得

$$\begin{pmatrix}x_1\\x_2\\x_3\\x_4\end{pmatrix}=\boldsymbol{A}\begin{pmatrix}x_1\\x_2\\x_3\\x_4\end{pmatrix}$$

即

$$(\boldsymbol{A}-\boldsymbol{E})\begin{pmatrix}x_1\\x_2\\x_3\\x_4\end{pmatrix}=\begin{pmatrix}1&0&5&6\\1&2&3&6\\-1&1&1&1\\1&0&1&2\end{pmatrix}\begin{pmatrix}x_1\\x_2\\x_3\\x_4\end{pmatrix}=\boldsymbol{0}$$

可解得其一般解为 $\begin{pmatrix}x_1\\x_1\\x_1\\-x_1\end{pmatrix}$，$x_1$ 取遍 P 中的数。令 $x_1=1$，得一非零向量 $\boldsymbol{\xi}=\begin{pmatrix}1\\1\\1\\-1\end{pmatrix}$ 在此两组基下的坐标相同。

例 6.3.6 设 $\boldsymbol{\varepsilon}_1,\boldsymbol{\varepsilon}_2,\boldsymbol{\varepsilon}_3,\boldsymbol{\varepsilon}_4$ 是线性空间 V 的一组基，且

$$\begin{cases}\boldsymbol{\alpha}_1=\boldsymbol{\varepsilon}_1+\boldsymbol{\varepsilon}_2+\boldsymbol{\varepsilon}_3+\boldsymbol{\varepsilon}_4\\\boldsymbol{\alpha}_2=\boldsymbol{\varepsilon}_1+\boldsymbol{\varepsilon}_2-\boldsymbol{\varepsilon}_3-\boldsymbol{\varepsilon}_4\\\boldsymbol{\alpha}_3=\boldsymbol{\varepsilon}_1-\boldsymbol{\varepsilon}_2+\boldsymbol{\varepsilon}_3-\boldsymbol{\varepsilon}_4\\\boldsymbol{\alpha}_4=\boldsymbol{\varepsilon}_1-\boldsymbol{\varepsilon}_2-\boldsymbol{\varepsilon}_3+\boldsymbol{\varepsilon}_4\end{cases},\quad\begin{cases}\boldsymbol{\beta}_1=\boldsymbol{\varepsilon}_1-\boldsymbol{\varepsilon}_2+2\boldsymbol{\varepsilon}_3+\boldsymbol{\varepsilon}_4\\\boldsymbol{\beta}_2=\boldsymbol{\varepsilon}_1-2\boldsymbol{\varepsilon}_3-\boldsymbol{\varepsilon}_4\\\boldsymbol{\beta}_3=\boldsymbol{\varepsilon}_1+2\boldsymbol{\varepsilon}_2-2\boldsymbol{\varepsilon}_3\\\boldsymbol{\beta}_4=\boldsymbol{\varepsilon}_1+\boldsymbol{\varepsilon}_2+\boldsymbol{\varepsilon}_3+\boldsymbol{\varepsilon}_4\end{cases}$$

(1) 证明：$\boldsymbol{\alpha}_1,\boldsymbol{\alpha}_2,\boldsymbol{\alpha}_3,\boldsymbol{\alpha}_4$ 和 $\boldsymbol{\beta}_1,\boldsymbol{\beta}_2,\boldsymbol{\beta}_3,\boldsymbol{\beta}_4$ 都是 V 的基；

(2) 求由基 $\boldsymbol{\alpha}_1,\boldsymbol{\alpha}_2,\boldsymbol{\alpha}_3,\boldsymbol{\alpha}_4$ 到基 $\boldsymbol{\beta}_1,\boldsymbol{\beta}_2,\boldsymbol{\beta}_3,\boldsymbol{\beta}_4$ 的过渡矩阵；

(3) 求一向量 $\boldsymbol{\xi}$ 由基 $\boldsymbol{\alpha}_1,\boldsymbol{\alpha}_2,\boldsymbol{\alpha}_3,\boldsymbol{\alpha}_4$ 到基 $\boldsymbol{\beta}_1,\boldsymbol{\beta}_2,\boldsymbol{\beta}_3,\boldsymbol{\beta}_4$ 的坐标变换公式。

解 (1) 由题意可知

$$(\boldsymbol{\alpha}_1,\boldsymbol{\alpha}_2,\boldsymbol{\alpha}_3,\boldsymbol{\alpha}_4)=(\boldsymbol{\varepsilon}_1,\boldsymbol{\varepsilon}_2,\boldsymbol{\varepsilon}_3,\boldsymbol{\varepsilon}_4)\boldsymbol{A}$$

和

$$(\boldsymbol{\beta}_1,\boldsymbol{\beta}_2,\boldsymbol{\beta}_3,\boldsymbol{\beta}_4)=(\boldsymbol{\varepsilon}_1,\boldsymbol{\varepsilon}_2,\boldsymbol{\varepsilon}_3,\boldsymbol{\varepsilon}_4)\boldsymbol{B}$$

这里

$$A=\begin{pmatrix}1&1&1&1\\1&1&-1&-1\\1&-1&1&-1\\1&-1&-1&1\end{pmatrix},\quad B=\begin{pmatrix}1&1&1&1\\-1&0&2&1\\2&-2&-2&1\\1&-1&0&1\end{pmatrix}$$

又由于 $\det A=16\neq0$，$\det B=-3\neq0$，所以 $\boldsymbol{\alpha}_1,\boldsymbol{\alpha}_2,\boldsymbol{\alpha}_3,\boldsymbol{\alpha}_4$ 和 $\boldsymbol{\beta}_1,\boldsymbol{\beta}_2,\boldsymbol{\beta}_3,\boldsymbol{\beta}_4$ 都是 V 的基。

(2) 由$(\boldsymbol{\alpha}_1,\boldsymbol{\alpha}_2,\boldsymbol{\alpha}_3,\boldsymbol{\alpha}_4)=(\boldsymbol{\varepsilon}_1,\boldsymbol{\varepsilon}_2,\boldsymbol{\varepsilon}_3,\boldsymbol{\varepsilon}_4)\boldsymbol{A}$，可得

$$(\boldsymbol{\varepsilon}_1,\boldsymbol{\varepsilon}_2,\boldsymbol{\varepsilon}_3,\boldsymbol{\varepsilon}_4)=(\boldsymbol{\alpha}_1,\boldsymbol{\alpha}_2,\boldsymbol{\alpha}_3,\boldsymbol{\alpha}_4)\boldsymbol{A}^{-1}$$

从而

$$(\boldsymbol{\beta}_1,\boldsymbol{\beta}_2,\boldsymbol{\beta}_3,\boldsymbol{\beta}_4)=(\boldsymbol{\varepsilon}_1,\boldsymbol{\varepsilon}_2,\boldsymbol{\varepsilon}_3,\boldsymbol{\varepsilon}_4)\boldsymbol{B}=(\boldsymbol{\alpha}_1,\boldsymbol{\alpha}_2,\boldsymbol{\alpha}_3,\boldsymbol{\alpha}_4)\boldsymbol{A}^{-1}\boldsymbol{B}$$

即基 $\boldsymbol{\alpha}_1,\boldsymbol{\alpha}_2,\boldsymbol{\alpha}_3,\boldsymbol{\alpha}_4$ 到基 $\boldsymbol{\beta}_1,\boldsymbol{\beta}_2,\boldsymbol{\beta}_3,\boldsymbol{\beta}_4$ 的过渡矩阵为

$$\boldsymbol{A}^{-1}\boldsymbol{B}=\begin{pmatrix}1&1&1&1\\1&1&-1&-1\\1&-1&1&-1\\1&-1&-1&1\end{pmatrix}^{-1}\begin{pmatrix}1&1&1&1\\-1&0&2&1\\2&-2&-2&1\\1&-1&0&1\end{pmatrix}=\frac{1}{4}\begin{pmatrix}3&-2&1&4\\-3&4&5&0\\3&0&-3&0\\1&2&1&0\end{pmatrix}$$

(3) 设 $\boldsymbol{\xi}$ 是 V 中任一向量，它在这两组基下的坐标分别为 $\begin{pmatrix}x_1\\x_2\\x_3\\x_4\end{pmatrix}$ 和 $\begin{pmatrix}y_1\\y_2\\y_3\\y_4\end{pmatrix}$，即

$$\boldsymbol{\xi}=(\boldsymbol{\alpha}_1,\boldsymbol{\alpha}_2,\boldsymbol{\alpha}_3,\boldsymbol{\alpha}_4)\begin{pmatrix}x_1\\x_2\\x_3\\x_4\end{pmatrix}=(\boldsymbol{\beta}_1,\boldsymbol{\beta}_2,\boldsymbol{\beta}_3,\boldsymbol{\beta}_4)\begin{pmatrix}y_1\\y_2\\y_3\\y_4\end{pmatrix}$$

从而

$$\boldsymbol{\xi}=(\boldsymbol{\alpha}_1,\boldsymbol{\alpha}_2,\boldsymbol{\alpha}_3,\boldsymbol{\alpha}_4)\begin{pmatrix}x_1\\x_2\\x_3\\x_4\end{pmatrix}=(\boldsymbol{\beta}_1,\boldsymbol{\beta}_2,\boldsymbol{\beta}_3,\boldsymbol{\beta}_4)\begin{pmatrix}y_1\\y_2\\y_3\\y_4\end{pmatrix}=(\boldsymbol{\alpha}_1,\boldsymbol{\alpha}_2,\boldsymbol{\alpha}_3,\boldsymbol{\alpha}_4)\boldsymbol{A}^{-1}\boldsymbol{B}\begin{pmatrix}y_1\\y_2\\y_3\\y_4\end{pmatrix}$$

所以

$$\begin{pmatrix}x_1\\x_2\\x_3\\x_4\end{pmatrix}=\boldsymbol{A}^{-1}\boldsymbol{B}\begin{pmatrix}y_1\\y_2\\y_3\\y_4\end{pmatrix}=\frac{1}{4}\begin{pmatrix}3&-2&1&4\\-3&4&5&0\\3&0&-3&0\\1&2&1&0\end{pmatrix}\begin{pmatrix}y_1\\y_2\\y_3\\y_4\end{pmatrix}$$

或

$$\begin{pmatrix}y_1\\y_2\\y_3\\y_4\end{pmatrix}=(\boldsymbol{A}^{-1}\boldsymbol{B})^{-1}\begin{pmatrix}x_1\\x_2\\x_3\\x_4\end{pmatrix}=-\frac{1}{3}\begin{pmatrix}0&6&6&-12\\0&-6&-8&6\\0&6&10&-12\\-3&-9&-11&15\end{pmatrix}\begin{pmatrix}x_1\\x_2\\x_3\\x_4\end{pmatrix}$$

例 6.3.7 证明：$x^3,x^3+x^2,x^2+1,x+1$ 是线性空间 $P[x]_4$ 的一组基，并求 x^3+2x+3 在这组基下的坐标。

证明 易知 $1,x,x^2,x^3$ 是 $P[x]_4$ 的一组基，不妨记

$$(x^3,x^3+x^2,x^2+1,x+1)=(1,x,x^2,x^3)\boldsymbol{A}$$

这里 $\boldsymbol{A}=\begin{pmatrix}0&0&1&1\\0&1&0&1\\0&0&1&0\\1&1&0&0\end{pmatrix}$，则 $\det\boldsymbol{A}=1\neq0$，所以 $\boldsymbol{A}$ 可逆。故 $x^3,x^3+x^2,x^2+1,x+1$ 是线性空间 $P[x]_4$ 的一组基。

矩阵 $\boldsymbol{A}$ 是基 $1,x,x^2,x^3$ 到基 $x^3,x^3+x^2,x^2+1,x+1$ 的过渡矩阵，又向量 x^3+2x+3 在基 $1,x,x^2,x^3$ 下的坐标是(3,2,0,1)。再设

$$x^3+2x+3=(x^3,x^3+x^2,x^2+1,x+1)\begin{pmatrix}y_1\\y_2\\y_3\\y_4\end{pmatrix}$$

从而

$$\begin{pmatrix}y_1\\y_2\\y_3\\y_4\end{pmatrix}=\boldsymbol{A}^{-1}\begin{pmatrix}3\\2\\0\\1\end{pmatrix}=\begin{pmatrix}0&0&1&1\\0&1&0&1\\0&0&1&0\\1&1&0&0\end{pmatrix}^{-1}\begin{pmatrix}3\\2\\0\\1\end{pmatrix}=\begin{pmatrix}2\\-1\\0\\3\end{pmatrix}$$

所以 x^3+2x+3 在基 $x^3,x^3+x^2,x^2+1,x+1$ 下的坐标是$(2,-1,0,3)$。

6.4 线性子空间

设 V 是数域P 上的线性空间，W 是V 的非空子集。对于 W 中任意两个向量$\boldsymbol{\alpha},\boldsymbol{\beta}$，它们的和 $\boldsymbol{\alpha}+\boldsymbol{\beta}$ 是V 中的一个向量。一般来说和 $\boldsymbol{\alpha}+\boldsymbol{\beta}$ 不一定在W 中，如果 W 中任意两个向量的和仍然在W 中，那么就说 W 对V 的加法是封闭的。同样地，如果对于 W 中任意的向量$\boldsymbol{\alpha}$ 和数域P 中的任意的数k，$k\boldsymbol{\alpha}$ 仍然在W 中，那么就说 W 对数量乘法是封闭的。

在通常的三维几何空间中，考虑一个通过原点的平面，那么这个平面上所有的向量对于加法和数量乘法构成一个二维的线性空间。也就是说，它一方面是三维几何空间的一部分，同时，它对原来的运算也构成数域 P 上的线性空间，为此引入下面的定义：

6.4.1 线性子空间的定义

定义 6.4.1 设 V 是数域P 上的线性空间，W 是V 的非空子集。如果 W 对于V 上的

两种运算(加法和数乘)也构成数域 P 上的线性空间,则称 W 是 V 的**线性子空间**,简称为**子空间**。

设 W 是线性空间 V 的非空子集,如果 W 对 V 的两种运算封闭,容易验证,八条运算律对 W 也成立,因而 W 是 V 的子空间,于是有如下的子空间的判定定理:

定理 6.4.1　设 W 是线性空间 V 的非空子集,若 W 对 V 的两种运算加法和数量乘法封闭,则 W 是 V 的子空间。

证明　由于 W 对 V 的加法和数量乘法的封闭性保证了此两种运算是 W 上的加法和数量乘法。线性空间定义中的运算律(1)、(2)、(5)、(6)、(7)、(8),既然对 V 中任意向量都成立,自然对 W 中的向量也成立,只需要验证的是条件(3)和(4)。由 W 对数量乘法的封闭性和线性空间的性质知,对于 $\boldsymbol{\alpha}\in W, \boldsymbol{0}=0\boldsymbol{\alpha}\in W$,$V$ 中的零向量属于 W,它自然也是 W 的零向量。又 $-\boldsymbol{\alpha}=(-1)\boldsymbol{\alpha}\in W$,因此,条件(3)和(4)也成立。

由于子空间本身也是线性空间,所以我们可以将前面建立的关于线性空间的基、维数和坐标等概念完全平移到子空间上去,且子空间的维数都不超过整个线性空间的维数。也就是说,子空间所包含的线性无关向量的最大个数不可能超过整个线性空间所包含的线性无关向量的最大个数。

例 6.4.1　在线性空间 V 中,单独一个零向量构成的集合$\{\boldsymbol{0}\}$是子空间,称为**零子空间**;V 本身也是 V 的子空间,这两个子空间统称为**平凡子空间**,其余的子空间称为非平凡子空间。

例 6.4.2　设 $\boldsymbol{A}$ 是 $m\times n$ 矩阵,则齐次线性方程组 $\boldsymbol{AX}=\boldsymbol{0}$ 的解集是线性空间 P^n 的子空间,称为齐次线性方程组 $\boldsymbol{AX}=\boldsymbol{0}$ 的解空间。解空间的一组基就是齐次线性方程组 $\boldsymbol{AX}=\boldsymbol{0}$ 的一个基础解系,解空间的维数为 $n-r$,其中 $r=r(\boldsymbol{A})$。

例 6.4.3　$P[x]_n$ 是线性空间 $P[x]$的子空间。

例 6.4.4　$C[a,b]$是全体实函数所成线性空间的子空间。

设 $\boldsymbol{\alpha}_1,\boldsymbol{\alpha}_2,\cdots,\boldsymbol{\alpha}_s$ 是线性空间 V 的一组向量。这组向量所有可能的线性组合所成的集合是非空的,并且对加法和数乘两种运算封闭,因而是 V 的一个子空间,这个子空间称为由 **$\boldsymbol{\alpha}_1,\boldsymbol{\alpha}_2,\cdots,\boldsymbol{\alpha}_s$ 生成的子空间**,记作 $L(\boldsymbol{\alpha}_1,\boldsymbol{\alpha}_2,\cdots,\boldsymbol{\alpha}_s)$。由子空间的定义,我们知道,如果 V 的一个子空间包含向量$\boldsymbol{\alpha}_1,\boldsymbol{\alpha}_2,\cdots,\boldsymbol{\alpha}_s$,那么就一定包含它们所有的线性组合。也就是说一定包含 $L(\boldsymbol{\alpha}_1,\boldsymbol{\alpha}_2,\cdots,\boldsymbol{\alpha}_s)$作为子空间。故 $\boldsymbol{\alpha}_1,\boldsymbol{\alpha}_2,\cdots,\boldsymbol{\alpha}_s$ 生成的子空间是包含向量$\boldsymbol{\alpha}_1,\boldsymbol{\alpha}_2,\cdots,\boldsymbol{\alpha}_s$ 的所有子空间中最小的一个。

例 6.4.5　在 $\mathbf{R}^3$ 中,任意一个非零向量 $\boldsymbol{\alpha}$ 都可以生成一个子空间:

$$L(\boldsymbol{\alpha})=\{k\boldsymbol{\alpha}\mid k\in\mathbf{R},\boldsymbol{\alpha}\in\mathbf{R}^3\}$$

在几何上它表示一条过该向量的直线;任意两个不成比例的向量 $\boldsymbol{\alpha},\boldsymbol{\beta}$ 也可以生成一个子空间:

$$L(\boldsymbol{\alpha},\boldsymbol{\beta})=\{k\boldsymbol{\alpha}+l\boldsymbol{\beta}\mid k,l\in\mathbf{R},\boldsymbol{\alpha},\boldsymbol{\beta}\in\mathbf{R}^3\}$$

在几何上它表示该不共线两个向量所生成的平面;任意三个不共面的向量 $\boldsymbol{\alpha},\boldsymbol{\beta},\boldsymbol{\gamma}$ 生成子空间就是整个三维空间 $\mathbf{R}^3$:

$$L(\boldsymbol{\alpha},\boldsymbol{\beta},\boldsymbol{\gamma})=\{k\boldsymbol{\alpha}+l\boldsymbol{\beta}+m\boldsymbol{\gamma}\mid k,l,m\in\mathbf{R},\boldsymbol{\alpha},\boldsymbol{\beta},\boldsymbol{\gamma}\in\mathbf{R}^3\}$$

在几何上它表示该不共线三个向量所生成的平面。

6.4.2 子空间的性质

关于生成子空间,有下面结果:

定理 6.4.2 (1) 两个向量组生成相同子空间当且仅当这两个向量组等价。

(2) 一个向量组生成的子空间的维数等于这个向量组的秩。

证明 (1) 设 $\boldsymbol{\alpha}_1,\boldsymbol{\alpha}_2,\cdots,\boldsymbol{\alpha}_s$ 和 $\boldsymbol{\beta}_1,\boldsymbol{\beta}_2,\cdots,\boldsymbol{\beta}_t$ 是两组向量,若它们生成的子空间相同,则对每个 $\boldsymbol{\alpha}_i,\boldsymbol{\alpha}_i\in L(\boldsymbol{\alpha}_1,\boldsymbol{\alpha}_2,\cdots,\boldsymbol{\alpha}_s)=L(\boldsymbol{\beta}_1,\boldsymbol{\beta}_2,\cdots,\boldsymbol{\beta}_t)$,故 $\boldsymbol{\alpha}_i$ 可由 $\boldsymbol{\beta}_1,\boldsymbol{\beta}_2,\cdots,\boldsymbol{\beta}_t$ 线性表示,同理,每个 $\boldsymbol{\beta}_j$ 可由 $\boldsymbol{\alpha}_1,\boldsymbol{\alpha}_2,\cdots,\boldsymbol{\alpha}_s$ 线性表示。故 $\boldsymbol{\alpha}_1,\boldsymbol{\alpha}_2,\cdots,\boldsymbol{\alpha}_s$ 和 $\boldsymbol{\beta}_1,\boldsymbol{\beta}_2,\cdots,\boldsymbol{\beta}_t$ 等价。

反之,若这两个向量组等价,则由线性表示的传递性可知,$L(\boldsymbol{\alpha}_1,\boldsymbol{\alpha}_2,\cdots,\boldsymbol{\alpha}_s)$ 和 $L(\boldsymbol{\beta}_1,\boldsymbol{\beta}_2,\cdots,\boldsymbol{\beta}_t)$ 相互包含,故 $L(\boldsymbol{\alpha}_1,\boldsymbol{\alpha}_2,\cdots,\boldsymbol{\alpha}_s)=L(\boldsymbol{\beta}_1,\boldsymbol{\beta}_2,\cdots,\boldsymbol{\beta}_t)$。

(2) 对任意一个向量组,该向量组生成的子空间的一组基就是它的一个极大线性无关组,故该向量组生成的子空间的维数等于这个向量组的秩。

例 6.4.6 设 V_1,V_2 都是线性空间 V 的子空间,且 $V_1\subseteq V_2$,证明:如果 V_1 的维数和 V_2 的维数相等,那么 $V_1=V_2$。

证明 设 $\dim V_1=\dim V_2=r$,取 V_1 的一组基 $\boldsymbol{\alpha}_1,\boldsymbol{\alpha}_2,\cdots\boldsymbol{\alpha}_r$。因 $V_1\subseteq V_2$,这也是 V_2 中 r 个线性无关的向量,因 $\dim V_2=r$,故它也是 V_2 的一组基。因此

$$V_1=L(\boldsymbol{\alpha}_1,\boldsymbol{\alpha}_2,\cdots,\boldsymbol{\alpha}_r)=V_2$$

定理 6.4.1 中的对 V 的两种运算加法和数量乘法封闭,可以合并为一个条件。

性质 6.4.1 数域 P 上的线性空间 V 的一个非空子集 W 是 V 的一个子空间当且仅当对任意的 $a,b\in P$ 和向量 $\boldsymbol{\alpha},\boldsymbol{\beta}\in W$,都有 $a\boldsymbol{\alpha}+b\boldsymbol{\beta}$ 仍然在 W 中。

证明 若 W 是一个子空间,则由 W 对数量乘法的封闭性知,对任意的 $a,b\in P$ 和向量 $\boldsymbol{\alpha},\boldsymbol{\beta}\in W$,都有 $a\boldsymbol{\alpha},b\boldsymbol{\beta}$ 仍然在 W 中。由 W 对 V 的加法的封闭性知,$a\boldsymbol{\alpha}+b\boldsymbol{\beta}$ 在 W 中。

反之,若对任意的 $a,b\in P$ 和向量 $\boldsymbol{\alpha},\boldsymbol{\beta}\in W$,都有 $a\boldsymbol{\alpha}+b\boldsymbol{\beta}$ 在 W 中,取 $a=b=1$,就有 $\boldsymbol{\alpha}+\boldsymbol{\beta}\in W$;取 $b=0$,就有 $a\boldsymbol{\alpha}\in W$,即 W 对 V 的两种运算加法和数量乘法封闭。

定理 6.4.3 (基的扩充定理)设 W 是 n 维线性空间 V 的一个 m 维子空间,$\boldsymbol{\alpha}_1,\boldsymbol{\alpha}_2,\cdots,\boldsymbol{\alpha}_m$ 是 W 的一组基,那么

(1) 向量 $\boldsymbol{\alpha}_1,\boldsymbol{\alpha}_2,\cdots,\boldsymbol{\alpha}_m$ 可以扩充为 V 的一组基,即可以添加 $n-m$ 个向量 $\boldsymbol{\alpha}_{m+1},\cdots,\boldsymbol{\alpha}_n$,使得 $\boldsymbol{\alpha}_1,\cdots,\boldsymbol{\alpha}_m,\boldsymbol{\alpha}_{m+1},\cdots,\boldsymbol{\alpha}_n$ 成为 V 的一组基。

(2) 设 $\boldsymbol{\alpha}$ 是 V 的一个向量,则 $\boldsymbol{\alpha}\in W$ 的充要条件是 $\boldsymbol{\alpha}$ 关于基 $\boldsymbol{\alpha}_1,\cdots,\boldsymbol{\alpha}_m,\boldsymbol{\alpha}_{m+1},\cdots,\boldsymbol{\alpha}_n$ 的坐标为 $(a_1,\cdots,a_m,0,\cdots,0)$。

证明 (1) 对 $n-m$ 用数学归纳法。

当 $n-m=0$ 时,定理已经成立。

假设 $n-m=k$ 时,定理成立,下面考虑 $n-m=k+1$ 的情形。既然 $\boldsymbol{\alpha}_1,\boldsymbol{\alpha}_2,\cdots,\boldsymbol{\alpha}_m$ 还不是 V 的一组基,又线性无关,因此一定存在向量 $\boldsymbol{\alpha}_{m+1}$,使得 $\boldsymbol{\alpha}_{m+1}$ 不能由 $\boldsymbol{\alpha}_1,\boldsymbol{\alpha}_2,\cdots,\boldsymbol{\alpha}_m$ 线性表示。故 $\boldsymbol{\alpha}_1,\boldsymbol{\alpha}_2,\cdots,\boldsymbol{\alpha}_m,\boldsymbol{\alpha}_{m+1}$ 线性无关。又因为 $n-(m+1)=(n-m)-1=(k+1)-1=k$,故由归纳假设知,存在 V 的向量 $\boldsymbol{\alpha}_{m+2},\cdots,\boldsymbol{\alpha}_n$,使得 $\boldsymbol{\alpha}_1,\boldsymbol{\alpha}_2,\cdots,\boldsymbol{\alpha}_r,\boldsymbol{\alpha}_{m+1},\boldsymbol{\alpha}_{m+2},\cdots,\boldsymbol{\alpha}_n$ 构成 V 的一组基。因此,根据数学归纳法得,(1)成立。

(2) 如果 $\boldsymbol{\alpha}\in W$,则 $\boldsymbol{\alpha}$ 可以由 $\boldsymbol{\alpha}_1,\boldsymbol{\alpha}_2,\cdots,\boldsymbol{\alpha}_m$ 线性表出,不妨设

$$\boldsymbol{\alpha} = a_1\boldsymbol{\alpha}_1 + a_2\boldsymbol{\alpha}_2 + \cdots + a_m\boldsymbol{\alpha}_m$$

上式可以改写为

$$\boldsymbol{\alpha} = a_1\boldsymbol{\alpha}_1 + a_2\boldsymbol{\alpha}_2 + \cdots + a_m\boldsymbol{\alpha}_m + 0\boldsymbol{\alpha}_{m+1} + 0\boldsymbol{\alpha}_{m+2} + \cdots + 0\boldsymbol{\alpha}_n$$

所以 $\boldsymbol{\alpha}$ 关于基 $\boldsymbol{\alpha}_1,\cdots,\boldsymbol{\alpha}_m,\boldsymbol{\alpha}_{m+1},\cdots,\boldsymbol{\alpha}_n$ 的坐标为 $(a_1,\cdots,a_m,0,\cdots,0)$。

反之,如果 $\boldsymbol{\alpha}$ 关于基 $\boldsymbol{\alpha}_1,\cdots,\boldsymbol{\alpha}_m,\boldsymbol{\alpha}_{m+1},\cdots,\boldsymbol{\alpha}_n$ 的坐标为 $(a_1,\cdots,a_m,0,\cdots,0)$,那么

$$\begin{aligned}\boldsymbol{\alpha} &= a_1\boldsymbol{\alpha}_1 + a_2\boldsymbol{\alpha}_2 + \cdots + a_m\boldsymbol{\alpha}_m + 0\boldsymbol{\alpha}_{m+1} + 0\boldsymbol{\alpha}_{m+2} + \cdots + 0\boldsymbol{\alpha}_n \\ &= a_1\boldsymbol{\alpha}_1 + a_2\boldsymbol{\alpha}_2 + \cdots + a_m\boldsymbol{\alpha}_m \in W\end{aligned}$$

定理 6.4.3 说明对任意 n 维线性空间,它的一组基一定存在。这是因为该空间至少有一个非零向量,而单独的一个非零向量是线性无关的。由基的扩充定理得,可以将它扩充为整个线性空间的一组基。这个结果可以推广到任意的非零线性空间上去。

例 6.4.7 设 $\boldsymbol{A}\in P^{n\times n}$。

(1) 证明:全体与 $\boldsymbol{A}$ 可交换的矩阵组成 $P^{n\times n}$ 的一个子空间,记作 $C(\boldsymbol{A})$;

(2) 当 $\boldsymbol{A}=\boldsymbol{E}$ 时,求 $C(\boldsymbol{A})$;

(3) 当 $\boldsymbol{A}=\begin{pmatrix}1&0&0&\cdots&0\\0&2&0&\cdots&0\\\vdots&\vdots&\vdots&&\vdots\\0&0&0&\cdots&n\end{pmatrix}$ 时,求 $C(\boldsymbol{A})$ 的维数和一组基。

解 (1) 显然 $C(\boldsymbol{A})$ 非空,又是 $P^{n\times n}$ 中加法封闭和数量乘法封闭的子集,故构成子空间。

(2) $P^{n\times n}$ 中任一矩阵都与 $\boldsymbol{E}$ 交换,故 $C(\boldsymbol{E})=P^{n\times n}$。

(3) 设 $\boldsymbol{B}=(b_{ij})$,满足 $\boldsymbol{BA}=\boldsymbol{AB}$,即

$$\boldsymbol{B}\begin{pmatrix}1&&&\\&2&&\\&&\ddots&\\&&&n\end{pmatrix}=\begin{pmatrix}1&&&\\&2&&\\&&\ddots&\\&&&n\end{pmatrix}\boldsymbol{B}$$

则 $b_{ij}j=ib_{ij}(i,j=1,2,\cdots,n)$。故当 $i\neq j$ 时,有 $b_{ij}=0$,即 $\boldsymbol{B}$ 是对角阵。反之,对角阵也属于 $C(\boldsymbol{A})$。这就证明了 $C(\boldsymbol{A})$ 是 $P^{n\times n}$ 中全体对角阵所成的子空间。$C(\boldsymbol{A})$ 的一组基可取 $\boldsymbol{E}_{11},\boldsymbol{E}_{22},\cdots,\boldsymbol{E}_{nn}$,其维数为 n。

例 6.4.8 设

$$\boldsymbol{A}=\begin{pmatrix}1&0&0\\0&1&0\\3&1&2\end{pmatrix}$$

求 $P^{3\times 3}$ 中全体与 $\boldsymbol{A}$ 可交换的矩阵所成子空间的维数和一组基。

解 令

$$\boldsymbol{T}=\boldsymbol{A}-\boldsymbol{E}=\begin{pmatrix}0&0&0\\0&0&0\\3&1&1\end{pmatrix}$$

显然 $\boldsymbol{B}=(b_{ij})_{3\times 3}\in C(\boldsymbol{A})$ 当且仅当 $\boldsymbol{B}\in C(\boldsymbol{T})$,也即 $\boldsymbol{BT}=\boldsymbol{TB}$,写出来就是

$$\begin{pmatrix} b_{11} & b_{12} & b_{13} \\ b_{21} & b_{22} & b_{23} \\ b_{31} & b_{32} & b_{33} \end{pmatrix}\begin{pmatrix} 0 & 0 & 0 \\ 0 & 0 & 0 \\ 3 & 1 & 1 \end{pmatrix} = \begin{pmatrix} 0 & 0 & 0 \\ 0 & 0 & 0 \\ 3 & 1 & 1 \end{pmatrix}\begin{pmatrix} b_{11} & b_{12} & b_{13} \\ b_{21} & b_{22} & b_{23} \\ b_{31} & b_{32} & b_{33} \end{pmatrix}$$

即为

$$\begin{pmatrix} 3b_{13} & b_{13} & b_{13} \\ 3b_{23} & b_{23} & b_{23} \\ 3b_{33} & b_{33} & b_{33} \end{pmatrix} = \begin{pmatrix} 0 & 0 & 0 \\ 0 & 0 & 0 \\ 3b_{11}+b_{21}+b_{31} & 3b_{12}+b_{22}+b_{32} & 3b_{13}+b_{23}+b_{33} \end{pmatrix}$$

由对应元素相等,得出

$$\begin{cases} b_{13} = b_{23} = 0 \\ 3b_{33} = 3b_{11} + b_{21} + b_{31} \\ b_{33} = 3b_{12} + b_{22} + b_{32} \\ b_{33} = 3b_{13} + b_{23} + b_{33} \end{cases}$$

求解这个齐次线性方程组,得一般解为

$$\begin{cases} b_{13} = b_{23} = 0 \\ b_{33} = 3b_{12} + b_{22} + b_{32} \\ b_{31} = 9b_{12} + 3b_{22} + 3b_{32} - 3b_{11} - b_{21} \end{cases}$$

其中 $b_{11},b_{21},b_{12},b_{22},b_{32}$ 是自由未知量。分别对自由未知量取 $b_{12}=1$,其余取零;$b_{22}=1$,其余取零;$b_{32}=1$,其余取零;$b_{11}=1$,其余取零;$b_{21}=1$,其余取零,得五组解。分别对应了 $C(\boldsymbol{A})$中5个矩阵:

$$\boldsymbol{A}_1 = \begin{pmatrix} 1 & 0 & 0 \\ 0 & 0 & 0 \\ -3 & 0 & 0 \end{pmatrix},\quad \boldsymbol{A}_2 = \begin{pmatrix} 0 & 0 & 0 \\ 1 & 0 & 0 \\ -1 & 0 & 0 \end{pmatrix},\quad \boldsymbol{A}_3 = \begin{pmatrix} 0 & 1 & 0 \\ 0 & 0 & 0 \\ 9 & 0 & 3 \end{pmatrix}$$

$$\boldsymbol{A}_4 = \begin{pmatrix} 0 & 0 & 0 \\ 0 & 1 & 0 \\ 3 & 0 & 1 \end{pmatrix},\quad \boldsymbol{A}_5 = \begin{pmatrix} 0 & 0 & 0 \\ 0 & 0 & 0 \\ 3 & 1 & 1 \end{pmatrix}$$

任意 $\boldsymbol{B}\in C(\boldsymbol{A})$当且仅当

$$\boldsymbol{B} = \begin{pmatrix} b_{11} & b_{12} & 0 \\ b_{21} & b_{22} & 0 \\ b_{31} & b_{32} & b_{33} \end{pmatrix}$$

且其中

$$b_{33} = 3b_{12} + b_{22} + b_{32},\ b_{31} = 9b_{12} + 3b_{22} + 3b_{32} - 3b_{11} - b_{21}$$

则

$$\boldsymbol{B} = b_{11}\boldsymbol{A}_1 + b_{21}\boldsymbol{A}_2 + b_{12}\boldsymbol{A}_3 + b_{22}\boldsymbol{A}_4 + b_{32}\boldsymbol{A}_5$$

且 $\boldsymbol{A}_1,\boldsymbol{A}_2,\boldsymbol{A}_3,\boldsymbol{A}_4,\boldsymbol{A}_5$ 线性无关,故是 $C(\boldsymbol{A})$的一组基,$C(\boldsymbol{A})$是5维的。

6.5　子空间的交与和

这一节,我们学习子空间的两种基本运算——子空间的交与和。

6.5.1　子空间的交与和的性质

定义 6.5.1　设 V_1,V_2 为两个非空集合,称集合

$$V_1 \cap V_2 = \{\boldsymbol{\alpha} \mid \boldsymbol{\alpha} \in V_1 \text{ 且 } \boldsymbol{\alpha} \in V_2\}$$

为子空间 V_1 与 V_2 的**交**,而称

$$V_1 + V_2 = \{\boldsymbol{\alpha} + \boldsymbol{\beta} \mid \boldsymbol{\alpha} \in V_1, \boldsymbol{\beta} \in V_2\}$$

为子空间 V_1 与 V_2 的**和**。

定理 6.5.1　设 V_1,V_2 为线性空间 V 的两个子空间,则 $V_1\cap V_2$,V_1+V_2 也是 V 的子空间,即两个子空间的交与和都是 V 的子空间。

证明　显然 $\mathbf{0}\in V_1$,$\mathbf{0}\in V_2$,故 $\mathbf{0}\in V_1\cap V_2\neq\varnothing$。对任意的 $\boldsymbol{\alpha},\boldsymbol{\beta}\in V_1\cap V_2$,即 $\boldsymbol{\alpha},\boldsymbol{\beta}\in V_1$ 且 $\boldsymbol{\alpha},\boldsymbol{\beta}\in V_2$,由 V_1,V_2 为 V 的子空间知,$\boldsymbol{\alpha}+\boldsymbol{\beta}\in V_1$ 且 $\boldsymbol{\alpha}+\boldsymbol{\beta}\in V_2$,故 $\boldsymbol{\alpha}+\boldsymbol{\beta}\in V_1\cap V_2$。同理可证 $V_1\cap V_2$ 对数量乘法也封闭。所以 $V_1\cap V_2$ 是 V 的子空间。

易知 $\mathbf{0}=\mathbf{0}+\mathbf{0}\in V_1+V_2\neq\varnothing$。对任意的 $\boldsymbol{\alpha},\boldsymbol{\beta}\in V_1+V_2$,即 $\boldsymbol{\alpha}=\boldsymbol{\alpha}_1+\boldsymbol{\alpha}_2$,$\boldsymbol{\alpha}_1\in V_1$,$\boldsymbol{\alpha}_2\in V_2$ 及 $\boldsymbol{\beta}=\boldsymbol{\beta}_1+\boldsymbol{\beta}_2$,$\boldsymbol{\beta}_1\in V_1$,$\boldsymbol{\beta}_2\in V_2$,则

$$\boldsymbol{\alpha}+\boldsymbol{\beta}=(\boldsymbol{\alpha}_1+\boldsymbol{\alpha}_2)+(\boldsymbol{\beta}_1+\boldsymbol{\beta}_2)=(\boldsymbol{\alpha}_1+\boldsymbol{\beta}_1)+(\boldsymbol{\alpha}_2+\boldsymbol{\beta}_2)$$

又因 V_1,V_2 为 V 的子空间,故有 $\boldsymbol{\alpha}_1+\boldsymbol{\beta}_1\in V_1$,$\boldsymbol{\alpha}_2+\boldsymbol{\beta}_2\in V_2$,因此,$\boldsymbol{\alpha}+\boldsymbol{\beta}\in V_1+V_2$。同理,$k\boldsymbol{\alpha}=k\boldsymbol{\alpha}_1+k\boldsymbol{\alpha}_2\in V_1+V_2$。所以 V_1+V_2 是 V 的子空间。

需要注意的是,子空间的交和集合的交是同一个概念,但子空间的和与集合的并是两个不同的概念。定理 6.5.1 表明两个子空间的交与和都是子空间,但两个子空间的并未必是子空间,因为子空间的并对加法不封闭。例如,设 $\mathbf{R}$ 是全体实数的集合,$\mathbf{R}\mathrm{i}=\{a\mathrm{i}\mid a\in\mathbf{R}\}$ 是全体纯虚数的集合,则显然 $\mathbf{R}$ 和 $\mathbf{R}\mathrm{i}$ 都是复数域 $\mathbf{C}$ 这个线性空间的子空间,但 $\mathbf{R}\cup\mathbf{R}\mathrm{i}$ 不是子空间,因为 $\mathbf{R}\cup\mathbf{R}\mathrm{i}$ 对加法不封闭(如 $1+\mathrm{i}\notin\mathbf{R}\cup\mathbf{R}\mathrm{i}$)。事实上,两个子空间的并是子空间的情形是非常特殊的,我们有:

推论 6.5.1　设 V_1,V_2 为线性空间 V 的两个子空间,则 $V_1\cup V_2$ 是 V 的子空间当且仅当 $V_1\subseteq V_2$ 或 $V_2\subseteq V_1$。

证明　充分性显然。下证必要性,对任意的 $\boldsymbol{\alpha}_1\in V_1$,$\boldsymbol{\alpha}_2\in V_2$,有 $\boldsymbol{\alpha}_1,\boldsymbol{\alpha}_2\in V_1\cup V_2$。若 $V_1\cup V_2$ 是 V 的子空间,则 $\boldsymbol{\alpha}_1+\boldsymbol{\alpha}_2\in V_1\cup V_2$。如果 $\boldsymbol{\alpha}_1+\boldsymbol{\alpha}_2\in V_1$,有 $\boldsymbol{\alpha}_2=(\boldsymbol{\alpha}_1+\boldsymbol{\alpha}_2)-\boldsymbol{\alpha}_1\in V_1$,即 $V_2\subseteq V_1$;如果 $\boldsymbol{\alpha}_1+\boldsymbol{\alpha}_2\in V_2$,有 $\boldsymbol{\alpha}_1=(\boldsymbol{\alpha}_1+\boldsymbol{\alpha}_2)-\boldsymbol{\alpha}_2\in V_2$,即 $V_1\subseteq V_2$。

定理 6.5.1 可以推广到多个子空间的情况。

定理 6.5.2　设 $V_1,V_2\cdots,V_s$ 为线性空间 V 的子空间,则它们的交

$$\bigcap_{i=1}^{s} V_i = V_1 \cap V_2 \cap \cdots \cap V_s$$

与和

$$\sum_{i=1}^{s} V_i = V_1 + V_2 + \cdots + V_s = \{\boldsymbol{\alpha}_1 + \boldsymbol{\alpha}_2 + \cdots + \boldsymbol{\alpha}_s \mid \boldsymbol{\alpha}_i \in V_i (i = 1,2,\cdots,s)\}$$

都是 V 的子空间。

性质 6.5.1 设 V_1, V_2 是线性空间 V 的两个子空间，则子空间的交与和满足如下运算规律：

(1) $V_1 \cap V_2 = V_2 \cap V_1$；

(2) $(V_1 \cap V_2) \cap V_3 = V_1 \cap (V_2 \cap V_3)$；

(3) $V_1 + V_2 = V_2 + V_1$；

(4) $(V_1 + V_2) + V_3 = V_1 + (V_2 + V_3)$。

性质 6.5.2 关于子空间的交与和还有如下的结论：

(1) 设 V_1, V_2, W 是线性空间 V 的子空间，若 $W \subset V_1$ 且 $W \subset V_2$，则 $W \subset V_1 \cap V_2$；若 $V_1 \subset W$ 且 $V_2 \subset W$，则 $V_1 + V_2 \subset W$；

(2) 对于子空间 V_1 与 V_2，以下三个结论等价：

① $V_1 \subset V_2$；

② $V_1 \cap V_2 = V_1$；

③ $V_1 + V_2 = V_2$。

例 6.5.1 设 V 为三维几何空间 $\mathbf{R}^3$，V_1 是一条通过原点的直线，V_2 是一张通过原点且与 V_1 垂直的平面，则 $V_1 \cap V_2 = \{\mathbf{0}\}$，$V_1 + V_2 = \mathbf{R}^3$，但 $V_1 \cup V_2$ 不是 $\mathbf{R}^3$ 而是 V_1 这个直线和 V_2 这个平面的并。

例 6.5.2 设 $\boldsymbol{\alpha}_1, \boldsymbol{\alpha}_2, \cdots, \boldsymbol{\alpha}_s$ 和 $\boldsymbol{\beta}_1, \boldsymbol{\beta}_2, \cdots, \boldsymbol{\beta}_t$ 是线性空间 V 的两组向量，记

$$V_1 = L(\boldsymbol{\alpha}_1, \boldsymbol{\alpha}_2, \cdots, \boldsymbol{\alpha}_s), \quad V_2 = L(\boldsymbol{\beta}_1, \boldsymbol{\beta}_2, \cdots, \boldsymbol{\beta}_t)$$

则

$$V_1 + V_2 = L(\boldsymbol{\alpha}_1, \boldsymbol{\alpha}_2, \cdots, \boldsymbol{\alpha}_s, \boldsymbol{\beta}_1, \boldsymbol{\beta}_2, \cdots, \boldsymbol{\beta}_t)$$

证明 由和的定义

$$V_1 + V_2 = \{\boldsymbol{\xi}_1 + \boldsymbol{\xi}_2 \mid \boldsymbol{\xi}_1 \in V_1, \boldsymbol{\xi}_2 \in V_2\}$$

对于任意的 $\boldsymbol{\xi} \in V_1 + V_2$，则 $\boldsymbol{\xi} = \boldsymbol{\xi}_1 + \boldsymbol{\xi}_2$，$\boldsymbol{\xi}_1 \in V_1$，$\boldsymbol{\xi}_2 \in V_2$，不妨设

$$\boldsymbol{\xi}_1 = x_1\boldsymbol{\alpha}_1 + x_2\boldsymbol{\alpha}_2 + \cdots + x_s\boldsymbol{\alpha}_s, \quad \boldsymbol{\xi}_2 = y_1\boldsymbol{\beta}_1 + y_2\boldsymbol{\beta}_2 + \cdots + y_t\boldsymbol{\beta}_t$$

从而

$$\boldsymbol{\xi} = \boldsymbol{\xi}_1 + \boldsymbol{\xi}_2 = x_1\boldsymbol{\alpha}_1 + x_2\boldsymbol{\alpha}_2 + \cdots + x_s\boldsymbol{\alpha}_s + y_1\boldsymbol{\beta}_1 + y_2\boldsymbol{\beta}_2 + \cdots + y_t\boldsymbol{\beta}_t$$

所以

$$\boldsymbol{\xi} \in L(\boldsymbol{\alpha}_1, \boldsymbol{\alpha}_2, \cdots, \boldsymbol{\alpha}_s, \boldsymbol{\beta}_1, \boldsymbol{\beta}_2, \cdots, \boldsymbol{\beta}_t)$$

即

$$V_1 + V_2 \subset L(\boldsymbol{\alpha}_1, \boldsymbol{\alpha}_2, \cdots, \boldsymbol{\alpha}_s, \boldsymbol{\beta}_1, \boldsymbol{\beta}_2, \cdots, \boldsymbol{\beta}_t)$$

反之，设 $\boldsymbol{\eta} \in L(\boldsymbol{\alpha}_1, \boldsymbol{\alpha}_2, \cdots, \boldsymbol{\alpha}_s, \boldsymbol{\beta}_1, \boldsymbol{\beta}_2, \cdots, \boldsymbol{\beta}_t)$，那么

$$\boldsymbol{\eta} = (a_1\boldsymbol{\alpha}_1 + a_2\boldsymbol{\alpha}_2 + \cdots + a_s\boldsymbol{\alpha}_s) + (b_1\boldsymbol{\beta}_1 + b_2\boldsymbol{\beta}_2 + \cdots + b_t\boldsymbol{\beta}_t)$$

可见 $\boldsymbol{\eta} \in V_1 + V_2$，从而

$$L(\boldsymbol{\alpha}_1,\boldsymbol{\alpha}_2,\cdots,\boldsymbol{\alpha}_s,\boldsymbol{\beta}_1,\boldsymbol{\beta}_2,\cdots,\boldsymbol{\beta}_t)\subset V_1+V_2$$

综合可知

$$V_1+V_2=L(\boldsymbol{\alpha}_1,\boldsymbol{\alpha}_2,\cdots,\boldsymbol{\alpha}_s,\boldsymbol{\beta}_1,\boldsymbol{\beta}_2,\cdots,\boldsymbol{\beta}_t)$$

例 6.5.3 设 V_1 是 $P^{n\times n}$ 中全体三角矩阵组成的子空间，V_2 是 $P^{n\times n}$ 中全体对称矩阵组成的子空间，V_3 是 $P^{n\times n}$ 中全体反对称矩阵组成的子空间，则

(1) $V_1\cap V_2$ 是 $P^{n\times n}$ 中全体对角矩阵组成的子空间；$V_1\cap V_3=\{\mathbf{0}\}$，$V_2\cap V_3=\{\mathbf{0}\}$；

(2) $V_1+V_2=V_1+V_3=V_2+V_3=P^{n\times n}$。

例 6.5.4 设 V_1,V_2 是线性空间 V 的两个非平凡子空间，则在 V 中存在 $\boldsymbol{\alpha}$ 使 $\boldsymbol{\alpha}\notin V_1$，$\boldsymbol{\alpha}\notin V_2$ 同时成立。

证明 因 V_1,V_2 非平凡，故有 $\boldsymbol{\alpha}_1\notin V_1$，$\boldsymbol{\alpha}_2\notin V_2$。若有 $\boldsymbol{\alpha}_1\notin V_2$ 或 $\boldsymbol{\alpha}_2\notin V_1$，则已完成证明。若 $\boldsymbol{\alpha}_1\in V_2$ 且 $\boldsymbol{\alpha}_2\in V_1$，考察 $\boldsymbol{\alpha}_1+\boldsymbol{\alpha}_2$。由于 $\boldsymbol{\alpha}_1\in V_2$，$\boldsymbol{\alpha}_2\notin V_2$，故 $\boldsymbol{\alpha}_1+\boldsymbol{\alpha}_2\notin V_2$。否则 $\boldsymbol{\alpha}_1+\boldsymbol{\alpha}_2\in V_2$，$\boldsymbol{\alpha}_1\in V_2$，则 $\boldsymbol{\alpha}_1+\boldsymbol{\alpha}_2+(-\boldsymbol{\alpha}_1)=\boldsymbol{\alpha}_2\in V_2$，矛盾。同样地，由 $\boldsymbol{\alpha}_2\in V_1$ 及 $\boldsymbol{\alpha}_1\notin V_1$ 可得 $\boldsymbol{\alpha}_1+\boldsymbol{\alpha}_2\notin V_1$。故 $\boldsymbol{\alpha}_1+\boldsymbol{\alpha}_2$ 是要求的向量。

例 6.5.4 表明两个非平凡的子空间的并不等于整个线性空间，下面的例子表明任意有限多个非平凡的子空间的并也不能是整个线性空间。

例 6.5.5 设 $V_1,V_2,\cdots,V_s$ 是线性空间 V 的 s 个非平凡的子空间，则 V 中至少有一向量不属于 $V_1,V_2,\cdots,V_s$ 中任何一个。

证明 对子空间的个数 n 做归纳法。

当 $n=1$ 时显然成立。假设 $n=s-1$ 时结论成立。当 $n=s$ 时，取 $\boldsymbol{\beta}\notin V_s$。由归纳假设知，存在 $\boldsymbol{\alpha}\notin V_1,V_2,\cdots,V_{s-1}$。于是对任意 V_i，$\boldsymbol{\alpha},\boldsymbol{\beta}$ 不能同时属于 V_i。考察 $\boldsymbol{\alpha}+k_i\boldsymbol{\beta}$，对任意 k_i，若 $\boldsymbol{\alpha}+k_i\boldsymbol{\beta}\in V_i$，则对任何 $k\neq k_i$ 有 $\boldsymbol{\alpha}+k\boldsymbol{\beta}\notin V_i$。否则由 $\boldsymbol{\alpha}+k_i\boldsymbol{\beta}\in V_i$ 及 $\boldsymbol{\alpha}+k\boldsymbol{\beta}\in V_i$ $(k\neq k_i)$，易得 $\boldsymbol{\alpha},\boldsymbol{\beta}\in V_i$，矛盾。故对任一 V_i，最多仅有一个值 k_i 使 $\boldsymbol{\alpha}+k_i\boldsymbol{\beta}\in V_i$。取 $k\in P$ 使 $k\neq k_1,k_2,\cdots k_s$，则 $\boldsymbol{\alpha}+k\boldsymbol{\beta}\notin V_i(i=1,2,\cdots,s)$。

根据数学归纳法可知，结论成立。

6.5.2 维数公式

关于两个子空间的交与和的维数，有以下结论：

定理 6.5.3 （维数公式）设 V_1,V_2 为线性空间 V 的两个子空间，则

$$\dim(V_1+V_2)=\dim V_1+\dim V_2-\dim(V_1\cap V_2)$$

证明 先假设 $\dim(V_1\cap V_2)=r>0$，令 $\boldsymbol{\alpha}_1,\boldsymbol{\alpha}_2,\cdots,\boldsymbol{\alpha}_r$ 是 $V_1\cap V_2$ 的一组基，由基的扩充定理知，向量组 $\boldsymbol{\alpha}_1,\boldsymbol{\alpha}_2,\cdots,\boldsymbol{\alpha}_r$ 可以分别扩充为 V_1 的一组基 $\boldsymbol{\alpha}_1,\cdots,\boldsymbol{\alpha}_r,\boldsymbol{\beta}_{r+1},\cdots,\boldsymbol{\beta}_{n_1}$ 和 V_2 的一组基 $\boldsymbol{\alpha}_1,\cdots,\boldsymbol{\alpha}_r,\boldsymbol{\gamma}_{r+1},\cdots,\boldsymbol{\gamma}_{n_2}$，这里 $n_1=\dim V_1$，$n_2=\dim V_2$。则

$$V_1=L(\boldsymbol{\alpha}_1,\cdots,\boldsymbol{\alpha}_r,\boldsymbol{\beta}_{r+1},\cdots,\boldsymbol{\beta}_{n_1}),\quad V_2=L(\boldsymbol{\alpha}_1,\cdots,\boldsymbol{\alpha}_r,\boldsymbol{\gamma}_{r+1},\cdots,\boldsymbol{\gamma}_{n_2})$$

$$V_1+V_2=L(\boldsymbol{\alpha}_1,\cdots,\boldsymbol{\alpha}_r,\boldsymbol{\beta}_{r+1},\cdots,\boldsymbol{\beta}_{n_1},\boldsymbol{\gamma}_{r+1},\cdots,\boldsymbol{\gamma}_{n_2})$$

下证 $\boldsymbol{\alpha}_1,\cdots,\boldsymbol{\alpha}_r,\boldsymbol{\beta}_{r+1},\cdots,\boldsymbol{\beta}_{n_1},\boldsymbol{\gamma}_{r+1},\cdots,\boldsymbol{\gamma}_{n_2}$ 线性无关。

假设存在一组数 $k_1,\cdots,k_r,p_{r+1},\cdots,p_{n_1},q_{r+1},\cdots,q_{n_2}$ 满足

$$k_1\boldsymbol{\alpha}_1+\cdots+k_r\boldsymbol{\alpha}_r+p_{r+1}\boldsymbol{\beta}_{r+1}+\cdots+p_{n_1}\boldsymbol{\beta}_{n_1}+q_{r+1}\boldsymbol{\gamma}_{r+1}+\cdots+q_{n_2}\boldsymbol{\gamma}_{n_2}=\mathbf{0}$$

令

$$\boldsymbol{\alpha} = k_1\boldsymbol{\alpha}_1 + \cdots + k_r\boldsymbol{\alpha}_r + p_{r+1}\boldsymbol{\beta}_{r+1} + \cdots + p_{n_1}\boldsymbol{\beta}_{n_1} = -q_{r+1}\boldsymbol{\gamma}_{r+1} - \cdots - q_{n_2}\boldsymbol{\gamma}_{n_2}$$

由上式第一个等式知 $\boldsymbol{\alpha}\in V_1$，由第二个等式知 $\boldsymbol{\alpha}\in V_2$，故 $\boldsymbol{\alpha}\in V_1\cap V_2$，即 $\boldsymbol{\alpha}$ 可由 $\boldsymbol{\alpha}_1,\cdots,\boldsymbol{\alpha}_r$ 线性表示。令 $\boldsymbol{\alpha}=l_1\boldsymbol{\alpha}_1+\cdots+l_r\boldsymbol{\alpha}_r$，则

$$l_1\boldsymbol{\alpha}_1 + \cdots + l_r\boldsymbol{\alpha}_r + q_{r+1}\boldsymbol{\gamma}_{r+1} + \cdots + q_{n_2}\boldsymbol{\gamma}_{n_2} = \mathbf{0}$$

根据 $\boldsymbol{\alpha}_1,\cdots,\boldsymbol{\alpha}_r,\boldsymbol{\gamma}_{r+1},\cdots,\boldsymbol{\gamma}_{n_2}$ 是 V_2 的一组基，可知它线性无关，从而

$$l_1 = \cdots = l_r = q_{r+1} = \cdots = \boldsymbol{\gamma}_{n_2} = 0$$

因而 $\boldsymbol{\alpha}=\mathbf{0}$，进而有

$$k_1\boldsymbol{\alpha}_1 + \cdots + k_r\boldsymbol{\alpha}_r + p_{r+1}\boldsymbol{\beta}_{r+1} + \cdots + p_{n_1}\boldsymbol{\beta}_{n_1} = \mathbf{0}$$

据 $\boldsymbol{\alpha}_1,\cdots,\boldsymbol{\alpha}_r,\boldsymbol{\beta}_{r+1},\cdots,\boldsymbol{\beta}_{n_1}$ 是 V_1 的一组基知

$$k_1 = \cdots = k_r = p_{r+1} = \cdots = p_{n_1} = 0$$

这就证明了 $\boldsymbol{\alpha}_1,\cdots,\boldsymbol{\alpha}_r,\boldsymbol{\beta}_{r+1},\cdots,\boldsymbol{\beta}_{n_1},\boldsymbol{\gamma}_{r+1},\cdots,\boldsymbol{\gamma}_{n_2}$ 线性无关，因而它是 V_1+V_2 的一组基。故

$$\begin{aligned}\dim(V_1+V_2) &= r+(n_1-r)+(n_2-r) = n_1+n_2-r\\ &= \dim V_1 + \dim V_2 - \dim(V_1\cap V_2)\end{aligned}$$

当 $r=0$ 时，上面的证明仍然成立。

由维数公式知，两个子空间的和的维数一般小于子空间的维数的和。例如，在三维几何空间中，两张通过原点的不同的平面的和是整个的三维空间，它们的维数的和等于4，故这两张平面的交是一条直线。

推论 6.5.2 如果 n 维线性空间 V 的两个子空间 V_1,V_2 的维数之和大于 n，那么 $V_1\cap V_2$ 必含有非零的公共向量。

证明 由维数公式知，$\dim(V_1+V_2)+\dim(V_1\cap V_2)=\dim V_1+\dim V_2>n$。因为 V_1+V_2 是 V 的子空间，它的维数小于等于 n，所以 $V_1\cap V_2$ 的维数大于0，即 $V_1\cap V_2$ 含有非零向量。

事实上，我们有一个更一般的结论：

推论 6.5.3 设 V_1,V_2 是 n 维线性空间 V 的两个子空间，则 $V_1\cap V_2$ 含有非零的公共向量的充要条件是 V_1+V_2 的维数小于 V_1,V_2 的维数之和。

例 6.5.6 设 $V=P^4$，$V_1=L(\boldsymbol{\alpha}_1,\boldsymbol{\alpha}_2,\boldsymbol{\alpha}_3)$，$V_2=L(\boldsymbol{\beta}_1,\boldsymbol{\beta}_2)$，其中

$$\boldsymbol{\alpha}_1 = (1,2,-1,-3),\quad \boldsymbol{\alpha}_2 = (-1,-1,2,1),\quad \boldsymbol{\alpha}_3 = (-1,-3,0,5)$$

$$\boldsymbol{\beta}_1 = (-1,0,4,-2),\quad \boldsymbol{\beta}_2 = (0,5,9,-14)$$

求 $V_1\cap V_2$ 与 V_1+V_2 的维数和基。

解 因为

$$V_1+V_2 = L(\boldsymbol{\alpha}_1,\boldsymbol{\alpha}_2,\boldsymbol{\alpha}_3) + L(\boldsymbol{\beta}_1,\boldsymbol{\beta}_2) = L(\boldsymbol{\alpha}_1,\boldsymbol{\alpha}_2,\boldsymbol{\alpha}_3,\boldsymbol{\beta}_1,\boldsymbol{\beta}_2)$$

所以向量组 $\boldsymbol{\alpha}_1,\boldsymbol{\alpha}_2,\boldsymbol{\alpha}_3,\boldsymbol{\beta}_1,\boldsymbol{\beta}_2$ 的一个极大无关组就是 V_1+V_2 的一组基，把向量组 $\boldsymbol{\alpha}_1,\boldsymbol{\alpha}_2,\boldsymbol{\alpha}_3,\boldsymbol{\beta}_1,\boldsymbol{\beta}_2$ 中的每个向量作为矩阵的一列，构造矩阵 $\boldsymbol{A}$，对 $\boldsymbol{A}$ 进行初等行变换，化至行最简形，即

$$\boldsymbol{A} = (\boldsymbol{\alpha}_1^{\mathrm{T}},\boldsymbol{\alpha}_2^{\mathrm{T}},\boldsymbol{\alpha}_3^{\mathrm{T}},\boldsymbol{\beta}_1^{\mathrm{T}},\boldsymbol{\beta}_2^{\mathrm{T}})$$

$$
=\begin{pmatrix}1&-1&-1&-1&0\\2&-1&-3&0&5\\-1&2&0&4&9\\-3&1&5&-2&-14\end{pmatrix}\to\begin{pmatrix}1&0&-2&0&1\\0&1&-1&0&-3\\0&0&0&1&4\\0&0&0&0&0\end{pmatrix}
$$

从中可知 $\boldsymbol{\alpha}_1,\boldsymbol{\alpha}_2$ 线性无关，其是 V_1 的一组基；$\boldsymbol{\beta}_1,\boldsymbol{\beta}_2$ 也线性无关，其是 V_2 的一组基；$\boldsymbol{\alpha}_1,\boldsymbol{\alpha}_2,\boldsymbol{\beta}_1$ 也线性无关，其是 V_1+V_2 的一组基，所以

$$
\dim V_1=2,\quad \dim V_2=2,\quad \dim(V_1+V_2)=3
$$

另外由

$$
\boldsymbol{\beta}_2=\boldsymbol{\alpha}_1-3\boldsymbol{\alpha}_2+4\boldsymbol{\beta}_1
$$

可得

$$
\boldsymbol{\gamma}=\boldsymbol{\alpha}_1-3\boldsymbol{\alpha}_2=\boldsymbol{\beta}_2-4\boldsymbol{\beta}_1=(-4,-5,7,6)\in V_1\cap V_2
$$

于是，$\boldsymbol{\gamma}=(-4,-5,7,6)$是 $V_1\cap V_2$ 的一组基，所以 $\dim(V_1\cap V_2)=1$。

进一步有

$$
\dim(V_1+V_2)=\dim V_1+\dim V_2-\dim(V_1\cap V_2)=2+2-1=3
$$

6.6 子空间的直和

这一节，我们研究子空间和的一种特殊情况——子空间的直和，子空间的直和是一个很重要的概念，在下一章空间的分解中会被用到。

6.6.1 直和的定义

定义 6.6.1 设 V_1,V_2 是线性空间 V 的两个子空间，$W=V_1+V_2$。若 W 中每个向量$\boldsymbol{\alpha}$ 的分解式

$$
\boldsymbol{\alpha}=\boldsymbol{\alpha}_1+\boldsymbol{\alpha}_2\quad(\boldsymbol{\alpha}_1\in V_1,\boldsymbol{\alpha}_2\in V_2)
$$

是唯一的，则这个和就称为直和，记作 $W=V_1\oplus V_2$（或者记作 $W=V_1\dotplus V_2$）。

例 6.6.1 S 是$P^{n\times n}$中全体对称矩阵组成的子空间，T 是$P^{n\times n}$中全体反对称矩阵组成的子空间，证明：$S\oplus T=P^{n\times n}$。

证明 已知 S 和 T 都是$P^{n\times n}$的子空间，所以 $S+T$ 仍是$P^{n\times n}$的子空间，所以 $S+T\subseteq P^{n\times n}$。现任取 $\boldsymbol{A}\in P^{n\times n}$，则矩阵 $\boldsymbol{A}$ 可以改写为

$$
\boldsymbol{A}=\frac{\boldsymbol{A}+\boldsymbol{A}^{\mathrm{T}}}{2}+\frac{\boldsymbol{A}-\boldsymbol{A}^{\mathrm{T}}}{2}
$$

容易验证$\left(\frac{\boldsymbol{A}+\boldsymbol{A}^{\mathrm{T}}}{2}\right)^{\mathrm{T}}=\frac{\boldsymbol{A}+\boldsymbol{A}^{\mathrm{T}}}{2}$，所以$\frac{\boldsymbol{A}+\boldsymbol{A}^{\mathrm{T}}}{2}\in S$，$\left(\frac{\boldsymbol{A}-\boldsymbol{A}^{\mathrm{T}}}{2}\right)^{\mathrm{T}}=-\frac{\boldsymbol{A}-\boldsymbol{A}^{\mathrm{T}}}{2}$，所以$\frac{\boldsymbol{A}-\boldsymbol{A}^{\mathrm{T}}}{2}\in T$，从而 $\boldsymbol{A}\in S+T$，这说明 $P^{n\times n}\subseteq S+T$，这就证明了 $S+T=P^{n\times n}$。

由于对任意的 $\boldsymbol{A}\in P^{n\times n}$，表达式 $\boldsymbol{A}=\frac{\boldsymbol{A}+\boldsymbol{A}^{\mathrm{T}}}{2}+\frac{\boldsymbol{A}-\boldsymbol{A}^{\mathrm{T}}}{2}$是唯一的，所以 $S+T$ 是直和，即

$$S\oplus T=P^{n\times n}$$

6.6.2 直和的判定

下面研讨两个子空间的和是直和的充要条件，从而也给出了一些简单判断子空间的和是否为直和的判别方法。

定理 6.6.1 设 V_1,V_2 是线性空间 V 的两个子空间，$W=V_1+V_2$，则下列条件等价：

(1) $W=V_1\oplus V_2$；

(2) 零向量的分解式是唯一的，即等式

$$\mathbf{0}=\boldsymbol{\alpha}_1+\boldsymbol{\alpha}_2\quad(\boldsymbol{\alpha}_1\in V_1,\boldsymbol{\alpha}_2\in V_2)$$

当且仅当 $\boldsymbol{\alpha}_1=\boldsymbol{\alpha}_2=\mathbf{0}$ 才成立；

(3) $V_1\cap V_2=\{\mathbf{0}\}$；

(4) $\dim W=\dim V_1+\dim V_2$。

证明 (1)⇒(2) 依据定义显然成立。

(2)⇒(3) 任取 $\boldsymbol{\alpha}\in V_1\cap V_2$，$\mathbf{0}=\boldsymbol{\alpha}+(-\boldsymbol{\alpha})$，其中 $\boldsymbol{\alpha}\in V_1$，$-\boldsymbol{\alpha}\in V_2$。由零向量的分解式是唯一的，可知 $\boldsymbol{\alpha}=-\boldsymbol{\alpha}=\mathbf{0}$。故 $V_1\cap V_2=\{0\}$。

(3)⇒(4) 由零空间的维数是零以及维数公式可立得结果。

(4)⇒(1) 由维数公式知，$\dim(V_1\cap V_2)=0$，故 $V_1\cap V_2=\{\mathbf{0}\}$。下证 W 中每个向量 $\boldsymbol{\alpha}$ 的分解式是唯一的，若有两种分解

$$\boldsymbol{\alpha}=\boldsymbol{\alpha}_1+\boldsymbol{\alpha}_2=\boldsymbol{\beta}_1+\boldsymbol{\beta}_2\quad(\boldsymbol{\alpha}_1,\boldsymbol{\beta}_1\in V_1,\boldsymbol{\alpha}_2,\boldsymbol{\beta}_2\in V_2)$$

于是

$$\mathbf{0}=\boldsymbol{\alpha}-\boldsymbol{\alpha}=(\boldsymbol{\alpha}_1-\boldsymbol{\beta}_1)+(\boldsymbol{\alpha}_2-\boldsymbol{\beta}_2)$$

其中 $\boldsymbol{\alpha}_1-\boldsymbol{\beta}_1\in V_1$，$\boldsymbol{\alpha}_2-\boldsymbol{\beta}_2\in V_2$，故

$$\boldsymbol{\alpha}_1-\boldsymbol{\beta}_1=-(\boldsymbol{\alpha}_2-\boldsymbol{\beta}_2)\in V_1\cap V_2$$

所以，$\boldsymbol{\alpha}_1=\boldsymbol{\beta}_1$，$\boldsymbol{\alpha}_2=\boldsymbol{\beta}_2$，即向量 $\boldsymbol{\alpha}$ 的分解式是唯一的。因此，由定义得 $W=V_1\oplus V_2$。

定义 6.6.2 设 U 是线性空间 V 的一个子空间，如果还存在 V 的一个子空间 W 满足

(1) $V=U+W$；

(2) $U\cap W=\{\mathbf{0}\}$，

则称 W 是 U 的一个余子空间。

注 6.6.1 (1) 若 W 是 U 的一个余子空间，则 U 也是 W 的一个余子空间；

(2) 若 W 与 U 均是 V 的一个子空间，且 W 是 U 的一个余子空间，则 $V=U\oplus W$。

例 6.6.2 在 P^3 中，分别取

$$U=\{(a_1,a_2,0)\mid a_1,a_2\in P\}$$
$$W=\{(0,0,a_3)\mid a_3\in P\}$$

容易看出 $P^3=U\oplus W$。

定理 6.6.2 设 U 是线性空间 V 的一个子空间，则必存在一个子空间 W，使 $V=U\oplus W$。

证明 若 $U=\{\mathbf{0}\}$，取 $W=V$；若 $U=V$，取 $W=\{\mathbf{0}\}$，则结论显然都成立。

下设 U 是线性空间 V 的一个非平凡子空间，取 U 的一组基 $\boldsymbol{\alpha}_1,\cdots,\boldsymbol{\alpha}_r$，把它扩充为 V 的一组基 $\boldsymbol{\alpha}_1,\boldsymbol{\alpha}_2,\cdots,\boldsymbol{\alpha}_r,\boldsymbol{\alpha}_{r+1},\cdots,\boldsymbol{\alpha}_n$。令 $W=L(\boldsymbol{\alpha}_{r+1},\cdots,\boldsymbol{\alpha}_n)$，则

$$V=L(\boldsymbol{\alpha}_1,\boldsymbol{\alpha}_2,\cdots,\boldsymbol{\alpha}_r,\boldsymbol{\alpha}_{r+1},\cdots,\boldsymbol{\alpha}_n)=L(\boldsymbol{\alpha}_1,\boldsymbol{\alpha}_2,\cdots,\boldsymbol{\alpha}_r)+L(\boldsymbol{\alpha}_{r+1},\cdots,\boldsymbol{\alpha}_n)=U+W$$

且 $\dim V=\dim U+\dim W$。故 $V=U\oplus W$。

两个子空间直和的概念和相关定理可以推广到多个子空间的情形。

定义 6.6.3 设 $V_1,V_2\cdots,V_s$ 为线性空间 V 的子空间。若和 $V_1+V_2+\cdots+V_s$ 中每个向量 $\boldsymbol{\alpha}$ 的分解式

$$\boldsymbol{\alpha}=\boldsymbol{\alpha}_1+\boldsymbol{\alpha}_2+\cdots+\boldsymbol{\alpha}_s\quad(\boldsymbol{\alpha}_i\in V_i;i=1,2,\cdots s)$$

是唯一的，则这个和就称为直和，记作 $V_1\oplus V_2\oplus\cdots\oplus V_s$。

定理 6.6.3 设 $V_1,V_2\cdots,V_s$ 是线性空间 V 的子空间，$W=V_1+V_2+\cdots+V_s$，则下列条件等价：

(1) $W=V_1\oplus V_2\oplus\cdots\oplus V_s$；

(2) 零向量的分解式是唯一的，即等式

$$\mathbf{0}=\boldsymbol{\alpha}_1+\boldsymbol{\alpha}_2+\cdots+\boldsymbol{\alpha}_s\quad(\boldsymbol{\alpha}_i\in V_i;i=1,2,\cdots s)$$

当且仅当 $\boldsymbol{\alpha}_1=\boldsymbol{\alpha}_2=\cdots=\boldsymbol{\alpha}_s=\mathbf{0}$ 才成立；

(3) $V_i\cap\sum\limits_{j\neq i}V_j=\{\mathbf{0}\}$；

(4) $\dim W=\sum\limits_{i=1}^{s}\dim V_s$。

证明 (1)⇒(2) 显然成立。

(2)⇒(3) 任取 $\boldsymbol{\alpha}\in V_i\cap\sum\limits_{j\neq i}V_j$，$\mathbf{0}=\boldsymbol{\alpha}+(-\boldsymbol{\alpha})$，其中 $\boldsymbol{\alpha}\in V_i$，$-\boldsymbol{\alpha}\in\sum\limits_{j\neq i}V_j$。由零向量的分解式是唯一的，可知 $\boldsymbol{\alpha}=-\boldsymbol{\alpha}=\mathbf{0}$。故 $V_i\cap\sum\limits_{j\neq i}V_j=\{\mathbf{0}\}$。

(3)⇒(4) 多次应用定理 6.6.1 中的(3)⇒(4) 可得。

(4)⇒(1) 由维数公式知 $\dim(V_i\cap\sum\limits_{j\neq i}V_j)=0$，故 $V_i\cap\sum\limits_{j\neq i}V_j=\{\mathbf{0}\}$。下证 W 中每个向量 $\boldsymbol{\alpha}$ 的分解式是唯一的，若有两种分解：

$$\boldsymbol{\alpha}=\boldsymbol{\alpha}_1+\boldsymbol{\alpha}_2+\cdots+\boldsymbol{\alpha}_s=\boldsymbol{\beta}_1+\boldsymbol{\beta}_2+\cdots+\boldsymbol{\beta}_s\quad(\boldsymbol{\alpha}_i,\boldsymbol{\beta}_i\in V_i;i=1,2,\cdots s)$$

于是

$$\mathbf{0}=\boldsymbol{\alpha}-\boldsymbol{\alpha}=(\boldsymbol{\alpha}_i-\boldsymbol{\beta}_i)+\sum_{j\neq i}(\boldsymbol{\alpha}_j-\boldsymbol{\beta}_j)$$

其中 $\boldsymbol{\alpha}_i-\boldsymbol{\beta}_i\in V_i$，$\sum\limits_{j\neq i}(\boldsymbol{\alpha}_j-\boldsymbol{\beta}_j)\in\sum\limits_{j\neq i}V_j$，故

$$(\boldsymbol{\alpha}_i-\boldsymbol{\beta}_i)=-\sum_{j\neq i}(\boldsymbol{\alpha}_j-\boldsymbol{\beta}_j)\in V_i\cap\sum_{j\neq i}V_j$$

所以，$\boldsymbol{\alpha}_i=\boldsymbol{\beta}_i(i=1,2,\cdots,s)$。即向量 $\boldsymbol{\alpha}$ 的分解式是唯一的。

定理 6.6.3 中的(3)可以改写成下面的形式：

性质 6.6.1 $\sum\limits_{i=1}^{s}V_i$ 是直和的充要条件是

$$V_i \cap \sum_{j=1}^{i-1} V_j = \{\mathbf{0}\} \quad (i = 2, \cdots, s)$$

证明 由于

$$V_i \cap \sum_{j=1}^{i-1} V_j \subset V_i \cap \sum_{j \neq i} V_j = \{\mathbf{0}\}$$

故必要性成立。

充分性。设有零向量的一个分解

$$\mathbf{0} = \boldsymbol{\alpha}_1 + \boldsymbol{\alpha}_2 + \cdots + \boldsymbol{\alpha}_s \quad (\boldsymbol{\alpha}_i \in V_i)$$

由于 $\boldsymbol{\alpha}_1 + \cdots + \boldsymbol{\alpha}_{s-1} \in V_1 + \cdots + V_{s-1}$,$\boldsymbol{\alpha}_s \in V$,而由 $\sum_{j=1}^{s-1} V_j \cap V_s = \{\mathbf{0}\}$ 知 $\sum_{j=1}^{s-1} V_j \oplus V_s$ 是直和,故 $\boldsymbol{\alpha}_s = \mathbf{0}$,且 $\mathbf{0} = \boldsymbol{\alpha}_1 + \boldsymbol{\alpha}_2 + \cdots + \boldsymbol{\alpha}_{s-1}$。再由 $\sum_{j=1}^{s-2} V_j \cap V_{s-1} = \{\mathbf{0}\}$,用同样方法可得 $\boldsymbol{\alpha}_{s-1} = \mathbf{0}$。逐次下去,即得所有 $\boldsymbol{\alpha}_1, \boldsymbol{\alpha}_2, \cdots, \boldsymbol{\alpha}_s$ 全为零。就证明了 $V_1 \oplus V_2 \oplus \cdots \oplus V_s$ 是直和。

例 6.6.3 若 $V = V_1 \oplus V_2$,$V_1 = V_{11} \oplus V_{12}$,则 $V = V_{11} \oplus V_{12} \oplus V_2$。

证明 由题设 $V = V_{11} + V_{12} + V_2$,只需证零向量在这些子空间和中的分解式唯一。设

$$\mathbf{0} = \boldsymbol{\alpha}_1 + \boldsymbol{\alpha}_2 + \boldsymbol{\beta} \quad (\boldsymbol{\alpha}_1 \in V_{11}, \boldsymbol{\alpha}_2 \in V_{12}, \boldsymbol{\beta} \in V_2)$$

下证 $\boldsymbol{\alpha}_1 = \boldsymbol{\alpha}_2 = \boldsymbol{\beta} = \mathbf{0}$。因 $\boldsymbol{\alpha}_1 + \boldsymbol{\alpha}_2 \in V_1$,$\boldsymbol{\beta} \in V_2$,而 $V = V_1 \oplus V_2$,故 $\boldsymbol{\beta} = \mathbf{0}$ 且 $\boldsymbol{\alpha}_1 + \boldsymbol{\alpha}_2 = \mathbf{0}$。

又因为 $V_1 = V_{11} \oplus V_{12}$,且 $\mathbf{0} = \boldsymbol{\alpha}_1 + \boldsymbol{\alpha}_2$,即得 $\boldsymbol{\alpha}_1 = \boldsymbol{\alpha}_2 = \mathbf{0}$。故

$$V = V_{11} \oplus V_{12} \oplus V_2$$

下面的例子说明子空间的直和分解具有普遍性。

例 6.6.4 每一个 n 维线性空间都可以表示成 n 个一维子空间的直和。

证明 取此线性空间 V 的一组基 $\boldsymbol{\alpha}_1, \boldsymbol{\alpha}_2, \cdots, \boldsymbol{\alpha}_n$。则

$$V = L(\boldsymbol{\alpha}_1, \boldsymbol{\alpha}_2, \cdots, \boldsymbol{\alpha}_n) = L(\boldsymbol{\alpha}_1) + \cdots + L(\boldsymbol{\alpha}_n)$$

又因为

$$\dim V = n = \dim(L(\boldsymbol{\alpha}_1)) + \cdots + \dim(L(\boldsymbol{\alpha}_n))$$

故 $V = L(\boldsymbol{\alpha}_1) \oplus \cdots \oplus L(\boldsymbol{\alpha}_n)$ 是 n 个一维子空间的直和。

6.7 线性空间的同构

线性空间种类繁多,不胜枚举。但是,我们需要搞清楚它们之间哪些是本质的差异,哪些是无本质的差异即可。

6.7.1 集合间的映射

定义 6.7.1 设 X 与 Y 是两个非空集合,若存在一个法则 φ,对于 X 中任意一个元素 x,在 Y 中都有一个唯一确定的元素 y 与它对应,则称 φ 是集合 X 到集合 Y 的一个**映射**,这

种关系一般表示成 $\varphi: x \to y$。并且把 y 称作 x 的在映射 φ 之下的**像**,而把 x 称作 y 在映射 φ 之下的**原像**或**逆像**。集合 X 到集合 X 自身的映射称作集合 X 上的一个变换。

例 6.7.1 设 X 与 Y 都是有理数集,则法则 $\varphi: x \to \dfrac{1}{x-2}$ 不是 X 到 Y 的映射,因为虽然对于任何不等于 2 的有理数 x 在 Y 中都有唯一确定的像,但是有理数 2 没有确定的像。

例 6.7.2 设 X 与 Y 都是有理数集,法则 $\varphi: \dfrac{a}{b} \to a+b$ 不是 X 到 Y 的映射,因为对于 $\dfrac{1}{3}=\dfrac{2}{6}$,有 $\varphi\left(\dfrac{1}{3}\right)=1+3=4$,$\varphi\left(\dfrac{2}{6}\right)=2+6=8$。即 X 中相等的元素在 Y 中的像不唯一,但映射要求 X 中相等的元素在 Y 中的像也必须相等。

例 6.7.3 设 $X=\{1,2\}$,$Y=\{2,6\}$,则法则 $\varphi: x \to 2x$ 也不是 X 到 Y 的映射,因为虽然对 X 中的每个元素都有一个唯一确定的像,但是 2 的像 4 却不属于 Y。

在例 6.7.3 中,把 X 中的 2 改成 3 或把 Y 中的 6 改成 4,则法则 φ 是 X 到 Y 的映射。也就是说,集合 X 到集合 Y 的一个法则 φ,在满足以下三个条件时,才是一个映射:

(1) 对于 X 中每一个元素都必须有像;

(2) X 中相等元素的像必须相等,即 X 中每个元素的像是唯一的;

(3) X 中每个元素的像都必须属于 Y。

例 6.7.4 设 $\mathbf{Z}$ 是整数集,$z \in \mathbf{Z}$,定义

$$\sigma(z) = 2z$$

则 σ 是 $\mathbf{Z}$ 到 $\mathbf{Z}$ 的映射,从而是 $\mathbf{Z}$ 上的一个变换。

例 6.7.5 设 $C[a,b]$ 表示区间 $[a,b]$ 上的全体连续函数的集合,对任一 $f(x) \in C[a,b]$,定义

$$\sigma(f(x)) = \int_a^x f(t)\,\mathrm{d}t$$

则 σ 是 $C[a,b]$ 到 $C[a,b]$ 的映射,也是 $C[a,b]$ 上的一个变换。

例 6.7.6 设 P 是数域,对任一矩阵 $\mathbf{A} \in P^{n\times n}$,定义

$$\sigma(\mathbf{A}) = |\mathbf{A}|$$

则 σ 是 $P^{n\times n}$ 到 P 的映射。

例 6.7.7 设 A 是非空集合,定义

$$\sigma(a) = a \quad (a \in A)$$

称 σ 是集合 A 的**恒等映射**或**恒等变换**,记作 I_A 或简记作 I。

例 6.7.8 设 $y=f(x)$ 是定义在 $\mathbf{R}$ 上的函数,则它是 $\mathbf{R}$ 到自身的映射。因此,函数是映射的一种特殊情况。

映射是函数概念的一种推广。集合 X 相当于定义域,不过应注意集合 Y 包含值域,但不一定是值域。也就是说,在映射 φ 之下,不一定 Y 中每个元素都有逆像。

定义 6.7.2 设 φ 是集合 X 到集合 Y 的一个映射,若在 φ 之下,Y 中每一个元素在 X 中都有逆像,则称 φ 是 X 到 Y 的一个**满射**。

定义 6.7.3 设 φ 是集合 X 到集合 Y 的一个映射,若在 φ 之下,X 中不相等的元素在 φ 之下的像也不相等,则称 φ 是 X 到 Y 的一个**单射**,即异元异像或同像同元。

定义 6.7.4 集合 X 到集合 Y 的一个映射,若既是单射又是满射,则称它为 X 到 Y 的一个**双射**,也称为**一一映射**。

例如,例 6.7.4 中的 σ 是单射,例 6.7.5 和例 6.7.6 中的 σ 都不是单射,例 6.7.7 中的 σ 既是单射又是满射。

设 φ 是集合 X 到集合 Y 的一个双射,并且 $\varphi(x)=y$,则显然法则 $\varphi^{-1}: y\to x$ 就是集合 Y 到 X 的一个双射,我们称 φ^{-1} 为 φ 的**逆映射**。显然,φ^{-1} 的逆映射是 φ,即 $(\varphi^{-1})^{-1}=\varphi$。

对两个有限集合 X 与 Y 来说,显然它们之间能够建立双射的充要条件是 $|X|=|Y|$。即两者包含的元素个数相等。特别地,有下面的结论:

定理 6.7.1 设 X 与 Y 是两个有限集合且 $|X|=|Y|$,则 X 到 Y 的一个映射 φ 是满射当且仅当 φ 是单射。

证明 由于 $|X|=|Y|=n$,则不妨设 $X=\{x_1,x_2,\cdots,x_n\}$,$Y=\{y_1,y_2,\cdots,y_n\}$。令 $\varphi: x_i\to y_{k_i}$ $(i=1,\cdots,n,1\leqslant k_i\leqslant n)$ 是 X 到 Y 的一个映射。

若 φ 是满射,假设 $x_1\neq x_2$,但 $\varphi(x_1)=\varphi(x_2)$,即 $y_{k_1}=y_{k_2}$,则 $\varphi(X)$ 中最多有 $n-1$ 个元素,不妨设 $\varphi(X)=\{y_{k_2},y_{k_3},\cdots,y_{k_n}\}$,这与 φ 是满射矛盾,所以 $y_{k_1}\neq y_{k_2}$。所以对 X 中任意的两个元素 x_i,x_j,只要 $x_i\neq x_j$,均有 $\varphi(x_i)\neq\varphi(x_j)$,因此,$\varphi$ 是单射。

反之,若 φ 是单射,则由于 X 中不同元素的像也不同,故 $|\varphi(X)|=n=|Y|$。但 $\varphi(X)\subseteq Y$,故 $\varphi(X)=Y$,即 φ 是满射。

定义 6.7.5 设 φ 和 τ 是 X 到 Y 的两个映射,如果对于 X 中的每一个元素 x 都有 $\varphi(x)=\tau(x)$,则称 φ 和 τ 是 X 到 Y 的两个**相等的映射**,即为 $\varphi=\tau$。映射的相等看的是作用效果。

对于映射可以定义乘法,设 σ 和 τ 分别是集合 X 到 X',X' 到 X'' 的映射,**乘积或合成** $\tau\sigma$ 定义为 $\tau\sigma(a)=\tau(\sigma(a))$,$a\in X$,即连续施行 σ 和 τ 的结果,$\tau\sigma$ 是集合 X 到 X'' 的一个映射。

易知,对于集合 X 到 X' 的任一映射 σ,$\sigma I_X=I_{X'}\sigma=\sigma$。

映射的合成满足结合律。设 σ,σ_1,σ_2 分别是集合 X 到 X',X' 到 X'',X'' 到 X''' 的映射,映射乘法的结合律就是 $(\sigma_2\sigma_1)\sigma=\sigma_2(\sigma_1\sigma)$。显然等式两端都是 X 到 X''' 的映射,要证它们相等,只要证明它们对 X 中每个元素的作用都相等。对任意 $a\in X$,据定义,有

$$((\sigma_2\sigma_1)\sigma)(a)=(\sigma_2\sigma_1)(\sigma(a))=\sigma_2(\sigma_1(\sigma(a)))$$

$$(\sigma_2(\sigma_1\sigma))(a)=\sigma_2((\sigma_1\sigma)(a))=\sigma_2(\sigma_1(\sigma(a)))$$

这就证明了结合律。

6.7.2 线性空间的同构

我们知道,在数域 P 上的 n 维线性空间 V 中取定一组基后,V 中每一个向量 $\boldsymbol{\alpha}$ 有唯一确定的坐标 $\begin{pmatrix}a_1\\a_2\\\vdots\\a_n\end{pmatrix}$,向量的坐标是 P 上的 n 元数组,因此是 P^n 中的元素。这样一来,取定了

V 的一组基 $\boldsymbol{\varepsilon}_1,\boldsymbol{\varepsilon}_2,\cdots,\boldsymbol{\varepsilon}_n$，对于 V 中每一个向量 $\boldsymbol{\alpha}$，令 $\boldsymbol{\alpha}$ 在这组基下的坐标 $\begin{pmatrix} a_1 \\ a_2 \\ \vdots \\ a_n \end{pmatrix}$ 与 $\boldsymbol{\alpha}$ 对应，就得到 V 到 P^n 的一个单射 $\sigma: V\to P^n, \boldsymbol{\alpha}\mapsto \begin{pmatrix} a_1 \\ a_2 \\ \vdots \\ a_n \end{pmatrix}$。

反过来，对于 P^n 中的任一元素 $\begin{pmatrix} a_1 \\ a_2 \\ \vdots \\ a_n \end{pmatrix}$，$\boldsymbol{\alpha}=a_1\boldsymbol{\varepsilon}_1+a_2\boldsymbol{\varepsilon}_2+\cdots+a_n\boldsymbol{\varepsilon}_n$ 是 V 中唯一确定的元素，并且 $\sigma(\boldsymbol{\alpha})=\begin{pmatrix} a_1 \\ a_2 \\ \vdots \\ a_n \end{pmatrix}$，即 σ 也是满射。因此，σ 是 V 到 P^n 的一一对应。这个对应的重要性表现在它与运算的关系上。

任取 $\boldsymbol{\alpha},\boldsymbol{\beta}\in V$，设

$$\boldsymbol{\alpha} = a_1\boldsymbol{\varepsilon}_1+a_2\boldsymbol{\varepsilon}_2+\cdots+a_n\boldsymbol{\varepsilon}_n, \quad \boldsymbol{\beta} = b_1\boldsymbol{\varepsilon}_1+b_2\boldsymbol{\varepsilon}_2+\cdots+b_n\boldsymbol{\varepsilon}_n$$

则 $\sigma(\boldsymbol{\alpha})=\begin{pmatrix} a_1 \\ a_2 \\ \vdots \\ a_n \end{pmatrix}$，$\sigma(\boldsymbol{\beta})=\begin{pmatrix} b_1 \\ b_2 \\ \vdots \\ b_n \end{pmatrix}$，故

$$\sigma(\boldsymbol{\alpha}+\boldsymbol{\beta}) = \begin{pmatrix} a_1+b_1 \\ a_2+b_2 \\ \vdots \\ a_n+b_n \end{pmatrix} = \begin{pmatrix} a_1 \\ a_2 \\ \vdots \\ a_n \end{pmatrix} + \begin{pmatrix} b_1 \\ b_2 \\ \vdots \\ b_n \end{pmatrix} = \sigma(\boldsymbol{\alpha})+\sigma(\boldsymbol{\beta})$$

$$\sigma(k\boldsymbol{\alpha}) = \begin{pmatrix} ka_1 \\ ka_2 \\ \vdots \\ ka_n \end{pmatrix} = k\begin{pmatrix} a_1 \\ a_2 \\ \vdots \\ a_n \end{pmatrix} = k\sigma(\boldsymbol{\alpha})$$

这就是说，向量用坐标表示后，它们的运算可以归结为它们的坐标的运算。也就是数域 P 上的任一 n 维线性空间 V 都能够和 P^n 建立一一映射。

定义 6.7.6 设 V,V' 是数域 P 上的两个线性空间，如果存在从 V 到 V' 的映射 σ 既是双射，又是线性映射，即对任意的 $\boldsymbol{\alpha},\boldsymbol{\beta}\in V,k\in P$，具有以下性质：

(1) $\sigma(\boldsymbol{\alpha}+\boldsymbol{\beta})=\sigma(\boldsymbol{\alpha})+\sigma(\boldsymbol{\beta})$；

(2) $\sigma(k\boldsymbol{\alpha})=k\sigma(\boldsymbol{\alpha})$。

则称 σ 是 V 到 V' 的一个同构映射，并称线性空间 V 与 V' 同构，记作 $V\cong V'$。

例 6.7.9 设 V 为数域 P 上的 n 维线性空间，$\boldsymbol{\varepsilon}_1,\boldsymbol{\varepsilon}_2,\cdots,\boldsymbol{\varepsilon}_n$ 为 V 的一组基，V 到 P^n 的映射 $\sigma:V\to P^n,\boldsymbol{\alpha}\mapsto\begin{pmatrix}a_1\\a_2\\\vdots\\a_n\end{pmatrix}$，其中 $\begin{pmatrix}a_1\\a_2\\\vdots\\a_n\end{pmatrix}$ 为 $\boldsymbol{\alpha}$ 在基 $\boldsymbol{\varepsilon}_1,\boldsymbol{\varepsilon}_2,\cdots,\boldsymbol{\varepsilon}_n$ 下的坐标，就是一个 V 到 P^n 的同构映射，所以 $V\cong P^n$。这说明数域 P 上任一 n 维线性空间都与 P^n 同构。

6.7.3 同构的性质

定理 6.7.2 设 V,V' 是数域 P 上的两个线性空间，σ 是 V 到 V' 的同构映射，则

(1) $\sigma(\mathbf{0})=\mathbf{0}$；

(2) $\sigma(-\boldsymbol{\alpha})=-\sigma(\boldsymbol{\alpha})(\forall\boldsymbol{\alpha}\in V)$；

(3) $\sigma(k_1\boldsymbol{\alpha}_1+k_2\boldsymbol{\alpha}_2+\cdots+k_r\boldsymbol{\alpha}_r)=k_1\sigma(\boldsymbol{\alpha}_1)+k_2\sigma(\boldsymbol{\alpha}_2)+\cdots+k_r\sigma(\boldsymbol{\alpha}_r)$；

(4) V 中向量组 $\boldsymbol{\alpha}_1,\boldsymbol{\alpha}_2,\cdots,\boldsymbol{\alpha}_n$ 线性相关（线性无关）的充要条件是它们在 V' 的像 $\sigma(\boldsymbol{\alpha}_1),\sigma(\boldsymbol{\alpha}_2),\cdots,\sigma(\boldsymbol{\alpha}_n)$ 线性相关（线性无关）；

(5) V 的一组基在 σ 下的像集是 V' 的一组基，$\dim V=\dim V'$；

(6) 若 W 是 V 的子空间，则 W 在 σ 下的像集 $\sigma(W)$ 是 V' 的子空间，且 $\dim W=\dim\sigma(W)$；

(7) σ 的逆映射 σ^{-1} 是 V' 到 V 的同构映射；

(8) 若 τ 是 V' 到 V'' 的同构映射，则 $\tau\sigma$ 是 V 到 V'' 的同构映射。

证明 (1),(2) 在同构映射定义的条件 $\sigma(k\boldsymbol{\alpha})=k\sigma(\boldsymbol{\alpha})$ 中分别取 $k=0$ 与 $k=1$ 即得 $\sigma(\mathbf{0})=\mathbf{0},\sigma(-\boldsymbol{\alpha})=-\sigma(\boldsymbol{\alpha})$。

(3) 这是把同构映射定义中条件(1)与(2)合并的结果。

(4) 由 $k_1\boldsymbol{\alpha}_1+k_2\boldsymbol{\alpha}_2+\cdots+k_r\boldsymbol{\alpha}_r=\mathbf{0}$，可得 $k_1\sigma(\boldsymbol{\alpha}_1)+k_2\sigma(\boldsymbol{\alpha}_2)+\cdots+k_r\sigma(\boldsymbol{\alpha}_r)=\mathbf{0}$。反之，由 $k_1\sigma(\boldsymbol{\alpha}_1)+k_2\sigma(\boldsymbol{\alpha}_2)+\cdots+k_r\sigma(\boldsymbol{\alpha}_r)=\mathbf{0}$，可得 $\sigma(k_1\boldsymbol{\alpha}_1+k_2\boldsymbol{\alpha}_2+\cdots+k_r\boldsymbol{\alpha}_r)=\mathbf{0}$。据 σ 是双射知，$\sigma(\mathbf{0})=0$，即 $k_1\boldsymbol{\alpha}_1+k_2\boldsymbol{\alpha}_2+\cdots+k_r\boldsymbol{\alpha}_r=\mathbf{0}$。故 $\boldsymbol{\alpha}_1,\boldsymbol{\alpha}_2,\cdots,\boldsymbol{\alpha}_n$ 线性相关（线性无关）的充要条件是 $\sigma(\boldsymbol{\alpha}_1),\sigma(\boldsymbol{\alpha}_2),\cdots,\sigma(\boldsymbol{\alpha}_n)$ 线性相关（线性无关）。

(5) 设 $\dim V=n,\boldsymbol{\varepsilon}_1,\boldsymbol{\varepsilon}_2,\cdots,\boldsymbol{\varepsilon}_n$ 是 V 的一组基，由(3)和(4)知，它的像集 $\sigma(\boldsymbol{\varepsilon}_1),\sigma(\boldsymbol{\varepsilon}_2),\cdots,\sigma(\boldsymbol{\varepsilon}_n)$ 是 V' 的一组基，故 $\dim V=n=\dim V'$。

(6) 首先 $\mathbf{0}=\sigma(\mathbf{0})\in\sigma(W)$，又 $\sigma(W)\subseteq\sigma(V)=V'$，故 $\sigma(W)$ 是 V' 的非空子集；其次，对任意的 $\boldsymbol{\alpha}',\boldsymbol{\beta}'\in\sigma(W)$，存在 $\boldsymbol{\alpha},\boldsymbol{\beta}\in W$，使得 $\sigma(\boldsymbol{\alpha})=\boldsymbol{\alpha}',\sigma(\boldsymbol{\beta})=\boldsymbol{\beta}'$。于是

$$\boldsymbol{\alpha}'+\boldsymbol{\beta}'=\sigma(\boldsymbol{\alpha})+\sigma(\boldsymbol{\beta})=\sigma(\boldsymbol{\alpha}+\boldsymbol{\beta}),\quad k\boldsymbol{\alpha}'=k\sigma(\boldsymbol{\alpha})=\sigma(k\boldsymbol{\alpha})\quad(\forall k\in P)$$

因 W 是 V 的子空间，故 $\boldsymbol{\alpha}+\boldsymbol{\beta}\in W,k\boldsymbol{\alpha}\in W$。从而 $\boldsymbol{\alpha}'+\boldsymbol{\beta}'=\sigma(\boldsymbol{\alpha}+\boldsymbol{\beta})\in\sigma(W),k\boldsymbol{\alpha}'=\sigma(k\boldsymbol{\alpha})\in\sigma(W)$，所以 $\sigma(W)$ 是 V' 的子空间。显然 σ 也是 W 到 $\sigma(W)$ 的同构映射，故 $\dim W=\dim\sigma(W)$。

(7) 显然 σ 的逆映射 σ^{-1} 是 V' 到 V 的双射。对任意的 $\boldsymbol{\alpha}\in V,\boldsymbol{\alpha}',\boldsymbol{\beta}'\in V',k\in P$，有

$$\sigma\sigma^{-1}(\boldsymbol{\alpha}'+\boldsymbol{\beta}')=\boldsymbol{\alpha}'+\boldsymbol{\beta}'=\sigma\sigma^{-1}(\boldsymbol{\alpha}')+\sigma\sigma^{-1}(\boldsymbol{\beta}')=\sigma(\sigma^{-1}(\boldsymbol{\alpha}')+\sigma^{-1}(\boldsymbol{\beta}'))$$

两边在 σ^{-1} 下的像 $\sigma^{-1}(\boldsymbol{\alpha}'+\boldsymbol{\beta}')=\sigma^{-1}(\boldsymbol{\alpha}')+\sigma^{-1}(\boldsymbol{\beta}')$。同理，$\sigma\sigma^{-1}(k\boldsymbol{\alpha})=k\boldsymbol{\alpha}=k\sigma\sigma^{-1}(\boldsymbol{\alpha})=$

$\sigma(k\sigma^{-1}(\boldsymbol{\alpha}))$，两边在 σ^{-1} 下的像 $\sigma^{-1}(k\boldsymbol{\alpha}) = k\sigma^{-1}(\boldsymbol{\alpha})$，所以，逆映射 σ^{-1} 是 V' 到 V 的同构映射。

(8) 显然 $\tau\sigma$ 是 V 到 V'' 的双射。对任意的 $\boldsymbol{\alpha},\boldsymbol{\beta} \in V, k \in P$，有

$$\tau\sigma(\boldsymbol{\alpha}+\boldsymbol{\beta}) = \tau(\sigma(\boldsymbol{\alpha})+\sigma(\boldsymbol{\beta})) = \tau\sigma(\boldsymbol{\alpha})+\tau\sigma(\boldsymbol{\beta}),\quad \tau\sigma(k\boldsymbol{\alpha}) = \tau(k\sigma(\boldsymbol{\alpha})) = k\tau\sigma(\boldsymbol{\alpha})$$

故 $\tau\sigma$ 是 V 到 V'' 的同构映射。

由定理 6.7.2 可知，同构映射保持零元素、负元素、线性组合及线性相关性，并且同构映射把子空间映成子空间。线性空间 V 到自身的恒等映射是一个同构映射。根据定理 6.7.2，线性空间的同构作为一种关系，具有反身性、对称性和传递性，即是等价关系。

定理 6.7.3　数域 P 上任意两个有限维线性空间同构的充要条件是它们的维数相同。

证明　若有数域 P 上的两个有限维线性空间 V 与 V' 同构，σ 是 V 到 V' 的同构映射，$\boldsymbol{\varepsilon}_1,\boldsymbol{\varepsilon}_2,\cdots,\boldsymbol{\varepsilon}_n$ 是 V 的一组基，由定理 6.7.2 中(5)可知，它的像集 $\sigma(\boldsymbol{\varepsilon}_1),\sigma(\boldsymbol{\varepsilon}_2),\cdots,\sigma(\boldsymbol{\varepsilon}_n)$ 是 V' 的一组基，故 $\dim V = \dim V'$。

反之，设数域 P 上的两个有限维线性空间 V 与 V' 的维数相同，即 $\dim V = \dim V' = n$，据例 6.7.9 知，V 与 V' 都与 P^n 同构，由同构的对称性和传递性知，V 与 V' 同构。

从上面的讨论知道，数域 P 上同构的两个线性空间有相同的代数结构。任一 n 维线性空间都与 P^n 同构，而同构的线性空间有相同的性质，因此，从代数性质的角度来看，P^n 可以作为 n 维线性空间的代表。

例 6.7.10　把复数域看成实数域 $\mathbf{R}$ 上的线性空间，则 $\mathbf{C}$ 与 $\mathbf{R}^2$ 同构。

证明　证法 1　(证维数相等)对任意的 $x \in \mathbf{C}$，可表示为 $x = a1 + b\mathrm{i}$，其中 $a,b \in \mathbf{R}$。若 $a1 + b\mathrm{i} = 0$，则 $a = b = 0$。故 $1,\mathrm{i}$ 为 $\mathbf{C}$ 的一组基，所以 $\dim \mathbf{C} = 2 = \dim \mathbf{R}^2$。从而 $\mathbf{C} \cong \mathbf{R}^2$。

证法 2　(构造同构映射)设 $\sigma: \mathbf{C} \to \mathbf{R}^2$，即 $\sigma(a+b\mathrm{i}) = (a,b)$，下证 σ 为 $\mathbf{C}$ 到 $\mathbf{R}^2$ 的一个同构映射。

对 $\mathbf{C}$ 中任意的元素 $a+b\mathrm{i}, c+d\mathrm{i}$，且 $a+b\mathrm{i} \neq c+d\mathrm{i}$，则 $(a,b) \neq (c,d)$，所以 σ 是单射。

对 $\mathbf{R}^2$ 中的任意元素 (a,b)，均存在 $\mathbf{C}$ 中元素 $a+b\mathrm{i}$ 与之对应，所以 σ 是满射。

因此 σ 是 $\mathbf{C}$ 到 $\mathbf{R}^2$ 的一一映射。此外

$$\begin{aligned}\sigma((a+b\mathrm{i})+(c+d\mathrm{i})) &= \sigma((a+c)+(b+d)\mathrm{i})\\ &= (a+c,b+d) = (a,b)+(c,d)\\ &= \sigma(a+b\mathrm{i})+\sigma(c+d\mathrm{i})\end{aligned}$$

$$\begin{aligned}\sigma(k(a+b\mathrm{i})) &= \sigma(ka+kb\mathrm{i}) = (ka,kb)\\ &= k(a,b) = k\sigma(a+b\mathrm{i})\end{aligned}$$

综合可知，σ 为 $\mathbf{C}$ 到 $\mathbf{R}^2$ 的同构映射。

习　题

1. 检验以下集合对于所指的线性运算是否构成实数域上的线性空间：

(1) 次数等于 $n(n\geqslant1)$ 的实系数多项式的全体,对于多项式的加法和数量乘法;

(2) 设 $\boldsymbol{A}$ 是一个 $n\times n$ 实矩阵,$\boldsymbol{A}$ 的实系数多项式 $f(\boldsymbol{A})$ 的全体,对于矩阵的加法和数量乘法;

(3) 全体 n 级实对称(反称,上三角形)矩阵,对于矩阵的加法和数量乘法;

(4) 平面上不平行于某一向量的全部向量组成的集合,对于向量的加法和数量乘法;

(5) 全体实数的二元数列,对于下面定义的运算:

$$(a_1,b_1)\oplus(a_2,b_2)=(a_1+a_2,b_1+b_2+a_1a_2)$$

$$k\circ(a_1,b_1)=\left(ka_1,kb_1+\frac{k(k-1)}{2}a_1^2\right)$$

(6) 平面上全体向量,对于通常的加法和如下定义的数量乘法:

$$k\circ\boldsymbol{\alpha}=\mathbf{0}$$

(7) 集合与加法同(6),数量乘法定义为

$$k\circ\boldsymbol{\alpha}=\boldsymbol{\alpha}$$

2. 判断下列问题中的向量集合,能否构成相应向量空间的子空间(其中 $\mathbf{R}^n$ 表示 n 维向量空间)。

(1) $\mathbf{R}^n$ 中坐标是整数的所有向量;

(2) $\mathbf{R}^n$ 中坐标满足方程 $x_1+x_2+\cdots+x_n=0$ 的所有向量;

(3) $\mathbf{R}^n$ 中坐标满足方程 $x_1+x_2+\cdots+x_n=1$ 的所有向量;

(4) 第一、二坐标相等的所有 n 维向量;

(5) 平面上终点位于第一象限的所有向量。

3. 在数域 P 上的 4 维向量空间 P^4 内,给定向量组

$$\boldsymbol{\alpha}_1=\begin{pmatrix}1\\-3\\0\\2\end{pmatrix},\quad \boldsymbol{\alpha}_2=\begin{pmatrix}-2\\1\\1\\1\end{pmatrix},\quad \boldsymbol{\alpha}_3=\begin{pmatrix}-1\\-2\\1\\3\end{pmatrix}$$

(1) 判断此向量组是否线性相关;

(2) 求此向量组的秩;

(3) 求此向量组生成 P^4 的子空间 $L(\boldsymbol{\alpha}_1,\boldsymbol{\alpha}_2,\boldsymbol{\alpha}_3)=\{k_1\boldsymbol{\alpha}_1+k_2\boldsymbol{\alpha}_2+k_3\boldsymbol{\alpha}_3\mid k_1,k_2,k_3\in P\}$ 的维数和一组基。

4. 设线性空间 V 中的向量组 $\boldsymbol{\alpha}_1,\boldsymbol{\alpha}_2,\boldsymbol{\alpha}_3,\boldsymbol{\alpha}_4$ 线性无关。

(1) 向量组 $\boldsymbol{\alpha}_1+\boldsymbol{\alpha}_2,\boldsymbol{\alpha}_2+\boldsymbol{\alpha}_3,\boldsymbol{\alpha}_3+\boldsymbol{\alpha}_4,\boldsymbol{\alpha}_4+\boldsymbol{\alpha}_1$ 是否线性无关?请说明理由。

(2) 求向量组 $\boldsymbol{\alpha}_1+\boldsymbol{\alpha}_2,\boldsymbol{\alpha}_2+\boldsymbol{\alpha}_3,\boldsymbol{\alpha}_3+\boldsymbol{\alpha}_4,\boldsymbol{\alpha}_4+\boldsymbol{\alpha}_1$ 生成的线性空间 W 的一组基及 W 的维数。

5. 已知 $\mathbf{R}^3$ 的两组基

$$\boldsymbol{\alpha}_1=\begin{pmatrix}1\\1\\1\end{pmatrix},\quad \boldsymbol{\alpha}_2=\begin{pmatrix}1\\0\\-1\end{pmatrix},\quad \boldsymbol{\alpha}_3=\begin{pmatrix}1\\0\\1\end{pmatrix};\quad \boldsymbol{\beta}_1=\begin{pmatrix}1\\2\\1\end{pmatrix},\quad \boldsymbol{\beta}_2=\begin{pmatrix}2\\3\\4\end{pmatrix},\quad \boldsymbol{\beta}_3=\begin{pmatrix}3\\4\\3\end{pmatrix}$$

求由 $\boldsymbol{\alpha}_1,\boldsymbol{\alpha}_2,\boldsymbol{\alpha}_3$ 到 $\boldsymbol{\beta}_1,\boldsymbol{\beta}_2,\boldsymbol{\beta}_3$ 的过渡矩阵。

6. 以 $P^{2\times2}$表示数域 P 上的 2 阶矩阵的集合。假设 a_1,a_2,a_3,a_4 为两两互异的数,且它们的和不等于零。证明:

$$\boldsymbol{A}_1=\begin{pmatrix}1 & a_1\\ a_1^2 & a_1^4\end{pmatrix},\quad \boldsymbol{A}_2=\begin{pmatrix}1 & a_2\\ a_2^2 & a_2^4\end{pmatrix},\quad \boldsymbol{A}_3=\begin{pmatrix}1 & a_3\\ a_3^2 & a_3^4\end{pmatrix},\quad \boldsymbol{A}_4=\begin{pmatrix}1 & a_4\\ a_4^2 & a_4^4\end{pmatrix}$$

是 P 上线性空间$P^{2\times2}$的一组基。

7. 在 P^4 中,求由基 $\boldsymbol{\varepsilon}_1,\boldsymbol{\varepsilon}_2,\boldsymbol{\varepsilon}_3,\boldsymbol{\varepsilon}_4$ 到基 $\boldsymbol{\eta}_1,\boldsymbol{\eta}_2,\boldsymbol{\eta}_3,\boldsymbol{\eta}_4$ 的过渡矩阵,并求向量 $\boldsymbol{\xi}$ 在所指基下的坐标。设

(1)

$$\boldsymbol{\varepsilon}_1=\begin{pmatrix}1\\2\\-1\\0\end{pmatrix},\quad \boldsymbol{\varepsilon}_2=\begin{pmatrix}1\\-1\\1\\1\end{pmatrix},\quad \boldsymbol{\varepsilon}_3=\begin{pmatrix}-1\\2\\1\\1\end{pmatrix},\quad \boldsymbol{\varepsilon}_4=\begin{pmatrix}-1\\-1\\0\\1\end{pmatrix}$$

$$\boldsymbol{\eta}_1=\begin{pmatrix}2\\1\\0\\1\end{pmatrix},\quad \boldsymbol{\eta}_2=\begin{pmatrix}0\\1\\2\\2\end{pmatrix},\quad \boldsymbol{\eta}_3=\begin{pmatrix}-2\\1\\1\\2\end{pmatrix},\quad \boldsymbol{\eta}_4=\begin{pmatrix}1\\3\\1\\2\end{pmatrix}$$

$\boldsymbol{\xi}=\begin{pmatrix}1\\0\\0\\0\end{pmatrix}$在 $\boldsymbol{\varepsilon}_1,\boldsymbol{\varepsilon}_2,\boldsymbol{\varepsilon}_3,\boldsymbol{\varepsilon}_4$ 下的坐标;

(2)

$$\boldsymbol{\varepsilon}_1=\begin{pmatrix}1\\1\\1\\1\end{pmatrix},\quad \boldsymbol{\varepsilon}_2=\begin{pmatrix}1\\1\\-1\\-1\end{pmatrix},\quad \boldsymbol{\varepsilon}_2=\begin{pmatrix}1\\-1\\1\\-1\end{pmatrix},\quad \boldsymbol{\varepsilon}_4=\begin{pmatrix}1\\-1\\-1\\1\end{pmatrix}$$

$$\boldsymbol{\eta}_1=\begin{pmatrix}1\\1\\0\\1\end{pmatrix},\quad \boldsymbol{\eta}_2=\begin{pmatrix}2\\1\\3\\1\end{pmatrix},\quad \boldsymbol{\eta}_3=\begin{pmatrix}1\\1\\0\\0\end{pmatrix},\quad \boldsymbol{\eta}_4=\begin{pmatrix}0\\1\\-1\\-1\end{pmatrix}$$

$\boldsymbol{\xi}=\begin{pmatrix}1\\0\\0\\-1\end{pmatrix}$在 $\boldsymbol{\eta}_1,\boldsymbol{\eta}_2,\boldsymbol{\eta}_3,\boldsymbol{\eta}_4$ 下的坐标。

8. 如果 $c_1\boldsymbol{\alpha}+c_2\boldsymbol{\beta}+c_3\boldsymbol{\gamma}=\mathbf{0}$,且 $c_1c_3\neq0$,证明:$L(\boldsymbol{\alpha},\boldsymbol{\beta})=L(\boldsymbol{\beta},\boldsymbol{\gamma})$。

9. 在 P^4 中,求由向量 $\boldsymbol{\alpha}_i(i=1,2,3,4)$生成的子空间的基与维数。设

(1) $\boldsymbol{\alpha}_1=\begin{pmatrix}2\\1\\3\\1\end{pmatrix},\boldsymbol{\alpha}_2=\begin{pmatrix}1\\2\\0\\1\end{pmatrix},\boldsymbol{\alpha}_3=\begin{pmatrix}-1\\1\\-3\\0\end{pmatrix},\boldsymbol{\alpha}_4=\begin{pmatrix}1\\1\\1\\1\end{pmatrix}$;

(2) $\boldsymbol{\alpha}_1=\begin{pmatrix}2\\1\\3\\-1\end{pmatrix},\boldsymbol{\alpha}_2=\begin{pmatrix}-1\\1\\-3\\1\end{pmatrix},\boldsymbol{\alpha}_3=\begin{pmatrix}4\\5\\3\\-1\end{pmatrix},\boldsymbol{\alpha}_4=\begin{pmatrix}1\\5\\-3\\1\end{pmatrix}$。

10. 求由 $P(x)_3$ 中元素 $f_1(x)=x^3-2x^2+4x+1,f_2(x)=2x^3-3x^2+9x-1,f_3(x)=x^3+6x-5,f_4(x)=2x^3-5x^2+7x+5$ 生成的子空间的基与维数。

11. 在 P^4 中,求由齐次线性方程组

$$\begin{cases}3x_1+2x_2-5x_3+4x_4=0\\3x_1-x_2+3x_3-3x_4=0\\3x_1+5x_2-13x_3+11x_4=0\end{cases}$$

确定的解空间的基与维数。

12. 求由向量 $\boldsymbol{\alpha}_i$ 生成的子空间与由向量 $\boldsymbol{\beta}_i$ 生成的子空间的交的基和维数。设

(1) $\boldsymbol{\alpha}_1=\begin{pmatrix}1\\2\\1\\0\end{pmatrix},\boldsymbol{\alpha}_2=\begin{pmatrix}-1\\1\\1\\1\end{pmatrix},\boldsymbol{\beta}_1=\begin{pmatrix}2\\-1\\0\\1\end{pmatrix},\boldsymbol{\beta}_2=\begin{pmatrix}1\\-1\\3\\7\end{pmatrix}$;

(2) $\boldsymbol{\alpha}_1=\begin{pmatrix}1\\1\\0\\0\end{pmatrix},\boldsymbol{\alpha}_2=\begin{pmatrix}1\\0\\1\\1\end{pmatrix},\boldsymbol{\beta}_1=\begin{pmatrix}0\\0\\1\\1\end{pmatrix},\boldsymbol{\beta}_2=\begin{pmatrix}0\\1\\1\\0\end{pmatrix}$;

(3) $\boldsymbol{\alpha}_1=\begin{pmatrix}1\\2\\-1\\-2\end{pmatrix},\boldsymbol{\alpha}_2=\begin{pmatrix}3\\1\\1\\1\end{pmatrix},\boldsymbol{\alpha}_3=\begin{pmatrix}-1\\0\\1\\-1\end{pmatrix},\boldsymbol{\beta}_1=\begin{pmatrix}2\\5\\-6\\-5\end{pmatrix},\boldsymbol{\beta}_2=\begin{pmatrix}-1\\2\\-7\\3\end{pmatrix}$。

13. 设 $S(\boldsymbol{A})=\{\boldsymbol{B}\mid\in P^{n\times n}$ 且 $\boldsymbol{AB}=\boldsymbol{0}\}$,证明:

(1) $S(\boldsymbol{A})$ 是 $P^{n\times n}$ 的子空间;

(2) 设 $R(\boldsymbol{A})=r$,求 $S(\boldsymbol{A})$ 的一组基和维数。

14. 以 $P^{3\times3}$ 表示数域 P 上所有 3 阶矩阵组成的线性空间。求所有与 $\boldsymbol{A}=\begin{pmatrix}1&0&1\\0&1&1\\0&2&2\end{pmatrix}$ 可交换的矩阵 $\boldsymbol{B}$ 组成的线性子空间的维数及一组基。

15. 设 $\boldsymbol{\alpha}_1,\boldsymbol{\alpha}_2,\cdots,\boldsymbol{\alpha}_s$ 与 $\boldsymbol{\beta}_1,\boldsymbol{\beta}_2,\cdots,\boldsymbol{\beta}_t$ 是两组 n 维向量。证明:若这两个向量组都线性无关,则空间 $L(\boldsymbol{\alpha}_1,\boldsymbol{\alpha}_2,\cdots,\boldsymbol{\alpha}_s)\cap L(\boldsymbol{\beta}_1,\boldsymbol{\beta}_2,\cdots,\boldsymbol{\beta}_t)$ 的维数等于齐次线性方程组

$$\boldsymbol{\alpha}_1x_1+\cdots+\boldsymbol{\alpha}_sx_s+\boldsymbol{\beta}_1y_1+\cdots+\boldsymbol{\beta}_ty_t=\boldsymbol{0}$$

的解空间的维数。

16. 已知

$$\boldsymbol{\alpha}_1=\begin{pmatrix}1\\2\\1\\-2\end{pmatrix},\quad \boldsymbol{\alpha}_2=\begin{pmatrix}2\\3\\1\\0\end{pmatrix},\quad \boldsymbol{\alpha}_3=\begin{pmatrix}1\\2\\2\\-3\end{pmatrix};\quad \boldsymbol{\beta}_1=\begin{pmatrix}1\\1\\1\\1\end{pmatrix},\quad \boldsymbol{\beta}_2=\begin{pmatrix}1\\0\\1\\-1\end{pmatrix},\quad \boldsymbol{\beta}_3=\begin{pmatrix}1\\3\\0\\-4\end{pmatrix}$$

求：

(1) $W_1=L(\boldsymbol{\alpha}_1,\boldsymbol{\alpha}_2,\boldsymbol{\alpha}_3)$的基与维数；

(2) $W_2=L(\boldsymbol{\beta}_1,\boldsymbol{\beta}_2,\boldsymbol{\beta}_3)$的基与维数；

(3) W_1+W_2 及 $W_1\cap W_2$ 的基与维数。

17. 已知3维向量空间 P^3 的两组基

$$\boldsymbol{\alpha}_1=\begin{pmatrix}1\\2\\1\end{pmatrix},\quad \boldsymbol{\alpha}_2=\begin{pmatrix}2\\3\\3\end{pmatrix},\quad \boldsymbol{\alpha}_3=\begin{pmatrix}3\\7\\1\end{pmatrix};\quad \boldsymbol{\beta}_1=\begin{pmatrix}3\\1\\4\end{pmatrix},\quad \boldsymbol{\beta}_2=\begin{pmatrix}5\\2\\1\end{pmatrix},\quad \boldsymbol{\beta}_3=\begin{pmatrix}1\\1\\6\end{pmatrix}$$

向量 $\boldsymbol{\alpha}$ 在这两组基下的坐标分别为 $\begin{pmatrix}x_1\\x_2\\x_3\end{pmatrix}$ 及 $\begin{pmatrix}y_1\\y_2\\y_3\end{pmatrix}$，求此两坐标之间的关系。

18. 若 $\boldsymbol{\alpha}_1,\boldsymbol{\alpha}_2,\cdots,\boldsymbol{\alpha}_n$ 是 n 维线性空间 V 的一组基，证明：向量组 $\boldsymbol{\alpha}_1,\boldsymbol{\alpha}_1+\boldsymbol{\alpha}_2,\cdots,\boldsymbol{\alpha}_1+\boldsymbol{\alpha}_2+\cdots+\boldsymbol{\alpha}_n$ 仍是 V 的一组基。又若 $\boldsymbol{\alpha}$ 关于前一组基的坐标为 $\begin{pmatrix}n\\n-1\\\vdots\\2\\1\end{pmatrix}$，求 $\boldsymbol{\alpha}$ 关于后一组基的坐标。

19. 设 $\boldsymbol{A},\boldsymbol{B}$ 是数域 P 上 n 阶方阵，$\boldsymbol{X}$ 是未知量 $x_1,x_2,\cdots,x_n$ 所成 $n\times1$ 矩阵。已知齐次线性方程组 $\boldsymbol{AX}=\boldsymbol{0}$ 和 $\boldsymbol{BX}=\boldsymbol{0}$ 分别有 l,m 个线性无关的解向量，这里 $l\geqslant0,m\geqslant0$。

(1) 证明：$(\boldsymbol{AB})\boldsymbol{X}=\boldsymbol{0}$ 至少有 $\max(l,m)$ 个线性无关的解向量；

(2) 如果 $\boldsymbol{AX}=\boldsymbol{0}$ 和 $\boldsymbol{BX}=\boldsymbol{0}$ 无公共非零解向量，且 $l+m=n$。证明：P^n 中任一向量 $\boldsymbol{\alpha}$ 可唯一表示成 $\boldsymbol{\alpha}=\boldsymbol{\beta}+\boldsymbol{\gamma}$，其中 $\boldsymbol{\beta},\boldsymbol{\gamma}$ 分别是 $\boldsymbol{AX}=\boldsymbol{0}$ 和 $\boldsymbol{BX}=\boldsymbol{0}$ 的解向量。

20. 已知齐次线性方程组（Ⅰ）的基础解系为 $\boldsymbol{\alpha}_1=\begin{pmatrix}1\\2\\1\\0\end{pmatrix}$，$\boldsymbol{\alpha}_2=\begin{pmatrix}-1\\2\\1\\1\end{pmatrix}$，齐次线性方程组（Ⅱ）的基础解系为 $\boldsymbol{\beta}_1=\begin{pmatrix}2\\-1\\0\\1\end{pmatrix}$，$\boldsymbol{\beta}_2=\begin{pmatrix}1\\-1\\3\\7\end{pmatrix}$，方程组（Ⅰ）和（Ⅱ）的解空间分别是 V_1,V_2。求 $V_1\cap V_2$ 及 V_1+V_2 的基与维数。

21. 已知 $\mathbf{R}^4$ 的两组基：

（Ⅰ）：$\boldsymbol{\alpha}_1,\boldsymbol{\alpha}_2,\boldsymbol{\alpha}_3,\boldsymbol{\alpha}_4$；

(Ⅱ)：$\boldsymbol{\beta}_1=\boldsymbol{\alpha}_1+\boldsymbol{\alpha}_2+\boldsymbol{\alpha}_3+\boldsymbol{\alpha}_4,\boldsymbol{\beta}_2=\boldsymbol{\alpha}_2+\boldsymbol{\alpha}_3+\boldsymbol{\alpha}_4,\boldsymbol{\beta}_3=\boldsymbol{\alpha}_3+\boldsymbol{\alpha}_4,\boldsymbol{\beta}_4=\boldsymbol{\alpha}_4$。求：

(1) 由基(Ⅱ)到基(Ⅰ)的过渡矩阵；

(2) 在两组基下有相同坐标的向量。

22. 为定义在实数域上的函数构成的线性空间，令

$$W_1=\{f(x)\mid f(x)\in V,f(x)=f(-x)\}$$
$$W_2=\{f(x)\mid f(x)\in V,f(x)=-f(-x)\}$$

证明：(1) W_1,W_2 皆为 V 的子空间，且 $V=W_1\oplus W_2$。

(2) W_1,W_2 分别为偶函数全体及奇函数全体构成的集合，显然 W_1,W_2 均为非空的。

23. 设 W 是 P^n 的一个非零子空间，若对于 W 的每一个向量$(\boldsymbol{\alpha}_1,\boldsymbol{\alpha}_2,\cdots,\boldsymbol{\alpha}_n)$来说，或者 $\boldsymbol{\alpha}_1=\boldsymbol{\alpha}_2=\cdots=\boldsymbol{\alpha}_n=\mathbf{0}$，或者每一个 $\boldsymbol{\alpha}_i$ 都不等于零。证明：$\dim W=1$。

24. 已知 $\mathbf{R}^3$ 的两组基

(Ⅰ)：$\boldsymbol{\alpha}_1=\begin{pmatrix}1\\1\\1\end{pmatrix},\boldsymbol{\alpha}_2=\begin{pmatrix}1\\0\\-1\end{pmatrix},\boldsymbol{\alpha}_3=\begin{pmatrix}1\\0\\1\end{pmatrix}$；

(Ⅱ)：$\boldsymbol{\beta}_1=\begin{pmatrix}1\\2\\1\end{pmatrix},\boldsymbol{\beta}_2=\begin{pmatrix}2\\3\\4\end{pmatrix},\boldsymbol{\beta}_3=\begin{pmatrix}3\\4\\3\end{pmatrix}$。

(1) 求由基(Ⅰ)到基(Ⅱ)的过渡矩阵；

(2) 已知向量 $\boldsymbol{\alpha}$ 在基$\boldsymbol{\alpha}_1,\boldsymbol{\alpha}_2,\boldsymbol{\alpha}_3$ 下的坐标为 $\begin{pmatrix}1\\0\\-1\end{pmatrix}$，求 $\boldsymbol{\alpha}$ 在基$\boldsymbol{\beta}_1,\boldsymbol{\beta}_2,\boldsymbol{\beta}_3$ 下的坐标；

(3) 已知向量 $\boldsymbol{\beta}$ 在基$\boldsymbol{\beta}_1,\boldsymbol{\beta}_2,\boldsymbol{\beta}_3$ 下的坐标为 $\begin{pmatrix}1\\-1\\2\end{pmatrix}$，求 $\boldsymbol{\beta}$ 在$\boldsymbol{\alpha}_1,\boldsymbol{\alpha}_2,\boldsymbol{\alpha}_3$ 下的坐标。

(4) 求在两组基下坐标互为相反数的向量 $\boldsymbol{\gamma}$。

25. 设 V_1 与 V_2 分别是齐次方程组 $x_1+x_2+\cdots+x_n=0$ 与 $x_1=x_2=\cdots=x_n$ 的解空间，证明：$P^n=V_1\oplus V_2$。

26. (1) 证明：在 $P[x]_n$ 中，多项式

$$f_i=(x-a_1)\cdots(x-a_{i-1})(x-a_{i+1})\cdots(x-a_n)\quad(i=1,2,\cdots,n)$$

是一组基，其中 $a_1,a_2,\cdots,a_n$ 是互不相同的数；

(2) 在(1)中，取 $a_1,a_2,\cdots,a_n$ 是全体n 次单位根，求由基 $1,x,\cdots,x^{n-1}$到基 $f_1,f_2,\cdots,f_n$ 的过渡矩阵。

27. 设 $\boldsymbol{\alpha}_1,\boldsymbol{\alpha}_2,\cdots,\boldsymbol{\alpha}_n$ 是n 维线性空间 V 的一组基，$\boldsymbol{A}$ 是一$n\times s$ 矩阵，

$$(\boldsymbol{\beta}_1,\boldsymbol{\beta}_2,\cdots,\boldsymbol{\beta}_s)=(\boldsymbol{\alpha}_1,\boldsymbol{\alpha}_2,\cdots,\boldsymbol{\alpha}_n)\boldsymbol{A}$$

证明：$L(\boldsymbol{\beta}_1,\boldsymbol{\beta}_2,\cdots,\boldsymbol{\beta}_s)$的维数等于 $\boldsymbol{A}$ 的秩。

28. 设 P 是数域，$\boldsymbol{A}\in P^{m\times n}$，且 $\boldsymbol{A}=(\boldsymbol{A}_1,\boldsymbol{A}_2,\cdots,\boldsymbol{A}_n)$，其中 $\boldsymbol{A}_i(i=1,2,\cdots,n)$为 $\boldsymbol{A}$ 的列向量，W 是齐次线性方程组$\boldsymbol{AX}=\mathbf{0}$ 的解空间，$V=L(\boldsymbol{A}_1,\boldsymbol{A}_2,\cdots,\boldsymbol{A}_n)$。证明：

$$\dim W+\dim V=n$$

29. 设 V_1, V_2 是有限维空间 V 的两个子空间，如果 $\dim V_1 + \dim V_2 > \dim V$，则 $V_1 \cap V_2 \neq \{\mathbf{0}\}$。

30. P 是数域，$P^{n\times n}$ 关于矩阵加法和数乘矩阵构成线性空间，$V_1 = \{\boldsymbol{A} \mid \boldsymbol{A} \in P^{n\times n}, \boldsymbol{A}' = \boldsymbol{A}\}$。

(1) 证明：V_1 是 $P^{n\times n}$ 的子空间；

(2) 求 $P^{n\times n}$ 的子空间 V_2，使 $P^{n\times n} = V_1 \oplus V_2$。

31. 设 V_1, V_2 分别是线性方程组

$$x_1 + x_2 + \cdots + x_n = 0$$

以及

$$x_1 = x_2 = \cdots = x_n$$

的解空间，证明：$V_1 \oplus V_2 = P^n$。

32. 设 P 是数域，$m < n$，$\boldsymbol{A} \in P^{m\times n}$，$\boldsymbol{B} \in P^{(n-m)\times n}$，$V_1$ 和 V_2 分别是齐次线性方程组 $\boldsymbol{AX} = \mathbf{0}$ 和 $\boldsymbol{BX} = \mathbf{0}$ 的解空间。证明：$P^n = V_1 \oplus V_2$ 的充要条件是 $\begin{pmatrix} \boldsymbol{A} \\ \boldsymbol{B} \end{pmatrix} \boldsymbol{X} = \mathbf{0}$ 只有零解。

33. 设 $\boldsymbol{A}$ 是数域 P 上的 $r \times n$ 矩阵，$\boldsymbol{B}$ 是 P 上 $(n-r) \times n$ 矩阵，$\boldsymbol{C} = \begin{pmatrix} \boldsymbol{A} \\ \boldsymbol{B} \end{pmatrix}$ 是非奇异矩阵。证明：n 维线性空间

$$P^n = \{x = (x_1, \cdots x_n)' \mid x_i \in P\}$$

是齐次线性方程组 $\boldsymbol{AX} = \mathbf{0}$ 的解子空间 V_1 与 $\boldsymbol{BX} = \mathbf{0}$ 的解子空间 V_2 的直和。

34. 设 V 为有限维线性空间，V_1 为非零子空间，如果存在唯一的子空间 V_2 使得

$$V = V_1 \oplus V_2$$

则 $V_1 = V$。

35. 设 $\boldsymbol{A}$ 是数域 P 上的 n 阶幂等阵（即 $\boldsymbol{A}^2 = \boldsymbol{A}$）。证明：$n$ 维线性空间 P^n 可以分解为线性方程组 $\boldsymbol{AX} = \mathbf{0}$ 和 $(\boldsymbol{A} - \boldsymbol{E})\boldsymbol{X} = 0$ 的解空间的直和。

36. 设 $\boldsymbol{A}, \boldsymbol{B}, \boldsymbol{C}, \boldsymbol{D}$ 都是数域 P 上 n 阶方阵，且关于乘法两两交换，还满足 $\boldsymbol{AC} = \boldsymbol{BD} = \boldsymbol{E}_n$。再设方程 $\boldsymbol{ABX} = \mathbf{0}$ 的解空间为 W，$\boldsymbol{BX} = \mathbf{0}$ 与 $\boldsymbol{AX} = \mathbf{0}$ 的解空间分别为 V_1 和 V_2。证明：

$$W = V_1 \oplus V_2$$

37. 设 P^4 的一个子空间 $W = L(\boldsymbol{\alpha}, \boldsymbol{\beta})$，其中 $\boldsymbol{\alpha} = (2,1,-1,3)$，$\boldsymbol{\beta} = (-1,0,-1,2)$，试具体给出 W 的一个余子空间。

38. 设 $V_1 = \{\boldsymbol{A} \mid \boldsymbol{A}^{\mathrm{T}} = \boldsymbol{A}\}$，$V_2 = \{\boldsymbol{A} \mid \boldsymbol{A}$ 是上三角矩阵$\}$，给出 V_1 到 V_2 的同构映射。

第7章　线 性 变 换

线性空间上的线性变换是线性代数的一个中心内容，它揭示了线性空间中元素之间的一种重要的联系。变换是线性空间到其自身的一个映射，线性变换是一种最简单、最基本的一种变换，它的理论与方法已渗透到各个科技领域。本章首先介绍了线性变换的概念与运算，然后介绍了线性变换的矩阵、特征值与特征向量、线性变换的值域与核、不变子空间等概念；最后研讨了线性变换（或矩阵）可对角化的充要条件及方法。

7.1　线性变换的概念

线性变换是线性空间向量之间中最重要的联系，它是线性代数的一个主要研究对象。本节主要介绍线性变换的基本概念，并讨论它的简单性质。

7.1.1　线性变换的概念

定义 7.1.1　设 V 是一个线性空间，若对于 $\forall \boldsymbol{\alpha} \in V$，按照一定的规律对应着 V 中唯一的元素 $\boldsymbol{\alpha}'$，则称这个规律为线性空间 V 上的一个变换，记作 σ，即 $\sigma(\boldsymbol{\alpha}) = \boldsymbol{\alpha}'$，称 $\boldsymbol{\alpha}'$ 为 $\boldsymbol{\alpha}$ 在变换 σ 下的像，并称 $\boldsymbol{\alpha}$ 为 $\boldsymbol{\alpha}'$ 的原像，V 为原像集合；像的全体称为像集合，记为 $\sigma(V)$。

本书中，我们将采用小写希腊字母 $\sigma,\tau,\cdots$ 表示 V 上的变换。

定义 7.1.2　设 V 是数域 P 上的线性空间，σ 是 V 上的一个变换。若对于 $\forall \boldsymbol{\alpha},\boldsymbol{\beta} \in V$，$\forall k \in P$ 都有

(1) $\sigma(\boldsymbol{\alpha}+\boldsymbol{\beta}) = \sigma(\boldsymbol{\alpha}) + \sigma(\boldsymbol{\beta})$；

(2) $\sigma(k\boldsymbol{\alpha}) = k\sigma(\boldsymbol{\alpha})$，

则称 σ 是线性空间 V 上的一个线性变换。

注 7.1.1　我们容易证明，定义中的条件(1)和(2)等价于条件(3)，即

(3) $\sigma(k\boldsymbol{\alpha}+l\boldsymbol{\beta}) = k\sigma(\boldsymbol{\alpha}) + l\sigma(\boldsymbol{\beta})$　$(\forall \boldsymbol{\alpha},\boldsymbol{\beta} \in V, \forall k,l \in P)$。

条件(3)表明，线性变换是一类保持线性空间中向量的线性运算的特殊变换。

例 7.1.1　在线性空间 $\mathbf{R}^3$ 中，对任意的向量 $\boldsymbol{\alpha} = \begin{pmatrix} x \\ y \\ z \end{pmatrix}$，规定 σ 如下：

$$\sigma(\boldsymbol{\alpha}) = \begin{pmatrix} x \\ y \\ 0 \end{pmatrix} = \boldsymbol{\alpha}'$$

检验这个规律是否是 $\mathbf{R}^3$ 上的一个线性变换。

解 对 $\forall \boldsymbol{\alpha} = \begin{pmatrix} x \\ y \\ z \end{pmatrix} \in \mathbf{R}^3$，按照规律 σ，都有唯一的 $\sigma(\boldsymbol{\alpha}) = \begin{pmatrix} x \\ y \\ 0 \end{pmatrix} = \boldsymbol{\alpha}' \in \mathbf{R}^3$，依定义，$\sigma$ 是 $\mathbf{R}^3$ 上的一个变换。

又对于 $\forall \boldsymbol{\alpha} = (x_1, y_1, z_1)^{\mathrm{T}}, \boldsymbol{\beta} = (x_2, y_2, z_2)^{\mathrm{T}} \in \mathbf{R}^3$ 及 $\forall k \in \mathbf{R}$，有

$$\sigma(\boldsymbol{\alpha} + \boldsymbol{\beta}) = \sigma \begin{pmatrix} x_1 + x_2 \\ y_1 + y_2 \\ z_1 + z_2 \end{pmatrix} = \begin{pmatrix} x_1 + x_2 \\ y_1 + y_2 \\ 0 \end{pmatrix} = \begin{pmatrix} x_1 \\ y_1 \\ 0 \end{pmatrix} + \begin{pmatrix} x_2 \\ y_2 \\ 0 \end{pmatrix} = \sigma(\boldsymbol{\alpha}) + \sigma(\boldsymbol{\beta})$$

$$\sigma(k\boldsymbol{\alpha}) = \sigma \begin{pmatrix} kx_1 \\ ky_1 \\ kz_1 \end{pmatrix} = \begin{pmatrix} kx_1 \\ ky_1 \\ 0 \end{pmatrix} = k \begin{pmatrix} x_1 \\ y_1 \\ 0 \end{pmatrix} = k\sigma(\boldsymbol{\alpha})$$

因此，σ 是 $\mathbf{R}^3$ 上的一个线性变换。

从几何上看，σ 将三维几何空间 $O\text{-}xyz$ 中所有从原点出发的向量向 xOy 面做投影，因此像的集合是 xOy 平面。这时称该变换为投影变换。

例 7.1.2 在线性空间 $P[x]$中，用 σ 表示函数的求导变换：

$$\sigma(f(x)) = f'(x), \quad \forall f(x) \in P[x]$$

由于对 $\forall f(x), g(x) \in P[x]$，$\forall k \in P$，有

$$\sigma(f(x) + g(x)) = \sigma(f(x)) + \sigma(g(x))$$
$$\sigma(kf(x)) = k\sigma(f(x))$$

因此，σ 是$P[x]$上的一个线性变换，称其为求导变换或微商变换。

例 7.1.3 令 $C[a,b]$是定义在$[a,b]$上的一切连续实函数所构成的实数域 $\mathbf{R}$ 上的实线性空间。对于 $\forall f(x) \in C[a,b]$，规定 σ 表示如下的变换：

$$\sigma(f(x)) = \int_a^x f(t)\mathrm{d}t$$

显然，$\int_a^x f(t)\mathrm{d}t \in C[a,b]$。根据积分的基本性质，$\sigma$ 是$C[a,b]$ 上的一个线性变换，称其为积分变换。

例 7.1.4 平面上的向量构成实数域上的二维线性空间。把平面围绕坐标原点按逆时针方向旋转 θ 角，就是一个线性变换，记作 T_θ。如果平面上的一个向量 $\boldsymbol{\alpha}$ 在直角坐标系下的坐标是(x, y)，那么像 $T_\theta(\boldsymbol{\alpha})$的坐标，即 $\boldsymbol{\alpha}$ 旋转θ 之后的坐标(x', y')可以按照公式

$$\begin{pmatrix} x' \\ y' \end{pmatrix} = \begin{pmatrix} \cos\theta & -\sin\theta \\ \sin\theta & \cos\theta \end{pmatrix} \begin{pmatrix} x \\ y \end{pmatrix}$$

来计算。同样地，几何空间(实数域上的三维线性空间)中绕轴的旋转也是一个线性变换。我们称这样的变换为旋转变换。

例 7.1.5 在线性空间 $\mathbf{R}^n$ 中,对于任意向量 $\boldsymbol{X}=(x_1,x_2,\cdots,x_n)^{\mathrm{T}}\in\mathbf{R}^n$,规定 σ:

$$\sigma(\boldsymbol{X}) = \boldsymbol{CX}$$

其中 $\boldsymbol{C}$ 为一个固定的非零 n 阶方阵,验证 σ 是 $\mathbf{R}^n$ 上的线性变换。

解 对任意的 $\boldsymbol{X}=(x_1,x_2,\cdots,x_n)^{\mathrm{T}}\in\mathbf{R}^n$,按照规定 σ,对应着唯一的 $\sigma(\boldsymbol{X})=\boldsymbol{CX}\in\mathbf{R}^n$,依定义,$\sigma$ 是 $\mathbf{R}^n$ 上的一个变换。

又对于任意 $\boldsymbol{X}=(x_1,x_2,\cdots,x_n)^{\mathrm{T}}$,$\boldsymbol{Y}=(y_1,y_2,\cdots,y_n)^{\mathrm{T}}\in\mathbf{R}^n$ 及 $\forall k\in\mathbf{R}$,有

$$\sigma(\boldsymbol{X}+\boldsymbol{Y}) = \boldsymbol{C}(\boldsymbol{X}+\boldsymbol{Y}) = \boldsymbol{CX}+\boldsymbol{CY} = \sigma(\boldsymbol{X})+\sigma(\boldsymbol{Y})$$

$$\sigma(k\boldsymbol{X}) = \boldsymbol{C}(k\boldsymbol{X}) = k(\boldsymbol{CX}) = k\sigma(\boldsymbol{X})$$

因此,σ 是 $\mathbf{R}^n$ 上的一个线性变换。在第 4 章中,对二次型做非退化线性替换 $\boldsymbol{X}=\boldsymbol{CY}$ 即为变换 $\sigma(\boldsymbol{Y})=\boldsymbol{CY}$,其中 $\boldsymbol{C}$ 为 n 阶非退化方阵。

例 7.1.6 在线性空间 V 中,定义变换 σ:

$$\sigma(\boldsymbol{\alpha}) = \boldsymbol{\alpha}+\boldsymbol{\alpha}_0 \quad (\forall\,\boldsymbol{\alpha}\in V)$$

其中 $\boldsymbol{\alpha}_0\in V$ 是一固定向量,问 σ 是否为 V 上的线性变换?

解 对 $\forall\,\boldsymbol{\alpha},\boldsymbol{\beta}\in V$ 及 $\forall\,k\in P$,有

$$\sigma(\boldsymbol{\alpha}+\boldsymbol{\beta}) = \boldsymbol{\alpha}+\boldsymbol{\beta}+\boldsymbol{\alpha}_0$$

而

$$\sigma(\boldsymbol{\alpha})+\sigma(\boldsymbol{\beta}) = \boldsymbol{\alpha}+\boldsymbol{\alpha}_0+\boldsymbol{\beta}+\boldsymbol{\alpha}_0 = \boldsymbol{\alpha}+\boldsymbol{\beta}+2\boldsymbol{\alpha}_0$$

同样地

$$\sigma(k\boldsymbol{\alpha}) = k\boldsymbol{\alpha}+\boldsymbol{\alpha}_0$$

但

$$k\sigma(\boldsymbol{\alpha}) = k(\boldsymbol{\alpha}+\boldsymbol{\alpha}_0) = k\boldsymbol{\alpha}+k\boldsymbol{\alpha}_0$$

从而只有当 $\boldsymbol{\alpha}_0=\mathbf{0}$ 时,σ 才是 V 上的线性变换;当 $\boldsymbol{\alpha}_0\neq\mathbf{0}$ 时,σ 不是 V 上的线性变换。

定义 7.1.3 设 σ,τ 都是线性空间 V 上的线性变换,若对于 V 中的任意元素 $\boldsymbol{\alpha}$,恒有 $\sigma(\boldsymbol{\alpha})=\tau(\boldsymbol{\alpha})$,则称 σ 与 τ 相等,记作 $\sigma=\tau$。

7.1.2 几种特殊的线性变换

在利用线性变换解决问题时,经常会遇到以下一些特殊的线性变换:

(1) 零变换 θ。对任意的 $\boldsymbol{\alpha}\in V$,$\theta(\boldsymbol{\alpha})=\mathbf{0}$,其中 $\mathbf{0}$ 是线性空间 V 中的零元素;

(2) 恒等变换 $\mathscr{E}$。对任意的 $\boldsymbol{\alpha}\in V$,$\mathscr{E}(\boldsymbol{\alpha})=\boldsymbol{\alpha}$;

(3) 数乘变换 K。对任意的 $\boldsymbol{\alpha}\in V$,$K(\boldsymbol{\alpha})=k\boldsymbol{\alpha}$,其中 k 为数域 P 中一个固定的常数。

显然,在数乘变换中,当 $k=0$ 及 $k=1$ 时,就是零变换及恒等变换。

我们易证上述三种变换都是 V 上的线性变换。

7.1.3 线性变换的性质

根据线性变换的定义,我们可推出线性变换的一些简单而重要的性质。

性质 7.1.1 若 σ 是线性空间 V 上的线性变换,则有

$$\sigma(\mathbf{0}) = \mathbf{0}, \quad \sigma(-\boldsymbol{\alpha}) = -\sigma(\boldsymbol{\alpha})$$

证明 因为 σ 是 V 上的线性变换，所以 $\sigma(k\boldsymbol{\alpha})=k\sigma(\boldsymbol{\alpha})$。故

当 $k=0$ 时，$\sigma(\mathbf{0})=\sigma(0\boldsymbol{\alpha})=0\sigma(\boldsymbol{\alpha})=\mathbf{0}$；

当 $k=-1$ 时，$\sigma(-\boldsymbol{\alpha})=\sigma((-1)\boldsymbol{\alpha})=(-1)\sigma(\boldsymbol{\alpha})=-\sigma(\boldsymbol{\alpha})$。

性质 7.1.2 设 σ 是线性空间 V 上的线性变换，$\boldsymbol{\alpha}_1,\boldsymbol{\alpha}_2,\cdots,\boldsymbol{\alpha}_s,\boldsymbol{\beta}\in V$。若 $\boldsymbol{\beta}$ 可由向量组 $\boldsymbol{\alpha}_1,\boldsymbol{\alpha}_2,\cdots,\boldsymbol{\alpha}_s$ 线性表出，则 $\sigma(\boldsymbol{\beta})$ 也可由向量组 $\sigma(\boldsymbol{\alpha}_1),\sigma(\boldsymbol{\alpha}_2),\cdots,\sigma(\boldsymbol{\alpha}_s)$ 线性表出。

证明 由假设，可令 $\boldsymbol{\beta}=k_1\boldsymbol{\alpha}_1+k_2\boldsymbol{\alpha}_2+\cdots+k_s\boldsymbol{\alpha}_s$，则

$$\begin{aligned}\sigma(\boldsymbol{\beta})&=\sigma(k_1\boldsymbol{\alpha}_1+k_2\boldsymbol{\alpha}_2+\cdots+k_s\boldsymbol{\alpha}_s)\\&=k_1\sigma(\boldsymbol{\alpha}_1)+k_2\sigma(\boldsymbol{\alpha}_2)+\cdots+k_s\sigma(\boldsymbol{\alpha}_s)\end{aligned}$$

以上性质表明，线性变换 σ 保持线性空间 V 中向量的线性组合式不变。

性质 7.1.3 设 σ 是线性空间 V 上的线性变换，则 σ 把线性空间 V 中线性相关的向量组仍变为线性相关的向量组。

证明 设 $\boldsymbol{\alpha}_1,\boldsymbol{\alpha}_2,\cdots,\boldsymbol{\alpha}_s$ 是 V 中一组线性相关的向量组，则存在一组不全为零的常数 $k_1,k_2,\cdots,k_s$，使得

$$k_1\boldsymbol{\alpha}_1+k_2\boldsymbol{\alpha}_2+\cdots+k_s\boldsymbol{\alpha}_s=\mathbf{0}$$

于是，由性质 7.1.1 和性质 7.1.2 可得

$$k_1\sigma(\boldsymbol{\alpha}_1)+k_2\sigma(\boldsymbol{\alpha}_2)+\cdots+k_s\sigma(\boldsymbol{\alpha}_s)=\mathbf{0}$$

故向量组 $\sigma(\boldsymbol{\alpha}_1),\sigma(\boldsymbol{\alpha}_2),\cdots,\sigma(\boldsymbol{\alpha}_s)$ 也是线性相关的。

注 7.1.2 性质 7.1.3 的逆命题不成立，即线性变换可能把线性无关的向量组变成线性相关的向量组。例如，零变换把任一个线性无关的向量组都变成线性相关的向量组。又如，在线性空间 $\mathbf{R}^3$ 中，向 xOy 平面做投影变换，若取线性无关的向量组：

$$\boldsymbol{\varepsilon}_1=\begin{pmatrix}1\\0\\0\end{pmatrix},\quad \boldsymbol{\varepsilon}_2=\begin{pmatrix}0\\1\\0\end{pmatrix},\quad \boldsymbol{\varepsilon}_3=\begin{pmatrix}0\\0\\1\end{pmatrix}$$

则

$$\sigma(\boldsymbol{\varepsilon}_1)=\begin{pmatrix}1\\0\\0\end{pmatrix},\quad \sigma(\boldsymbol{\varepsilon}_2)=\begin{pmatrix}0\\1\\0\end{pmatrix},\quad \sigma(\boldsymbol{\varepsilon}_3)=\begin{pmatrix}0\\0\\0\end{pmatrix}$$

显然，$\sigma(\boldsymbol{\varepsilon}_1),\sigma(\boldsymbol{\varepsilon}_2),\sigma(\boldsymbol{\varepsilon}_3)$ 线性相关，但 $\boldsymbol{\varepsilon}_1,\boldsymbol{\varepsilon}_2,\boldsymbol{\varepsilon}_3$ 线性无关。

我们从性质 7.1.2 可看出，若给出 V 中一组向量 $\boldsymbol{\alpha}_1,\boldsymbol{\alpha}_2,\cdots,\boldsymbol{\alpha}_s$ 在线性变换 σ 下的像，则这组向量的任一线性组合在 σ 下的像也就确定了。特别地，若 $\boldsymbol{\varepsilon}_1,\boldsymbol{\varepsilon}_2,\cdots,\boldsymbol{\varepsilon}_n$ 是 V 的一组基，则由于 V 中任一向量都可表示成 $\boldsymbol{\varepsilon}_1,\boldsymbol{\varepsilon}_2,\cdots,\boldsymbol{\varepsilon}_n$ 的线性组合。因此，若知道了 $\boldsymbol{\varepsilon}_1,\boldsymbol{\varepsilon}_2,\cdots,\boldsymbol{\varepsilon}_n$ 在线性变换 σ 下的像，则 V 中任一向量在 σ 下的像也就知道了。这就是说，一个线性变换的作用完全由它在一组基上的作用所确定。现在要问：给了数域 P 上的线性空间 V，是否存在 V 上的线性变换？问题的回答是肯定的。特别地，当 V 是有限维时，我们有如下定理：

定理 7.1.1 设 V 是数域 P 上的 n 维线性空间，且 $\boldsymbol{\varepsilon}_1,\boldsymbol{\varepsilon}_2,\cdots,\boldsymbol{\varepsilon}_n$ 是 V 的一组基，在 V 中任意取定 n 个向量 $\boldsymbol{\alpha}_1,\boldsymbol{\alpha}_2,\cdots,\boldsymbol{\alpha}_n$（它们中可以相同），则存在 V 上的唯一的线性变换 σ，使得

$$\sigma(\boldsymbol{\varepsilon}_i)=\boldsymbol{\alpha}_i\quad(i=1,2,\cdots,n)$$

证明 先证存在性。

对 V 中任意元素 $\boldsymbol{\alpha}$,设 $\boldsymbol{\alpha}=k_1\boldsymbol{\varepsilon}_1+k_2\boldsymbol{\varepsilon}_2+\cdots+k_n\boldsymbol{\varepsilon}_n$,定义一个对应规律如下:

$$\sigma(\boldsymbol{\alpha}) = k_1\boldsymbol{\alpha}_1 + k_2\boldsymbol{\alpha}_2 + \cdots + k_n\boldsymbol{\alpha}_n$$

下面验证 σ 是 V 上的一个线性变换。

首先,由于元素 $\boldsymbol{\alpha}$ 在取定基下的坐标是唯一的,因而 $\sigma(\boldsymbol{\alpha})$ 也是唯一的,并且 $\sigma(\boldsymbol{\alpha})\in V$,所以 σ 是 V 上的一个变换。

再验证 σ 是 V 上的一个线性变换。对于 V 中任意元素 $\boldsymbol{\alpha},\boldsymbol{\beta}$ 及任意 $k\in P$,令

$$\boldsymbol{\alpha} = x_1\boldsymbol{\varepsilon}_1 + x_2\boldsymbol{\varepsilon}_2 + \cdots + x_n\boldsymbol{\varepsilon}_n$$
$$\boldsymbol{\beta} = y_1\boldsymbol{\varepsilon}_1 + y_2\boldsymbol{\varepsilon}_2 + \cdots + y_n\boldsymbol{\varepsilon}_n$$

则

$$\boldsymbol{\alpha}+\boldsymbol{\beta} = (x_1+y_1)\boldsymbol{\varepsilon}_1 + (x_2+y_2)\boldsymbol{\varepsilon}_2 + \cdots + (x_n+y_n)\boldsymbol{\varepsilon}_n$$
$$k\boldsymbol{\alpha} = (kx_1)\boldsymbol{\varepsilon}_1 + (kx_2)\boldsymbol{\varepsilon}_2 + \cdots + (kx_n)\boldsymbol{\varepsilon}_n$$

于是,按照 σ 的定义,有

$$\begin{aligned}\sigma(\boldsymbol{\alpha}+\boldsymbol{\beta}) &= (x_1+y_1)\boldsymbol{\alpha}_1 + (x_2+y_2)\boldsymbol{\alpha}_2 + \cdots + (x_n+y_n)\boldsymbol{\alpha}_n\\ &= (x_1\boldsymbol{\alpha}_1 + x_2\boldsymbol{\alpha}_2 + \cdots + x_n\boldsymbol{\alpha}_n) + (y_1\boldsymbol{\alpha}_1 + y_2\boldsymbol{\alpha}_2 + \cdots + y_n\boldsymbol{\alpha}_n)\\ &= \sigma(\boldsymbol{\alpha}) + \sigma(\boldsymbol{\beta})\end{aligned}$$

$$\begin{aligned}\sigma(k\boldsymbol{\alpha}) &= (kx_1)\boldsymbol{\alpha}_1 + (kx_2)\boldsymbol{\alpha}_2 + \cdots + (kx_n)\boldsymbol{\alpha}_n\\ &= k(x_1\boldsymbol{\alpha}_1 + x_2\boldsymbol{\alpha}_2 + \cdots + x_n\boldsymbol{\alpha}_n)\\ &= k\sigma(\boldsymbol{\alpha})\end{aligned}$$

所以这个变换 σ 是 V 上的线性变换,并且有 $\sigma(\boldsymbol{\varepsilon}_i)=\boldsymbol{\alpha}_i(i=1,2,\cdots,n)$。

再证唯一性。

假设 V 上还有另一个线性变换 τ 满足 $\tau(\boldsymbol{\varepsilon}_i)=\boldsymbol{\alpha}_i(i=1,2,\cdots,n)$。任取 V 中任意元素 $\boldsymbol{\alpha}$,并令 $\boldsymbol{\alpha}=x_1\boldsymbol{\varepsilon}_1+x_2\boldsymbol{\varepsilon}_2+\cdots+x_n\boldsymbol{\varepsilon}_n$,则

$$\begin{aligned}\sigma(\boldsymbol{\alpha}) &= x_1\boldsymbol{\alpha}_1 + x_2\boldsymbol{\alpha}_2 + \cdots + x_n\boldsymbol{\alpha}_n\\ &= x_1\tau(\boldsymbol{\varepsilon}_1) + x_2\tau(\boldsymbol{\varepsilon}_2) + \cdots + x_n\tau(\boldsymbol{\varepsilon}_n)\\ &= \tau(x_1\boldsymbol{\varepsilon}_1 + x_2\boldsymbol{\varepsilon}_2 + \cdots + x_n\boldsymbol{\varepsilon}_n)\\ &= \tau(\boldsymbol{\alpha})\end{aligned}$$

故 $\sigma=\tau$。

例 7.1.6 求线性空间 $\mathbf{R}^3$ 上的线性变换 σ,满足

$$\sigma(1,1,1) = (1,2,3)$$
$$\sigma(1,1,0) = (-1,1,1)$$
$$\sigma(1,0,0) = (1,0,-2)$$

解 记 $\boldsymbol{\varepsilon}_1=(1,1,1),\boldsymbol{\varepsilon}_2=(1,1,0),\boldsymbol{\varepsilon}_3=(1,0,0)$,由于

$$\begin{vmatrix}1 & 1 & 1\\ 1 & 1 & 0\\ 1 & 0 & 0\end{vmatrix} = -1 \neq 0$$

所以 $\boldsymbol{\varepsilon}_1,\boldsymbol{\varepsilon}_2,\boldsymbol{\varepsilon}_3$ 是 $\mathbf{R}^3$ 的一组基,于是对于任意的向量 $\boldsymbol{\alpha}=(a_1,a_2,a_3)\in\mathbf{R}^3$ 都可以表示成 $\boldsymbol{\varepsilon}_1,\boldsymbol{\varepsilon}_2,\boldsymbol{\varepsilon}_3$ 的线性组合,不妨设

$$\boldsymbol{\alpha} = (a_1, a_2, a_3) = x_1\boldsymbol{\varepsilon}_1 + x_2\boldsymbol{\varepsilon}_2 + x_3\boldsymbol{\varepsilon}_3$$

即

$$\begin{pmatrix} a_1 \\ a_2 \\ a_3 \end{pmatrix} = \begin{pmatrix} 1 & 1 & 1 \\ 1 & 1 & 0 \\ 1 & 0 & 0 \end{pmatrix} \begin{pmatrix} x_1 \\ x_2 \\ x_3 \end{pmatrix}$$

从而

$$\begin{pmatrix} x_1 \\ x_2 \\ x_3 \end{pmatrix} = \begin{pmatrix} 0 & 0 & 1 \\ 0 & 1 & -1 \\ 1 & -1 & 0 \end{pmatrix} \begin{pmatrix} a_1 \\ a_2 \\ a_3 \end{pmatrix} = \begin{pmatrix} a_3 \\ a_2 - a_3 \\ a_1 - a_2 \end{pmatrix}$$

所以

$$\boldsymbol{\alpha} = (a_1, a_2, a_3) = a_3\boldsymbol{\varepsilon}_1 + (a_2 - a_3)\boldsymbol{\varepsilon}_2 + (a_1 - a_2)\boldsymbol{\varepsilon}_3$$

进而定义 $\mathbf{R}^3$ 上的线性变换 σ 如下：

$$\begin{aligned} \sigma(\boldsymbol{\alpha}) &= \sigma(a_3\boldsymbol{\varepsilon}_1 + (a_2 - a_3)\boldsymbol{\varepsilon}_2 + (a_1 - a_2)\boldsymbol{\varepsilon}_3) \\ &= a_3\sigma(\boldsymbol{\varepsilon}_1) + (a_2 - a_3)\sigma(\boldsymbol{\varepsilon}_2) + (a_1 - a_2)\sigma(\boldsymbol{\varepsilon}_3) \\ &= a_3(1,2,3) + (a_2 - a_3)(-1,1,1) + (a_1 - a_2)(1,0,-2) \\ &= (a_1 - 2a_2 + 2a_3, a_2 + a_3, -2a_1 + 3a_2 + 2a_3) \end{aligned}$$

根据定理 7.1.1 知，σ 即为所求的唯一线性变换。

例 7.1.7 设 $\boldsymbol{\varepsilon}_1=(1,0,0)$，$\boldsymbol{\varepsilon}_2=(0,1,0)$，$\boldsymbol{\varepsilon}_3=(0,0,1)$ 和 $\boldsymbol{\varepsilon}_1'=(1,0,0)$，$\boldsymbol{\varepsilon}_2'=(1,1,0)$，$\boldsymbol{\varepsilon}_3'=(0,1,1)$ 是 $\mathbf{R}^3$ 的两组基，由定理 7.1.1 知，存在唯一的线性变换 σ，使得 $\sigma(\boldsymbol{\varepsilon}_i)=\boldsymbol{\varepsilon}_i'(i=1,2,3)$，求 σ 的逆变换 σ^{-1}，使得 $\sigma^{-1}(\boldsymbol{\varepsilon}_i')=\boldsymbol{\varepsilon}_i(i=1,2,3)$。

解 对任意的 $\boldsymbol{\alpha}=(a_1,a_2,a_3)\in\mathbf{R}^3$，由于 $\boldsymbol{\varepsilon}_1',\boldsymbol{\varepsilon}_2',\boldsymbol{\varepsilon}_3'$ 是 $\mathbf{R}^3$ 的一组基，所以

$$\boldsymbol{\alpha} = x_1\boldsymbol{\varepsilon}_1' + x_2\boldsymbol{\varepsilon}_2' + x_3\boldsymbol{\varepsilon}_3'$$

从而

$$\begin{pmatrix} a_1 \\ a_2 \\ a_3 \end{pmatrix} = \begin{pmatrix} 1 & 1 & 0 \\ 0 & 1 & 1 \\ 0 & 0 & 1 \end{pmatrix} \begin{pmatrix} x_1 \\ x_2 \\ x_3 \end{pmatrix}$$

即

$$\begin{pmatrix} x_1 \\ x_2 \\ x_3 \end{pmatrix} = \begin{pmatrix} a_1 - a_2 + a_3 \\ a_2 - a_3 \\ a_3 \end{pmatrix}$$

所以 $\boldsymbol{\alpha}=(a_1-a_2+a_3)\boldsymbol{\varepsilon}_1'+(a_2-a_3)\boldsymbol{\varepsilon}_2'+a_3\boldsymbol{\varepsilon}_3'$。现定义 σ 的逆变换 σ^{-1} 如下：

$$\begin{aligned} \sigma^{-1}(\boldsymbol{\alpha}) &= \sigma^{-1}((a_1 - a_2 + a_3)\boldsymbol{\varepsilon}_1' + (a_2 - a_3)\boldsymbol{\varepsilon}_2' + a_3\boldsymbol{\varepsilon}_3') \\ &= (a_1 - a_2 + a_3)\sigma^{-1}(\boldsymbol{\varepsilon}_1') + (a_2 - a_3)\sigma^{-1}(\boldsymbol{\varepsilon}_2') + a_3\sigma^{-1}(\boldsymbol{\varepsilon}_3') \\ &= (a_1 - a_2 + a_3)\boldsymbol{\varepsilon}_1 + (a_2 - a_3)\boldsymbol{\varepsilon}_2 + a_3\boldsymbol{\varepsilon}_3 \\ &= (a_1 - a_2 + a_3, a_2 - a_3, a_3) \end{aligned}$$

即有

$$\sigma^{-1}(\boldsymbol{\varepsilon}_i') = \boldsymbol{\varepsilon}_i \quad (i = 1,2,3)$$

7.2 线性变换的运算

类似于矩阵的运算，本节我们将介绍线性变换的加法运算、乘法运算和数乘运算，并研究这些线性变换的性质。我们用 $L(V)$ 表示数域 P 上的线性空间 V 的一切线性变换所成的集合。

7.2.1 线性变换的乘法

定义 7.2.1 设 $\sigma,\tau\in L(V)$，定义它们的乘积 $\sigma\tau$ 为

$$\sigma\tau(\boldsymbol{\alpha}) = \sigma(\tau(\boldsymbol{\alpha})) \quad (\forall \boldsymbol{\alpha} \in V)$$

线性变换 σ 与 τ 的乘积 $\sigma\tau$ 也是 V 的线性变换，即 $\sigma\tau\in L(V)$。事实上，显然 $\sigma\tau$ 是 V 的一个变换。又对 $\forall \boldsymbol{\alpha},\boldsymbol{\beta}\in V$ 及 $\forall k\in P$，由于 $\sigma,\tau\in L(V)$，从而有

$$\begin{aligned}\sigma\tau(\boldsymbol{\alpha}+\boldsymbol{\beta}) &= \sigma(\tau(\boldsymbol{\alpha}+\boldsymbol{\beta})) = \sigma(\tau(\boldsymbol{\alpha})+\tau(\boldsymbol{\beta})) \\ &= \sigma(\tau(\boldsymbol{\alpha}))+\sigma(\tau(\boldsymbol{\beta})) = \sigma\tau(\boldsymbol{\alpha})+\sigma\tau(\boldsymbol{\beta})\end{aligned}$$

和

$$\sigma\tau(k\boldsymbol{\alpha}) = \sigma(\tau(k\boldsymbol{\alpha})) = \sigma(k\tau(\boldsymbol{\alpha})) = k\sigma(\tau(\boldsymbol{\alpha})) = k\sigma\tau(\boldsymbol{\alpha})$$

因此，$\sigma\tau\in L(V)$。

例 7.2.1 设 σ 是线性空间 $P[x]$ 上的微商变换，再定义 $P[x]$ 上的变换 τ：

$$\tau(f(x)) = xf(x) \quad (\forall f(x) \in P[x])$$

易证 τ 是 $P[x]$ 上的线性变换。由线性变换乘积的定义，有

$$\sigma\tau(f(x)) = \sigma(\tau(f(x))) = \sigma(xf(x)) = f(x) + xf'(x)$$

$$\tau\sigma(f(x)) = \tau(\sigma(f(x))) = \tau(f'(x)) = xf'(x)$$

所以，$\sigma\tau\neq\tau\sigma$。

例 7.2.2 设 $\boldsymbol{A},\boldsymbol{B}$ 是 $P^{n\times n}$ 中两个取定的矩阵，对任意的 $\boldsymbol{X}\in P^{n\times n}$，定义

$$\sigma(\boldsymbol{X}) = \boldsymbol{AX}$$

$$\tau(\boldsymbol{X}) = \boldsymbol{XB}$$

则 σ,τ 都是 $P^{n\times n}$ 上的线性变换，且

$$\sigma\tau(\boldsymbol{X}) = \sigma(\tau(\boldsymbol{X})) = \sigma(\boldsymbol{XB}) = \boldsymbol{AXB}$$

$$\tau\sigma(\boldsymbol{X}) = \tau(\sigma(\boldsymbol{X})) = \tau(\boldsymbol{AX}) = \boldsymbol{AXB}$$

所以

$$\sigma\tau = \tau\sigma$$

注 7.2.1 由上两例可看出，线性变换的乘法运算不一定满足交换律。但对于任一变换 σ，都有

$$\mathscr{E}\sigma = \sigma\mathscr{E} = \sigma, \quad \theta\sigma = \sigma\theta = \theta$$

这些结果与矩阵的乘法很类似。同样地，与矩阵的乘法一样，我们有：

命题 7.2.1 线性变换的乘法满足结合律,即对于$\forall \sigma,\tau,\varphi\in L(V)$,以下等式成立:

$$\sigma(\tau\varphi)=(\sigma\tau)\varphi$$

证明 对于$\forall \boldsymbol{\alpha}\in V$,有

$$(\sigma(\tau\varphi))(\boldsymbol{\alpha})=\sigma((\tau\varphi)(\boldsymbol{\alpha}))=\sigma(\tau(\varphi(\boldsymbol{\alpha})))$$
$$((\sigma\tau)\varphi)(\boldsymbol{\alpha})=(\sigma\tau)(\varphi(\boldsymbol{\alpha}))=\sigma(\tau(\varphi(\boldsymbol{\alpha})))$$

故$\sigma(\tau\varphi)=(\sigma\tau)\varphi$。

以后就把$(\sigma\tau)\varphi$记作$\sigma\tau\varphi$,而不必写上括号。根据结合律,当若干个线性变换σ相乘时,其最终的结果与乘积结合方式无关。因此,当n个线性变换σ相乘时,就可以用

$$\underbrace{\sigma\sigma\cdots\sigma}_{n\text{个}}\quad(n\geqslant 1)$$

来表示所得的乘积,称为σ的n次幂,简记作σ^n。此外,作为定义,令$\sigma^0=\mathscr{E}$。于是可推出如下指数法则:

$$\sigma^m\sigma^n=\sigma^{m+n},\quad(\sigma^m)^n=\sigma^{mn}\quad(m,n\geqslant 0)$$

但一般来说,$(\sigma\tau)^n\neq\sigma^n\tau^n$。

定义 7.2.2 设$\sigma\in L(V)$,若存在V上的变换τ,使得

$$\sigma\tau=\tau\sigma=\mathscr{E}$$

则称变换σ是可逆的,τ称为σ的逆变换,记作:σ^{-1}。

命题 7.2.2 设V是数域P上的线性空间,且$\sigma\in L(V)$,则$\sigma^{-1}\in L(V)$。

证明 对于$\forall \boldsymbol{\alpha},\boldsymbol{\beta}\in V$及$\forall k\in P$,有

$$\begin{aligned}\sigma^{-1}(\boldsymbol{\alpha}+\boldsymbol{\beta})&=\sigma^{-1}(\sigma\sigma^{-1}(\boldsymbol{\alpha})+\sigma\sigma^{-1}(\boldsymbol{\beta}))\\&=\sigma^{-1}(\sigma(\sigma^{-1}(\boldsymbol{\alpha}))+\sigma(\sigma^{-1}(\boldsymbol{\beta})))\\&=\sigma^{-1}(\sigma(\sigma^{-1}(\boldsymbol{\alpha})+\sigma^{-1}(\boldsymbol{\beta})))\\&=\sigma^{-1}\sigma(\sigma^{-1}(\boldsymbol{\alpha})+\sigma^{-1}(\boldsymbol{\beta}))\\&=\sigma^{-1}(\boldsymbol{\alpha})+\sigma^{-1}(\boldsymbol{\beta})\end{aligned}$$

$$\begin{aligned}\sigma^{-1}(k\boldsymbol{\alpha})&=\sigma^{-1}(k\sigma\sigma^{-1}(\boldsymbol{\alpha}))=\sigma^{-1}(k\sigma(\sigma^{-1}(\boldsymbol{\alpha})))\\&=\sigma^{-1}(\sigma(k\sigma^{-1}(\boldsymbol{\alpha})))=\sigma^{-1}\sigma(k\sigma^{-1}(\boldsymbol{\alpha}))\\&=k\sigma^{-1}(\boldsymbol{\alpha})\end{aligned}$$

故σ^{-1}是线性空间V上的线性变换,即$\sigma^{-1}\in L(V)$。

例 7.2.3 在线性空间$P^{n\times n}$中取定一个可逆矩阵$\boldsymbol{A}$,定义$P^{n\times n}$的线性变换δ,τ如下:

$$\sigma(\boldsymbol{X})=\boldsymbol{AX}\quad(\forall \boldsymbol{X}\in P^{n\times n})$$
$$\tau(\boldsymbol{X})=\boldsymbol{A}^{-1}\boldsymbol{X}\quad(\forall \boldsymbol{X}\in P^{n\times n})$$

于是,我们有

$$\sigma\tau(\boldsymbol{X})=\sigma(\tau(\boldsymbol{X}))=\sigma(\boldsymbol{A}^{-1}\boldsymbol{X})=\boldsymbol{A}(\boldsymbol{A}^{-1}\boldsymbol{X})=\boldsymbol{X}$$
$$\tau\sigma(\boldsymbol{X})=\tau(\sigma(\boldsymbol{X}))=\tau(\boldsymbol{AX})=\boldsymbol{A}^{-1}(\boldsymbol{AX})=\boldsymbol{X}$$

所以,$\sigma\tau=\tau\sigma=\mathscr{E}$。因此,$\sigma$是一个可逆变换,且$\tau$是$\sigma$的逆变换。

命题 7.2.3 设V是数域P上的线性空间,且$\sigma\in L(V)$,则σ是可逆变换当且仅当σ是V上的一一对应。

证明 先证必要性。

设 σ 是线性空间 V 上的可逆线性变换,任取 $\boldsymbol{\alpha},\boldsymbol{\beta}\in V$ 且 $\boldsymbol{\alpha}\neq\boldsymbol{\beta}$,若 $\sigma(\boldsymbol{\alpha})=\sigma(\boldsymbol{\beta})$,则有

$$\boldsymbol{\alpha}=(\sigma^{-1}\sigma)(\boldsymbol{\alpha})=\sigma^{-1}(\sigma(\boldsymbol{\alpha}))=\sigma^{-1}(\sigma(\boldsymbol{\beta}))=(\sigma^{-1}\sigma)(\boldsymbol{\beta})=\boldsymbol{\beta}$$

矛盾。所以 σ 为单射。进一步地,对于 $\forall\boldsymbol{\beta}\in V$,令 $\boldsymbol{\alpha}=\sigma^{-1}(\boldsymbol{\beta})$,则 $\boldsymbol{\alpha}\in V$,且

$$\sigma(\boldsymbol{\alpha})=\sigma(\sigma^{-1}(\boldsymbol{\beta}))=\sigma\sigma^{-1}(\boldsymbol{\beta})=\boldsymbol{\beta}$$

即 σ 为满射。因此,σ 是 V 上的一一对应。

再证充分性。

若 σ 是 V 上的一一对应,易证 σ 的逆映射 τ 也为 V 上的线性变换,且 $\sigma\tau=\tau\sigma=\mathscr{E}$,故 σ 可逆,且 $\tau=\sigma^{-1}$。

下面将给出线性变换可逆的判别定理。

定理 7.2.1 设 $\boldsymbol{\varepsilon}_1,\boldsymbol{\varepsilon}_2,\cdots,\boldsymbol{\varepsilon}_n$ 是线性空间 V 的一组基,$\sigma\in L(V)$,则 σ 是可逆变换当且仅当 $\sigma(\boldsymbol{\varepsilon}_1),\sigma(\boldsymbol{\varepsilon}_2),\cdots,\sigma(\boldsymbol{\varepsilon}_n)$ 也是 V 的一组基。

证明 先证必要性。

令

$$k_1\sigma(\boldsymbol{\varepsilon}_1)+k_2\sigma(\boldsymbol{\varepsilon}_2)+\cdots+k_n\sigma(\boldsymbol{\varepsilon}_n)=\mathbf{0}$$

则由性质 7.1.2,有

$$\sigma(k_1\boldsymbol{\varepsilon}_1+k_2\boldsymbol{\varepsilon}_2+\cdots+k_n\boldsymbol{\varepsilon}_n)=\mathbf{0}$$

因为 σ 可逆,由命题 7.2.3 知,σ 为单射。又 $\sigma(\mathbf{0})=\mathbf{0}$,于是有

$$k_1\boldsymbol{\varepsilon}_1+k_2\boldsymbol{\varepsilon}_2+\cdots+k_n\boldsymbol{\varepsilon}_n=\mathbf{0}$$

而 $\boldsymbol{\varepsilon}_1,\boldsymbol{\varepsilon}_2,\cdots,\boldsymbol{\varepsilon}_n$ 线性无关,所以必有 $k_1=k_2=\cdots=k_n=0$,故 $\sigma(\boldsymbol{\varepsilon}_1),\sigma(\boldsymbol{\varepsilon}_2),\cdots,\sigma(\boldsymbol{\varepsilon}_n)$ 线性无关,故为 V 的一组基。

再证充分性。

若 $\sigma(\boldsymbol{\varepsilon}_1),\sigma(\boldsymbol{\varepsilon}_2),\cdots,\sigma(\boldsymbol{\varepsilon}_n)$ 是 V 的一组基,则其线性无关。于是对任意 $\boldsymbol{\beta}\in V$,有

$$\boldsymbol{\beta}=k_1\sigma(\boldsymbol{\varepsilon}_1)+k_2\sigma(\boldsymbol{\varepsilon}_2)+\cdots+k_n\sigma(\boldsymbol{\varepsilon}_n)$$

即 $\sigma(k_1\boldsymbol{\varepsilon}_1+k_2\boldsymbol{\varepsilon}_2+\cdots+k_n\boldsymbol{\varepsilon}_n)=\boldsymbol{\beta}$,因此,$\sigma$ 为满射。

其次,任取 $\boldsymbol{\alpha},\boldsymbol{\beta}\in V$,并令 $\boldsymbol{\alpha}=\sum_{i=1}^{n}a_i\boldsymbol{\varepsilon}_i,\boldsymbol{\beta}=\sum_{i=1}^{n}b_i\boldsymbol{\varepsilon}_i$。若 $\sigma(\boldsymbol{\alpha})=\sigma(\boldsymbol{\beta})$,则有

$$\sum_{i=1}^{n}a_i\sigma(\boldsymbol{\varepsilon}_i)=\sum_{i=1}^{n}b_i\sigma(\boldsymbol{\varepsilon}_i)$$

又 $\sigma(\boldsymbol{\varepsilon}_1),\sigma(\boldsymbol{\varepsilon}_2),\cdots,\sigma(\boldsymbol{\varepsilon}_n)$ 线性无关,从而 $a_i=b_i(i=1,2,\cdots,n)$,即 $\boldsymbol{\alpha}=\boldsymbol{\beta}$,于是 σ 为单射;从而 σ 为一一映射。由命题 7.2.3 知,σ 为可逆变换。

作为定理 7.2.1 的应用,我们可得如下推论:

推论 7.2.1 设 V 是数域 P 上的 n 维线性空间,且 $\sigma\in L(V)$,则 σ 是可逆变换当且仅当 σ 把 V 中的非零向量变为非零向量。

证明 设 $\boldsymbol{\varepsilon}_1,\boldsymbol{\varepsilon}_2,\cdots,\boldsymbol{\varepsilon}_n$ 是线性空间 V 的一组基。

先证必要性。

设 σ 是可逆变换。任取 $\boldsymbol{\alpha}\in V,\boldsymbol{\alpha}\neq\mathbf{0}$,并令 $\sigma(\boldsymbol{\alpha})=\boldsymbol{\beta}$。由于 $\sigma(\mathbf{0})=\mathbf{0}$,且由命题 7.2.3 知,$\sigma$ 为单射,从而 $\boldsymbol{\beta}\neq\mathbf{0}$。故 σ 把 V 中的非零向量变为非零向量。

再证充分性。

设 σ 把 V 中的非零向量变为非零向量，下证 $\sigma(\boldsymbol{\varepsilon}_1),\sigma(\boldsymbol{\varepsilon}_2),\cdots,\sigma(\boldsymbol{\varepsilon}_n)$线性无关。

假设 $\sigma(\boldsymbol{\varepsilon}_1),\sigma(\boldsymbol{\varepsilon}_2),\cdots,\sigma(\boldsymbol{\varepsilon}_n)$线性相关，则存在 P 中不全为零的数 $k_1,k_2,\cdots,k_n$，使得

$$k_1\sigma(\boldsymbol{\varepsilon}_1)+k_2\sigma(\boldsymbol{\varepsilon}_2)+\cdots+k_n\sigma(\boldsymbol{\varepsilon}_n)=\mathbf{0}$$

于是，$\sigma(k_1\boldsymbol{\varepsilon}_1+k_2\boldsymbol{\varepsilon}_2+\cdots k_n\boldsymbol{\varepsilon}_n)=\mathbf{0}$。又由于 $\boldsymbol{\varepsilon}_1,\boldsymbol{\varepsilon}_2,\cdots,\boldsymbol{\varepsilon}_n$ 线性无关，故

$$k_1\boldsymbol{\varepsilon}_1+k_2\boldsymbol{\varepsilon}_2+\cdots+k_n\boldsymbol{\varepsilon}_n\neq\mathbf{0}$$

这与假设矛盾。故 $\sigma(\boldsymbol{\varepsilon}_1),\sigma(\boldsymbol{\varepsilon}_2),\cdots,\sigma(\boldsymbol{\varepsilon}_n)$线性无关，再由定理 7.2.1 知，$\sigma$ 是可逆变换。

推论 7.2.2 可逆线性变换把线性无关的向量组变为线性无关的向量组。

证明 设 σ 是线性空间 V 上的一个可逆线性变换，$\boldsymbol{\alpha}_1,\boldsymbol{\alpha}_2,\cdots,\boldsymbol{\alpha}_s$ 是 V 中一组线性无关的向量。令

$$k_1\sigma(\boldsymbol{\alpha}_1)+k_2\sigma(\boldsymbol{\alpha}_2)+\cdots+k_s\sigma(\boldsymbol{\alpha}_s)=\mathbf{0}$$

则

$$\sigma(k_1\boldsymbol{\alpha}_1+k_2\boldsymbol{\alpha}_2+\cdots+k_s\boldsymbol{\alpha}_s)=\mathbf{0}$$

由推论 7.2.2 知

$$k_1\boldsymbol{\alpha}_1+k_2\boldsymbol{\alpha}_2+\cdots+k_s\boldsymbol{\alpha}_s=\mathbf{0}$$

又 $\boldsymbol{\alpha}_1,\boldsymbol{\alpha}_2,\cdots,\boldsymbol{\alpha}_s$ 线性无关，从而 $k_1=k_2=\cdots=k_s=0$。故 $\sigma(\boldsymbol{\alpha}_1),\sigma(\boldsymbol{\alpha}_2),\cdots,\sigma(\boldsymbol{\alpha}_s)$线性无关。

例 7.2.4 定义 $\mathbf{R}^3$ 上的线性变换为 σ，对任意的 $\boldsymbol{\alpha}=(a_1,a_2,a_3)\in\mathbf{R}^3$ 有

$$\sigma(\boldsymbol{\alpha})=(a_1+a_2,a_2+a_3,a_3+a_1)$$

则 σ 是 $\mathbf{R}^3$ 上一个可逆线性变换，并求出该逆变换 σ^{-1}。

证明 容易验证 σ 是 $\mathbf{R}^3$ 上一个线性变换，现取 $\mathbf{R}^3$ 上一组基

$$\boldsymbol{\varepsilon}_1=(1,0,0),\quad \boldsymbol{\varepsilon}_2=(0,1,0),\quad \boldsymbol{\varepsilon}_3=(0,0,1)$$

则

$$\sigma(\boldsymbol{\varepsilon}_1)=(1,0,1)=\boldsymbol{\varepsilon}_1'$$
$$\sigma(\boldsymbol{\varepsilon}_2)=(1,1,0)=\boldsymbol{\varepsilon}_2'$$
$$\sigma(\boldsymbol{\varepsilon}_3)=(0,1,1)=\boldsymbol{\varepsilon}_3'$$

显然 $\boldsymbol{\varepsilon}_1',\boldsymbol{\varepsilon}_2',\boldsymbol{\varepsilon}_3'$线性无关也是 $\mathbf{R}^3$ 的一组基，由定理 7.2.1 知，σ 是 $\mathbf{R}^3$ 上一个可逆线性变换。

根据上等式 σ 的逆变换σ^{-1}应该满足

$$\sigma^{-1}(\boldsymbol{\varepsilon}_1')=\sigma^{-1}(1,0,1)=(1,0,0)=\boldsymbol{\varepsilon}_1$$
$$\sigma^{-1}(\boldsymbol{\varepsilon}_2')=\sigma^{-1}(1,1,0)=(0,1,0)=\boldsymbol{\varepsilon}_2$$
$$\sigma^{-1}(\boldsymbol{\varepsilon}_3')=\sigma^{-1}(0,1,1)=(0,0,1)=\boldsymbol{\varepsilon}_3$$

对任意的 $\boldsymbol{\alpha}=(a_1,a_2,a_3)\in\mathbf{R}^3$，设

$$\boldsymbol{\alpha}=x_1\boldsymbol{\varepsilon}_1'+x_2\boldsymbol{\varepsilon}_2'+x_3\boldsymbol{\varepsilon}_3'$$

从而

$$\begin{pmatrix}a_1\\a_2\\a_3\end{pmatrix}=\begin{pmatrix}1&1&0\\0&1&1\\1&0&1\end{pmatrix}\begin{pmatrix}x_1\\x_2\\x_3\end{pmatrix}$$

可得

$$\begin{pmatrix} x_1 \\ x_2 \\ x_3 \end{pmatrix} = \begin{pmatrix} 1 & 1 & 0 \\ 0 & 1 & 1 \\ 1 & 0 & 1 \end{pmatrix}^{-1} \begin{pmatrix} a_1 \\ a_2 \\ a_3 \end{pmatrix} = \frac{1}{2}\begin{pmatrix} 1 & -1 & 1 \\ 1 & 1 & -1 \\ -1 & 1 & 1 \end{pmatrix}\begin{pmatrix} a_1 \\ a_2 \\ a_3 \end{pmatrix} = \frac{1}{2}\begin{pmatrix} a_1 - a_2 + a_3 \\ a_1 + a_2 - a_3 \\ -a_1 + a_2 + a_3 \end{pmatrix}$$

此外

$$\begin{aligned} \sigma^{-1}(\boldsymbol{\alpha}) &= \sigma^{-1}(x_1\boldsymbol{\varepsilon}'_1 + x_2\boldsymbol{\varepsilon}'_2 + x_3\boldsymbol{\varepsilon}'_3) \\ &= x_1\sigma^{-1}(\boldsymbol{\varepsilon}'_1) + x_2\sigma^{-1}(\boldsymbol{\varepsilon}'_2) + x_3\sigma^{-1}(\boldsymbol{\varepsilon}'_3) \\ &= x_1\boldsymbol{\varepsilon}_1 + x_2\boldsymbol{\varepsilon}_2 + x_3\boldsymbol{\varepsilon}_3 = (x_1, x_2, x_3) \end{aligned}$$

所以

$$\sigma^{-1}(\boldsymbol{\alpha}) = \frac{1}{2}(a_1 - a_2 + a_3, a_1 + a_2 - a_3, -a_1 + a_2 + a_3)$$

7.2.2 线性变换的加法

定义 7.2.3 设 $\sigma, \tau \in L(V)$，定义它们的和 $\sigma + \tau$ 为

$$(\sigma + \tau)(\boldsymbol{\alpha}) = \sigma(\boldsymbol{\alpha}) + \tau(\boldsymbol{\alpha}) \quad (\forall \boldsymbol{\alpha} \in V)$$

显然，$\sigma + \tau$ 是 V 的一个变换。下证 $\sigma + \tau \in L(V)$。

事实上，对任意 $\boldsymbol{\alpha}, \boldsymbol{\beta} \in V$ 和任意 $k, l \in P$，由于 $\sigma, \tau \in L(V)$，从而

$$\begin{aligned} (\sigma + \tau)(k\boldsymbol{\alpha} + l\boldsymbol{\beta}) &= \sigma(k\boldsymbol{\alpha} + l\boldsymbol{\beta}) + \tau(k\boldsymbol{\alpha} + l\boldsymbol{\beta}) \\ &= k\sigma(\boldsymbol{\alpha}) + l\sigma(\boldsymbol{\beta}) + k\tau(\boldsymbol{\alpha}) + l\tau(\boldsymbol{\beta}) \\ &= k\sigma(\boldsymbol{\alpha}) + k\tau(\boldsymbol{\alpha}) + l\sigma(\boldsymbol{\beta}) + l\tau(\boldsymbol{\beta}) \\ &= k(\sigma(\boldsymbol{\alpha}) + \tau(\boldsymbol{\alpha})) + l(\sigma(\boldsymbol{\beta}) + \tau(\boldsymbol{\beta})) \\ &= k(\sigma + \tau)(\boldsymbol{\alpha}) + l(\sigma + \tau)(\boldsymbol{\beta}) \end{aligned}$$

因此，$\sigma + \tau \in L(V)$。

对于线性变换的加法，零变换有着特殊的地位，它与任一线性变换 σ 的和仍等于 σ，即

$$\sigma + \theta = \theta + \sigma = \sigma$$

对于线性变换 σ，可以定义它的负变换 $-\sigma$：

$$(-\sigma)(\boldsymbol{\alpha}) = -\sigma(\boldsymbol{\alpha}) \quad (\forall \boldsymbol{\alpha} \in V)$$

易证线性变换的负变换也是线性变换，并且

$$\sigma + (-\sigma) = (-\sigma) + \sigma = \theta$$

例 7.2.5 证明：$\sigma(x_1, x_2) = (x_2, -x_1)$，$\tau(x_1, x_2) = (x_1, -x_2)$ 是线性空间 $\mathbf{R}^2$ 的两个线性变换，并求 $\sigma + \tau$，$\sigma\tau$ 及 $\tau\sigma$。

证明 显然 σ, τ 是 $\mathbf{R}^2$ 上的两个变换。其次，

$$\begin{aligned} \sigma((x_1, x_2) + (y_1, y_2)) &= \sigma(x_1 + y_1, x_2 + y_2) = (x_2 + y_2, -x_1 - y_1) \\ &= (x_2, -x_1) + (y_2, -y_1) = \sigma(x_1, x_2) + \sigma(y_1, y_2) \end{aligned}$$

$$\sigma(k(x_1, x_2)) = \sigma(kx_1 + kx_2) = (kx_2, -kx_1) = k(x_2, -x_1) = k\sigma(x_1, x_2)$$

故 σ 是 $\mathbf{R}^2$ 上的线性变换。

同理可证，τ 是 $\mathbf{R}^2$ 上的线性变换。进一步地，对 $\forall (x_1, x_2) \in \mathbf{R}^2$，有

$$(\sigma + \tau)(x_1, x_2) = \sigma(x_1, x_2) + \tau(x_1, x_2) = (x_2, -x_1) + (x_1, -x_2) = (x_1 + x_2, -x_1 - x_2)$$

$$(\sigma\tau)(x_1,x_2)=\sigma[\tau(x_1,x_2)]=\sigma(x_1,-x_2)=(-x_2,-x_1)$$
$$(\tau\sigma)(x_1,x_2)=\tau[\sigma(x_1,x_2)]=\tau(x_2,-x_1)=(x_2,x_1)$$

命题 7.2.4 (1) 线性变换加法适合交换律和结合律,即对于线性空间 V 的任意线性变换 σ,τ 及 φ,有

$$\sigma+\tau=\tau+\sigma$$
$$(\sigma+\tau)+\varphi=\sigma+(\tau+\varphi)$$

(2) 线性变换的加法与乘法满足左右分配律,即对于线性空间 V 的任意线性变换 σ,τ 及 φ,有

$$\sigma(\tau+\varphi)=\sigma\tau+\sigma\varphi$$
$$(\tau+\varphi)\sigma=\tau\sigma+\varphi\sigma$$

证明 我们仅证左分配律,其他运算律的证明类似。

事实上,对 $\forall\boldsymbol{\alpha}\in V$,有

$$\begin{aligned}(\sigma(\tau+\varphi))(\boldsymbol{\alpha})&=\sigma((\tau+\varphi)(\boldsymbol{\alpha}))=\sigma(\tau(\boldsymbol{\alpha})+\varphi(\boldsymbol{\alpha}))\\&=\sigma(\tau(\boldsymbol{\alpha}))+\sigma(\varphi(\boldsymbol{\alpha}))=\sigma\tau(\boldsymbol{\alpha})+\sigma\varphi(\boldsymbol{\alpha})\\&=(\sigma\tau+\sigma\varphi)(\boldsymbol{\alpha})\end{aligned}$$

故 $\sigma(\tau+\varphi)=\sigma\tau+\sigma\varphi$。

7.2.3 线性变换的数量乘法

定义 7.2.4 设 V 是数域 P 上的线性空间,且 $\sigma\in L(V)$,k 是数域 P 中的一个数,定义 k 与 σ 的数量乘积 $k\sigma$ 为

$$(k\sigma)(\boldsymbol{\alpha})=k\sigma(\boldsymbol{\alpha})\quad(\forall\boldsymbol{\alpha}\in V)$$

我们易证 $k\sigma\in L(V)$。根据定义可以把数量乘积 $k\sigma$ 表成 $(k\mathscr{E})\sigma$。

关于线性变换的数量乘法有如下结论:

命题 7.2.5 线性变换数量乘法适合以下规律:

(1) $(kl)\sigma=k(l\sigma)$;

(2) $(k+l)\sigma=k\sigma+l\sigma$;

(3) $k(\sigma+\tau)=k\sigma+k\tau$;

(4) $1\sigma=\sigma$。

根据以上讨论及线性空间的定义,我们有如下结论:

命题 7.2.6 设 V 是数域 P 上的线性空间,则 V 的全体线性变换所成的集合 $L(V)$ 关于加法与数量乘法也构成数域 P 上的一个线性空间。

7.2.4 线性变换的多项式

定义 7.2.5 设 V 是数域 P 上的线性空间,且 $\sigma\in L(V)$,$f(x)\in P[x]$,令

$$f(x)=a_nx^n+a_{n-1}x^{n-1}+\cdots+a_1x+a_0$$

我们定义

$$f(\delta)=a_n\sigma^n+a_{n-1}\sigma^{n-1}+\cdots+a_1\sigma+a_0\mathscr{E}$$

显然,$f(\sigma)\in L(V)$,我们称其为线性变换 σ 的一个多项式。

根据以上定义,我们不难证得如下结论:

命题 7.2.7 令 $f(x),g(x)\in P[x]$,并设

$$u(x)=f(x)+g(x),\quad v(x)=f(x)g(x)$$

则

$$u(\sigma)=f(\sigma)+g(\sigma),\quad v(\sigma)=f(\sigma)g(\sigma)$$

命题 7.2.8 同一个线性变换 σ 的多项式对于乘法是可交换的,并设

$$f(\sigma)g(\sigma)=g(\sigma)f(\sigma)$$

例 7.2.6 设 σ 是 P^4 上的线性变换

$$\sigma(x_1,x_2,x_3,x_4)=(0,x_1,x_2,x_3)$$

$f(x)$是 P 上的多项式

$$f(x)=a_0+a_1x+\cdots+a_nx^n$$

求 $f(\sigma)$。

解 由

$$\sigma(x_1,x_2,x_3,x_4)=(0,x_1,x_2,x_3)$$

可得

$$\sigma^2(x_1,x_2,x_3,x_4)=(0,0,x_1,x_2)$$
$$\sigma^3(x_1,x_2,x_3,x_4)=(0,0,0,x_1)$$
$$\sigma^4(x_1,x_2,x_3,x_4)=(0,0,0,0)$$

当 $k\geqslant 4$ 时,均有 $\sigma^k=0$,所以

$$f(\sigma)=a_0\mathscr{E}+a_1\sigma+a_2\sigma^2+a_3\sigma^3$$

故对任意的 $\boldsymbol{\alpha}=(x_1,x_2,x_3,x_4)\in P^4$,有

$$f(\sigma)(\boldsymbol{\alpha})=(a_0x_1,a_0x_2+a_1x_1,a_0x_3+a_1x_2+a_2x_1,a_0x_4+a_1x_3+a_2x_2+a_3x_1)$$

7.3 线性变换的矩阵

我们知道,按照线性变换的定义,要确定一个线性变换 σ,需要找出 V 中所有元素在该变换下的像,这是一个很复杂的工作。事实上并不需要这样做,本节我们只需通过研究 V 中的一组基在σ 下的像就可得出σ 在这组基下的矩阵$\boldsymbol{A}$,进而对线性变换 σ 的研究就转化为对矩阵 $\boldsymbol{A}$ 的研究。

7.3.1 线性变换与矩阵的对应关系

设 V 是一个 n 维线性空间,$\sigma\in L(V)$。取定 V 的一组基$\boldsymbol{\varepsilon}_1,\boldsymbol{\varepsilon}_2,\cdots,\boldsymbol{\varepsilon}_n$,对于$\forall\boldsymbol{\alpha}\in V$,都有

$$\boldsymbol{\alpha}=x_1\boldsymbol{\varepsilon}_1+x_2\boldsymbol{\varepsilon}_2+\cdots+x_n\boldsymbol{\varepsilon}_n$$

并且其表达式唯一。由线性变换的性质 7.1.2 知

$$\sigma(\boldsymbol{\alpha}) = x_1\sigma(\boldsymbol{\varepsilon}_1) + x_2\sigma(\boldsymbol{\varepsilon}_2) + \cdots + x_n\sigma(\boldsymbol{\varepsilon}_n)$$

这就是说，对于 σ 来说，只要知道了 V 的基 $\boldsymbol{\varepsilon}_1,\boldsymbol{\varepsilon}_2,\cdots,\boldsymbol{\varepsilon}_n$ 在线性变换 σ 下的像 $\sigma(\boldsymbol{\varepsilon}_1),\sigma(\boldsymbol{\varepsilon}_2),\cdots,\sigma(\boldsymbol{\varepsilon}_n)$，则 V 中任一元素 $\boldsymbol{\alpha}$ 的像就可以确定了，那么 σ 也就完全确定了。

定义 7.3.1 设 V 是数域 P 上的 n 维线性空间，$\boldsymbol{\varepsilon}_1,\boldsymbol{\varepsilon}_2,\cdots,\boldsymbol{\varepsilon}_n$ 为 V 的一组基，$\sigma\in L(V)$，则 $\sigma(\boldsymbol{\varepsilon}_1),\sigma(\boldsymbol{\varepsilon}_2),\cdots,\sigma(\boldsymbol{\varepsilon}_n)$ 必可由基 $\boldsymbol{\varepsilon}_1,\boldsymbol{\varepsilon}_2,\cdots,\boldsymbol{\varepsilon}_n$ 线性表出，即

$$\begin{cases}\sigma(\boldsymbol{\varepsilon}_1) = a_{11}\boldsymbol{\varepsilon}_1 + a_{21}\boldsymbol{\varepsilon}_2 + \cdots + a_{n1}\boldsymbol{\varepsilon}_n\\ \sigma(\boldsymbol{\varepsilon}_2) = a_{12}\boldsymbol{\varepsilon}_1 + a_{22}\boldsymbol{\varepsilon}_2 + \cdots + a_{n2}\boldsymbol{\varepsilon}_n\\ \cdots\cdots\\ \sigma(\boldsymbol{\varepsilon}_n) = a_{1n}\boldsymbol{\varepsilon}_1 + a_{2n}\boldsymbol{\varepsilon}_2 + \cdots + a_{nn}\boldsymbol{\varepsilon}_n\end{cases} \tag{7.3.1}$$

借助于矩阵乘积的形式，可将(7.3.1)式表达为

$$(\sigma(\boldsymbol{\varepsilon}_1),\sigma(\boldsymbol{\varepsilon}_2),\cdots,\sigma(\boldsymbol{\varepsilon}_n)) = (\boldsymbol{\varepsilon}_1,\boldsymbol{\varepsilon}_2,\cdots,\boldsymbol{\varepsilon}_n)\boldsymbol{A} \tag{7.3.2}$$

其中

$$\boldsymbol{A} = \begin{pmatrix} a_{11} & a_{12} & \cdots & a_{1n}\\ a_{21} & a_{22} & \cdots & a_{2n}\\ \vdots & \vdots & & \vdots\\ a_{n1} & a_{n2} & \cdots & a_{nn}\end{pmatrix}$$

称 $\boldsymbol{A}$ 为线性变换 σ 在基 $\boldsymbol{\varepsilon}_1,\boldsymbol{\varepsilon}_2,\cdots,\boldsymbol{\varepsilon}_n$ 下的矩阵。有时也简记为

$$(\sigma(\boldsymbol{\varepsilon}_1),\sigma(\boldsymbol{\varepsilon}_2),\cdots,\sigma(\boldsymbol{\varepsilon}_n)) = \sigma(\boldsymbol{\varepsilon}_1,\boldsymbol{\varepsilon}_2,\cdots,\boldsymbol{\varepsilon}_n)$$

则(7.3.2)式又可简写为

$$\sigma(\boldsymbol{\varepsilon}_1,\boldsymbol{\varepsilon}_2,\cdots,\boldsymbol{\varepsilon}_n) = (\boldsymbol{\varepsilon}_1,\boldsymbol{\varepsilon}_2,\cdots,\boldsymbol{\varepsilon}_n)\boldsymbol{A}$$

从以上定义可看出，矩阵 $\boldsymbol{A}$ 的第 $j\,(j=1,2,\cdots,n)$ 列元素 $a_{1j},a_{2j},\cdots,a_{nj}$ 是 $\sigma(\boldsymbol{\varepsilon}_j)$ 在基 $\boldsymbol{\varepsilon}_1,\boldsymbol{\varepsilon}_2,\cdots,\boldsymbol{\varepsilon}_n$ 下的坐标。由于 V 中元素 $\sigma(\boldsymbol{\varepsilon}_j)$ 在基 $\boldsymbol{\varepsilon}_1,\boldsymbol{\varepsilon}_2,\cdots,\boldsymbol{\varepsilon}_n$ 下的坐标是唯一的，因此，(7.3.2)式中 $\boldsymbol{A}$ 的元素是被 σ 与基 $\boldsymbol{\varepsilon}_1,\boldsymbol{\varepsilon}_2,\cdots,\boldsymbol{\varepsilon}_n$ 所唯一确定的。

反之，若给定一个 n 阶方阵 $\boldsymbol{A}$，在数域 P 上的 n 维线性空间 V 中，一定唯一地对应着一个线性变换 σ，使得 σ 在某组基 $\boldsymbol{\varepsilon}_1,\boldsymbol{\varepsilon}_2,\cdots,\boldsymbol{\varepsilon}_n$ 下的矩阵为 $\boldsymbol{A}$。即有如下定理：

定理 7.3.1 设

$$\boldsymbol{A} = \begin{pmatrix} a_{11} & a_{12} & \cdots & a_{1n}\\ a_{21} & a_{22} & \cdots & a_{2n}\\ \vdots & \vdots & & \vdots\\ a_{n1} & a_{n2} & \cdots & a_{nn}\end{pmatrix}$$

$\boldsymbol{\varepsilon}_1,\boldsymbol{\varepsilon}_2,\cdots,\boldsymbol{\varepsilon}_n$ 是数域 P 上 n 维线性空间 V 的一组基，则在 V 上必存在唯一的一个线性变换 σ，使得

$$\sigma(\boldsymbol{\varepsilon}_1,\boldsymbol{\varepsilon}_2,\cdots,\boldsymbol{\varepsilon}_n) = (\boldsymbol{\varepsilon}_1,\boldsymbol{\varepsilon}_2,\cdots,\boldsymbol{\varepsilon}_n)\boldsymbol{A}$$

证明 令

$$\begin{cases}\boldsymbol{\alpha}_1 = a_{11}\boldsymbol{\varepsilon}_1 + a_{21}\boldsymbol{\varepsilon}_2 + \cdots + a_{n1}\boldsymbol{\varepsilon}_n\\ \boldsymbol{\alpha}_2 = a_{12}\boldsymbol{\varepsilon}_1 + a_{22}\boldsymbol{\varepsilon}_2 + \cdots + a_{n2}\boldsymbol{\varepsilon}_n\\ \cdots\cdots\\ \boldsymbol{\alpha}_n = a_{1n}\boldsymbol{\varepsilon}_1 + a_{2n}\boldsymbol{\varepsilon}_2 + \cdots + a_{nn}\boldsymbol{\varepsilon}_n\end{cases}$$

显然，$\boldsymbol{\alpha}_1,\boldsymbol{\alpha}_2,\cdots,\boldsymbol{\alpha}_n$ 都是 V 中的向量。根据定理 7.1.1 知，存在 V 上的唯一的线性变换 σ，使得

$$\sigma(\boldsymbol{\varepsilon}_i)=\boldsymbol{\alpha}_i\quad(i=1,2,\cdots,n)$$

故

$$\sigma(\boldsymbol{\varepsilon}_1,\boldsymbol{\varepsilon}_2,\cdots,\boldsymbol{\varepsilon}_n)=(\boldsymbol{\alpha}_1,\boldsymbol{\alpha}_2,\cdots,\boldsymbol{\alpha}_n)=(\boldsymbol{\varepsilon}_1,\boldsymbol{\varepsilon}_2,\cdots,\boldsymbol{\varepsilon}_n)\boldsymbol{A}$$

这样，我们就建立了线性空间 V 上的一个线性变换 σ 与一个 n 阶方阵 $\boldsymbol{A}$ 之间的一一对应关系。

例 7.3.1 设线性空间 P^3 上的线性变换 σ 为

$$\sigma(x_1,x_2,x_3)=(x_1,x_2,x_1+x_2)$$

求 σ 在标准基 $\boldsymbol{\varepsilon}_1=(1,0,0)$，$\boldsymbol{\varepsilon}_2=(0,1,0)$，$\boldsymbol{\varepsilon}_3=(0,0,1)$ 下的矩阵。

解 由于

$$\begin{aligned}\sigma(\boldsymbol{\varepsilon}_1)&=\sigma(1,0,0)=(1,0,1)\\ \sigma(\boldsymbol{\varepsilon}_2)&=\sigma(0,1,0)=(0,1,1)\\ \sigma(\boldsymbol{\varepsilon}_3)&=\sigma(0,0,1)=(0,0,0)\end{aligned}$$

从而

$$\sigma(\boldsymbol{\varepsilon}_1,\boldsymbol{\varepsilon}_2,\boldsymbol{\varepsilon}_3)=(\boldsymbol{\varepsilon}_1,\boldsymbol{\varepsilon}_2,\boldsymbol{\varepsilon}_3)\begin{pmatrix}1&0&0\\0&1&0\\1&1&0\end{pmatrix}$$

故 σ 在标准基 $\boldsymbol{\varepsilon}_1,\boldsymbol{\varepsilon}_2,\boldsymbol{\varepsilon}_3$ 下的矩阵为

$$\begin{pmatrix}1&0&0\\0&1&0\\1&1&0\end{pmatrix}$$

例 7.3.2 在线性空间 $\mathbf{R}^{2\times2}$ 中，对于 $\forall\,\boldsymbol{X}\in\mathbf{R}^{2\times2}$，定义线性变换 σ 为

$$\sigma(\boldsymbol{X})=\boldsymbol{A}_0\boldsymbol{X}$$

其中 $\boldsymbol{A}_0=\begin{pmatrix}1&2\\3&4\end{pmatrix}$，求 σ 在基 $\boldsymbol{E}_{11}=\begin{pmatrix}1&0\\0&0\end{pmatrix}$，$\boldsymbol{E}_{12}=\begin{pmatrix}0&1\\0&0\end{pmatrix}$，$\boldsymbol{E}_{21}=\begin{pmatrix}0&0\\1&0\end{pmatrix}$，$\boldsymbol{E}_{22}=\begin{pmatrix}0&0\\0&1\end{pmatrix}$ 下的矩阵。

解 因为

$$\sigma(\boldsymbol{E}_{11})=\begin{pmatrix}1&2\\3&4\end{pmatrix}\begin{pmatrix}1&0\\0&0\end{pmatrix}=\begin{pmatrix}1&0\\3&0\end{pmatrix}=\boldsymbol{E}_{11}+3\boldsymbol{E}_{21}$$

$$\sigma(\boldsymbol{E}_{12})=\begin{pmatrix}1&2\\3&4\end{pmatrix}\begin{pmatrix}0&1\\0&0\end{pmatrix}=\begin{pmatrix}0&1\\0&3\end{pmatrix}=\boldsymbol{E}_{12}+3\boldsymbol{E}_{22}$$

$$\sigma(\boldsymbol{E}_{21})=\begin{pmatrix}1&2\\3&4\end{pmatrix}\begin{pmatrix}0&0\\1&0\end{pmatrix}=\begin{pmatrix}2&0\\4&0\end{pmatrix}=2\boldsymbol{E}_{11}+4\boldsymbol{E}_{21}$$

$$\sigma(\boldsymbol{E}_{22})=\begin{pmatrix}1&2\\3&4\end{pmatrix}\begin{pmatrix}0&0\\0&1\end{pmatrix}=\begin{pmatrix}0&2\\0&4\end{pmatrix}=2\boldsymbol{E}_{12}+4\boldsymbol{E}_{22}$$

所以

$$\sigma(\boldsymbol{E}_{11},\boldsymbol{E}_{12},\boldsymbol{E}_{21},\boldsymbol{E}_{22})=(\boldsymbol{E}_{11},\boldsymbol{E}_{12},\boldsymbol{E}_{21},\boldsymbol{E}_{22})\begin{pmatrix}1&0&2&0\\0&1&0&2\\3&0&4&0\\0&3&0&4\end{pmatrix}$$

即 σ 在基 $\boldsymbol{E}_{11},\boldsymbol{E}_{12},\boldsymbol{E}_{21},\boldsymbol{E}_{22}$ 下的矩阵为

$$\begin{pmatrix}1&0&2&0\\0&1&0&2\\3&0&4&0\\0&3&0&4\end{pmatrix}$$

定理 7.3.2　设 $\boldsymbol{\varepsilon}_1,\boldsymbol{\varepsilon}_2,\cdots,\boldsymbol{\varepsilon}_n$ 是数域 P 上 n 维线性空间 V 的一组基，在这组基下，每个线性变换都对应一个 n 阶方阵，则

(1) 线性变换的和对应于矩阵的和；

(2) 线性变换的乘积对应于矩阵的乘积；

(3) 线性变换的数量乘积对应于矩阵的数量乘积；

(4) 可逆的线性变换与可逆矩阵对应，且逆变换对应于逆矩阵。

证明　设 σ,τ 是线性空间 V 上的两个线性变换，且它们在基 $\boldsymbol{\varepsilon}_1,\boldsymbol{\varepsilon}_2,\cdots,\boldsymbol{\varepsilon}_n$ 下的矩阵分别为 $\boldsymbol{A}$ 和 $\boldsymbol{B}$，即

$$\sigma(\boldsymbol{\varepsilon}_1,\boldsymbol{\varepsilon}_2,\cdots,\boldsymbol{\varepsilon}_n)=(\boldsymbol{\varepsilon}_1,\boldsymbol{\varepsilon}_2,\cdots,\boldsymbol{\varepsilon}_n)\boldsymbol{A}$$
$$\tau(\boldsymbol{\varepsilon}_1,\boldsymbol{\varepsilon}_2,\cdots,\boldsymbol{\varepsilon}_n)=(\boldsymbol{\varepsilon}_1,\boldsymbol{\varepsilon}_2,\cdots,\boldsymbol{\varepsilon}_n)\boldsymbol{B}$$

(1) 由于

$$\begin{aligned}(\sigma+\tau)(\boldsymbol{\varepsilon}_1,\boldsymbol{\varepsilon}_2,\cdots,\boldsymbol{\varepsilon}_n)&=\sigma(\boldsymbol{\varepsilon}_1,\boldsymbol{\varepsilon}_2,\cdots,\boldsymbol{\varepsilon}_n)+\tau(\boldsymbol{\varepsilon}_1,\boldsymbol{\varepsilon}_2,\cdots,\boldsymbol{\varepsilon}_n)\\&=(\boldsymbol{\varepsilon}_1,\boldsymbol{\varepsilon}_2,\cdots,\boldsymbol{\varepsilon}_n)\boldsymbol{A}+(\boldsymbol{\varepsilon}_1,\boldsymbol{\varepsilon}_2,\cdots,\boldsymbol{\varepsilon}_n)\boldsymbol{B}\\&=(\boldsymbol{\varepsilon}_1,\boldsymbol{\varepsilon}_2,\cdots,\boldsymbol{\varepsilon}_n)(\boldsymbol{A}+\boldsymbol{B})\end{aligned}$$

从而可知线性变换 $\delta+\tau$ 在基 $\boldsymbol{\varepsilon}_1,\boldsymbol{\varepsilon}_2,\cdots,\boldsymbol{\varepsilon}_n$ 下的矩阵为 $\boldsymbol{A}+\boldsymbol{B}$。

(2) 因为

$$\begin{aligned}(\sigma\tau)(\boldsymbol{\varepsilon}_1,\boldsymbol{\varepsilon}_2,\cdots,\boldsymbol{\varepsilon}_n)&=\sigma(\tau(\boldsymbol{\varepsilon}_1,\boldsymbol{\varepsilon}_2,\cdots,\boldsymbol{\varepsilon}_n))=\sigma((\boldsymbol{\varepsilon}_1,\boldsymbol{\varepsilon}_2,\cdots,\boldsymbol{\varepsilon}_n)\boldsymbol{B})\\&=(\sigma(\boldsymbol{\varepsilon}_1,\boldsymbol{\varepsilon}_2,\cdots,\boldsymbol{\varepsilon}_n))\boldsymbol{B}=((\boldsymbol{\varepsilon}_1,\boldsymbol{\varepsilon}_2,\cdots,\boldsymbol{\varepsilon}_n)\boldsymbol{A})\boldsymbol{B}\\&=(\boldsymbol{\varepsilon}_1,\boldsymbol{\varepsilon}_2,\cdots,\boldsymbol{\varepsilon}_n)(\boldsymbol{AB})\end{aligned}$$

所以线性变换 $\sigma\tau$ 在基 $\boldsymbol{\varepsilon}_1,\boldsymbol{\varepsilon}_2,\cdots,\boldsymbol{\varepsilon}_n$ 下的矩阵为 $\boldsymbol{AB}$。

(3) 由于

$$\begin{aligned}(k\sigma)(\boldsymbol{\varepsilon}_1,\boldsymbol{\varepsilon}_2,\cdots,\boldsymbol{\varepsilon}_n)&=(k\sigma(\boldsymbol{\varepsilon}_1),k\sigma(\boldsymbol{\varepsilon}_2),\cdots,k\sigma(\boldsymbol{\varepsilon}_n))\\&=k(\sigma(\boldsymbol{\varepsilon}_1),\sigma(\boldsymbol{\varepsilon}_2),\cdots,\sigma(\boldsymbol{\varepsilon}_n))\\&=k(\boldsymbol{\varepsilon}_1,\boldsymbol{\varepsilon}_2,\cdots,\boldsymbol{\varepsilon}_n)\boldsymbol{A}\\&=(\boldsymbol{\varepsilon}_1,\boldsymbol{\varepsilon}_2,\cdots,\boldsymbol{\varepsilon}_n)(k\boldsymbol{A})\end{aligned}$$

从而可知线性变换的数量乘积 $k\sigma$ 在基 $\boldsymbol{\varepsilon}_1,\boldsymbol{\varepsilon}_2,\cdots,\boldsymbol{\varepsilon}_n$ 下的矩阵为 $k\boldsymbol{A}$。

(4) 因为恒等变换 $\mathscr{E}$ 对应于单位矩阵 $\boldsymbol{E}$，所以 $\sigma\tau=\tau\sigma=\mathscr{E}$ 与等式 $\boldsymbol{AB}=\boldsymbol{BA}=\boldsymbol{E}$ 相对应，从而可逆线性变换与可逆矩阵对应，且逆变换与逆矩阵对应。

由定理 7.3.2 易推得如下命题：

命题 7.3.1 若 V 是数域 P 上的一个 n 维线性空间，则 $L(V)\cong P^{n\times n}$。

7.3.2 坐标变换公式

定理 7.3.3 设 σ 是 n 维线性空间 V 上的线性变换，$\boldsymbol{\varepsilon}_1,\boldsymbol{\varepsilon}_2,\cdots,\boldsymbol{\varepsilon}_n$ 是 V 的一组基，并且

$$\sigma(\boldsymbol{\varepsilon}_1,\boldsymbol{\varepsilon}_2,\cdots,\boldsymbol{\varepsilon}_n)=(\boldsymbol{\varepsilon}_1,\boldsymbol{\varepsilon}_2,\cdots,\boldsymbol{\varepsilon}_n)\boldsymbol{A}$$

若 V 中元素 $\boldsymbol{\alpha}$ 及其像 $\sigma(\boldsymbol{\alpha})$ 在基 $\boldsymbol{\varepsilon}_1,\boldsymbol{\varepsilon}_2,\cdots,\boldsymbol{\varepsilon}_n$ 下的坐标分别为 $\begin{pmatrix}x_1\\x_2\\\vdots\\x_n\end{pmatrix}$ 和 $\begin{pmatrix}y_1\\y_2\\\vdots\\y_n\end{pmatrix}$，则

$$\begin{pmatrix}y_1\\y_2\\\vdots\\y_n\end{pmatrix}=\boldsymbol{A}\begin{pmatrix}x_1\\x_2\\\vdots\\x_n\end{pmatrix}$$

证明 由假设知，$\boldsymbol{\alpha}=x_1\boldsymbol{\varepsilon}_1+x_2\boldsymbol{\varepsilon}_2+\cdots+x_n\boldsymbol{\varepsilon}_n$，即

$$\boldsymbol{\alpha}=(\boldsymbol{\varepsilon}_1,\boldsymbol{\varepsilon}_2,\cdots,\boldsymbol{\varepsilon}_n)\begin{pmatrix}x_1\\x_2\\\vdots\\x_n\end{pmatrix}$$

则

$$\begin{aligned}\sigma(\boldsymbol{\alpha})&=x_1\sigma(\boldsymbol{\varepsilon}_1)+x_2\sigma(\boldsymbol{\varepsilon}_2)+\cdots+x_n\sigma(\boldsymbol{\varepsilon}_n)\\&=(\sigma(\boldsymbol{\varepsilon}_1),\sigma(\boldsymbol{\varepsilon}_2),\cdots,\sigma(\boldsymbol{\varepsilon}_n))\begin{pmatrix}x_1\\x_2\\\vdots\\x_n\end{pmatrix}\\&=(\boldsymbol{\varepsilon}_1,\boldsymbol{\varepsilon}_2,\cdots,\boldsymbol{\varepsilon}_n)\boldsymbol{A}\begin{pmatrix}x_1\\x_2\\\vdots\\x_n\end{pmatrix}\end{aligned}$$

又由于假设

$$\sigma(\boldsymbol{\alpha})=(\boldsymbol{\varepsilon}_1,\boldsymbol{\varepsilon}_2,\cdots,\boldsymbol{\varepsilon}_n)\begin{pmatrix}y_1\\y_2\\\vdots\\y_n\end{pmatrix}$$

且 $\boldsymbol{\varepsilon}_1,\boldsymbol{\varepsilon}_2,\cdots,\boldsymbol{\varepsilon}_n$ 是 V 的基，故线性无关，因此

$$\begin{pmatrix}y_1\\y_2\\\vdots\\y_n\end{pmatrix}=\boldsymbol{A}\begin{pmatrix}x_1\\x_2\\\vdots\\x_n\end{pmatrix}$$

7.3.3 矩阵的相似关系

定义 7.3.2 设 $\boldsymbol{A},\boldsymbol{B}$ 为 n 阶方阵，如果存在 n 阶可逆矩阵 $\boldsymbol{C}$，使得 $\boldsymbol{B}=\boldsymbol{C}^{-1}\boldsymbol{A}\boldsymbol{C}$，则称 $\boldsymbol{A}$ 与 $\boldsymbol{B}$ 相似，记作：$\boldsymbol{A}\sim\boldsymbol{B}$，并称 $\boldsymbol{B}$ 为 $\boldsymbol{A}$ 的相似矩阵，而 $\boldsymbol{C}^{-1}\boldsymbol{A}\boldsymbol{C}$ 称为对矩阵 $\boldsymbol{A}$ 进行的相似变换，且称 $\boldsymbol{C}$ 为相似变换矩阵。

易证，矩阵的相似关系满足下列性质：

(1) **反身性** 对于任意方阵 $\boldsymbol{A}$，$\boldsymbol{A}\sim\boldsymbol{A}$；

(2) **对称性** 若 $\boldsymbol{A}\sim\boldsymbol{B}$，则 $\boldsymbol{B}\sim\boldsymbol{A}$；

(3) **传递性** 若 $\boldsymbol{A}\sim\boldsymbol{B}$ 且 $\boldsymbol{B}\sim\boldsymbol{C}$，则 $\boldsymbol{A}\sim\boldsymbol{C}$。

例 7.3.3 如果 n 阶方阵 $\boldsymbol{A}$ 可逆，则 $\boldsymbol{AB}\sim\boldsymbol{BA}$。

证明 因为

$$\boldsymbol{BA}=\boldsymbol{EBA}=\boldsymbol{A}^{-1}\boldsymbol{ABA}=\boldsymbol{A}^{-1}(\boldsymbol{AB})\boldsymbol{A}$$

所以由定义可知，$\boldsymbol{AB}\sim\boldsymbol{BA}$。

性质 7.3.1 如果 $\boldsymbol{A}\sim\boldsymbol{B}$，则 $|\boldsymbol{A}|=|\boldsymbol{B}|$。

证明 因为 $\boldsymbol{A}\sim\boldsymbol{B}$，所以存在 n 阶可逆矩阵 $\boldsymbol{C}$，使 $\boldsymbol{C}^{-1}\boldsymbol{A}\boldsymbol{C}=\boldsymbol{B}$。两端取行列式，得

$$|\boldsymbol{B}|=|\boldsymbol{C}^{-1}\boldsymbol{A}\boldsymbol{C}|=|\boldsymbol{C}^{-1}||\boldsymbol{A}||\boldsymbol{C}|=|\boldsymbol{A}|$$

注 7.3.1 由性质 7.3.1 得出，相似矩阵同时可逆，或者同时都不可逆。

性质 7.3.2 若 $\boldsymbol{A}\sim\boldsymbol{B}$，当 $\boldsymbol{A}$ 与 $\boldsymbol{B}$ 同时可逆时，则 $\boldsymbol{A}^{-1}\sim\boldsymbol{B}^{-1}$。

证明 因为 $\boldsymbol{A}\sim\boldsymbol{B}$，所以存在可逆矩阵 $\boldsymbol{C}$，使得 $\boldsymbol{B}=\boldsymbol{C}^{-1}\boldsymbol{A}\boldsymbol{C}$。从而

$$\boldsymbol{B}^{-1}=(\boldsymbol{C}^{-1}\boldsymbol{A}\boldsymbol{C})^{-1}=\boldsymbol{C}^{-1}\boldsymbol{A}^{-1}\boldsymbol{C}$$

故 $\boldsymbol{A}^{-1}\sim\boldsymbol{B}^{-1}$。

注 7.3.2 对 $\boldsymbol{A}$ 进行相似变换得到 $\boldsymbol{B}$，则对 $\boldsymbol{A}^{-1}$ 进行相似变换便得到 $\boldsymbol{B}^{-1}$，且所用的相似变换矩阵相同。

性质 7.3.3 若 $\boldsymbol{A}\sim\boldsymbol{B}$，则对于任意 $m\in\mathbf{N}$，有 $\boldsymbol{A}^m\sim\boldsymbol{B}^m$。

证明 因为 $\boldsymbol{A}\sim\boldsymbol{B}$，所以存在可逆矩阵 $\boldsymbol{C}$，使得 $\boldsymbol{B}=\boldsymbol{C}^{-1}\boldsymbol{A}\boldsymbol{C}$。于是

$$\boldsymbol{B}^m=\underbrace{\boldsymbol{B}\cdot\boldsymbol{B}\cdots\boldsymbol{B}}_{m\text{个}}=\boldsymbol{C}^{-1}\boldsymbol{A}\boldsymbol{C}\boldsymbol{C}^{-1}\boldsymbol{A}\boldsymbol{C}\cdots\boldsymbol{C}^{-1}\boldsymbol{A}\boldsymbol{C}=\boldsymbol{C}^{-1}\underbrace{\boldsymbol{A}\cdot\boldsymbol{A}\cdots\boldsymbol{A}}_{m\text{个}}\boldsymbol{C}=\boldsymbol{C}^{-1}\boldsymbol{A}^m\boldsymbol{C}$$

即 $\boldsymbol{A}^m\sim\boldsymbol{B}^m$。

性质 7.3.4 若 $\boldsymbol{A}\sim\boldsymbol{B}$，则对于任意常数 k，有 $k\boldsymbol{A}\sim k\boldsymbol{B}$。

证明 因为 $\boldsymbol{A}\sim\boldsymbol{B}$，所以存在 n 阶可逆矩阵 $\boldsymbol{C}$，使得 $\boldsymbol{B}=\boldsymbol{C}^{-1}\boldsymbol{A}\boldsymbol{C}$。于是有

$$k\boldsymbol{B}=k\boldsymbol{C}^{-1}\boldsymbol{A}\boldsymbol{C}=\boldsymbol{C}^{-1}(k\boldsymbol{A})\boldsymbol{C}$$

即 $k\boldsymbol{A}\sim k\boldsymbol{B}$。

性质 7.3.5 设 $f(x)=a_0+a_1x+a_2x^2+\cdots+a_mx^m$，若 $\boldsymbol{A}\sim\boldsymbol{B}$，则 $f(\boldsymbol{A})=f(\boldsymbol{B})$。

证明 因为 $\boldsymbol{A}\sim\boldsymbol{B}$，所以存在 n 阶可逆矩阵 $\boldsymbol{C}$，使得 $\boldsymbol{B}=\boldsymbol{C}^{-1}\boldsymbol{A}\boldsymbol{C}$。于是有

$$\begin{aligned}
f(\boldsymbol{A})&=a_0\boldsymbol{E}+a_1\boldsymbol{A}+a_2\boldsymbol{A}^2+\cdots+a_m\boldsymbol{A}^m\\
f(\boldsymbol{B})&=a_0\boldsymbol{E}+a_1\boldsymbol{B}+a_2\boldsymbol{B}^2+\cdots+a_m\boldsymbol{B}^m\\
&=a_0\boldsymbol{E}+a_1\boldsymbol{C}^{-1}\boldsymbol{A}\boldsymbol{C}+a_2\boldsymbol{C}^{-1}\boldsymbol{A}^2\boldsymbol{C}+\cdots+a_m\boldsymbol{C}^{-1}\boldsymbol{A}^m\boldsymbol{C}\\
&=\boldsymbol{C}^{-1}(a_0\boldsymbol{E}+a_1\boldsymbol{A}+a_2\boldsymbol{A}^2+\cdots+a_m\boldsymbol{A}^m)\boldsymbol{C}
\end{aligned}$$

$$= C^{-1}f(A)C$$

即 $f(A)\sim f(B)$。

性质 7.3.6 若 $A\sim B$,则 $r(A)=r(B)$。

证明 因为 $A\sim B$,则存在可逆矩阵 C,使得 $B=C^{-1}AC$,所以

$$r(B)=r(C^{-1}AC)=r(A)$$

注 7.3.3 性质 7.3.6 的逆命题不成立。例如,取 $A=\begin{pmatrix}1&1\\0&1\end{pmatrix}$与 $E=\begin{pmatrix}1&0\\0&1\end{pmatrix}$,显然 $r(A)=r(E)=2$。可是对于任何二阶可逆矩阵 C,$C^{-1}EC=E\neq A$,即 A 与 E 不相似。

7.3.4 线性变换在不同基下矩阵之间的关系

我们知道,线性变换的矩阵是由线性空间的基所决定的。一般情况下,同一线性变换 σ 在不同的基下矩阵是不同的。下面的定理揭示了同一线性变换在两组不同的基下的矩阵之间内在的关系。

定理 7.3.4 设 σ 是线性空间 V 上的一个线性变换。σ 在基 $\boldsymbol{\alpha}_1,\boldsymbol{\alpha}_2,\cdots,\boldsymbol{\alpha}_n$ 下的矩阵为 A,σ 在基 $\boldsymbol{\beta}_1,\boldsymbol{\beta}_2,\cdots,\boldsymbol{\beta}_n$ 下的矩阵为 B,且由基 $\boldsymbol{\alpha}_1,\boldsymbol{\alpha}_2,\cdots,\boldsymbol{\alpha}_n$ 到基 $\boldsymbol{\beta}_1,\boldsymbol{\beta}_2,\cdots,\boldsymbol{\beta}_n$ 的过渡矩阵为 T,则 $B=T^{-1}AT$。

证明 由题设,可知

$$\sigma(\boldsymbol{\alpha}_1,\boldsymbol{\alpha}_2,\cdots,\boldsymbol{\alpha}_n)=(\boldsymbol{\alpha}_1,\boldsymbol{\alpha}_2,\cdots,\boldsymbol{\alpha}_n)A \tag{7.3.3}$$

$$\sigma(\boldsymbol{\beta}_1,\boldsymbol{\beta}_2,\cdots,\boldsymbol{\beta}_n)=(\boldsymbol{\beta}_1,\boldsymbol{\beta}_2,\cdots,\boldsymbol{\beta}_n)B \tag{7.3.4}$$

$$(\boldsymbol{\beta}_1,\boldsymbol{\beta}_2,\cdots,\boldsymbol{\beta}_n)=(\boldsymbol{\alpha}_1,\boldsymbol{\alpha}_2,\cdots,\boldsymbol{\alpha}_n)T \tag{7.3.5}$$

设

$$T=\begin{pmatrix}t_{11}&t_{12}&\cdots&t_{1n}\\t_{21}&t_{22}&\cdots&t_{2n}\\\vdots&\vdots&&\vdots\\t_{n1}&t_{n2}&\cdots&t_{nn}\end{pmatrix}$$

由(7.3.5)式可知

$$\boldsymbol{\beta}_j=t_{1j}\boldsymbol{\alpha}_1+t_{2j}\boldsymbol{\alpha}_2+\cdots+t_{nj}\boldsymbol{\alpha}_n\quad(j=1,2,\cdots,n)$$

则有

$$\begin{aligned}\sigma(\boldsymbol{\beta}_j)&=t_{1j}\sigma(\boldsymbol{\alpha}_1)+t_{2j}\sigma(\boldsymbol{\alpha}_2)+\cdots+t_{nj}\sigma(\boldsymbol{\alpha}_n)\\&=(\sigma(\boldsymbol{\alpha}_1),\sigma(\boldsymbol{\alpha}_2),\cdots,\sigma(\boldsymbol{\alpha}_n))\begin{pmatrix}t_{1j}\\t_{2j}\\\vdots\\t_{nj}\end{pmatrix}\quad(j=1,2,\cdots,n)\end{aligned}$$

因此

$$(\sigma(\boldsymbol{\beta}_1),\sigma(\boldsymbol{\beta}_2),\cdots,\sigma(\boldsymbol{\beta}_n))=(\sigma(\boldsymbol{\alpha}_1),\sigma(\boldsymbol{\alpha}_2),\cdots,\sigma(\boldsymbol{\alpha}_n))T$$

即

$$\sigma(\boldsymbol{\beta}_1,\boldsymbol{\beta}_2,\cdots,\boldsymbol{\beta}_n)=\sigma(\boldsymbol{\alpha}_1,\boldsymbol{\alpha}_2,\cdots,\boldsymbol{\alpha}_n)T$$

将(7.3.3)式代入,有

$$\sigma(\boldsymbol{\beta}_1,\boldsymbol{\beta}_2,\cdots,\boldsymbol{\beta}_n)=(\boldsymbol{\alpha}_1,\boldsymbol{\alpha}_2,\cdots,\boldsymbol{\alpha}_n)\boldsymbol{AT}$$

又由(7.3.5)式,有

$$(\boldsymbol{\alpha}_1,\boldsymbol{\alpha}_2,\cdots,\boldsymbol{\alpha}_n)=(\boldsymbol{\beta}_1,\boldsymbol{\beta}_2,\cdots,\boldsymbol{\beta}_n)\boldsymbol{T}^{-1}$$

于是,我们有

$$\begin{aligned}\sigma(\boldsymbol{\beta}_1,\boldsymbol{\beta}_2,\cdots,\boldsymbol{\beta}_n)&=(\boldsymbol{\alpha}_1,\boldsymbol{\alpha}_2,\cdots,\boldsymbol{\alpha}_n)\boldsymbol{AT}\\&=(\boldsymbol{\beta}_1,\boldsymbol{\beta}_2,\cdots,\boldsymbol{\beta}_n)\boldsymbol{T}^{-1}\boldsymbol{AT}\end{aligned}$$

由于线性变换 σ 在基$\boldsymbol{\beta}_1,\boldsymbol{\beta}_2,\cdots,\boldsymbol{\beta}_n$ 下的矩阵是唯一的,所以 $\boldsymbol{B}=\boldsymbol{T}^{-1}\boldsymbol{AT}$。

注 7.3.4　定理 7.3.4 表明,同一线性变换在不同基下的矩阵是相似的。反之,若 $\boldsymbol{B}=\boldsymbol{T}^{-1}\boldsymbol{AT}$,其中 $\boldsymbol{A}$ 是σ 在基$\boldsymbol{\alpha}_1,\boldsymbol{\alpha}_2,\cdots,\boldsymbol{\alpha}_n$ 下的矩阵,则 $\boldsymbol{B}$ 必是σ 在另一组基$\boldsymbol{\beta}_1,\boldsymbol{\beta}_2,\cdots,\boldsymbol{\beta}_n$ 下的矩阵,且$(\boldsymbol{\beta}_1,\boldsymbol{\beta}_2,\cdots,\boldsymbol{\beta}_n)=(\boldsymbol{\alpha}_1,\boldsymbol{\alpha}_2,\cdots,\boldsymbol{\alpha}_n)\boldsymbol{T}$。

例 7.3.3　设 $\mathbf{R}$ 上三维线性空间 V 的线性变换σ 关于基$\boldsymbol{\alpha}_1,\boldsymbol{\alpha}_2,\boldsymbol{\alpha}_3$ 的矩阵是

$$\boldsymbol{A}=\begin{pmatrix}15&-11&5\\20&-15&8\\8&-7&6\end{pmatrix}$$

求 σ 关于基

$$\begin{cases}\boldsymbol{\beta}_1=2\boldsymbol{\alpha}_1+3\boldsymbol{\alpha}_2+\boldsymbol{\alpha}_3\\\boldsymbol{\beta}_2=3\boldsymbol{\alpha}_1+4\boldsymbol{\alpha}_2+\boldsymbol{\alpha}_3\\\boldsymbol{\beta}_3=\boldsymbol{\alpha}_1+2\boldsymbol{\alpha}_2+2\boldsymbol{\alpha}_3\end{cases}$$

的矩阵 $\boldsymbol{B}$。

解　由题意可得

$$\sigma(\boldsymbol{\alpha}_1,\boldsymbol{\alpha}_2,\boldsymbol{\alpha}_3)=(\boldsymbol{\alpha}_1,\boldsymbol{\alpha}_2,\boldsymbol{\alpha}_3)\boldsymbol{A}$$
$$(\boldsymbol{\beta}_1,\boldsymbol{\beta}_2,\boldsymbol{\beta}_3)=(\boldsymbol{\alpha}_1,\boldsymbol{\alpha}_2,\boldsymbol{\alpha}_3)\boldsymbol{X}$$

这里

$$\boldsymbol{X}=\begin{pmatrix}2&3&1\\3&4&2\\1&1&2\end{pmatrix}$$

于是,所求的矩阵 $\boldsymbol{B}$ 为

$$\begin{aligned}\boldsymbol{B}=\boldsymbol{X}^{-1}\boldsymbol{AX}&=\begin{pmatrix}-6&5&-2\\4&-3&1\\1&-1&1\end{pmatrix}\begin{pmatrix}15&-11&5\\20&-15&8\\8&-7&6\end{pmatrix}\begin{pmatrix}2&3&1\\3&4&2\\1&1&2\end{pmatrix}\\&=\begin{pmatrix}1&0&0\\0&2&0\\0&0&3\end{pmatrix}\end{aligned}$$

例 7.3.4　设 $\boldsymbol{\alpha}_1=\begin{pmatrix}1\\0\\1\end{pmatrix},\boldsymbol{\alpha}_2=\begin{pmatrix}0\\1\\0\end{pmatrix},\boldsymbol{\alpha}_3=\begin{pmatrix}0\\0\\1\end{pmatrix}$是线性空间 $\mathbf{R}^3$ 的一组基,σ 是 $\mathbf{R}^3$ 上的一个线性变换,并且

$$\sigma(\boldsymbol{\alpha}_1)=\begin{pmatrix}1\\0\\2\end{pmatrix},\quad \sigma(\boldsymbol{\alpha}_2)=\begin{pmatrix}-1\\2\\-1\end{pmatrix},\quad \sigma(\boldsymbol{\alpha}_3)=\begin{pmatrix}1\\0\\0\end{pmatrix}$$

求线性变换 σ 在基 $\boldsymbol{\varepsilon}_1=\begin{pmatrix}1\\0\\0\end{pmatrix},\boldsymbol{\varepsilon}_2=\begin{pmatrix}0\\1\\0\end{pmatrix},\boldsymbol{\varepsilon}_3=\begin{pmatrix}0\\0\\1\end{pmatrix}$ 下的矩阵。

解 由于

$$\sigma(\boldsymbol{\alpha}_1)=\begin{pmatrix}1\\0\\2\end{pmatrix}=\boldsymbol{\alpha}_1+\boldsymbol{\alpha}_3,\quad \sigma(\boldsymbol{\alpha}_2)=\begin{pmatrix}-1\\2\\-1\end{pmatrix}=-\boldsymbol{\alpha}_1+2\boldsymbol{\alpha}_2,\quad \sigma(\boldsymbol{\alpha}_3)=\begin{pmatrix}1\\0\\0\end{pmatrix}=\boldsymbol{\alpha}_1-\boldsymbol{\alpha}_3$$

从而

$$\sigma(\boldsymbol{\alpha}_1,\boldsymbol{\alpha}_2,\boldsymbol{\alpha}_3)=(\boldsymbol{\alpha}_1,\boldsymbol{\alpha}_2,\boldsymbol{\alpha}_3)\begin{pmatrix}1&-1&1\\0&2&0\\1&0&-1\end{pmatrix}=(\boldsymbol{\alpha}_1,\boldsymbol{\alpha}_2,\boldsymbol{\alpha}_3)\boldsymbol{A}$$

即 σ 在基 $\boldsymbol{\alpha}_1,\boldsymbol{\alpha}_2,\boldsymbol{\alpha}_3$ 下的矩阵为

$$\boldsymbol{A}=\begin{pmatrix}1&-1&1\\0&2&0\\1&0&-1\end{pmatrix}$$

设 $\sigma(\boldsymbol{\varepsilon}_1,\boldsymbol{\varepsilon}_2,\boldsymbol{\varepsilon}_3)=(\boldsymbol{\varepsilon}_1,\boldsymbol{\varepsilon}_2,\boldsymbol{\varepsilon}_3)\boldsymbol{B}$。由于

$$(\boldsymbol{\alpha}_1,\boldsymbol{\alpha}_2,\boldsymbol{\alpha}_3)=(\boldsymbol{\varepsilon}_1,\boldsymbol{\varepsilon}_2,\boldsymbol{\varepsilon}_3)\begin{pmatrix}1&0&0\\0&1&0\\1&0&1\end{pmatrix}$$

故可求得

$$(\boldsymbol{\varepsilon}_1,\boldsymbol{\varepsilon}_2,\boldsymbol{\varepsilon}_3)=(\boldsymbol{\alpha}_1,\boldsymbol{\alpha}_2,\boldsymbol{\alpha}_3)\boldsymbol{T}$$

其中

$$\boldsymbol{T}=\begin{pmatrix}1&0&0\\0&1&0\\1&0&1\end{pmatrix}^{-1}=\begin{pmatrix}1&0&0\\0&1&0\\-1&0&1\end{pmatrix}$$

所以，我们有

$$\boldsymbol{B}=\boldsymbol{T}^{-1}\boldsymbol{A}\boldsymbol{T}=\begin{pmatrix}1&0&0\\0&1&0\\1&0&1\end{pmatrix}\begin{pmatrix}1&-1&1\\0&2&0\\1&0&-1\end{pmatrix}\begin{pmatrix}1&0&0\\0&1&0\\-1&0&1\end{pmatrix}=\begin{pmatrix}0&-1&1\\0&2&0\\2&-1&0\end{pmatrix}$$

即线性变换 σ 在基 $\boldsymbol{\varepsilon}_1,\boldsymbol{\varepsilon}_2,\boldsymbol{\varepsilon}_3$ 下的矩阵为

$$\boldsymbol{B}=\begin{pmatrix}0&-1&1\\0&2&0\\2&-1&0\end{pmatrix}$$

7.4 特征值与特征向量

在上一节我们讨论了线性变换的矩阵。为了利用矩阵来研究线性变换，对于每个给定的线性变换，我们希望能找到一组基使得它的矩阵具有最简单的形式。为实现这个目的，本节将介绍特征值和特征向量的概念，它们对于线性变换的研究具有基本的重要性。

7.4.1 特征值与特征向量的概念

定义 7.4.1 设 σ 是数域 P 上线性空间 V 的一个线性变换，若对于数 $\lambda_0\in P$，存在 $\boldsymbol{\xi}\neq\mathbf{0}$，使得

$$\sigma(\boldsymbol{\xi}) = \lambda_0\boldsymbol{\xi}$$

则 λ_0 称为 σ 的一个特征值，$\boldsymbol{\xi}$ 称为 σ 的属于特征值 λ_0 的一个特征向量。

从几何上看，特征向量经过线性变换后的方向与原方向保持在同一条直线上，当 $\lambda_0>0$ 时方向不变，当 $\lambda_0<0$ 时方向相反，当 $\lambda_0=0$ 时，特征向量就被线性变换 σ 变为 0。

注 7.4.1 (1) 特征向量不是被特征值所唯一决定的。

事实上，若 $\boldsymbol{\xi}$ 是线性变换 σ 的属于特征值 λ_0 的特征向量，则 $k\boldsymbol{\xi}(k\neq0)$ 也是 σ 的属于 λ_0 的特征向量，即 $\sigma(k\boldsymbol{\xi})=\lambda_0(k\boldsymbol{\xi})$。

(2) 特征值是被特征向量所唯一决定的。

事实上，若 $\sigma(\boldsymbol{\xi})=\lambda_1\boldsymbol{\xi}$ 且 $\sigma(\boldsymbol{\xi})=\lambda_2\boldsymbol{\xi}$，则有 $\lambda_1\boldsymbol{\xi}=\lambda_2\boldsymbol{\xi}$，即 $(\lambda_1-\lambda_2)\boldsymbol{\xi}=\mathbf{0}$。又因为 $\boldsymbol{\xi}\neq\mathbf{0}$，所以 $\lambda_1-\lambda_2=0$，即 $\lambda_1=\lambda_2$。

例 7.4.1 任何非零向量都是零变换的属于特征值 0 的特征向量。

例 7.4.2 令 D 表示定义在实数域上的可微分任意次的实函数所成的线性空间。定义 D 上的线性变换 σ 为

$$\sigma(f(x)) = f'(x) \quad (\forall f(x) \in D)$$

由于对于每一个实数 λ，都有

$$\sigma(\mathrm{e}^{\lambda x}) = \lambda \mathrm{e}^{\lambda x}$$

从而任何实数 λ 都是 σ 的特征值，而 $\mathrm{e}^{\lambda x}$ 是 σ 属于特征值 λ 的一个特征向量。

是不是任何线性变换都存在特征值和特征向量呢？下例将给出否定回答。

例 7.4.3 设 σ 是 $\mathbf{R}^2$ 中将任一非零向量旋转 90°的变换，显然 σ 是 $\mathbf{R}^2$ 上的一个线性变换。因为每一个非零向量经旋转 90°以后，都不能变成自己的"数量倍"，所以 σ 在 $\mathbf{R}^2$ 中没有特征值和特征向量。

7.4.2 特征值与特征向量的求法

设 $\boldsymbol{\alpha}_1,\boldsymbol{\alpha}_2,\cdots,\boldsymbol{\alpha}_n$ 是数域 P 上 n 维线性空间 V 的一组基，$\sigma\in L(V)$，且

$$\sigma(\boldsymbol{\alpha}_1,\boldsymbol{\alpha}_2,\cdots,\boldsymbol{\alpha}_n) = (\boldsymbol{\alpha}_1,\boldsymbol{\alpha}_2,\cdots,\boldsymbol{\alpha}_n)\boldsymbol{A}$$

若 $\delta(\boldsymbol{\xi})=\lambda\boldsymbol{\xi}$,求 λ 及$\boldsymbol{\xi}$。

解 令

$$\boldsymbol{\xi} = (\boldsymbol{\alpha}_1,\boldsymbol{\alpha}_2,\cdots,\boldsymbol{\alpha}_n)\begin{pmatrix}x_1\\x_2\\\vdots\\x_n\end{pmatrix}$$

则有

$$\delta(\boldsymbol{\xi}) = \lambda\boldsymbol{\xi}\Leftrightarrow\boldsymbol{A}\begin{pmatrix}x_1\\x_2\\\vdots\\x_n\end{pmatrix} = \lambda\begin{pmatrix}x_1\\x_2\\\vdots\\x_n\end{pmatrix}\Leftrightarrow(\lambda\boldsymbol{E}-\boldsymbol{A})\begin{pmatrix}x_1\\x_2\\\vdots\\x_n\end{pmatrix} = \boldsymbol{0}$$

$$\Leftrightarrow\begin{cases}(\lambda-a_{11})x_1-a_{12}x_2-\cdots-a_{1n}x_n = 0\\-a_{21}x_1+(\lambda-a_{22})x_2-\cdots-a_{2n}x_n = 0\\\cdots\cdots\\-a_{n1}x_1-a_{n2}x_2-\cdots+(\lambda-a_{nn})x_n = 0\end{cases}\tag{7.4.1}$$

由于$\boldsymbol{\xi}\neq\boldsymbol{0}$,从而它的坐标 $x_1,x_1,\cdots,x_n$ 不全为零,即齐次线性方程组(7.4.1)有非零解,根据定理1.8.2知,方程组(7.4.1)的系数行列式等于零,即$|\lambda\boldsymbol{E}-\boldsymbol{A}|=0$,这样就可求出 λ,此即为 σ 的特征值。再将所求得的 λ 代回齐次线性方程组(7.4.1),求出该方程组对应的基础解系 $\begin{pmatrix}x_1\\x_2\\\vdots\\x_n\end{pmatrix}$,这就是所要求的特征向量$\boldsymbol{\xi}$。

以上求特征值和特征向量的过程可见多项式$|\lambda\boldsymbol{E}-\boldsymbol{A}|$很重要,为此我们引入下面的定义:

定义 7.4.2 设 $\boldsymbol{A}$ 是数域P 上一个n 阶方阵,λ 是一个符号,行列式

$$f_{\boldsymbol{A}}(\lambda) = |\lambda\boldsymbol{E}-\boldsymbol{A}| = \begin{vmatrix}\lambda-a_{11} & -a_{12} & \cdots & -a_{1n}\\-a_{21} & \lambda-a_{22} & \cdots & -a_{2n}\\\vdots & \vdots & & \vdots\\-a_{n1} & -a_{n2} & \cdots & \lambda-a_{nn}\end{vmatrix}$$

称为矩阵 $\boldsymbol{A}$ 的特征多项式。

显然,$f_{\boldsymbol{A}}(\lambda)$是数域 P 上一个关于λ 的首项系数为1的 n 次多项式。

由前面的分析可知,λ_0 是线性变换 σ 的特征值当且仅当λ_0 是其对应矩阵 $\boldsymbol{A}$ 的特征多项式$f_{\boldsymbol{A}}(\lambda)$的一个根,即满足$|\lambda_0\boldsymbol{E}-\boldsymbol{A}|=0$。

注 7.4.2 (1) 矩阵 $\boldsymbol{A}$ 的特征多项式的根也称为$\boldsymbol{A}$ 的特征值,而相应的齐次线性方程组(7.4.1)的基础解系也就称为 $\boldsymbol{A}$ 属于这个特征值的特征向量。

(2) 一个 n 阶实方阵 $\boldsymbol{A}$ 的特征值 λ 可能会是复数，从而它所对应的特征向量 $\boldsymbol{\xi}=\begin{pmatrix}x_1\\x_2\\\vdots\\x_n\end{pmatrix}$ 也可能是复向量。

例 7.4.4　设 σ 是数域 P 上三维线性空间 V 的一个线性变换，$\boldsymbol{\varepsilon}_1,\boldsymbol{\varepsilon}_2,\boldsymbol{\varepsilon}_3$ 是 V 的一组基，已知

$$\begin{cases}\sigma(\boldsymbol{\varepsilon}_1)=\boldsymbol{\varepsilon}_1+2\boldsymbol{\varepsilon}_2-2\boldsymbol{\varepsilon}_3\\\sigma(\boldsymbol{\varepsilon}_2)=2\boldsymbol{\varepsilon}_1+\boldsymbol{\varepsilon}_2-2\boldsymbol{\varepsilon}_3\\\sigma(\boldsymbol{\varepsilon}_3)=2\boldsymbol{\varepsilon}_1-2\boldsymbol{\varepsilon}_2+\boldsymbol{\varepsilon}_3\end{cases}$$

求 σ 的全部特征值及特征向量。

解　由题设可得 σ 在基 $\boldsymbol{\varepsilon}_1,\boldsymbol{\varepsilon}_2,\boldsymbol{\varepsilon}_3$ 下的矩阵为

$$\boldsymbol{A}=\begin{pmatrix}1&2&2\\2&1&-2\\-2&-2&1\end{pmatrix}$$

从而 $\boldsymbol{A}$ 的特征多项式为

$$|\lambda\boldsymbol{E}-\boldsymbol{A}|=\begin{vmatrix}\lambda-1&-2&-2\\-2&\lambda-1&2\\2&2&\lambda-1\end{vmatrix}=(\lambda-1)(\lambda+1)(\lambda-3)$$

从而 σ 的特征值为 $1,-1$ 和 3。

当 $\lambda=1$ 时，对应的齐次线性方程组为

$$\begin{cases}-2x_2-2x_3=0\\-2x_1+2x_3=0\\2x_1+2x_2=0\end{cases}$$

该方程组的基础解系 $\boldsymbol{\xi}_1=\begin{pmatrix}1\\-1\\1\end{pmatrix}$。所以 σ 属于特征值 1 的全部特征向量为

$$k_1\boldsymbol{\xi}_1=k_1(\boldsymbol{\varepsilon}_1-\boldsymbol{\varepsilon}_2+\boldsymbol{\varepsilon}_3)\quad(k_1\in P\text{ 且 }k_1\neq 0)$$

当 $\lambda=-1$ 时，对应的齐次线性方程组为

$$\begin{cases}-2x_1-2x_2-2x_3=0\\-2x_1-2x_2+2x_3=0\\2x_1+2x_2-2x_3=0\end{cases}$$

该方程组得基础解系 $\boldsymbol{\xi}_2=\begin{pmatrix}-1\\1\\0\end{pmatrix}$。所以 σ 属于特征值 -1 的全部特征向量为

$$k_2\boldsymbol{\xi}_2=k_2(-\boldsymbol{\varepsilon}_1+\boldsymbol{\varepsilon}_2)\quad(k_2\in P\text{ 且 }k_2\neq 0)$$

当 $\lambda=3$ 时，对应的齐次线性方程组为

$$\begin{cases}2x_1 - 2x_2 - 2x_3 = 0\\ -2x_1 + 2x_2 + 2x_3 = 0\\ 2x_1 + 2x_2 + 2x_3 = 0\end{cases}$$

该方程组的基础解系 $\boldsymbol{\xi}_3 = \begin{pmatrix}0\\-1\\1\end{pmatrix}$。所以 σ 属于特征值 3 的全部特征向量为

$$k_3\boldsymbol{\xi}_3 = k_3(-\boldsymbol{\varepsilon}_2 + \boldsymbol{\varepsilon}_3) \quad (k_3 \in P \text{ 且 } k_3 \neq 0)$$

从例 7.4.4 可以归纳出求一个线性变换 σ 的特征值和特征向量的步骤：

(1) 在线性空间 V 中取定一组基 $\boldsymbol{\varepsilon}_1,\boldsymbol{\varepsilon}_2,\cdots,\boldsymbol{\varepsilon}_n$，写出线性变换 σ 在该组基下的矩阵 $\boldsymbol{A}$；

(2) 求出 $\boldsymbol{A}$ 的特征多项式 $|\lambda\boldsymbol{E}-\boldsymbol{A}|$ 的全部根 $\lambda_1,\lambda_2,\cdots,\lambda_n$，它们也是线性变换 σ 的全部特征根；

(3) 把求出的特征根 $\lambda_1,\lambda_2,\cdots,\lambda_n$ 逐个代入齐次线性方程组

$$(\lambda\boldsymbol{E} - \boldsymbol{A})\boldsymbol{X} = \boldsymbol{0}$$

对于每一个特征根，解上面齐次线性方程组，求出它们对应的基础解系，它们就是这个特征根对应线性无关的特征向量在基 $\boldsymbol{\varepsilon}_1,\boldsymbol{\varepsilon}_2,\cdots,\boldsymbol{\varepsilon}_n$ 下的坐标。

例 7.4.5 设 $\sigma\in L(V)$ 且 $\sigma^2=\sigma$。证明：σ 的特征值只能为 0 或 1。

证明 设 λ 为 σ 的任意一个特征值，$\boldsymbol{\xi}\neq\boldsymbol{0}$ 为属于 λ 的一个特征向量，即 $\sigma\boldsymbol{\xi}=\lambda\boldsymbol{\xi}$。又

$$\sigma(\boldsymbol{\xi}) = \sigma^2(\boldsymbol{\xi}) = \sigma(\sigma(\boldsymbol{\xi})) = \sigma(\lambda\boldsymbol{\xi}) = \lambda^2\boldsymbol{\xi}$$

从而 $\lambda^2\boldsymbol{\xi}=\lambda\boldsymbol{\xi}$，即 $(\lambda^2-\lambda)\boldsymbol{\xi}=\boldsymbol{0}$。又 $\boldsymbol{\xi}\neq\boldsymbol{0}$，所以 $\lambda^2-\lambda=0$，从而 $\lambda=0$ 或 $\lambda=1$。

注 7.4.3 由上例的证明过程可类推得下面结论：

若 λ 为 σ 的任意一个特征值，则 $f(\lambda)$ 为 $f(\sigma)$ 的特征值，且对应的特征向量相同，这样就有 $f(\sigma)(\boldsymbol{\xi})=f(\lambda)\boldsymbol{\xi}$。因此，若 $f(\sigma)=0$，则 $f(\lambda)=0$。

7.4.3 特征子空间

定义 7.4.3 设 $\sigma\in L(V)$，λ_0 为 σ 的一个特征值，则 σ 的属于 λ_0 的全部特征向量再加上零向量所生成的空间构成的 V 的一个子空间，我们称其为 σ 的一个特征子空间。记作 $V_{\lambda_0}=\{\boldsymbol{\xi}\in V\mid\sigma(\boldsymbol{\xi})=\lambda_0\boldsymbol{\xi}\}$。

注 7.4.4 根据特征子空间的定义及特征向量的求法可知：特征子空间 V_{λ_0} 的维数等于齐次线性方程组 $(\lambda_0\boldsymbol{E}-\boldsymbol{A})\boldsymbol{X}=\boldsymbol{0}$ 解空间的维数，也即为属于 λ_0 的线性无关的特征向量的最大个数。

7.4.4 矩阵 A 的特征多项式与特征根的关系

定理 7.4.1 若 n 阶方阵 $\boldsymbol{A}=(a_{ij})_{n\times n}$ 的 n 个特征值为 $\lambda_1,\lambda_2,\cdots,\lambda_n$，则

(1) $\lambda_1+\lambda_2+\cdots+\lambda_n=a_{11}+a_{22}+\cdots+a_{nn}$；

(2) $\lambda_1\lambda_2\cdots\lambda_n=|\boldsymbol{A}|$。

证明 由 n 阶行列式定义可知

$$|\lambda \boldsymbol{E}-\boldsymbol{A}|=\begin{vmatrix}\lambda-a_{11} & -a_{12} & \cdots & -a_{1n}\\ -a_{21} & \lambda-a_{22} & \cdots & -a_{2n}\\ \vdots & \vdots & & \vdots\\ -a_{n1} & -a_{n2} & \cdots & \lambda-a_{nn}\end{vmatrix}$$

$$=\lambda^n-(a_{11}+a_{22}+\cdots+a_{nn})\lambda^{n-1}+\cdots+(-1)^n|\boldsymbol{A}| \quad (7.4.2)$$

又因为 $\boldsymbol{A}$ 的 n 个特征值 $\lambda_1,\lambda_2,\cdots,\lambda_n$ 必为特征方程 $|\lambda\boldsymbol{E}-\boldsymbol{A}|=0$ 的 n 个根，于是有

$$|\lambda\boldsymbol{E}-\boldsymbol{A}|=(\lambda-\lambda_1)(\lambda-\lambda_2)\cdots(\lambda-\lambda_n)$$

$$=\lambda^n-(\lambda_1+\lambda_2+\cdots+\lambda_n)\lambda^{n-1}+\cdots+(-1)^n\lambda_1\lambda_2\cdots\lambda_n \quad (7.4.3)$$

比较(7.4.2)式和(7.4.3)式可得

$$\lambda_1+\lambda_2+\cdots+\lambda_n=a_{11}+a_{22}+\cdots+a_{nn}$$

$$\lambda_1\lambda_2\cdots\lambda_n=|\boldsymbol{A}|$$

我们称 $a_{11}+a_{22}+\cdots+a_{nn}$ 为矩阵 $\boldsymbol{A}$ 的**迹**，记作 $\mathrm{tr}(\boldsymbol{A})$，该定理说明 $\boldsymbol{A}$ 的全部特征值之和等于 $\boldsymbol{A}$ 的迹 $\mathrm{tr}(\boldsymbol{A})$，而全部特征值之积等于 $\boldsymbol{A}$ 的行列式。

推论 7.4.1 设 $\boldsymbol{A}$ 为 n 阶方阵，则 $\boldsymbol{A}$ 可逆当且仅当 $\boldsymbol{A}$ 的所有特征值均不为零。

定理 7.4.2 若 $\boldsymbol{A}\sim\boldsymbol{B}$，则 $\boldsymbol{A}$ 与 $\boldsymbol{B}$ 有相同的特征多项式，因而有相同的特征值。

证明 因为 $\boldsymbol{A}\sim\boldsymbol{B}$，所以存在 n 阶可逆矩阵 $\boldsymbol{C}$，使得 $\boldsymbol{B}=\boldsymbol{C}^{-1}\boldsymbol{A}\boldsymbol{C}$。于是

$$|\lambda\boldsymbol{E}-\boldsymbol{B}|=|\lambda\boldsymbol{E}-\boldsymbol{C}^{-1}\boldsymbol{A}\boldsymbol{C}|=|\lambda\boldsymbol{C}^{-1}\boldsymbol{E}\boldsymbol{C}-\boldsymbol{C}^{-1}\boldsymbol{A}\boldsymbol{C}|$$

$$=|\boldsymbol{C}^{-1}(\lambda\boldsymbol{E}-\boldsymbol{A})\boldsymbol{C}|=|\boldsymbol{C}^{-1}||\lambda\boldsymbol{E}-\boldsymbol{A}||\boldsymbol{C}|=|\lambda\boldsymbol{E}-\boldsymbol{A}|$$

即 $\boldsymbol{A}$ 与 $\boldsymbol{B}$ 具有相同的特征多项式，也即具有相同的特征方程，从而 $\boldsymbol{A}$ 与 $\boldsymbol{B}$ 有相同的特征值。

注 7.4.5 (1) 定理 7.4.2 的逆命题不成立。例如，二阶方阵 $\boldsymbol{A}=\begin{pmatrix}1 & 1\\ 0 & 1\end{pmatrix}$ 与 $\boldsymbol{E}=\begin{pmatrix}1 & 0\\ 0 & 1\end{pmatrix}$ 具有相同的特征值 $\lambda_1=\lambda_2=1$。但 $\boldsymbol{A}$ 与 $\boldsymbol{E}$ 不相似。

(2) 定理 7.4.2 说明线性变换的矩阵的特征多项式与基的选择无关，它是直接被线性变换所决定的。因此，以后就可以说是线性变换的特征多项式了，记为 $f_\sigma(\lambda)$。

推论 7.4.2 若 $\boldsymbol{A}\sim\boldsymbol{B}$，则 $\mathrm{tr}(\boldsymbol{A})=\mathrm{tr}(\boldsymbol{B})$。

证明 因为 $\boldsymbol{A}\sim\boldsymbol{B}$，所以由定理 7.4.2 知，$n$ 阶方阵 $\boldsymbol{A}$ 与 $\boldsymbol{B}$ 具有相同的特征值 $\lambda_1,\lambda_2,\cdots,\lambda_n$。从而由定理 7.4.1 可知，$\mathrm{tr}(\boldsymbol{A})=\lambda_1+\lambda_2+\cdots+\lambda_n=\mathrm{tr}(\boldsymbol{B})$。

例 7.4.6 设 $\boldsymbol{A}=\begin{pmatrix}-2 & 0 & 0\\ 2 & x & 2\\ 3 & 1 & 1\end{pmatrix}$ 与 $\boldsymbol{B}=\begin{pmatrix}-1 & 0 & 0\\ 0 & 2 & 0\\ 0 & 0 & y\end{pmatrix}$ 相似，求 x,y 的值。

解 因 $\boldsymbol{A}\sim\boldsymbol{B}$，所以 $\boldsymbol{A}$ 与 $\boldsymbol{B}$ 具有相同的特征值。因为 $\boldsymbol{B}$ 为对角形矩阵，于是 $\boldsymbol{B}$ 的三个特征值为 $\lambda_1=-1,\lambda_2=2,\lambda_3=y$。所以 $\boldsymbol{A}$ 的三个特征值也为 $-1,2,y$。故

$$\begin{cases}|-1\cdot\boldsymbol{E}-\boldsymbol{A}|=0\\ |2\boldsymbol{E}-\boldsymbol{A}|=0\\ |y\boldsymbol{E}-\boldsymbol{A}|=0\end{cases}$$

从而可求得，$x=0,y=-2$。

定理 7.4.3 (Hamilton-Caylay 定理)设 $\boldsymbol{A}=\begin{pmatrix} a_{11} & a_{12} & \cdots & a_{1n} \\ a_{21} & a_{22} & \cdots & a_{2n} \\ \vdots & \vdots & & \vdots \\ a_{n1} & a_{n2} & \cdots & a_{nn} \end{pmatrix}$ 是 n 阶方阵,$\boldsymbol{A}$ 的特征多项式为 $f(\lambda)=|\lambda\boldsymbol{E}-\boldsymbol{A}|$,则

$$f(\boldsymbol{A})=\boldsymbol{A}^n-(a_{11}+a_{22}+\cdots+a_{nn})\boldsymbol{A}^{n-1}+\cdots+(-1)^n|\boldsymbol{A}|\boldsymbol{E}=\boldsymbol{0}$$

证明 设 $\boldsymbol{B}(\lambda)$ 是 $\lambda\boldsymbol{E}-\boldsymbol{A}$ 的伴随矩阵,由行列式的性质,有

$$\boldsymbol{B}(\lambda)(\lambda\boldsymbol{E}-\boldsymbol{A})=|\lambda\boldsymbol{E}-\boldsymbol{A}|\boldsymbol{E}=f(\lambda)\boldsymbol{E}$$

因为矩阵 $\boldsymbol{B}(\lambda)$ 的元素是 $|\lambda\boldsymbol{E}-\boldsymbol{A}|$ 的各个代数余子式,都是 λ 的多项式,其次数不超过 $n-1$。因此,由矩阵的运算性质知,$\boldsymbol{B}(\lambda)$ 可以写成

$$\boldsymbol{B}(\lambda)=\lambda^{n-1}\boldsymbol{B}_0+\lambda^{n-2}\boldsymbol{B}_1+\cdots+\boldsymbol{B}_{n-1}$$

其中 $\boldsymbol{B}_0,\boldsymbol{B}_1,\cdots,\boldsymbol{B}_{n-1}$ 都是数域 P 上的 $n\times n$ 矩阵。

再设 $f(\lambda)=\lambda^n+a_1\lambda^{n-1}+\cdots+a_{n-1}\lambda+a_n$,则

$$f(\lambda)\boldsymbol{E}=\lambda^n\boldsymbol{E}+a_1\lambda^{n-1}\boldsymbol{E}+\cdots+a_n\boldsymbol{E} \tag{7.4.4}$$

于是

$$\begin{aligned}\boldsymbol{B}(\lambda)(\lambda\boldsymbol{E}-\boldsymbol{A})&=(\lambda^{n-1}\boldsymbol{B}_0+\lambda^{n-2}\boldsymbol{B}_1+\cdots+\boldsymbol{B}_{n-1})(\lambda\boldsymbol{E}-\boldsymbol{A})\\&=\lambda^n\boldsymbol{B}_0+\lambda^{n-1}(\boldsymbol{B}_1-\boldsymbol{B}_0\boldsymbol{A})+\lambda^{n-2}(\boldsymbol{B}_2-\boldsymbol{B}_1\boldsymbol{A})\\&\quad+\cdots+\lambda(\boldsymbol{B}_{n-1}-\boldsymbol{B}_{n-2}\boldsymbol{A})-\boldsymbol{B}_{n-1}\boldsymbol{A}\end{aligned} \tag{7.4.5}$$

比较(7.4.4)式和(7.4.5)式,得

$$\begin{cases}\boldsymbol{B}_0=\boldsymbol{E}\\ \boldsymbol{B}_1-\boldsymbol{B}_0\boldsymbol{A}=a_1\boldsymbol{E}\\ \boldsymbol{B}_2-\boldsymbol{B}_1\boldsymbol{A}=a_2\boldsymbol{E}\\ \cdots\cdots\\ \boldsymbol{B}_{n-1}-\boldsymbol{B}_{n-2}\boldsymbol{A}=a_{n-1}\boldsymbol{E}\\ -\boldsymbol{B}_{n-1}\boldsymbol{A}=a_n\boldsymbol{E}\end{cases} \tag{7.4.6}$$

现用 $\boldsymbol{A}^n,\boldsymbol{A}^{n-1},\cdots,\boldsymbol{A},\boldsymbol{E}$ 依次从右边乘等式组(7.4.6)的第1式、第2式、…、第 n 式、第 $n+1$ 式,得

$$\begin{cases}\boldsymbol{B}_0\boldsymbol{A}^n=\boldsymbol{A}^n\\ \boldsymbol{B}_1\boldsymbol{A}^{n-1}-\boldsymbol{B}_0\boldsymbol{A}^n=a_1\boldsymbol{A}^{n-1}\\ \boldsymbol{B}_2\boldsymbol{A}^{n-2}-\boldsymbol{B}_1\boldsymbol{A}^{n-1}=a_2\boldsymbol{A}^{n-2}\\ \cdots\cdots\\ \boldsymbol{B}_{n-1}\boldsymbol{A}-\boldsymbol{B}_{n-2}\boldsymbol{A}^2=a_{n-1}\boldsymbol{A}\\ -\boldsymbol{B}_{n-1}\boldsymbol{A}=a_n\boldsymbol{E}\end{cases} \tag{7.4.7}$$

把(7.4.7)式的 $n+1$ 个式子相加,左边变为零矩阵,右边即为 $f(\boldsymbol{A})$。故 $f(\boldsymbol{A})=\boldsymbol{0}$。

例 7.4.7 设 $\boldsymbol{A}$ 是 n 阶可逆矩阵,则 $\boldsymbol{A}^{-1}=g(\boldsymbol{A})$,其中 $g(\lambda)$ 是一个 $n-1$ 次多项式。

证明 设 $\boldsymbol{A}$ 的特征多项式为

$$|\lambda\boldsymbol{E}-\boldsymbol{A}|=\lambda^n+a_1\lambda^{n-1}+\cdots+a_{n-1}\lambda+a_n$$

由定理 7.4.3 有

$$A^n + a_1A^{n-1} + \cdots + a_{n-1}A + a_nE = 0$$

因为 $\boldsymbol{A}$ 是可逆矩阵,由定理7.4.1可得 $a_n=(-1)^n|\boldsymbol{A}|\neq 0$,于是上式可化为

$$-\frac{1}{a_n}(A^{n-1} + a_1A^{n-2} + \cdots + a_{n-1}E)A = E$$

即

$$A^{-1} = -\frac{1}{a_n}(A^{n-1} + a_1A^{n-2} + \cdots + a_{n-1}E) = g(A)$$

其中 $g(\lambda)=-\dfrac{1}{a_n}(\lambda^{n-1}+a_1\lambda^{n-2}+\cdots+a_{n-1})$是一个 $n-1$ 次多项式。

例7.4.8　设 $\boldsymbol{A}=\begin{pmatrix}1 & 0 & 2\\ 0 & -1 & 1\\ 0 & 1 & 0\end{pmatrix}$,求 $2\boldsymbol{A}^8-3\boldsymbol{A}^5+\boldsymbol{A}^4+\boldsymbol{A}^2-4\boldsymbol{E}$。

解　易知 $\boldsymbol{A}$ 的特征多项式为

$$f(\lambda) = |\lambda E - A| = \lambda^3 - 2\lambda + 1$$

根据带余除法,用 $f(\lambda)$去除 $2\lambda^8-3\lambda^5+\lambda^4+\lambda^2-4=g(\lambda)$,得

$$g(\lambda) = f(\lambda)(2\lambda^5 + 4\lambda^3 - 5\lambda^2 + 9\lambda - 14) + (24\lambda^2 - 37\lambda + 10)$$

由 Hamilton-Caylay 定理有,$f(\boldsymbol{A})=\boldsymbol{0}$。因此

$$2A^8 - 3A^5 + A^4 + A^2 - 4E = 24A^2 - 37A + 10E = \begin{pmatrix}-3 & 48 & -26\\ 0 & 95 & -61\\ 0 & -61 & 34\end{pmatrix}$$

推论7.4.3　设 σ 是数域P 上 n 维线性空间 V 的一个线性变换,$f(\lambda)$是 σ 的特征多项式,则 $f(\sigma)=\theta$。

证明　由定理7.4.3及 $L(V)\cong P^{n\times n}$即得。

7.5　线性变换(或矩阵)的对角化

众所周知,对角矩阵是矩阵中最为简单的一种形式。本节我们将讨论哪些线性变换在某一组适当的基下其所对应的矩阵是对角矩阵,还给出了线性变换(或矩阵)对角化的应用。

7.5.1　特征值与特征向量的性质

定理7.5.1　设 σ 是数域P 上 n 维线性空间 V 上的一个线性变换,如果 $\xi_1,\xi_2,\cdots,\xi_k$ 分别是σ 的属于互不相同的特征值$\lambda_1,\lambda_2,\cdots,\lambda_k$ 的特征向量,则 $\xi_1,\xi_2,\cdots,\xi_k$ 线性无关。

证明　对特征值的个数 k 做数学归纳法。

当 $k=1$ 时,由于特征向量是非零向量,所以单个特征向量必线性无关。

假设 $k=m$ 时命题成立,即属于 m 个不同特征值的特征向量线性无关。下面证明属于 $m+1$ 个不同特征值 $\lambda_1,\lambda_2,\cdots,\lambda_{m+1}$ 的特征向量 $\boldsymbol{\xi}_1,\boldsymbol{\xi}_2,\cdots,\boldsymbol{\xi}_{m+1}$ 也线性无关。

假设有关系式

$$l_1\boldsymbol{\xi}_1+l_2\boldsymbol{\xi}_2+\cdots+l_m\boldsymbol{\xi}_m+l_{m+1}\boldsymbol{\xi}_{m+1}=\mathbf{0} \tag{7.5.1}$$

成立,在(7.5.1)式两端乘以 λ_{m+1},得

$$l_1\lambda_{m+1}\boldsymbol{\xi}_1+l_2\lambda_{m+1}\boldsymbol{\xi}_2+\cdots+l_m\lambda_{m+1}\boldsymbol{\xi}_m+l_{m+1}\lambda_{m+1}\boldsymbol{\xi}_{m+1}=\mathbf{0} \tag{7.5.2}$$

又对(7.5.1)式两端同时施行线性变换 σ,可得

$$l_1\lambda_1\boldsymbol{\xi}_1+l_2\lambda_2\boldsymbol{\xi}_2+\cdots+l_m\lambda_m\boldsymbol{\xi}_m+l_{m+1}\lambda_{m+1}\boldsymbol{\xi}_{m+1}=\mathbf{0} \tag{7.5.3}$$

再由(7.5.3)式减(7.5.2)式可得

$$l_1(\lambda_1-\lambda_{m+1})\boldsymbol{\xi}_1+\cdots+l_m(\lambda_m-\lambda_{m+1})\boldsymbol{\xi}_m=\mathbf{0} \tag{7.5.4}$$

由归纳假设知,$\boldsymbol{\xi}_1,\boldsymbol{\xi}_2,\cdots,\boldsymbol{\xi}_m$ 线性无关,于是有

$$l_i(\lambda_i-\lambda_{m+1})=0\quad(i=1,2,\cdots,m)$$

但 $\lambda_i-\lambda_{m+1}\neq0(i=1,2,\cdots,m)$。所以,$l_i=0(i=1,2,\cdots,m)$。从而(7.5.1)式变为 $l_{m+1}\cdot\boldsymbol{\xi}_{m+1}=\mathbf{0}$。又 $\boldsymbol{\xi}_{m+1}\neq\mathbf{0}$。所以只有 $l_{m+1}=0$。因此,我们就证明了 $\boldsymbol{\xi}_1,\boldsymbol{\xi}_2,\cdots,\boldsymbol{\xi}_m,\boldsymbol{\xi}_{m+1}$ 线性无关。

根据归纳法原理,定理得证。

定理 7.5.1 也可以简单表述为属于不同特征值的特征向量是线性无关的。

推论 7.5.1 若 $\lambda_1,\lambda_2,\cdots,\lambda_k$ 是线性变换 σ 的不同的特征值,而 $\boldsymbol{\xi}_{i1},\boldsymbol{\xi}_{i2},\cdots,\boldsymbol{\xi}_{ir_i}(i=1,2,\cdots,k)$ 是属于特征值 λ_i 的 r_i 个线性无关的特征向量,则向量组 $\boldsymbol{\xi}_{11},\cdots,\boldsymbol{\xi}_{1r_1},\cdots,\boldsymbol{\xi}_{k1},\cdots,\boldsymbol{\xi}_{kr_k}$ 也线性无关。

证明 方法 1 我们可用类似证明定理 7.5.1 的方法,这里不再证明,留给读者来做。

方法 2 首先我们易证,σ 的属于同一特征值 λ_i 的特征向量的非零线性组合仍是 σ 的属于特征值 λ_i 的一个特征向量。

假设存在 $a_{11},\cdots,a_{1r_1},\cdots,a_{k1},\cdots,a_{kr_k}\in P$,使得

$$a_{11}\boldsymbol{\xi}_{11}+\cdots+a_{1r_1}\boldsymbol{\xi}_{1r_1}+\cdots+a_{k1}\boldsymbol{\xi}_{k1}+\cdots+a_{kr_k}\boldsymbol{\xi}_{kr_k}=\mathbf{0}$$

令 $\boldsymbol{\eta}_i=a_{i1}\boldsymbol{\xi}_{i1}+\cdots+a_{ir_i}\boldsymbol{\xi}_{ir_i}(i=1,2,\cdots,k)$,则

$$\boldsymbol{\eta}_1+\boldsymbol{\eta}_2+\cdots+\boldsymbol{\eta}_k=\mathbf{0}$$

若存在某个 $\boldsymbol{\eta}_i\neq\mathbf{0}$,则 $\boldsymbol{\eta}_i$ 是 σ 的属于特征值 λ_i 的特征向量。由于 $\lambda_1,\lambda_2,\cdots,\lambda_k$ 互不相同,从而由定理 7.5.1 知,必有 $\boldsymbol{\eta}_i=\mathbf{0}(i=1,2,\cdots,k)$,即

$$a_{i1}\boldsymbol{\xi}_{i1}+\cdots+a_{ir_i}\boldsymbol{\xi}_{ir_i}=\mathbf{0}\quad(i=1,2,\cdots,k)$$

又 $\boldsymbol{\xi}_{i1},\cdots,\boldsymbol{\xi}_{ir_i}$ 线性无关,所以 $a_{i1}=\cdots=a_{ir_i}=0(i=1,2,\cdots,k)$。故 $\boldsymbol{\xi}_{11},\cdots,\boldsymbol{\xi}_{1r_1},\cdots,\boldsymbol{\xi}_{k1},\cdots,\boldsymbol{\xi}_{kr_k}$ 线性无关。

例 7.5.1 设 λ_1,λ_2 是线性变换 σ 的两个不同特征值,而 $\boldsymbol{\xi}_1,\boldsymbol{\xi}_2$ 是分别属于 λ_1,λ_2 的特征向量,证明:$\boldsymbol{\xi}_1+\boldsymbol{\xi}_2$ 不是 σ 的特征向量。

证明 由已知有

$$\sigma(\boldsymbol{\xi}_1)=\lambda_1\boldsymbol{\xi}_1,\quad\sigma(\boldsymbol{\xi}_2)=\lambda_2\boldsymbol{\xi}_2\quad(\lambda_1\neq\lambda_2)$$

故

$$\sigma(\boldsymbol{\xi}_1+\boldsymbol{\xi}_2)=\sigma(\boldsymbol{\xi}_1)+\sigma(\boldsymbol{\xi}_2)=\lambda_1\boldsymbol{\xi}_1+\lambda_2\boldsymbol{\xi}_2$$

假设 $\xi_1+\xi_2$ 是 σ 的特征向量，并设

$$\sigma(\xi_1+\xi_2)=\lambda(\xi_1+\xi_2)$$

则 $\lambda_1\xi_1+\lambda_2\xi_2=\lambda(\xi_1+\xi_2)$，从而有

$$(\lambda_1-\lambda)\xi_1+(\lambda_2-\lambda)\xi_2=\mathbf{0}$$

由于 ξ_1,ξ_2 线性无关，所以 $\lambda_1-\lambda=\lambda_2-\lambda=0$，于是，$\lambda_1=\lambda_2$，与假设矛盾。因此，$\xi_1+\xi_2$ 不是 σ 的特征向量。

7.5.2 可对角化的概念与条件

定义 7.5.1 设 σ 是数域 P 上 n 维线性空间 V 上的一个线性变换，若 σ 在某组基下矩阵 $\boldsymbol{A}$ 与对角矩阵 $\boldsymbol{\Lambda}$ 相似，则称 $\boldsymbol{A}$ 可对角化，此时也称线性变换 σ 可对角化，并称矩阵 $\boldsymbol{\Lambda}$ 为矩阵 $\boldsymbol{A}$ 的相似对角形矩阵。

显然，σ 可对角化的充要条件是 σ 在某一组基下的矩阵为对角矩阵。

下面的定理将给出有限维线性空间上的线性变换可对角化的充要条件。

定理 7.5.2 设 σ 是数域 P 上 n 维线性空间 V 上的一个线性变换，则 σ 可对角化的充要条件是 σ 有 n 个线性无关的特征向量。

证明 先证必要性。

若 σ 可对角化，则可令

$$\sigma(\boldsymbol{\varepsilon}_1,\boldsymbol{\varepsilon}_2,\cdots,\boldsymbol{\varepsilon}_n)=(\boldsymbol{\varepsilon}_1,\boldsymbol{\varepsilon}_2,\cdots,\boldsymbol{\varepsilon}_n)\begin{pmatrix}\lambda_1 & & & \\ & \lambda_2 & & \\ & & \ddots & \\ & & & \lambda_n\end{pmatrix}$$

即

$$\sigma(\boldsymbol{\varepsilon}_i)=\lambda_i\boldsymbol{\varepsilon}_i\quad(i=1,2,\cdots,n)$$

因此，$\boldsymbol{\varepsilon}_1,\boldsymbol{\varepsilon}_2,\cdots,\boldsymbol{\varepsilon}_n$ 就是 σ 的 n 个线性无关的特征向量。

再证充分性。

若 σ 有 n 个线性无关的特征向量 $\boldsymbol{\varepsilon}_1,\boldsymbol{\varepsilon}_2,\cdots,\boldsymbol{\varepsilon}_n$，并设 $\sigma(\boldsymbol{\varepsilon}_i)=\lambda_i\boldsymbol{\varepsilon}_i(i=1,2,\cdots,n)$。我们取 $\boldsymbol{\varepsilon}_1,\boldsymbol{\varepsilon}_2,\cdots,\boldsymbol{\varepsilon}_n$ 为 V 的一组基，且有

$$\begin{aligned}(\sigma(\boldsymbol{\varepsilon}_1),\sigma(\boldsymbol{\varepsilon}_2),\cdots,\sigma(\boldsymbol{\varepsilon}_n))&=(\lambda_1\boldsymbol{\varepsilon}_1,\lambda_2\boldsymbol{\varepsilon}_2,\cdots,\lambda_n\boldsymbol{\varepsilon}_n)\\&=(\boldsymbol{\varepsilon}_1,\boldsymbol{\varepsilon}_2,\cdots,\boldsymbol{\varepsilon}_n)\begin{pmatrix}\lambda_1 & & & \\ & \lambda_2 & & \\ & & \ddots & \\ & & & \lambda_n\end{pmatrix}\end{aligned}$$

即 σ 在基 $\boldsymbol{\varepsilon}_1,\boldsymbol{\varepsilon}_2,\cdots,\boldsymbol{\varepsilon}_n$ 下的矩阵为对角矩阵，从而 σ 可对角化。

由定理 7.5.1、推论 7.5.1、定理 7.5.2 容易得出下面的推论：

推论 7.5.2 设 σ 是数域 P 上 n 维线性空间 V 上的一个线性变换，若线性变换 σ 的特征多项式在数域 P 中有 n 个不同的特征值，则 σ 可对角化。

推论 7.5.3 在复数域上的线性空间 V 中，若线性变换 σ 的特征多项式无重根，则 σ 可

对角化。

定义 7.5.2 设 σ 是数域 P 上 n 维线性空间 V 上的一个线性变换，若 σ 的特征值 λ_0 是 σ 的特征多项式 $f_\sigma(\lambda)$ 的一个 r 重根，则称 λ_0 的代数重数为 r；σ 的属于特征值 λ_0 的特征子空间 V_{λ_0} 的维数 s 称为 λ_0 的几何重数。

定理 7.5.3 设 σ 是数域 P 上 n 维线性空间 V 上的一个线性变换，λ_0 是 σ 的一个特征值，且 λ_0 的代数重数和几何重数分别为 r 和 s，则 $s\leqslant r$，即特征值 λ_0 的几何重数不超过代数重数。

证明 设 V_{λ_0} 是 σ 的属于特征值 λ_0 的特征子空间。现取 V_{λ_0} 的一组基 $\boldsymbol{\alpha}_1,\boldsymbol{\alpha}_2,\cdots,\boldsymbol{\alpha}_s$，并将其扩充为 V 的一组基，则 σ 在这组基下的矩阵为

$$\boldsymbol{A}=\begin{pmatrix}\lambda_0\boldsymbol{E}_s & \boldsymbol{A}_1\\ \boldsymbol{O} & \boldsymbol{A}_2\end{pmatrix}$$

因此，$\boldsymbol{A}$ 的特征多项式为

$$f_{\boldsymbol{A}}(\lambda)=\begin{vmatrix}(\lambda-\lambda_0)\boldsymbol{E}_s & -\boldsymbol{A}_1\\ \boldsymbol{O} & \lambda\boldsymbol{E}_{n-s}-\boldsymbol{A}_2\end{vmatrix}=(\lambda-\lambda_0)^s\,|\lambda\boldsymbol{E}_{n-s}-\boldsymbol{A}_2|\triangleq(\lambda-\lambda_0)^s g(\lambda)$$

于是，λ_0 至少是 $f_{\boldsymbol{A}}(\lambda)$ 的一个 s 重根。因此，$s\leqslant r$。

由以上结论进一步可得如下推论：

推论 7.5.4 若 $\lambda_1,\lambda_2,\cdots,\lambda_k$ 是 V 上的线性变换 σ 的所有不同的特征值，而 $\boldsymbol{\xi}_{i1},\cdots,\boldsymbol{\xi}_{ir_i}(i=1,2,\cdots,k)$ 是属于特征值 λ_i 的 r_i 个线性无关的特征向量，则

(1) 若 $r_1+r_2+\cdots+r_k=n$，则 σ 可对角化；

(2) 若 $r_1+r_2+\cdots+r_k<n$，则 σ 不可对角化。

推论 7.5.5 若 $\lambda_1,\lambda_2,\cdots,\lambda_k$ 是 V 上的线性变换 σ 的不同的特征值，则 σ 可对角化的充要条件是 $\dim(V_{\lambda_1})+\dim(V_{\lambda_2})+\cdots+\dim(V_{\lambda_k})=n$。

推论 7.5.6 设 σ 是数域 P 上 n 维线性空间 V 上的一个线性变换，则 σ 可对角化的充要条件是 σ 的任一特征值 $\lambda\in P$ 的几何重数均等于代数重数。

由定理 7.5.2 的证明过程可知：

定理 7.5.4 若线性变换 σ 在一组基下的矩阵是对角形的，则主对角线上的元素除排列次序外是确定的，它们正是 σ 的全部特征值（重根按重数计算）。

例 7.5.2 设线性变换 σ 在基 $\boldsymbol{\varepsilon}_1,\boldsymbol{\varepsilon}_2,\boldsymbol{\varepsilon}_3$ 下的矩阵为 $\boldsymbol{A}$，即

$$\sigma(\boldsymbol{\varepsilon}_1,\boldsymbol{\varepsilon}_2,\boldsymbol{\varepsilon}_3)=(\boldsymbol{\varepsilon}_1,\boldsymbol{\varepsilon}_2,\boldsymbol{\varepsilon}_3)\begin{pmatrix}1 & 2 & 2\\ 2 & 1 & 2\\ 2 & 2 & 1\end{pmatrix}$$

(1) 求 σ 的特征值与特征向量；

(2) 求可逆矩阵 $\boldsymbol{T}$，使 $\boldsymbol{T}^{-1}\boldsymbol{AT}$ 成为对角形。

解 (1) 因为

$$|\lambda\boldsymbol{E}-\boldsymbol{A}|=(\lambda+1)^2(\lambda-5)$$

所以得 $\boldsymbol{A}$ 的特征值 $\lambda_1=\lambda_2=-1,\lambda_3=5$。

当 $\lambda_1=\lambda_2=-1$ 时，可求得属于 -1 的两个线性无关的特征向量：

$$\boldsymbol{\xi}_1=\boldsymbol{\varepsilon}_1-\boldsymbol{\varepsilon}_3,\quad \boldsymbol{\xi}_2=\boldsymbol{\varepsilon}_2-\boldsymbol{\varepsilon}_3$$

当 $\lambda_3=5$ 时,可求得属于5的一个线性无关的特征向量:

$$\boldsymbol{\xi}_3=\boldsymbol{\varepsilon}_1+\boldsymbol{\varepsilon}_2+\boldsymbol{\varepsilon}_3$$

(2) 取 $\boldsymbol{\xi}_1,\boldsymbol{\xi}_2,\boldsymbol{\xi}_3$ 为线性空间 V 的一组基,并设

$$(\boldsymbol{\xi}_1,\boldsymbol{\xi}_2,\boldsymbol{\xi}_3)=(\boldsymbol{\varepsilon}_1,\boldsymbol{\varepsilon}_2,\boldsymbol{\varepsilon}_3)\boldsymbol{T}$$

显然

$$\boldsymbol{T}=\begin{pmatrix}1&0&1\\0&1&1\\-1&-1&1\end{pmatrix}$$

又 σ 在基 $\boldsymbol{\xi}_1,\boldsymbol{\xi}_2,\boldsymbol{\xi}_3$ 下矩阵为对角阵

$$\boldsymbol{B}=\begin{pmatrix}-1&0&0\\0&-1&0\\0&0&5\end{pmatrix}$$

故 $\boldsymbol{T}^{-1}\boldsymbol{A}\boldsymbol{T}=\boldsymbol{B}$。

例 7.5.3 设线性变换 σ 在基 $\boldsymbol{\varepsilon}_1,\boldsymbol{\varepsilon}_2,\boldsymbol{\varepsilon}_3$ 下的矩阵为

$$\boldsymbol{A}=\begin{pmatrix}-2&1&1\\0&2&0\\-4&1&3\end{pmatrix}$$

(1) 证明:σ 可对角化(也即 $\boldsymbol{A}$ 可对角化);

(2) 求 $\boldsymbol{A}$ 的相似对角形矩阵 $\boldsymbol{\Lambda}$ 及相似变换矩阵 $\boldsymbol{C}$;

(3) 求 $\boldsymbol{A}^{100}$;

(4) 求 $|3\boldsymbol{E}+\boldsymbol{A}^3|$。

证明 (1) 由

$$|\lambda\boldsymbol{E}-\boldsymbol{A}|=(\lambda-2)^2(\lambda+1)=0$$

得 σ 的特征值 $\lambda_1=\lambda_2=2,\lambda_3=-1$。

对于 $\lambda_1=\lambda_2=2$,解齐次线性方程组 $(2\boldsymbol{E}-\boldsymbol{A})\boldsymbol{X}=\boldsymbol{0}$,得其基础解系为 $\begin{pmatrix}1\\4\\0\end{pmatrix}$ 和 $\begin{pmatrix}1\\0\\4\end{pmatrix}$,所以 σ 的属于特征值2的两个线性无关的特征向量为

$$\boldsymbol{\xi}_1=\boldsymbol{\varepsilon}_1+4\boldsymbol{\varepsilon}_2,\quad \boldsymbol{\xi}_2=\boldsymbol{\varepsilon}_1+4\boldsymbol{\varepsilon}_3$$

对于 $\lambda_3=-1$,解齐次线性方程组 $(-1\cdot\boldsymbol{E}-\boldsymbol{A})\boldsymbol{X}=\boldsymbol{0}$,得一个基础解系为 $\begin{pmatrix}1\\0\\1\end{pmatrix}$。所以 σ 的属于特征值 -1 的一个线性无关的特征向量为

$$\boldsymbol{\xi}_3=\boldsymbol{\varepsilon}_1+\boldsymbol{\varepsilon}_3$$

因此,由推论7.5.4可知 σ 可对角化。

(2) 取 $\boldsymbol{\xi}_1,\boldsymbol{\xi}_2,\boldsymbol{\xi}_3$ 为线性空间 V 的一组基,并设

$$(\boldsymbol{\xi}_1,\boldsymbol{\xi}_2,\boldsymbol{\xi}_3)=(\boldsymbol{\varepsilon}_1,\boldsymbol{\varepsilon}_2,\boldsymbol{\varepsilon}_3)\boldsymbol{C}$$

显然

$$C=\begin{pmatrix}1&1&1\\4&0&0\\0&4&1\end{pmatrix}$$

则 σ 在 $\boldsymbol{\xi}_1,\boldsymbol{\xi}_2,\boldsymbol{\xi}_3$ 下的矩阵为对角形矩阵

$$\boldsymbol{\Lambda}=\begin{pmatrix}2&0&0\\0&2&0\\0&0&-1\end{pmatrix}$$

故 $\boldsymbol{C}^{-1}\boldsymbol{AC}=\boldsymbol{\Lambda}$。

(3) 由(2)知，$\boldsymbol{C}^{-1}\boldsymbol{AC}=\boldsymbol{\Lambda}$，于是 $\boldsymbol{A}=\boldsymbol{C\Lambda C}^{-1}$。所以

$$\boldsymbol{A}^{100}=\boldsymbol{C\Lambda}^{100}\boldsymbol{C}^{-1}=\begin{pmatrix}1&1&1\\4&0&0\\0&4&1\end{pmatrix}\begin{pmatrix}2&0&0\\0&2&0\\0&0&-1\end{pmatrix}^{100}\begin{pmatrix}1&1&1\\4&0&0\\0&4&1\end{pmatrix}^{-1}$$

$$=\begin{pmatrix}1&1&1\\4&0&0\\0&4&1\end{pmatrix}\begin{pmatrix}2^{100}&0&0\\0&2^{100}&0\\0&0&1\end{pmatrix}\begin{pmatrix}0&\frac{1}{4}&1\\-\frac{1}{3}&\frac{1}{12}&\frac{1}{3}\\\frac{3}{4}&-\frac{1}{3}&-\frac{1}{3}\end{pmatrix}$$

$$=\begin{pmatrix}-\frac{1}{3}(2^{100}-4)&\frac{1}{3}(2^{100}-1)&\frac{1}{3}(2^{100}-1)\\0&2^{100}&0\\-\frac{4}{3}(2^{100}-1)&\frac{1}{3}(2^{100}-1)&\frac{1}{3}(2^{102}-1)\end{pmatrix}$$

(4) 由(2)知，$\boldsymbol{A}\sim\boldsymbol{\Lambda}$。由相似矩阵的性质可知，$f(\boldsymbol{A})\sim f(\boldsymbol{\Lambda})$，且 $|f(\boldsymbol{A})|=|f(\boldsymbol{\Lambda})|$。令 $f(x)=3+x^3$，则 $f(\boldsymbol{A})=3\boldsymbol{E}+\boldsymbol{A}^3$，$f(\boldsymbol{\Lambda})=3\boldsymbol{E}+\boldsymbol{\Lambda}^3$。因此

$$|3\boldsymbol{E}+\boldsymbol{A}^3|=|3\boldsymbol{E}+\boldsymbol{\Lambda}^3|=\begin{vmatrix}11&0&0\\0&11&0\\0&0&2\end{vmatrix}=242$$

注 7.5.1 从例 7.5.3 可看出，矩阵的对角化在求矩阵的方幂及矩阵多项式的行列式中具有重要的应用。

7.6 线性变换的值域与核

本节我们将研究由线性变换导出的两个特殊子空间——值域与核，主要讨论它们的概念、性质及求法。

7.6.1 值域与核的概念及性质

定义 7.6.1 设 $\sigma \in L(V)$，σ 的全体像组成的集合称为 σ 的**值域**，记作 $\sigma(V)$ 或 $\mathrm{Im}(V)$，即

$$\sigma(V) = \{\sigma(\boldsymbol{\alpha}) \mid \boldsymbol{\alpha} \in V\}$$

定义 7.6.2 设 $\sigma \in L(V)$，V 中所有被 σ 变成零向量的向量组成的集合称为 σ 的**核**，记作 $\sigma^{-1}(\mathbf{0})$ 或者 $\ker(\sigma)$，即

$$\sigma^{-1}(\mathbf{0}) = \{\boldsymbol{\alpha} \mid \sigma(\boldsymbol{\alpha}) = \mathbf{0}, \boldsymbol{\alpha} \in V\}$$

定理 7.6.1 设 $\sigma \in L(V)$，则 $\sigma(V)$ 和 $\sigma^{-1}(\mathbf{0})$ 都是 V 的子空间。

证明 (1) 因 V 非空，所以 $\sigma(V)$ 非空。

又对任意的 $\sigma(\boldsymbol{\alpha}), \sigma(\boldsymbol{\beta}) \in \sigma(V)$ 及 $\forall k, l \in P$，有

$$k\sigma(\boldsymbol{\alpha}) + l\sigma(\boldsymbol{\beta}) = \sigma(k\boldsymbol{\alpha} + l\boldsymbol{\beta}) \in \sigma(V)$$

因此，$\sigma(V)$ 是 V 的子空间。

(2) 由于 $\sigma(\mathbf{0}) = \mathbf{0}$，所以 $\mathbf{0} \in \sigma^{-1}(\mathbf{0})$，即 $\sigma^{-1}(\mathbf{0})$ 非空。

又对任意的 $\boldsymbol{\alpha}, \boldsymbol{\beta} \in \sigma^{-1}(\mathbf{0})$ 及 $\forall k, l \in P$，有

$$\delta(k\boldsymbol{\alpha} + l\boldsymbol{\beta}) = k\delta(\boldsymbol{\alpha}) + l\delta(\boldsymbol{\beta}) = k \cdot \mathbf{0} + l \cdot \mathbf{0} = \mathbf{0}$$

于是，$k\boldsymbol{\alpha} + l\boldsymbol{\beta} \in \sigma^{-1}(\mathbf{0})$。因此，$\sigma^{-1}(\mathbf{0})$ 是 V 的子空间。

定义 7.6.3 值域 $\sigma(V)$ 的维数称为 σ 的秩，记作 $r(\sigma)$；$\sigma^{-1}(\mathbf{0})$ 的维数称为 σ 的零度。

例 7.6.1 在线性空间 $P[x]_n$ 中，令

$$\sigma(f(x)) = f'(x), \quad \forall f(x) \in P[x]_n$$

则显然 $\sigma(P[x]_n) = P[x]_{n-1}$，$\sigma^{-1}(\mathbf{0}) = P$。

定理 7.6.2 设 $\sigma \in L(V)$，$\boldsymbol{\varepsilon}_1, \boldsymbol{\varepsilon}_2, \cdots, \boldsymbol{\varepsilon}_n$ 是 V 的一组基，且

$$\sigma(\boldsymbol{\varepsilon}_1, \boldsymbol{\varepsilon}_2, \cdots, \boldsymbol{\varepsilon}_n) = (\boldsymbol{\varepsilon}_1, \boldsymbol{\varepsilon}_2, \cdots, \boldsymbol{\varepsilon}_n)\boldsymbol{A}$$

则

(1) σ 的值域 $\sigma(V)$ 是由基像组生成的子空间，即

$$\sigma(V) = L(\sigma(\boldsymbol{\varepsilon}_1), \sigma(\boldsymbol{\varepsilon}_2), \cdots, \sigma(\boldsymbol{\varepsilon}_n))$$

(2) $\dim(\sigma(V)) = r(\{\sigma(\boldsymbol{\varepsilon}_1), \sigma(\boldsymbol{\varepsilon}_2), \cdots, \sigma(\boldsymbol{\varepsilon}_n)\})$；

(3) $\dim(\sigma(V)) = r(\sigma) = r(\boldsymbol{A})$；

(4) $\dim(\sigma V) + \dim(\sigma^{-1}(\mathbf{0})) = n$。

证明 (1) 对 $\forall \boldsymbol{\xi} \in V$，可令

$$\boldsymbol{\xi} = x_1\boldsymbol{\varepsilon}_1 + x_2\boldsymbol{\varepsilon}_2 + \cdots + x_n\boldsymbol{\varepsilon}_n$$

于是

$$\sigma(\boldsymbol{\xi}) = x_1\sigma(\boldsymbol{\varepsilon}_1) + x_2\sigma(\boldsymbol{\varepsilon}_2) + \cdots + x_n\sigma(\boldsymbol{\varepsilon}_n)$$

此即说明，$\sigma(\boldsymbol{\xi}) \in L(\sigma(\boldsymbol{\varepsilon}_1), \sigma(\boldsymbol{\varepsilon}_2), \cdots, \sigma(\boldsymbol{\varepsilon}_n))$，即

$$\sigma(V) \subseteq L(\sigma(\boldsymbol{\varepsilon}_1), \sigma(\boldsymbol{\varepsilon}_2), \cdots, \sigma(\boldsymbol{\varepsilon}_n))$$

又由于基像组的任一线性组合还是一个像，从而

$$L(\sigma(\boldsymbol{\varepsilon}_1), \sigma(\boldsymbol{\varepsilon}_2), \cdots, \sigma(\boldsymbol{\varepsilon}_n)) \subseteq \sigma(V)$$

因此，$\sigma(V) = L(\sigma(\boldsymbol{\varepsilon}_1), \sigma(\boldsymbol{\varepsilon}_2), \cdots, \sigma(\boldsymbol{\varepsilon}_n))$。

(2) 由(1)的结论,显然(2)成立。

(3) 由于

$$(\sigma(\boldsymbol{\varepsilon}_1),\sigma(\boldsymbol{\varepsilon}_2),\cdots,\sigma(\boldsymbol{\varepsilon}_n))=(\boldsymbol{\varepsilon}_1,\boldsymbol{\varepsilon}_2,\cdots,\boldsymbol{\varepsilon}_n)\boldsymbol{A}$$

又在基 $\boldsymbol{\varepsilon}_1,\boldsymbol{\varepsilon}_2,\cdots,\boldsymbol{\varepsilon}_n$ 下,$V\cong P^n$。于是,由同构的性质,有

$$r(\{\sigma(\boldsymbol{\varepsilon}_1),\sigma(\boldsymbol{\varepsilon}_2),\cdots,\sigma(\boldsymbol{\varepsilon}_n)\})=\boldsymbol{A}\text{ 的列向量组的秩 }=r(\boldsymbol{A})$$

从而由(2)可知,$r(\sigma)=\dim(\sigma(V))=r(\boldsymbol{A})$。

(4) 任意 $\boldsymbol{\alpha}\in\sigma^{-1}(\mathbf{0})$,并设 $\boldsymbol{\alpha}$ 在基 $\boldsymbol{\varepsilon}_1,\boldsymbol{\varepsilon}_2,\cdots,\boldsymbol{\varepsilon}_n$ 下的坐标为 $\begin{pmatrix}x_1\\x_2\\\vdots\\x_n\end{pmatrix}$,由坐标变换公式可知,$\sigma(\boldsymbol{\alpha})$ 在基 $\boldsymbol{\varepsilon}_1,\boldsymbol{\varepsilon}_2,\cdots,\boldsymbol{\varepsilon}_n$ 下的坐标为

$$\boldsymbol{A}\begin{pmatrix}x_1\\x_2\\\vdots\\x_n\end{pmatrix}$$

又 $\sigma(\boldsymbol{\alpha})=\mathbf{0}$,从而有

$$\boldsymbol{A}\begin{pmatrix}x_1\\x_2\\\vdots\\x_n\end{pmatrix}=\mathbf{0}\tag{7.6.1}$$

反之,任取方程组(7.6.1)的一个解向量 $\boldsymbol{X}=\begin{pmatrix}x_1\\x_2\\\vdots\\x_n\end{pmatrix}$,并令

$$\boldsymbol{\alpha}=x_1\boldsymbol{\varepsilon}_1+x_2\boldsymbol{\varepsilon}_2+\cdots+x_n\boldsymbol{\varepsilon}_n$$

由坐标变换公式知,$\sigma(\boldsymbol{\alpha})$ 在基 $\boldsymbol{\varepsilon}_1,\boldsymbol{\varepsilon}_2,\cdots,\boldsymbol{\varepsilon}_n$ 下的坐标为

$$\boldsymbol{A}\begin{pmatrix}x_1\\x_2\\\vdots\\x_n\end{pmatrix}=\mathbf{0}$$

所以 $\sigma(\boldsymbol{\alpha})=\mathbf{0}$,即 $\boldsymbol{\alpha}\in\sigma^{-1}(\mathbf{0})$。因此,齐次线性方程组(7.6.1)的解空间$\cong\sigma^{-1}(\mathbf{0})$。又方程组(7.6.1)的解空间的维数 $=n-r(\boldsymbol{A})$。于是

$$\dim(\sigma^{-1}(\mathbf{0}))=n-r(\boldsymbol{A})$$

从而由(3)知

$$\dim(\sigma V)+\dim(\sigma^{-1}(\mathbf{0}))=n$$

注 7.6.1 尽管子空间 $\sigma(V)$ 与 $\sigma^{-1}(\mathbf{0})$ 的维数之和为 n,但 $\delta(V)+\sigma^{-1}(\mathbf{0})$ 并不一定是整个空间 V。

如在例 7.6.1 中,令 $V=P[x]_n$,则

$$\sigma(V)=P[x]_{n-1},\quad \sigma^{-1}(\mathbf{0})=P$$

从而有 $\dim(\sigma(V))+\dim(\sigma^{-1}(\mathbf{0}))=(n-1)+n=1$，但显然 $\sigma(V)+\sigma^{-1}(\mathbf{0})\neq V$。

定理 7.6.3 设 σ 是 n 维线性空间 V 上的线性变换，若 $\sigma(V)\cap\sigma^{-1}(\mathbf{0})=\{\mathbf{0}\}$，则 $V=\sigma(V)\oplus\sigma^{-1}(\mathbf{0})$。

证明 令 $W=\sigma(V)+\sigma^{-1}(\mathbf{0})$。由于 $\sigma(V)\cap\sigma^{-1}(\mathbf{0})=\{\mathbf{0}\}$，从而 $W=\sigma(V)\oplus\sigma^{-1}(\mathbf{0})$。于是，由定理 7.6.2 可知

$$\dim W=\dim\sigma(V)+\dim\sigma^{-1}(\mathbf{0})=n$$

又显然 W 是 V 的子空间，从而 $W=V$，即 $V=\sigma(V)\oplus\sigma^{-1}(\mathbf{0})$。

定理 7.6.4 设 σ 是 n 维线性空间 V 上的线性变换，则

(1) σ 是满射当且仅当 $\sigma(V)=V$；

(2) σ 是单射当且仅当 $\sigma^{-1}(\mathbf{0})=\{\mathbf{0}\}$。

证明 由线性变换值域的定义，(1)的结论显然。下证结论(2)成立：

事实上，若 σ 是单射，则 $\sigma^{-1}(\mathbf{0})$ 中只含有唯一的零向量，即 $\sigma^{-1}(\mathbf{0})=\{\mathbf{0}\}$。反过来，设 $\sigma^{-1}(\mathbf{0})=\{\mathbf{0}\}$，对任意的 $\boldsymbol{\alpha},\boldsymbol{\beta}\in V$，且 $\sigma(\boldsymbol{\alpha})=\sigma(\boldsymbol{\beta})$，则

$$\sigma(\boldsymbol{\alpha}-\boldsymbol{\beta})=\sigma(\boldsymbol{\alpha})-\sigma(\boldsymbol{\beta})=\mathbf{0}$$

从而 $\boldsymbol{\alpha}-\boldsymbol{\beta}\in\sigma^{-1}(\mathbf{0})=\{\mathbf{0}\}$，所以 $\boldsymbol{\alpha}=\boldsymbol{\beta}$，即 σ 是单射。

推论 7.6.1 设 σ 是 n 维线性空间 V 上的线性变换，则 σ 是单射当且仅当 σ 是满射。

证明 由定理 7.6.2 及定理 7.6.4，有

$$\sigma\text{ 是单射}\Leftrightarrow\sigma^{-1}(\mathbf{0})=\{\mathbf{0}\}\Leftrightarrow\dim(\sigma^{-1}(\mathbf{0}))=0$$
$$\Leftrightarrow\dim(\sigma(V))=n\Leftrightarrow\sigma(V)=V\Leftrightarrow\sigma\text{ 是满射}$$

故结论成立。

注 7.6.2 推论 7.6.1 的结论仅对有限维线性空间上的线性变换成立，对于无限维线性空间上的线性变换未必成立(此反例留给读者)。

定理 7.6.5 设 σ 是线性空间 V 上的线性变换，则

(1) $\sigma(V)\subseteq\sigma^{-1}(\mathbf{0})$ 当且仅当 σ^2 为零变换，即 $\sigma^2=\theta$；

(2) $\sigma^{-1}(\mathbf{0})\subseteq(\sigma^2)^{-1}(\mathbf{0})\subseteq(\sigma^3)^{-1}(\mathbf{0})\subseteq\cdots$；

(3) $\sigma(V)\supseteq\sigma^2(V)\supseteq\sigma^3(V)\supseteq\cdots$。

证明 (1) 先证充分性。

对 $\forall\boldsymbol{\xi}\in V$，有 $\sigma(\boldsymbol{\xi})\in\sigma(V)$。由于 $\sigma^2=\theta$，从而

$$\sigma(\sigma(\boldsymbol{\xi}))=\sigma^2(\boldsymbol{\xi})=\theta(\boldsymbol{\xi})=\mathbf{0}$$

于是，$\sigma(\boldsymbol{\xi})\in\sigma^{-1}(\mathbf{0})$。因此，由 $\boldsymbol{\xi}$ 的任意性得，$\sigma(V)\subseteq\sigma^{-1}(\mathbf{0})$。

再证必要性。

若 $\sigma(V)\subseteq\sigma^{-1}(\mathbf{0})$，则对任意的 $\boldsymbol{\xi}\in V$ 及 $\sigma(\boldsymbol{\xi})\in\sigma(V)$，有

$$\sigma^2(\boldsymbol{\xi})=\sigma(\sigma(\boldsymbol{\xi}))=\mathbf{0}$$

故 $\sigma^2=\theta$。

(2) 对 $\forall\boldsymbol{\xi}\in V$，当 $\boldsymbol{\xi}\in\sigma^{-1}(\mathbf{0})$，有 $\sigma(\boldsymbol{\xi})=\mathbf{0}$。于是

$$\sigma^2(\boldsymbol{\xi})=\sigma(\sigma(\boldsymbol{\xi}))=\sigma(\mathbf{0})=\mathbf{0}$$

即 $\boldsymbol{\xi}\in(\sigma^2)^{-1}(\mathbf{0})$。因此，$\sigma^{-1}(\mathbf{0})\subseteq(\sigma^2)^{-1}(\mathbf{0})$。同理，$(\sigma^2)^{-1}(\mathbf{0})\subseteq(\sigma^3)^{-1}(\mathbf{0})$。故有

$$\sigma^{-1}(\mathbf{0}) \subseteq (\sigma^2)^{-1}(\mathbf{0}) \subseteq (\sigma^3)^{-1}(\mathbf{0}) \subseteq \cdots$$

(3) 因为 $\sigma \in L(V)$，所以 $\sigma(V) \subseteq V$。

对任意的 $\boldsymbol{\alpha} \in \sigma^2(V)$，则存在 $\boldsymbol{\beta} \in V$，使得 $\sigma^2(\boldsymbol{\beta}) = \boldsymbol{\alpha}$。现记 $\sigma(\boldsymbol{\beta}) = \boldsymbol{\gamma}$。于是，有

$$\boldsymbol{\alpha} = \sigma(\boldsymbol{\gamma}) = \sigma(\sigma(\boldsymbol{\beta})) \in \sigma(V)$$

即 $\sigma(V) \supseteq \sigma^2(V)$。同理，$\sigma^2(V) \supseteq \sigma^3(V)$。故有

$$\sigma(V) \supseteq \sigma^2(V) \supseteq \sigma^3(V) \supseteq \cdots$$

7.6.2 值域与核的求法

1. 求线性变换核空间的方法

已知线性变换 σ 在基 $\boldsymbol{\varepsilon}_1, \boldsymbol{\varepsilon}_2, \cdots, \boldsymbol{\varepsilon}_n$ 下的矩阵为 $\boldsymbol{A}$。先求齐次线性方程组

$$\boldsymbol{A}\begin{pmatrix} x_1 \\ x_2 \\ \vdots \\ x_n \end{pmatrix} = \mathbf{0}$$

的一个基础解系 $\boldsymbol{\eta}_1, \boldsymbol{\eta}_2, \cdots, \boldsymbol{\eta}_{n-r}$，因该方程组的解空间与 $\sigma^{-1}(\mathbf{0})$ 同构，所以得到 $\sigma^{-1}(\mathbf{0})$ 的一组基 $\boldsymbol{\alpha}_1, \boldsymbol{\alpha}_2, \cdots, \boldsymbol{\alpha}_{n-r}$，这里 $\boldsymbol{\eta}_i (i = 1, 2, \cdots, n-r)$ 为 $\boldsymbol{\alpha}_i$ 在基 $\boldsymbol{\varepsilon}_1, \boldsymbol{\varepsilon}_2, \cdots, \boldsymbol{\varepsilon}_n$ 下的坐标。因此，$\sigma^{-1}(\mathbf{0}) = L(\boldsymbol{\alpha}_1, \boldsymbol{\alpha}_2, \cdots, \boldsymbol{\alpha}_{n-r})$。

2. 求线性变换值域的方法

先求 $\sigma(V)$ 的一组基，也即是求基像组 $\sigma(\boldsymbol{\varepsilon}_1), \sigma(\boldsymbol{\varepsilon}_2), \cdots, \sigma(\boldsymbol{\varepsilon}_n)$ 的一个极大线性无关组，不妨设为 $\sigma(\boldsymbol{\varepsilon}_1), \sigma(\boldsymbol{\varepsilon}_2), \cdots, \sigma(\boldsymbol{\varepsilon}_r)$。故

$$\sigma(V) = L(\sigma(\boldsymbol{\varepsilon}_1), \cdots, \sigma(\boldsymbol{\varepsilon}_r), \cdots, \sigma(\boldsymbol{\varepsilon}_n)) = L(\sigma(\boldsymbol{\varepsilon}_1), \cdots, \sigma(\boldsymbol{\varepsilon}_r))$$

例 7.6.2 设 $\sigma \in L(\mathbf{R}^3)$，且 σ 在基 $\boldsymbol{\alpha}_1, \boldsymbol{\alpha}_2, \boldsymbol{\alpha}_3$ 下的矩阵为

$$\boldsymbol{A} = \begin{pmatrix} 1 & 0 & 1 \\ 2 & 1 & 1 \\ -1 & 1 & -2 \end{pmatrix}$$

求 σ 的值域与核。

解 先求 $\sigma(\mathbf{R}^3)$。因为

$$\boldsymbol{A} = \begin{pmatrix} 1 & 0 & 1 \\ 2 & 1 & 1 \\ -1 & 1 & -2 \end{pmatrix} \to \begin{pmatrix} 1 & 0 & 1 \\ 0 & 1 & -1 \\ 0 & 1 & -1 \end{pmatrix} \to \begin{pmatrix} 1 & 0 & 1 \\ 0 & 1 & -1 \\ 0 & 0 & 0 \end{pmatrix}$$

所以 $r(\boldsymbol{A}) = 2$。由定理 7.6.2 知，向量组 $\sigma(\boldsymbol{\alpha}_1), \sigma(\boldsymbol{\alpha}_2), \sigma(\boldsymbol{\alpha}_3)$ 的秩为 2，又 $\sigma(\boldsymbol{\alpha}_1), \sigma(\boldsymbol{\alpha}_2)$ 线性无关，故 $\sigma(\boldsymbol{\alpha}_1), \sigma(\boldsymbol{\alpha}_2)$ 构成 $\sigma(\mathbf{R}^3)$ 的一组基，从而

$$\sigma(\mathbf{R}^3) = L(\sigma(\boldsymbol{\alpha}_1), \sigma(\boldsymbol{\alpha}_2))$$

再求 $\sigma^{-1}(\mathbf{0})$。令齐次线性方程组

$$A\begin{pmatrix}x_1\\x_2\\\vdots\\x_n\end{pmatrix}=\mathbf{0}$$

并求出该方程组的一个基础解系 $\begin{pmatrix}-1\\1\\1\end{pmatrix}$，则 $\boldsymbol{\xi}=-\boldsymbol{\alpha}_1+\boldsymbol{\alpha}_2+\boldsymbol{\alpha}_3$ 是 $\sigma^{-1}(\mathbf{0})$ 的一组基，故 $\sigma^{-1}(\mathbf{0})=L(\boldsymbol{\xi})$。

例 7.6.3 设 $\boldsymbol{A}$ 是一个 n 阶方阵，且 $\boldsymbol{A}^2=\boldsymbol{A}$。证明：$\boldsymbol{A}$ 相似于一对角矩阵

$$\boldsymbol{B}=\begin{pmatrix}1&&&&&\\&\ddots&&&&\\&&1&&&\\&&&0&&\\&&&&\ddots&\\&&&&&0\end{pmatrix}$$

证明 任取一 n 维线性空间 V 以及 V 的一组基 $\boldsymbol{\varepsilon}_1,\boldsymbol{\varepsilon}_2,\cdots,\boldsymbol{\varepsilon}_n$，则由定理 7.3.1，存在 $\sigma\in L(V)$ 使得

$$\sigma(\boldsymbol{\varepsilon}_1,\boldsymbol{\varepsilon}_2,\cdots,\boldsymbol{\varepsilon}_n)=(\boldsymbol{\varepsilon}_1,\boldsymbol{\varepsilon}_2,\cdots,\boldsymbol{\varepsilon}_n)\boldsymbol{A}$$

由 $\boldsymbol{A}^2=\boldsymbol{A}$，可知 $\sigma^2=\sigma$。设 $\boldsymbol{\alpha}\in\sigma(V)$，则存在 $\boldsymbol{\beta}\in V$，使得 $\boldsymbol{\alpha}=\sigma(\boldsymbol{\beta})$。于是有

$$\sigma(\boldsymbol{\alpha})=\sigma(\sigma(\boldsymbol{\beta}))=\sigma^2(\boldsymbol{\beta})=\sigma(\boldsymbol{\beta})=\boldsymbol{\alpha}$$

由于当 $\boldsymbol{\alpha}\neq\mathbf{0}$ 时，$\sigma(\boldsymbol{\alpha})=\boldsymbol{\alpha}\neq\mathbf{0}$，从而 $\sigma(V)\cap\sigma^{-1}(\mathbf{0})=\{\mathbf{0}\}$。于是，由定理 7.6.3，有

$$V=\sigma(V)\oplus\sigma^{-1}(\mathbf{0})$$

在 $\sigma(V)$ 中取一组基 $\boldsymbol{\eta}_1,\boldsymbol{\eta}_2,\cdots,\boldsymbol{\eta}_r$，在 $\sigma^{-1}(\mathbf{0})$ 中取一组基 $\boldsymbol{\eta}_{r+1},\cdots,\boldsymbol{\eta}_n$，从而 $\boldsymbol{\eta}_1,\boldsymbol{\eta}_2,\cdots,\boldsymbol{\eta}_r,\boldsymbol{\eta}_{r+1},\cdots,\boldsymbol{\eta}_n$ 是 V 的一组基，且

$$\sigma(\boldsymbol{\eta}_i)=\boldsymbol{\eta}_i\,(i=1,2,\cdots,r),\quad \sigma(\boldsymbol{\eta}_i)=\mathbf{0}\,(i=r+1,\cdots,n)$$

因此，

$$\sigma(\boldsymbol{\eta}_1,\boldsymbol{\eta}_2,\cdots,\boldsymbol{\eta}_n)=(\boldsymbol{\eta}_1,\boldsymbol{\eta}_2,\cdots,\boldsymbol{\eta}_n)\begin{pmatrix}1&&&&&\\&\ddots&&&&\\&&1&&&\\&&&0&&\\&&&&\ddots&\\&&&&&0\end{pmatrix}$$

即 $\boldsymbol{A}\sim B$。

例 7.6.4 设 $\sigma,\tau\in L(V)$，则 $r(\sigma\tau)\geqslant r(\sigma)+r(\tau)-n$。

证明 取线性空间 V 的一组基 $\boldsymbol{\varepsilon}_1,\boldsymbol{\varepsilon}_2,\cdots,\boldsymbol{\varepsilon}_n$，并设

$$\sigma(\boldsymbol{\varepsilon}_1,\boldsymbol{\varepsilon}_2,\cdots,\boldsymbol{\varepsilon}_n)=(\boldsymbol{\varepsilon}_1,\boldsymbol{\varepsilon}_2,\cdots,\boldsymbol{\varepsilon}_n)\boldsymbol{A},\quad \tau(\boldsymbol{\varepsilon}_1,\boldsymbol{\varepsilon}_2,\cdots,\boldsymbol{\varepsilon}_n)=(\boldsymbol{\varepsilon}_1,\boldsymbol{\varepsilon}_2,\cdots,\boldsymbol{\varepsilon}_n)\boldsymbol{B}$$

从而，$\sigma\tau$ 在基 $\boldsymbol{\varepsilon}_1,\boldsymbol{\varepsilon}_2,\cdots,\boldsymbol{\varepsilon}_n$ 下的矩阵为 $\boldsymbol{AB}$，又由定理 7.6.2 知

$$r(\sigma)=r(\boldsymbol{A}),\quad r(\tau)=r(\boldsymbol{B}),\quad r(\sigma\tau)=r(\boldsymbol{AB})$$

由第3章课后习题61的结论知，$r(\boldsymbol{AB}) \geqslant r(\boldsymbol{A}) + r(\boldsymbol{B}) - n$。因此，$r(\sigma\tau) \geqslant r(\sigma) + r(\tau) - n$。

7.7 不变子空间

本节我们将介绍一个关于 σ 的不变子空间。不变子空间是线性变换的重要概念，它是特征子空间的推广，它能更深入地说明线性变换矩阵的化简与线性变换的内在联系。

7.7.1 不变子空间的概念

定义 7.7.1 设 $\sigma \in L(V)$，W 是 V 的一个子空间。若对任意的 $\boldsymbol{\alpha} \in W$ 都有 $\sigma(\boldsymbol{\alpha}) \in W$，亦即 $\sigma(W) \subseteq W$，则称 W 对 σ 不变，或称 W 为 σ 的不变子空间，简称 σ-子空间。

注 7.7.1 V 的平凡子空间（V 及零子空间）对于 V 的任意一线性变换 σ 来说，都是 σ-子空间。若 W 是 σ-子空间，且 $W \neq V$，$W \neq \{\mathbf{0}\}$，则称 W 为 σ 的真不变子空间。

例 7.7.1 已知变换 $\sigma(a_1, a_2, a_3) = (a_3, a_2, a_1)$ 是 $\mathbf{R}^3$ 的一个线性变换，则子空间

$$W_1 = \{(x_1, x_2, 0) \mid x_1, x_2 \in \mathbf{R}\}$$

不是 σ-子空间，因为 $(1,1,0) \in W_1$，但 $\sigma(1,1,0) = (0,1,1) \notin W_1$。

例 7.7.2 已知变换 $\sigma(a_1, a_2, a_3) = (a_3, a_2, a_1)$ 是 $\mathbf{R}^3$ 的一个线性变换，令

$$W_2 = \{(x_1, 0, x_3 \mid x_1, x_3 \in \mathbf{R}\}$$

易证 W_2 是 σ-子空间。

7.7.2 一些特殊的不变子空间

例 7.7.3 设 $\sigma \in L(V)$，则 σ 的值域 $\sigma(\boldsymbol{\alpha})$ 与核 $\sigma^{-1}(\mathbf{0})$ 都是 σ-子空间。

证明 (1) 对任意的 $\boldsymbol{\alpha} \in \sigma(V) \subseteq V$，从而 $\boldsymbol{\alpha} \in V$，所以 $\sigma(\boldsymbol{\alpha}) \in \sigma(V)$。因此，$\sigma(V)$ 是 σ-子空间。

(2) 对任意的 $\boldsymbol{\alpha} \in \sigma^{-1}(\mathbf{0})$，则有 $\sigma^2(\boldsymbol{\alpha}) = \sigma(\sigma(\boldsymbol{\alpha})) = \sigma(\mathbf{0}) = \mathbf{0}$，所以 $\sigma(\boldsymbol{\alpha}) \in \sigma^{-1}(\mathbf{0})$，从而 $\sigma^{-1}(\mathbf{0})$ 是 σ-子空间。

例 7.7.4 V 的任一子空间都是数乘变换的不变子空间。这是因为子空间对于数量乘法是封闭的。

例 7.7.5 设 $\sigma, \tau \in L(V)$，且 $\sigma\tau = \tau\sigma$，则 $\tau^{-1}(\mathbf{0})$ 与 $\tau(V)$ 都是 σ-子空间。

证明 (1) 对任意的 $\boldsymbol{\alpha} \in \tau^{-1}(\mathbf{0})$，则有

$$\tau(\sigma(\boldsymbol{\alpha})) = (\tau\sigma)(\boldsymbol{\alpha}) = (\sigma\tau)(\boldsymbol{\alpha}) = \sigma(\tau(\boldsymbol{\alpha})) = \sigma(\mathbf{0}) = \mathbf{0}$$

这说明 $\sigma(\boldsymbol{\alpha})$ 在 τ 下的像是 $\mathbf{0}$，即 $\sigma(\boldsymbol{\alpha}) \in \tau^{-1}(\mathbf{0})$。故 $\tau^{-1}(\mathbf{0})$ 是 σ-子空间。

(2) 对 $\forall \boldsymbol{\xi} \in \tau(V)$，则存在 $\boldsymbol{\alpha} \in V$，使得 $\boldsymbol{\xi} = \tau(\boldsymbol{\alpha})$。于是

$$\sigma(\boldsymbol{\xi}) = \sigma(\tau(\boldsymbol{\alpha})) = (\sigma\tau)(\boldsymbol{\alpha}) = (\tau\sigma)(\boldsymbol{\alpha}) = \tau(\sigma(\boldsymbol{\alpha})) \in \tau(V)$$

故 $\tau(V)$是 σ-子空间。

注 7.7.2 因为 σ 的多项式$f(\sigma)$是和 σ 交换的,所以由例 7.7.5 知,$f(\sigma)$的值域与核都是 σ-子空间。

例 7.7.6 设 $\sigma\in L(V)$,则 σ 的属于特征值λ_0 的特征子空间 V_{λ_0}是 σ-子空间。

证明 对任意的 $\boldsymbol{\xi}\in V_{\lambda_0}$,则有 $\sigma(\boldsymbol{\xi})=\lambda_0\boldsymbol{\xi}\in V_{\lambda_0}$。从而 V_{λ_0}是 σ-子空间。

注 7.7.3 由例 7.7.6 可看出,不变子空间是特征子空间的推广。

命题 7.7.1 设 σ 是数域P 上线性空间V 的一个线性变换,则 σ 的特征向量生成的子空间是σ-子空间。

证明 设 $\boldsymbol{\alpha}_1,\boldsymbol{\alpha}_2,\cdots,\boldsymbol{\alpha}_s$ 是σ 分别属于特征值$\lambda_1,\lambda_2,\cdots,\lambda_s$ 的特征向量。任取 $\boldsymbol{\xi}\in L(\boldsymbol{\alpha}_1,\boldsymbol{\alpha}_2,\cdots,\boldsymbol{\alpha}_s)$,并令 $\boldsymbol{\xi}=k_1\boldsymbol{\alpha}_1+k_2\boldsymbol{\alpha}_2+\cdots+k_s\boldsymbol{\alpha}_s$,则

$$\sigma(\boldsymbol{\xi}) = k_1\lambda_1\boldsymbol{\alpha}_1 + k_2\lambda_2\boldsymbol{\alpha}_2 + \cdots + k_s\lambda_s\boldsymbol{\alpha}_s \in L(\boldsymbol{\alpha}_1,\boldsymbol{\alpha}_2,\cdots,\boldsymbol{\alpha}_s)$$

故 $L(\boldsymbol{\alpha}_1,\boldsymbol{\alpha}_2,\cdots,\boldsymbol{\alpha}_s)$是 σ-子空间。

注 7.7.4 特征向量与一维不变子空间之间有着紧密的关系。根据命题 7.7.1,由 σ 的一个特征向量生成的子空间是一个一维σ-子空间。反过来,一个一维 σ-子空间必可看成是σ 的一个特征向量生成的子空间。事实上,设 W 是一个一维σ-子空间,并令

$$W = L(\boldsymbol{\xi}) = \{k\boldsymbol{\xi} \mid k \in P,\boldsymbol{\xi} \neq \mathbf{0}\}$$

则 $\boldsymbol{\xi}$ 为$L(\boldsymbol{\xi})$的一组基。因为 W 为 σ-子空间,所以 $\sigma(\boldsymbol{\xi})\in W$,即存在 $\lambda\in P$,使得 $\sigma(\boldsymbol{\xi})=\lambda\boldsymbol{\xi}$。故 $\boldsymbol{\xi}$ 是σ 的特征向量。

7.7.3 不变子空间的性质

命题 7.7.2 设 σ 是数域P 上线性空间V 的一个线性变换,则 σ-子空间的交与和仍都是σ-子空间。

证明 (1) 设 V_1,V_2 是 σ-子空间。任取 $\boldsymbol{\alpha}\in V_1\cap V_2$,则由交的定义知 $\boldsymbol{\alpha}\in V_1$ 且 $\boldsymbol{\alpha}\in V_2$,从而,$\sigma(\boldsymbol{\alpha})\in V_1$ 且 $\sigma(\boldsymbol{\alpha})\in V_2$,即 $\sigma(\boldsymbol{\alpha})\in V_1\cap V_2$。因此,$V_1\cap V_2$ 是 σ-子空间。

(2) 设 V_1,V_2 是 σ-子空间。任取 $\boldsymbol{\alpha}\in V_1+V_2$,则存在 $\boldsymbol{\alpha}_1\in V_1,\boldsymbol{\alpha}_2\in V_2$,使得 $\boldsymbol{\alpha}=\boldsymbol{\alpha}_1+\boldsymbol{\alpha}_2$,从而

$$\sigma(\boldsymbol{\alpha}) = \sigma(\boldsymbol{\alpha}_1 + \boldsymbol{\alpha}_2) = \sigma(\boldsymbol{\alpha}_1) + \sigma(\boldsymbol{\alpha}_2) \in V_1 + V_2$$

因此,V_1+V_2 是 σ-子空间。

命题 7.7.3 设 $\sigma,\tau\in L(V)$,W 为V 的子空间。若 W 既是σ-子空间,又是 τ-子空间,则 W 是$\sigma+\tau$ 的不变子空间,也是 $\sigma\tau$ 的不变子空间。

证明 (1) 设 W 既是σ-子空间,且也是 τ-子空间。任取 $\boldsymbol{\alpha}\in W$,则由线性变换加法的定义,有

$$(\sigma + \tau)(\boldsymbol{\alpha}) = \sigma(\boldsymbol{\alpha}) + \tau(\boldsymbol{\alpha}) \in W$$

因此,W 是$\sigma+\tau$ 的不变子空间。

同理可证,W 是$\sigma\tau$ 的不变子空间。

命题 7.7.4 设 V 是数域P 上的一个有限维线性空间,$\sigma\in L(V)$。若 W 是σ-子空间,并且 σ 可逆,则 W 是σ^{-1}-子空间。

证明 当 $W=\{\mathbf{0}\}$时,结论显然成立。

当 $W\neq\{\mathbf{0}\}$ 时，令 $\boldsymbol{\alpha}_1,\boldsymbol{\alpha}_2,\cdots,\boldsymbol{\alpha}_s$ 为 W 的一组基。由于 W 是σ-子空间，并且 σ 可逆，从而 $\sigma(\boldsymbol{\alpha}_1),\sigma(\boldsymbol{\alpha}_2),\cdots,\sigma(\boldsymbol{\alpha}_s)$ 也是 W 的一组基。又 $\sigma(W)\subseteq W$，故 $\sigma(\boldsymbol{\alpha}_1),\sigma(\boldsymbol{\alpha}_2),\cdots,\sigma(\boldsymbol{\alpha}_s)$ 也是 $\sigma(W)$ 的一组基。因此 $\sigma(W)=W$，从而对任意的 $\boldsymbol{\alpha}\in W$，都存在 $\boldsymbol{\beta}\in W$ 使得 $\boldsymbol{\alpha}=\sigma(\boldsymbol{\beta})$。于是

$$\sigma^{-1}(\boldsymbol{\alpha})=\boldsymbol{\beta}\in W$$

即 W 是σ^{-1}-子空间。

注 7.7.5 对于无限维线性空间，命题 7.7.4 的结论未必成立。例如，在无限维线性空间 $V=L(1,x,x^2,x^3,\cdots)$ 中，令

$$W=L(x^2,x^4,x^6,\cdots)$$

显然，W 是 V 的子空间。现考察线性变换 σ：

$$1\to 1,x\to x^2,x^{2n}\to x^{2n+2},x^{2n+1}\to x^{2n-1}$$

其中 n 为正整数。易知 σ 可逆，并且 $\sigma(W)\subseteq W$，即 W 是σ-子空间。但由于 $\sigma^{-1}(x^2)=x\notin W$，故 W 不是σ^{-1}-子空间。

命题 7.7.5 设 $\sigma\in L(V)$，W 是 V 的一个非零子空间，$\boldsymbol{\varepsilon}_1,\boldsymbol{\varepsilon}_2,\cdots,\boldsymbol{\varepsilon}_r$ 是 W 的一组基，则 W 是σ-子空间的充要条件是 $\sigma(\boldsymbol{\varepsilon}_1),\sigma(\boldsymbol{\varepsilon}_2),\cdots,\sigma(\boldsymbol{\varepsilon}_r)$ 全在 W 中。

证明 由不变子空间的定义必要性显然成立。

下证充分性。

任取 $\boldsymbol{\xi}\in W$，并令 $\boldsymbol{\xi}=x_1\boldsymbol{\varepsilon}_1+x_2\boldsymbol{\varepsilon}_2+\cdots+x_r\boldsymbol{\varepsilon}_r$，则

$$\sigma(\boldsymbol{\xi})=x_1\sigma(\boldsymbol{\varepsilon}_1)+x_2\sigma(\boldsymbol{\varepsilon}_2)+\cdots+x_r\sigma(\boldsymbol{\varepsilon}_r)$$

又 $\sigma(\boldsymbol{\varepsilon}_i)\in W(i=1,2,\cdots,r)$，从而由 W 是 V 的子空间知 $\sigma(\boldsymbol{\xi})\in W$。因此，$W$ 是σ-子空间。

更一般地，我们有下面的结论：

命题 7.7.6 设 $\sigma\in L(V)$，W 是 V 的由向量组 $\boldsymbol{\varepsilon}_1,\boldsymbol{\varepsilon}_2,\cdots,\boldsymbol{\varepsilon}_r$ 生成的子空间，即

$$W=L(\boldsymbol{\varepsilon}_1,\boldsymbol{\varepsilon}_2,\cdots,\boldsymbol{\varepsilon}_r)$$

则 W 是σ-子空间的充要条件是 $\sigma(\boldsymbol{\varepsilon}_1),\sigma(\boldsymbol{\varepsilon}_2),\cdots,\sigma(\boldsymbol{\varepsilon}_r)$ 全在 W 中。

例 7.7.7 设 3 维线性空间 V 的线性变换 σ 在基 $\boldsymbol{\alpha}_1,\boldsymbol{\alpha}_2,\boldsymbol{\alpha}_3$ 下的矩阵为

$$\boldsymbol{A}=\begin{pmatrix}1&2&2\\2&1&2\\2&2&1\end{pmatrix}$$

证明：$W=L(-\boldsymbol{\alpha}_1+\boldsymbol{\alpha}_2,-\boldsymbol{\alpha}_1+\boldsymbol{\alpha}_3)$ 是 σ-子空间。

证明 令 $\boldsymbol{\beta}_1=-\boldsymbol{\alpha}_1+\boldsymbol{\alpha}_2,\boldsymbol{\beta}_2=-\boldsymbol{\alpha}_1+\boldsymbol{\alpha}_3$。由题设可知

$$\sigma(\boldsymbol{\alpha}_1)=\boldsymbol{\alpha}_1+2\boldsymbol{\alpha}_2+2\boldsymbol{\alpha}_3$$
$$\sigma(\boldsymbol{\alpha}_2)=2\boldsymbol{\alpha}_1+\boldsymbol{\alpha}_2+2\boldsymbol{\alpha}_3$$
$$\sigma(\boldsymbol{\alpha}_3)=2\boldsymbol{\alpha}_1+2\boldsymbol{\alpha}_2+\boldsymbol{\alpha}_3$$

于是有

$$\sigma(\boldsymbol{\beta}_1)=-\sigma(\boldsymbol{\alpha}_1)+\sigma(\boldsymbol{\alpha}_2)=\boldsymbol{\alpha}_1-\boldsymbol{\alpha}_2=-\boldsymbol{\beta}_1\in W$$
$$\sigma(\boldsymbol{\beta}_2)=-\sigma(\boldsymbol{\alpha}_1)+\sigma(\boldsymbol{\alpha}_3)=\boldsymbol{\alpha}_1-\boldsymbol{\alpha}_3=-\boldsymbol{\beta}_2\in W$$

因此，由命题 7.7.6 知，W 是σ-子空间。

命题 7.7.7　设 $\sigma\in L(V)$，$\boldsymbol{\varepsilon}_1,\boldsymbol{\varepsilon}_2,\cdots,\boldsymbol{\varepsilon}_n$ 是 V 的一组基，并且

$$\sigma(\boldsymbol{\varepsilon}_1,\boldsymbol{\varepsilon}_2,\cdots,\boldsymbol{\varepsilon}_n)=(\boldsymbol{\varepsilon}_1,\boldsymbol{\varepsilon}_2,\cdots,\boldsymbol{\varepsilon}_n)\boldsymbol{A}$$

其中 $\boldsymbol{A}=(a_{ij})_{n\times n}$。令 $W=L(\boldsymbol{\varepsilon}_{i_1},\boldsymbol{\varepsilon}_{i_2},\cdots,\boldsymbol{\varepsilon}_{i_k})(k=1,2,\cdots,n-1)$。若

$$\boldsymbol{A}_k=\begin{pmatrix}a_{i_1i_1} & a_{i_1i_2} & \cdots & a_{i_1i_k}\\ a_{i_2i_1} & a_{i_2i_2} & \cdots & a_{i_2i_k}\\ \vdots & \vdots & & \vdots\\ a_{i_ki_1} & a_{i_ki_2} & \cdots & a_{i_ki_k}\end{pmatrix}$$

为 $\boldsymbol{A}$ 的 $k(k=1,2,\cdots,n-1)$ 阶主子矩阵，则 W 是 σ-子空间的充要条件是 $\boldsymbol{A}_k$ 所在列的其他元素全为 0。

以上命题的证明可由命题 7.7.5 推得，该过程这里从略。

注 7.7.6　命题 7.7.7 提供了求不变子空间的方法。

7.7.4　σ 在不变子空间上引起的线性变换

定义 7.7.2　设 $\sigma\in L(V)$，W 是 σ-子空间。现只考虑 σ 作用在 W 上，即把 σ 看成是 W 的一个线性变换，称为 σ 在不变子空间 W 上引起的变换，又称为 σ 在 W 上的限制，记作 $\sigma|W$。

注 7.7.7　我们必须在概念上弄清楚 σ 与 $\sigma|W$ 的区别：

(1) σ：对 $\forall\,\boldsymbol{\xi}\in V$，都有 $\sigma(\boldsymbol{\xi})\in V$。

(2) $\sigma|W$：对 $\forall\,\boldsymbol{\xi}\in V$，都有 $\sigma|W(\boldsymbol{\xi})=\sigma(\boldsymbol{\xi})\in W$，但对 $\forall\,\boldsymbol{\xi}\in V$ 且 $\boldsymbol{\xi}\notin W$，$\sigma|W(\boldsymbol{\xi})$ 没有意义。

任意线性变换 σ 在它核上引起的线性变换是零变换，在特征子空间 V_{λ_0} 上引起的线性变换是数乘变换，即 $\sigma|_{\sigma^{-1}(\mathbf{0})}=\theta$，$\sigma|_{V_{\lambda_0}}=\lambda_0\mathscr{E}$。

7.7.5　不变子空间与线性变换的矩阵化简

定理 7.7.1　设 V 是数域 P 上的一个 n 维线性空间，$\sigma\in L(V)$，W 是 V 的子空间，取 W 的一组基 $\boldsymbol{\varepsilon}_1,\boldsymbol{\varepsilon}_2,\cdots,\boldsymbol{\varepsilon}_r$，并将其扩充为 V 的一组基 $\boldsymbol{\varepsilon}_1,\cdots,\boldsymbol{\varepsilon}_r,\boldsymbol{\varepsilon}_{r+1},\cdots,\boldsymbol{\varepsilon}_n$，则 W 是 σ-子空间当且仅当 σ 在基 $\boldsymbol{\varepsilon}_1,\cdots,\boldsymbol{\varepsilon}_r,\cdots,\boldsymbol{\varepsilon}_n$ 下的矩阵为

$$\boldsymbol{A}=\begin{pmatrix}\boldsymbol{A}_1 & \boldsymbol{A}_2\\ \boldsymbol{O} & \boldsymbol{A}_3\end{pmatrix}\tag{7.7.1}$$

其中，$\boldsymbol{A}_1$ 是 $\sigma|W$ 在 W 的基 $\boldsymbol{\varepsilon}_1,\boldsymbol{\varepsilon}_2,\cdots,\boldsymbol{\varepsilon}_r$ 下的矩阵。

证明　先证必要性。

设 W 是 σ-子空间，则对 $\forall\,\boldsymbol{\varepsilon}_i\in W(i=1,2,\cdots,r)$，都有 $\sigma(\boldsymbol{\varepsilon}_i)\in W$。于是

$$\begin{cases}\sigma(\boldsymbol{\varepsilon}_1)=a_{11}\boldsymbol{\varepsilon}_1+\cdots+a_{r1}\boldsymbol{\varepsilon}_r\\ \cdots\cdots\\ \sigma(\boldsymbol{\varepsilon}_r)=a_{1r}\boldsymbol{\varepsilon}_1+\cdots+a_{rr}\boldsymbol{\varepsilon}_r\\ \sigma(\boldsymbol{\varepsilon}_{r+1})=a_{1,r+1}\boldsymbol{\varepsilon}_1+\cdots+a_{r,r+1}\boldsymbol{\varepsilon}_r+a_{r+1,r+1}\boldsymbol{\varepsilon}_{r+1}+\cdots+a_{n,r+1}\boldsymbol{\varepsilon}_n\\ \cdots\cdots\\ \sigma(\boldsymbol{\varepsilon}_n)=a_{1n}\boldsymbol{\varepsilon}_1+\cdots+a_{rn}\boldsymbol{\varepsilon}_r+a_{r+1,n}\boldsymbol{\varepsilon}_{r+1}+\cdots+a_{nn}\boldsymbol{\varepsilon}_n\end{cases}$$

因此，σ 在基$\boldsymbol{\varepsilon}_1,\boldsymbol{\varepsilon}_2,\cdots,\boldsymbol{\varepsilon}_n$ 下的矩阵为

$$\boldsymbol{A}=\begin{pmatrix} a_{11} & \cdots & a_{1r} & a_{1,r+1} & \cdots & a_{1n} \\ \vdots & & \vdots & \vdots & & \vdots \\ a_{r1} & \cdots & a_{rr} & a_{r,r+1} & \cdots & a_{rn} \\ 0 & \cdots & 0 & a_{r+1,r+1} & \cdots & a_{r+1,n} \\ \vdots & & \vdots & \vdots & & \vdots \\ 0 & \cdots & 0 & a_{n,r+1} & \cdots & a_{nn} \end{pmatrix}=\begin{pmatrix} \boldsymbol{A}_1 & \boldsymbol{A}_2 \\ \boldsymbol{O} & \boldsymbol{A}_3 \end{pmatrix}$$

显然，其中 $\boldsymbol{A}_1$ 是 $\sigma|W$ 在 W 的基$\boldsymbol{\varepsilon}_1,\boldsymbol{\varepsilon}_2,\cdots,\boldsymbol{\varepsilon}_r$ 下的矩阵。

再证充分性。

若线性变换 σ 在基$\boldsymbol{\varepsilon}_1,\cdots,\boldsymbol{\varepsilon}_r,\cdots,\boldsymbol{\varepsilon}_n$ 下的矩阵具有(7.7.1)式的形式，其中 $\boldsymbol{A}_1$ 是 $\sigma|W$ 在 W 的基$\boldsymbol{\varepsilon}_1,\boldsymbol{\varepsilon}_2,\cdots,\boldsymbol{\varepsilon}_r$ 下的 r 阶矩阵，则易知 $\sigma(\boldsymbol{\varepsilon}_i)\in W(i=1,2,\cdots,r)$。因此，由命题7.7.5可知，$W$ 是σ-子空间。

定理 7.7.2 设 V 是数域P 上的一个 n 维线性空间，$\sigma\in L(V)$，则 σ 在某组基下的矩阵为准对角形矩阵

$$\boldsymbol{A}=\begin{pmatrix} \boldsymbol{A}_1 & \boldsymbol{O} \\ \boldsymbol{O} & \boldsymbol{A}_2 \end{pmatrix}$$

的充要条件是 V 可分解成σ 的两个非平凡不变子空间的直和。

证明 先证充分性。

若 V 可以分解成两个非平凡不变子空间的直和，即 $V=W_1\oplus W_2$。在 W_1 中取一组基$\boldsymbol{\varepsilon}_1,\cdots,\boldsymbol{\varepsilon}_r(1\leqslant r<n)$，在 W_2 中取一组基 $\boldsymbol{\varepsilon}_{r+1},\cdots,\boldsymbol{\varepsilon}_n$，则

$$\boldsymbol{\varepsilon}_1,\cdots,\boldsymbol{\varepsilon}_r,\boldsymbol{\varepsilon}_{r+1},\cdots,\boldsymbol{\varepsilon}_n \tag{7.7.2}$$

是 V 的一组基。由于 W_1,W_2 都是 σ-子空间，因此有

$$\begin{cases} \sigma(\boldsymbol{\varepsilon}_1)=a_{11}\boldsymbol{\varepsilon}_1+\cdots+a_{r1}\boldsymbol{\varepsilon}_r \\ \cdots\cdots \\ \sigma(\boldsymbol{\varepsilon}_r)=a_{1r}\boldsymbol{\varepsilon}_1+\cdots+a_{rr}\boldsymbol{\varepsilon}_r \\ \sigma(\boldsymbol{\varepsilon}_{r+1})=a_{r+1,r+1}\boldsymbol{\varepsilon}_{r+1}+\cdots+a_{n,r+1}\boldsymbol{\varepsilon}_n \\ \cdots\cdots \\ \sigma(\boldsymbol{\varepsilon}_n)=a_{r+1,n}\boldsymbol{\varepsilon}_{r+1}+\cdots+a_{nn}\boldsymbol{\varepsilon}_n \end{cases}$$

所以，σ 在基$\boldsymbol{\varepsilon}_1,\cdots,\boldsymbol{\varepsilon}_r,\cdots,\boldsymbol{\varepsilon}_n$ 下的矩阵为

$$\boldsymbol{A}=\begin{pmatrix} a_{11} & \cdots & a_{1r} & 0 & \cdots & 0 \\ \vdots & & \vdots & \vdots & & \vdots \\ a_{r1} & \cdots & a_{rr} & 0 & \cdots & 0 \\ 0 & \cdots & 0 & a_{r+1,r+1} & \cdots & a_{r+1,n} \\ \vdots & & \vdots & \vdots & & \vdots \\ 0 & \cdots & 0 & a_{n,r+1} & \cdots & a_{nn} \end{pmatrix}=\begin{pmatrix} \boldsymbol{A}_1 & \boldsymbol{O} \\ \boldsymbol{O} & \boldsymbol{A}_2 \end{pmatrix} \tag{7.7.3}$$

显然 $\boldsymbol{A}$ 是一个准对角形矩阵。

再证必要性。

若线性变换 σ 在基(7.7.2)式下的矩阵具有(7.7.3)式的形式，则

$$W_1 = L(\boldsymbol{\varepsilon}_1, \cdots, \boldsymbol{\varepsilon}_r), \quad W_2 = L(\boldsymbol{\varepsilon}_{r+1}, \cdots, \boldsymbol{\varepsilon}_n)$$

都是 σ-子空间,并且 $V = W_1 \oplus W_2$。

定理 7.7.2 可推广为如下定理:

定理 7.7.3 设 V 是数域P 上的一个 n 维线性空间,$\sigma \in L(V)$,则 σ 在某组基下的矩阵为准对角形矩阵

$$\boldsymbol{A} = \begin{pmatrix} \boldsymbol{A}_1 & & & \\ & \boldsymbol{A}_2 & & \\ & & \ddots & \\ & & & \boldsymbol{A}_s \end{pmatrix}$$

的充要条件是 V 可分解成σ 的s 个非平凡不变子空间的直和。

由此可知,线性变换的矩阵化简与不变子空间有着密切的联系。矩阵分解为准对角形与空间分解为不变子空间的直和是相当的。

7.7.6 空间的分解

下面我们用 Hamilton-Caylay 定理将空间 V 按特征值分解成不变子空间的直和。

定理 7.7.4 设线性变换 σ 的特征多项式$f_\sigma(\lambda)$可分解成一次因式的乘积

$$f_\sigma(\lambda) = (\lambda - \lambda_1)^{r_1}(\lambda - \lambda_2)^{r_2}\cdots(\lambda - \lambda_s)^{r_s}$$

则 V 可分解成不变子空间的直和

$$V = V_1 \oplus V_2 \oplus \cdots \oplus V_s$$

其中 $V_i = \{\boldsymbol{\xi} \mid (\sigma - \lambda_i \mathscr{E})^{r_i}\boldsymbol{\xi} = \boldsymbol{0}, \boldsymbol{\xi} \in V\}$。

证明 令

$$f_i(\lambda) = \frac{f(\lambda)}{(\lambda - \lambda_i)^{r_i}} = (\lambda - \lambda_1)^{r_1}\cdots(\lambda - \lambda_{i-1})^{r_{i-1}}(\lambda - \lambda_{i+1})^{r_{i+1}}\cdots(\lambda - \lambda_s)^{r_s}$$

和

$$V_i = f_i(\sigma)V$$

则 V_i 是$f_i(\sigma)$的值域,由例 7.7.5 知,V_i 是σ 的不变子空间,显然 V_i 满足

$$(\sigma - \lambda_i \mathscr{E})^{r_i} V_i = f(\sigma)V = \{\boldsymbol{0}\}$$

下面证明 $V = V_1 \oplus V_2 \oplus \cdots \oplus V_s$。

为此要证明两点:

第一,要证 V 中每个向量$\boldsymbol{\alpha}$ 都可以表示为

$$\boldsymbol{\alpha} = \boldsymbol{\alpha}_1 + \boldsymbol{\alpha}_2 + \cdots + \boldsymbol{\alpha}_s \quad (\boldsymbol{\alpha}_i \in V_i, i = 1,2,\cdots,s)$$

第二,要证向量的这种表示法是唯一的。

显然$(f_1(\lambda), f_2(\lambda), \cdots, f_s(\lambda)) = 1$,所以存在多项式 $u_1(\lambda), u_2(\lambda), \cdots, u_s(\lambda)$满足

$$u_1(\lambda)f_1(\lambda) + u_2(\lambda)f_2(\lambda) + \cdots + u_s(\lambda)f_s(\lambda) = 1$$

于是

$$u_1(\sigma)f_1(\sigma) + u_2(\sigma)f_2(\sigma) + \cdots + u_s(\sigma)f_s(\sigma) = \mathscr{E}$$

这样对于 V 中每个向量$\boldsymbol{\alpha}$ 都有

$$\boldsymbol{\alpha} = u_1(\sigma)f_1(\sigma)\boldsymbol{\alpha} + u_2(\sigma)f_2(\sigma)\boldsymbol{\alpha} + \cdots + u_s(\sigma)f_s(\sigma)\boldsymbol{\alpha}$$

其中 $u_i(\sigma)f_i(\sigma)\boldsymbol{\alpha}\in f_i(\sigma)V=V_i(i=1,2,\cdots,s)$。

再设

$$\boldsymbol{\beta}_1+\boldsymbol{\beta}_2+\cdots+\boldsymbol{\beta}_s=\mathbf{0}$$

其中 $\boldsymbol{\beta}_i$ 满足

$$(\sigma-\lambda_i\mathscr{E})^{r_i}\boldsymbol{\beta}_i=\mathbf{0}\quad(i=1,2,\cdots,s)$$

下证每一个 $\boldsymbol{\beta}_i=\mathbf{0}$。

因为 $(\lambda-\lambda_j)^{r_j}\mid f_i(\lambda)(j\neq i)$，所以

$$f_i(\sigma)\boldsymbol{\beta}_j=\mathbf{0}$$

用 $f_i(\sigma)$ 作用于 $\boldsymbol{\beta}_1+\boldsymbol{\beta}_2+\cdots+\boldsymbol{\beta}_s=\mathbf{0}$ 的两边，即得

$$f_i(\sigma)\boldsymbol{\beta}_i=\mathbf{0}$$

又由于 $(f_i(\lambda),(\lambda-\lambda_i)^{r_i})=1$，所以存在多项式 $u(\lambda),v(\lambda)$ 满足

$$u(\lambda)f_i(\lambda)+v(\lambda)(\lambda-\lambda_i)^{r_i}=1$$

于是

$$\boldsymbol{\beta}_i=u(\sigma)f_i(\sigma)\boldsymbol{\beta}_i+v(\sigma)(\sigma-\lambda_i\mathscr{E})^{r_i}\boldsymbol{\beta}_i=\mathbf{0}$$

现在设

$$\boldsymbol{\alpha}_1+\boldsymbol{\alpha}_2+\cdots+\boldsymbol{\alpha}_s=\mathbf{0}$$

其中 $\boldsymbol{\alpha}_i\in V_i$，当然 $\boldsymbol{\alpha}_i$ 满足

$$(\sigma-\lambda_i\mathscr{E})^{r_i}\boldsymbol{\alpha}_i=\mathbf{0}\quad(i=1,2,\cdots,s)$$

所以 $\boldsymbol{\alpha}_i=\mathbf{0}(i=1,2,\cdots,s)$，由此可知第一点中的表示法是唯一的。

再设有一向量 $\boldsymbol{\alpha}\in((\sigma-\lambda_i\mathscr{E})^{r_i})^{-1}(\mathbf{0})$，把 $\boldsymbol{\alpha}$ 表示成

$$\boldsymbol{\alpha}=\boldsymbol{\alpha}_1+\boldsymbol{\alpha}_2+\cdots+\boldsymbol{\alpha}_s\quad(\boldsymbol{\alpha}_i\in V_i,i=1,2,\cdots,s)$$

即

$$\boldsymbol{\alpha}_1+\boldsymbol{\alpha}_2+\cdots+(\boldsymbol{\alpha}_i-\boldsymbol{\alpha})+\cdots+\boldsymbol{\alpha}_s=\mathbf{0}$$

令 $\boldsymbol{\beta}_j=\boldsymbol{\alpha}_j(j\neq i),\boldsymbol{\beta}_i=\boldsymbol{\alpha}_i-\boldsymbol{\alpha}$，则 $\boldsymbol{\beta}_1,\boldsymbol{\beta}_2,\cdots,\boldsymbol{\beta}_s$ 满足

$$\boldsymbol{\beta}_1+\boldsymbol{\beta}_2+\cdots+\boldsymbol{\beta}_s=\mathbf{0}$$

和

$$(\sigma-\lambda_i\mathscr{E})^{r_i}\boldsymbol{\beta}_i=\mathbf{0}\quad(i=1,2,\cdots,s)$$

的向量，所以

$$\boldsymbol{\beta}_1=\boldsymbol{\beta}_2=\cdots=\boldsymbol{\beta}_i=\cdots=\boldsymbol{\beta}_s=\mathbf{0}$$

于是 $\boldsymbol{\alpha}=\boldsymbol{\alpha}_i\in V_i$，这就证明了 V_i 是 $(\sigma-\lambda_i\mathscr{E})^{r_i}$ 的核，即

$$V_i=\{\boldsymbol{\xi}\mid(\sigma-\lambda_i\mathscr{E})^{r_i}\boldsymbol{\xi}=\mathbf{0}\quad(\boldsymbol{\xi}\in V)\}$$

定义 7.7.3 设 $V,\sigma,f(\lambda)$ 同定理 7.7.4 一样，称 $\{\boldsymbol{\xi}\mid(\sigma-\lambda_i\mathscr{E})^{r_i}\boldsymbol{\xi}=\mathbf{0}(\boldsymbol{\xi}\in V)\}$ 为 σ 的属于特征值 λ_i 的根子空间，记作 V_{λ_i}。

习　题

1. 在 $P[x]$ 中，$\sigma f(x)=f'(x),\tau f(x)=xf(x)$。证明：$\sigma\tau-\tau\sigma=\mathscr{E}$。

2. 设 σ,τ 是线性变换,如果 $\sigma\tau-\tau\sigma=\mathscr{E}$,证明:$\sigma^k\tau-\tau\sigma^k=\mathscr{E}$。

3. 设 $\boldsymbol{\varepsilon}_1,\boldsymbol{\varepsilon}_2,\cdots,\boldsymbol{\varepsilon}_n$ 是线性空间 V 的一组基,σ 是 V 上的线性变换,σ 可逆当且仅当 $\sigma(\boldsymbol{\varepsilon}_1),\sigma(\boldsymbol{\varepsilon}_2),\cdots,\sigma(\boldsymbol{\varepsilon}_n)$线性无关。

4. 设 σ,τ,φ 都是线性空间上 V 的线性变换,证明:

(1) 如果 σ,τ 与 φ 可交换,则 $\sigma\tau,\sigma^2$ 也与 φ 可交换;

(2) 如果 σ,τ 与 φ 可交换,则 $\sigma+\tau,\sigma-\tau,k\sigma$ 也与 φ 可交换;

(3) 如果 $\sigma+\tau,\sigma-\tau$ 与 φ 可交换,则 σ,τ 也与 φ 可交换;

(4) 如果 σ 与 τ 可交换,且 σ 可逆,则 σ^{-1}与 τ 可交换。

5. 求下列线性变换在所指定基下的矩阵:

(1) 在 P^3 中,定义线性变换 σ 如下:

$$\sigma(x_1,x_2,x_3)=(2x_1-x_2,x_2+x_3,x_1)$$

求 σ 在基$\boldsymbol{\varepsilon}_1=(1,0,0),\boldsymbol{\varepsilon}_2=(0,1,0),\boldsymbol{\varepsilon}_3=(0,0,1)$下的矩阵;

(2) $[O;\boldsymbol{\varepsilon}_1,\boldsymbol{\varepsilon}_2]$是平面上一直角坐标系,$\sigma$ 是平面上的向量对第一象限和第三象限角的平分线的垂直投影,τ 是平面上的向量对$\boldsymbol{\varepsilon}_2$ 的垂直投影,求 $\sigma,\tau,\sigma\tau$ 在基$\boldsymbol{\varepsilon}_1,\boldsymbol{\varepsilon}_2$ 下的矩阵;

(3) 在线性空间 $P[x]_n$ 中,设变换 $\sigma:f(x)\to f(x+1)-f(x)$,求 σ 在基

$$\varepsilon_0=0,\quad \varepsilon_i=\frac{x(x-1)\cdots(x-i+1)}{i!}\quad (i=1,2,\cdots,n-1)$$

下的矩阵;

(4) 6 个函数

$$\varepsilon_1=\mathrm{e}^{ax}\cos bx,\quad \varepsilon_2=\mathrm{e}^{ax}\sin bx$$
$$\varepsilon_3=x\mathrm{e}^{ax}\cos bx,\quad \varepsilon_4=x\mathrm{e}^{ax}\sin bx$$
$$\varepsilon_5=\frac{1}{2}x^2\mathrm{e}^{ax}\cos bx,\quad \varepsilon_6=\frac{1}{2}x^2\mathrm{e}^{ax}\sin bx$$

的所有实系数线性组合构成实数域上一个 6 维线性空间,求微分变换 τ 在基 $\boldsymbol{\varepsilon}_i(i=1,2,\cdots,6)$ 下的矩阵;

(5) 已知 P^3 中线性变换 σ 在基$\boldsymbol{\eta}_1=(-1,1,1),\boldsymbol{\eta}_2=(1,0,-1),\boldsymbol{\eta}_3=(0,1,1)$下的矩阵为

$$\begin{pmatrix}1&0&1\\1&1&0\\-1&2&1\end{pmatrix}$$

求 σ 在基$\boldsymbol{\varepsilon}_1=(1,0,0),\boldsymbol{\varepsilon}_2=(0,1,0),\boldsymbol{\varepsilon}_3=(0,0,1)$下的矩阵;

(6) 在 P^3 中,σ 定义如下:

$$\begin{cases}\sigma\boldsymbol{\eta}_1=(-5,0,3)\\ \sigma\boldsymbol{\eta}_2=(0,-1,6)\\ \sigma\boldsymbol{\eta}_3=(-5,-1,9)\end{cases},\quad \begin{cases}\boldsymbol{\eta}_1=(-1,0,2)\\ \boldsymbol{\eta}_2=(0,1,1)\\ \boldsymbol{\eta}_3=(3,-1,0)\end{cases}$$

求 σ 在基$\boldsymbol{\varepsilon}_1=(1,0,0),\boldsymbol{\varepsilon}_2=(0,1,0),\boldsymbol{\varepsilon}_3=(0,0,1)$下的矩阵;

(7) 同上,求 σ 在$\boldsymbol{\eta}_1,\boldsymbol{\eta}_2,\boldsymbol{\eta}_3$ 下的矩阵。

6. 在 $P^{2\times 2}$ 中定义线性变换:

$$\sigma(\boldsymbol{X})=\begin{pmatrix}a&b\\c&d\end{pmatrix}\boldsymbol{X}$$

$$\tau(\boldsymbol{X})=\boldsymbol{X}\begin{pmatrix}a&b\\c&d\end{pmatrix}$$

$$\varphi(\boldsymbol{X})=\begin{pmatrix}a&b\\c&d\end{pmatrix}\boldsymbol{X}\begin{pmatrix}a&b\\c&d\end{pmatrix}$$

求 σ,τ,φ 在基 $\boldsymbol{E}_{11},\boldsymbol{E}_{12},\boldsymbol{E}_{21},\boldsymbol{E}_{22}$ 下的矩阵。

7. 设 3 维线性空间 V 上的线性变换 σ 在基 $\boldsymbol{\varepsilon}_1,\boldsymbol{\varepsilon}_2,\boldsymbol{\varepsilon}_3$ 下的矩阵为

$$\boldsymbol{A}=\begin{pmatrix}a_{11}&a_{12}&a_{13}\\a_{21}&a_{22}&a_{23}\\a_{31}&a_{32}&a_{33}\end{pmatrix}$$

求:(1) σ 在基 $\boldsymbol{\varepsilon}_1,\boldsymbol{\varepsilon}_2,\boldsymbol{\varepsilon}_3$ 下的矩阵;

(2) σ 在基 $\boldsymbol{\varepsilon}_1,k\boldsymbol{\varepsilon}_2,\boldsymbol{\varepsilon}_3$ 下的矩阵,其中 $k\in P$ 且 $k\neq 0$;

(3) σ 在基 $\boldsymbol{\varepsilon}_1+\boldsymbol{\varepsilon}_2,\boldsymbol{\varepsilon}_2,\boldsymbol{\varepsilon}_3$ 下的矩阵。

8. 设 V 是数域 P 上的线性空间,$\boldsymbol{\varepsilon}_1,\boldsymbol{\varepsilon}_2,\boldsymbol{\varepsilon}_3$ 是 V 的一组基,$\sigma\in L(V)$,且

$$\sigma(\boldsymbol{\varepsilon}_1,\boldsymbol{\varepsilon}_2,\boldsymbol{\varepsilon}_3)=(\boldsymbol{\varepsilon}_1,\boldsymbol{\varepsilon}_2,\boldsymbol{\varepsilon}_3)\begin{pmatrix}1&0&2\\2&3&0\\3&1&3\end{pmatrix}$$

求 σ 在基 $\boldsymbol{\varepsilon}_1+\boldsymbol{\varepsilon}_2,\boldsymbol{\varepsilon}_2,\boldsymbol{\varepsilon}_2+\boldsymbol{\varepsilon}_3$ 下对应的矩阵。

9. 设 σ 是线性空间 V 上的线性变换,如果 $\sigma^{k-1}(\boldsymbol{\xi})\neq\boldsymbol{0}$,但 $\sigma^{k}(\boldsymbol{\xi})=\boldsymbol{0}$,求证:

$$\boldsymbol{\xi},\sigma(\boldsymbol{\xi}),\cdots,\sigma^{k-1}(\boldsymbol{\xi})\quad(k>0)$$

线性无关。

10. 在 n 维线性空间中,设有线性变换 σ 与向量 $\boldsymbol{\xi}$,使得 $\sigma^{n-1}(\boldsymbol{\xi})\neq\boldsymbol{0}$,但 $\sigma^{n}(\boldsymbol{\xi})=\boldsymbol{0}$。求证:$\sigma$ 在某组基下的矩阵为

$$\begin{pmatrix}0&0&\cdots&0&0\\1&0&\cdots&0&0\\0&1&\cdots&0&0\\\vdots&\vdots&&\vdots&\vdots\\0&0&\cdots&1&0\end{pmatrix}$$

11. 在线性空间 P^3 中上的线性变换 σ 关于基 $\boldsymbol{\alpha}_1=(-1,1,1)$,$\boldsymbol{\alpha}_2=(1,0,-1)$,$\boldsymbol{\alpha}_3=(0,1,1)$ 的矩阵为

$$\boldsymbol{A}=\begin{pmatrix}1&0&1\\1&1&0\\-1&2&1\end{pmatrix}$$

(1) 求 σ 关于标准基 $\boldsymbol{\varepsilon}_1,\boldsymbol{\varepsilon}_2,\boldsymbol{\varepsilon}_3$ 下的矩阵;

(2) 设 $\boldsymbol{\alpha}=\boldsymbol{\alpha}_1+6\boldsymbol{\alpha}_2-\boldsymbol{\alpha}_3$,$\boldsymbol{\beta}=\boldsymbol{\varepsilon}_1-\boldsymbol{\varepsilon}_2+\boldsymbol{\varepsilon}_3$,求 $\sigma(\boldsymbol{\alpha})$,$\sigma(\boldsymbol{\beta})$ 在基 $\boldsymbol{\alpha}_1,\boldsymbol{\alpha}_2,\boldsymbol{\alpha}_3$ 下的坐标。

12. 设 σ 是 $\mathbf{R}^3$ 的线性变换，且

$$\sigma(x_1,x_2,x_3)=(x_1+2x_2-x_3,x_2+x_3,x_1+x_2-2x_3)$$

求:(1) $\sigma(\mathbf{R}^3)$的一个基与维数；

(2) $\sigma^{-1}(\mathbf{0})$的一个基与维数。

13. 设 V 是数域 P 上 n 维线性空间。证明：V 上与全体线性变换都可以交换的线性变换是数乘变换。

14. 设 σ 是数域 P 上 n 维线性空间 V 的一个线性变换。证明：若 σ 在任意一组基下的矩阵都相同，则 σ 是数乘变换。

15. 求下列矩阵的特征值和特征向量：

$$\begin{pmatrix}3&4\\5&2\end{pmatrix},\quad \begin{pmatrix}0&a\\-a&0\end{pmatrix},\quad \begin{pmatrix}5&6&-3\\-1&0&1\\1&2&-1\end{pmatrix}$$

$$\begin{pmatrix}0&2&1\\-2&0&3\\-1&-3&0\end{pmatrix},\quad \begin{pmatrix}0&0&1\\0&1&0\\1&0&0\end{pmatrix},\quad \begin{pmatrix}1&1&1&1\\1&1&-1&-1\\1&-1&1&-1\\1&-1&-1&1\end{pmatrix}$$

16. 已知

$$\boldsymbol{A}=\begin{pmatrix}1&2&2\\2&1&2\\2&2&1\end{pmatrix}$$

求 $\boldsymbol{A}$ 的伴随矩阵 $\boldsymbol{A}^*$ 的特征值与特征向量。

17. 设 $\boldsymbol{A}=\begin{pmatrix}1&4&2\\0&-3&4\\0&4&3\end{pmatrix}$，求 $\boldsymbol{A}^k$。

18. 已知

$$\boldsymbol{A}=\begin{pmatrix}-4&-10&0\\1&3&0\\3&x&1\end{pmatrix}$$

可对角化，求可逆矩阵 $\boldsymbol{P}$ 及对角阵 $\boldsymbol{\Lambda}$，使 $\boldsymbol{P}^{-1}\boldsymbol{A}\boldsymbol{P}=\boldsymbol{\Lambda}$。

19. 已知3阶矩阵 $\boldsymbol{A}$ 的特征值为2，1，−1，对应的特征向量依次为

$$(1,0,-1)^{\mathrm{T}},\quad (1,-1,0)^{\mathrm{T}},\quad (1,0,1)^{\mathrm{T}}$$

求矩阵 $\boldsymbol{A}$。

20. 已知 $\boldsymbol{A}$ 是3阶不可逆矩阵，−1，−2是 $\boldsymbol{A}$ 的特征值，$\boldsymbol{B}=\boldsymbol{A}^2-\boldsymbol{A}-2\boldsymbol{E}$。

(1) 求 $\boldsymbol{B}$ 的特征值；

(2) $\boldsymbol{B}$ 是否能对角化？说明理由。

21. 设 $\boldsymbol{\varepsilon}_1,\boldsymbol{\varepsilon}_2,\boldsymbol{\varepsilon}_3,\boldsymbol{\varepsilon}_4$ 是4维线性空间 V 的一组基。已知线性变换 σ 在这组基下的矩阵为

$$\begin{pmatrix} 1 & 0 & 2 & 1 \\ -1 & 2 & 1 & 3 \\ 1 & 2 & 5 & 5 \\ 2 & -2 & 1 & -2 \end{pmatrix}$$

(1) 求 σ 在基 $\boldsymbol{\eta}_1=\boldsymbol{\varepsilon}_1-2\boldsymbol{\varepsilon}_2+\boldsymbol{\varepsilon}_4,\boldsymbol{\eta}_2=3\boldsymbol{\varepsilon}_2-\boldsymbol{\varepsilon}_3-\boldsymbol{\varepsilon}_4,\boldsymbol{\eta}_3=\boldsymbol{\varepsilon}_3+\boldsymbol{\varepsilon}_4,\boldsymbol{\eta}_4=2\boldsymbol{\varepsilon}_4$ 下的矩阵；

(2) 求 σ 的核与值域；

(3) 在 σ 的核中选一组基，把它扩充成 V 的一组基，并求 σ 在这组基下的矩阵；

(4) 在 σ 的值域中选一组基，把它扩充成 V 的一组基，并求 σ 在这组基下的矩阵。

22. 设矩阵 $\boldsymbol{A}=\begin{pmatrix} 1 & -1 & 1 \\ 2 & 4 & -2 \\ -3 & -3 & a \end{pmatrix}$ 与 $\boldsymbol{B}=\begin{pmatrix} 2 & 0 & 0 \\ 0 & 2 & 0 \\ 0 & 0 & b \end{pmatrix}$ 相似。求：

(1) a,b 的值；

(2) 可逆矩阵 $\boldsymbol{P}$，使 $\boldsymbol{P}^{-1}\boldsymbol{AP}=\boldsymbol{B}$。

23. 设 3 阶方阵 $\boldsymbol{A}=(a_{ij})$ 的每行元素之和为 3，且满足 $\boldsymbol{AB}=\boldsymbol{0}$，其中 $\boldsymbol{B}=\begin{pmatrix} 1 & 2 \\ 0 & 1 \\ -2 & 0 \end{pmatrix}$，判断矩阵 $\boldsymbol{A}$ 是否可对角化？若可对角化，求一个可逆矩阵 $\boldsymbol{T}$，使 $\boldsymbol{T}^{-1}\boldsymbol{AT}$ 成对角形。

24. 证明：交换方阵 $\boldsymbol{A}$ 的第 i,j 两行，同时交换第 i,j 两列所得到的矩阵 $\boldsymbol{B}$ 与 $\boldsymbol{A}$ 相似。

25. 证明：

$$\begin{pmatrix} \lambda_1 & & & \\ & \lambda_2 & & \\ & & \ddots & \\ & & & \lambda_n \end{pmatrix} \text{ 与 } \begin{pmatrix} \lambda_{i1} & & & \\ & \lambda_{i2} & & \\ & & \ddots & \\ & & & \lambda_{in} \end{pmatrix}$$

相似，其中 $i_1 i_2 \cdots i_n$ 是 $1,2,\cdots,n$ 的一个排列。

26. 如果 $\boldsymbol{A}$ 与 $\boldsymbol{B}$ 相似，$\boldsymbol{C}$ 与 $\boldsymbol{D}$ 相似，证明：

$$\begin{pmatrix} \boldsymbol{A} & \boldsymbol{O} \\ \boldsymbol{O} & \boldsymbol{C} \end{pmatrix} \quad \text{与} \quad \begin{pmatrix} \boldsymbol{B} & \boldsymbol{O} \\ \boldsymbol{O} & \boldsymbol{D} \end{pmatrix}$$

相似

27. 设线性变换 σ 不是零变换，证明：若存在正整数 m 使得 σ^m 是零变换，则 σ 不可对角化。

28. 设 σ 是数域 P 上 4 维线性空间 V 上的一个线性变换，它在 V 的一组基 $\boldsymbol{\alpha}_1,\boldsymbol{\alpha}_2,\boldsymbol{\alpha}_3,\boldsymbol{\alpha}_4$ 下的矩阵

$$\boldsymbol{A}=\begin{pmatrix} 1 & 0 & 0 & 0 \\ 0 & 0 & 0 & 0 \\ 1 & 0 & 0 & 0 \\ 0 & 0 & 0 & 1 \end{pmatrix}$$

求：(1) $\boldsymbol{A}$ 的全部特征值与特征向量；

(2) V 的一组基,使得 σ 在这组基下的矩阵为对角矩阵,并写出这个对角矩阵。

29. 设 V 是复数域上的 n 维线性空间,σ,τ 是 V 的线性变换,且 $\sigma\tau=\tau\sigma$。证明:

(1) 如果 λ_0 是 σ 的一特征值,那么 V_{λ_0} 是 τ 的不变子空间;

(2) σ,τ 至少有一个公共的特征向量。

30. 设 σ 是数域 P 上 n 维线性空间 V 的一个线性变换。证明:

(1) 在 $P[x]$ 中有一次数小于等于 n^2 的多项式 $f(x)$,使 $f(\sigma)=\theta$,其中 θ 为零变换;

(2) 如果 $f(\sigma)=\theta,g(\sigma)=\theta$,那么 $d(\sigma)=\theta$,这里 $d(x)$ 是 $f(x)$ 与 $g(x)$ 的最大公因式;

(3) σ 可逆的充要条件是,有一常数项不为零的多项式 $f(x)$ 使 $f(\sigma)=\theta$。

31. 设 σ 是有限维线性空间 V 的线性变换,W 是 V 的线性子空间,σW 表示由 W 中向量的像组成的子空间。证明:

$$\dim(\sigma W)+\dim(\sigma^{-1}(\mathbf{0})\cap W)=\dim(W)$$

32. 设 $\sigma^2=\sigma,\tau^2=\tau$。证明:

(1) σ 与 τ 有相同值域的充要条件是 $\sigma\tau=\tau,\tau\sigma=\sigma$;

(2) σ 与 τ 有相同的核的充要条件是 $\sigma\tau=\sigma,\tau\sigma=\tau$。

33. 设 σ 是线性空间 V 的线性变换,证明:$\sigma(V)\subseteq\sigma^{-1}(\mathbf{0})$ 当且仅当 σ^2 是零变换。

34. 设 W_1,W_2 是 n 线性空间 V 的两个子空间,且其维数之和等于 n。求证:存在 V 的线性变换 σ,使得

$$\sigma^{-1}(\mathbf{0})=W_1,\quad \sigma(V)=W_2$$

35. 设 σ 是数域 P 上线性空间 V 的线性变换且 $\sigma^2=\sigma$。证明:

(1) σ 的特征值为 1 或 0;

(2) $\sigma^{-1}(\mathbf{0})=\{\boldsymbol{\alpha}-\sigma(\boldsymbol{\alpha})\mid\forall\boldsymbol{\alpha}\in V\}$。

36. 设 σ 是 4 维线性空间 V 上的一个线性变换,$\boldsymbol{\varepsilon}_1,\boldsymbol{\varepsilon}_2,\boldsymbol{\varepsilon}_3,\boldsymbol{\varepsilon}_4$ 是 V 的一组基,已知 σ 在这组基下的矩阵

$$\boldsymbol{A}=\begin{pmatrix}1&-1&-1&2\\0&1&0&0\\2&3&1&-1\\1&-2&-2&-1\end{pmatrix}$$

求包含的最小 σ-子空间。

37. 设 V 上的线性变换 σ 在 $\boldsymbol{\varepsilon}_1,\boldsymbol{\varepsilon}_2,\cdots,\boldsymbol{\varepsilon}_n$ 下的矩阵为

$$\begin{pmatrix}0&1&0&\cdots&0&0\\0&0&1&\cdots&0&0\\\vdots&\vdots&\vdots&&\vdots&\vdots\\0&0&0&\cdots&0&1\\0&0&0&\cdots&0&0\end{pmatrix}$$

试证:(1) σ 包含 $\boldsymbol{\varepsilon}_n$ 的不变子空间只有 V;

(2) σ 的任一非空不变子空间一定包含 $\boldsymbol{\varepsilon}_1$;

(3) $\{\mathbf{0}\},L(\boldsymbol{\varepsilon}_1),L(\boldsymbol{\varepsilon}_1,\boldsymbol{\varepsilon}_2),\cdots,L(\boldsymbol{\varepsilon}_1,\boldsymbol{\varepsilon}_2,\cdots,\boldsymbol{\varepsilon}_{n-1}),V$ 都是 σ 的不变子空间;

(4) V 不能够分解成两个非平凡σ 不变子空间的直和。

38. 证明:如果 $\sigma_1,\sigma_2,\cdots,\sigma_s$ 是线性空间 V 的 s 个两两不同的线性变换,那么在 V 中存在向量 $\boldsymbol{\alpha}$,使 $\sigma_1(\boldsymbol{\alpha}),\sigma_2(\boldsymbol{\alpha}),\cdots,\sigma_s(\boldsymbol{\alpha})$也两两不同。

39. 设 σ 与 τ 是 n 维线性空间 V 上的两个线性变换,证明:如果 σ 的秩和 τ 的秩之和小于 n,则 σ 和 τ 有公共的特征向量。

40. 设 $f(x)$为数域 P 上的多项式,且有

$$f(x)=g(x)h(x),\quad (g(x),h(x))=1$$

又设 V 为 P 上的线性空间,σ 是 V 的一个线性变换,证明:

$$(f(\sigma))^{-1}(\mathbf{0})=(g(\sigma))^{-1}(\mathbf{0})\oplus(h(\sigma))^{-1}(\mathbf{0})$$

第 8 章　Jordan 标准形

由第 7 章我们知道同一个线性变换在不同基底下的矩阵是相似的，我们希望通过基的变换，使它的矩阵尽可能具有简单的形状。我们知道对角矩阵具有简单的形状，但由第 7 章的讨论知，并不是所有的线性变换都有一组基使它在这组基下的矩阵为对角矩阵。本章将讨论一般的线性变换通过选基能够将它的矩阵变为什么样的简单形状矩阵，我们将这种矩阵称为该线性变换下矩阵的标准形。本章主要讨论方阵的 Jordan 标准形、最小的多项式、λ 矩阵的概念、不变因子和初等因子以及矩阵 Jordan 标准形的推导。

8.1　方阵的 Jordan 标准形

我们知道任意一个方阵一般不能够相似于一个对角矩阵，它一般相似于一个 Jordan 形矩阵。矩阵的 Jordan 标准形问题是线性代数中很重要的课题。

8.1.1　Jordan 标准形

定义 8.1.1　形式为

$$\boldsymbol{J}(\lambda,k)=\begin{pmatrix}\lambda & 1 & 0 & 0 & \cdots & 0 & 0\\ 0 & \lambda & 1 & 0 & \cdots & 0 & 0\\ \vdots & \vdots & \vdots & \vdots & & \vdots & \vdots\\ 0 & 0 & 0 & 0 & \cdots & \lambda & 1\\ 0 & 0 & 0 & 0 & \cdots & 0 & \lambda\end{pmatrix}_{k\times k}$$

称为一个 k 阶 **Jordan 块**，其中 λ 是复数，由若干个 Jordan 块组成的准对角矩阵

$$\boldsymbol{A}=\begin{pmatrix}\boldsymbol{J}(\lambda_1,k_1) & & & \\ & \boldsymbol{J}(\lambda_2,k_2) & & \\ & & \ddots & \\ & & & \boldsymbol{J}(\lambda_s,k_s)\end{pmatrix}\tag{8.1.1}$$

称为 **Jordan 形矩阵**，其中 $\lambda_1,\lambda_2,\cdots,\lambda_s$ 为复数，有一些可以相同。

例如：

$$\boldsymbol{J}(1,2)=\begin{pmatrix}1&1\\0&1\end{pmatrix},\quad \boldsymbol{J}(-3,1)=(-3),\quad \boldsymbol{J}(2,3)=\begin{pmatrix}2&1&0\\0&2&1\\0&0&2\end{pmatrix}$$

都是 Jordan 块，而

$$\begin{pmatrix}\boldsymbol{J}(1,2)&&\\&\boldsymbol{J}(-3,1)&\\&&\boldsymbol{J}(2,3)\end{pmatrix}=\begin{pmatrix}1&1&0&0&0&0\\0&1&0&0&0&0\\0&0&-3&0&0&0\\0&0&0&2&1&0\\0&0&0&0&2&1\\0&0&0&0&0&2\end{pmatrix}$$

是一个 Jordan 形矩阵。

8.1.2 主要结论

引理 8.1.1 设 $\boldsymbol{A}=\boldsymbol{J}(0,k)=\begin{pmatrix}0&1&0&0&\cdots&0&0\\0&0&1&0&\cdots&0&0\\\vdots&\vdots&\ddots&\vdots&&\vdots&\vdots\\0&0&0&0&\cdots&0&1\\0&0&0&0&\cdots&0&0\end{pmatrix}_{k\times k}$，则 $\boldsymbol{A}^k=\boldsymbol{O}$。

该定理的证明可以利用矩阵的乘法直接验证。

引理 8.1.2 在 n 维线性空间 V 上的线性变换 τ 满足 $\tau^k=0$，$k=\max\{k_1,k_2,\cdots,k_s\}$ 是某一正整数，就称 τ 为 V 上幂零线性变换，对幂零线性变换 τ，V 中必有下列形一组元素作为基：

$$\begin{aligned}&\boldsymbol{\alpha}_1,\boldsymbol{\alpha}_2,\cdots,\boldsymbol{\alpha}_s\\&\tau\boldsymbol{\alpha}_1,\tau\boldsymbol{\alpha}_2,\cdots,\tau\boldsymbol{\alpha}_s\\&\cdots\cdots\\&\tau^{k_1-1}\boldsymbol{\alpha}_1,\tau^{k_2-1}\boldsymbol{\alpha}_2,\cdots,\tau^{k_s-1}\boldsymbol{\alpha}_s\end{aligned}$$

且 $\tau^{k_1}\boldsymbol{\alpha}_1=\boldsymbol{0},\tau^{k_2}\boldsymbol{\alpha}_2=\boldsymbol{0},\cdots,\tau^{k_s}\boldsymbol{\alpha}_s=\boldsymbol{0}$，使得 τ 在这组基下的矩阵为

$$\begin{pmatrix}\boldsymbol{J}(0,k_1)&&&\\&\boldsymbol{J}(0,k_2)&&\\&&\ddots&\\&&&\boldsymbol{J}(0,k_s)\end{pmatrix}\tag{8.1.2}$$

证明 对 V 的维数 n 使用数学归纳法。

当 $n=1$ 时，这时 V 有基 $\boldsymbol{\alpha}_1$，且 $\tau\boldsymbol{\alpha}_1=\lambda_1\boldsymbol{\alpha}_1$，由 $\boldsymbol{\tau}^k\boldsymbol{\alpha}_1=\lambda_1^k\boldsymbol{\alpha}_1=\boldsymbol{0}$ 可得 $\lambda_1=0$，于是 $\boldsymbol{\alpha}_1$ 满足 $\tau\boldsymbol{\alpha}_1=\boldsymbol{0}$ 是所要求的基。

假设线性空间 V 的维数小于 n 时，引理 8.1.2 的结论成立。

下证当线性空间 V 的维数等于 n 时，引理 8.1.2 的结论也成立。

考察 τ 的不变子空间 τV，若 $\dim(\tau V)=\dim V=n$，则 $\tau V=V$，于是

$$\tau^k V = \tau^{k-1}(\tau V) = \tau^{k-1} V = \tau^{k-2}(\tau V) = \tau^{k-2} V = \cdots = V$$

由于 $\tau^k V=\{\mathbf{0}\}$，所以 $V=\{\mathbf{0}\}$，矛盾，从而 $\dim(\tau V)<\dim V=n$。将 τ 看作 τV 上的线性变换，仍有 $\tau^k=\theta$，在 τV 上有一组基

$$\begin{array}{l}\boldsymbol{\varepsilon}_1, \boldsymbol{\varepsilon}_2, \cdots, \boldsymbol{\varepsilon}_t \\ \tau\boldsymbol{\varepsilon}_1, \tau\boldsymbol{\varepsilon}_2, \cdots, \tau\boldsymbol{\varepsilon}_t \\ \cdots\cdots \\ \tau^{k_1-1}\boldsymbol{\varepsilon}_1, \tau^{k_2-1}\boldsymbol{\varepsilon}_2, \cdots, \tau^{k_s-1}\boldsymbol{\varepsilon}_t\end{array}$$

$\tau^{k_1}\boldsymbol{\varepsilon}_1=\mathbf{0}, \tau^{k_2}\boldsymbol{\varepsilon}_2=\mathbf{0}, \cdots, \tau^{k_s}\boldsymbol{\varepsilon}_t=\mathbf{0}$，其中 $k_1, k_2, \cdots, k_t$ 皆为正整数，由于 $\boldsymbol{\varepsilon}_1, \boldsymbol{\varepsilon}_2, \cdots, \boldsymbol{\varepsilon}_t$ 皆属于 τV，所以存在 $\boldsymbol{\alpha}_1, \boldsymbol{\alpha}_2, \cdots, \boldsymbol{\alpha}_t$，满足

$$\tau\boldsymbol{\alpha}_1 = \boldsymbol{\varepsilon}_1, \quad \tau\boldsymbol{\alpha}_2 = \boldsymbol{\varepsilon}_2, \cdots, \quad \tau\boldsymbol{\alpha}_t = \boldsymbol{\varepsilon}_t$$

这样就有

$$\tau^{k+1}\boldsymbol{\alpha}_1 = \tau^k\boldsymbol{\varepsilon}_1 = \mathbf{0}, \quad \tau^{k+1}\boldsymbol{\alpha}_2 = \tau^k\boldsymbol{\varepsilon}_2 = \mathbf{0}, \quad \cdots, \quad \tau^{k+1}\boldsymbol{\alpha}_t = \tau^k\boldsymbol{\varepsilon}_t = \mathbf{0}$$

这样 $\tau^{k_1}\boldsymbol{\alpha}_1, \cdots, \tau^{k_t}\boldsymbol{\alpha}_t$ 是 τ 的核 $\tau^{-1}(\mathbf{0})$ 中的向量，它们是 τV 中基向量的一部分，所以线性无关，再把它们扩充为 $\tau^{-1}(\mathbf{0})$ 的一组基 $\tau^{k_1}\boldsymbol{\alpha}_1, \cdots, \tau^{k_t}\boldsymbol{\alpha}_t, \boldsymbol{\alpha}_{t+1}, \cdots, \boldsymbol{\alpha}_s$，由定理 7.6.1($\dim(\tau V)+\dim(\tau^{-1}(\mathbf{0}))=n$)可知：

$$\begin{array}{l}\boldsymbol{\alpha}_1, \boldsymbol{\alpha}_2, \cdots, \boldsymbol{\alpha}_t \\ \tau\boldsymbol{\alpha}_1, \tau\boldsymbol{\alpha}_2, \cdots, \tau\boldsymbol{\alpha}_t \\ \cdots\cdots \\ \tau^{k_1-1}\boldsymbol{\alpha}_1, \tau^{k_2-1}\boldsymbol{\alpha}_2, \cdots, \tau^{k_s-1}\boldsymbol{\alpha}_t \\ \tau^{k_1-1}\boldsymbol{\alpha}_1, \tau^{k_2-1}\boldsymbol{\alpha}_2, \cdots, \tau^{k_s-1}\boldsymbol{\alpha}_t, \boldsymbol{\alpha}_{t+1}, \cdots, \boldsymbol{\alpha}_s\end{array}$$

构成 V 的一组基，且满足引理的要求(此时 $k_{t+1}=\cdots=k_s=1$)，从而完成证明。

定理 8.1.1　设 σ 是复数域上线性空间 V 上的一个线性变换，则在 V 中必定存在一组基，使 σ 在这组基下的矩阵是 Jordan 形矩阵。

证明　设 σ 的特征多项式为

$$f(\lambda) = (\lambda - \lambda_1)^{r_1}(\lambda - \lambda_2)^{r_2}\cdots(\lambda - \lambda_s)^{r_s}$$

这里 $\lambda_1, \lambda_2, \cdots, \lambda_s$ 是 σ 的全部不同的根。由定理 7.7.4 可知，V 可分解成 σ 的不变子空间的直和

$$V = V_1 \oplus V_2 \oplus \cdots \oplus V_s$$

其中 $V_i=\{\boldsymbol{\xi} \mid (\sigma-\lambda_i\boldsymbol{E}_{r_i})^{r_i}\boldsymbol{\xi}=\mathbf{0}, \boldsymbol{\xi}\in V\}$。如果能够证明在每个 V_i 上有一组基使 $\boldsymbol{A}\mid V_i$ 在该基下矩阵为 Jordan 形矩阵，则定理得证。

在每一个 V_i 上我们有

$$(\sigma - \lambda_i\boldsymbol{E}_{r_i})^{r_i} = \theta$$

作 $\boldsymbol{B}_i=(\sigma-\lambda_i\boldsymbol{E}_{r_i})\mid V_i$，则 $\boldsymbol{B}_i^{r_i}=\theta$，由引理 8.1.2 知道，存在 V_i 中的一组基使得 $\boldsymbol{B}_i$ 在这组基下的矩阵具有(8.1.2)的形状，从而 $\sigma\mid V_i=\boldsymbol{B}_i+\lambda_i\boldsymbol{E}_{r_i}$ 在该组基下的矩阵为

$$\lambda_i\boldsymbol{E}_{r_i} + \begin{pmatrix}\boldsymbol{J}(0,k_1) & & & \\ & \boldsymbol{J}(0,k_2) & & \\ & & \ddots & \\ & & & \boldsymbol{J}(0,k_s)\end{pmatrix} = \begin{pmatrix}\boldsymbol{J}(\lambda_i,k_1) & & & \\ & \boldsymbol{J}(\lambda_i,k_2) & & \\ & & \ddots & \\ & & & \boldsymbol{J}(\lambda_i,k_s)\end{pmatrix}$$

这是一个 Jordan 形矩阵,把每个 V_i 上的基合在一起得到 V 上的一组基,σ 在该组基下的矩阵就具有(8.1.1)式的形状。

定理 8.1.2 设每个 n 级复矩阵 $\boldsymbol{A}$ 都与一个 Jordan 形矩阵相似。这个 Jordan 形矩阵除去其中 Jordan 块的排序外由矩阵 $\boldsymbol{A}$ 唯一决定,称为矩阵 $\boldsymbol{A}$ 的 Jordan 标准形。

由于 Jordan 标准形矩阵是上三角矩阵,故矩阵 $\boldsymbol{A}$ 的 Jordan 标准形中主对角线上的元素就是 $\boldsymbol{A}$ 的特征多项式的全部根(重根按照重数计算)。

8.2 最小多项式

在第 7 章我们研究方阵的特征多项式,并且知道方阵的特征多项式也是该矩阵的化零多项式,本章将进一步研究矩阵的化零多项式,即最小多项式,并讨论如何用最小多项式来判断一个矩阵是否可以对角化问题。

8.2.1 定义与性质

根据 Hamilton-Cayley 定理(定理 7.4.3),任给数域 P 上一个 n 阶矩阵 $\boldsymbol{A}$,总可以找到数域 P 上一个多项式 $f(x)$,使得 $f(\boldsymbol{A})=\boldsymbol{O}$,则称 $f(x)$ 是以 $\boldsymbol{A}$ 为根的,$f(x)$ 称为 $\boldsymbol{A}$ 的**化零多项式**,当然以 $\boldsymbol{A}$ 为根的多项式是很多的。

定义 8.2.1 在 $\boldsymbol{A}$ 的所有化零多项式中,其中次数最低的首项系数为 1 的多项式称为 $\boldsymbol{A}$ 的**最小多项式**,一般记作 $m_A(x)$,在不混淆的情况下记为 $m(x)$。

性质 8.2.1 矩阵 $\boldsymbol{A}$ 的最小多项式是唯一的。

证明 设 $g_1(x)$ 和 $g_2(x)$ 都是矩阵 $\boldsymbol{A}$ 的最小多项式,根据带余除法,$g_1(x)$ 可以表示为

$$g_1(x) = g(x)g_2(x) + r(x)$$

其中 $r(x)=0$ 或 $\deg r(x)<\deg g_2(x)$,于是

$$g_1(\boldsymbol{A}) = g(\boldsymbol{A})g_2(\boldsymbol{A}) + r(\boldsymbol{A}) = \boldsymbol{O}$$

因此 $r(\boldsymbol{A})=\boldsymbol{O}$,由最小多项式的定义知道 $r(x)=0$,即 $g_2(x)\mid g_1(x)$。同理可以证明 $g_1(x)\mid g_2(x)$,因此 $g_1(x)$ 和 $g_2(x)$ 只是相差一个非零的常数因子,又因为 $g_1(x)$ 和 $g_2(x)$ 的首项系数都等于 1,所以 $g_1(x)=g_2(x)$。

性质 8.2.2 设 $g(x)$ 是矩阵 $\boldsymbol{A}$ 的最小多项式,那么 $f(x)$ 以 $\boldsymbol{A}$ 为根的充要条件是 $g(x)\mid f(x)$。

证明 根据带余除法,$f(x)$ 可以表示为

$$f(x) = q(x)g(x) + r(x)$$

其中 $r(x)=0$ 或 $\deg r(x)<\deg g(x)$,于是

$$f(\boldsymbol{A}) = q(\boldsymbol{A})g(\boldsymbol{A}) + r(\boldsymbol{A}) = \boldsymbol{O}$$

因此 $r(\boldsymbol{A})=\boldsymbol{O}$,由最小多项式的定义知道 $r(x)=0$,即 $g(x)\mid f(x)$。

反之若 $g(x)\mid f(x)$,则 $f(x)=q(x)g(x)$,从而

$$f(\boldsymbol{A}) = q(\boldsymbol{A})g(\boldsymbol{A}) = \boldsymbol{O}$$

即 $f(x)$是以 $\boldsymbol{A}$ 为根的多项式。

由此可知,方阵 $\boldsymbol{A}$ 的最小多项式一定是其特征多项式的一个因式。

例 8.2.1 数量矩阵 $k\boldsymbol{E}$ 的最小多项式为 $x-k$,特别地,单位矩阵 $\boldsymbol{E}$ 的最小多项式为 $x-1$,零多项式的最小多项式为 x。

另外,若某个方阵 $\boldsymbol{A}$ 的最小多项式是一次多项式,那么 $\boldsymbol{A}$ 也一定是数量矩阵。

例 8.2.2 设

$$\boldsymbol{A} = \begin{pmatrix} 1 & 1 & 0 \\ 0 & 1 & 0 \\ 0 & 0 & 1 \end{pmatrix}$$

求 $\boldsymbol{A}$ 的最小多项式 $m(x)$。

解 因为 $\boldsymbol{A}$ 的特征多项式为

$$|x\boldsymbol{E} - \boldsymbol{A}| = (x-1)^3$$

所以 $\boldsymbol{A}$ 的最小多项式是$(x-1)^3$ 的因式,显然

$$\boldsymbol{A} - \boldsymbol{E} = \begin{pmatrix} 0 & 1 & 0 \\ 0 & 0 & 0 \\ 0 & 0 & 0 \end{pmatrix} \neq \boldsymbol{O}$$

但

$$(\boldsymbol{A} - \boldsymbol{E})^2 = \begin{pmatrix} 0 & 0 & 0 \\ 0 & 0 & 0 \\ 0 & 0 & 0 \end{pmatrix} = \boldsymbol{O}$$

所以 $\boldsymbol{A}$ 的最小多项式为 $m(x) = (x-1)^2$。

性质 8.2.3 相似矩阵具有相同的最小多项式。

证明 不妨设矩阵 $\boldsymbol{A}$ 和矩阵 $\boldsymbol{B}$ 相似,则存在可逆矩阵 $\boldsymbol{P}$,满足 $\boldsymbol{B} = \boldsymbol{P}^{-1}\boldsymbol{AP}$。

由于对任意一个多项式 $f(x)$,都有

$$f(\boldsymbol{B}) = f(\boldsymbol{P}^{-1}\boldsymbol{AP}) = \boldsymbol{P}^{-1}f(\boldsymbol{A})\boldsymbol{P}$$

这说明 $f(\boldsymbol{B}) = \boldsymbol{O}$ 的充要条件是 $f(\boldsymbol{A}) = \boldsymbol{O}$。从而相似矩阵具有相同的最小多项式。

这个条件不是充分的,即具有相同的最小多项式的矩阵不一定相似。反例如下:

设矩阵

$$\boldsymbol{A} = \begin{pmatrix} 1 & 1 & & \\ & 1 & & \\ & & 1 & \\ & & & 2 \end{pmatrix}, \quad \boldsymbol{B} = \begin{pmatrix} 1 & 1 & & \\ & 1 & & \\ & & 2 & \\ & & & 2 \end{pmatrix}$$

显然 $\boldsymbol{A}$ 和 $\boldsymbol{B}$ 的最小多项式相同均是$(x-1)^2(x-2)$,但它们的特征多项式不同,因此,$\boldsymbol{A}$ 和 $\boldsymbol{B}$ 不是相似的。

性质 8.2.4 设 $\boldsymbol{A}$ 是一个准对角矩阵

$$\boldsymbol{A} = \begin{pmatrix} \boldsymbol{A}_1 & \\ & \boldsymbol{A}_2 \end{pmatrix}$$

并设 $\boldsymbol{A}_1$ 的最小多项式是 $g_1(x)$，$\boldsymbol{A}_2$ 的最小多项式为 $g_2(x)$，那么 $\boldsymbol{A}$ 的最小多项式是 $g_1(x)$ 和 $g_2(x)$ 的最小公倍式 $[g_1(x),g_2(x)]$。

证明 记 $g(x)=[g_1(x),g_2(x)]$，则 $g(x)=g_1(x)r_1(x)$ 和 $g(x)=g_2(x)r_2(x)$，那么

$$g(\boldsymbol{A})=\begin{pmatrix} g(\boldsymbol{A}_1) & \\ & g(\boldsymbol{A}_2)\end{pmatrix}=\begin{pmatrix} g_1(\boldsymbol{A}_1)r_1(\boldsymbol{A}_1) & \\ & g_2(\boldsymbol{A}_2)r_2(\boldsymbol{A}_2)\end{pmatrix}=\begin{pmatrix}\boldsymbol{O} & \\ & \boldsymbol{O}\end{pmatrix}=\boldsymbol{O}$$

所以 $g(x)$ 是 $\boldsymbol{A}$ 的化零多项式。其次设 $h(x)$ 是 $\boldsymbol{A}$ 的任一化零多项式，那么

$$h(\boldsymbol{A})=\begin{pmatrix} h(\boldsymbol{A}_1) & \\ & h(\boldsymbol{A}_2)\end{pmatrix}=\begin{pmatrix}\boldsymbol{O} & \\ & \boldsymbol{O}\end{pmatrix}=\boldsymbol{O}$$

从而 $h(\boldsymbol{A}_1)=\boldsymbol{O}$，$h(\boldsymbol{A}_2)=\boldsymbol{O}$，这说明 $h(x)$ 也是 $\boldsymbol{A}_1$ 和 $\boldsymbol{A}_2$ 的化零多项式，所以 $g_1(x)\mid h(x)$ 且 $g_2(x)\mid h(x)$，从而 $g(x)\mid h(x)$，这就证明了 $g(x)=[g_1(x),g_2(x)]$ 是 $\boldsymbol{A}$ 的化零多项式。

这个性质可以推广到多个矩阵 $\boldsymbol{A}$ 为若干个矩阵组成的准对角矩阵的情形，即

$$\boldsymbol{A}=\begin{pmatrix}\boldsymbol{A}_1 & & & \\ & \boldsymbol{A}_2 & & \\ & & \ddots & \\ & & & \boldsymbol{A}_s\end{pmatrix}$$

$\boldsymbol{A}_i$ 的最小多项式为 $g_i(x)$，那么 $\boldsymbol{A}$ 的最小多项式为 $g_1(x),g_2(x),\cdots,g_s(x)$ 的最小公倍式 $[g_1(x),g_2(x),\cdots,g_s(x)]$。

性质 8.2.5 k 阶 Jordan 块

$$\boldsymbol{J}(a,k)=\begin{pmatrix} a & 1 & 0 & 0 & \cdots & 0 & 0\\ 0 & a & 1 & 0 & \cdots & 0 & 0\\ \vdots & \vdots & \ddots & \vdots & & \vdots & \vdots\\ 0 & 0 & 0 & 0 & \cdots & a & 1\\ 0 & 0 & 0 & 0 & \cdots & 0 & a\end{pmatrix}_{k\times k}$$

的最小多项式为 $(x-a)^k$。

证明 易知 $\boldsymbol{J}(a,k)$ 的特征多项式为 $(x-a)^k$，而

$$\boldsymbol{J}(a,k)-a\boldsymbol{E}=\begin{pmatrix} 0 & 1 & 0 & 0 & \cdots & 0 & 0\\ 0 & 0 & 1 & 0 & \cdots & 0 & 0\\ \vdots & \vdots & \ddots & \vdots & & \vdots & \vdots\\ 0 & 0 & 0 & 0 & \cdots & 0 & 1\\ 0 & 0 & 0 & 0 & \cdots & 0 & 0\end{pmatrix}$$

但

$$(\boldsymbol{J}(a,k)-a\boldsymbol{E})^{k-1}=\begin{pmatrix} 0 & 0 & 0 & 0 & \cdots & 0 & 1\\ 0 & 0 & 0 & 0 & \cdots & 0 & 0\\ \vdots & \vdots & \ddots & \vdots & & \vdots & \vdots\\ 0 & 0 & 0 & 0 & \cdots & 0 & 0\\ 0 & 0 & 0 & 0 & \cdots & 0 & 0\end{pmatrix}\neq\boldsymbol{O}$$

所以 $\boldsymbol{J}(a,k)$ 的最小多项式为 $(x-a)^k$。

8.2.2　方阵可对角化的条件

定理 8.2.1　数域 P 上 n 阶矩阵 $\boldsymbol{A}$ 可与对角矩阵相似的充要条件为 $\boldsymbol{A}$ 的最小多项式是数域 P 上互素的一次因式的乘积。

证明　由性质 8.2.4 及其推广可知，定理的必要性显然是成立的。

下证定理的充分性。

根据矩阵和线性变换之间的对应关系，我们可定义任意线性变换 σ 的最小多项式，它等于其对应矩阵 $\boldsymbol{A}$ 的最小多项式。我们只要证明，若数域 P 上某线性空间 V 上的线性变换 σ 的最小多项式 $g(x)$ 是 P 上互素的一次因式的乘积

$$g(x)=(x-a_1)(x-a_2)\cdots(x-a_l)$$

这里 $a_1,a_2,\cdots,a_l$ 是互不相同的复数。用定理 8.1.1 同样的证明方法，可以证明

$$V=V_1\oplus V_2\oplus\cdots\oplus V_l$$

其中 $V_i=\{\boldsymbol{\xi}\mid(\sigma-\lambda_i\boldsymbol{E}_{r_i})\boldsymbol{\xi}=\boldsymbol{0},\boldsymbol{\xi}\in V\}$。把 $V_1,V_2,\cdots,V_l$ 的各自的基联合起来就是 V 的基，每个基向量都属于某个 V_i，因而是 σ 的特征向量，这样 σ 有 n 个特征向量，所以可以对角化。

推论 8.2.1　复数矩阵 $\boldsymbol{A}$ 与对角矩阵相似的充要条件是 $\boldsymbol{A}$ 的最小多项式没有重根。

推论 8.2.2　复数矩阵 $\boldsymbol{A}$ 的特征多项式 $f(x)$ 的既约因式是 $\boldsymbol{A}$ 的最小多项式 $m(x)$ 的因式，因此特征多项式的根也是最小多项式的根。

如果一个方阵的特征多项式没有重因式，那么这个特征多项式就是最小多项式。

例 8.2.3　求下面矩阵的特征多项式 $f(x)$ 和最小多项式 $m(x)$：

$$\boldsymbol{A}=\begin{pmatrix}7&4&-1\\4&7&-1\\-4&-4&4\end{pmatrix}$$

解　由于

$$f(x)=|x\boldsymbol{E}-\boldsymbol{A}|=\begin{vmatrix}x-7&-4&1\\-4&x-7&1\\4&4&x-4\end{vmatrix}=(x-3)^2(x-12)$$

由于最小多项式 $m(x)$ 能够整除 $f(x)$，通过计算可得

$$(\boldsymbol{A}-3\boldsymbol{E})(\boldsymbol{A}-12\boldsymbol{E})=\begin{pmatrix}4&4&-1\\4&4&-1\\-4&-4&4\end{pmatrix}\begin{pmatrix}-5&4&-1\\4&-5&-1\\-4&-4&-8\end{pmatrix}=\boldsymbol{O}$$

所以 $m(x)=(x-3)(x-12)$。

例 8.2.4　若 n 阶方阵 $\boldsymbol{A}$ 满足 $\boldsymbol{A}^3=\boldsymbol{A}$，则 $\boldsymbol{A}$ 一定可对角化。

证明　记 $f(x)=x^3-x=x(x-1)(x+1)$，则 $f(\boldsymbol{A})=\boldsymbol{A}^3-\boldsymbol{A}=\boldsymbol{O}$，所以 $f(x)$ 是矩阵 $\boldsymbol{A}$ 的化零多项式，由最小多项式 $m(x)$ 的定义可知 $m(x)\mid f(x)$，又由于 $f(x)$ 的根都是单根，所以 $m(x)$ 的根也都是单根，即 $m(x)$ 是互素的一次因式的乘积，由定理 8.2.1 知 $\boldsymbol{A}$ 一定可对角化。

8.3 λ-矩阵的概念与标准形

本节我们将研究一个新的矩阵——λ-矩阵,并利用它的一些性质,来证明矩阵 Jordan 标准形的主要定理——定理 8.1.1。

8.3.1 λ-矩阵的概念

定义 8.3.1 在数域 P 上,一个矩阵如果它的元素都是关于 λ 的多项式,即都是 $P[\lambda]$ 中的元素,则称这样的矩阵为 λ-矩阵,一般用 $\boldsymbol{A}(\lambda)$,$\boldsymbol{B}(\lambda)$,…表示 λ-矩阵,有时候我们把以数域 P 中的数为元素的矩阵称为数字矩阵。

由于 $P[\lambda]$中的元素对加、减、乘三种运算封闭,并且它们与数的运算有相同的运算规律。而矩阵加法与乘法只用到其中元素的加法与乘法,因此,我们可以同样定义 λ-矩阵的加法与乘法,它们与数字矩阵的运算有相同的运算规律。这些就不重复叙述与证明了。

由于行列式的定义也只用到其中元素的加法与乘法,所以对于 $n\times n$ 的 λ-矩阵,同样可以定义其行列式,一般地,λ-矩阵的行列式是 λ 的一个多项式,它与数字矩阵的行列式有相同的性质。例如,对于 λ-矩阵的行列式,矩阵乘积的行列式等于行列式的乘积,这个结论仍是成立的,同样也有 λ-矩阵的子式的概念。

定义 8.3.2 如果 λ-矩阵$\boldsymbol{A}(\lambda)$中有一个 $r(r\geqslant 1)$阶子式不为零,而所有的 $r+1$ 阶子式(如果有的话)全为零,则称 $\boldsymbol{A}(\lambda)$的秩为 r,规定零矩阵的秩为零。

定义 8.3.3 一个 $n\times n$ 的λ-矩阵$\boldsymbol{A}(\lambda)$称为**可逆的**,如果存在一个 $n\times n$ 的λ-矩阵 $\boldsymbol{B}(\lambda)$ 满足

$$\boldsymbol{A}(\lambda)\boldsymbol{B}(\lambda)=\boldsymbol{B}(\lambda)\boldsymbol{A}(\lambda)=\boldsymbol{E} \tag{8.3.1}$$

这里 $\boldsymbol{E}$ 是n 级单位矩阵,适合(8.3.1)式的矩阵 $\boldsymbol{B}(\lambda)$是唯一的,称为 $\boldsymbol{A}(\lambda)$的逆矩阵,记作 $\boldsymbol{A}^{-1}(\lambda)$。

定理 8.3.1 一个 $n\times n$ 的λ-矩阵$\boldsymbol{A}(\lambda)$可逆的充要条件是行列式$|\boldsymbol{A}(\lambda)|$是一个非零的数。

证明 先证充分性。设

$$d=|\boldsymbol{A}(\lambda)|$$

是一个非零的数。则其伴随矩阵 $\boldsymbol{A}^*(\lambda)$也是一个 λ-矩阵,且满足

$$\frac{1}{d}\boldsymbol{A}(\lambda)\boldsymbol{A}^*(\lambda)=\frac{1}{d}\boldsymbol{A}^*(\lambda)\boldsymbol{A}(\lambda)=\boldsymbol{E}$$

因此,$\boldsymbol{A}(\lambda)$可逆,且 $\boldsymbol{A}^{-1}(\lambda)=\dfrac{1}{d}\boldsymbol{A}^*(\lambda)$。

反之,若 $\boldsymbol{A}(\lambda)$可逆,则在(8.3.1)式的两边取行列式得

$$|\boldsymbol{A}(\lambda)\boldsymbol{B}(\lambda)|=|\boldsymbol{A}(\lambda)||\boldsymbol{B}(\lambda)|=|\boldsymbol{E}|=1$$

由于 $|\boldsymbol{A}(\lambda)|$ 和 $|\boldsymbol{B}(\lambda)|$ 都是 λ 的多项式，但它们的乘积等于 1，所以它们都是零次多项式，也就是非零的数。

例 8.3.1　求下面 λ-矩阵的秩：

$$\begin{pmatrix} \lambda+1 & -1 & \lambda^2 \\ 2\lambda & \lambda^2-1 & \lambda^2-\lambda \\ \lambda-1 & \lambda^2 & -\lambda \end{pmatrix}$$

解　因为

$$\begin{vmatrix} \lambda+1 & -1 & \lambda^2 \\ 2\lambda & \lambda^2-1 & \lambda^2-\lambda \\ \lambda-1 & \lambda^2 & -\lambda \end{vmatrix} = 0$$

但是

$$\begin{vmatrix} \lambda+1 & -1 \\ 2\lambda & \lambda^2-1 \end{vmatrix} = (\lambda+1)(\lambda^2-1)+2\lambda \neq 0$$

所以，该矩阵的秩为 2 。

8.3.2　λ-矩阵的初等变换

定义 8.3.4　下面的三种变换称为 λ-矩阵的**初等变换**：

(1) 互换矩阵的两行(列)位置；

(2) λ-矩阵的某一行(列)乘以非零常数 c；

(3) λ-矩阵某一行(列)的 $\varphi(\lambda)$ 倍加到另一行(列)，$\varphi(\lambda)$ 是一个多项式。

和数字矩阵的初等变换一样，λ-矩阵的初等变换可以引进初等矩阵：

1. 对换矩阵

$$\boldsymbol{E}(i,j) = \begin{pmatrix} 1 & & & & & & \\ & \ddots & & & & & \\ & & 0 & & 1 & & \\ & & & 1 & & & \\ & & & & \ddots & & \\ & & & & & 1 & & \\ & & 1 & & 0 & & \\ & & & & & & \ddots & \\ & & & & & & & 1 \end{pmatrix} \begin{matrix} \\ \\ \text{第 } i \text{ 行} \\ \\ \\ \\ \text{第 } j \text{ 行} \\ \\ \\ \end{matrix} \quad (1 \leqslant i \leqslant j \leqslant n)$$

$\boldsymbol{E}(i,j)$ 由单位矩阵 $\boldsymbol{E}$ 对换第 i 行(列)和第 j 行(列)所得。

2. 倍乘矩阵

$$
\boldsymbol{E}(i(c)) = \begin{pmatrix} 1 & & & & & & \\ & \ddots & & & & & \\ & & 1 & & & & \\ & & & c & & & \\ & & & & 1 & & \\ & & & & & \ddots & \\ & & & & & & 1 \end{pmatrix} \text{第 } i \text{ 行} \quad (1 \leqslant i \leqslant n)
$$

$\boldsymbol{E}(i(k))$由非零的数 c 乘以单位矩阵$\boldsymbol{E}$ 的第i 行(列)所得。

3. 倍加矩阵

$$
\boldsymbol{E}(i,j(\varphi(\lambda))) = \begin{pmatrix} 1 & & & & & & \\ & \ddots & & & & & \\ & & 1 & \cdots & \varphi(\lambda) & & \\ & & & \ddots & \vdots & & \\ & & & & 1 & & \\ & & & & & \ddots & \\ & & & & & & 1 \end{pmatrix} \begin{matrix} \text{第 } i \text{ 行} \\ \\ \text{第 } j \text{ 行} \end{matrix} \quad (1 \leqslant i \leqslant j \leqslant n)
$$

$\boldsymbol{E}(i,j(\varphi(\lambda)))$由单位矩阵 $\boldsymbol{E}$ 的第j 行的$\varphi(\lambda)$倍加到第 i 行所得,或者由单位矩阵 $\boldsymbol{E}$ 的第i 列的$\varphi(\lambda)$倍加到第 j 列所得。

和数字矩阵一样,以上三个初等矩阵也是可逆的,并且有

$$
\boldsymbol{E}^{-1}(i,j) = \boldsymbol{E}(i,j)
$$

$$
\boldsymbol{E}^{-1}(i(c)) = \boldsymbol{E}\left(i\left(\frac{1}{c}\right)\right)
$$

$$
\boldsymbol{E}^{-1}(i,j(\varphi(\lambda))) = \boldsymbol{E}(i,j(-\varphi(\lambda)))
$$

同样地,对一个 $s\times n$ 的λ-矩阵$\boldsymbol{A}(\lambda)$做一次初等行变换就相当于在 $\boldsymbol{A}(\lambda)$的左边乘上相应的 $s\times s$ 初等矩阵;对 $\boldsymbol{A}(\lambda)$做一次初等列变换就相当于在 $\boldsymbol{A}(\lambda)$的右边乘上相应的 $n\times n$ 初等矩阵。

设一个 λ-矩阵$\boldsymbol{A}(\lambda)$经过初等变换化为 $\boldsymbol{B}(\lambda)$,相当于对 $\boldsymbol{A}(\lambda)$左乘或右乘一系列初等矩阵得到 $\boldsymbol{B}(\lambda)$,由于初等变换是可逆的,若用这些初等矩阵的逆矩阵左乘或右乘 $\boldsymbol{B}(\lambda)$,也可以将其变回 $\boldsymbol{A}(\lambda)$,这也就是说 $\boldsymbol{B}(\lambda)$也可以经过反向初等变换化为 $\boldsymbol{A}(\lambda)$。

定义 8.3.5 λ-矩阵$\boldsymbol{A}(\lambda)$称为与 $\boldsymbol{B}(\lambda)$等价,如果 $\boldsymbol{A}(\lambda)$可以经过一系列的初等变换化为 $\boldsymbol{B}(\lambda)$,记作 $\boldsymbol{A}(\lambda)\sim\boldsymbol{B}(\lambda)$。

等价是 λ-矩阵之间的一种关系,这个关系也具有下列三个性质:

(1) **反身性** $\boldsymbol{A}(\lambda)\sim\boldsymbol{A}(\lambda)$;

(2) **对称性** 若 $\boldsymbol{A}(\lambda)\sim\boldsymbol{B}(\lambda)$,则 $\boldsymbol{B}(\lambda)\sim\boldsymbol{A}(\lambda)$;

(3) **传递性** 若 $\boldsymbol{A}(\lambda)\sim\boldsymbol{B}(\lambda)$且 $\boldsymbol{B}(\lambda)\sim\boldsymbol{C}(\lambda)$,则 $\boldsymbol{A}(\lambda)\sim\boldsymbol{C}(\lambda)$。

利用初等变换和初等矩阵的关系可得，矩阵 $\boldsymbol{A}(\lambda)$ 与 $\boldsymbol{B}(\lambda)$ 等价的充要条件是存在一系列初等矩阵 $\boldsymbol{P}_1,\boldsymbol{P}_2,\cdots,\boldsymbol{P}_t,\boldsymbol{Q}_1,\boldsymbol{Q}_2,\cdots,\boldsymbol{Q}_s$ 满足

$$\boldsymbol{B}(\lambda) = \boldsymbol{P}_1\boldsymbol{P}_2\cdots\boldsymbol{P}_t\boldsymbol{A}(\lambda)\boldsymbol{Q}_1\boldsymbol{Q}_2\cdots\boldsymbol{Q}_s$$

8.3.3　λ-矩阵的标准形

本节主要研究任意一个 λ-矩阵 $\boldsymbol{A}(\lambda)$ 经过一系列初等变换后的标准形问题，先看一个引理。

引理 8.3.1　设 λ-矩阵 $\boldsymbol{A}(\lambda)$ 的左上角的元素 $a_{11}(\lambda)\neq 0$ 并且 $\boldsymbol{A}(\lambda)$ 中至少有一个元素不能被它除尽，那么一定可以找到一个与 $\boldsymbol{A}(\lambda)$ 等价的矩阵 $\boldsymbol{B}(\lambda)$，它的左上角元素也不为零，但是次数比 $a_{11}(\lambda)$ 的次数低。

证明　根据 $\boldsymbol{A}(\lambda)$ 不能够被 $a_{11}(\lambda)$ 除尽元素所在的位置，分三种情形来讨论：

(1) 若 $\boldsymbol{A}(\lambda)$ 的第 1 列中有一个元素 $a_{i1}(\lambda)$ 不能被 $a_{11}(\lambda)$ 除尽，则有

$$a_{i1}(\lambda) = a_{11}(\lambda)q(\lambda) + r(\lambda)$$

其中余式 $r(\lambda)\neq 0$，且次数比 $a_{11}(\lambda)$ 低。对 $\boldsymbol{A}(\lambda)$ 做初等行变换，把 $\boldsymbol{A}(\lambda)$ 的第 i 行减去第 1 行的 $q(\lambda)$ 得

$$\boldsymbol{A}(\lambda) = \begin{pmatrix} a_{11}(\lambda) & \cdots \\ \vdots & \vdots \\ a_{i1}(\lambda) & \cdots \\ \vdots & \vdots \end{pmatrix} \xrightarrow{r_i - q(\lambda)r_1} \begin{pmatrix} a_{11}(\lambda) & \cdots \\ \vdots & \vdots \\ r(\lambda) & \cdots \\ \vdots & \vdots \end{pmatrix}$$

再将此矩阵的第 1 行与第 i 行互换得

$$\boldsymbol{A}(\lambda) \to \begin{pmatrix} a_{11}(\lambda) & \cdots \\ \vdots & \vdots \\ r(\lambda) & \cdots \\ \vdots & \vdots \end{pmatrix} \xrightarrow{r_i \leftrightarrow r_1} \begin{pmatrix} r(\lambda) & \cdots \\ \vdots & \vdots \\ a_{11}(\lambda) & \cdots \\ \vdots & \vdots \end{pmatrix} = \boldsymbol{B}(\lambda)$$

$\boldsymbol{B}(\lambda)$ 左上角元素 $r(\lambda)$ 符合引理的要求，故 $\boldsymbol{B}(\lambda)$ 即为所求的矩阵。

(2) 若 $\boldsymbol{A}(\lambda)$ 的第 1 行中有一个元素 $a_{1j}(\lambda)$ 不能被 $a_{11}(\lambda)$ 除尽，这种情形的证明和情形(1)类似，但要对 $\boldsymbol{A}(\lambda)$ 实施初等列变换。

(3) $\boldsymbol{A}(\lambda)$ 的第 1 行与第 1 列中的元素都可以被 $a_{11}(\lambda)$ 除尽，但 $\boldsymbol{A}(\lambda)$ 中有另一个元素 $a_{ij}(\lambda)(i>1,j>1)$ 不能被 $a_{11}(\lambda)$ 除尽。设

$$a_{i1}(\lambda) = a_{11}(\lambda)\varphi(\lambda)$$

对 $\boldsymbol{A}(\lambda)$ 做初等变换如下：

$$\boldsymbol{A}(\lambda) = \begin{pmatrix} a_{11}(\lambda) & \cdots & a_{1j}(\lambda) & \cdots \\ \vdots & & \vdots & \\ a_{i1}(\lambda) & \cdots & a_{ij}(\lambda) & \cdots \\ \vdots & & \vdots & \end{pmatrix} \xrightarrow{r_i - \varphi(\lambda)r_1} \begin{pmatrix} a_{11}(\lambda) & \cdots & a_{1j}(\lambda) & \cdots \\ \vdots & & \vdots & \\ 0 & \cdots & a_{ij}(\lambda) - a_{1j}(\lambda)\varphi(\lambda) & \cdots \\ \vdots & & \vdots & \end{pmatrix}$$

$$\xrightarrow{r_1 + r_i} \begin{pmatrix} a_{11}(\lambda) & \cdots & a_{ij}(\lambda) + (1 - \varphi(\lambda))a_{1j}(\lambda) & \cdots \\ \vdots & & \vdots & \\ 0 & \cdots & a_{ij}(\lambda) - a_{1j}(\lambda)\varphi(\lambda) & \cdots \\ \vdots & & \vdots & \end{pmatrix} = \boldsymbol{A}_1(\lambda)$$

这样 $A_1(\lambda)$中第1行有一个元素 $a_{ij}(\lambda)+(1-\varphi(\lambda))a_{1j}(\lambda)$不能够被 $a_{11}(\lambda)$除尽，这就转化为已经证明的情形(2)，显然成立。

定理 8.3.2 任意一个非零的 $s\times n$ 的λ-矩阵$A(\lambda)$都等价于下列形式的矩阵：

$$\begin{pmatrix} d_1(\lambda) & & & & & & \\ & d_2(\lambda) & & & & & \\ & & \ddots & & & & \\ & & & d_r(\lambda) & & & \\ & & & & 0 & & \\ & & & & & \ddots & \\ & & & & & & 0 \end{pmatrix}$$

其中 $r\geqslant 1$，$d_i(\lambda)(i=1,2,\cdots,r)$是首项系数为1的多项式，且

$$d_i(\lambda)\mid d_{i+1}(\lambda)\quad (i=1,2,\cdots,r-1)$$

证明 经过行列调动之后，可以使得 $A(\lambda)$的左上角元素 $a_{11}(\lambda)\neq 0$，如果 $a_{11}(\lambda)$不能除尽 $A(\lambda)$的全部元素，由引理 8.3.1 可找到与 $A(\lambda)$等价的 $B_1(\lambda)$，它的左上角元素 $b_1(\lambda)\neq 0$，并且次数比 $a_{11}(\lambda)$低。如果 $b_1(\lambda)$还不能除尽 $B_1(\lambda)$的全部元素，再由引理 8.3.1，又可以找到与 $B_1(\lambda)$等价的 $B_2(\lambda)$，它的左上角元素 $b_2(\lambda)\neq 0$，并且次数比 $b_1(\lambda)$低。如此下去将得到一系列彼此等价的λ-矩阵$A(\lambda)$，$B_1(\lambda)$，$B_2(\lambda)$，…，它们的左上角元素皆不为零，而且次数越来越低。但次数是非负整数，不可能无止境地降低。因此在有限步以后，我们将终止于一个λ-矩阵$B_s(\lambda)$，它的左上角元素 $b_s(\lambda)\neq 0$，而且可以除尽 $B_s(\lambda)$的全部元素 $b_{ij}(\lambda)$，即

$$b_{ij}(\lambda)=b_s(\lambda)q_{ij}(\lambda)$$

对 $B_s(\lambda)$做初等变换：

$$B_s(\lambda)=\begin{pmatrix} b_s(\lambda) & \cdots & b_{1j}(\lambda) & \cdots \\ \vdots & & \vdots & \vdots \\ b_{i1}(\lambda) & \cdots & \cdots & \cdots \\ \vdots & \vdots & \vdots & \vdots \end{pmatrix}\rightarrow\begin{pmatrix} b_s(\lambda) & 0 & \cdots & 0 \\ 0 & & & \\ \vdots & & A_1(\lambda) & \\ 0 & & & \end{pmatrix}$$

在右下角的λ-矩阵$A_1(\lambda)$中，全部元素都是可以被 $b_s(\lambda)$除尽的，因为它们都是 $B_s(\lambda)$中元素的组合。如果 $A_1(\lambda)\neq O$，则对于 $A_1(\lambda)$可以重复上述过程，进而把矩阵化成

$$\begin{pmatrix} d_1(\lambda) & 0 & \cdots & 0 \\ 0 & d_2(\lambda) & \cdots & 0 \\ 0 & 0 & & \\ \vdots & \vdots & A_2(\lambda) & \\ 0 & 0 & & \end{pmatrix}$$

其中 $d_1(\lambda)$与 $d_2(\lambda)$都是首项系数为1的多项式($d_1(\lambda)$与 $b_s(\lambda)$只差一个常数倍数)，而且

$$d_1(\lambda)\mid d_2(\lambda)$$

$d_2(\lambda)$能除尽 $A_2(\lambda)$的全部元素。如此下去，最后就化成了所要求的形式。

我们称最后化为的矩阵为 $A(\lambda)$的**标准形**。

例 8.3.2 用初等变换法把下列λ-矩阵化为标准形：

(1) $\begin{pmatrix} -2\lambda^3+2\lambda^2 & -2\lambda^4 & -2\lambda-2 \\ \lambda^2-\lambda & \lambda^3 & 1 \\ \lambda^2-\lambda & \lambda^3-\lambda & -\lambda+1 \end{pmatrix}$；(2) $\begin{pmatrix} \lambda^2 & \lambda^2-1 & 3\lambda^2 \\ -\lambda^2-\lambda & \lambda^2+\lambda & \lambda^3-2\lambda^2-3\lambda \\ \lambda^2+\lambda & \lambda^2+\lambda & 2\lambda^2+2\lambda \end{pmatrix}$。

解　(1) 对矩阵实施初等行列变换得

$$\begin{pmatrix} -2\lambda^3+2\lambda^2 & -2\lambda^4 & -2\lambda-2 \\ \lambda^2-\lambda & \lambda^3 & 1 \\ \lambda^2-\lambda & \lambda^3-\lambda & -\lambda+1 \end{pmatrix} \to \begin{pmatrix} 0 & 0 & -2 \\ \lambda^2-\lambda & \lambda^3 & 1 \\ 0 & -\lambda & -\lambda \end{pmatrix} \to \begin{pmatrix} 1 & 0 & 0 \\ 1 & \lambda^3 & \lambda^2-\lambda \\ \lambda & \lambda & 0 \end{pmatrix}$$

$$\to \begin{pmatrix} 1 & 0 & 0 \\ 0 & \lambda^3 & \lambda^2-\lambda \\ 0 & \lambda & 0 \end{pmatrix} \to \begin{pmatrix} 1 & 0 & 0 \\ 0 & 0 & \lambda^2-\lambda \\ 0 & \lambda & 0 \end{pmatrix}$$

$$\to \begin{pmatrix} 1 & 0 & 0 \\ 0 & \lambda & 0 \\ 0 & 0 & \lambda^2-\lambda \end{pmatrix}$$

所以其标准形为

$$\begin{pmatrix} 1 & 0 & 0 \\ 0 & \lambda & 0 \\ 0 & 0 & \lambda^2-\lambda \end{pmatrix}$$

(2) 对矩阵实施初等行列变换得

$$\begin{pmatrix} \lambda^2 & \lambda^2-1 & 3\lambda^2 \\ -\lambda^2-\lambda & \lambda^2+\lambda & \lambda^3-2\lambda^2-3\lambda \\ \lambda^2+\lambda & \lambda^2+\lambda & 2\lambda^2+2\lambda \end{pmatrix}$$

$$\to \begin{pmatrix} \lambda^2 & \lambda^2-1 & 3\lambda^2 \\ 0 & 2\lambda^2+2\lambda & \lambda^3-\lambda \\ \lambda & \lambda+1 & -\lambda^2+2\lambda \end{pmatrix} \to \begin{pmatrix} \lambda & \lambda+1 & -\lambda^2+2\lambda \\ 0 & 2\lambda^2+2\lambda & \lambda^3-\lambda \\ \lambda^2 & \lambda^2-1 & 3\lambda^2 \end{pmatrix}$$

$$\to \begin{pmatrix} \lambda & \lambda+1 & -\lambda^2+2\lambda \\ 0 & 2\lambda^2+2\lambda & \lambda^3-\lambda \\ 0 & -\lambda-1 & \lambda^3+\lambda^2 \end{pmatrix} \to \begin{pmatrix} \lambda & 1 & 0 \\ 0 & 2\lambda^2+2\lambda & \lambda^3-\lambda \\ 0 & -\lambda-1 & \lambda^3+\lambda^2 \end{pmatrix}$$

$$\to \begin{pmatrix} 1 & \lambda & 0 \\ 2\lambda^2+2\lambda & 0 & \lambda^3-\lambda \\ -\lambda-1 & 0 & \lambda^3+\lambda^2 \end{pmatrix} \to \begin{pmatrix} 1 & \lambda & 0 \\ 0 & -2\lambda^3-2\lambda^2 & \lambda^3-\lambda \\ 0 & \lambda^2+\lambda & \lambda^3+\lambda^2 \end{pmatrix}$$

$$\to \begin{pmatrix} 1 & 0 & 0 \\ 0 & -2\lambda^3-2\lambda^2 & \lambda^3-\lambda \\ 0 & \lambda^2+\lambda & \lambda^3+\lambda^2 \end{pmatrix} \to \begin{pmatrix} 1 & 0 & 0 \\ 0 & 0 & 2\lambda^4+3\lambda^3-\lambda \\ 0 & \lambda^2+\lambda & \lambda^3+\lambda^2 \end{pmatrix}$$

$$\to \begin{pmatrix} 1 & 0 & 0 \\ 0 & \lambda^2+\lambda & \lambda^3+\lambda^2 \\ 0 & 0 & 2\lambda^4+3\lambda^3-\lambda \end{pmatrix} \to \begin{pmatrix} 1 & 0 & 0 \\ 0 & \lambda(\lambda+1) & 0 \\ 0 & 0 & \lambda(\lambda+1)^2\left(\lambda-\frac{1}{2}\right) \end{pmatrix}$$

所以其标准形为

$$\begin{pmatrix} 1 & 0 & 0 \\ 0 & \lambda(\lambda+1) & 0 \\ 0 & 0 & \lambda(\lambda+1)^2\left(\lambda-\dfrac{1}{2}\right) \end{pmatrix}$$

8.4 不变因子与初等因子

在上一节,我们讨论了 λ-矩阵的标准形,其主要结论是:任何 λ-矩阵都能化成标准形。但是矩阵的标准形是否唯一呢?答案是肯定的。为了给出证明,需要介绍 λ-矩阵的行列式因子、不变因子和初等因子。

8.4.1 λ-矩阵的不变因子

由定理 8.3.2 知,任意一个非零的 λ-矩阵 $\boldsymbol{A}(\lambda)$,经过一系列初等变换后其标准形为

$$\begin{pmatrix} d_1(\lambda) & & & & & & \\ & d_2(\lambda) & & & & & \\ & & \ddots & & & & \\ & & & d_r(\lambda) & & & \\ & & & & 0 & & \\ & & & & & \ddots & \\ & & & & & & 0 \end{pmatrix} \tag{8.4.1}$$

这里 $r\geqslant 1$,$d_i(\lambda)(i=1,2,\cdots,r)$是首项系数为 1 的多项式,且

$$d_i(\lambda)\mid d_{i+1}(\lambda)\quad (i=1,2,\cdots,r-1)$$

定义 8.4.1 设一个非零的 λ-矩阵 $\boldsymbol{A}(\lambda)$的秩是 r,对于正整数 $k(1\leqslant k\leqslant r)$,$\boldsymbol{A}(\lambda)$中必有非零的 k 阶子式,$\boldsymbol{A}(\lambda)$中全部 k 阶子式的首项系数为 1 的最大公因式 $D_k(\lambda)$称为 $\boldsymbol{A}(\lambda)$的 $\boldsymbol{k}$ **阶行列式因子**。

由定义 8.4.1 不难知道,对于秩为 r 的 λ-矩阵,行列式因子一共有 r 个。行列式因子的意义就在于它在初等变换下是不变的。

定理 8.4.1 等价的 λ-矩阵具有相同的秩与相同的各阶行列式因子。

证明 只要证明 λ-矩阵经过一次初等行变换,秩与行列式因子是不变的即可。

设 λ-矩阵 $\boldsymbol{A}(\lambda)$经过一次初等行变换变成 $\boldsymbol{B}(\lambda)$,$f(\lambda)$与 $g(\lambda)$分别是 $\boldsymbol{A}(\lambda)$与 $\boldsymbol{B}(\lambda)$的 k 阶行列式因子。下证 $f(\lambda)=g(\lambda)$,分三种情形来讨论:

(1) $\boldsymbol{A}(\lambda)$经第一种初等行变换化为 $\boldsymbol{B}(\lambda)$。这时 $\boldsymbol{B}(\lambda)$的每个 k 阶子式或者等于$\boldsymbol{A}(\lambda)$的某个 k 阶子式,或者与 $\boldsymbol{A}(\lambda)$的某个 k 阶子式符号相反,因此,$f(\lambda)$是 $\boldsymbol{B}(\lambda)$的 k 阶子式的公因式,从而 $f(\lambda)\mid g(\lambda)$。

(2) $\boldsymbol{A}(\lambda)$经第二种初等行变换化为 $\boldsymbol{B}(\lambda)$。这时 $\boldsymbol{B}(\lambda)$的每个 k 阶子式或者等于$\boldsymbol{A}(\lambda)$

的某个 k 阶子式，或者等于 $\boldsymbol{A}(\lambda)$ 的某个 k 阶子式的 c 倍，因此，$f(\lambda)$ 是 $\boldsymbol{B}(\lambda)$ 的 k 阶子式的公因式，从而 $f(\lambda)\mid g(\lambda)$。

(3) $\boldsymbol{A}(\lambda)$ 经第三种初等行变换化为 $\boldsymbol{B}(\lambda)$。这时 $\boldsymbol{B}(\lambda)$ 中那些包含 i 行与 j 行的 k 阶子式和那些不包含 i 行的 k 阶子式都等于 $\boldsymbol{A}(\lambda)$ 中对应的 k 阶子式；$\boldsymbol{B}(\lambda)$ 中那些包含 i 行但不包含 j 行的 k 阶子式，按 i 行分成两部分，而等于 $\boldsymbol{A}(\lambda)$ 的一个 k 级子式与另一个 k 阶子式的 $\pm\varphi(\lambda)$ 倍的和，也就是 $\boldsymbol{A}(\lambda)$ 的两个 k 阶子式的组合。因此，$f(\lambda)$ 是 $\boldsymbol{B}(\lambda)$ 的 k 阶子式的公因式，从而 $f(\lambda)\mid g(\lambda)$。

对于列变换，完全一样地讨论。总之，如果 $\boldsymbol{A}(\lambda)$ 经一次初等变换化为 $\boldsymbol{B}(\lambda)$，那么 $f(\lambda)\mid g(\lambda)$。

但由于初等变换是可逆的，$\boldsymbol{B}(\lambda)$ 也可以经一次初等变换化为 $\boldsymbol{A}(\lambda)$，由上面的讨论，同样应有 $g(\lambda)\mid f(\lambda)$。于是 $f(\lambda)=g(\lambda)$。

当 $\boldsymbol{A}(\lambda)$ 的全部 k 阶子式为零时，$\boldsymbol{B}(\lambda)$ 的全部 k 阶子式也就为零；反之亦然。

因此，$\boldsymbol{A}(\lambda)$ 与 $\boldsymbol{B}(\lambda)$ 既有相同的各阶行列式因子又有相同的秩。

根据定理 8.4.1，求任意一个 λ-矩阵 $\boldsymbol{A}(\lambda)$ 的行列式因子，只要求出其标准形(8.4.1)的行列式因子即可，易知标准形(8.4.1)的 k 级行列式因子为

$$d_1(\lambda)d_2(\lambda)\cdots d_k(\lambda)\quad (k=1,2,\cdots,r)$$

定理 8.4.2　λ-矩阵 $\boldsymbol{A}(\lambda)$ 的标准形是唯一的。

证明　设 $\boldsymbol{A}(\lambda)$ 的标准形如(8.4.1)，这样 $\boldsymbol{A}(\lambda)$ 与(8.4.1)等价，它们有相同的秩与相同的行列式因子，因此，$\boldsymbol{A}(\lambda)$ 的秩就是标准形的主对角线上非零元素的个数 r；$\boldsymbol{A}(\lambda)$ 的 k 阶行列式因子就是

$$D_k(\lambda)=d_1(\lambda)d_1(\lambda)\cdots d_k(\lambda)\quad (k=1,2,\cdots,r)\tag{8.4.2}$$

于是

$$\begin{aligned}d_1(\lambda)&=D_1(\lambda)\\ d_2(\lambda)&=\frac{D_2(\lambda)}{D_1(\lambda)}\\ &\cdots\cdots\\ d_r(\lambda)&=\frac{D_r(\lambda)}{D_{r-1}(\lambda)}\end{aligned}\tag{8.4.3}$$

这说明 $\boldsymbol{A}(\lambda)$ 的标准形(8.4.1)的主对角线上的元素是被 $\boldsymbol{A}(\lambda)$ 的行列式因子所唯一确定的，所以 $\boldsymbol{A}(\lambda)$ 的标准形是唯一的。

定义 8.4.2　标准形的主对角线上非零元素

$$d_1(\lambda),\quad d_2(\lambda),\quad \cdots,\quad d_r(\lambda)$$

称为 λ-矩阵 $\boldsymbol{A}(\lambda)$ 的**不变因子**。

由定理 8.4.1 和定理 8.4.2 以及不变因子的定义，容易得出如下的定理：

定理 8.4.3　两个 λ-矩阵等价的充要条件是它们有相同的行列式因子，或者它们有相同的不变因子。

推论 8.4.1　两个 $s\times n$ 的 λ-矩阵 $\boldsymbol{A}(\lambda)$ 与 $\boldsymbol{B}(\lambda)$ 等价的充要条件是存在 $s\times s$ 可逆矩阵 $\boldsymbol{P}(\lambda)$ 和 $n\times n$ 可逆矩阵 $\boldsymbol{Q}(\lambda)$，使得

$$B(\lambda) = P(\lambda)A(\lambda)Q(\lambda)$$

例 8.4.1 试求下列矩阵的不变因子：

(1) $\begin{pmatrix} -\lambda+2 & (\lambda-1)^2 & -\lambda+1 \\ 1 & \lambda^2-\lambda & 0 \\ \lambda^2-2 & -(\lambda-1)^2 & \lambda^2-1 \end{pmatrix}$；(2) $\begin{pmatrix} \lambda-1 & 1 & 0 & 0 \\ 0 & \lambda-1 & 1 & 0 \\ 0 & 0 & \lambda-1 & 1 \\ 0 & 0 & 0 & \lambda-1 \end{pmatrix}$。

解 (1) 对矩阵实施初等行变换得

$$\begin{pmatrix} -\lambda+2 & (\lambda-1)^2 & -\lambda+1 \\ 1 & \lambda^2-\lambda & 0 \\ \lambda^2-2 & -(\lambda-1)^2 & \lambda^2-1 \end{pmatrix} \to \begin{pmatrix} 1 & \lambda^2-\lambda & 0 \\ -\lambda+2 & (\lambda-1)^2 & -\lambda+1 \\ \lambda^2-\lambda & 0 & \lambda^2-\lambda \end{pmatrix}$$

$$\to \begin{pmatrix} 1 & \lambda^2-\lambda & 0 \\ 1 & (\lambda-1)^2 & -\lambda+1 \\ 0 & 0 & \lambda^2-\lambda \end{pmatrix} \to \begin{pmatrix} 1 & \lambda^2-\lambda & 0 \\ 0 & -\lambda+1 & -\lambda+1 \\ 0 & 0 & \lambda^2-\lambda \end{pmatrix}$$

$$\to \begin{pmatrix} 1 & 0 & 0 \\ 0 & -\lambda+1 & -\lambda+1 \\ 0 & 0 & \lambda^2-\lambda \end{pmatrix} \to \begin{pmatrix} 1 & 0 & 0 \\ 0 & \lambda-1 & 0 \\ 0 & 0 & \lambda(\lambda-1) \end{pmatrix}$$

所以(1)的不变因子为 $1, \lambda-1, \lambda(\lambda-1)$。

(2) 同样通过初等变换可将矩阵化为

$$\begin{pmatrix} \lambda-1 & 1 & 0 & 0 \\ 0 & \lambda-1 & 1 & 0 \\ 0 & 0 & \lambda-1 & 1 \\ 0 & 0 & 0 & \lambda-1 \end{pmatrix} \to \begin{pmatrix} 1 & 0 & 0 & 0 \\ 0 & 1 & 0 & 0 \\ 0 & 0 & 1 & 0 \\ 0 & 0 & 0 & (\lambda-1)^4 \end{pmatrix}$$

所以(2)的不变因子为 $1,1,1,(\lambda-1)^4$。

8.4.2 初等因子

定义 8.4.3 设 $A(\lambda)$是 n 阶复λ-矩阵，将 $A(\lambda)$的每个次数大于 0 的不变因子分解为互不相同的一次因式的正整数幂的乘积，所有这些一次因式的正整数幂(相同的按照出现的次数计算)称为 $A(\lambda)$的初等因子。

例 8.4.2 设 12 阶 λ-矩阵的不变因子为

$$\underbrace{1,1,\cdots,1}_{9个},(\lambda-1)^2,(\lambda-1)^2(\lambda+1),(\lambda-1)^2(\lambda+1)(\lambda^2+1)^2$$

试求该矩阵的初等因子。

解 根据定义，它的初等因子有 7 个，分别为

$$(\lambda-1)^2,\quad (\lambda-1)^2,\quad (\lambda-1)^2,\quad (\lambda+1),\quad (\lambda+1),\quad (\lambda-\mathrm{i})^2,\quad (\lambda+\mathrm{i})^2$$

其中$(\lambda-1)^2$ 出现三次，$(\lambda+1)$出现两次。

接下来我们研究 λ-矩阵$A(\lambda)$的不变因子和初等因子之间的关系：

首先，假设 n 阶矩阵$A(\lambda)$的不变因子

$$d_1(\lambda),\quad d_2(\lambda),\quad \cdots,\quad d_r(\lambda)\quad (r \leqslant n)$$

是已知的，将 $d_i(\lambda)(i=1,2,\cdots,r)$ 分解成互不相同的一次因式方幂的乘积：

$$d_1(\lambda)=(\lambda-\lambda_1)^{k_{11}}(\lambda-\lambda_2)^{k_{12}}\cdots(\lambda-\lambda_r)^{k_{1s}}$$
$$d_2(\lambda)=(\lambda-\lambda_1)^{k_{21}}(\lambda-\lambda_2)^{k_{22}}\cdots(\lambda-\lambda_r)^{k_{2s}}$$
$$\cdots\cdots$$
$$d_n(\lambda)=(\lambda-\lambda_1)^{k_{r1}}(\lambda-\lambda_2)^{k_{r2}}\cdots(\lambda-\lambda_r)^{k_{rs}}$$

则其中对应于 $k_{ij}\geqslant1$ 的那些方幂 $(\lambda-\lambda_j)^{k_{ij}}(k_{ij}\geqslant1)$ 就是 $\boldsymbol{A}(\lambda)$ 的初等因子。我们注意到不变因子有一个除尽一个的性质，即

$$d_i(\lambda)\mid d_{i+1}(\lambda)\quad(i=1,2,\cdots,r-1)$$

从而

$$(\lambda-\lambda_j)^{k_{ij}}\mid(\lambda-\lambda_j)^{k_{i+1,j}}\quad(i=1,2,\cdots,r-1;j=1,2,\cdots,s)$$

因此在 $d_1(\lambda),d_1(\lambda),\cdots,d_r(\lambda)$ 的分解式中，属于同一个一次因式的指数有递升的性质，即

$$k_{1j}\leqslant k_{2j}\leqslant\cdots\leqslant k_{rj}\quad(j=1,2,\cdots,s)$$

这说明，同一个一次因式的方幂组成的初等因子中方次最高的必定出现在 $d_r(\lambda)$ 的分解式中，方次次高的必定出现在 $d_{r-1}(\lambda)$ 的分解式中。如此顺推下去，可知属于同一个一次因式的方幂的初等因子在不变因子的分解式中出现的位置是唯一确定的。

根据以上的分析，我们可以归纳出求任意一个 λ-矩阵 $\boldsymbol{A}(\lambda)$ 的初等因子的方法和步骤：

(1) 用初等变换法求出 $\boldsymbol{A}(\lambda)$ 的标准形(8.4.1)；

(2) 从标准形(8.4.1)中读出 $\boldsymbol{A}(\lambda)$ 所有的不变因子 $d_1(\lambda),d_1(\lambda),\cdots,d_r(\lambda)$；

(3) 将每一次数大于零的初等因子分解成不可约一次多项式的乘积，再把每一个初等因子 $(\lambda-\lambda_j)^{k_{ij}}(k_{ij}\geqslant1)$ 拿来组成一组（相同的初等因子按出现的次数重复计算），即得 $\boldsymbol{A}(\lambda)$ 的全部初等因子。

例如，例 8.4.1 中(1)的全部初等因子为 $\lambda-1,\lambda-1,\lambda$，而(2)的全部初等因子为 $(\lambda-1)^4$。

8.5 方阵 Jordan 标准形的推导

通过 8.1 节、8.2 节的研究，我们知道复数域上 n 阶数字方阵是与某个 Jordan 形矩阵相似；但从该数字矩阵出发，如何求出其对应的 Jordan 形矩阵呢？本节将研究这个问题。

8.5.1 方阵相似的再研究

对于复数域上一个数字方阵 $\boldsymbol{A}$，我们称矩阵 $\lambda\boldsymbol{E}-\boldsymbol{A}$ 为矩阵 $\boldsymbol{A}$ 的**特征矩阵**，它也是一个 λ-矩阵。下面研究两个数字方阵 $\boldsymbol{A}$ 与 $\boldsymbol{B}$ 相似同它们的特征矩阵 $\lambda\boldsymbol{E}-\boldsymbol{A}$ 与 $\lambda\boldsymbol{E}-\boldsymbol{B}$ 之间的关系。

引理 8.5.1 设 $\boldsymbol{A},\boldsymbol{B}$ 是 n 阶复数方阵，若存在 n 阶复数方阵 $\boldsymbol{P},\boldsymbol{Q}$，满足

$$\lambda E - A = P(\lambda E - B)Q$$

则 A 与 B 相似。

证明 因为 $\lambda E - A = P(\lambda E - B)Q = \lambda PQ - PBQ$，比较两边矩阵多项式的系数可得

$$E = PQ,\quad A = PBQ$$

所以 $Q = P^{-1}$，从而 $A = PBP^{-1}$，故 A 与 B 相似。

引理 8.5.2 对于任意 n 阶复数方阵 A 和 n 阶 λ-矩阵 $U(\lambda)$，$V(\lambda)$，则一定存在 n 阶 λ-矩阵 $Q(\lambda)$ 与 $R(\lambda)$ 以及复数矩阵 U_0 和 V_0 使

$$U(\lambda) = (\lambda E - A)Q(\lambda) + U_0 \tag{8.5.1}$$

$$V(\lambda) = R(\lambda)(\lambda E - A) + V_0 \tag{8.5.2}$$

证明 先把 $U(\lambda)$ 改写为

$$U(\lambda) = D_0\lambda^m + D_1\lambda^{m-1} + \cdots + D_{m-1}\lambda + D_m \tag{8.5.3}$$

这里 $D_0, D_1, \cdots, D_{m-1}, D_m$ 均是 n 阶复数方阵，而且 $D_0 \neq O$。如果 $m = 0$，可令 $Q(\lambda) = O$ 及 $U_0 = D_0$，它们显然满足(8.5.1)式。下设 $m > 0$，令

$$Q(\lambda) = Q_0\lambda^{m-1} + Q_1\lambda^{m-2} + \cdots + Q_{m-2}\lambda + Q_{m-1}$$

这里的 Q_j 是待定的复数矩阵，于是

$$\begin{aligned}(\lambda E - A)Q(\lambda) = {} & Q_0\lambda^m + (Q_1 - AQ_0)\lambda^{m-1} + \cdots + (Q_k - AQ_{k-1})\lambda^{m-k} \\ & + \cdots + (Q_{m-1} - AQ_{m-2})\lambda - AQ_{m-1}\end{aligned} \tag{8.5.4}$$

要想使等式(8.5.1)成立，只需要取

$$\begin{aligned}Q_0 &= D_0 \\ Q_1 &= D_1 + AQ_0 \\ Q_2 &= D_2 + AQ_1 \\ &\cdots\cdots \\ Q_k &= D_k + AQ_{k-1} \\ &\cdots\cdots \\ Q_{m-1} &= D_{m-1} + AQ_{m-2} \\ U_0 &= D_m + AQ_{m-1}\end{aligned}$$

用完全相同的办法可以求得 $R(\lambda)$ 和 V_0。

定理 8.5.1 设 A 与 B 是 n 阶复数方阵，A 与 B 相似的充要条件是它们的特征矩阵 $\lambda E - A$ 和 $\lambda E - B$ 等价。

证明 先证必要性。

由于 A 与 B 相似，所以存在可逆矩阵 P，满足 $A = P^{-1}BP$，于是

$$\lambda E - A = \lambda E - P^{-1}BP = P^{-1}(\lambda E - B)P$$

从而 $\lambda E - A$ 和 $\lambda E - B$ 等价。

再证充分性。

由于 $\lambda E - A$ 和 $\lambda E - B$ 等价，由推论 8.4.1 知，存在 λ-矩阵 $U(\lambda)$ 和 $V(\lambda)$，满足

$$\lambda E - A = U(\lambda)(\lambda E - B)V(\lambda) \tag{8.5.5}$$

再由引理 8.5.2 知，存在 λ-矩阵 $Q(\lambda)$ 与 $R(\lambda)$ 以及复数矩阵 U_0 和 V_0 满足(8.5.1)式和(8.5.2)式，再把(8.5.5)式改写为

$$\boldsymbol{U}^{-1}(\lambda)(\lambda\boldsymbol{E}-\boldsymbol{A})=(\lambda\boldsymbol{E}-\boldsymbol{B})\boldsymbol{V}(\lambda) \tag{8.5.6}$$

再把(8.5.2)式中的 $V(\lambda)$代入(8.5.6)式,并移项得

$$(\boldsymbol{U}^{-1}(\lambda)-(\lambda\boldsymbol{E}-\boldsymbol{B})\boldsymbol{R}(\lambda))(\lambda\boldsymbol{E}-\boldsymbol{A})=(\lambda\boldsymbol{E}-\boldsymbol{B})\boldsymbol{V}_0 \tag{8.5.7}$$

上式右端次数等于 1 或 $\boldsymbol{V}_0=\boldsymbol{O}$,因此 $\boldsymbol{U}^{-1}(\lambda)-(\lambda\boldsymbol{E}-\boldsymbol{B})\boldsymbol{R}(\lambda)$是一数字矩阵(后一种情形是一个零矩阵),记作 $\boldsymbol{T}$,即

$$\boldsymbol{T}=\boldsymbol{U}^{-1}(\lambda)-(\lambda\boldsymbol{E}-\boldsymbol{B})\boldsymbol{R}(\lambda)$$

则(8.5.7)式改写为

$$\boldsymbol{T}(\lambda\boldsymbol{E}-\boldsymbol{A})=(\lambda\boldsymbol{E}-\boldsymbol{B})\boldsymbol{V}_0 \tag{8.5.8}$$

下证 $\boldsymbol{T}$ 是可逆的。

由 $\boldsymbol{T}=\boldsymbol{U}^{-1}(\lambda)-(\lambda\boldsymbol{E}-\boldsymbol{B})\boldsymbol{R}(\lambda)$可得

$$\begin{aligned}\boldsymbol{E}&=\boldsymbol{U}(\lambda)\boldsymbol{T}+\boldsymbol{U}(\lambda)(\lambda\boldsymbol{E}-\boldsymbol{B})\boldsymbol{R}(\lambda)\\&=\boldsymbol{U}(\lambda)\boldsymbol{T}+(\lambda\boldsymbol{E}-\boldsymbol{A})\boldsymbol{V}^{-1}(\lambda)\boldsymbol{R}(\lambda)\\&=((\lambda\boldsymbol{E}-\boldsymbol{A})\boldsymbol{Q}(\lambda)+\boldsymbol{U}_0)\boldsymbol{T}+(\lambda\boldsymbol{E}-\boldsymbol{A})\boldsymbol{V}^{-1}(\lambda)\boldsymbol{R}(\lambda)\\&=\boldsymbol{U}_0\boldsymbol{T}+(\lambda\boldsymbol{E}-\boldsymbol{A})(\boldsymbol{Q}(\lambda)\boldsymbol{T}+\boldsymbol{V}^{-1}(\lambda)\boldsymbol{R}(\lambda))\end{aligned}$$

最后一个等式右端第二项一定为零,否则次数至少为 1,与 $\boldsymbol{E}$ 和 $\boldsymbol{U}_0\boldsymbol{T}$ 都是数字矩阵矛盾,这样就有 $\boldsymbol{E}=\boldsymbol{U}_0\boldsymbol{T}$,所以 $\boldsymbol{T}$ 是可逆的。这样(8.5.8)式可以改写为

$$(\lambda\boldsymbol{E}-\boldsymbol{A})=\boldsymbol{T}^{-1}(\lambda\boldsymbol{E}-\boldsymbol{B})\boldsymbol{V}_0=\boldsymbol{U}_0(\lambda\boldsymbol{E}-\boldsymbol{B})\boldsymbol{V}_0$$

再由引理 8.5.1 知,$\boldsymbol{A}$ 与 $\boldsymbol{B}$ 相似。

n 阶复数方阵 $\boldsymbol{A}$ 的特征矩阵 $\lambda\boldsymbol{E}-\boldsymbol{A}$ 的不变因子以后就简称为 $\boldsymbol{A}$ 的不变因子。因为两个 λ-矩阵等价的充要条件是它们有相同的不变因子,所以由定理 8.5.1 立即得到。

推论 8.5.1　n 阶复数方阵 $\boldsymbol{A}$ 与 $\boldsymbol{B}$ 相似的充要条件是它们有相同的不变因子。

应该清楚 n 阶复数方阵 $\boldsymbol{A}$ 的特征矩阵 $\lambda\boldsymbol{E}-\boldsymbol{A}$ 的秩一定是 n,所以其不变因子也一定有 n 个,并且它们的乘积等于 $\boldsymbol{A}$ 的特征多项式。

8.5.2　Jordan 矩阵的初等因子

定理 8.5.2　设有 Jordan 块

$$\boldsymbol{J}(\lambda_0,k)=\begin{pmatrix}\lambda_0&1&0&0&\cdots&0&0\\0&\lambda_0&1&0&\cdots&0&0\\\vdots&\vdots&\ddots&\vdots&&\vdots&\vdots\\0&0&0&0&\cdots&\lambda_0&1\\0&0&0&0&\cdots&0&\lambda_0\end{pmatrix}_{k\times k}$$

则其初等因子为$(\lambda-\lambda_0)^k$。

证明　考查 $\boldsymbol{J}(\lambda_0,k)$的特征矩阵

$$\lambda\boldsymbol{E}-\boldsymbol{J}(\lambda_0,k)=\begin{pmatrix}\lambda-\lambda_0&-1&0&0&\cdots&0&0\\0&\lambda-\lambda_0&-1&0&\cdots&0&0\\\vdots&\vdots&\ddots&\vdots&&\vdots&\vdots\\0&0&0&0&\cdots&\lambda-\lambda_0&-1\\0&0&0&0&\cdots&0&\lambda-\lambda_0\end{pmatrix}$$

显然$|\lambda \boldsymbol{E}-\boldsymbol{J}(\lambda_0,k)|=(\lambda-\lambda_0)^k$，这就是$\lambda \boldsymbol{E}-\boldsymbol{J}(\lambda_0,k)$的$k$级行列式因子，由于$\lambda \boldsymbol{E}-\boldsymbol{J}(\lambda_0,k)$有一个$k-1$阶子式

$$\begin{vmatrix} -1 & 0 & \cdots & 0 & 0 \\ \lambda-\lambda_0 & -1 & \cdots & 0 & 0 \\ 0 & \lambda-\lambda_0 & \ddots & 0 & 0 \\ \vdots & \vdots & \ddots & -1 & \vdots \\ 0 & 0 & \cdots & \lambda-\lambda_0 & -1 \end{vmatrix} = (-1)^{k-1}$$

所以$\lambda \boldsymbol{E}-\boldsymbol{J}(\lambda_0,k)$的$k-1$级行列式因子为1，从而它以下各级行列式因子均为1，再依据行列式因子和不变因子的关系，可知$\lambda \boldsymbol{E}-\boldsymbol{J}(\lambda_0,k)$的不变因子为

$$d_1(\lambda)=\cdots=d_{k-1}(\lambda)=1,\quad d_k(\lambda)=(\lambda-\lambda_0)^k$$

由此即得，$\lambda \boldsymbol{E}-\boldsymbol{J}(\lambda_0,k)$的初等因子为$(\lambda-\lambda_0)^k$，即$\boldsymbol{J}(\lambda_0,k)$的初等因子也是$(\lambda-\lambda_0)^k$。

定理 8.5.3 设 Jordan 形矩阵

$$\boldsymbol{J}=\begin{pmatrix} \boldsymbol{J}(\lambda_1,k_1) & & & \\ & \boldsymbol{J}(\lambda_2,k_2) & & \\ & & \ddots & \\ & & & \boldsymbol{J}(\lambda_s,k_s) \end{pmatrix}$$

其中$\lambda_1,\lambda_2,\cdots,\lambda_s$为复数，则$\boldsymbol{J}$的初等因子为$(\lambda-\lambda_1)^{k_1},(\lambda-\lambda_2)^{k_2},\cdots,(\lambda-\lambda_s)^{k_s}$。

证明 根据定理 8.5.2 知，每个 Jordan 块$\boldsymbol{J}(\lambda_i,k_i)$的初等因子为$(\lambda-\lambda_i)^{k_i}$，所以$\lambda \boldsymbol{E}_{k_i}-\boldsymbol{J}(\lambda_i,k_i)(i=1,2,\cdots,s)$等价于

$$\begin{pmatrix} 1 & 0 & 0 & 0 & \cdots & 0 & 0 \\ 0 & 1 & 0 & 0 & \cdots & 0 & 0 \\ \vdots & \vdots & \ddots & \vdots & & \vdots & \vdots \\ 0 & 0 & 0 & 0 & \cdots & 1 & 0 \\ 0 & 0 & 0 & 0 & \cdots & 0 & (\lambda-\lambda_i)^{k_i} \end{pmatrix}_{k_i\times k_i}$$

于是

$$\lambda \boldsymbol{E}-\boldsymbol{J}=\begin{pmatrix} \lambda \boldsymbol{E}_{k_1}-\boldsymbol{J}_1 & & & \\ & \lambda \boldsymbol{E}_{k_2}-\boldsymbol{J}_2 & & \\ & & \ddots & \\ & & & \lambda \boldsymbol{E}_{k_s}-\boldsymbol{J}_s \end{pmatrix}$$

等价于

$$\begin{pmatrix} 1 &&&&&&&&&&& \\ & \ddots &&&&&&&&&& \\ && 1 &&&&&&&&& \\ &&& (\lambda-\lambda_1)^{k_1} &&&&&&&& \\ &&&& 1 &&&&&&& \\ &&&&& \ddots &&&&&& \\ &&&&&& 1 &&&&& \\ &&&&&&& (\lambda-\lambda_2)^{k_2} &&&& \\ &&&&&&&& 1 &&& \\ &&&&&&&&& \ddots && \\ &&&&&&&&&& 1 & \\ &&&&&&&&&&& (\lambda-\lambda_s)^{k_s} \end{pmatrix}$$

所以 $\boldsymbol{J}$ 的初等因子为

$$(\lambda-\lambda_1)^{k_1},\quad (\lambda-\lambda_2)^{k_2},\quad \cdots,\quad (\lambda-\lambda_s)^{k_s}$$

该定理说明:每个 Jordan 形矩阵的全部初等因子就是由它的全部 Jordan 块的初等因子构成的。由于每个 Jordan 块完全被它的级数与主对角线上元素所刻画,而这两个数都反映在它的初等因子中。因此,Jordan 块被它的初等因子唯一决定。由此可见,**Jordan 形矩阵除去其中 Jordan 块排列的次序外是被它的初等因子唯一决定的。**

8.5.3 复数方阵的 Jordan 标准形

定理 8.5.4 每个 n 阶的复数矩阵 $\boldsymbol{A}$ 都与一个 Jordan 形矩阵相似,这个 Jordan 形矩阵除去其中 Jordan 块的排列次序外是被矩阵 $\boldsymbol{A}$ 唯一决定的,它称为 $\boldsymbol{A}$ 的 Jordan 标准形。

证明 设 n 阶 $\boldsymbol{A}$ 的初等因子分别为

$$(\lambda-\lambda_1)^{k_1},\quad (\lambda-\lambda_2)^{k_2},\quad \cdots,\quad (\lambda-\lambda_s)^{k_s}$$

其中 $\lambda_1,\lambda_2,\cdots,\lambda_s$ 为复数可以相等,$k_1,k_2,\cdots,k_s$ 是正整数也可以相等,且 $k_1+k_2+\cdots+k_s=n$。根据定理 8.5.2 知,每一个初等因子$(\lambda-\lambda_i)^{k_i}$对应一个 Jordan 块

$$\boldsymbol{J}(\lambda_i,k_i)=\begin{pmatrix} \lambda_i & 1 & 0 & 0 & \cdots & 0 & 0 \\ 0 & \lambda_i & 1 & 0 & \cdots & 0 & 0 \\ \vdots & \vdots & \ddots & \vdots & & \vdots & \vdots \\ 0 & 0 & 0 & 0 & \cdots & \lambda_i & 1 \\ 0 & 0 & 0 & 0 & \cdots & 0 & \lambda_i \end{pmatrix}_{k_i\times k_i}\qquad (i=1,2,\cdots,s)$$

这些 Jordan 块构成一个 Jordan 形矩阵

$$\boldsymbol{J}=\begin{pmatrix} \boldsymbol{J}(\lambda_1,k_1) &&& \\ & \boldsymbol{J}(\lambda_2,k_2) && \\ && \ddots & \\ &&& \boldsymbol{J}(\lambda_s,k_s) \end{pmatrix}$$

根据定理 8.5.3 知,$\boldsymbol{J}$ 的初等因子为

$$(\lambda-\lambda_1)^{k_1},\quad (\lambda-\lambda_2)^{k_2},\quad \cdots,\quad (\lambda-\lambda_s)^{k_s}$$

从而 $\boldsymbol{J}$ 与 $\boldsymbol{A}$ 有相同的初等因子，所以 $\boldsymbol{J}$ 与 $\boldsymbol{A}$ 相似。

如果另一 Jordan 形矩阵 $\boldsymbol{J}'$ 与 $\boldsymbol{A}$ 相似，那么 $\boldsymbol{J}'$ 与 $\boldsymbol{A}$ 就有相同的初等因子，因此，$\boldsymbol{J}'$ 与 $\boldsymbol{J}$ 除了其中 Jordan 块排列的次序外是相同的，由此即得唯一性。

根据以上的讨论，可以概括出求一个 n 阶的数字矩阵 $\boldsymbol{A}$ 的 Jordan 标准形的步骤：

(1) 用初等变换法求出 $\boldsymbol{A}$ 的特征矩阵 $\lambda\boldsymbol{E}-\boldsymbol{A}$ 的标准形；

(2) 从标准形中读出 $\lambda\boldsymbol{E}-\boldsymbol{A}$ 所有的不变因子 $d_1(\lambda),d_2(\lambda),\cdots,d_r(\lambda)$；

(3) 将每一次数大于零的初等因子分解成不可约一次多项式的乘积，再把每一个初等因子 $(\lambda-\lambda_j)^{k_{ij}}(k_{ij}\geqslant 1)$ 拿来组成一组（相同的初等因子按出现的次数重复计算），即得 $\lambda\boldsymbol{E}-\boldsymbol{A}$ 的全部初等因子；

(4) 根据初等因子 $(\lambda-\lambda_j)^{k_{ij}}(k_{ij}\geqslant 1)$ 写出对应的 Jordan 块和 Jordan 标准形。

例 8.5.1 设 12 阶复数方阵的不变因子是

$$\underbrace{1,1,\cdots,1}_{9\text{个}},\quad (\lambda-1)^2,\quad (\lambda-1)^2(\lambda+1),\quad (\lambda-1)^2(\lambda+1)(\lambda^2+1)^2$$

求出该矩阵对应的 Jordan 标准形。

解 由例 8.4.2 知，该矩阵的初等因子有 7 个，分别为

$$(\lambda-1)^2,\quad (\lambda-1)^2,\quad (\lambda-1)^2,\quad \lambda+1,\quad \lambda+1,\quad (\lambda-\mathrm{i})^2,\quad (\lambda+\mathrm{i})^2$$

再由定理 8.5.4 可知，其 Jordan 标准形矩阵为

$$\begin{pmatrix}
1 & 1 & & & & & & & & & & \\
0 & 1 & & & & & & & & & & \\
 & & 1 & 1 & & & & & & & & \\
 & & 0 & 1 & & & & & & & & \\
 & & & & 1 & 1 & & & & & & \\
 & & & & 0 & 1 & & & & & & \\
 & & & & & & -1 & & & & & \\
 & & & & & & & -1 & & & & \\
 & & & & & & & & \mathrm{i} & 1 & & \\
 & & & & & & & & 0 & \mathrm{i} & & \\
 & & & & & & & & & & -\mathrm{i} & 1 \\
 & & & & & & & & & & 0 & -\mathrm{i}
\end{pmatrix}$$

例 8.5.2 求下列矩阵的 Jordan 标准形：

(1) $\boldsymbol{A}=\begin{pmatrix}4 & -1 & 2\\ -9 & 4 & -6\\ -9 & 3 & -5\end{pmatrix}$；(2) $\boldsymbol{B}=\begin{pmatrix}-2 & 1 & 1 & -2\\ 5 & -4 & 2 & 9\\ -3 & 1 & 2 & -2\\ 2 & -4 & 3 & 8\end{pmatrix}$。

解 (1) 先求矩阵 $\boldsymbol{A}$ 的特征矩阵 $\lambda\boldsymbol{E}-\boldsymbol{A}$ 的标准形

$$\lambda\boldsymbol{E}-\boldsymbol{A}=\begin{pmatrix}\lambda-4 & 1 & -2\\ 9 & \lambda-4 & 6\\ 9 & -3 & \lambda+5\end{pmatrix}\rightarrow\begin{pmatrix}1 & 0 & 0\\ 0 & \lambda-1 & 0\\ 0 & 0 & (\lambda-1)^2\end{pmatrix}$$

所以 $\boldsymbol{A}$ 的初等因子有 2 个，分别为

$$\lambda-1,\quad (\lambda-1)^2$$

从而 $\boldsymbol{A}$ 的 Jordan 标准形矩阵为

$$\begin{pmatrix}1&0&0\\0&1&1\\0&0&1\end{pmatrix}$$

（2）同样先求矩阵 $\boldsymbol{B}$ 的特征矩阵 $\lambda\boldsymbol{E}-\boldsymbol{B}$ 的标准形

$$\lambda\boldsymbol{E}-\boldsymbol{B}=\begin{pmatrix}\lambda+2&-1&-1&2\\-5&\lambda+4&-2&-9\\3&-1&\lambda-2&2\\-2&4&-3&\lambda-8\end{pmatrix}\rightarrow\begin{pmatrix}1&&&\\&1&&\\&&\lambda-1&\\&&&(\lambda-1)^3\end{pmatrix}$$

所以 $\boldsymbol{B}$ 的初等因子有 2 个，分别为

$$\lambda-1,\quad (\lambda-1)^3$$

从而 $\boldsymbol{B}$ 的 Jordan 标准形矩阵为

$$\begin{pmatrix}1&0&0&0\\0&1&1&0\\0&0&1&1\\0&0&0&1\end{pmatrix}$$

定理 8.5.4 也可以换成线性变换的语言来说，那就是：

定理 8.5.5　设 σ 是复数域上 n 维线性空间 V 的线性变换，在 V 中必定存在一组基，使 σ 在这组基下的矩阵是 Jordan 形，并且这个 Jordan 形矩阵除去其中 Jordan 块的排列次序外是被 σ 唯一决定的。

应该指出，Jordan 形矩阵包括对角矩阵作为特殊情形，那就是由一级 Jordan 块构成的 Jordan 形矩阵，由此即得：

定理 8.5.6　n 阶复数矩阵 $\boldsymbol{A}$ 与对角矩阵相似的充要条件是 $\boldsymbol{A}$ 的所有初等因子全为一次的。

根据 Jordan 形的作法，可以看出矩阵 $\boldsymbol{A}$ 的最小多项式就是 $\boldsymbol{A}$ 的最后一个不变因子 $d_n(\lambda)$，因此有：

定理 8.5.6　n 阶数矩阵 $\boldsymbol{A}$ 与对角矩阵相似的充要条件是 $\boldsymbol{A}$ 的最小多项式没有重根。

最后需要指出：虽然我们证明了每个复数矩阵 $\boldsymbol{A}$ 都与一个 Jordan 形矩阵相似，并且有了具体求矩阵 $\boldsymbol{A}$ 的 Jordan 标准形的方法，但是并没有谈到如何确定过渡矩阵 $\boldsymbol{T}$ 使 $\boldsymbol{T}^{-1}\boldsymbol{A}\boldsymbol{T}$ 成为 Jordan 标准形的问题。T 的确定涉及比较复杂的计算问题，在这里就不讨论了。

8.6　矩阵的有理标准形*

前面一节证明了复数域上任意一个矩阵 $\boldsymbol{A}$ 可相似于一个 Jordan 形矩阵。本节将对任

意数域 P 讨论类似的问题。我们证明了 P 上任意一个矩阵必相似于一个有理标准形矩阵。

8.6.1 几个定义

定义 8.6.1 对数域 $\boldsymbol{P}$ 上的一个多项式

$$d(\lambda) = \lambda^n + a_1\lambda^{n-1} + \cdots + a_{n-1}\lambda + a_n$$

称矩阵

$$\boldsymbol{A} = \begin{pmatrix} 0 & 0 & \cdots & 0 & -a_n \\ 1 & 0 & \cdots & 0 & -a_{n-1} \\ 0 & 1 & \cdots & 0 & -a_{n-2} \\ \vdots & \vdots & & \vdots & \vdots \\ 0 & 0 & \cdots & 1 & -a_1 \end{pmatrix} \tag{8.6.1}$$

为多项式 $d(\lambda)$的**伴侣矩阵(又称为友矩阵)**。

容易验证,伴侣矩阵 $\boldsymbol{A}$ 的不变因子($\lambda\boldsymbol{E}-\boldsymbol{A}$ 的不变因子)为

$$\underbrace{1,1,\cdots,1}_{n-1\text{个}},\quad d(\lambda)$$

定义 8.6.2 准对角矩阵

$$\boldsymbol{A} = \begin{pmatrix} \boldsymbol{A}_1 & & & \\ & \boldsymbol{A}_2 & & \\ & & \ddots & \\ & & & \boldsymbol{A}_s \end{pmatrix} \tag{8.6.2}$$

其中 $\boldsymbol{A}_i$ 分别是数域P 上某些多项式$d_i(\lambda)(i=1,2,\cdots,s)$的伴侣矩阵,且满足

$$d_i(\lambda) \mid d_{i+1}(\lambda) \quad (i = 1,2,\cdots,s-1)$$

称矩阵 $\boldsymbol{A}$ 为数域P 上一个有理标准形矩阵。

8.6.2 有理标准形的不变因子

引理 8.6.1 有理标准形矩阵(8.6.2)的不变因子为

$$\underbrace{1,1,\cdots,1}_{n-s\text{个}},\quad d_1(\lambda),\quad d_2(\lambda),\quad \cdots,\quad d_s(\lambda)$$

证明 由于

$$\lambda\boldsymbol{E} - \boldsymbol{A} = \begin{pmatrix} \lambda\boldsymbol{E}_1 - \boldsymbol{A}_1 & & & \\ & \lambda\boldsymbol{E}_2 - \boldsymbol{A}_2 & & \\ & & \ddots & \\ & & & \lambda\boldsymbol{E}_s - \boldsymbol{A}_s \end{pmatrix}$$

又由于每个 $\lambda\boldsymbol{E}_i - \boldsymbol{A}_i$ 的不变因子为 $1,1,\cdots,1,d_i(\lambda)$,故可用初等变换把 $\lambda\boldsymbol{E}_i - \boldsymbol{A}_i$ 化为

$$\begin{pmatrix} 1 & & & \\ & 1 & & \\ & & \ddots & \\ & & & d_i(\lambda) \end{pmatrix}$$

进而用初等变换将 $\lambda\boldsymbol{E}-\boldsymbol{A}$ 化为

$$\begin{pmatrix} 1 &&&&&&&&&&&& \\ & 1 &&&&&&&&&&& \\ && \ddots &&&&&&&&&& \\ &&& d_1(\lambda) &&&&&&&&& \\ &&&& 1 &&&&&&&& \\ &&&&& 1 &&&&&&& \\ &&&&&& \ddots &&&&&& \\ &&&&&&& d_2(\lambda) &&&&& \\ &&&&&&&& \ddots &&&& \\ &&&&&&&&& 1 &&& \\ &&&&&&&&&& 1 && \\ &&&&&&&&&&& \ddots & \\ &&&&&&&&&&&& d_s(\lambda) \end{pmatrix} \tag{8.6.3}$$

把(8.6.3)式再进行一些行、列互换,可得

$$\begin{pmatrix} 1 &&&&&& \\ & 1 &&&&& \\ && \ddots &&&& \\ &&& d_1(\lambda) &&& \\ &&&& d_2(\lambda) && \\ &&&&& \ddots & \\ &&&&&& d_s(\lambda) \end{pmatrix} \tag{8.6.4}$$

由于 $d_i(\lambda)\mid d_{i+1}(\lambda)(i=1,2,\cdots,s-1)$,所以(8.6.4)式是 $\lambda\boldsymbol{E}-\boldsymbol{A}$ 的标准形,从而

$$\underbrace{1,1,\cdots,1}_{n-s\text{个}},\quad d_1(\lambda),\quad d_2(\lambda),\quad \cdots,\quad d_s(\lambda)$$

是 $\lambda\boldsymbol{E}-\boldsymbol{A}$ 的不变因子。

定理 8.6.1　数域 P 上 n 阶方阵 $\boldsymbol{A}$ 在 P 上相似于唯一的一个有理标准形,称为 $\boldsymbol{A}$ 的有理标准形。

证明　设 $\boldsymbol{A}(\lambda\boldsymbol{E}-\boldsymbol{A})$的不变因子为

$$\underbrace{1,1,\cdots,1}_{n-s\text{个}},\quad d_1(\lambda),\quad d_2(\lambda),\quad \cdots,\quad d_s(\lambda)$$

其中 $d_1(\lambda),d_2(\lambda),\cdots,d_s(\lambda)$的次数均大于等于 1,再设 $d_i(\lambda)(i=1,2,\cdots,s)$的伴侣矩阵为 $\boldsymbol{B}_i(i=1,2,\cdots,s)$,记

$$\boldsymbol{B}=\begin{pmatrix} \boldsymbol{B}_1 &&& \\ & \boldsymbol{B}_2 && \\ && \ddots & \\ &&& \boldsymbol{B}_s \end{pmatrix}$$

由引理 8.6.1 知,$\boldsymbol{B}$ 的不变因子与 $\boldsymbol{A}$ 的不变因子完全相同,故 $\boldsymbol{B}$ 相似于 $\boldsymbol{A}$,即 $\boldsymbol{B}$ 是 $\boldsymbol{A}$ 的

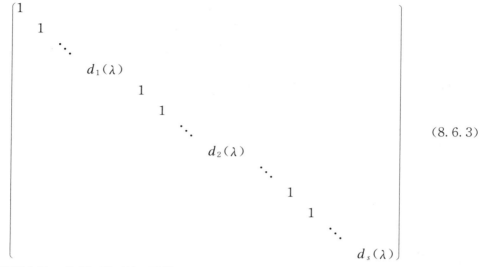

有理标准形。又因为 $\boldsymbol{B}$ 是由 $\boldsymbol{A}$ 的不变因子唯一决定的，所以 $\boldsymbol{B}$ 由 $\boldsymbol{A}$ 唯一决定。

把定理 8.6.1 的结论写成线性变换形式的结论，那就有：

定理 8.6.2 设 σ 是数域 P 上 n 维线性空间 V 上的线性变换，则在 V 中存在一组基，使 σ 在该基下的矩阵是有理标准形，并且这个有理标准形由 σ 唯一决定，称为 σ 的有理标准形。

例 8.6.1 写出下列多项式的伴侣矩阵：

(1) $d_1(\lambda)=\lambda^3-4\lambda^2+5\lambda-7$；

(2) $d_2(\lambda)=\lambda^4+\lambda^3+4\lambda^2+3\lambda-6$。

解 根据伴侣矩阵的定义有

$$(1)\ \boldsymbol{A}_1=\begin{pmatrix}0&0&7\\1&0&-5\\0&1&4\end{pmatrix};\quad (2)\ \boldsymbol{A}_2=\begin{pmatrix}0&0&0&6\\1&0&0&-3\\0&1&0&-4\\0&0&1&-1\end{pmatrix}。$$

例 8.6.2 求下面矩阵的有理标准形：

$$\boldsymbol{A}=\begin{pmatrix}8&30&-14\\-6&-19&9\\-6&-23&11\end{pmatrix}$$

解 先求矩阵 $\boldsymbol{A}$ 的不变因子，对 $\lambda\boldsymbol{E}-\boldsymbol{A}$ 实施初等变换得

$$\lambda\boldsymbol{E}-\boldsymbol{A}=\begin{pmatrix}\lambda-8&-30&14\\6&\lambda+19&-9\\6&23&\lambda-11\end{pmatrix}\rightarrow\begin{pmatrix}1&0&0\\0&1&0\\0&0&\lambda^3+30\lambda-8\end{pmatrix}$$

所以 $\boldsymbol{A}$ 的不变因子是 $1,1,\lambda^3+30\lambda-8$，对应的有理标准形为

$$\begin{pmatrix}0&0&8\\1&0&0\\0&1&-30\end{pmatrix}$$

习　　题

1. 求下列矩阵的最小多项式：

$$(1)\ \begin{pmatrix}0&0&1\\0&1&0\\1&0&0\end{pmatrix};\quad (2)\ \begin{pmatrix}3&-1&-3&1\\-1&3&1&-3\\3&-1&-3&1\\-1&3&1&-3\end{pmatrix};$$

(3) $\begin{pmatrix} a_0 & a_1 & a_2 & a_3 \\ -a_1 & a_0 & -a_3 & a_2 \\ -a_2 & a_3 & a_0 & -a_1 \\ -a_3 & -a_2 & a_1 & a_0 \end{pmatrix}$。

2. 试计算 $2\boldsymbol{A}^8-3\boldsymbol{A}^5+\boldsymbol{A}^4+\boldsymbol{A}^2-4\boldsymbol{E}$,其中

$$\boldsymbol{A}=\begin{pmatrix} 1 & 0 & 2 \\ 0 & -1 & 1 \\ 0 & 1 & 0 \end{pmatrix}$$

3. 设 $\boldsymbol{A}=\begin{pmatrix} 1 & -1 \\ 2 & 5 \end{pmatrix}$,试将$(2\boldsymbol{A}^4-12\boldsymbol{A}^3+19\boldsymbol{A}^2-23\boldsymbol{A}+37\boldsymbol{E})^{-1}$表示为 $\boldsymbol{A}$ 的多项式。

4. 证明:任意可逆矩阵 $\boldsymbol{A}$ 的逆矩阵 $\boldsymbol{A}^{-1}$都可以表示为 $\boldsymbol{A}$ 多项式。

5. 设 n 阶方阵满足 $\boldsymbol{A}\neq\boldsymbol{O},\boldsymbol{A}^k=\boldsymbol{O}(k\geqslant 2)$,证明:$\boldsymbol{A}$ 不能与对角矩阵相似。

6. 设 n 阶方阵满足 $\boldsymbol{A}^k=\boldsymbol{E}(k\in\boldsymbol{Z}^+)$,证明:$\boldsymbol{A}$ 能与对角矩阵相似。

7. 设 n 阶方阵满足 $\boldsymbol{A}^2=\boldsymbol{A}$,证明:$\boldsymbol{A}$ 能与对角矩阵

$$\begin{pmatrix} 1 & & & & & \\ & \ddots & & & & \\ & & 1 & & & \\ & & & 0 & & \\ & & & & \ddots & \\ & & & & & 0 \end{pmatrix}$$

相似。

8. 化下列 λ-矩阵为标准形:

(1) $\begin{pmatrix} \lambda^3-\lambda & 2\lambda^2 \\ \lambda^2+5\lambda & 3\lambda \end{pmatrix}$;　(2) $\begin{pmatrix} 1-\lambda & \lambda^2 & \lambda \\ \lambda & \lambda & -\lambda \\ 1+\lambda^2 & \lambda^2 & -\lambda^2 \end{pmatrix}$;

(3) $\begin{pmatrix} \lambda^2+\lambda & 0 & 0 \\ 0 & \lambda & 0 \\ 0 & 0 & (\lambda+1)^2 \end{pmatrix}$;　(4) $\begin{pmatrix} 0 & 0 & 0 & \lambda^2 \\ 0 & 0 & \lambda^2-\lambda & 0 \\ 0 & (\lambda-1)^2 & 0 & 0 \\ \lambda^2-\lambda & 0 & 0 & 0 \end{pmatrix}$;

(5) $\begin{pmatrix} 3\lambda^2+2\lambda-3 & 2\lambda-1 & \lambda^2+2\lambda-3 \\ 4\lambda^2+3\lambda-5 & 3\lambda-2 & \lambda^2+3\lambda-4 \\ \lambda^2+\lambda-4 & \lambda-2 & \lambda-1 \end{pmatrix}$;

(6) $\begin{pmatrix} 2\lambda & 3 & 0 & 1 & \lambda \\ 4\lambda & 3\lambda+6 & 0 & \lambda+2 & 2\lambda \\ 0 & 6\lambda & \lambda & 2\lambda & 0 \\ \lambda-1 & 0 & \lambda-1 & 0 & 0 \\ 3\lambda-3 & 1-\lambda & 2\lambda-2 & 0 & 0 \end{pmatrix}$。

9. 求下列 λ-矩阵的不变因子:

(1) $\begin{pmatrix} \lambda-2 & -1 & 0 \\ 0 & \lambda-2 & -1 \\ 0 & 0 & \lambda-2 \end{pmatrix}$；　(2) $\begin{pmatrix} \lambda & -1 & 0 & 0 \\ 0 & \lambda & -1 & 0 \\ 0 & 0 & \lambda & -1 \\ 5 & 4 & 3 & \lambda+2 \end{pmatrix}$；

(3) $\begin{pmatrix} \lambda+\alpha & \beta & 1 & 0 \\ -\beta & \lambda+\alpha & 0 & 1 \\ 0 & 0 & \lambda+\alpha & \beta \\ 0 & 0 & -\beta & \lambda+\alpha \end{pmatrix}$；　(4) $\begin{pmatrix} 0 & 0 & 1 & \lambda+2 \\ 0 & 1 & \lambda+2 & 0 \\ 1 & \lambda+2 & 0 & 0 \\ \lambda+2 & 0 & 0 & 0 \end{pmatrix}$；

(5) $\begin{pmatrix} \lambda+1 & 0 & 0 & 0 \\ 0 & \lambda+2 & 0 & 0 \\ 0 & 0 & \lambda-1 & 0 \\ 0 & 0 & 0 & \lambda-2 \end{pmatrix}$。

10. 证明：矩阵

$$\begin{pmatrix} \lambda & 0 & 0 & \cdots & 0 & a_n \\ -1 & \lambda & 0 & \cdots & 0 & a_{n-1} \\ 0 & -1 & \lambda & \cdots & 0 & a_{n-2} \\ \vdots & \vdots & \vdots & \ddots & \vdots & \vdots \\ 0 & 0 & 0 & \cdots & \lambda & a_2 \\ 0 & 0 & 0 & \cdots & -1 & \lambda+a_1 \end{pmatrix}$$

的不变因子是

$$\underbrace{1,1,\cdots,1}_{n-1\text{个}},\quad f(\lambda)$$

其中 $f(\lambda)=\lambda^n+a_1\lambda^{n-1}+\cdots+a_{n-1}\lambda+a_n$。

11. 已知 5×6 阶的 λ-矩阵 $\boldsymbol{A}(\lambda)$ 的秩为 4，其初等因子为

$$\lambda,\quad \lambda,\quad \lambda^2,\quad \lambda-1,\quad (\lambda-1)^2,\quad (\lambda-1)^3,\quad (\lambda+2\mathrm{i})^3,\quad (\lambda-2\mathrm{i})^3$$

试求 $\boldsymbol{A}(\lambda)$ 的标准形。

12. 证明：数域 P 上任意 n 阶方阵 $\boldsymbol{A}$ 和其转置矩阵 $\boldsymbol{A}^{\mathrm{T}}$ 具有相同的不变因子、初等因子，从而 $\boldsymbol{A}$ 和 $\boldsymbol{A}^{\mathrm{T}}$ 相似。

13. 设 $\boldsymbol{A}=\begin{pmatrix} \lambda & 1 & 0 \\ 0 & \lambda & 1 \\ 0 & 0 & \lambda \end{pmatrix}$，试求 $\boldsymbol{A}^k$。

14. 求下列复系数矩阵的 Jordan 标准形：

(1) $\begin{pmatrix} 3 & 0 & 8 \\ 3 & -1 & 6 \\ -2 & 0 & -5 \end{pmatrix}$；　(2) $\begin{pmatrix} 4 & 5 & -2 \\ -2 & -2 & 1 \\ -1 & -1 & 1 \end{pmatrix}$；

(3) $\begin{pmatrix} 3 & 7 & -3 \\ -2 & -5 & 2 \\ -4 & -10 & 3 \end{pmatrix}$；　(4) $\begin{pmatrix} 1 & -1 & 3 \\ 3 & -3 & 6 \\ 2 & -2 & 4 \end{pmatrix}$；

(5) $\begin{pmatrix} 1 & 1 & -1 \\ -3 & -3 & 3 \\ -2 & -2 & 2 \end{pmatrix}$；　(6) $\begin{pmatrix} -4 & 2 & 10 \\ -4 & 3 & 7 \\ -3 & 1 & 7 \end{pmatrix}$；

(7) $\begin{pmatrix} 0 & 3 & 3 \\ -1 & 8 & 6 \\ 2 & -14 & -10 \end{pmatrix}$；　(8) $\begin{pmatrix} 8 & 30 & -14 \\ -6 & -19 & 9 \\ -6 & -23 & 11 \end{pmatrix}$；

(9) $\begin{pmatrix} 2 & -1 & 1 \\ -1 & 1 & -3 \\ 3 & 5 & 6 \end{pmatrix}$；　(10) $\begin{pmatrix} 3 & 1 & 0 & 0 \\ -4 & -1 & 0 & 0 \\ 7 & 1 & 2 & 1 \\ -7 & -6 & -1 & 0 \end{pmatrix}$；

(11) $\begin{pmatrix} 1 & -3 & 0 & 3 \\ -2 & 6 & 0 & 13 \\ 0 & -3 & 1 & 3 \\ -1 & 2 & 0 & 8 \end{pmatrix}$；　(12) $\begin{pmatrix} 0 & 1 & 0 & \cdots & 0 & 0 \\ 0 & 0 & 1 & \cdots & 0 & 0 \\ \vdots & \vdots & \vdots & & \vdots & \vdots \\ 0 & 0 & 0 & \cdots & 0 & 1 \\ 1 & 0 & 0 & \cdots & 0 & 0 \end{pmatrix}$。

15. 已知 $|\lambda \boldsymbol{E}-\boldsymbol{A}|=(\lambda+1)^2(\lambda-2)^3$，则求 $\boldsymbol{A}$ 的阶数、不变因子和初等因子。

16. 已知数字矩阵 $\boldsymbol{A}$ 的初等因子为 $\lambda,\lambda^3,(\lambda+1)^3$，求 $\boldsymbol{A}$ 的阶数、不变因子、Jordan 标准形和有理标准形。

17. 求下列多项式的伴侣矩阵：

(1) $d_1(\lambda)=\lambda^3-\lambda^2-1$；

(2) $d_2(\lambda)=\lambda^3+2\lambda^2-3\lambda+4$；

(3) $d_3(\lambda)=\lambda^4-2\lambda^3+3\lambda^2-5\lambda+7$；

(4) $d_4(\lambda)=\lambda^4+3\lambda^3-4\lambda^2-6$。

18. 求下列矩阵的有理标准形：

(1) $\begin{pmatrix} 1 & 2 & 0 \\ 0 & 2 & 0 \\ -2 & -2 & -1 \end{pmatrix}$；　(2) $\begin{pmatrix} 1 & -3 & 0 & 3 \\ -2 & 6 & 0 & 13 \\ 0 & -3 & 1 & 3 \\ -1 & 2 & 0 & 8 \end{pmatrix}$；

(3) $\begin{pmatrix} 13 & 16 & 16 \\ -5 & -7 & -6 \\ -6 & -8 & -7 \end{pmatrix}$；　(4) $\begin{pmatrix} 1 & -3 & 0 & 3 \\ -2 & 6 & 0 & 13 \\ 0 & -3 & 1 & 3 \\ -1 & 2 & 0 & 8 \end{pmatrix}$。

第 9 章　Euclid 空间

在第 6 章和第 7 章中分别介绍了线性空间和线性变换的概念，线性空间的应用范围十分广泛，它实际上是二维、三维几何空间的推广。但这种推广只保留了几何空间的两种运算——加法和数量乘法，而没有考虑几何空间向量的度量性质，如向量的长度，向量之间的夹角、距离等。向量的度量性质在自然科学的许多分支中有着重要的应用，如在泛函分析、拓扑学、力学和物理学中都有广泛的应用，因此需要在线性空间中引入度量的概念。本章主要介绍线性空间内积、度量空间、标准正交基、正交变换、对称变换等概念，并讨论与之有关的一些性质和方法，如 Schmidt 正交化方法、正交子空间、对称矩阵的相关性质等。

9.1　定义与基本性质

在空间解析几何中我们知道，向量的长度、夹角等度量性质都可以通过向量的内积来表示，向量的内积还可以刻画向量间的重要的关系，本节将在实线性空间中给出内积的概念，并称引入内积后的实线性空间为 Euclid 空间。

9.1.1　几个概念

定义 9.1.1　设 V 是实数域 R 上一个线性空间，在 V 上定义一个二元函数，称为**内积**，记作$(\boldsymbol{\alpha},\boldsymbol{\beta})$，它具有如下性质：

(1) $(\boldsymbol{\alpha},\boldsymbol{\beta})=(\boldsymbol{\beta},\boldsymbol{\alpha})$；

(2) $(k\boldsymbol{\alpha},\boldsymbol{\beta})=k(\boldsymbol{\alpha},\boldsymbol{\beta})$；

(3) $(\boldsymbol{\alpha}+\boldsymbol{\beta},\boldsymbol{\gamma})=(\boldsymbol{\alpha},\boldsymbol{\gamma})+(\boldsymbol{\beta},\boldsymbol{\gamma})$；

(4) $(\boldsymbol{\alpha},\boldsymbol{\alpha})\geqslant 0$，当且仅当 $\boldsymbol{\alpha}=\mathbf{0}$ 时$(\boldsymbol{\alpha},\boldsymbol{\alpha})=0$。

这里 $\boldsymbol{\alpha},\boldsymbol{\beta},\boldsymbol{\gamma}$ 是 V 中任意的向量，k 是任意的实数，称这样的线性空间 V 为 **Euclid 空间**。

注 9.1.1　定义 9.1.1 中所说的二元函数是指对 V 中的任意两个向量$\boldsymbol{\alpha},\boldsymbol{\beta}$ 都有唯一的一个实数与之对应，记作$(\boldsymbol{\alpha},\boldsymbol{\beta})$。

注 9.1.2　在定义 9.1.1 中，对线性空间 V 的维数没有要求，可以是有限维的，也可以是无限维的。

注 9.1.3 显然几何空间中向量的内积满足定义 9.1.1 中的性质，所以几何空间中向量的全体构成一个 Euclid 空间。

例 9.1.1 在线性空间 $\mathbf{R}^n$ 中，定义向量

$$\boldsymbol{\alpha} = (a_1, a_2, \cdots, a_n), \quad \boldsymbol{\beta} = (b_1, b_2, \cdots, b_n)$$

的内积为

$$(\boldsymbol{\alpha}, \boldsymbol{\beta}) = a_1 b_1 + a_2 b_2 + \cdots + a_n b_n \tag{9.1.1}$$

显然，内积(9.1.1)适合定义 9.1.1 中的所有条件，这样 $\mathbf{R}^n$ 就成为一个 Euclid 空间。当 $n=3$ 时，(9.1.1)式就是空间几何向量的内积在直角坐标系中的坐标表达式。

例 9.1.2 在线性空间 $\mathbf{R}^n$ 中，定义向量

$$\boldsymbol{\alpha} = (a_1, a_2, \cdots, a_n), \quad \boldsymbol{\beta} = (b_1, b_2, \cdots, b_n)$$

的内积为

$$(\boldsymbol{\alpha}, \boldsymbol{\beta}) = a_1 b_1 + 2a_2 b_2 + \cdots + n a_n b_n \tag{9.1.2}$$

内积(9.1.2)适合定义 9.1.1 中的所有条件，从而 $\mathbf{R}^n$ 在不一样的内积下也成为一个 Euclid 空间。

这两个例子说明，同一个线性空间可以定义不同的内积，使得该线性空间成为不同的 Euclid 空间。

例 9.1.3 在闭区间$[a,b]$上的所有实连续函数所成的空间 $C[a,b]$中，对于任意的函数 $f(x)$，$g(x)$，定义内积为

$$(f(x), g(x)) = \int_a^b f(x) g(x) \mathrm{d}x \tag{9.1.3}$$

由定积分的性质不难验证，内积(9.1.3)也满足定义 9.1.1 的所有条件，故 $C[a,b]$也构成一个 Euclid 空间。同样实数域上不超过 n 次的多项式空间 $\mathbf{R}[x]_n$ 和多项式空间 $\mathbf{R}[x]$，在内积(9.1.3)下均构成 Euclid 空间。

设 V 是一个 Euclid 空间，由定义 9.1.1 中的(1)可知内积满足对称性，从而(2)与(3)可以等价的表示成如下的(2′)和(3′)：

(2′) $(\boldsymbol{\alpha}, k\boldsymbol{\beta}) = k(\boldsymbol{\alpha}, \boldsymbol{\beta})$；

(3′) $(\boldsymbol{\alpha}, \boldsymbol{\beta} + \boldsymbol{\gamma}) = (\boldsymbol{\alpha}, \boldsymbol{\beta}) + (\boldsymbol{\alpha}, \boldsymbol{\gamma})$。

由此可知在 Euclid 空间 V 中，对任意的向量 $\boldsymbol{\alpha}_1, \boldsymbol{\alpha}_2, \cdots, \boldsymbol{\alpha}_n; \boldsymbol{\beta}_1, \boldsymbol{\beta}_2, \cdots, \boldsymbol{\beta}_n$ 以及任意的实数 $k_1, k_2, \cdots, k_n; l_1, l_2, \cdots, l_n$ 都有

$$\left(\sum_{i=1}^n k_i \boldsymbol{\alpha}_i, \sum_{j=1}^n l_j \boldsymbol{\beta}_j\right) = \sum_{i=1}^n \sum_{j=1}^n k_i l_j (\boldsymbol{\alpha}_i, \boldsymbol{\beta}_j)$$

9.1.2 Euclid 空间一些基本性质

性质 9.1.1 在 Euclid 空间 V 中，零向量和任何向量的内积均等于零。

证明 在定义 9.1.1 的(2)中令 $k=0$ 就知，对任意的 $\boldsymbol{\beta} \in V$ 有 $(\boldsymbol{0}, \boldsymbol{\beta}) = 0$，再由对称性知 $(\boldsymbol{\beta}, \boldsymbol{0}) = 0$。

由定义 9.1.1 中的条件(4)知，$(\boldsymbol{\alpha}, \boldsymbol{\alpha}) \geqslant 0$，当且仅当 $\boldsymbol{\alpha} = \boldsymbol{0}$ 时 $(\boldsymbol{\alpha}, \boldsymbol{\alpha}) = 0$，所以对任意的 $\boldsymbol{\alpha}$，$\sqrt{(\boldsymbol{\alpha}, \boldsymbol{\alpha})}$是有意义的，在几何空间中称$\sqrt{(\boldsymbol{\alpha}, \boldsymbol{\alpha})}$为向量 $\boldsymbol{\alpha}$ 的长度，类似地，可以定义 Euclid

空间中任意向量的长度。

定义 9.1.2 设 $\boldsymbol{\alpha}$ 是 Euclid 空间 V 中任一向量,称 $\sqrt{(\boldsymbol{\alpha},\boldsymbol{\alpha})}$ 为向量 $\boldsymbol{\alpha}$ 的长度,也称为向量 $\boldsymbol{\alpha}$ 的模,记作 $|\boldsymbol{\alpha}|$。

显然任意非零向量的长度均是正数,只有零向量的长度等于零,这样定义的 Euclid 空间的长度满足熟知的性质

$$|k\boldsymbol{\alpha}| = |k||\boldsymbol{\alpha}| \tag{9.1.4}$$

这里的 $k\in\mathbf{R},\boldsymbol{\alpha}\in V$,事实上 $|k\boldsymbol{\alpha}| = \sqrt{(k\boldsymbol{\alpha},k\boldsymbol{\alpha})} = \sqrt{k^2(\boldsymbol{\alpha},\boldsymbol{\alpha})} = |k||\boldsymbol{\alpha}|$。

长度等于 1 的向量称为单位向量,由(9.1.4)式可知,向量 $\dfrac{\boldsymbol{\alpha}}{|\boldsymbol{\alpha}|}$ 显然是一个单位向量,该向量和 $\boldsymbol{\alpha}$ 是同向的,通常称为把向量 $\boldsymbol{\alpha}$ **单位化**。

性质 9.1.2 设 $\boldsymbol{\alpha}$ 是 Euclid 空间 V 中任一向量,则 $|-\boldsymbol{\alpha}| = |\boldsymbol{\alpha}|$。

为了合理给出向量之间夹角的概念,需要证明 Cauchy-Bunjakovski 不等式。

性质 9.1.3 设 $\boldsymbol{\alpha},\boldsymbol{\beta}$ 是 Euclid 空间 V 中任意的两个向量,则有不等式

$$|(\boldsymbol{\alpha},\boldsymbol{\beta})|\leqslant|\boldsymbol{\alpha}||\boldsymbol{\beta}| \tag{9.1.5}$$

当且仅当 $\boldsymbol{\alpha}$ 和 $\boldsymbol{\beta}$ 线性相关时等号成立。

证明 如果 $\boldsymbol{\alpha}=\mathbf{0}$ 或 $\boldsymbol{\beta}=\mathbf{0}$ 则(9.1.5)式显然等号成立,如果向量 $\boldsymbol{\alpha}$ 和 $\boldsymbol{\beta}$ 线性相关,即 $\boldsymbol{\beta} = k\boldsymbol{\alpha}$,于是由内积的性质可得

$$\begin{aligned}|(\boldsymbol{\alpha},\boldsymbol{\beta})| &= \sqrt{(\boldsymbol{\alpha},\boldsymbol{\beta})^2} = \sqrt{(\boldsymbol{\alpha},\boldsymbol{\beta})(\boldsymbol{\alpha},\boldsymbol{\beta})} = \sqrt{(\boldsymbol{\alpha},k\boldsymbol{\alpha})(\boldsymbol{\alpha},\boldsymbol{\beta})} = \sqrt{k(\boldsymbol{\alpha},\boldsymbol{\alpha})(\boldsymbol{\alpha},\boldsymbol{\beta})}\\ &= \sqrt{(\boldsymbol{\alpha},\boldsymbol{\alpha})(k\boldsymbol{\alpha},\boldsymbol{\beta})} = \sqrt{(\boldsymbol{\alpha},\boldsymbol{\alpha})(\boldsymbol{\beta},\boldsymbol{\beta})} = \sqrt{(\boldsymbol{\alpha},\boldsymbol{\alpha})}\sqrt{(\boldsymbol{\beta},\boldsymbol{\beta})} = |\boldsymbol{\alpha}||\boldsymbol{\beta}|\end{aligned}$$

现设 $\boldsymbol{\alpha}$ 和 $\boldsymbol{\beta}$ 不成线性关系且均是非零向量,那么对任意的实数 t,向量 $t\boldsymbol{\alpha}+\boldsymbol{\beta}\neq\mathbf{0}$,于是由定义 9.1.1 中的(4),我们可得

$$(t\boldsymbol{\alpha}+\boldsymbol{\beta},t\boldsymbol{\alpha}+\boldsymbol{\beta})>0$$

即

$$t^2(\boldsymbol{\alpha},\boldsymbol{\alpha})+2t(\boldsymbol{\alpha},\boldsymbol{\beta})+(\boldsymbol{\beta},\boldsymbol{\beta})>0$$

该不等式的左端是一个关于 t 的一元二次三项式,且对任意的实数 t 均成立,又 $(\boldsymbol{\alpha},\boldsymbol{\alpha})>0$,所以左端一元二次三项式的判别式小于零,即

$$4(\boldsymbol{\alpha},\boldsymbol{\beta})^2-4(\boldsymbol{\alpha},\boldsymbol{\alpha})(\boldsymbol{\beta},\boldsymbol{\beta})<0$$

从而

$$|(\boldsymbol{\alpha},\boldsymbol{\beta})|<|\boldsymbol{\alpha}||\boldsymbol{\beta}|$$

综合可知

$$|(\boldsymbol{\alpha},\boldsymbol{\beta})|\leqslant|\boldsymbol{\alpha}||\boldsymbol{\beta}|$$

反之,当 $|(\boldsymbol{\alpha},\boldsymbol{\beta})|=|\boldsymbol{\alpha}||\boldsymbol{\beta}|$ 时,若 $\boldsymbol{\beta}\mathbf{0}$ 则等式成立,若 $\boldsymbol{\beta}\neq\mathbf{0}$,则有 $(\boldsymbol{\alpha},\boldsymbol{\alpha})=\dfrac{(\boldsymbol{\alpha},\boldsymbol{\beta})^2}{(\boldsymbol{\beta},\boldsymbol{\beta})}$,令 $\boldsymbol{\gamma}=\boldsymbol{\alpha}-\dfrac{(\boldsymbol{\alpha},\boldsymbol{\beta})}{(\boldsymbol{\beta},\boldsymbol{\beta})}\boldsymbol{\beta}$,从而

$$(\boldsymbol{\gamma},\boldsymbol{\gamma})=\left(\boldsymbol{\alpha}-\frac{(\boldsymbol{\alpha},\boldsymbol{\beta})}{(\boldsymbol{\beta},\boldsymbol{\beta})}\boldsymbol{\beta},\boldsymbol{\alpha}-\frac{(\boldsymbol{\alpha},\boldsymbol{\beta})}{(\boldsymbol{\beta},\boldsymbol{\beta})}\boldsymbol{\beta}\right)$$

$$= (\boldsymbol{\alpha},\boldsymbol{\alpha}) - 2\frac{(\boldsymbol{\alpha},\boldsymbol{\beta})}{(\boldsymbol{\beta},\boldsymbol{\beta})}(\boldsymbol{\alpha},\boldsymbol{\beta}) + \frac{(\boldsymbol{\alpha},\boldsymbol{\beta})^2}{(\boldsymbol{\beta},\boldsymbol{\beta})^2}(\boldsymbol{\beta},\boldsymbol{\beta})$$

$$= (\boldsymbol{\alpha},\boldsymbol{\alpha}) - \frac{(\boldsymbol{\alpha},\boldsymbol{\beta})^2}{(\boldsymbol{\beta},\boldsymbol{\beta})} = 0$$

这样 $\boldsymbol{\gamma}=\mathbf{0}$,所以 $\boldsymbol{\alpha}=\frac{(\boldsymbol{\alpha},\boldsymbol{\beta})}{(\boldsymbol{\beta},\boldsymbol{\beta})}\boldsymbol{\beta}$,即 $\boldsymbol{\alpha}$ 和 $\boldsymbol{\beta}$ 线性相关。

例 9.1.4 对于例 9.1.1 中的 Euclid 空间 $\mathbf{R}^n$,其 Cauchy-Bunjakovski 不等式为

$$(a_1b_1 + a_2b_2 + \cdots + a_nb_n)^2 \leqslant (a_1^2 + a_2^2 + \cdots + a_n^2)(b_1^2 + b_2^2 + \cdots + b_n^2)$$

这里 $\boldsymbol{\alpha}=(a_1,a_2,\cdots,a_n)$,$\boldsymbol{\beta}=(b_1,b_2,\cdots,b_n)$,此不等式称为 Cauchy 不等式。

例 9.1.5 对于例 9.1.3 中的 Euclid 空间 $C[a,b]$,其 Cauchy-Bunjakovski 不等式为

$$\left|\int_a^b f(x)g(x)\mathrm{d}x\right| \leqslant \left(\int_a^b f^2(x)\mathrm{d}x\right)^{\frac{1}{2}}\left(\int_a^b g^2(x)\mathrm{d}x\right)^{\frac{1}{2}}$$

此不等式称为 Schwarz 不等式。

以上两个不等式都是历史上著名的不等式。

由 Cauchy-Bunjakovski 不等式,我们很容易得到如下的三角不等式:

性质 9.1.4 设 $\boldsymbol{\alpha},\boldsymbol{\beta}$ 是 Euclid 空间 V 中任意的两个向量,则有不等式

$$|\boldsymbol{\alpha}+\boldsymbol{\beta}| \leqslant |\boldsymbol{\alpha}| + |\boldsymbol{\beta}| \tag{9.1.6}$$

证明 由于

$$\begin{aligned}
|\boldsymbol{\alpha}+\boldsymbol{\beta}|^2 &= (\boldsymbol{\alpha}+\boldsymbol{\beta},\boldsymbol{\alpha}+\boldsymbol{\beta}) \\
&= (\boldsymbol{\alpha},\boldsymbol{\alpha}) + 2(\boldsymbol{\alpha},\boldsymbol{\beta}) + (\boldsymbol{\beta},\boldsymbol{\beta}) \\
&\leqslant |\boldsymbol{\alpha}|^2 + 2|(\boldsymbol{\alpha},\boldsymbol{\beta})| + |\boldsymbol{\beta}|^2 \\
&\leqslant |\boldsymbol{\alpha}|^2 + 2|\boldsymbol{\alpha}||\boldsymbol{\beta}| + |\boldsymbol{\beta}|^2 \\
&= (|\boldsymbol{\alpha}| + |\boldsymbol{\beta}|)^2
\end{aligned}$$

所以

$$|\boldsymbol{\alpha}+\boldsymbol{\beta}| \leqslant |\boldsymbol{\alpha}| + |\boldsymbol{\beta}|$$

由 Cauchy-Bunjakovski 不等式,我们知道 $-1\leqslant\frac{(\boldsymbol{\alpha},\boldsymbol{\beta})}{|\boldsymbol{\alpha}||\boldsymbol{\beta}|}\leqslant 1$,这样可以定义向量 $\boldsymbol{\alpha},\boldsymbol{\beta}$ 的夹角。

定义 9.1.3 Euclid 空间 V 中向量 $\boldsymbol{\alpha},\boldsymbol{\beta}$ 的夹角 $\langle\boldsymbol{\alpha},\boldsymbol{\beta}\rangle$ 规定为

$$\langle\boldsymbol{\alpha},\boldsymbol{\beta}\rangle = \arccos\frac{(\boldsymbol{\alpha},\boldsymbol{\beta})}{|\boldsymbol{\alpha}||\boldsymbol{\beta}|} \quad (0\leqslant\langle\boldsymbol{\alpha},\boldsymbol{\beta}\rangle\leqslant\pi) \tag{9.1.7}$$

有了夹角的概念,就可以研究 Euclid 空间向量之间一种特殊且主要的关系——正交或垂直。

定义 9.1.4 Euclid 空间 V 中如果向量 $\boldsymbol{\alpha},\boldsymbol{\beta}$ 的内积为零,即 $(\boldsymbol{\alpha},\boldsymbol{\beta})=0$,那么 $\boldsymbol{\alpha},\boldsymbol{\beta}$ 称为正交或互相垂直,记作 $\boldsymbol{\alpha}\perp\boldsymbol{\beta}$。

显然 Euclid 空间中向量的正交和空间解析几何中向量的正交的概念一致,容易知道 Euclid 空间中两个向量正交,则它们的夹角为 $\frac{\pi}{2}$。

Euclid 空间同样有勾股定理。

定理 9.1.1 设 $\boldsymbol{\alpha},\boldsymbol{\beta}$ 是 Euclid 空间 V 中正交向量，即$(\boldsymbol{\alpha},\boldsymbol{\beta})=0$，则

$$|\boldsymbol{\alpha}+\boldsymbol{\beta}|^2=|\boldsymbol{\alpha}|^2+|\boldsymbol{\beta}|^2 \tag{9.1.8}$$

进一步地，如果 $\boldsymbol{\alpha}_1,\boldsymbol{\alpha}_2,\cdots,\boldsymbol{\alpha}_m$ 是 Euclid 空间 V 中一组两两正交向量，即$(\boldsymbol{\alpha}_i,\boldsymbol{\alpha}_j)=0(i\neq j)$，则

$$|\boldsymbol{\alpha}_1+\boldsymbol{\alpha}_2+\cdots+\boldsymbol{\alpha}_m|^2=|\boldsymbol{\alpha}_1|^2+|\boldsymbol{\alpha}_2|^2+\cdots+|\boldsymbol{\alpha}_m|^2 \tag{9.1.9}$$

证明 因为$(\boldsymbol{\alpha},\boldsymbol{\beta})=0$，从而

$$|\boldsymbol{\alpha}+\boldsymbol{\beta}|^2=(\boldsymbol{\alpha}+\boldsymbol{\beta},\boldsymbol{\alpha}+\boldsymbol{\beta})=(\boldsymbol{\alpha},\boldsymbol{\alpha})+(\boldsymbol{\beta},\boldsymbol{\beta})=|\boldsymbol{\alpha}|^2+|\boldsymbol{\beta}|^2$$

同理可证(9.1.9)式。

定理 9.1.2 在一个 Euclid 空间 V 中，如果向量 $\boldsymbol{\alpha}$ 与向量组 $\boldsymbol{\beta}_1,\boldsymbol{\beta}_2,\cdots,\boldsymbol{\beta}_r$ 中的每一个向量都正交，那么 $\boldsymbol{\alpha}$ 与向量组 $\boldsymbol{\beta}_1,\boldsymbol{\beta}_2,\cdots,\boldsymbol{\beta}_r$ 的任意一个线性组合也正交。

证明 设 $\sum\limits_{i=1}^{r}k_i\boldsymbol{\beta}_i$ 是向量组 $\boldsymbol{\beta}_1,\boldsymbol{\beta}_2,\cdots,\boldsymbol{\beta}_r$ 的任一线性组合，由于$(\boldsymbol{\alpha},\boldsymbol{\beta}_i)=0(i=1,2,\cdots,r)$，所以

$$\left(\boldsymbol{\alpha},\sum_{i=1}^{r}k_i\boldsymbol{\beta}_i\right)=\sum_{i=1}^{r}k_i(\boldsymbol{\alpha},\boldsymbol{\beta}_i)=0$$

例 9.1.6 求 Euclid 空间 $\mathbf{R}^4$ 中的向量 $\boldsymbol{\alpha}=\begin{pmatrix}1\\-2\\0\\2\end{pmatrix}$，$\boldsymbol{\beta}=\begin{pmatrix}2\\0\\0\\2\end{pmatrix}$ 的夹角 θ。

解 由 Euclid 空间 $\mathbf{R}^4$ 中内积的定义可得

$$(\boldsymbol{\alpha},\boldsymbol{\beta})=1\times2+(-2)\times0+0\times0+2\times2=6,\quad|\boldsymbol{\alpha}|=3,\quad|\boldsymbol{\beta}|=2\sqrt{2}$$

所以

$$\theta=\arccos\frac{(\boldsymbol{\alpha},\boldsymbol{\beta})}{|\boldsymbol{\alpha}||\boldsymbol{\beta}|}=\arccos\frac{6}{6\sqrt{2}}=\arccos\frac{\sqrt{2}}{2}=\frac{\pi}{4}$$

例 9.1.7 设 $\boldsymbol{\varepsilon}_1,\boldsymbol{\varepsilon}_2,\boldsymbol{\varepsilon}_3$ 是 Euclid 空间 V 中一组向量，满足$(\boldsymbol{\varepsilon}_1,\boldsymbol{\varepsilon}_1)=(\boldsymbol{\varepsilon}_2,\boldsymbol{\varepsilon}_2)=(\boldsymbol{\varepsilon}_3,\boldsymbol{\varepsilon}_3)=1$ 和$(\boldsymbol{\varepsilon}_1,\boldsymbol{\varepsilon}_2)=(\boldsymbol{\varepsilon}_2,\boldsymbol{\varepsilon}_3)=(\boldsymbol{\varepsilon}_3,\boldsymbol{\varepsilon}_1)=0$，若 $\boldsymbol{\alpha}=3\boldsymbol{\varepsilon}_1+2\boldsymbol{\varepsilon}_2+4\boldsymbol{\varepsilon}_3$，$\boldsymbol{\beta}=\boldsymbol{\varepsilon}_1-2\boldsymbol{\varepsilon}_2$。求：

(1) 与 $\boldsymbol{\alpha},\boldsymbol{\beta}$ 都正交的全部向量；

(2) 与 $\boldsymbol{\alpha},\boldsymbol{\beta}$ 都正交的单位向量。

解 (1) 设 $\boldsymbol{\gamma}=x_1\boldsymbol{\varepsilon}_1+x_2\boldsymbol{\varepsilon}_2+x_3\boldsymbol{\varepsilon}_3$，向量 $\boldsymbol{\gamma}$ 与 $\boldsymbol{\alpha},\boldsymbol{\beta}$ 均正交的充要条件是

$$\begin{cases}(\boldsymbol{\gamma},\boldsymbol{\alpha})=3x_1+2x_2+4x_3=0\\(\boldsymbol{\gamma},\boldsymbol{\beta})=x_1-2x_2=0\end{cases}$$

解方程组得

$$\begin{pmatrix}x_1\\x_2\\x_3\end{pmatrix}=k\begin{pmatrix}2\\1\\-2\end{pmatrix}$$

所以与 $\boldsymbol{\alpha},\boldsymbol{\beta}$ 都正交的向量为

$$k(2\boldsymbol{\varepsilon}_1+\boldsymbol{\varepsilon}_2-2\boldsymbol{\varepsilon}_3)\quad(k\in\mathbf{R})$$

(2) 把 $2\boldsymbol{\varepsilon}_1+\boldsymbol{\varepsilon}_2-2\boldsymbol{\varepsilon}_2$ 单位化，得

$$\frac{2}{3}\boldsymbol{\varepsilon}_1+\frac{1}{3}\boldsymbol{\varepsilon}_2-\frac{2}{3}\boldsymbol{\varepsilon}_3$$

因此，与 $\boldsymbol{\alpha},\boldsymbol{\beta}$ 都正交的单位向量有两个：

$$\pm\left(\frac{2}{3}\boldsymbol{\varepsilon}_1+\frac{1}{3}\boldsymbol{\varepsilon}_2-\frac{2}{3}\boldsymbol{\varepsilon}_3\right)$$

9.1.3 度量矩阵

设 V 是一个 n 维 Euclid 空间，在 V 中取定一组基 $\boldsymbol{\varepsilon}_1,\boldsymbol{\varepsilon}_2,\cdots,\boldsymbol{\varepsilon}_n$，对于 V 中的两个向量

$$\boldsymbol{\alpha}=x_1\boldsymbol{\varepsilon}_1+x_2\boldsymbol{\varepsilon}_2+\cdots+x_n\boldsymbol{\varepsilon}_n$$

$$\boldsymbol{\beta}=y_1\boldsymbol{\varepsilon}_1+y_2\boldsymbol{\varepsilon}_2+\cdots+y_n\boldsymbol{\varepsilon}_n$$

由内积的性质，容易得到

$$(\boldsymbol{\alpha},\boldsymbol{\beta})=\sum_{i=1}^{n}\sum_{j=1}^{n}x_iy_j(\boldsymbol{\varepsilon}_i,\boldsymbol{\varepsilon}_j) \tag{9.1.10}$$

这说明向量 $\boldsymbol{\alpha},\boldsymbol{\beta}$ 的内积可以通过它们的坐标及其向量之间的内积表示出来，由此可知，只要知道基向量之间的内积，那么 V 中任何两个向量的内积也就唯一确定了。

定义 9.1.5 设 $\boldsymbol{\varepsilon}_1,\boldsymbol{\varepsilon}_2,\cdots,\boldsymbol{\varepsilon}_n$ 是 n 维 Euclid 空间 V 的一组基，令

$$a_{ij}=(\boldsymbol{\varepsilon}_i,\boldsymbol{\varepsilon}_j)\quad(i,j=1,2,\cdots,n)$$

则称矩阵

$$\boldsymbol{A}=\begin{pmatrix}a_{11}&a_{12}&\cdots&a_{1n}\\a_{21}&a_{22}&\cdots&a_{2n}\\\vdots&\vdots&&\vdots\\a_{n1}&a_{n2}&\cdots&a_{nn}\end{pmatrix}$$

为基 $\boldsymbol{\varepsilon}_1,\boldsymbol{\varepsilon}_2,\cdots,\boldsymbol{\varepsilon}_n$ 的**度量矩阵**。

有了度量矩阵的概念，那么(9.1.10)式可以写成矩阵的形式

$$(\boldsymbol{\alpha},\boldsymbol{\beta})=(x_1\quad x_2\quad\cdots\quad x_n)\boldsymbol{A}\begin{pmatrix}y_1\\y_2\\\vdots\\y_n\end{pmatrix}=\boldsymbol{X}^{\mathrm{T}}\boldsymbol{A}\boldsymbol{Y} \tag{9.1.11}$$

由上面的推导表明：只要知道 n 维 Euclid 空间一组基的度量矩阵，那么任意两个向量的内积均可以通过(9.1.10)式和(9.1.11)式来表示。

例 9.1.8 求 Euclid 空间 $\mathbf{R}^n$ 的一组基

$$\boldsymbol{\varepsilon}_1=(1\quad 0\quad 0\quad\cdots\quad 0\quad 0)$$

$$\boldsymbol{\varepsilon}_2=(0\quad 1\quad 0\quad\cdots\quad 0\quad 0)$$

……

$$\boldsymbol{\varepsilon}_{n-1}=(0\quad 0\quad 0\quad\cdots\quad 1\quad 0)$$

$$\boldsymbol{\varepsilon}_n=(0\quad 0\quad 0\quad\cdots\quad 0\quad 1)$$

在通常内积下的度量矩阵 $\boldsymbol{A}$。

解 由于

$$(\boldsymbol{\varepsilon}_i,\boldsymbol{\varepsilon}_j)=\begin{cases}1 & (i=j)\\ 0 & (i\neq j)\end{cases}$$

所以这组基的度量矩阵 $\boldsymbol{A}$ 为单位矩阵 $\boldsymbol{E}_n$。

例 9.1.9 设 $\mathbf{R}[x]_3$ 的内积为

$$(f(x),g(x))=\int_{-1}^{1}f(x)g(x)\mathrm{d}x$$

取 $\mathbf{R}[x]_3$ 一组基

$$\boldsymbol{\varepsilon}_1=1,\quad \boldsymbol{\varepsilon}_2=x,\quad \boldsymbol{\varepsilon}_3=x^2$$

求这组基的度量矩阵。

解 由于

$$(\boldsymbol{\varepsilon}_1,\boldsymbol{\varepsilon}_1)=\int_{-1}^{1}1\mathrm{d}x=2$$

$$(\boldsymbol{\varepsilon}_2,\boldsymbol{\varepsilon}_2)=\int_{-1}^{1}x^2\mathrm{d}x=\frac{2}{3}$$

$$(\boldsymbol{\varepsilon}_3,\boldsymbol{\varepsilon}_3)=\int_{-1}^{1}x^4\mathrm{d}x=\frac{2}{5}$$

$$(\boldsymbol{\varepsilon}_1,\boldsymbol{\varepsilon}_2)=(\boldsymbol{\varepsilon}_2,\boldsymbol{\varepsilon}_1)=\int_{-1}^{1}x\mathrm{d}x=0$$

$$(\boldsymbol{\varepsilon}_1,\boldsymbol{\varepsilon}_3)=(\boldsymbol{\varepsilon}_3,\boldsymbol{\varepsilon}_1)=\int_{-1}^{1}x^2\mathrm{d}x=\frac{2}{3}$$

$$(\boldsymbol{\varepsilon}_2,\boldsymbol{\varepsilon}_3)=(\boldsymbol{\varepsilon}_3,\boldsymbol{\varepsilon}_2)=\int_{-1}^{1}x^3\mathrm{d}x=0$$

所以这组基的度量矩阵为

$$\begin{pmatrix}2 & 0 & \frac{2}{3}\\ 0 & \frac{2}{3} & 0\\ \frac{2}{3} & 0 & \frac{2}{5}\end{pmatrix}$$

定理 9.1.3 对于 n 维 Euclid 空间 V 中任意一组基 $\boldsymbol{\varepsilon}_1,\boldsymbol{\varepsilon}_2,\cdots,\boldsymbol{\varepsilon}_n$。证明:其对应的度量矩阵均是正定矩阵。

证明 设 $\boldsymbol{\varepsilon}_1,\boldsymbol{\varepsilon}_2,\cdots,\boldsymbol{\varepsilon}_n$ 对应的度量矩阵为 $\boldsymbol{A}$,由内积的对称性 $(\boldsymbol{\varepsilon}_i,\boldsymbol{\varepsilon}_j)=(\boldsymbol{\varepsilon}_j,\boldsymbol{\varepsilon}_i)$ 知,矩阵 $\boldsymbol{A}$ 是一个实对称矩阵。

设 $\boldsymbol{\alpha}$ 是 V 中的任一非零向量,且设 $\boldsymbol{\alpha}$ 在基 $\boldsymbol{\varepsilon}_1,\boldsymbol{\varepsilon}_2,\cdots,\boldsymbol{\varepsilon}_n$ 下的坐标 $\boldsymbol{X}=\begin{pmatrix}x_1\\ x_2\\ \vdots\\ x_n\end{pmatrix}$,由内积的性质和(9.1.11)式可知

$$X^{\mathrm{T}}AX = (x_1 \quad x_2 \quad \cdots \quad x_n)A\begin{pmatrix} x_1 \\ x_2 \\ \vdots \\ x_n \end{pmatrix} = (\boldsymbol{\alpha},\boldsymbol{\alpha}) > 0$$

所以矩阵 $\boldsymbol{A}$ 是正定矩阵。

定理 9.1.4 n 维 Euclid 空间 V 中不同基的度量矩阵是合同的。

证明 设 $\boldsymbol{\varepsilon}_1,\boldsymbol{\varepsilon}_2,\cdots,\boldsymbol{\varepsilon}_n$ 和 $\boldsymbol{\eta}_1,\boldsymbol{\eta}_2,\cdots,\boldsymbol{\eta}_n$ 是 V 中两组不同的基，记它们的度量矩阵分别为

$$\boldsymbol{A} = (\boldsymbol{\varepsilon}_i,\boldsymbol{\varepsilon}_j)_{n\times n} = \begin{pmatrix} a_{11} & a_{12} & \cdots & a_{1n} \\ a_{21} & a_{22} & \cdots & a_{2n} \\ \vdots & \vdots & & \vdots \\ a_{n1} & a_{n2} & \cdots & a_{nn} \end{pmatrix}$$

$$\boldsymbol{B} = (\boldsymbol{\eta}_i,\boldsymbol{\eta}_j)_{n\times n} = \begin{pmatrix} b_{11} & b_{12} & \cdots & b_{1n} \\ b_{21} & b_{22} & \cdots & b_{2n} \\ \vdots & \vdots & & \vdots \\ b_{n1} & b_{n2} & \cdots & b_{nn} \end{pmatrix}$$

再设由 $\boldsymbol{\varepsilon}_1,\boldsymbol{\varepsilon}_2,\cdots,\boldsymbol{\varepsilon}_n$ 到 $\boldsymbol{\eta}_1,\boldsymbol{\eta}_2,\cdots,\boldsymbol{\eta}_n$ 的过渡矩阵为

$$\boldsymbol{C} = \begin{pmatrix} c_{11} & c_{12} & \cdots & c_{1n} \\ c_{21} & c_{22} & \cdots & c_{2n} \\ \vdots & \vdots & & \vdots \\ c_{n1} & c_{n2} & \cdots & c_{nn} \end{pmatrix}$$

那么

$$b_{ij} = (\boldsymbol{\eta}_i,\boldsymbol{\eta}_j) = \left(\sum_{k=1}^{n} c_{ki}\boldsymbol{\varepsilon}_k, \sum_{l=1}^{n} c_{lj}\boldsymbol{\varepsilon}_l\right) = \sum_{k=1}^{n}\sum_{l=1}^{n} c_{ki}c_{lj}(\boldsymbol{\varepsilon}_k,\boldsymbol{\varepsilon}_l) = \sum_{k=1}^{n}\sum_{l=1}^{n} c_{ki}a_{kl}c_{lj}$$

上式恰好是矩阵 $\boldsymbol{C}^{\mathrm{T}}\boldsymbol{A}\boldsymbol{C}$ 的第(i,j)的元素，所以

$$\boldsymbol{B} = \boldsymbol{C}^{\mathrm{T}}\boldsymbol{A}\boldsymbol{C}$$

9.2 标准正交基

Euclid 空间和线性空间的主要差别是 Euclid 空间中有度量性质，而度量性质的依据是在线性空间中定义了内积，内积是可以通过度量矩阵来表示的，因此如何选择一组基，使得该组基的度量矩阵最简单，这是一个重要的问题。本节主要研究如何寻找 Euclid 空间中的一组基，使得这组基的度量矩阵是单位矩阵。

9.2.1 标准正交基的概念

定义 9.2.1 Euclid 空间 V 中两两正交的非零向量组称为一个**正交向量组**。

例 9.2.1 3 维 Euclid 空间 $\mathbf{R}^3$ 中的向量组 $\boldsymbol{\alpha}_1=(1,-1,2)$，$\boldsymbol{\alpha}_2=(1,-1,-1)$，$\boldsymbol{\alpha}_3=(1,1,0)$就是一组正交向量。

性质 9.2.1 Euclid 空间 V 中的正交向量组是线性无关的。

证明 设 $\boldsymbol{\alpha}_1,\boldsymbol{\alpha}_2,\cdots,\boldsymbol{\alpha}_s$ 是 Euclid 空间 V 中的一个正交向量组，设存在一组数 $k_1,k_2,\cdots,k_s$ 满足

$$k_1\boldsymbol{\alpha}_1+k_2\boldsymbol{\alpha}_2+\cdots+k_s\boldsymbol{\alpha}_s=\mathbf{0}$$

用 $\boldsymbol{\alpha}_i$ 与等式两边做内积得

$$k_i(\boldsymbol{\alpha}_i,\boldsymbol{\alpha}_i)=0\quad(i=1,2,\cdots,s)$$

由于 $\boldsymbol{\alpha}_i\neq\mathbf{0}$，所以$(\boldsymbol{\alpha}_i,\boldsymbol{\alpha}_i)>0$，从而 $k_i=0(i=1,2,\cdots,s)$，所以 $\boldsymbol{\alpha}_1,\boldsymbol{\alpha}_2,\cdots,\boldsymbol{\alpha}_s$ 线性无关。

定义 9.2.2 在 n 维 Euclid 空间 V 中，由 n 个正交向量组成的基称为**正交基**，由 n 个单位向量组成的正交基称为**标准正交基**。

对于 n 维 Euclid 空间 V 的一组标准正交基 $\boldsymbol{\varepsilon}_1,\boldsymbol{\varepsilon}_2,\cdots,\boldsymbol{\varepsilon}_n$，显然有

$$(\boldsymbol{\varepsilon}_i,\boldsymbol{\varepsilon}_j)=\begin{cases}1 & (i=j)\\ 0 & (i\neq j)\end{cases}\tag{9.2.1}$$

例 9.2.2 向量 $\boldsymbol{\alpha}_1=(0,1,0)$，$\boldsymbol{\alpha}_2=\left(\frac{\sqrt{2}}{2},0,\frac{\sqrt{2}}{2}\right)$，$\boldsymbol{\alpha}_3=\left(\frac{\sqrt{2}}{2},0,-\frac{\sqrt{2}}{2}\right)$构成 $\mathbf{R}^3$ 中的一组标准正交基。

证明 因为

$$|\boldsymbol{\alpha}_1|=|\boldsymbol{\alpha}_2|=|\boldsymbol{\alpha}_3|=1$$

且

$$(\boldsymbol{\alpha}_1,\boldsymbol{\alpha}_2)=(\boldsymbol{\alpha}_2,\boldsymbol{\alpha}_3)=(\boldsymbol{\alpha}_3,\boldsymbol{\alpha}_1)=0$$

所以 $\boldsymbol{\alpha}_1,\boldsymbol{\alpha}_2,\boldsymbol{\alpha}_3$ 构成 $\mathbf{R}^3$ 中的一组标准正交基。

性质 9.2.2 n 维 Euclid 空间 V 中的一组基是标准正交基的充要条件是它的度量矩阵是单位矩阵。

由于 n 维 Euclid 空间任何一组基的度量矩阵均是正定的，根据第 4 章关于正定二次型的结果，正定矩阵合同于单位矩阵，所以，在 n 维 Euclid 空间中存在一组基，它的度量矩阵是单位矩阵。由此断言，在 n 维 Euclid 空间一定存在标准正交基。

性质 9.2.3 设 $\boldsymbol{\varepsilon}_1,\boldsymbol{\varepsilon}_2,\cdots,\boldsymbol{\varepsilon}_n$ 是 n 维 Euclid 空间 V 中的一组标准正交基，$\boldsymbol{\alpha}$ 是 V 中任意向量，则

$$\boldsymbol{\alpha}=(\boldsymbol{\alpha},\boldsymbol{\varepsilon}_1)\boldsymbol{\varepsilon}_1+(\boldsymbol{\alpha},\boldsymbol{\varepsilon}_2)\boldsymbol{\varepsilon}_2+\cdots+(\boldsymbol{\alpha},\boldsymbol{\varepsilon}_n)\boldsymbol{\varepsilon}_n\tag{9.2.2}$$

证明 由于 $\boldsymbol{\varepsilon}_1,\boldsymbol{\varepsilon}_2,\cdots,\boldsymbol{\varepsilon}_n$ 是 V 的一组基，所以向量 $\boldsymbol{\alpha}$ 可以被其线性表示，即存在一组数 $x_1,x_2,\cdots,x_n$，满足

$$\boldsymbol{\alpha}=x_1\boldsymbol{\varepsilon}_1+x_2\boldsymbol{\varepsilon}_2+\cdots+x_n\boldsymbol{\varepsilon}_n$$

用 $\boldsymbol{\varepsilon}_i(i=1,2,\cdots,n)$与上等式两边做内积，即得

$$x_i = (\boldsymbol{\varepsilon}_i, \boldsymbol{\alpha}) \quad (i = 1,2,\cdots,n)$$

从而(9.2.2)式成立。

在标准正交基下，n 维 Euclid 空间中的内积具有特别简单的表达式

$$\boldsymbol{\alpha} = x_1\boldsymbol{\varepsilon}_1 + x_2\boldsymbol{\varepsilon}_2 + \cdots + x_n\boldsymbol{\varepsilon}_n$$

$$\boldsymbol{\beta} = y_1\boldsymbol{\varepsilon}_1 + y_2\boldsymbol{\varepsilon}_2 + \cdots + y_n\boldsymbol{\varepsilon}_n$$

那么

$$(\boldsymbol{\alpha},\boldsymbol{\beta}) = x_1y_1 + x_2y_2 + \cdots + x_ny_n = (x_1,x_2,\cdots,x_n)\begin{pmatrix} y_1 \\ y_2 \\ \vdots \\ y_n \end{pmatrix} = \boldsymbol{X}^{\mathrm{T}}\boldsymbol{Y}$$

这个表达式正是几何向量的内积在直角坐标系中坐标表达式的推广。

9.2.2　标准正交基的求法

定理 9.2.1　n 维 Euclid 空间 V 中任一个正交向量组都可以扩充成一组正交基。

证明　设 $\boldsymbol{\alpha}_1,\boldsymbol{\alpha}_2,\cdots,\boldsymbol{\alpha}_m(m\leqslant n)$是 Euclid 空间 V 中一正交向量组，对 $n-m$ 做数学归纳法。

当 $n-m=0$ 时，$\boldsymbol{\alpha}_1,\boldsymbol{\alpha}_2,\cdots,\boldsymbol{\alpha}_m$ 就是 Euclid 空间 V 的一组正交基。

假设当 $n-m=k$ 时定理成立，即可以找到向量 $\boldsymbol{\beta}_1,\boldsymbol{\beta}_2,\cdots,\boldsymbol{\beta}_k$，使得

$$\boldsymbol{\alpha}_1,\boldsymbol{\alpha}_2,\cdots,\boldsymbol{\alpha}_m,\boldsymbol{\beta}_1,\boldsymbol{\beta}_2,\cdots,\boldsymbol{\beta}_k$$

成为 V 的一组正交基。

则当 $n-m=k+1$ 时，由于 $m<n$，所以一定存在向量 $\boldsymbol{\beta}\in V$ 不能被$\boldsymbol{\alpha}_1,\boldsymbol{\alpha}_2,\cdots,\boldsymbol{\alpha}_m$ 线性表出，做一向量

$$\boldsymbol{\alpha}_{m+1} = \boldsymbol{\beta} - k_1\boldsymbol{\alpha}_1 - k_2\boldsymbol{\alpha}_2 - \cdots - k_m\boldsymbol{\alpha}_m$$

这里的 $k_1,k_2,\cdots,k_m$ 是待定系数，现用 $\boldsymbol{\alpha}_i(i=1,2,\cdots,m)$与 $\boldsymbol{\alpha}_{m+1}$做内积得

$$(\boldsymbol{\alpha}_i,\boldsymbol{\alpha}_{m+1}) = (\boldsymbol{\alpha}_i,\boldsymbol{\beta}) - k_i(\boldsymbol{\alpha}_i,\boldsymbol{\alpha}_i) \quad (i = 1,2,\cdots,m)$$

若取

$$k_i = \frac{(\boldsymbol{\alpha}_i,\boldsymbol{\beta})}{(\boldsymbol{\alpha}_i,\boldsymbol{\alpha}_i)} \quad (i = 1,2,\cdots,m)$$

则有

$$(\boldsymbol{\alpha}_i,\boldsymbol{\alpha}_{m+1}) = 0 \quad (i = 1,2,\cdots,m)$$

由向量 $\boldsymbol{\beta}$ 的选择可知$\boldsymbol{\alpha}_{m+1}\neq\mathbf{0}$。所以向量组 $\boldsymbol{\alpha}_1,\boldsymbol{\alpha}_2,\cdots,\boldsymbol{\alpha}_m,\boldsymbol{\alpha}_{m+1}$也是一正交向量组，由归纳假设知，$\boldsymbol{\alpha}_1,\boldsymbol{\alpha}_2,\cdots,\boldsymbol{\alpha}_m,\boldsymbol{\alpha}_{m+1}$可以扩充为 V 的一组正交基。

注 9.2.1　定理的证明方法实际上就给出了一个具体的扩充正交向量组的方法，我们可以从一个非零向量出发，按照证明中的步骤逐个扩充，最后就可以得到 n 维 Euclid 空间的一组正交基，再对正交基单位化，就得到 n 维 Euclid 空间的一组标准正交基。

若 n 维 Euclid 空间已有一组基，则有如下的定理：

定理 9.2.2　对于 n 维 Euclid 空间 V 中的任一组基$\boldsymbol{\alpha}_1,\boldsymbol{\alpha}_2,\cdots,\boldsymbol{\alpha}_n$，总可以找到一组标准正交基 $\boldsymbol{\eta}_1,\boldsymbol{\eta}_2,\cdots,\boldsymbol{\eta}_n$，使得

$$L(\boldsymbol{\alpha}_1,\boldsymbol{\alpha}_2,\cdots,\boldsymbol{\alpha}_i)=L(\boldsymbol{\eta}_1,\boldsymbol{\eta}_2,\cdots,\boldsymbol{\eta}_i)\quad(i=1,2,\cdots,n)\tag{9.2.3}$$

证明 由 $\boldsymbol{\alpha}_1,\boldsymbol{\alpha}_2,\cdots,\boldsymbol{\alpha}_n$ 的一组基,我们逐个来求 $\boldsymbol{\eta}_1,\boldsymbol{\eta}_2,\cdots,\boldsymbol{\eta}_n$。

首先,可取 $\boldsymbol{\eta}_1=\frac{1}{\|\boldsymbol{\alpha}_1\|}\boldsymbol{\alpha}_1$。一般地,假定已经求出 $\boldsymbol{\eta}_1,\boldsymbol{\eta}_2,\cdots,\boldsymbol{\eta}_m$,它们是单位正交的且具有性质

$$L(\boldsymbol{\alpha}_1,\boldsymbol{\alpha}_2,\cdots,\boldsymbol{\alpha}_i)=L(\boldsymbol{\eta}_1,\boldsymbol{\eta}_2,\cdots,\boldsymbol{\eta}_i)\quad(i=1,2,\cdots,m)$$

下一步求 $\boldsymbol{\eta}_{m+1}$。

因为 $L(\boldsymbol{\alpha}_1,\boldsymbol{\alpha}_2,\cdots,\boldsymbol{\alpha}_m)=L(\boldsymbol{\eta}_1,\boldsymbol{\eta}_2,\cdots,\boldsymbol{\eta}_m)$,所以 $\boldsymbol{\alpha}_{m+1}$ 不能够被 $\boldsymbol{\eta}_1,\boldsymbol{\eta}_2,\cdots,\boldsymbol{\eta}_m$ 线性表出,按照定理 9.2.1 的证明方法,做向量

$$\boldsymbol{\xi}_{m+1}=\boldsymbol{\alpha}_{m+1}-(\boldsymbol{\alpha}_1,\boldsymbol{\eta}_1)\boldsymbol{\eta}_1-(\boldsymbol{\alpha}_2,\boldsymbol{\eta}_2)\boldsymbol{\eta}_2-\cdots-(\boldsymbol{\alpha}_m,\boldsymbol{\eta}_m)\boldsymbol{\eta}_m$$

显然

$$\boldsymbol{\xi}_{m+1}\neq\mathbf{0}\text{ 且}(\boldsymbol{\xi}_{m+1},\boldsymbol{\eta}_i)=0\quad(i=1,2,\cdots,m)$$

再令

$$\boldsymbol{\eta}_{m+1}=\frac{1}{\|\boldsymbol{\xi}_{m+1}\|}\boldsymbol{\xi}_{m+1}$$

这样 $\boldsymbol{\eta}_1,\boldsymbol{\eta}_2,\cdots,\boldsymbol{\eta}_m,\boldsymbol{\eta}_{m+1}$ 是一单位正交向量组且满足

$$L(\boldsymbol{\alpha}_1,\boldsymbol{\alpha}_2,\cdots,\boldsymbol{\alpha}_{m+1})=L(\boldsymbol{\eta}_1,\boldsymbol{\eta}_2,\cdots,\boldsymbol{\eta}_{m+1})$$

由数学归纳法原理知定理成立。

注 9.2.2 定理 9.2.2 中要求

$$L(\boldsymbol{\alpha}_1,\boldsymbol{\alpha}_2,\cdots,\boldsymbol{\alpha}_i)=L(\boldsymbol{\eta}_1,\boldsymbol{\eta}_2,\cdots,\boldsymbol{\eta}_i)\quad(i=1,2,\cdots,n)$$

这就相当于由基 $\boldsymbol{\alpha}_1,\boldsymbol{\alpha}_2,\cdots,\boldsymbol{\alpha}_n$ 到基 $\boldsymbol{\eta}_1,\boldsymbol{\eta}_2,\cdots,\boldsymbol{\eta}_n$ 的过渡矩阵是上三角形的。

注 9.2.3 定理 9.2.2 中把一组线性无关的向量变成一单位正交向量组的方法被称为 Schmidt 正交化过程。

例 9.2.3 把向量 $\boldsymbol{\alpha}_1=(1,1,0,0)$,$\boldsymbol{\alpha}_2=(1,0,1,0)$,$\boldsymbol{\alpha}_3=(-1,0,0,1)$,$\boldsymbol{\alpha}_4=(1,-1,-1,1)$ 变成单位正交向量组。

解 先把它们正交化得

$$\boldsymbol{\beta}_1=\boldsymbol{\alpha}_1=(1,1,0,0)$$

$$\boldsymbol{\beta}_2=\boldsymbol{\alpha}_2-\frac{(\boldsymbol{\alpha}_2,\boldsymbol{\beta}_1)}{(\boldsymbol{\beta}_1,\boldsymbol{\beta}_1)}\boldsymbol{\beta}_1=\left(\frac{1}{2},-\frac{1}{2},1,0\right)$$

$$\boldsymbol{\beta}_3=\boldsymbol{\alpha}_3-\frac{(\boldsymbol{\alpha}_3,\boldsymbol{\beta}_1)}{(\boldsymbol{\beta}_1,\boldsymbol{\beta}_1)}\boldsymbol{\beta}_1-\frac{(\boldsymbol{\alpha}_3,\boldsymbol{\beta}_2)}{(\boldsymbol{\beta}_2,\boldsymbol{\beta}_2)}\boldsymbol{\beta}_2=\left(-\frac{1}{3},\frac{1}{3},\frac{1}{3},1\right)$$

$$\boldsymbol{\beta}_4=\boldsymbol{\alpha}_4-\frac{(\boldsymbol{\alpha}_4,\boldsymbol{\beta}_1)}{(\boldsymbol{\beta}_1,\boldsymbol{\beta}_1)}\boldsymbol{\beta}_1-\frac{(\boldsymbol{\alpha}_4,\boldsymbol{\beta}_2)}{(\boldsymbol{\beta}_2,\boldsymbol{\beta}_2)}\boldsymbol{\beta}_2-\frac{(\boldsymbol{\alpha}_4,\boldsymbol{\beta}_3)}{(\boldsymbol{\beta}_3,\boldsymbol{\beta}_3)}\boldsymbol{\beta}_3=(1,-1,-1,1)$$

再单位化得

$$\boldsymbol{\beta}_1=\left(\frac{1}{\sqrt{2}},\frac{1}{\sqrt{2}},0,0\right)$$

$$\boldsymbol{\beta}_2=\left(\frac{1}{\sqrt{6}},-\frac{1}{\sqrt{6}},\frac{2}{\sqrt{6}},0\right)$$

$$\boldsymbol{\beta}_3 = \left(-\frac{1}{\sqrt{12}},\frac{1}{\sqrt{12}},\frac{2}{\sqrt{12}},0\right)$$

$$\boldsymbol{\beta}_4 = \left(\frac{1}{2},-\frac{1}{2},-\frac{1}{2},\frac{1}{2}\right)$$

9.2.3　正交矩阵

本部分主要讨论 n 维 Euclid 空间 V 中两组标准正交基的过渡矩阵——正交矩阵。

设 $\boldsymbol{\varepsilon}_1,\boldsymbol{\varepsilon}_2,\cdots,\boldsymbol{\varepsilon}_n$ 和 $\boldsymbol{\eta}_1,\boldsymbol{\eta}_2,\cdots,\boldsymbol{\eta}_n$ 均是 Euclid 空间 V 中的标准正交基，从基 $\boldsymbol{\varepsilon}_1,\boldsymbol{\varepsilon}_2,\cdots,\boldsymbol{\varepsilon}_n$ 到基 $\boldsymbol{\eta}_1,\boldsymbol{\eta}_2,\cdots,\boldsymbol{\eta}_n$ 的过渡矩阵为 $\boldsymbol{A}=\begin{pmatrix} a_{11} & a_{12} & \cdots & a_{1n} \\ a_{21} & a_{22} & \cdots & a_{2n} \\ \vdots & \vdots & & \vdots \\ a_{n1} & a_{n2} & \cdots & a_{nn} \end{pmatrix}$，即

$$(\boldsymbol{\eta}_1,\boldsymbol{\eta}_2,\cdots,\boldsymbol{\eta}_n) = (\boldsymbol{\varepsilon}_1,\boldsymbol{\varepsilon}_2,\cdots,\boldsymbol{\varepsilon}_n)\begin{pmatrix} a_{11} & a_{12} & \cdots & a_{1n} \\ a_{21} & a_{22} & \cdots & a_{2n} \\ \vdots & \vdots & & \vdots \\ a_{n1} & a_{n2} & \cdots & a_{nn} \end{pmatrix}$$

由于 $\boldsymbol{\eta}_1,\boldsymbol{\eta}_2,\cdots,\boldsymbol{\eta}_n$ 是标准正交基，所以

$$(\boldsymbol{\eta}_i,\boldsymbol{\eta}_j) = \begin{cases} 1 & (i=j) \\ 0 & (i\neq j) \end{cases} \tag{9.2.4}$$

另外，矩阵 $\boldsymbol{A}$ 的各列就是 $\boldsymbol{\eta}_1,\boldsymbol{\eta}_2,\cdots,\boldsymbol{\eta}_n$ 在标准正交基 $\boldsymbol{\varepsilon}_1,\boldsymbol{\varepsilon}_2,\cdots,\boldsymbol{\varepsilon}_n$ 下的坐标，所以可以将内积(9.2.4)式用坐标表示为

$$a_{1i}a_{1j}+a_{2i}a_{2j}+\cdots+a_{ni}a_{nj} = \begin{cases} 1 & (i=j) \\ 0 & (i\neq j) \end{cases} \tag{9.2.5}$$

再将(9.2.5)式改写成矩阵的等式为

$$\boldsymbol{A}^{\mathrm{T}}\boldsymbol{A} = \boldsymbol{E}_n \tag{9.2.6}$$

可见矩阵 $\boldsymbol{A}$ 是可逆的，并且

$$\boldsymbol{A}^{-1} = \boldsymbol{A}^{\mathrm{T}}$$

定义 9.2.3　如果 n 阶实矩阵 $\boldsymbol{A}$ 满足 $\boldsymbol{A}^{\mathrm{T}}\boldsymbol{A}=\boldsymbol{E}_n$，则称矩阵 $\boldsymbol{A}$ 为**正交矩阵**。

对于正交矩阵，我们有如下一个重要的定理：

定理 9.2.3　设 $\boldsymbol{A}=\begin{pmatrix} a_{11} & a_{12} & \cdots & a_{1n} \\ a_{21} & a_{22} & \cdots & a_{2n} \\ \vdots & \vdots & & \vdots \\ a_{n1} & a_{n2} & \cdots & a_{nn} \end{pmatrix}$ 是一个 n 阶实矩阵，那么下面几个命题等价：

(1) $\boldsymbol{A}$ 是正交矩阵，即 $\boldsymbol{A}^{\mathrm{T}}\boldsymbol{A}=\boldsymbol{E}_n$；

(2) $\boldsymbol{A}\boldsymbol{A}^{\mathrm{T}}=\boldsymbol{E}_n$；

(3) $\boldsymbol{A}$ 的列向量是标准正交基，即

$$a_{1i}a_{1j}+a_{2i}a_{2j}+\cdots+a_{ni}a_{nj}=\begin{cases}1 & (i=j)\\ 0 & (i\neq j)\end{cases}$$

(4) $\boldsymbol{A}$ 的行向量是标准正交基，即

$$a_{i1}a_{j1}+a_{i2}a_{j2}+\cdots+a_{in}a_{jn}=\begin{cases}1 & (i=j)\\ 0 & (i\neq j)\end{cases}$$

(5) $\boldsymbol{A}^{-1}=\boldsymbol{A}^{\mathrm{T}}$。

9.3 Euclid 空间的同构

在第 6 章讨论线性空间时，曾证明数域 P 上维数相同的线性空间是同构的，因此，数域 P 上 n 维线性空间的一般问题都可以通过 P^n 来讨论。关于 Euclid 空间也有类似的结论，但 Euclid 空间不但具有线性运算而且还有内积运算，所以 Euclid 空间的同构定义需要体现这一点。

9.3.1 Euclid 空间同构的概念

定义 9.3.1 设 V 和 V' 是数域 P 上两个 Euclid 空间，如果存在 V 到 V' 的一一映射 σ，满足：

(1) $\sigma(\boldsymbol{\alpha}+\boldsymbol{\beta})=\sigma(\boldsymbol{\alpha})+\sigma(\boldsymbol{\beta})$；

(2) $\sigma(k\boldsymbol{\alpha})=k\sigma(\boldsymbol{\alpha})$；

(3) $(\sigma(\boldsymbol{\alpha}),\sigma(\boldsymbol{\beta}))=(\boldsymbol{\alpha},\boldsymbol{\beta})$。

这里 $\boldsymbol{\alpha},\boldsymbol{\beta}\in V,k\in P$，这样的映射 σ 称为 V 到 V' 的**同构映射**，称 Euclid 空间 V 和 V' 是**同构的**，记作 $V\cong V'$。

注 9.3.1 从 Euclid 空间的同构定义可以看出，如果 σ 是 Euclid 空间 V 到 V' 的一个同构映射，那么 σ 也是线性空间 V 到 V' 的一个同构映射，所以 Euclid 空间的同构关系也具有如下三个性质：反身性、对称性和传递性。

性质 9.3.1 设 V、V' 和 V'' 都是数域 P 上的 Euclid 空间，则

(1) **反身性** $V\cong V$；

(2) **对称性** 若 $V\cong V'$，则 $V'\cong V$；

(3) **传递性** 若 $V\cong V'$ 且 $V'\cong V''$，则 $V\cong V''$。

证明 (1) 取 V 到 V 的单位映射 $\mathscr{E}$，则 $\mathscr{E}$ 显然是同构映射。

(2) 设 σ 是从 V 到 V' 的同构映射，由第 6 章知，σ^{-1} 是从 V' 到 V 的一一映射且适合定义 9.3.1 中的(1)与(2)，而且对于任意的 $\boldsymbol{\alpha},\boldsymbol{\beta}\in V'$，有

$$(\boldsymbol{\alpha},\boldsymbol{\beta})=(\sigma(\sigma^{-1}(\boldsymbol{\alpha})),\sigma(\sigma^{-1}(\boldsymbol{\beta})))=(\sigma^{-1}(\boldsymbol{\alpha}),\sigma^{-1}(\boldsymbol{\beta}))$$

这说明 σ^{-1} 是从 V' 到 V 的同构映射，所以结论成立。

(3) 假设 σ 和 τ 分别是 V 到 V' 和 V' 到 V'' 的同构映射，易知 $\tau\sigma$ 是 V 到 V'' 的一一映射，

且对任意的 $\boldsymbol{\alpha},\boldsymbol{\beta}\in V,k\in P$ 有

$$\tau\sigma(\boldsymbol{\alpha}+\boldsymbol{\beta})=\tau(\sigma(\boldsymbol{\alpha})+\sigma(\boldsymbol{\beta}))=\tau\sigma(\boldsymbol{\alpha})+\tau\sigma(\boldsymbol{\beta})$$
$$\tau\sigma(k\boldsymbol{\alpha})=\tau(k\sigma(\boldsymbol{\alpha}))=k\tau\sigma(\boldsymbol{\alpha})$$

且

$$(\tau\sigma(\boldsymbol{\alpha}),\tau\sigma(\boldsymbol{\beta}))=(\sigma(\boldsymbol{\alpha}),\sigma(\boldsymbol{\beta}))=(\boldsymbol{\alpha},\boldsymbol{\beta})$$

所以 $\tau\sigma$ 是从 V 到 V''的同构映射，故结论成立。

定理 9.3.1　两个有限维 Euclid 空间同构的充要条件是它们的维数相等。

证明　先证必要性。

如果 Euclid 空间 V 与 V'是同构的，那么它们作为线性空间也是同构的，由定理 6.7.2 知，它们的维数相等。

再证充分性。

设 V 与 V'是两个 Euclid 空间，且它们的维数相等，都等于 n，在 V 中取一组标准正交基

$$\boldsymbol{\varepsilon}_1,\boldsymbol{\varepsilon}_2,\cdots,\boldsymbol{\varepsilon}_n$$

在 V'中取另一组标准正交基

$$\boldsymbol{\eta}_1,\boldsymbol{\eta}_2,\cdots,\boldsymbol{\eta}_n$$

定义从 V 到 V'的映射 σ 为

$$\sigma(k_1\boldsymbol{\varepsilon}_1+k_2\boldsymbol{\varepsilon}_2+\cdots+k_n\boldsymbol{\varepsilon}_n)=k_1\boldsymbol{\eta}_1+k_2\boldsymbol{\eta}_2+\cdots+k_n\boldsymbol{\eta}_n$$

则 σ 是一个一一映射，而且满足

$$\sigma(\boldsymbol{\alpha}+\boldsymbol{\beta})=\sigma(\boldsymbol{\alpha})+\sigma(\boldsymbol{\beta})$$
$$\sigma(k\boldsymbol{\alpha})=k\sigma(\boldsymbol{\alpha})$$

取任意的 $\boldsymbol{\alpha},\boldsymbol{\beta}\in V$，不妨设

$$\boldsymbol{\alpha}=x_1\boldsymbol{\varepsilon}_1+x_2\boldsymbol{\varepsilon}_2+\cdots+x_n\boldsymbol{\varepsilon}_n$$
$$\boldsymbol{\beta}=y_1\boldsymbol{\varepsilon}_1+y_2\boldsymbol{\varepsilon}_2+\cdots+y_n\boldsymbol{\varepsilon}_n$$

从而

$$\sigma(\boldsymbol{\alpha})=x_1\boldsymbol{\eta}_1+x_2\boldsymbol{\eta}_2+\cdots+x_n\boldsymbol{\eta}_n$$
$$\sigma(\boldsymbol{\beta})=y_1\boldsymbol{\eta}_1+y_2\boldsymbol{\eta}_2+\cdots+y_n\boldsymbol{\eta}_n$$

又由于 $\boldsymbol{\varepsilon}_1,\boldsymbol{\varepsilon}_2,\cdots,\boldsymbol{\varepsilon}_n$ 和 $\boldsymbol{\eta}_1,\boldsymbol{\eta}_2,\cdots,\boldsymbol{\eta}_n$ 均是标准正交基，所以

$$(\sigma(\boldsymbol{\alpha}),\sigma(\boldsymbol{\beta}))=x_1y_1+x_2y_2+\cdots+x_ny_n=(\boldsymbol{\alpha},\boldsymbol{\beta})$$

因此，σ 是从 V 到 V'的同构映射，故 V 与 V'是同构的。

注 9.3.2　该定理说明 Euclid 空间的结构完全由它的维数决定，进一步地，如果所讨论的问题不涉及 Euclid 空间的元素及运算的特殊性质，那么维数相同的 Euclid 空间就具有相应的性质。特别的数域 $\mathbf{R}$ 上每个 n 维 Euclid 空间都与 $\mathbf{R}^n$ 同构，因此，关于 $\mathbf{R}^n$ 的一些结论在任一个 n 维 Euclid 空间也都成立。此外该定理的证明方法也给出了构建 Euclid 空间同构映射的方法。

例 9.3.1　实线性空间 $\mathbf{R}[x]_4$ 中定义内积

$$(f(x),g(x))=\int_{-1}^{1}f(x)g(x)\mathrm{d}x$$

构成一 Euclid 空间，求 Euclid 空间 $\mathbf{R}^4$ 到 $\mathbf{R}[x]_4$ 的一个同构映射。

解 首先求出 $\mathbf{R}[x]_4$ 中一组标准正交基，任取 $\mathbf{R}[x]_4$ 中一组基：$1,x,x^2,x^3$，先把它们正交化得

$$f_1(x)=1$$

$$f_2(x)=x-\frac{(x,f_1)}{(f_1,f_1)}f_1(x)=x$$

$$f_3(x)=x^2-\frac{(x^2,f_1)}{(f_1,f_1)}f_1(x)-\frac{(x^2,f_2)}{(f_2,f_2)}f_2(x)=x^2-\frac{1}{3}$$

$$f_4(x)=x^3-\frac{(x^3,f_1)}{(f_1,f_1)}f_1(x)-\frac{(x^3,f_2)}{(f_2,f_2)}f_2(x)-\frac{(x^3,f_3)}{(f_3,f_3)}f_3(x)=x^3-\frac{3}{5}x$$

再将 $f_1(x),f_2(x),f_3(x),f_4(x)$ 单位化得

$$h_1(x)=\frac{f_1(x)}{\|f_1(x)\|}=\frac{\sqrt{2}}{2}$$

$$h_2(x)=\frac{f_2(x)}{\|f_2(x)\|}=\frac{\sqrt{6}}{2}x$$

$$h_3(x)=\frac{f_3(x)}{\|f_3(x)\|}=\frac{3\sqrt{10}}{4}x^2-\frac{\sqrt{10}}{4}$$

$$h_4(x)=\frac{f_4(x)}{\|f_4(x)\|}=\frac{5\sqrt{14}}{4}x^3-\frac{3\sqrt{14}}{4}x$$

则 $h_1(x),h_2(x),h_3(x),h_4(x)$ 是 $\mathbf{R}[x]_4$ 的一组标准正交基。

定义 $\mathbf{R}^4$ 到 $\mathbf{R}[x]_4$ 的一个同构映射

$$\sigma:(\boldsymbol{\alpha}_1,\boldsymbol{\alpha}_2,\boldsymbol{\alpha}_3,\boldsymbol{\alpha}_4)=\boldsymbol{\alpha}_1h_1(x)+\boldsymbol{\alpha}_2h_2(x)+\boldsymbol{\alpha}_3h_3(x)+\boldsymbol{\alpha}_4h_4(x)$$

从而该向量组的秩是 3，$\boldsymbol{\alpha}_1,\boldsymbol{\alpha}_2,\boldsymbol{\alpha}_4$ 是极大线性无关组。

设 V 是一个 n 维 Euclid 空间，$\boldsymbol{\varepsilon}_1,\boldsymbol{\varepsilon}_2,\cdots,\boldsymbol{\varepsilon}_n$ 是其标准正交基，对任意的 $\boldsymbol{\alpha}\in V$，不妨设

$$\boldsymbol{\alpha}=x_1\boldsymbol{\varepsilon}_1+x_2\boldsymbol{\varepsilon}_2+\cdots+x_n\boldsymbol{\varepsilon}_n$$

定义映射 σ 如下：

$$\sigma(\boldsymbol{\alpha})=(x_1,x_2,\cdots,x_n)\in\mathbf{R}^n$$

这是一个从 V 到 $\mathbf{R}^n$ 的一个同构映射。

9.4 正交补子空间

第 6 章研究了线性空间的子空间，Euclid 空间作为包含内积的线性空间，显然 Euclid 空间也有子空间，Euclid 空间的子空间对于原空间的内积显然也是一个 Euclid 空间。本节讨论 Euclid 空间中子空间的正交关系，即正交补子空间。

9.4.1　几个重要的概念

定义 9.4.1　设 W 是 Euclid 空间 V 的一个子空间，$\boldsymbol{\alpha}$ 是 V 中一个向量，如果对于 W 中任一向量 $\boldsymbol{\beta}$ 都有

$$(\boldsymbol{\alpha},\boldsymbol{\beta}) = 0 \tag{9.4.1}$$

则称 $\boldsymbol{\alpha}$ 与子空间 W **正交**(或称 $\boldsymbol{\alpha}$ **垂直于**子空间 W)，记作 $\boldsymbol{\alpha}\perp W$。

定义 9.4.2　设 V_1,V_2 是 Euclid 空间 V 的两个子空间，如果对于 V_1 中的任一向量 $\boldsymbol{\alpha}$ 和 V_2 中任一个向量 $\boldsymbol{\beta}$，都有

$$(\boldsymbol{\alpha},\boldsymbol{\beta}) = 0 \tag{9.4.2}$$

则称 V_1,V_2 **正交**，记作 $V_1\perp V_2$。

由定义 9.4.2 知，$V_1\perp V_2$ 等价于 V_1 中的每一向量都与 V_2 正交，且 V_2 中的每一个向量也与 V_1 正交。此外，如果 $V_1\perp V_2$，那么 $V_2\perp V_1$。

由内积性质(4)($(\boldsymbol{\alpha},\boldsymbol{\alpha})=0\Leftrightarrow\boldsymbol{\alpha}=\boldsymbol{0}$)可知，只有零向量与它自身正交。

定理 9.4.1　(1) 若 $\boldsymbol{\alpha}\in W$ 且 $\boldsymbol{\alpha}\perp W$，则 $\boldsymbol{\alpha}=\boldsymbol{0}$。

(2) 若 $V_1\perp V_2$，则 $V_1\cap V_2=\{\boldsymbol{0}\}$。

证明　(1) $\boldsymbol{\alpha}\in W$ 且 $\boldsymbol{\alpha}\perp W$，所以 $\boldsymbol{\alpha}\perp\boldsymbol{\alpha}$，从而 $\boldsymbol{\alpha}=\boldsymbol{0}$。

(2) 由 $V_1\perp V_2$ 知，对 $\forall\boldsymbol{\alpha}\in V_1\cap V_2$，则 $\boldsymbol{\alpha}\perp\boldsymbol{\alpha}$，从而 $\boldsymbol{\alpha}=\boldsymbol{0}$。

命题 9.4.1　(1) 如果向量 $\boldsymbol{\alpha}$ 与 $\boldsymbol{\alpha}_1,\boldsymbol{\alpha}_2,\cdots,\boldsymbol{\alpha}_s$ 都正交，那么 $\boldsymbol{\alpha}\perp L(\boldsymbol{\alpha}_1,\boldsymbol{\alpha}_2,\cdots,\boldsymbol{\alpha}_s)$；

(2) 设 $\boldsymbol{\varepsilon}_1,\boldsymbol{\varepsilon}_2,\cdots,\boldsymbol{\varepsilon}_s$ 是 Euclid 空间 V 的一组正交向量，那么有

$$\boldsymbol{\varepsilon}_i \perp L(\boldsymbol{\varepsilon}_1,\cdots,\boldsymbol{\varepsilon}_{i-1},\boldsymbol{\varepsilon}_{i+1},\cdots,\boldsymbol{\varepsilon}_s)\quad (i = 1,2,\cdots,s)$$

$$L(\boldsymbol{\varepsilon}_1,\cdots,\boldsymbol{\varepsilon}_i) \perp L(\boldsymbol{\varepsilon}_{i+1},\cdots,\boldsymbol{\varepsilon}_s)\quad (i = 1,2,\cdots,s-1)$$

定理 9.4.2　如果子空间 $V_1,V_2,\cdots,V_s(s\geqslant 2)$ 两两正交，那么

$$V_1 + V_2 + \cdots + V_s$$

是直和。

证明　取 $V_i(i=1,2,\cdots,s)$ 的一组正交基

$$\boldsymbol{\alpha}_{i1},\boldsymbol{\alpha}_{i2},\cdots,\boldsymbol{\alpha}_{in_i}$$

则由题设可知

$$\boldsymbol{\alpha}_{11},\boldsymbol{\alpha}_{12},\cdots,\boldsymbol{\alpha}_{1n_1},\cdots,\boldsymbol{\alpha}_{i1},\boldsymbol{\alpha}_{i2},\cdots,\boldsymbol{\alpha}_{in_i},\cdots,\boldsymbol{\alpha}_{s1},\boldsymbol{\alpha}_{s2},\cdots,\boldsymbol{\alpha}_{sn_s}$$

也是一个正交向量组，因此是线性无关的，且构成 $V_1+V_2+\cdots+V_s$ 的一组基，这说明

$$\dim(V_1 + V_2 + \cdots + V_s) = \sum_{i=1}^{s}\dim V_i$$

所以 $V_1+V_2+\cdots+V_s$ 是直和。

定义 9.4.3　设 V_1,V_2 是 Euclid 空间 V 的两个子空间，如果 $V_1\perp V_2$，并且 $V_1+V_2=V$，则称 V_2 是 V_1 的**正交补子空间**，简称**正交补**，记作 $V_2=V_1^{\perp}$。

注 9.4.1　显然，如果 V_2 是 V_1 的正交补，那么 V_1 也是 V_2 的正交补，由定理 9.4.2 知，如果 V_1 也是 V_2 的正交补，那么有

$$V_1 \oplus V_2 = V$$

例 9.4.1　设 $\boldsymbol{\varepsilon}_1,\boldsymbol{\varepsilon}_2,\cdots,\boldsymbol{\varepsilon}_n$ 是 n 维 Euclid 空间 V 的一组正交基，那么子空间 $L(\boldsymbol{\varepsilon}_1,\cdots,$

$\boldsymbol{\varepsilon}_i$)（$i=1,2,\cdots,n-1$）是子空间 $L(\boldsymbol{\varepsilon}_{i+1},\cdots,\boldsymbol{\varepsilon}_n)$的正交补。

例 9.4.1 不但说明子空间正交补的存在性，而且还给出了子空间正交补的求法。

9.4.2 正交补子空间的性质

定理 9.4.3 n 维 Euclid 空间 V 的每一个子空间 V_1 都有唯一的正交补。

证明 先证存在性。

如果 $V_1=\{\mathbf{0}\}$，则 V 就是 V_1 的正交补。

如果 $V_1=V$，则$\{\mathbf{0}\}$就是 V_1 的正交补。

如果 $V_1\neq\{\mathbf{0}\}$且 $V_1\neq V$，可取 V 的一组基$\boldsymbol{\varepsilon}_1,\boldsymbol{\varepsilon}_2,\cdots,\boldsymbol{\varepsilon}_m$（$1\leqslant m\leqslant n$），先把它扩充为 V 的一组正交基

$$\boldsymbol{\varepsilon}_1,\cdots,\boldsymbol{\varepsilon}_m,\boldsymbol{\varepsilon}_{m+1},\cdots,\boldsymbol{\varepsilon}_n$$

那么子空间 $L(\boldsymbol{\varepsilon}_{m+1},\cdots,\boldsymbol{\varepsilon}_n)$就是 V_1 的正交补。

再证唯一性。

如果 V_2,V_3 都是 V_1 的正交补，那么

$$V=V_1\oplus V_2;\quad V=V_1\oplus V_3$$

任取 $\boldsymbol{\alpha}\in V_2$，由第二式

$$\boldsymbol{\alpha}=\boldsymbol{\alpha}_1+\boldsymbol{\alpha}_3$$

这里 $\boldsymbol{\alpha}_1\in V_1,\boldsymbol{\alpha}_3\in V_3$，因为 $\boldsymbol{\alpha}\perp\boldsymbol{\alpha}_1$，所以

$$0=(\boldsymbol{\alpha},\boldsymbol{\alpha}_1)=(\boldsymbol{\alpha}_1+\boldsymbol{\alpha}_3,\boldsymbol{\alpha}_1)=(\boldsymbol{\alpha}_1,\boldsymbol{\alpha}_1)+(\boldsymbol{\alpha}_3,\boldsymbol{\alpha}_1)=(\boldsymbol{\alpha}_1,\boldsymbol{\alpha}_1)$$

从而 $\boldsymbol{\alpha}_1=\mathbf{0}$，从而 $\boldsymbol{\alpha}=\boldsymbol{\alpha}_3\in V_3$，即 $V_2\subset V_3$，同理可证 $V_3\subset V_2$，因此 $V_2=V_3$。

定理 9.4.4 设 W 是有限维 Euclid 空间 V 的一个子空间，则

$$\dim W+\dim W^{\perp}=\dim V$$

定理 9.4.5 设 W 是 n 维 Euclid 空间 V 的一个子空间，则 V 恰好由 V 中与 W 正交的全部向量组成。

证明 当 $W=\{\mathbf{0}\}$且 $W=V$ 时，结论显然成立。若 $W\neq\{\mathbf{0}\}$且 $W\neq V$，取 W 的一组基

$$\boldsymbol{\varepsilon}_1,\boldsymbol{\varepsilon}_2,\cdots,\boldsymbol{\varepsilon}_m\quad(1\leqslant m\leqslant n)$$

把它扩充为 V 的一组正交基

$$\boldsymbol{\varepsilon}_1,\cdots,\boldsymbol{\varepsilon}_m,\boldsymbol{\varepsilon}_{m+1},\cdots,\boldsymbol{\varepsilon}_n$$

则 $W^{\perp}=L(\boldsymbol{\varepsilon}_{m+1},\cdots,\boldsymbol{\varepsilon}_n)$，下证 V 中任一个与 W 正交的向量一定属于$\boldsymbol{\alpha}\perp W$。

设 $\boldsymbol{\alpha}\perp W$，把 $\boldsymbol{\alpha}$ 表示成$\boldsymbol{\varepsilon}_1,\cdots,\boldsymbol{\varepsilon}_m,\boldsymbol{\varepsilon}_{m+1},\cdots,\boldsymbol{\varepsilon}_n$ 的线性组合

$$\boldsymbol{\alpha}=k_1\boldsymbol{\varepsilon}_1+\cdots+k_m\boldsymbol{\varepsilon}_m+k_{m+1}\boldsymbol{\varepsilon}_{m+1}+\cdots+k_n\boldsymbol{\varepsilon}_n\tag{9.4.3}$$

依次用 $\boldsymbol{\varepsilon}_1,\boldsymbol{\varepsilon}_2,\cdots,\boldsymbol{\varepsilon}_m$ 与(9.4.3)式两边做内积，即得

$$k_i(\boldsymbol{\varepsilon}_i,\boldsymbol{\varepsilon}_i)=0\quad(i=1,2,\cdots,m)$$

由于$(\boldsymbol{\varepsilon}_i,\boldsymbol{\varepsilon}_i)\neq0$，所以

$$k_i=0\quad(i=1,2,\cdots,m)$$

从而

$$\boldsymbol{\alpha}=k_{m+1}\boldsymbol{\varepsilon}_{m+1}+\cdots+k_n\boldsymbol{\varepsilon}_n\in W^{\perp}$$

另外，当然 $W^{\perp}$中每一个向量都与 W 正交。因此，$W^{\perp}$是由 V 中与 W 正交的全部向量

组成。

推论 9.4.1 设 W 是 n 维 Euclid 空间 V 的一个子空间，$\boldsymbol{\varepsilon}_1,\boldsymbol{\varepsilon}_2,\cdots,\boldsymbol{\varepsilon}_m$ 是 W 的一组基，则 $W^{\perp}$ 由 V 中与 $\boldsymbol{\varepsilon}_1,\boldsymbol{\varepsilon}_2,\cdots,\boldsymbol{\varepsilon}_m$ 都正交的全部向量组成。

定理 9.4.6 设 W 是 n 维 Euclid 空间 V 的一个有限维子空间，那么

$$V = W \oplus W^{\perp}$$

因而 V 中每一向量 $\boldsymbol{\alpha}$ 都可以唯一地分解成

$$\boldsymbol{\alpha} = \boldsymbol{\beta} + \boldsymbol{\gamma}$$

其中 $\boldsymbol{\beta}\in W,\boldsymbol{\gamma}\in W^{\perp}$，且向量 $\boldsymbol{\beta}$ 叫作向量 $\boldsymbol{\alpha}$ 在子空间 W 上的**内射影**或**正投影**。

证明 当 $W=\{\mathbf{0}\}$ 时，定理显然成立，此时 $W^{\perp}=V$。设 $W\neq\{\mathbf{0}\}$，由于 W 是有限维的，不妨 W 的一组标准正交基为 $\boldsymbol{\varepsilon}_1,\boldsymbol{\varepsilon}_2,\cdots,\boldsymbol{\varepsilon}_m(1\leqslant m\leqslant n)$。

设 $\boldsymbol{\alpha}\in W$，取

$$\boldsymbol{\beta} = (\boldsymbol{\alpha},\boldsymbol{\varepsilon}_1)\boldsymbol{\varepsilon}_1 + (\boldsymbol{\alpha},\boldsymbol{\varepsilon}_2)\boldsymbol{\varepsilon}_2 + \cdots + (\boldsymbol{\alpha},\boldsymbol{\varepsilon}_m)\boldsymbol{\varepsilon}_m$$

则 $\boldsymbol{\beta}\in W$，再令 $\boldsymbol{\gamma}=\boldsymbol{\alpha}-\boldsymbol{\beta}$，那么

$$(\boldsymbol{\gamma},\boldsymbol{\varepsilon}_i) = (\boldsymbol{\alpha}-\boldsymbol{\beta},\boldsymbol{\varepsilon}_i) = (\boldsymbol{\alpha},\boldsymbol{\varepsilon}_i) - (\boldsymbol{\beta},\boldsymbol{\varepsilon}_i) = (\boldsymbol{\alpha}_i,\boldsymbol{\varepsilon}_i) - (\boldsymbol{\alpha}_i,\boldsymbol{\varepsilon}_i) = 0 \quad (i = 1,2,\cdots,m)$$

由于 $\boldsymbol{\varepsilon}_1,\boldsymbol{\varepsilon}_2,\cdots,\boldsymbol{\varepsilon}_m$ 是 W 的基，所以 $\boldsymbol{\gamma}$ 与 W 正交，即 $\boldsymbol{\gamma}\in W^{\perp}$，这就证明了

$$V = W + W^{\perp}$$

又因为对任意的 $\boldsymbol{\alpha}\in W\cap W^{\perp}$，有 $(\boldsymbol{\alpha},\boldsymbol{\alpha})=0$，从而 $\boldsymbol{\alpha}=\mathbf{0}$，这说明 $W\cap W^{\perp}=\{\mathbf{0}\}$，所以

$$V = W \oplus W^{\perp}$$

关于正交补，还有以下重要的性质定理：

定理 9.4.7 设 W,W_1,W_2 是 n 维 Euclid 空间 V 的子空间，那么

(1) $(W^{\perp})^{\perp}=W$；

(2) $(W_1+W_2)^{\perp}=W_1^{\perp}\cap W_2^{\perp}$；

(3) $(W_1\cap W_2)^{\perp}=W_1^{\perp}+W_2^{\perp}$。

证明 (1) 设 $\boldsymbol{\alpha}\in W$，那么对任意的 $\boldsymbol{\beta}\in W^{\perp}$，均有 $(\boldsymbol{\alpha},\boldsymbol{\beta})=0$，所以 $\boldsymbol{\alpha}\in(W^{\perp})^{\perp}$，所以 $W\subset W^{\perp}$。又因为

$$V = W\oplus W^{\perp} = W^{\perp}\oplus(W^{\perp})^{\perp}$$

所以

$$\dim V = \dim W + \dim W^{\perp} = \dim W^{\perp} + \dim (W^{\perp})^{\perp}$$

因此 $\dim W=\dim(W^{\perp})^{\perp}$，所以 $(W^{\perp})^{\perp}=W$。

(2) 设 $\boldsymbol{\alpha}\in(W_1+W_2)^{\perp}$，对任意的 $\boldsymbol{\beta}\in W_1$，则 $\boldsymbol{\beta}\in W_1+W_2$，所以 $(\boldsymbol{\alpha},\boldsymbol{\beta})=0$，从而 $\boldsymbol{\alpha}\in W_1^{\perp}$，这样 $(W_1+W_2)^{\perp}\subset W_1^{\perp}$；同理，可证 $(W_1+W_2)^{\perp}\subset W_2^{\perp}$，从而 $(W_1+W_2)^{\perp}\subset W_1^{\perp}\cap W_2^{\perp}$。

反之，设 $\boldsymbol{\beta}\in W_1^{\perp}\cap W_2^{\perp}$，那么 $\boldsymbol{\beta}\perp W_1,\boldsymbol{\beta}\perp W_2$，对任意的 $\boldsymbol{\gamma}\in W_1+W_2$，不妨设

$$\boldsymbol{\gamma} = \boldsymbol{\gamma}_1 + \boldsymbol{\gamma}_2 \quad (\boldsymbol{\gamma}_1\in W_1,\boldsymbol{\gamma}_2\in W_2)$$

那么

$$(\boldsymbol{\beta},\boldsymbol{\gamma}) = (\boldsymbol{\beta},\boldsymbol{\gamma}_1+\boldsymbol{\gamma}_2) = (\boldsymbol{\beta},\boldsymbol{\gamma}_1) + (\boldsymbol{\beta},\boldsymbol{\gamma}_2) = 0$$

所以 $\boldsymbol{\beta}\in(W_1+W_2)^{\perp}$，即 $W_1^{\perp}\cap W_2^{\perp}\subset(W_1+W_2)^{\perp}$。

综合可知

$$(W_1 + W_2)^{\perp} = W_1^{\perp} \cap W_2^{\perp}$$

(3) 由(1)与(2)知

$$(W_1^{\perp} + W_2^{\perp})^{\perp} = (W_1^{\perp})^{\perp} \cap (W_2^{\perp})^{\perp} = W_1 \cap W_2$$

从而

$$(W_1 \cap W_2)^{\perp} = W_1^{\perp} + W_2^{\perp}$$

例 9.4.2 设 $\mathbf{R}^4$ 是 Euclid 空间 R^4 的一个子空间，且 $W = L(\boldsymbol{\alpha}_1, \boldsymbol{\alpha}_2)$，其中 $\boldsymbol{\alpha}_1 = (1,1,2,1)$，$\boldsymbol{\alpha}_2 = (1,0,0,-2)$。求 $W^{\perp}$ 的一组基，并求向量 $\boldsymbol{\alpha} = (1,-3,2,2)$ 在 $W^{\perp}$ 上的内射影。

证明 根据推论 9.4.1 知，$W^{\perp}$ 由 $\mathbf{R}^4$ 中与 $\boldsymbol{\alpha}_1, \boldsymbol{\alpha}_2$ 正交的全部向量组成，设向量(x_1, x_2, x_3, x_4)与 $\boldsymbol{\alpha}_1, \boldsymbol{\alpha}_2$ 正交，则有

$$\begin{cases} x_1 + x_2 + 2x_3 + x_4 = 0 \\ x_1 - 2x_4 = 0 \end{cases} \tag{9.4.4}$$

取齐次线性方程组(9.4.4)的一个基础解系：

$$\boldsymbol{\alpha}_3 = (0, -2, 1, 0), \quad \boldsymbol{\alpha}_4 = (2, -3, 0, 1)$$

从而 $\mathbf{R}^4$ 中与 $\boldsymbol{\alpha}_1, \boldsymbol{\alpha}_2$ 正交的向量均是 $\boldsymbol{\alpha}_3, \boldsymbol{\alpha}_4$ 的线性组合，所以 $\boldsymbol{\alpha}_3, \boldsymbol{\alpha}_4$ 是 $W^{\perp}$ 的一组基，即

$$W^{\perp} = L(\boldsymbol{\alpha}_3, \boldsymbol{\alpha}_4)$$

为求 $\boldsymbol{\alpha} = (1,-3,2,2)$在 $\boldsymbol{\alpha}$ 上的内射影，把 $\boldsymbol{\alpha}$ 写成$\boldsymbol{\alpha}_1, \boldsymbol{\alpha}_2, \boldsymbol{\alpha}_3, \boldsymbol{\alpha}_4$ 的线性组合

$$\boldsymbol{\alpha} = k_1\boldsymbol{\alpha}_1 + k_2\boldsymbol{\alpha}_2 + k_3\boldsymbol{\alpha}_3 + k_4\boldsymbol{\alpha}_4$$

对应的方程组为

$$\begin{cases} k_1 + k_2 + 0k_3 + 2k_4 = 1 \\ k_1 + 0k_2 - 2k_3 - 3k_4 = -3 \\ 2k_1 + 0k_2 + k_3 + 0k_4 = 2 \\ k_1 - 2k_2 + 0k_3 + k_4 = 2 \end{cases}$$

解得$(k_1, k_2, k_3, k_4) = \left(\frac{1}{2}, -\frac{1}{2}, 1, \frac{1}{2}\right)$。所以

$$\begin{aligned} \boldsymbol{\alpha} &= \frac{1}{2}\boldsymbol{\alpha}_1 - \frac{1}{2}\boldsymbol{\alpha}_2 + \boldsymbol{\alpha}_3 + \frac{1}{2}\boldsymbol{\alpha}_4 \\ &= \left(\frac{1}{2}\boldsymbol{\alpha}_1 - \frac{1}{2}\boldsymbol{\alpha}_2\right) + \left(\boldsymbol{\alpha}_3 + \frac{1}{2}\boldsymbol{\alpha}_4\right) \end{aligned}$$

其中$\frac{1}{2}\boldsymbol{\alpha}_1 - \frac{1}{2}\boldsymbol{\alpha}_2 \in W$，$\boldsymbol{\alpha}_3 + \frac{1}{2}\boldsymbol{\alpha}_4 \in W^{\perp}$。所以 $\boldsymbol{\alpha}$ 在 $W^{\perp}$ 上的内射影为

$$\boldsymbol{\alpha}_3 + \frac{1}{2}\boldsymbol{\alpha}_4 = \left(1, -\frac{7}{2}, 1, \frac{1}{2}\right)$$

例 9.4.3 设 W 是 Euclid 空间 V 的一个有限维子空间，$\boldsymbol{\alpha}$ 是 V 中的任意向量，$\boldsymbol{\beta}$ 是$\boldsymbol{\alpha}$ 在 W 上的内射影。证明：对于 W 中的任何向量$\boldsymbol{\beta}' \neq \boldsymbol{\beta}$，均有

$$\|\boldsymbol{\alpha} - \boldsymbol{\beta}\| < \|\boldsymbol{\alpha} - \boldsymbol{\beta}'\|$$

证明 对任意的 $\boldsymbol{\beta}' \in W$，都有

$$\boldsymbol{\alpha} - \boldsymbol{\beta}' = \boldsymbol{\alpha} - \boldsymbol{\beta} + \boldsymbol{\beta} - \boldsymbol{\beta}'$$

其中 $\boldsymbol{\alpha}-\boldsymbol{\beta}\perp W$，$\boldsymbol{\beta}-\boldsymbol{\beta}'\in W$，所以有

$$(\boldsymbol{\alpha}-\boldsymbol{\beta},\boldsymbol{\beta}-\boldsymbol{\beta}')=0$$

于是由定理 9.1.1 知

$$\|\boldsymbol{\alpha}-\boldsymbol{\beta}'\|^2=\|\boldsymbol{\alpha}-\boldsymbol{\beta}\|^2+\|\boldsymbol{\beta}-\boldsymbol{\beta}'\|^2$$

如果 $\boldsymbol{\beta}'\neq\boldsymbol{\beta}$，那么 $\|\boldsymbol{\beta}-\boldsymbol{\beta}'\|^2>0$，所以

$$\|\boldsymbol{\alpha}-\boldsymbol{\beta}'\|^2>\|\boldsymbol{\alpha}-\boldsymbol{\beta}\|^2$$

从而

$$\|\boldsymbol{\alpha}-\boldsymbol{\beta}\|<\|\boldsymbol{\alpha}-\boldsymbol{\beta}'\|$$

这个例子说明，向量到子空间各向量间的距离以垂线段最短。

例 9.4.4　证明：$\mathbf{R}^3$ 中向量 $\boldsymbol{\alpha}=(x_0,y_0,z_0)$ 到子空间 $W=\{(x,y,z)\mid ax+by+cz=0\}$ 的最短距离为

$$d=\frac{|ax_0+by_0+cz_0|}{\sqrt{a^2+b^2+c^2}}$$

其中 a,b,c 为不全为零的实数。

证明　设 $\boldsymbol{\beta}$ 是 $\boldsymbol{\alpha}$ 在 W 上的内射影，那么 $\boldsymbol{\alpha}-\boldsymbol{\beta}\in W^{\perp}$，而 $|\boldsymbol{\alpha}-\boldsymbol{\beta}|$ 就是 $\boldsymbol{\alpha}$ 到 W 的最短距离 d，记 $\boldsymbol{\eta}=(a,b,c)$，则 $\boldsymbol{\eta}\in W^{\perp}$。又由于

$$\dim W+\dim W^{\perp}=\dim\mathbf{R}^3=3$$

而 $\dim W=2$，所以 $\dim W^{\perp}=1$，故可设 $\boldsymbol{\alpha}-\boldsymbol{\beta}=k\boldsymbol{\eta}$，从而有

$$(\boldsymbol{\alpha}-\boldsymbol{\beta},\boldsymbol{\eta})=(\boldsymbol{\alpha},\boldsymbol{\eta})-(\boldsymbol{\beta},\boldsymbol{\eta})=(\boldsymbol{\alpha},\boldsymbol{\eta})$$

$$(\boldsymbol{\alpha}-\boldsymbol{\beta},\boldsymbol{\eta})=(k\boldsymbol{\eta},\boldsymbol{\eta})=k^2$$

从而 $(\boldsymbol{\alpha},\boldsymbol{\eta})=k\|\boldsymbol{\eta}\|^2$，即 $k=\dfrac{(\boldsymbol{\alpha},\boldsymbol{\eta})}{\|\boldsymbol{\eta}\|^2}$，$(\|\boldsymbol{\eta}\|\neq 0)$。

因此

$$\|\boldsymbol{\alpha}-\boldsymbol{\beta}\|=\|k\boldsymbol{\eta}\|=|k|\,\|\boldsymbol{\eta}\|=\frac{|(\boldsymbol{\alpha},\boldsymbol{\eta})|}{\|\boldsymbol{\eta}\|^2}\|\boldsymbol{\eta}\|=\frac{|(\boldsymbol{\alpha},\boldsymbol{\eta})|}{\|\boldsymbol{\eta}\|}$$

即

$$d=\frac{|ax_0+by_0+cz_0|}{\sqrt{a^2+b^2+c^2}}$$

9.5　正交变换

Euclid 空间是一种特殊的线性空间，主要特点就是在其中引进了内积，于是 Euclid 空间的线性变换如果和内积挂钩，便会得到一种具有内积特征的线性变换。在解析几何中，我们已经讨论了一类特殊的线性变换——正交变换，本节将研究 Euclid 空间中正交变换的概念，这种变换是保持点与点之间距离不变的变换。

9.5.1 正交变换的概念及性质

定义 9.5.1 设 σ 是 Euclid 空间 V 上的线性变换，如果它保持向量的内积不变，即对于任意的 $\boldsymbol{\alpha},\boldsymbol{\beta}\in V$，都有

$$(\sigma(\boldsymbol{\alpha}),\sigma(\boldsymbol{\beta}))=(\boldsymbol{\alpha},\boldsymbol{\beta})$$

则称 σ 为 V 上的**正交变换**。

定理 9.5.1 设 σ 是 Euclid 空间 V 上的一个线性变换，那么下面的四个命题是相互等价的：

(1) σ 是正交变换；

(2) σ 保持向量的长度不变，即对任意 $\boldsymbol{\alpha}\in V$，有 $\|\sigma(\boldsymbol{\alpha})\|=\|\boldsymbol{\alpha}\|$；

(3) 如果 $\boldsymbol{\varepsilon}_1,\boldsymbol{\varepsilon}_2,\cdots,\boldsymbol{\varepsilon}_n$ 是标准正交基，那么 $\sigma(\boldsymbol{\varepsilon}_1),\sigma(\boldsymbol{\varepsilon}_2),\cdots,\sigma(\boldsymbol{\varepsilon}_n)$ 也是标准正交基；

(4) σ 在任一标准正交基下的矩阵是正交矩阵。

证明 本题的证明采用回路证明法，即(1)⇒(2)⇒(3)⇒(4)⇒(1)。

先证由(1)推出(2)。

由于 σ 是正交变换，由定义 9.5.1 知，对任意 $\boldsymbol{\alpha}\in V$，有

$$\|\sigma(\boldsymbol{\alpha})\|^2=(\sigma(\boldsymbol{\alpha}),\sigma(\boldsymbol{\alpha}))=(\boldsymbol{\alpha},\boldsymbol{\alpha})=\|\boldsymbol{\alpha}\|^2$$

两边开方即得 $\|\sigma(\boldsymbol{\alpha})\|=\|\boldsymbol{\alpha}\|$。

次证由(2)推出(3)。

由(2)知，$\|\sigma(\boldsymbol{\varepsilon}_i)\|=\|\boldsymbol{\varepsilon}_i\|=1(i=1,2,\cdots,n)$。

从而当 $i=j$ 时，有 $(\sigma(\boldsymbol{\varepsilon}_i),\sigma(\boldsymbol{\varepsilon}_j))=1$。

下证当 $i\neq j$ 时，有 $(\sigma(\boldsymbol{\varepsilon}_i),\sigma(\boldsymbol{\varepsilon}_j))=0$。

由于 $\|\sigma(\boldsymbol{\varepsilon}_i+\boldsymbol{\varepsilon}_j)\|=\|\boldsymbol{\varepsilon}_i+\boldsymbol{\varepsilon}_j\|$，所以

$$(\sigma(\boldsymbol{\varepsilon}_i+\boldsymbol{\varepsilon}_j),\sigma(\boldsymbol{\varepsilon}_i+\boldsymbol{\varepsilon}_j))=(\boldsymbol{\varepsilon}_i+\boldsymbol{\varepsilon}_j,\boldsymbol{\varepsilon}_i+\boldsymbol{\varepsilon}_j)$$

两边展开得

$$(\sigma(\boldsymbol{\varepsilon}_i),\sigma(\boldsymbol{\varepsilon}_i))+2(\sigma(\boldsymbol{\varepsilon}_i),\sigma(\boldsymbol{\varepsilon}_j))+(\sigma(\boldsymbol{\varepsilon}_j),\sigma(\boldsymbol{\varepsilon}_j))=(\boldsymbol{\varepsilon}_i,\boldsymbol{\varepsilon}_i)+2(\boldsymbol{\varepsilon}_i,\boldsymbol{\varepsilon}_j)+(\boldsymbol{\varepsilon}_j,\boldsymbol{\varepsilon}_j)$$

从而有

$$(\sigma(\boldsymbol{\varepsilon}_i),\sigma(\boldsymbol{\varepsilon}_j))=(\boldsymbol{\varepsilon}_i,\boldsymbol{\varepsilon}_j)=0$$

这就证明了 $\sigma(\boldsymbol{\varepsilon}_1),\sigma(\boldsymbol{\varepsilon}_2),\cdots,\sigma(\boldsymbol{\varepsilon}_n)$ 也是标准正交基。

再证由(3)推出(4)。

设 $\boldsymbol{\varepsilon}_1,\boldsymbol{\varepsilon}_2,\cdots,\boldsymbol{\varepsilon}_n$ 是 V 的任意一组标准正交基，则 $\sigma(\boldsymbol{\varepsilon}_1),\sigma(\boldsymbol{\varepsilon}_2),\cdots,\sigma(\boldsymbol{\varepsilon}_n)$ 也是 V 的任意一组标准正交基，设由 $\boldsymbol{\varepsilon}_1,\boldsymbol{\varepsilon}_2,\cdots,\boldsymbol{\varepsilon}_n$ 到 $\sigma(\boldsymbol{\varepsilon}_1),\sigma(\boldsymbol{\varepsilon}_2),\cdots,\sigma(\boldsymbol{\varepsilon}_n)$ 的过渡矩阵为 $\boldsymbol{A}$，即

$$(\sigma(\boldsymbol{\varepsilon}_1),\sigma(\boldsymbol{\varepsilon}_2),\cdots,\sigma(\boldsymbol{\varepsilon}_n))=(\boldsymbol{\varepsilon}_1,\boldsymbol{\varepsilon}_2,\cdots,\boldsymbol{\varepsilon}_n)\boldsymbol{A}$$

从而 $\boldsymbol{A}$ 是正交矩阵，且 $\boldsymbol{A}$ 也是在基 $\boldsymbol{\varepsilon}_1,\boldsymbol{\varepsilon}_2,\cdots,\boldsymbol{\varepsilon}_n$ 下的矩阵。

最后证由(4)推出(1)。

设 σ 在标准正交基 $\boldsymbol{\varepsilon}_1,\boldsymbol{\varepsilon}_2,\cdots,\boldsymbol{\varepsilon}_n$ 下的矩阵为 $\boldsymbol{A}$，则 $\boldsymbol{A}$ 为正交矩阵，于是 $\sigma(\boldsymbol{\varepsilon}_1),\sigma(\boldsymbol{\varepsilon}_2),\cdots,\sigma(\boldsymbol{\varepsilon}_n)$ 也是标准正交基，对任意的 $\boldsymbol{\alpha},\boldsymbol{\beta}\in V$，设

$$\boldsymbol{\alpha}=x_1\boldsymbol{\varepsilon}_1+x_2\boldsymbol{\varepsilon}_2+\cdots+x_n\boldsymbol{\varepsilon}_n$$
$$\boldsymbol{\beta}=y_1\boldsymbol{\varepsilon}_1+y_2\boldsymbol{\varepsilon}_2+\cdots+y_n\boldsymbol{\varepsilon}_n$$

那么

$$\sigma(\boldsymbol{\alpha}) = x_1\sigma(\boldsymbol{\varepsilon}_1) + x_2\sigma(\boldsymbol{\varepsilon}_2) + \cdots + x_n\sigma(\boldsymbol{\varepsilon}_n)$$
$$\sigma(\boldsymbol{\beta}) = y_1\sigma(\boldsymbol{\varepsilon}_1) + y_2\sigma(\boldsymbol{\varepsilon}_2) + \cdots + y_n\sigma(\boldsymbol{\varepsilon}_n)$$

从而

$$(\sigma(\boldsymbol{\alpha}),\sigma(\boldsymbol{\beta})) = x_1y_1 + x_2y_2 + \cdots + x_ny_n = (\boldsymbol{\alpha},\boldsymbol{\beta})$$

于是 σ 是正交变换。

定理 9.5.2　设 V 是一个 n 维 Euclid 空间，则

(1) V 中两个正交变换 σ,τ 的乘积 $\sigma\tau$ 仍是 V 中的正交变换；

(2) V 中任意一个正交变换 σ 都是可逆的，且 σ^{-1} 仍是 V 中的正交变换。

证明　(1) 对任意的 $\boldsymbol{\alpha},\boldsymbol{\beta}\in V$，有

$$(\sigma\tau(\boldsymbol{\alpha}),\sigma\tau(\boldsymbol{\beta})) = (\sigma(\tau(\boldsymbol{\alpha})),\sigma(\tau(\boldsymbol{\beta}))) = (\tau(\boldsymbol{\alpha}),\tau(\boldsymbol{\beta})) = (\boldsymbol{\alpha},\boldsymbol{\beta})$$

故 $\sigma\tau$ 是正交变换。

(2) 由于正交变换 σ 在任一标准正交基下的矩阵是正交矩阵，而正交矩阵是可逆的，所以 σ 也是可逆的。又对任意的 $\boldsymbol{\alpha},\boldsymbol{\beta}\in V$，有

$$(\boldsymbol{\alpha},\boldsymbol{\beta}) = (\sigma(\sigma^{-1}(\boldsymbol{\alpha})),\sigma(\sigma^{-1}(\boldsymbol{\beta}))) = (\sigma^{-1}(\boldsymbol{\alpha}),\sigma^{-1}(\boldsymbol{\beta}))$$

从而 σ^{-1} 也是正交变换。

例 9.5.1　Euclid 空间中的单位变换是正交变换。

例 9.5.2　在几何空间 V^2 中，绕原点旋转角 θ 的线性变换 σ 是正交变换。

根据例 7.1.4 知，σ 在标准正交基 $\boldsymbol{\varepsilon}_1,\boldsymbol{\varepsilon}_2$（$\boldsymbol{\varepsilon}_1,\boldsymbol{\varepsilon}_2$ 是始于原点彼此正交的单位向量）下的矩阵为

$$\sigma(\boldsymbol{\varepsilon}_1,\boldsymbol{\varepsilon}_2) = (\sigma(\boldsymbol{\varepsilon}_1),\sigma(\boldsymbol{\varepsilon}_2)) = (\boldsymbol{\varepsilon}_1,\boldsymbol{\varepsilon}_2)\begin{pmatrix}\cos\theta & -\sin\theta\\ \sin\theta & \cos\theta\end{pmatrix}$$

例 9.5.3　在几何空间 V^3 中，令 W 是过原点的平面，则以 W 为镜面反射 σ 是 V^3 的一个正交变换，如图 9.5.1 所示。

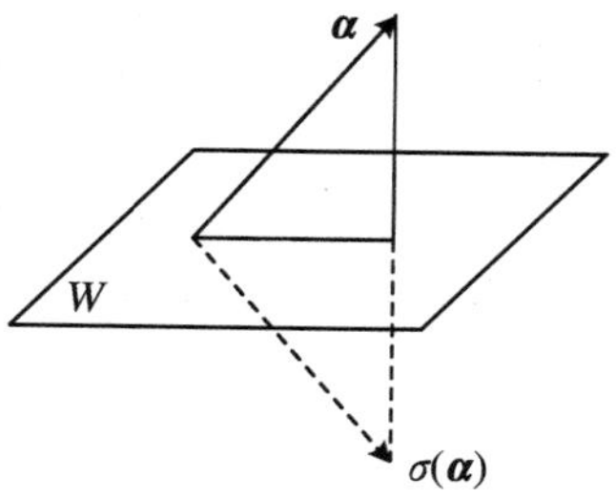

图 9.5.1

由于正交变换 σ 在任一标准正交基下的矩阵 $\boldsymbol{A}$ 是正交矩阵，故 $\boldsymbol{A}^{\mathrm{T}}\boldsymbol{A} = \boldsymbol{E}$，从而 $|\boldsymbol{A}|^2 = 1$，即 $|\boldsymbol{A}| = \pm 1$，即正交矩阵的行列式等于 1 或 -1。又由于 σ 在不同基下的矩阵是相似的，所以它们的行列式必相等，所以如果 σ 在某一组基下的矩阵对应的行列式为 $+1$，即 $|\boldsymbol{A}| = 1$，则它在任一组下的矩阵对应的行列式也是 1，这时我们称 σ 是第一类正交变换；如果 $|\boldsymbol{A}| = -1$，则称 σ 是第二类正交变换。

9.5.2　几何空间 V^2 和 V^3 中正交变换的研究

定理 9.5.3　V^2 上的一个正交变换要么是旋转变换，要么是对一条直线的反射，前者是第一类正交变换，后者是第二类正交变换。

证明　设 σ 是 V^2 的一个正交变换，它关于某一标准正交基 $\boldsymbol{\varepsilon}_1,\boldsymbol{\varepsilon}_2$ 的矩阵为

$$\sigma(\boldsymbol{\varepsilon}_1,\boldsymbol{\varepsilon}_2)=(\sigma(\boldsymbol{\varepsilon}_1),\sigma(\boldsymbol{\varepsilon}_2))=(\boldsymbol{\varepsilon}_1,\boldsymbol{\varepsilon}_2)\begin{pmatrix}a & b\\ c & d\end{pmatrix}$$

因为矩阵$\begin{pmatrix}a & b\\ c & d\end{pmatrix}$是正交矩阵，所以

$$a^2+c^2=1,\quad b^2+d^2=1,\quad ab+cd=0$$

由前两个等式，可令

$$a=\cos\theta,\quad c=\sin\theta,\quad b=\sin\varphi,\quad d=\cos\varphi$$

再由第三个等式 $ab+cd=0$，得

$$\cos\theta\sin\varphi+\sin\theta\cos\varphi=0$$

即

$$\sin(\theta+\varphi)=0$$

这表明

$$\theta+\varphi=k\pi\quad(k\in\mathbf{Z})$$

由此可得

$$\sin\varphi=\mp\sin\theta,\quad\cos\varphi=\pm\cos\theta$$

所以

$$\boldsymbol{A}=\begin{pmatrix}\cos\theta & -\sin\theta\\ \sin\theta & \cos\theta\end{pmatrix}\quad\text{或}\quad\boldsymbol{A}=\begin{pmatrix}\cos\theta & \sin\theta\\ \sin\theta & -\cos\theta\end{pmatrix}$$

对于前一种情形，σ 是 V^2 的每一个向量旋转角 θ 的正交变换，且 $|\boldsymbol{A}|=1$。

对于后一种情形，σ 将 V^2 中的向量 $\boldsymbol{\xi}=(x,y)$ 变为

$$\sigma(\boldsymbol{\xi})=(x\cos\theta+y\sin\theta,x\sin\theta-y\cos\theta)$$

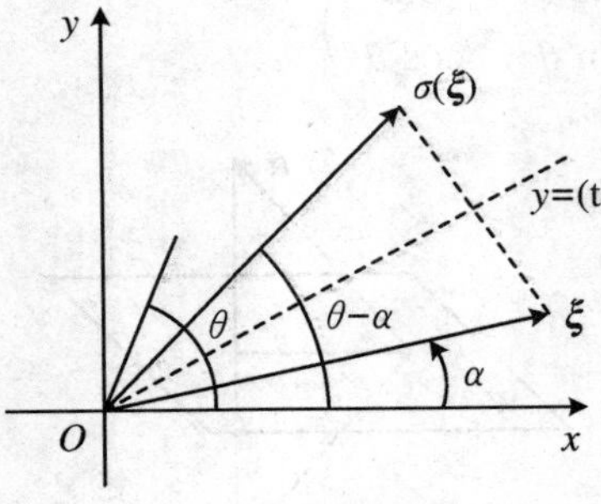

图 9.5.2

为了便于分析，不妨设 $x=\rho\cos\alpha$，$y=\rho\sin\alpha$，从而有

$$x\cos\theta+y\sin\theta=\rho\cos(\theta-\alpha)$$
$$x\sin\theta-y\cos\theta=\rho\sin(\theta-\alpha)$$

所以 σ 将以极坐标的向量 $\boldsymbol{\xi}=(\rho,\alpha)$ 变为以极坐标的向量 $\sigma(\boldsymbol{\xi})=(\rho,\theta-\alpha)$，因此，$\sigma$ 是关于直线 $y=\tan\dfrac{\theta}{2}x$ 的反射变换，且这时 $|\boldsymbol{A}|=-1$。后一种变换如图 9.5.2 所示。

进一步地，我们可以取直线 $y=\tan\dfrac{\theta}{2}x$ 上的一个单位向量 $\boldsymbol{\varepsilon}_1'$ 和垂直于该直线的另一个单位向量 $\boldsymbol{\varepsilon}_2'$ 作为 V^2 的一组标准正交基，而 σ 关于这组基的矩阵为$\begin{pmatrix}1 & 0\\ 0 & -1\end{pmatrix}$。

定理 9.5.4 V^3 上的一个正交变换要么是绕直线的旋转变换，要么是对平面的反射变换，要么是两者的复合，第一种情形是第一类正交变换，后两种情形是第二类正交变换。

证明 设 σ 是 V^3 上的任意正交变换，由于 σ 的特征多项式是一个实系数三次多项式，

故至少有一个实根 λ。令 $\boldsymbol{\xi}$ 是 σ 的属于特征根 λ 的一个特征向量，则 $\boldsymbol{\varepsilon}_1=\dfrac{1}{\|\boldsymbol{\xi}\|}\boldsymbol{\xi}$ 也是 σ 的属于 λ 的一个特征向量，再增加两个单位正交向量 $\boldsymbol{\varepsilon}_2,\boldsymbol{\varepsilon}_3$，使得 $\boldsymbol{\varepsilon}_1,\boldsymbol{\varepsilon}_2,\boldsymbol{\varepsilon}_3$ 构成 V^3 的一组标准正交基，那么 σ 在这组基下的矩阵为

$$\sigma(\boldsymbol{\varepsilon}_1,\boldsymbol{\varepsilon}_2,\boldsymbol{\varepsilon}_3)=(\boldsymbol{\varepsilon}_1,\boldsymbol{\varepsilon}_2,\boldsymbol{\varepsilon}_3)\begin{pmatrix}\lambda & s & t\\ 0 & a & b\\ 0 & c & d\end{pmatrix}=(\boldsymbol{\varepsilon}_1,\boldsymbol{\varepsilon}_2,\boldsymbol{\varepsilon}_3)\boldsymbol{A}$$

由于 $\boldsymbol{A}$ 是正交矩阵，故

$$\lambda^2=1,\quad \lambda s=\lambda t=0$$

从而 $\lambda=\pm1,s=t=0$，即

$$\boldsymbol{A}=\begin{pmatrix}\pm1 & 0 & 0\\ 0 & a & b\\ 0 & c & d\end{pmatrix}$$

由于 $\boldsymbol{A}$ 是正交矩阵，所以 $\begin{pmatrix}a & b\\ c & d\end{pmatrix}$ 也是正交矩阵，由定理 9.5.3 知，存在一个角 θ，使得

$$\begin{pmatrix}a & b\\ c & d\end{pmatrix}=\begin{pmatrix}\cos\theta & -\sin\theta\\ \sin\theta & \cos\theta\end{pmatrix}\quad 或 \quad \begin{pmatrix}a & b\\ c & d\end{pmatrix}=\begin{pmatrix}\cos\theta & \sin\theta\\ \sin\theta & -\cos\theta\end{pmatrix}$$

在前一种情形

$$\boldsymbol{A}=\begin{pmatrix}\pm1 & 0 & 0\\ 0 & \cos\theta & -\sin\theta\\ 0 & \sin\theta & \cos\theta\end{pmatrix}$$

在后一种情形，可适当选取 V^3 中的标准正交基 $\boldsymbol{\eta}_1=\boldsymbol{\varepsilon}_1,\boldsymbol{\eta}_2,\boldsymbol{\eta}_3$，使得 σ 在这组基下的矩阵

$$\boldsymbol{A}=\begin{pmatrix}\pm1 & 0 & 0\\ 0 & 1 & 0\\ 0 & 0 & -1\end{pmatrix}$$

当左上角的元素为 1 时，可以重排基向量，令 $\boldsymbol{\eta}_1'=\boldsymbol{\eta}_3,\boldsymbol{\eta}_2'=\boldsymbol{\eta}_2,\boldsymbol{\eta}_3'=\boldsymbol{\eta}_1$ 则

$$\sigma(\boldsymbol{\eta}_1',\boldsymbol{\eta}_2',\boldsymbol{\eta}_3')=(\boldsymbol{\eta}_1',\boldsymbol{\eta}_2',\boldsymbol{\eta}_3')\begin{pmatrix}-1 & 0 & 0\\ 0 & 1 & 0\\ 0 & 0 & 1\end{pmatrix}$$

当左上角的元素为 −1 时，也可以重排基向量，令 $\boldsymbol{\eta}_1''=\boldsymbol{\eta}_2,\boldsymbol{\eta}_2''=\boldsymbol{\eta}_1,\boldsymbol{\eta}_3''=\boldsymbol{\eta}_3$ 则

$$\begin{aligned}\sigma(\boldsymbol{\eta}_1'',\boldsymbol{\eta}_2'',\boldsymbol{\eta}_3'')&=(\boldsymbol{\eta}_1'',\boldsymbol{\eta}_2'',\boldsymbol{\eta}_3'')\begin{pmatrix}1 & 0 & 0\\ 0 & -1 & 0\\ 0 & 0 & -1\end{pmatrix}\\ &=(\boldsymbol{\eta}_1'',\boldsymbol{\eta}_2'',\boldsymbol{\eta}_3'')\begin{pmatrix}1 & 0 & 0\\ 0 & \cos\pi & -\sin\pi\\ 0 & \sin\pi & \cos\pi\end{pmatrix}\end{aligned}$$

综上所述，V^3 中的任一正交变换 σ 在某一标准正交基 $\boldsymbol{\varepsilon}_1,\boldsymbol{\varepsilon}_2,\boldsymbol{\varepsilon}_3$ 下的矩阵应为以下三种

类型之一：

$$\begin{pmatrix}1&0&0\\0&\cos\theta&-\sin\theta\\0&\sin\theta&\cos\theta\end{pmatrix};\quad\begin{pmatrix}-1&0&0\\0&1&0\\0&0&1\end{pmatrix}$$

$$\begin{pmatrix}-1&0&0\\0&\cos\theta&-\sin\theta\\0&\sin\theta&\cos\theta\end{pmatrix}=\begin{pmatrix}1&0&0\\0&\cos\theta&-\sin\theta\\0&\sin\theta&\cos\theta\end{pmatrix}\begin{pmatrix}-1&0&0\\0&1&0\\0&0&1\end{pmatrix}$$

在第一种情形下，σ 是绕直线 $L(\boldsymbol{\varepsilon}_1)$ 的旋转角为 θ 的旋转变换，是第一类变换；
在第二种情形下，σ 是关于平面 $L(\boldsymbol{\varepsilon}_2,\boldsymbol{\varepsilon}_3)$ 的反射变换，是第二类变换；
在第三种情形下，σ 是前两种变换(旋转和反射)的复合，也是第二类变换。

例 9.5.4 设 $\boldsymbol{\alpha}_1=\frac{\sqrt{2}}{2}\begin{pmatrix}1\\1\\0\\0\end{pmatrix}$，$\boldsymbol{\alpha}_2=\frac{\sqrt{2}}{2}\begin{pmatrix}1\\-1\\0\\0\end{pmatrix}$，$\boldsymbol{\alpha}_3=\frac{\sqrt{2}}{2}\begin{pmatrix}0\\0\\1\\1\end{pmatrix}$，$\boldsymbol{\beta}_1=\frac{1}{2}\begin{pmatrix}1\\1\\1\\1\end{pmatrix}$，$\boldsymbol{\beta}_2=\frac{1}{2}\begin{pmatrix}1\\-1\\-1\\1\end{pmatrix}$，$\boldsymbol{\beta}_3=\frac{1}{2}\begin{pmatrix}1\\1\\-1\\-1\end{pmatrix}$。

(1) 求 Euclid 空间 $\mathbf{R}^4$ 的一个正交变换 σ，满足

$$\sigma(\boldsymbol{\alpha}_i)=\boldsymbol{\beta}_i\quad(i=1,2,3)$$

即求 σ 在基 $\boldsymbol{\varepsilon}_1=\begin{pmatrix}1\\0\\0\\0\end{pmatrix}$，$\boldsymbol{\varepsilon}_2=\begin{pmatrix}0\\1\\0\\0\end{pmatrix}$，$\boldsymbol{\varepsilon}_3=\begin{pmatrix}0\\0\\1\\0\end{pmatrix}$，$\boldsymbol{\varepsilon}_4=\begin{pmatrix}0\\0\\0\\1\end{pmatrix}$ 下的矩阵。

(2) 问满足这个条件的正交变换有几个。

解 先把 $\boldsymbol{\alpha}_1,\boldsymbol{\alpha}_2,\boldsymbol{\alpha}_3$ 和 $\boldsymbol{\beta}_1,\boldsymbol{\beta}_2,\boldsymbol{\beta}_3$ 扩充为 $\mathbf{R}^4$ 的一组标准正交基。设 $\boldsymbol{\alpha}_4=\begin{pmatrix}x_1\\x_2\\x_3\\x_4\end{pmatrix}$ 做内积有

$$\begin{cases}(\boldsymbol{\alpha}_1,\boldsymbol{\alpha}_4)=\dfrac{\sqrt{2}}{2}(x_1+x_2)=0\\[2mm](\boldsymbol{\alpha}_2,\boldsymbol{\alpha}_4)=\dfrac{\sqrt{2}}{2}(x_1-x_2)=0\\[2mm](\boldsymbol{\alpha}_3,\boldsymbol{\alpha}_4)=\dfrac{\sqrt{2}}{2}(x_3+x_4)=0\end{cases}$$

所以 $\boldsymbol{\alpha}_4=\begin{pmatrix}0\\0\\-1\\1\end{pmatrix}$ 或 $\boldsymbol{\alpha}_4=\begin{pmatrix}0\\0\\1\\-1\end{pmatrix}$，再单位化后 $\boldsymbol{\alpha}_4=\frac{\sqrt{2}}{2}\begin{pmatrix}0\\0\\-1\\1\end{pmatrix}$ 或 $\boldsymbol{\alpha}_4=\frac{\sqrt{2}}{2}\begin{pmatrix}0\\0\\1\\-1\end{pmatrix}$。

同理，可以求得 $\boldsymbol{\beta}_4=\frac{1}{2}\begin{pmatrix}-1\\1\\-1\\1\end{pmatrix}$ 或 $\boldsymbol{\beta}_4=\frac{1}{2}\begin{pmatrix}1\\-1\\1\\-1\end{pmatrix}$。

现取 $\boldsymbol{\alpha}_4=\frac{\sqrt{2}}{2}\begin{pmatrix}0\\0\\-1\\1\end{pmatrix}$，$\boldsymbol{\beta}_4=\frac{1}{2}\begin{pmatrix}-1\\1\\-1\\1\end{pmatrix}$，分别记

$$\boldsymbol{A}=(\boldsymbol{\alpha}_1,\boldsymbol{\alpha}_2,\boldsymbol{\alpha}_3,\boldsymbol{\alpha}_4)=\frac{\sqrt{2}}{2}\begin{pmatrix}1&1&0&0\\1&-1&0&0\\0&0&1&-1\\0&0&1&1\end{pmatrix}$$

$$\boldsymbol{B}=(\boldsymbol{\beta}_1,\boldsymbol{\beta}_2,\boldsymbol{\beta}_3,\boldsymbol{\beta}_4)=\frac{1}{2}\begin{pmatrix}1&1&1&-1\\1&-1&1&1\\1&-1&-1&-1\\1&1&-1&1\end{pmatrix}$$

则

$$(\boldsymbol{\alpha}_1,\boldsymbol{\alpha}_2,\boldsymbol{\alpha}_3,\boldsymbol{\alpha}_4)=(\boldsymbol{\varepsilon}_1,\boldsymbol{\varepsilon}_2,\boldsymbol{\varepsilon}_3,\boldsymbol{\varepsilon}_4)\boldsymbol{A},\quad(\boldsymbol{\beta}_1,\boldsymbol{\beta}_2,\boldsymbol{\beta}_3,\boldsymbol{\beta}_4)=(\boldsymbol{\varepsilon}_1,\boldsymbol{\varepsilon}_2,\boldsymbol{\varepsilon}_3,\boldsymbol{\varepsilon}_4)\boldsymbol{B}$$

从而

$$\begin{aligned}\sigma(\boldsymbol{\varepsilon}_1,\boldsymbol{\varepsilon}_2,\boldsymbol{\varepsilon}_3,\boldsymbol{\varepsilon}_4)&=\sigma(\boldsymbol{\alpha}_1,\boldsymbol{\alpha}_2,\boldsymbol{\alpha}_3,\boldsymbol{\alpha}_4)\boldsymbol{A}^{-1}\\&=(\boldsymbol{\beta}_1,\boldsymbol{\beta}_2,\boldsymbol{\beta}_3,\boldsymbol{\beta}_4)\boldsymbol{A}^{-1}=(\boldsymbol{\varepsilon}_1,\boldsymbol{\varepsilon}_2,\boldsymbol{\varepsilon}_3,\boldsymbol{\varepsilon}_4)\boldsymbol{B}\boldsymbol{A}^{-1}\end{aligned}$$

所以 σ 在基 $\boldsymbol{\varepsilon}_1,\boldsymbol{\varepsilon}_2,\boldsymbol{\varepsilon}_3,\boldsymbol{\varepsilon}_4$ 下的矩阵为

$$\boldsymbol{B}\boldsymbol{A}^{-1}=\frac{1}{2}\begin{pmatrix}1&1&1&-1\\1&-1&1&11\\1&1&-1&1\end{pmatrix}=\frac{\sqrt{2}}{2}\begin{pmatrix}1&1&0&0\\1&-1&0&0\\0&0&1&1\\0&0&-1&1\end{pmatrix}=\frac{\sqrt{2}}{2}\begin{pmatrix}1&0&1&0\\0&1&0&1\\0&1&0&-1\\1&0&-1&0\end{pmatrix}$$

当取 $\boldsymbol{\alpha}_4=\frac{\sqrt{2}}{2}\begin{pmatrix}0\\0\\-1\\1\end{pmatrix}$，$\boldsymbol{\beta}_4=\frac{1}{2}\begin{pmatrix}1\\-1\\1\\-1\end{pmatrix}$ 时，用同样的方法可以求出 σ 在基 $\boldsymbol{\varepsilon}_1,\boldsymbol{\varepsilon}_2,\boldsymbol{\varepsilon}_3,\boldsymbol{\varepsilon}_4$ 下的矩阵为

$$\boldsymbol{B}\boldsymbol{A}^{-1}=\frac{1}{2}\begin{pmatrix}1&1&1&1\\1&-1&1&-1\\1&-1&-1&1\\1&1&-1&-1\end{pmatrix}=\frac{\sqrt{2}}{2}\begin{pmatrix}1&1&0&0\\1&-1&0&0\\0&0&1&1\\0&0&-1&1\end{pmatrix}=\frac{\sqrt{2}}{2}\begin{pmatrix}1&0&0&1\\0&1&1&0\\0&1&-1&0\\1&0&0&-1\end{pmatrix}$$

其他的两种组合和以上两种类同,所以满足这个条件的正交变换共有两种。

例 9.5.5 证明:正交矩阵的特征值等于 1 或 -1。

证明 设 $\boldsymbol{A}$ 是一个 n 阶正交矩阵,在 Euclid 空间 $\mathbf{R}^n$ 中取定一组基 $\boldsymbol{\varepsilon}_1,\boldsymbol{\varepsilon}_2,\cdots,\boldsymbol{\varepsilon}_n$。定义 $\mathbf{R}^n$ 中的线性变换 σ 如下:

$$\sigma(\boldsymbol{\varepsilon}_1,\boldsymbol{\varepsilon}_2,\cdots,\boldsymbol{\varepsilon}_n)=(\boldsymbol{\varepsilon}_1,\boldsymbol{\varepsilon}_2,\cdots,\boldsymbol{\varepsilon}_n)\boldsymbol{A}$$

即 σ 是在基 $\boldsymbol{\varepsilon}_1,\boldsymbol{\varepsilon}_2,\cdots,\boldsymbol{\varepsilon}_n$ 下以 $\boldsymbol{A}$ 为矩阵的线性变换,由于 $\boldsymbol{A}$ 是正交矩阵,所以 σ 是 $\mathbf{R}^n$ 的正交变换。

设 λ_0 是 $\boldsymbol{A}$ 的一个实特征根,那么 λ_0 也是线性变换 σ 的一个特征根,故存在非零特征向量 $\boldsymbol{\alpha}\in\mathbf{R}^n$,使得 $\sigma(\boldsymbol{\alpha})=\lambda_0\boldsymbol{\alpha}$,于是

$$(\boldsymbol{\alpha},\boldsymbol{\alpha})=(\sigma(\boldsymbol{\alpha}),\sigma(\boldsymbol{\alpha}))=(\lambda_0\boldsymbol{\alpha},\lambda_0\boldsymbol{\alpha})=\lambda_0^2(\boldsymbol{\alpha},\boldsymbol{\alpha})$$

由于 $\boldsymbol{\alpha}$ 是非零向量,所以 $(\boldsymbol{\alpha},\boldsymbol{\alpha})\neq 0$,从而 $\lambda_0^2=1$,即 $\lambda_0=\pm 1$。

例 9.5.6 证明:奇数维 Euclid 空间的旋转变换 σ 一定以 1 作为其特征根。

证明 设 σ 所对应的矩阵为 $\boldsymbol{A}$,则 $\boldsymbol{A}$ 是奇数阶正交矩阵,且 $|\boldsymbol{A}|=1$。

由于

$$|1\cdot\boldsymbol{E}-\boldsymbol{A}|=|\boldsymbol{A}^{\mathrm{T}}\boldsymbol{A}-\boldsymbol{A}|=|\boldsymbol{A}^{\mathrm{T}}-\boldsymbol{E}||\boldsymbol{A}|=|(\boldsymbol{A}-\boldsymbol{E})^{\mathrm{T}}|=|\boldsymbol{A}-\boldsymbol{E}|=-|\boldsymbol{E}-\boldsymbol{A}|$$

所以 $|1\cdot\boldsymbol{E}-\boldsymbol{A}|=0$,即 1 是其特征根。

例 9.5.7 证明:第二类正交变换 σ 一定以 -1 作为其特征根。

证明 设 σ 所对应的矩阵为 $\boldsymbol{A}$,则 $\boldsymbol{A}$ 是正交矩阵,且 $|\boldsymbol{A}|=-1$。

由于

$$|-1\cdot\boldsymbol{E}-\boldsymbol{A}|=|-\boldsymbol{A}^{\mathrm{T}}\boldsymbol{A}-\boldsymbol{A}|=|-\boldsymbol{A}^{\mathrm{T}}-\boldsymbol{E}||\boldsymbol{A}|=-|(-\boldsymbol{A}-\boldsymbol{E})^{\mathrm{T}}|=-|-\boldsymbol{E}-\boldsymbol{A}|$$

所以,$|-1\cdot\boldsymbol{E}-\boldsymbol{A}|=0$,即 -1 是其特征根。

9.6 对称变换与对称矩阵

第 8 章我们曾讨论过,数域 P 上的 n 维线性空间上的线性变换可以对角化的条件,本节我们将讨论对于 n 维 Euclid 空间,什么样的线性变换 σ,存在一组标准正交基,使得 σ 在这组基下的矩阵是对角矩阵。这就是 n 维 Euclid 空间中的对称变换。

9.6.1 对称变换

定义 9.6.1 设 σ 是 Euclid 空间 V 的一个线性变换,如果对于 V 中任意两个向量 $\boldsymbol{\alpha}$,$\boldsymbol{\beta}$,都有

$$(\sigma(\boldsymbol{\alpha}),\boldsymbol{\beta})=(\boldsymbol{\alpha},\sigma(\boldsymbol{\beta}))$$

则称 σ 是 Euclid 空间 V 上的一个**对称变换**。

性质 9.6.1 设 σ,τ 均是 Euclid 空间 V 上的对称变换,k 是一个实数,那么 $\sigma+\tau$,$k\sigma$ 也都是 V 上的对称变换。

证明　设 $\boldsymbol{\alpha},\boldsymbol{\beta}\in V,k\in\mathbf{R}$,那么

$$\begin{aligned}((\sigma+\tau)(\boldsymbol{\alpha}),\boldsymbol{\beta}) &= (\sigma(\boldsymbol{\alpha})+\tau(\boldsymbol{\alpha}),\boldsymbol{\beta})\\ &= (\sigma(\boldsymbol{\alpha}),\boldsymbol{\beta})+(\tau(\boldsymbol{\alpha}),\boldsymbol{\beta})\\ &= (\boldsymbol{\alpha},\sigma(\boldsymbol{\beta}))+(\boldsymbol{\alpha},\tau(\boldsymbol{\beta}))\\ &= (\boldsymbol{\alpha},\sigma(\boldsymbol{\beta})+\tau(\boldsymbol{\beta}))\\ &= (\boldsymbol{\alpha},(\sigma+\tau)(\boldsymbol{\beta}))\end{aligned}$$

$$(k\sigma(\boldsymbol{\alpha}),\boldsymbol{\beta})=k(\sigma(\boldsymbol{\alpha}),\boldsymbol{\beta})=k(\boldsymbol{\alpha},\sigma(\boldsymbol{\beta}))=(\boldsymbol{\alpha},k\sigma(\boldsymbol{\beta}))$$

所以 $\sigma+\tau,k\sigma$ 也都是 V 上的对称变换。

定理 9.6.1　设 σ 是 Euclid 空间 V 的一个对称矩阵,V_1 是 V 的子空间,且是 σ 的不变子空间,证明:$V_1^{\perp}$ 也是 σ 的不变子空间。

证明　根据题意,对任意的 $\boldsymbol{\beta}\in V_1$,均有 $\sigma(\boldsymbol{\beta})\in V_1$,现任取 $V_1^{\perp}$ 中一个向量 $\boldsymbol{\alpha}$,则有

$$(\sigma(\boldsymbol{\alpha}),\boldsymbol{\beta})=(\boldsymbol{\alpha},\sigma(\boldsymbol{\beta}))=0$$

所以 $\sigma(\boldsymbol{\alpha})\perp V_1$,即 $\sigma(\boldsymbol{\alpha})\in V_1^{\perp}$,从而 $V_1^{\perp}$ 是 σ 的不变子空间。

定理 9.6.2　n 维 Euclid 空间 V 上的对称变换 σ 是对称变换的充要条件是:σ 在任一组标准基下的矩阵都是对称矩阵。

证明　先证必要性。

设 σ 是 Euclid 空间 V 的一个对称矩阵,$\boldsymbol{\varepsilon}_1,\boldsymbol{\varepsilon}_2,\cdots,\boldsymbol{\varepsilon}_n$ 是 V 的一组标准正交基,并设 σ 在这组基下的矩阵是

$$\boldsymbol{A}=\begin{pmatrix}a_{11} & a_{12} & \cdots & a_{1n}\\ a_{21} & a_{2} & \cdots & a_{2n}\\ \vdots & \vdots & & \vdots\\ a_{n1} & a_{n2} & \cdots & a_{nn}\end{pmatrix}$$

于是

$$(\sigma(\boldsymbol{\varepsilon}_i),\boldsymbol{\varepsilon}_j)=(a_{1i}\boldsymbol{\varepsilon}_1+a_{2i}\boldsymbol{\varepsilon}_2+\cdots+a_{ni}\boldsymbol{\varepsilon}_n,\boldsymbol{\varepsilon}_j)=a_{ji}\quad(i,j=1,2,\cdots,n)$$

$$(\boldsymbol{\varepsilon}_i,\sigma(\boldsymbol{\varepsilon}_j))=(\boldsymbol{\varepsilon}_i,a_{1j}\boldsymbol{\varepsilon}_1+a_{2j}\boldsymbol{\varepsilon}_2+\cdots+a_{nj}\boldsymbol{\varepsilon}_n)=a_{ij}\quad(i,j=1,2,\cdots,n)$$

因为 σ 是对称变换,所以 $(\sigma(\boldsymbol{\varepsilon}_i),\boldsymbol{\varepsilon}_j)=(\boldsymbol{\varepsilon}_i,\sigma(\boldsymbol{\varepsilon}_j))$,从而 $a_{ij}=a_{ji}(i,j=1,2,\cdots,n)$,即矩阵 $\boldsymbol{A}$ 是对称矩阵。

再证充分性。

不妨设线性变换 σ 在标准正交基 $\boldsymbol{\varepsilon}_1,\boldsymbol{\varepsilon}_2,\cdots,\boldsymbol{\varepsilon}_n$ 下的矩阵 $\boldsymbol{A}$ 是对称矩阵,那么对于 V 中的任意两个向量 $\boldsymbol{\alpha},\boldsymbol{\beta}$,不妨设 $\boldsymbol{\alpha},\boldsymbol{\beta}$ 在基 $\boldsymbol{\varepsilon}_1,\boldsymbol{\varepsilon}_2,\cdots,\boldsymbol{\varepsilon}_n$ 下的坐标所对应的列向量分别为 $\boldsymbol{X}$,$\boldsymbol{Y}$,即

$$\boldsymbol{\alpha}=(\boldsymbol{\varepsilon}_1,\boldsymbol{\varepsilon}_2,\cdots,\boldsymbol{\varepsilon}_n)\boldsymbol{X},\quad \boldsymbol{\beta}=(\boldsymbol{\varepsilon}_1,\boldsymbol{\varepsilon}_2,\cdots,\boldsymbol{\varepsilon}_n)\boldsymbol{Y}$$

于是有

$$(\sigma(\boldsymbol{\alpha}),\boldsymbol{\beta})=(\boldsymbol{AX})^{\mathrm{T}}\boldsymbol{Y}=\boldsymbol{X}^{\mathrm{T}}\boldsymbol{A}\boldsymbol{Y}^{\mathrm{T}}=\boldsymbol{X}^{\mathrm{T}}\boldsymbol{A}\boldsymbol{Y}=(\boldsymbol{\alpha},\sigma(\boldsymbol{\beta}))$$

所以 σ 是对称变换。

定理 9.6.2 告诉我们,n 维 Euclid 空间 V 的一切对称变换所构成的集合,与 n 阶对称矩阵所成的集合存在一一映射,于是研究对称变换的性质可以归结为研究对称矩阵的性质。

9.6.2 对称矩阵的标准形

定理 9.6.3 设 $\boldsymbol{A}$ 是 n 阶实对称矩阵,则 $\boldsymbol{A}$ 的特征值均是实数。

证明 由于 $\boldsymbol{A}$ 是 n 阶实对称矩阵,所以 $\boldsymbol{A}^{\mathrm{T}}=\boldsymbol{A},\overline{\boldsymbol{A}}=\boldsymbol{A}$,设 λ 是 $\boldsymbol{A}$ 的任一特征根,其所对应的非零特征向量为 $\boldsymbol{\xi}=\begin{pmatrix}x_1\\x_2\\\vdots\\x_n\end{pmatrix}$,即 $\boldsymbol{A\xi}=\lambda\boldsymbol{\xi}$,记 $\overline{\boldsymbol{\xi}}=\begin{pmatrix}\overline{x}_1\\\overline{x}_2\\\vdots\\\overline{x}_n\end{pmatrix}$,其中 $\overline{x}_1$ 是 x_1 的共轭复数,则由 $\overline{\boldsymbol{A\xi}}=\overline{\lambda\boldsymbol{\xi}}=\overline{\boldsymbol{A}}\overline{\boldsymbol{\xi}}$ 可得 $\boldsymbol{A}\overline{\boldsymbol{\xi}}=\overline{\lambda}\overline{\boldsymbol{\xi}}$。

考察等式

$$\lambda\overline{\boldsymbol{\xi}}^{\mathrm{T}}\boldsymbol{\xi}=\overline{\boldsymbol{\xi}}^{\mathrm{T}}(\lambda\boldsymbol{\xi})=\overline{\boldsymbol{\xi}}^{\mathrm{T}}(\boldsymbol{A\xi})=\overline{\boldsymbol{\xi}}^{\mathrm{T}}(\boldsymbol{A}^{\mathrm{T}}\boldsymbol{\xi})=(\boldsymbol{A}\overline{\boldsymbol{\xi}})^{\mathrm{T}}\boldsymbol{\xi}=(\overline{\lambda}\overline{\boldsymbol{\xi}})^{\mathrm{T}}\boldsymbol{\xi}=\overline{\lambda}\overline{\boldsymbol{\xi}}^{\mathrm{T}}\boldsymbol{\xi}$$

又因为 $\boldsymbol{\xi}$ 是非零向量,所以

$$\overline{\boldsymbol{\xi}}^{\mathrm{T}}\boldsymbol{\xi}=\overline{\boldsymbol{\xi}}=x_1\overline{x}_1+x_2\overline{x}_2++x_n\overline{x}_n=|x_1|^2+|x_2|^2+\cdots+|x_n|^2\neq 0$$

故 $\lambda=\overline{\lambda}$,从而 λ 使实数。

定理 9.6.4 设 $\boldsymbol{A}$ 是 n 阶实对称矩阵,则 $\mathbf{R}^n$ 中不同特征值的特征向量必正交。

证明 设 λ,μ 是 $\boldsymbol{A}$ 的两个不同的特征值,$\boldsymbol{\alpha},\boldsymbol{\beta}$ 分别是属于 λ,μ 的特征向量,即

$$\boldsymbol{A\alpha}=\lambda\boldsymbol{\alpha},\quad \boldsymbol{A\beta}=\mu\boldsymbol{\beta}$$

这样就有

$$\begin{aligned}\lambda(\boldsymbol{\alpha},\boldsymbol{\beta})&=(\lambda\boldsymbol{\alpha},\boldsymbol{\beta})=(\boldsymbol{A\alpha},\boldsymbol{\beta})=(\boldsymbol{A\alpha})^{\mathrm{T}}\boldsymbol{\beta}=\boldsymbol{\alpha}^{\mathrm{T}}\boldsymbol{A}^{\mathrm{T}}\boldsymbol{\beta}\\&=\boldsymbol{\alpha}^{\mathrm{T}}\boldsymbol{A\beta}=(\boldsymbol{\alpha},\boldsymbol{A\beta})=(\boldsymbol{\alpha},\mu\boldsymbol{\beta})=\mu(\boldsymbol{\alpha},\boldsymbol{\beta})\end{aligned}$$

由于 $\lambda\neq\mu$,所以$(\boldsymbol{\alpha},\boldsymbol{\beta})=0$,即 $\boldsymbol{\alpha},\boldsymbol{\beta}$ 正交。

定理 9.6.5 对于任意的 n 阶实对称矩阵 $\boldsymbol{A}$,都存在一个 n 阶正交矩阵 $\boldsymbol{Q}$,使得 $\boldsymbol{Q}^{\mathrm{T}}\boldsymbol{AQ}$ 是对角矩阵 $\boldsymbol{B}$。

证明 由定理 9.6.2 知,实对称矩阵和对称变换是一一对应的,故只要证明对称变换 σ 有 n 个特征向量构成 V 的标准正交基,则 σ 关于这个基的矩阵是对角形矩阵,其中对角线上的元素为 σ 的全部特征值。

设 $\lambda_1,\lambda_2,\cdots,\lambda_s$ 是 σ 的全部互不相同的特征根,令

$$V_{\lambda_i}=\{\boldsymbol{\xi}\in V\,|\,\sigma(\boldsymbol{\xi})=\lambda_i\boldsymbol{\xi}\}\quad(i=1,2,\cdots,s)$$

$$W=V_{\lambda_2}\oplus V_{\lambda_2}\oplus\cdots\oplus V_{\lambda_s}$$

下证 $V=W$。因为每一个特征子空间 V_{λ_i} 都是 σ 的不变子空间,所以 W 也是 σ 的不变子空间,这样对于任意的 $\boldsymbol{\xi}\in W^{\perp}$ 和 $\boldsymbol{\eta}\in W$,有

$$(\sigma(\boldsymbol{\xi}),\boldsymbol{\eta})=(\boldsymbol{\xi},\sigma(\boldsymbol{\eta}))=0$$

所以 $\sigma(\boldsymbol{\xi})\in W^{\perp}$,因此 $W^{\perp}$ 也是 σ 的不变子空间。

又由于 $V=W\oplus W^{\perp}$,如果 $V\neq W$,那么 $W^{\perp}\neq\{\boldsymbol{0}\}$,因此 $\sigma|W^{\perp}$ 也是 $W^{\perp}$ 上的一个对称变换,设 λ 是 $\sigma|W^{\perp}$ 的一个特征根,$\boldsymbol{\gamma}$ 是 $\sigma|W^{\perp}$ 的属于 λ 的一个非零特征向量,那么

$$\sigma(\boldsymbol{\gamma})=\sigma|W^{\perp}\boldsymbol{\gamma}=\lambda\boldsymbol{\gamma}$$

因此 λ 也是 σ 的一个特征根,所以 λ 是 $\lambda_1,\lambda_2,\cdots,\lambda_s$ 中的某一个,设为 $\lambda=\lambda_i$,那么 $\boldsymbol{\gamma}\in$

$V_{\lambda_i}\subset W$,所以 $\boldsymbol{\gamma}\in W\cap W^{\perp}=\{\boldsymbol{0}\}$,从而 $\boldsymbol{\gamma}=\boldsymbol{0}$,这与 $\boldsymbol{\gamma}$ 是非零特征向量矛盾。这就证明了

$$V=V_{\lambda_2}\oplus V_{\lambda_2}\oplus\cdots\oplus V_{\lambda_s}$$

于是取每一个 V_{λ_i} 的一个标准正交基 $\boldsymbol{\alpha}_{i_1},\boldsymbol{\gamma}_{i_2},\cdots,\boldsymbol{\gamma}_{i_{k_i}}$,把它们放到一起就得到 V 的一组标准正交基 $\boldsymbol{\alpha}_{1_1},\boldsymbol{\gamma}_{1_2},\cdots,\boldsymbol{\gamma}_{1_{k_1}},\cdots,\boldsymbol{\alpha}_{i_1},\boldsymbol{\gamma}_{i_2},\cdots,\boldsymbol{\gamma}_{i_{k_i}},\cdots,\boldsymbol{\alpha}_{s_1},\boldsymbol{\gamma}_{s_2},\cdots,\boldsymbol{\gamma}_{i_{k_s}}$,$\sigma$ 在这组基下的矩阵为

$$\begin{pmatrix}\lambda_1\boldsymbol{E}_{k_1} & & & \\ & \lambda_2\boldsymbol{E}_{k_2} & & \\ & & \ddots & \\ & & & \lambda_s\boldsymbol{E}_{k_s}\end{pmatrix}$$

这里 $k_i=\dim(V_{\lambda_i})$,$k_1+k_2+\cdots+k_s=n$,$\boldsymbol{E}_{k_1}$ 是 k_i 单位矩阵。

对于实对称矩阵 $\boldsymbol{A}$ 可以认为它是对称变换 σ 在某一组标准正交基 $\boldsymbol{\alpha}_1,\boldsymbol{\alpha}_2,\cdots,\boldsymbol{\alpha}_n$ 下的矩阵,而 σ 在 V 存在另一组标准正交基 $\boldsymbol{\beta}_1,\boldsymbol{\beta}_2,\cdots,\boldsymbol{\beta}_n$ 使得 σ 在这组基下的矩阵 $\boldsymbol{B}$ 为对角矩阵,基由基 $\boldsymbol{\alpha}_1,\boldsymbol{\alpha}_2,\cdots,\boldsymbol{\alpha}_n$ 到基 $\boldsymbol{\beta}_1,\boldsymbol{\beta}_2,\cdots,\boldsymbol{\beta}_n$ 的过渡矩阵为 $\boldsymbol{Q}$,则 $\boldsymbol{Q}$ 就是正交矩阵,并且 $\boldsymbol{Q}^{\mathrm{T}}\boldsymbol{A}\boldsymbol{Q}=\boldsymbol{B}$。

根据定理 9.6.5,可以归纳出求正交矩阵 $\boldsymbol{Q}$ 化对称矩阵 $\boldsymbol{A}$ 为对角矩阵 $\boldsymbol{\Lambda}$ 的步骤:

(1) 根据特征方程 $|\lambda\boldsymbol{E}-\boldsymbol{A}|=0$,求出对称矩阵 $\boldsymbol{A}$ 的所有特征值 $\lambda_1,\lambda_2,\cdots,\lambda_s$,这些特征值的重数分别为 $k_1,k_2,\cdots,k_s$,$\sum_{i=1}^{s}k_i=n$;

(2) 对每个 k_i 重特征值 λ_i,求出对应齐次线性方程组

$$(\lambda_i\boldsymbol{E}-\boldsymbol{A})\boldsymbol{X}=\boldsymbol{0}$$

的 k_i 个基础解系 $\boldsymbol{\xi}_{i1},\boldsymbol{\xi}_{i2},\cdots,\boldsymbol{\xi}_{ik_i}$;

(3) 对 $\boldsymbol{\xi}_{i1},\boldsymbol{\xi}_{i2},\cdots,\boldsymbol{\xi}_{ik_i}$ 实施 Schmidt 正交化、单位化,得一组单位正交向量 $\boldsymbol{\gamma}_{i1},\boldsymbol{\gamma}_{i2},\cdots,\boldsymbol{\gamma}_{ik_i}$;

(4) 令 $\boldsymbol{Q}=(\boldsymbol{\gamma}_{11},\boldsymbol{\gamma}_{12},\cdots,\boldsymbol{\gamma}_{1k_2},\boldsymbol{\gamma}_{21},\boldsymbol{\gamma}_{22},\cdots,\boldsymbol{\gamma}_{2k_2},\cdots,\boldsymbol{\gamma}_{s1},\boldsymbol{\gamma}_{s2},\cdots,\boldsymbol{\gamma}_{sk_s})$,则 $\boldsymbol{Q}$ 为正交矩阵,且

$$\boldsymbol{Q}^{-1}\boldsymbol{A}\boldsymbol{Q}=\begin{pmatrix}\lambda_1 & & & & & & & & \\ & \ddots & & & & & & & \\ & & \lambda_1 & & & & & & \\ & & & \lambda_2 & & & & & \\ & & & & \ddots & & & & \\ & & & & & \lambda_2 & & & \\ & & & & & & \ddots & & \\ & & & & & & & \lambda_s & \\ & & & & & & & & \ddots \\ & & & & & & & & & \lambda_s\end{pmatrix}$$

例 9.6.1 已知 $A=\begin{pmatrix}0&1&1&-1\\1&0&-1&1\\1&-1&0&1\\-1&1&1&0\end{pmatrix}$，求正交矩阵 Q，使得 $Q^{\mathrm{T}}AQ$ 为对角矩阵。

解 先求矩阵 A 的特征值

$$|\lambda E-A|=\begin{vmatrix}\lambda&-1&-1&1\\-1&\lambda&1&-1\\-1&1&\lambda&-1\\1&-1&-1&\lambda\end{vmatrix}=(\lambda-1)^3(\lambda+3)$$

所以 A 的特征值是 $\lambda_1=\lambda_2=\lambda_3=1,\lambda_4=-3$。

分别求出 $\lambda_1=\lambda_2=\lambda_3=1,\lambda_4=-3$ 所对应的特征向量，对于 $\lambda_1=\lambda_2=\lambda_3=1$，求解齐次线性方程组 $(E-A)X=0$，

$$\begin{cases}\lambda x_1-x_2-x_3+x_4=0\\-x_1+\lambda x_2+x_3-x_4=0\\-x_1+x_2+\lambda x_3-x_4=0\\x_1-x_2-x_3+\lambda x_4=0\end{cases}$$

求得基础解系为

$$\xi_1=\begin{pmatrix}1\\1\\0\\0\end{pmatrix},\quad \xi_2=\begin{pmatrix}1\\0\\1\\0\end{pmatrix},\quad \xi_3=\begin{pmatrix}-1\\0\\0\\1\end{pmatrix}$$

再对 ξ_1,ξ_2,ξ_3，实施 Schmidt 正交化、单位化得

$$\eta_1=\frac{1}{\sqrt{2}}\begin{pmatrix}1\\1\\0\\0\end{pmatrix},\quad \eta_2=\frac{1}{\sqrt{6}}\begin{pmatrix}1\\-1\\2\\0\end{pmatrix},\quad \eta_3=\frac{1}{\sqrt{12}}\begin{pmatrix}-1\\1\\1\\3\end{pmatrix}$$

对于 $\lambda_4=-3$，求解齐次线性方程组 $(-3E-A)X=0$，得其基础解系为

$$\xi_4=\begin{pmatrix}1\\-1\\-1\\1\end{pmatrix}$$

再对 ξ_4，实施单位化得

$$\eta_4=\frac{1}{2}\begin{pmatrix}1\\-1\\-1\\1\end{pmatrix}$$

令 $Q=(\eta_1,\eta_2,\eta_3,\eta_4)=\begin{pmatrix} \frac{1}{\sqrt{2}} & \frac{1}{\sqrt{6}} & -\frac{1}{\sqrt{12}} & \frac{1}{2} \\ \frac{1}{\sqrt{2}} & -\frac{1}{\sqrt{6}} & \frac{1}{\sqrt{12}} & -\frac{1}{2} \\ 0 & \frac{2}{\sqrt{6}} & \frac{1}{\sqrt{12}} & -\frac{1}{2} \\ 0 & 0 & \frac{3}{\sqrt{12}} & \frac{1}{2} \end{pmatrix}$，则有 $Q^{\mathrm{T}}AQ=\begin{pmatrix} 1 & & & \\ & 1 & & \\ & & 1 & \\ & & & -3 \end{pmatrix}$。

应该指出，在定理 9.6.5 中，对于正交矩阵 Q，还可以进一步要求 $|Q|=1$，若 $|Q|=-1$，那么取一矩阵 $T=\begin{pmatrix} -1 & & & \\ & 1 & & \\ & & \ddots & \\ & & & 1 \end{pmatrix}$，再令 $Q_1=QT$，则 Q_1 是正交矩阵，且 $|Q_1|=|QT|=|Q||T|=1$，并且 $Q_1^{\mathrm{T}}AQ_1=Q^{\mathrm{T}}AQ$。

用二次型的语言，定理 9.6.5 可以表述如下：

定理 9.6.6 任意的 n 元二次型 $f(x_1,x_2,\cdots,x_n)=\sum_{i=1}^{n}\sum_{j=1}^{n}a_{ij}x_ix_j=X^{\mathrm{T}}AX$，总存在正交替换 $X=QY$，把 $f(x_1,x_2,\cdots,x_n)$ 化为标准形

$$f(x_1,x_2,\cdots,x_n)=\lambda_1y_1^2+\lambda_2y_2^2+\cdots+\lambda_ny_n^2$$

其中 $\lambda_1,\lambda_2,\cdots,\lambda_n$ 是对称矩阵 $A=\begin{pmatrix} a_{11} & a_{12} & \cdots & a_{1n} \\ a_{21} & a_{22} & \cdots & a_{2n} \\ \vdots & \vdots & & \vdots \\ a_{n1} & a_{n2} & \cdots & a_{nn} \end{pmatrix}$ 的特征值，对于任意的 n 阶实对称矩阵 A，都存在一个 n 阶正交矩阵 Q，使得 $Q^{\mathrm{T}}AQ$ 是对角矩阵 B。

例 9.6.2 用正交替换法化二次型 $x_1^2+4x_1x_2+4x_1x_3+x_2^2+4x_2x_3+x_3^2$ 为标准形。

解 该二次型对应的对称矩阵 $A=\begin{pmatrix} 1 & 2 & 2 \\ 2 & 1 & 2 \\ 2 & 2 & 1 \end{pmatrix}$，先求矩阵 A 的特征值

$$|\lambda E-A|=\begin{vmatrix} \lambda-1 & -2 & -2 \\ -2 & \lambda-1 & -2 \\ -2 & -2 & \lambda-1 \end{vmatrix}=(\lambda+1)^2(\lambda-5)$$

所以 A 的特征值是 $\lambda_1=\lambda_2=-1,\lambda_3=5$。

分别求出 $\lambda_1=\lambda_2=-1,\lambda_3=5$ 所对应的特征向量，对于 $\lambda_1=\lambda_2=-1$，求解齐次线性方程组 $(-E-A)X=0$，得其基础解系为

$$\xi_1=\begin{pmatrix} -1 \\ 1 \\ 0 \end{pmatrix},\quad \xi_2=\begin{pmatrix} -1 \\ 0 \\ 1 \end{pmatrix}$$

再对 ξ_1,ξ_2 实施 Schmidt 正交化、单位化得

$$\gamma_1 = \begin{pmatrix} -\frac{\sqrt{2}}{2} \\ \frac{\sqrt{2}}{2} \\ 0 \end{pmatrix}, \quad \gamma_2 = \begin{pmatrix} -\frac{\sqrt{6}}{6} \\ -\frac{\sqrt{6}}{6} \\ \frac{\sqrt{6}}{3} \end{pmatrix}$$

对于 $\lambda_3 = 5$,求解齐次线性方程组 $(5\boldsymbol{E} - \boldsymbol{A})\boldsymbol{X} = \boldsymbol{0}$,得其基础解系为

$$\boldsymbol{\xi}_3 = \begin{pmatrix} 1 \\ 1 \\ 1 \end{pmatrix}$$

再对 $\boldsymbol{\xi}_3$ 实施单位化得

$$\gamma_3 = \begin{pmatrix} \frac{\sqrt{3}}{3} \\ \frac{\sqrt{3}}{3} \\ \frac{\sqrt{3}}{3} \end{pmatrix}$$

令 $\boldsymbol{Q} = \begin{pmatrix} -\frac{\sqrt{2}}{2} & -\frac{\sqrt{6}}{6} & \frac{\sqrt{3}}{3} \\ \frac{\sqrt{2}}{2} & -\frac{\sqrt{6}}{6} & \frac{\sqrt{3}}{3} \\ 0 & \frac{\sqrt{6}}{3} & \frac{\sqrt{3}}{3} \end{pmatrix}$,记 $\boldsymbol{X} = \boldsymbol{QY}$,则标准形为 $-y_1^2 - y_2^2 + 5y_3^2$。

9.7 向量到子空间的距离——最小二乘法

在解析几何中,我们研究了一点到一个平面或直线上所有点的距离,垂线段最短,前面也研讨了 Euclid 空间 V 上的任意向量 $\boldsymbol{\alpha}$ 到其某一子空间 W 的距离也是垂线段($\boldsymbol{\alpha}$ 减去其内射影 $\boldsymbol{\beta}$)最短,本节将给出这一理论的应用。

9.7.1 Euclid 空间中两向量间的距离

定义 9.7.1 设 $\boldsymbol{\alpha},\boldsymbol{\beta}$ 是 Euclid 空间 V 中两个向量,称长度 $\|\boldsymbol{\alpha}-\boldsymbol{\beta}\|$ 为向量 $\boldsymbol{\alpha}$ 与 $\boldsymbol{\beta}$ 间的距离,记作 $d(\boldsymbol{\alpha},\boldsymbol{\beta})$。

不难验证 $d(\boldsymbol{\alpha},\boldsymbol{\beta})$ 满足距离的三条性质:

(1) **对称性**　$d(\boldsymbol{\alpha},\boldsymbol{\beta})=d(\boldsymbol{\beta},\boldsymbol{\alpha})$；

(2) **非负性**　$d(\boldsymbol{\alpha},\boldsymbol{\beta})\geqslant 0$，当且仅当 $\boldsymbol{\alpha}=\boldsymbol{\beta}$ 时等号成立；

(3) **三角不等式性**　$d(\boldsymbol{\alpha},\boldsymbol{\beta})\leqslant d(\boldsymbol{\alpha},\boldsymbol{\gamma})+d(\boldsymbol{\gamma},\boldsymbol{\beta})$。

9.7.2　向量到子空间各向量间的最短距离

定理 9.7.1　向量到子空间各向量间的距离以垂线最短。

该定理的证明和例 9.4.3 一致，这里省略。

几何意义：设 W 是 Euclid 空间 V 的一个子空间，它是由向量 $\boldsymbol{\alpha}_1,\boldsymbol{\alpha}_2,\cdots,\boldsymbol{\alpha}_k$ 生成，即 $W=L(\boldsymbol{\alpha}_1,\boldsymbol{\alpha}_2,\cdots,\boldsymbol{\alpha}_k)$，$\boldsymbol{\beta}$ 是 V 中的任意向量，$\boldsymbol{\gamma}$ 是 $\boldsymbol{\beta}$ 在 W 上的内射影，即 $\boldsymbol{\beta}-\boldsymbol{\gamma}\perp W$，则对任意的 $\boldsymbol{\delta}\in W$，均有

$$\|\boldsymbol{\beta}-\boldsymbol{\gamma}\|\leqslant\|\boldsymbol{\beta}-\boldsymbol{\delta}\|$$

可以画出示意图如图 9.7.1 所示。

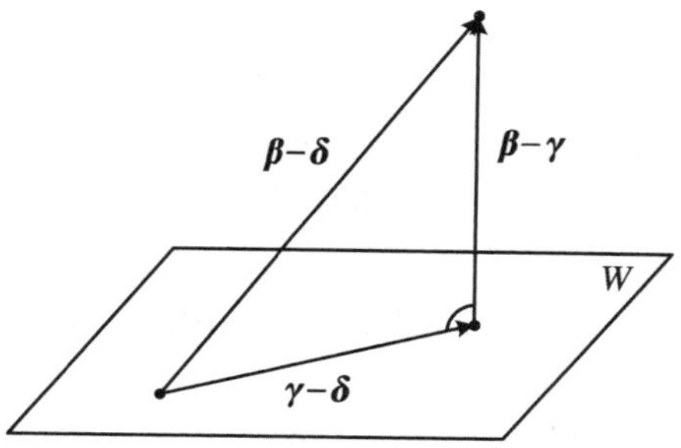

图 9.7.1

9.7.3　最小二乘法

上述几何事实可以用来解决一些实际问题。其中的一个应用就是解决最小二乘法问题。

定义 9.7.2　设线性方程组

$$\begin{cases}a_{11}x_1+a_{12}x_2+\cdots+a_{1s}x_s-b_1=0\\ a_{21}x_1+a_{22}x_2+\cdots+a_{2s}x_s-b_2=0\\ \cdots\cdots\\ a_{n1}x_1+a_{n2}x_2+\cdots+a_{ns}x_s-b_n=0\end{cases}\tag{9.7.1}$$

可能无解，即对任何一组数 $x_1,x_2,\cdots,x_s$ 都可能使

$$\sum_{i=1}^{n}(a_{i1}x_1+a_{i2}x_2+\cdots+a_{is}x_s-b_i)^2\tag{9.7.2}$$

不等于零，我们设法寻找一组数 $x_1^0,x_2^0,\cdots,x_s^0$，使得(9.7.2)式达到最小，这样的 $x_1^0,x_2^0,\cdots,x_s^0$ 称为方程组(9.7.2)的**最小二乘解**，这种问题就叫作**最小二乘法问题**。

下面我们利用 Euclid 空间的概念来表达最小二乘法，并给出最小二乘解所满足的条件。令

$$\boldsymbol{A}=\begin{pmatrix}a_{11}&a_{12}&\cdots&a_{1s}\\a_{21}&a_{22}&\cdots&a_{2s}\\\vdots&\vdots&&\vdots\\a_{n1}&a_{n2}&\cdots&a_{ns}\end{pmatrix},\quad \boldsymbol{X}=\begin{pmatrix}x_1\\x_2\\\vdots\\x_s\end{pmatrix},\quad \boldsymbol{B}=\begin{pmatrix}b_1\\b_2\\\vdots\\b_n\end{pmatrix},\quad \boldsymbol{Y}=\boldsymbol{AX}=\begin{pmatrix}\sum_{j=1}^{s}a_{1j}x_j\\\sum_{j=1}^{s}a_{2j}x_j\\\vdots\\\sum_{j=1}^{s}a_{nj}x_j\end{pmatrix}$$

用 Euclid 空间向量距离的概念，(9.7.2)式可以表示为$\|\boldsymbol{Y}-\boldsymbol{B}\|^2$。

所以，最小二乘法就是寻找 $x_1^0,x_2^0,\cdots,x_s^0$ 使得向量 $\boldsymbol{Y}$ 与 $\boldsymbol{B}$ 的距离都短，由向量 $\boldsymbol{Y}$ 的表达式可以知道 $\boldsymbol{Y}$ 就是矩阵 $\boldsymbol{A}$ 的各列向量的线性组合，即

$$\boldsymbol{Y}=x_1\begin{pmatrix}a_{11}\\a_{21}\\\vdots\\a_{n1}\end{pmatrix}+x_2\begin{pmatrix}a_{12}\\a_{22}\\\vdots\\a_{n2}\end{pmatrix}+\cdots+x_s\begin{pmatrix}a_{1s}\\a_{2s}\\\vdots\\a_{ns}\end{pmatrix}$$

把矩阵 $\boldsymbol{A}$ 的各列向量分别记成$\boldsymbol{\alpha}_1,\boldsymbol{\alpha}_2,\cdots,\boldsymbol{\alpha}_s$，由它们生成的子空间记为 $L(\boldsymbol{\alpha}_1,\boldsymbol{\alpha}_2,\cdots,\boldsymbol{\alpha}_s)$，向量 Y 就是子空间$L(\boldsymbol{\alpha}_1,\boldsymbol{\alpha}_2,\cdots,\boldsymbol{\alpha}_s)$中的向量，于是最小二乘法可以叙述成：

找 $\boldsymbol{X}$ 使得(9.7.2)式达到最小，就是在 $L(\boldsymbol{\alpha}_1,\boldsymbol{\alpha}_2,\cdots,\boldsymbol{\alpha}_s)$中找一向量 $\boldsymbol{Y}$，使得 $\boldsymbol{B}$ 到它的距离比到子空间$L(\boldsymbol{\alpha}_1,\boldsymbol{\alpha}_2,\cdots,\boldsymbol{\alpha}_s)$中其他向量的距离都短，向量 $\boldsymbol{Y}$ 就是向量$\boldsymbol{B}$ 在$L(\boldsymbol{\alpha}_1,\boldsymbol{\alpha}_2,\cdots,\boldsymbol{\alpha}_s)$中的内射影。

由例 9.4.3 知道，假设 $\boldsymbol{Y}=\boldsymbol{AX}=x_1\boldsymbol{\alpha}_1+x_2\boldsymbol{\alpha}_2+\cdots+x_s\boldsymbol{\alpha}_s$ 为所求的向量，则向量 $\boldsymbol{C}=\boldsymbol{B}-\boldsymbol{Y}=\boldsymbol{B}-\boldsymbol{AX}$ 必垂直于子空间$L(\boldsymbol{\alpha}_1,\boldsymbol{\alpha}_2,\cdots,\boldsymbol{\alpha}_s)$，从而有

$$(\boldsymbol{C},\boldsymbol{\alpha}_1)=(\boldsymbol{C},\boldsymbol{\alpha}_2)=\cdots=(\boldsymbol{C},\boldsymbol{\alpha}_s)=0$$

用矩阵的形式可以表示成

$$\begin{pmatrix}\boldsymbol{\alpha}_1^{\mathrm{T}}\\\boldsymbol{\alpha}_2^{\mathrm{T}}\\\vdots\\\boldsymbol{\alpha}_s^{\mathrm{T}}\end{pmatrix}\boldsymbol{C}=\boldsymbol{A}^{\mathrm{T}}\boldsymbol{C}=\boldsymbol{O}$$

即

$$\boldsymbol{A}^{\mathrm{T}}\boldsymbol{C}=\boldsymbol{A}^{\mathrm{T}}(\boldsymbol{B}-\boldsymbol{AX})=\boldsymbol{O}$$

或

$$\boldsymbol{A}^{\mathrm{T}}\boldsymbol{AX}=\boldsymbol{A}^{\mathrm{T}}\boldsymbol{B}$$

这就是最小二乘解所满足的代数方程(又称为**法方程**)，它是一个线性方程组，系数矩阵是 $\boldsymbol{A}^{\mathrm{T}}\boldsymbol{A}$，常数项是 $\boldsymbol{A}^{\mathrm{T}}\boldsymbol{B}$，这种线性方程组总是有解的。

例 9.7.1 求下列方程组的最小二乘解：

$$\begin{cases}0.13x_1-0.29x_2=0.22\\0.55x_1+1.72x_2=-0.78\\1.23x_1-0.79x_2=0.74\\0.37x_1+0.48x_2=-0.23\end{cases}$$

解　分别记

$$A = \begin{pmatrix} 0.13 & -0.29 \\ 0.55 & 1.72 \\ 1.23 & -0.79 \\ 0.37 & 0.48 \end{pmatrix},\quad B = \begin{pmatrix} 0.22 \\ -0.78 \\ 0.74 \\ -0.23 \end{pmatrix},\quad X = \begin{pmatrix} x_1 \\ x_2 \end{pmatrix}$$

则原方程可表示为 $\boldsymbol{AX} = \boldsymbol{B}$。

再计算

$$A^{\mathrm{T}}A = \begin{pmatrix} 1.97 & 0.11 \\ 0.11 & 3.90 \end{pmatrix},\quad A^{\mathrm{T}}B = \begin{pmatrix} 0.42 \\ -2.10 \end{pmatrix}$$

从而原方程组所对应的法方程为

$$\begin{cases} 1.97x_1 + 0.11x_2 = 0.42 \\ 0.11x_1 + 3.90x_2 = -2.10 \end{cases}$$

解上述方程组,即可得原方程组的最小二乘解为

$$x_1 = 0.24,\quad x_2 = -0.55$$

例 9.7.2　在 Euclid 空间 $\mathbf{R}^4$ 中,向量 $\boldsymbol{\alpha} = \begin{pmatrix} 9 \\ 1 \\ 5 \\ 1 \end{pmatrix}$,子空间 W 是齐次线性方程组

$$\begin{cases} x_1 + x_2 + x_3 + x_4 = 0 \\ x_1 - x_2 + x_3 - x_4 = 0 \end{cases}$$

的解空间,求向量 $\boldsymbol{\alpha}$ 到子空间 W 的距离。

解　先求出子空间 W 和 $W^{\perp}$ 的标准正交基。

易求出齐次方程组的基础解系为

$$\boldsymbol{\eta}_1 = \begin{pmatrix} 1 \\ 0 \\ -1 \\ 0 \end{pmatrix},\quad \boldsymbol{\eta}_2 = \begin{pmatrix} 0 \\ 1 \\ 0 \\ -1 \end{pmatrix}$$

对其单位化后可得 W 的标准正交基为

$$\boldsymbol{\gamma}_1 = \frac{\sqrt{2}}{2}\begin{pmatrix} 1 \\ 0 \\ -1 \\ 0 \end{pmatrix},\quad \boldsymbol{\gamma}_2 = \frac{\sqrt{2}}{2}\begin{pmatrix} 0 \\ 1 \\ 0 \\ -1 \end{pmatrix}$$

若记

$$\boldsymbol{\eta}_3 = \begin{pmatrix} 1 \\ 1 \\ 1 \\ 1 \end{pmatrix},\quad \boldsymbol{\eta}_4 = \begin{pmatrix} 1 \\ -1 \\ 1 \\ -1 \end{pmatrix}$$

再对其单位化后可得 $W^{\perp}$ 的标准正交基为

$$\boldsymbol{\gamma}_3=\frac{1}{2}\begin{pmatrix}1\\1\\1\\1\end{pmatrix},\quad \boldsymbol{\gamma}_4=\frac{1}{2}\begin{pmatrix}1\\-1\\1\\-1\end{pmatrix}$$

设 $\boldsymbol{\alpha}=\boldsymbol{\beta}+\boldsymbol{\gamma},\boldsymbol{\beta}\in W,\boldsymbol{\gamma}\in W^{\perp}$,则 $\boldsymbol{\gamma}$ 的长度 $\|\boldsymbol{\gamma}\|=\|\boldsymbol{\alpha}-\boldsymbol{\beta}\|$ 就是向量 $\boldsymbol{\alpha}$ 到子空间 W 的距离。

再设 $\boldsymbol{\alpha}=k_1\boldsymbol{\gamma}_1+k_2\boldsymbol{\gamma}_2+k_3\boldsymbol{\gamma}_3+k_4\boldsymbol{\gamma}_4$,并列出对应的方程组为

$$\begin{cases}\sqrt{2}k_1+k_3+k_4=9\\ \sqrt{2}k_2+k_3-k_4=1\\ -\sqrt{2}k_1+k_3+k_4=5\\ -\sqrt{2}k_2+k_3-k_4=1\end{cases}$$

解上面方程组可得 $k_1=\sqrt{2},k_2=0,k_3=4,k_4=3$,从而 $\boldsymbol{\gamma}=4\boldsymbol{\gamma}_3+3\boldsymbol{\gamma}_4=\frac{1}{2}\begin{pmatrix}7\\1\\7\\1\end{pmatrix}$,故 $\|\boldsymbol{\gamma}\|=5$。

即 $\boldsymbol{\alpha}$ 到子空间 W 的距离为5。

9.8　酉空间简介*

Euclid空间主要是针对实数域上线性空间而讨论的,本节将介绍复数域上的线性空间——酉空间。

9.8.1　酉空间的概念

定义9.8.1　设 V 是复数域 $\mathbf{C}$ 上一个线性空间,在 V 上定义一个二元函数,称为内积,记作 $(\boldsymbol{\alpha},\boldsymbol{\beta})$,它具有如下性质:

(1) $(\boldsymbol{\alpha},\boldsymbol{\beta})=\overline{(\boldsymbol{\beta},\boldsymbol{\alpha})}$,这里 $\overline{(\boldsymbol{\beta},\boldsymbol{\alpha})}$ 是 $(\boldsymbol{\beta},\boldsymbol{\alpha})$ 的共轭复数;

(2) $(k\boldsymbol{\alpha},\boldsymbol{\beta})=k(\boldsymbol{\alpha},\boldsymbol{\beta})$;

(3) $(\boldsymbol{\alpha}+\boldsymbol{\beta},\boldsymbol{\gamma})=(\boldsymbol{\alpha},\boldsymbol{\gamma})+(\boldsymbol{\beta},\boldsymbol{\gamma})$;

(4) $(\boldsymbol{\alpha},\boldsymbol{\alpha})\geqslant 0$,当且仅当 $\boldsymbol{\alpha}=\mathbf{0}$ 时 $(\boldsymbol{\alpha},\boldsymbol{\alpha})=0$,

这里 $\boldsymbol{\alpha},\boldsymbol{\beta},\boldsymbol{\gamma}$ 是 V 中任意的向量,k 是任意的实数,称这样的线性空间 V 为酉空间。

例9.8.1　在线性空间 $\mathbf{C}^n$ 中,定义向量

$$\boldsymbol{\alpha}=(a_1,a_2,\cdots,a_n),\quad \boldsymbol{\beta}=(b_1,b_2,\cdots,b_n)$$

的内积为

$$(\boldsymbol{\alpha},\boldsymbol{\beta})=a_1\overline{b_1}+a_2\overline{b_2}+\cdots+a_n\overline{b_n}\tag{9.8.1}$$

则

(1) $(\boldsymbol{\alpha},\boldsymbol{\beta})=a_1\overline{b_1}+a_2\overline{b_2}+\cdots+a_n\overline{b_n}=\overline{b_1\overline{a_1}+b_2\overline{a_2}+\cdots+b_n\overline{a_n}}=\overline{(\boldsymbol{\beta},\boldsymbol{\alpha})}$;

(2) $(k\boldsymbol{\alpha},\boldsymbol{\beta})=ka_1\overline{b_1}+ka_2\overline{b_2}+\cdots+ka_n\overline{b_n}=k(a_1\overline{b_1}+a_2\overline{b_2}+\cdots+a_n\overline{b_n})=k(\boldsymbol{\alpha},\boldsymbol{\beta})$;

(3) $$\begin{aligned}(\boldsymbol{\alpha}+\boldsymbol{\beta},\boldsymbol{\gamma})&=(a_1+b_1)\overline{c_1}+(a_2+b_2)\overline{c_2}+\cdots+(a_n+b_n)\overline{c_n}\\&=(a_1\overline{c_1}+a_2\overline{c_2}+\cdots+a_n\overline{c_n})+(b_1\overline{c_1}+b_2\overline{c_2}+\cdots+b_n\overline{c_n})\\&=(\boldsymbol{\alpha},\boldsymbol{\gamma})+(\boldsymbol{\beta},\boldsymbol{\gamma});\end{aligned}$$

(4) $(\boldsymbol{\alpha},\boldsymbol{\alpha})=a_1\overline{a_1}+a_2\overline{a_2}+\cdots+a_n\overline{a_n}=|a_1|^2+|a_2|^2+\cdots+|a_n|^2$，当 $a_i\neq 0$ 时，$\boldsymbol{\alpha}\neq\boldsymbol{0}$，从而$(\boldsymbol{\alpha},\boldsymbol{\alpha})>0$，当 $\boldsymbol{\alpha}=\boldsymbol{0}$ 时$(\boldsymbol{\alpha},\boldsymbol{\alpha})=0$。

所以 $\mathbf{C}^n$ 构成一个酉空间。

9.8.2　酉空间中的重要结论

由于酉空间的讨论与 Euclid 空间的讨论很相似，有一套平行的理论，因此这里只简单地列出重要的结论，而不详细论证。

性质 9.8.1　根据内积定义 9.8.1，在 Euclid 空间 V 中，我们有：

(1) $(\boldsymbol{\alpha},k\boldsymbol{\beta})=\bar{k}(\boldsymbol{\alpha},\boldsymbol{\beta})$。

(2) $(\boldsymbol{\alpha},\boldsymbol{\beta}+\boldsymbol{\gamma})=(\boldsymbol{\alpha},\boldsymbol{\beta})+(\boldsymbol{\alpha},\boldsymbol{\gamma})$。

和 Euclid 空间一样，因为 $(\boldsymbol{\alpha},\boldsymbol{\alpha})\geqslant 0$，故可定义酉空间中向量的长度。

(3) $\sqrt{(\boldsymbol{\alpha},\boldsymbol{\alpha})}$称为向量 $\boldsymbol{\alpha}$ 的长度，记作$|\boldsymbol{\alpha}|$。

(4) Cauchy-Bunjakovski 不等式仍然成立，即对任意的 $\boldsymbol{\alpha},\boldsymbol{\beta}$ 有

$$|(\boldsymbol{\alpha},\boldsymbol{\beta})|\leqslant|\boldsymbol{\alpha}||\boldsymbol{\beta}|$$

当且仅当 $\boldsymbol{\alpha}$ 和 $\boldsymbol{\beta}$ 线性相关时等号成立。

注意：由于在酉空间中内积$(\boldsymbol{\alpha},\boldsymbol{\beta})$一般表示复数，所以不容易定义向量之间的夹角，但有正交或垂直的概念。

(5) 向量 $\boldsymbol{\alpha},\boldsymbol{\beta}$ 的内积为零，即$(\boldsymbol{\alpha},\boldsymbol{\beta})=0$，那么 $\boldsymbol{\alpha},\boldsymbol{\beta}$ 称为正交或互相垂直，记作 $\boldsymbol{\alpha}\perp\boldsymbol{\beta}$。

在 n 维酉空间中，同样可以定义正交基和标准正交基，并且关于标准正交基也有下述一些重要性质：

(6) 任意一组线性无关的向量可以用 Schmidt 过程正交化，并扩充成为一组标准正交基。

(7) 对 n 阶复数矩阵 $\boldsymbol{A}$，用 $\overline{\boldsymbol{A}}$ 表示以 $\boldsymbol{A}$ 的元素的共轭复数作元素的矩阵，如 $\boldsymbol{A}$ 满足

$$\overline{\boldsymbol{A}}^{\mathrm{T}}\boldsymbol{A}=\boldsymbol{A}\overline{\boldsymbol{A}}^{\mathrm{T}}=\boldsymbol{E}$$

则称 $\boldsymbol{A}$ 为酉矩阵，它的行列式的绝对值等于 1 。

两组标准正交基的过渡矩阵是酉矩阵。

类似于 Euclid 空间的正交变换和对称矩阵，可以引进酉空间的酉变换和 Hermite 矩阵，它们也分别具有正交变换和对称矩阵的一些重要性质，现列举如下：

(8) 酉空间 V 上的线性变换 σ，如果满足对任意的 $\boldsymbol{\alpha},\boldsymbol{\beta}\in V$，

$$(\sigma\boldsymbol{\alpha},\sigma\boldsymbol{\beta})=(\boldsymbol{\alpha},\boldsymbol{\beta})$$

就称 σ 为 V 的一个酉变换，酉变换在标准正交基下的矩阵是酉矩阵。

(9) 如果矩阵 $\boldsymbol{A}$ 满足 $\overline{\boldsymbol{A}}^{\mathrm{T}}=\boldsymbol{A}$，就称 $\boldsymbol{A}$ 为 Hermite 矩阵。在酉空间 $\mathbf{C}^n$ 中，令

$$\sigma\begin{pmatrix}x_1\\x_2\\\vdots\\x_n\end{pmatrix}=\boldsymbol{A}\begin{pmatrix}x_1\\x_2\\\vdots\\x_n\end{pmatrix}$$

则

$$(\sigma\boldsymbol{\alpha},\boldsymbol{\beta})=(\boldsymbol{\alpha},\sigma\boldsymbol{\beta})$$

σ 是酉空间 $\mathbf{C}^n$ 中的对称变换。

(10) 设 V 是酉空间，V_1 是子空间，$V_1^{\perp}$ 是 V_1 的正交补，则 $V=V_1\oplus V_1^{\perp}$。又设 V_1 是对称变换的不变子空间，则 $V_1^{\perp}$ 也是不变子空间。

(11) Hermite 矩阵的特征值为实数，它的属于不同特征值的特征向量必正交。

(12) 若 $\boldsymbol{A}$ 是 Hermite 矩阵，则有酉矩阵 $\boldsymbol{C}$，使

$$\boldsymbol{C}^{-1}\boldsymbol{A}\boldsymbol{C}=\overline{\boldsymbol{C}}^{\mathrm{T}}\boldsymbol{A}\boldsymbol{C}$$

是对角形矩阵。

(13) 设 $\boldsymbol{A}$ 是 Hermite 矩阵，二次齐次函数

$$f(x_1,x_2,\cdots,x_n)=\sum_{i=1}^{n}\sum_{j=1}^{n}a_{ij}x_i\bar{x}_j=\boldsymbol{X}^{\mathrm{T}}\boldsymbol{A}\overline{\boldsymbol{X}}$$

叫作 **Hermite 二次型**。必有酉矩阵 $\boldsymbol{C}$，当 $\boldsymbol{X}=\boldsymbol{C}\boldsymbol{Y}$ 时

$$f(x_1,x_2,\cdots,x_n)=d_1y_1\bar{y}_1+d_2y_2\bar{y}_2+\cdots+d_ny_n\bar{y}_n$$

习　　题

1. 设 $\mathbf{R}^4$ 中向量 $\boldsymbol{\alpha}=(a_1,a_2,a_3,a_4)$，$\boldsymbol{\beta}=(b_1,b_2,b_3,b_4)$ 的内积定义如下：

$$(\boldsymbol{\alpha},\boldsymbol{\beta})=a_1b_1+a_2b_2+a_3b_3+a_4b_4$$

再设

(1) $\boldsymbol{\alpha}=(2,1,3,2)$，$\boldsymbol{\beta}=(1,2,-2,1)$；

(2) $\boldsymbol{\alpha}=(1,2,2,-3)$，$\boldsymbol{\beta}=(1,3,-2,-1)$；

(3) $\boldsymbol{\alpha}=(1,1,-1,-1)$，$\boldsymbol{\beta}=(1,1,0,-1)$。

求 $\boldsymbol{\alpha}$ 和 $\boldsymbol{\beta}$ 之间的夹角 $\langle\boldsymbol{\alpha},\boldsymbol{\beta}\rangle$。

2. 设 $\boldsymbol{\alpha},\boldsymbol{\beta}$ 是 n 维 Euclid 空间 V 中的两个非零向量，k 是一个实数，$\boldsymbol{A}$ 是一 n 阶方阵，证明：

(1) $(\boldsymbol{\alpha},k\boldsymbol{\beta})=k(\boldsymbol{\alpha},\boldsymbol{\beta})$；

(2) $(\boldsymbol{\alpha},\boldsymbol{\beta})+(\boldsymbol{\alpha},-\boldsymbol{\beta})=0$；

(3) $(\boldsymbol{A}\boldsymbol{\alpha},\boldsymbol{\beta})=(\boldsymbol{\alpha},\boldsymbol{A}^{\mathrm{T}}\boldsymbol{\beta})$。

3. 证明：如果 $\boldsymbol{\alpha}$ 与 $\boldsymbol{\beta}_1,\boldsymbol{\beta}_2,\cdots,\boldsymbol{\beta}_s$ 都正交，则 $\boldsymbol{\alpha}$ 与 $\boldsymbol{\beta}_1,\boldsymbol{\beta}_2,\cdots,\boldsymbol{\beta}_s$ 任一线性组合正交。

4. 设 $\boldsymbol{\alpha}_1,\boldsymbol{\alpha}_2,\cdots,\boldsymbol{\alpha}_n,\boldsymbol{\beta}$ 都是一个 Euclid 空间的向量，且 $\boldsymbol{\beta}$ 是 $\boldsymbol{\alpha}_1,\boldsymbol{\alpha}_2,\cdots,\boldsymbol{\alpha}_n$ 的线性组合。证明：如果 $\boldsymbol{\beta}$ 与 $\boldsymbol{\alpha}_i(i=1,2,\cdots,n)$ 正交，那么 $\boldsymbol{\beta}=\mathbf{0}$。

5. 在 Euclid 空间 $\mathbf{R}^4$ 中，求一单位向量使其与向量

$$\boldsymbol{\alpha}=(2,1,-4,0),\quad \boldsymbol{\beta}=(-1,-1,2,2),\quad \boldsymbol{\gamma}=(3,2,5,4)$$

都正交。

6. 设 $\boldsymbol{\alpha}_1,\boldsymbol{\alpha}_2,\cdots,\boldsymbol{\alpha}_n$ 是 Euclid 空间 V 的一组基，试证：

(1) 如果 $\boldsymbol{\gamma}\in V$ 使得 $(\boldsymbol{\gamma},\boldsymbol{\alpha}_i)=0(i=1,2,\cdots,n)$，那么 $\boldsymbol{\gamma}=\mathbf{0}$。

(2) 如果 $\boldsymbol{\gamma}_1,\boldsymbol{\gamma}_2\in V$ 使得 $(\boldsymbol{\gamma}_1,\boldsymbol{\alpha}_i)=(\boldsymbol{\gamma}_2,\boldsymbol{\alpha}_i)(i=1,2,\cdots,n)$，那么 $\boldsymbol{\gamma}_1=\boldsymbol{\gamma}_2$。

7. 在 $C[-1,1]$ 中，对任意 $f(x),g(x)\in C[-1,1]$，定义内积为 $\int_{-1}^{1}f(x)g(x)\mathrm{d}x$。求 $1,x,x^2$ 的长度。

8. Euclid 空间 $\mathbf{R}^n$ 中，设 $\boldsymbol{\varepsilon}_1=\begin{pmatrix}1\\0\\0\\\vdots\\0\end{pmatrix},\boldsymbol{\varepsilon}_2=\begin{pmatrix}0\\1\\0\\\vdots\\0\end{pmatrix},\cdots,\boldsymbol{\varepsilon}_n=\begin{pmatrix}0\\0\\0\\\vdots\\1\end{pmatrix}$，求 $\boldsymbol{\alpha}=\begin{pmatrix}1\\1\\\vdots\\1\end{pmatrix}$ 与每个 $\boldsymbol{\varepsilon}_i$ 的夹角。

9. 在 Euclid 空间 V 中，设 $\boldsymbol{\xi}\perp\boldsymbol{\eta}$，证明：$\|\boldsymbol{\xi}+\boldsymbol{\eta}\|=\|\boldsymbol{\xi}-\boldsymbol{\eta}\|$。

10. 证明：对于任意实数 $a_1,a_2,\cdots,a_n$，

$$\sum_{i=1}^{n}|a_i|\leqslant\sqrt{n(a_1^2+a_2^2+a_3^3+\cdots+a_n^2)}$$

11. 设 $\boldsymbol{A}$ 是一个 n 阶正定矩阵，证明：对任意 $\boldsymbol{\alpha},\boldsymbol{\beta}\in\mathbf{R}^n$ 对内积 $(\boldsymbol{\alpha},\boldsymbol{\beta})=\boldsymbol{\alpha}^{\mathrm{T}}\boldsymbol{A}\boldsymbol{\beta}$ 也构成一个 Euclid 空间，并写出 Cauchy-Bunjakovski 不等式。

12. 设 $\boldsymbol{\alpha}_1,\boldsymbol{\alpha}_2,\cdots,\boldsymbol{\alpha}_n$ 是欧氏空间的 n 个向量。行列式

$$G(\boldsymbol{\alpha}_1,\boldsymbol{\alpha}_2,\cdots,\boldsymbol{\alpha}_n)=\begin{vmatrix}(\boldsymbol{\alpha}_1,\boldsymbol{\alpha}_1) & (\boldsymbol{\alpha}_1,\boldsymbol{\alpha}_2) & \cdots & (\boldsymbol{\alpha}_1,\boldsymbol{\alpha}_n)\\(\boldsymbol{\alpha}_2,\boldsymbol{\alpha}_1) & (\boldsymbol{\alpha}_2,\boldsymbol{\alpha}_2) & \cdots & (\boldsymbol{\alpha}_2,\boldsymbol{\alpha}_n)\\\cdots & \cdots & & \cdots\\(\boldsymbol{\alpha}_n,\boldsymbol{\alpha}_1) & (\boldsymbol{\alpha}_n,\boldsymbol{\alpha}_2) & \cdots & (\boldsymbol{\alpha}_n,\boldsymbol{\alpha}_n)\end{vmatrix}$$

称为 $\boldsymbol{\alpha}_1,\boldsymbol{\alpha}_2,\cdots,\boldsymbol{\alpha}_n$ 的 Gram 行列式。证明：$G(\boldsymbol{\alpha}_1,\boldsymbol{\alpha}_2,\cdots,\boldsymbol{\alpha}_n)=0$ 当且仅当 $\boldsymbol{\alpha}_1,\boldsymbol{\alpha}_2,\cdots,\boldsymbol{\alpha}_n$ 线性相关。

13. 设 $\boldsymbol{\varepsilon}_1,\boldsymbol{\varepsilon}_2,\cdots,\boldsymbol{\varepsilon}_n$ 是 Euclid 空间 V 的一组基，试证：如果 $\boldsymbol{\varepsilon}_1,\boldsymbol{\varepsilon}_2,\cdots,\boldsymbol{\varepsilon}_n$ 两两正交，那么这组基的度量矩阵是对角矩阵。

14. 在 Euclid 空间 $\mathbf{R}^4$ 中定义的内积组成一 Euclid 空间，已知基 $\boldsymbol{\alpha}_1=(1,-1,0,0)$，$\boldsymbol{\alpha}_2=(-1,2,0,0)$，$\boldsymbol{\alpha}_3=(0,1,2,1)$，$\boldsymbol{\alpha}_4=(1,0,1,1)$ 的度量矩阵为

$$\begin{pmatrix}2 & -3 & 0 & 1\\-3 & 6 & 0 & -1\\0 & 0 & 13 & 9\\1 & -1 & 9 & 7\end{pmatrix}$$

求:(1) 由基本向量组成的基的度量矩阵;

(2) 数 k 使向量 $\boldsymbol{\alpha}=(1,-1,2,0)$ 与 $\boldsymbol{\beta}=(1,k,2,-1)$ 正交;

(3) 一单位向量 $\boldsymbol{\xi}_4$ 与 $\boldsymbol{\xi}_1=(1,1,-1,-1)$,$\boldsymbol{\xi}_2=(1,-1,-1,1)$,$\boldsymbol{\xi}_3=(2,1,1,3)$ 都正交;

(4) $\boldsymbol{\xi}_1,\boldsymbol{\xi}_2,\boldsymbol{\xi}_3,\boldsymbol{\xi}_4$ 的度量矩阵。

15. 证明:$\boldsymbol{\alpha}_1=\dfrac{1}{2}(1,1,1,1)$,$\boldsymbol{\alpha}_2=\dfrac{1}{2}(1,-1,,-1,1)$,$\boldsymbol{\alpha}_3=\dfrac{1}{2}(1,-1,1,-1)$,$\boldsymbol{\alpha}_4=\dfrac{1}{2}(1,1,-1,-1)$ 是 Euclid 空间 $\mathbf{R}^4$ 的一组标准正交基。

16. 已知 $\boldsymbol{\alpha}_1=(0,2,1,0)$,$\boldsymbol{\alpha}_2=(1,-1,0,0)$,$\boldsymbol{\alpha}_3=(1,2,0,-1)$,$\boldsymbol{\alpha}_4=(1,0,0,1)$ 是 $\mathbf{R}^4$ 的一个基。对这个基施行 Schmidt 正交化方法,求出 $\mathbf{R}^4$ 的一个标准正交基。

17. 设 $\boldsymbol{\varepsilon}_1,\boldsymbol{\varepsilon}_2,\boldsymbol{\varepsilon}_3$ 是三维 Euclid 空间 $\mathbf{R}^3$ 的一组标准正交基,试证:

$$\boldsymbol{\alpha}_1=\frac{2}{3}\boldsymbol{\varepsilon}_1+\frac{2}{3}\boldsymbol{\varepsilon}_2+\frac{1}{3}\boldsymbol{\varepsilon}_3,\quad \boldsymbol{\alpha}_2=\frac{2}{3}\boldsymbol{\varepsilon}_1-\frac{1}{3}\boldsymbol{\varepsilon}_2-\frac{2}{3}\boldsymbol{\varepsilon}_3,\quad \boldsymbol{\alpha}_3=\frac{1}{3}\boldsymbol{\varepsilon}_1-\frac{2}{3}\boldsymbol{\varepsilon}_2+\frac{2}{3}\boldsymbol{\varepsilon}_3$$

也是 $\mathbf{R}^3$ 的一组标准正交基。

18. 在 Euclid 空间 $C[-1,1]$ 里,对于线性无关的向量组 $1,x,x^2,x^3$ 施行正交化方法,求出一组标准正交基。

19. 令 $\{\boldsymbol{\alpha}_1,\boldsymbol{\alpha}_2,\cdots,\boldsymbol{\alpha}_n\}$ 是 Euclid 空间 V 的一组线性无关的向量,$\{\boldsymbol{\beta}_1,\boldsymbol{\beta}_2,\cdots,\boldsymbol{\beta}_n\}$ 是由这组向量通过正交化方法所得的正交组。证明:这两个向量组的 Gram 行列式相等,即

$$G(\boldsymbol{\alpha}_1,\boldsymbol{\alpha}_2,\cdots,\boldsymbol{\alpha}_n)=G(\boldsymbol{\beta}_1,\boldsymbol{\beta}_2,\cdots,\boldsymbol{\beta}_n)=(\boldsymbol{\beta}_1,\boldsymbol{\beta}_1)(\boldsymbol{\beta}_2,\boldsymbol{\beta}_2)\cdots(\boldsymbol{\beta}_n,\boldsymbol{\beta}_n)$$

20. 设 $\{\boldsymbol{\alpha}_1,\boldsymbol{\alpha}_2,\cdots,\boldsymbol{\alpha}_m\}$ 是 Euclid 空间 V 的一组标准正交组。证明:对于任意 $\boldsymbol{\xi}\in V$,以下等式成立:$\sum\limits_{i=1}^{m}(\boldsymbol{\xi},\boldsymbol{\alpha}_i)^2=|\boldsymbol{\xi}|^2$。

21. 证明:如果矩阵 $\boldsymbol{A}$ 是一个上三角正交矩阵,那么 $\boldsymbol{A}$ 一定是对角矩阵,且对角线上的元素为 1 或 -1。

22. 设 $\boldsymbol{A}$ 是 n 阶可逆实矩阵。证明:$\boldsymbol{A}$ 可分解成

$$\boldsymbol{A}=\boldsymbol{QT}$$

这里 $\boldsymbol{Q}$ 是正交矩阵,$\boldsymbol{T}$ 是上三角矩阵

$$\boldsymbol{T}=\begin{pmatrix} t_{11} & t_{12} & \cdots & t_{1n}\\ 0 & t_{22} & \cdots & t_{2n}\\ \vdots & \vdots & & \vdots\\ 0 & 0 & \cdots & t_{nn}\end{pmatrix}$$

其中主对角线元素 $t_{ii}(i=1,2,\cdots,n)$ 都是正实数,且这个分解是唯一的。进一步地,若 $\boldsymbol{A}$ 是 n 阶正定实矩阵,则存在上三角矩阵 $\boldsymbol{T}$,使得

$$\boldsymbol{A}=\boldsymbol{T}^{\mathrm{T}}\boldsymbol{T}$$

23. 设 σ 是 Euclid 空间 V 到 V' 的一个同构映射,试证:如果 $\boldsymbol{\varepsilon}_1,\boldsymbol{\varepsilon}_2,\cdots,\boldsymbol{\varepsilon}_n$ 是 V 的一组标准正交基,则 $\sigma(\boldsymbol{\varepsilon}_1),\sigma(\boldsymbol{\varepsilon}_2),\cdots,\sigma(\boldsymbol{\varepsilon}_n)$ 是 V' 的一组标准正交基。

24. 设 $\boldsymbol{\alpha}_1,\boldsymbol{\alpha}_2,\cdots,\boldsymbol{\alpha}_n$ 与 $\boldsymbol{\beta}_1,\boldsymbol{\beta}_2,\cdots,\boldsymbol{\beta}_n$ 是 Euclid 空间 V 的两个向量组,若 $(\boldsymbol{\alpha}_i,\boldsymbol{\alpha}_j)=$

$(\boldsymbol{\beta}_i,\boldsymbol{\beta}_j)(i,j=1,2,\cdots,n)$，证明：$L(\boldsymbol{\alpha}_1,\boldsymbol{\alpha}_2,\cdots,\boldsymbol{\alpha}_n)$与$L(\boldsymbol{\beta}_1,\boldsymbol{\beta}_2,\cdots,\boldsymbol{\beta}_n)$同构。

25. 设$\boldsymbol{\varepsilon}_1,\boldsymbol{\varepsilon}_2,\boldsymbol{\varepsilon}_3,\boldsymbol{\varepsilon}_4$是 Euclid 空间 V 的一组标准正交基，$W=L(\boldsymbol{\alpha}_1,\boldsymbol{\alpha}_2)$，其中

$$\boldsymbol{\alpha}_1=\boldsymbol{\varepsilon}_1+\boldsymbol{\varepsilon}_3,\quad \boldsymbol{\alpha}_2=2\boldsymbol{\varepsilon}_1-\boldsymbol{\varepsilon}_2+\boldsymbol{\varepsilon}_4$$

求：(1) W 的一组标准正交基；

(2) $W^{\perp}$的一组标准正交基。

26. 求齐次线性方程组

$$\begin{cases}2x_1+x_2-x_3+x_4=0\\x_1+x_2-x_3=0\end{cases}$$

的解空间 W(Euclid 空间 $\mathbf{R}^4$ 的一个子空间)的一组标准正交基，并求 $W^{\perp}$。

27. 已知 $\mathbf{R}^4$ 的子空间 W 的一组基

$$\boldsymbol{\alpha}_1=(1,-1,1,-1),\quad \boldsymbol{\alpha}_2=(0,1,1,0)$$

求向量$\boldsymbol{\alpha}=(1,-3,1,-3)$在 W 上的内射影。

28. 设 V 是一个 n 维 Euclid 空间。证明：

(1) 如果 W 是 V 的一个子空间，那么$(W^{\perp})^{\perp}=W$；

(2) 如果 W_1,W_2 都是 V 的子空间，且 $W_1\subseteq W_2$，那么 $W_2^{\perp}\subseteq W_1^{\perp}$；

(3) 如果 W_1,W_2 都是 V 的子空间，那么$(W_1+W_2)^{\perp}=W_1^{\perp}+W_2^{\perp}$。

29. 证明：实系数线性方程组

$$\sum_{j=1}^{n}a_{ij}x_j=b_i\quad(i=1,2,\cdots,n)$$

有解的充要条件是向量$\boldsymbol{\beta}=(b_1,b_2,\cdots,b_n)\in\mathbf{R}^n$与齐次线性方程组

$$\sum_{j=1}^{n}a_{ji}x_j=0\quad(i=1,2,\cdots,n)$$

的解空间正交。

30. 设$\boldsymbol{\alpha}_1,\boldsymbol{\alpha}_2,\cdots,\boldsymbol{\alpha}_r,\boldsymbol{\beta}_1,\boldsymbol{\beta}_2,\cdots,\boldsymbol{\beta}_s$都是 Euclid 空间 $\mathbf{R}^n$ 的向量，若$(\boldsymbol{\alpha}_i,\boldsymbol{\beta}_j)=0(i=1,2,\cdots,r;j=1,2,\cdots,s)$，证明：$\dim L(\boldsymbol{\alpha}_1,\boldsymbol{\alpha}_2,\cdots,\boldsymbol{\alpha}_r)+\dim L(\boldsymbol{\beta}_1,\boldsymbol{\beta}_2,\cdots,\boldsymbol{\beta}_s)\leqslant n$。

31. 设 $\boldsymbol{U}$ 是一个正交矩阵。证明：

(1) $\boldsymbol{U}$ 的特征根的模等于 1；

(2) 如果 λ 是 $\boldsymbol{U}$ 的一个特征根，那么$\dfrac{1}{\lambda}$也是 $\boldsymbol{U}$ 的一个特征根；

(3) $\boldsymbol{U}$ 的伴随矩阵 $\boldsymbol{U}^*$ 也是正交矩阵。

32. 设$\cos\dfrac{\theta}{2}\neq0$，且$\boldsymbol{U}=\begin{pmatrix}1&0&0\\0&\cos\theta&-\sin\theta\\0&\sin\theta&\cos\theta\end{pmatrix}$。证明：$\boldsymbol{I}+\boldsymbol{U}$可逆，并且

$$(\boldsymbol{I}-\boldsymbol{U})(\boldsymbol{I}+\boldsymbol{U})^{-1}=\tan\frac{\theta}{2}\begin{pmatrix}0&0&0\\0&0&1\\0&-1&0\end{pmatrix}$$

33. 设 σ 是 n 维 Euclid 空间 V 的一个正交变换。证明：如果 V 的一个子空间 W 在 σ 之下不变，那么 W 的正交补 $W^{\perp}$也在 σ 下不变。

34. 设 $\boldsymbol{\eta}$ 是 n 维 Euclid 空间 V 中一单位向量,定义

$$\sigma(\boldsymbol{\alpha}) = \boldsymbol{\alpha} - 2(\boldsymbol{\eta},\boldsymbol{\alpha})\boldsymbol{\eta}$$

证明:

(1) σ 是正交变换,这样的正交变换称为镜面反射;

(2) σ 是第二类的;

(3) 如果 n 维 Euclid 空间 V 中,正交变换 σ 以 1 作为一个特征值,且属于 1 的特征子空间 V_1 的维数为 $n-1$,那么 σ 是镜面反射。

35. 反对称实数矩阵的特征值是零或纯虚数。

36. 求正交矩阵 $\boldsymbol{Q}$ 化下列对称矩阵为对角矩阵:

(1) $\begin{pmatrix} 2 & -2 & 0 \\ -2 & 1 & -2 \\ 0 & -2 & 0 \end{pmatrix}$; (2) $\begin{pmatrix} 2 & 2 & -2 \\ 2 & 5 & -4 \\ -2 & -4 & 5 \end{pmatrix}$;

(3) $\begin{pmatrix} 0 & 0 & 4 & 1 \\ 0 & 0 & 1 & 4 \\ 4 & 1 & 0 & 0 \\ 1 & 4 & 0 & 0 \end{pmatrix}$; (4) $\begin{pmatrix} -1 & -3 & 3 & -3 \\ -3 & -1 & -3 & 3 \\ 3 & -3 & -1 & -3 \\ -3 & 3 & -3 & -1 \end{pmatrix}$。

37. 用正交替换法化下列二次型为标准形:

(1) $x_1^2+2x_2^2+3x_3^2-4x_1x_3-4x_2x_3$;

(2) $x_1^2-2x_2^2-2x_3^2-4x_1x_2+4x_1x_3+8x_2x_3$;

(3) $x_1^2+x_2^2+x_3^2+x_4^2-2x_1x_2+6x_1x_3-4x_1x_4-4x_2x_3+6x_2x_4-2x_3x_4$。

38. 设 $\boldsymbol{A}$ 是 n 阶实对称矩阵,且 $\boldsymbol{A}^2=\boldsymbol{A}$。证明:存在正交矩阵 $\boldsymbol{Q}$ 使得

$$\boldsymbol{Q}^{\mathrm{T}}\boldsymbol{A}\boldsymbol{Q} = \begin{pmatrix} 1 & & & & & & \\ & 1 & & & & & \\ & & \ddots & & & & \\ & & & 1 & & & \\ & & & & 0 & & \\ & & & & & \ddots & \\ & & & & & & 0 \end{pmatrix}$$

39. 设 $\boldsymbol{A}$ 是 n 阶实对称矩阵,且 $\boldsymbol{A}^2=\boldsymbol{E}_n$。证明:存在正交矩阵 $\boldsymbol{Q}$ 使得

$$\boldsymbol{Q}^{\mathrm{T}}\boldsymbol{A}\boldsymbol{Q} = \begin{pmatrix} \boldsymbol{E}_{n-r} & \\ & -\boldsymbol{E}_r \end{pmatrix}$$

40. 设 σ 是 n 维 Euclid 空间 V 的一个线性变换。证明:如果 σ 满足下列 3 个条件的任意两个,那么它必然满足第 3 个:(1) σ 是正交变换;(2) σ 是对称变换;(3) $\sigma^2=\boldsymbol{E}$ 是单位变换。

41. n 维 Euclid 空间 V 的一个线性变换 σ 是斜对称的,如果对于任意向量 $\boldsymbol{\alpha},\boldsymbol{\beta}\in V$,

$$(\sigma(\boldsymbol{\alpha}),\boldsymbol{\beta}) = -(\boldsymbol{\alpha},\sigma(\boldsymbol{\beta}))$$

证明:

(1) 斜对称变换关于 V 的任意规范正交基的矩阵都是斜对称的实矩阵(满足条件 $\boldsymbol{A}'=$

$-\boldsymbol{A}$ 的矩阵叫作斜对称矩阵)。

(2) 反之,如果线性变换 σ 关于 V 的某一规范正交基的矩阵是斜对称的,那么 σ 一定是斜对称线性变换。

(3) 斜对称实矩阵的特征根或者是零,或者是纯虚数。

42. 令 $\boldsymbol{A}$ 是一个反对称实矩阵。证明:$\boldsymbol{E}+\boldsymbol{A}$ 可逆,并且 $\boldsymbol{U}=(\boldsymbol{I}-\boldsymbol{A})(\boldsymbol{I}+\boldsymbol{A})^{-1}$是一个正交矩阵。

43. 设 $\boldsymbol{A}$ 是 n 阶实对称矩阵,设 $\boldsymbol{B}$ 是 n 阶实反对称矩阵,$\boldsymbol{AB}=\boldsymbol{BA}$,$\boldsymbol{A}-\boldsymbol{B}$ 可逆。证明:$(\boldsymbol{A}+\boldsymbol{B})(\boldsymbol{A}-\boldsymbol{B})^{-1}$是正交矩阵。

44. 求下列方程的最小二乘解(保留三位有效数字):

$$\begin{cases} 0.39x-1.89y=1 \\ 0.61x-1.80y=1 \\ 0.93x-1.68y=1 \\ 1.35x-1.50y=1 \end{cases}$$

45. 证明:酉空间中两组标准正交基的过渡矩阵是酉矩阵。

46. 证明:酉矩阵特征值的模为 1。

47. 设 $\boldsymbol{A}$ 是 n 阶可逆复矩阵。证明:$\boldsymbol{A}$ 可分解成

$$\boldsymbol{A}=\boldsymbol{UT}$$

这里 $\boldsymbol{U}$ 是酉矩阵,$\boldsymbol{T}$ 是上三角矩阵:

$$\boldsymbol{T}=\begin{pmatrix} t_{11} & t_{12} & \cdots & t_{1n} \\ 0 & t_{22} & \cdots & t_{2n} \\ \vdots & \vdots & \ddots & \vdots \\ 0 & 0 & \cdots & t_{nn} \end{pmatrix}$$

其中主对角线元素 $t_{ii}(i=1,2,\cdots,n)$都是正实数,且这个分解是唯一的。

48. 证明:Hermite 矩阵的特征值是实数,并且属于不同特征值的特征向量正交。

参 考 文 献

[1] 北京大学数学系前代数小组.高等代数[M].5版.北京:高等教育出版社,2019.

[2] 张禾瑞,郝鈵新.高等代数[M].5版.北京:高等教育出版社,2007.

[3] 丘维声.高等代数[M].2版.北京:清华大学出版社,2020.

[4] 林亚南.高等代数[M].北京:高等教育出版社,2013.

[5] 郭聿琦,岑嘉评,王正攀.高等代数教程[M].北京:科学出版社,2014.

[6] 庄瓦金.高等代数教程[M].北京:科学出版社,2013.

[7] 赵建立,王文省,等.高等代数[M].北京:高等教育出版社,2016.

[8] 王卿文.线性代数核心思想及应用[M].北京:科学出版社,2014.2012.

[9] 李文林.数学史概论[M].3版.北京:高等教育出版社,2011.

[10] 同济大学数学系.高等代数与解析几何[M].2版.北京:高等教育出版社,2016.

[11] 陈建龙,周建华,等.线性代数[M].2版.北京:科学出版社,2016.